国家出版基金项目
NATIONAL PUBLICATION FOUNDATION

2011年国家社科基金重大项目（批准号：11&ZD097）结项成果
2020年陕西师范大学优秀学术著作出版基金资助项目
2020年陕西师范大学学科建设经费资助项目

艾冲 主编

鄂尔多斯高原历史地理研究

历史军事地理卷

李宗俊　孟洋洋　景凯东　马维仁　梁景宝　著

陕西师范大学出版总社　西安

图书代号　SK25N0852

图书在版编目（CIP）数据

鄂尔多斯高原历史地理研究. 历史军事地理卷 / 李宗俊等著 ; 艾冲主编. — 西安 : 陕西师范大学出版总社有限公司, 2025.4

ISBN 978-7-5695-3720-8

Ⅰ. ①鄂…　Ⅱ. ①李… ②艾…　Ⅲ. ①鄂尔多斯高原—历史地理—研究　Ⅳ. ①P942.26

中国国家版本馆CIP数据核字（2023）第123476号

鄂尔多斯高原历史地理研究·历史军事地理卷

E'ERDUOSI GAOYUAN LISHI DILI YANJIU · LISHI JUNSHI DILI JUAN

李宗俊　孟洋洋　景凯东　马维仁　梁景宝　著

出 版 人　刘东风
策划编辑　刘　定
责任编辑　谢勇蝶
责任校对　张　萌
封面设计　张潇伊
出版发行　陕西师范大学出版总社
　　　　　（西安市长安南路199号　邮编 710062）
网　　址　http: //www.snupg.com
印　　刷　中煤地西安地图制印有限公司
开　　本　787mm×1092mm　1/16
印　　张　25.25
插　　页　2
字　　数　495千
版　　次　2025年4月第1版
印　　次　2025年4月第1次印刷
书　　号　ISBN 978-7-5695-3720-8
审 图 号　国审字（2024）第04862号
定　　价　138.00元

总　　序

“鄂尔多斯高原历史地理研究”丛书（10卷本）即将出版，在此之前，特在此做一番简要的说明与介绍，以便广大读者了解相关信息，更便捷地阅读本丛书的内容。

一、鄂尔多斯高原的地理位置与区域范围

本丛书的研究区域是鄂尔多斯高原，因此，首先说明鄂尔多斯高原的基本地理位置与区域范围，就显得十分有必要。

鄂尔多斯高原，也称作河套高原。河套高原之地域名称，早在20世纪30年代就已出现，距今已有八十多年之久。至于鄂尔多斯高原之称呼，则迟至21世纪初期才出现。早在1936年，《伊克昭盟志》的编撰者、学者谢再善就采用河套高原之地名，以指称今鄂尔多斯高原，并在此地域展开持续两年的调查采访。这表明河套高原之地名由来已久。他指出：“伊克昭盟位于河套高原，东西北三面皆临黄河——黄河由宁夏北流，至临河东折，流至包头，复南折经晋、陕南下，整整包围了伊（克昭）盟，成为伊（克昭）盟天然界线。（伊盟）南面界限则为长城，与陕北接壤。”[①]河套高原以今白于山脉、大罗山脉与红柳河为南界。成书于20世纪30年代的《伊克昭盟志》既已出现河套高原地域名称，指的就是今鄂尔多斯高原。

鄂尔多斯高原位于今内蒙古、陕西和宁夏三省区交界地区，跨有此三个省区的局部。其东、北、西三方以滔滔黄河作为显明的地域界线，其南侧界线主要以今白于山脉、大罗山脉、红柳河为自然地物标志。由此可见，鄂尔多斯高原的地理位置、空间范围及其边缘界线是十分清楚的。

① 伊克昭盟地方志编纂委员会编：《伊克昭盟志》，见曾庆锡等修纂：《鄂托克富源调查记　准郡两旗旅行调查记　伊盟左翼三旗调查报告书　伊盟右翼四旗调查报告书　伊克昭盟志　伊克昭盟概况》下册，远方出版社，2007年，第287页。

具体而言，鄂尔多斯高原的区域范围，既包括今内蒙古自治区的鄂尔多斯市域、乌海市域的河东部分，也包括今陕西省的榆林市域绝大部分，以及今宁夏回族自治区的吴忠市利通区、青铜峡市东部、红寺堡区北半部、盐池县、同心县东北部，中卫市的中宁县东北隅，银川市管辖的灵武市、兴庆区黄河东侧、石嘴山市的平罗县黄河东侧区域，其总面积约为145139平方公里。

鄂尔多斯高原的毗邻区是指其外围接壤区域。其东侧毗邻区包括今山西省管涔山脉、吕梁山脉主脊以西黄河支流区域和内蒙古大黑河东侧分水岭；其北侧毗邻区包括今内蒙古狼山、查石太山南侧黄河支流区域；其西侧毗邻区则包括今宁夏贺兰山脉东侧区域和内蒙古狼山山脉西段及其余脉以东区域；其南侧毗邻区包括今陕西省白于山分水岭南侧的清涧河、延河、洛河上游流域，甘肃省泾河上游流域和宁夏的清水河流域。出于专题研究的需要，研究者经常会涉及鄂尔多斯高原的毗邻区，因而表明其区域范围十分必要。（见图1）

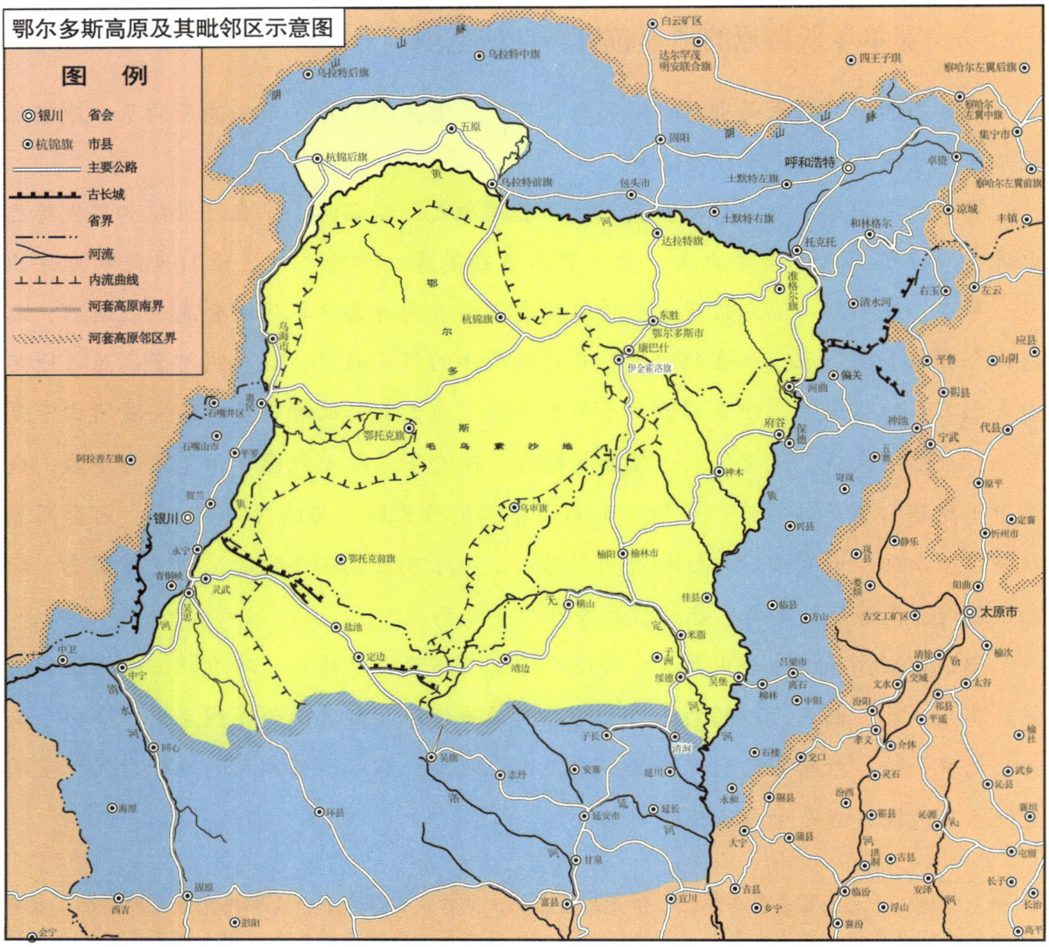

图1　鄂尔多斯高原及其毗邻区示意图

二、鄂尔多斯高原历史地理研究简介

国家社科基金重大项目“鄂尔多斯高原历史地理研究”的子课题数量达十个之多，头绪纷繁，进度不一，难度甚大。课题组经过七年持之以恒的努力，克服诸多客观存在的困难，披荆斩棘，筚路蓝缕，持续探索，终于完成了预定的研究任务。在研期间，课题组成员（包括参与者）展开野外考察达二十多次，通过实地考察解决了透过古代文献无法彻查的问题，有力地推动了重大项目研究的进度。在研期间，课题组成员（包括参与者）总共撰写及发表（出版）了阶段性研究成果一百二十多篇部，形成了相当丰富的研究成果，尤其是对此前用力不多的鄂尔多斯高原古代政区地理发表了一系列的专题论文，将重大项目研究推向深入。多次广泛的野外考察和为数众多的专题论文，为重大项目的顺利结项奠定了坚实的学术基础。

“鄂尔多斯高原历史地理研究”的结题成果共分为10卷，它们彼此呼应，前后衔接，相对全面而系统地论述了鄂尔多斯高原历史地理领域的各方面的问题。这10卷分别是：第1卷——历史政治地理卷、第2卷——历史民族地理卷、第3卷——历史城市地理卷、第4卷——历史经济地理卷、第5卷——历史军事地理卷、第6卷——历史文化地理卷、第7卷——历史气候与动植物地理卷、第8卷——历史自然灾害与土地荒漠化卷、第9卷——历史地貌与河湖地理卷，以及第10卷——历史地理综合卷。10卷本“鄂尔多斯高原历史地理研究”丛书的推出，是区域历史地理学研究的重大科研成果之一，为揭示鄂尔多斯高原历史时期地理环境的变迁进程做出了重要的学术贡献。

三、“鄂尔多斯高原历史地理研究”丛书的创新之处

本丛书的学术创新主要表现在四个方面，即学术思想与理论观点方面的创新、研究方法上的创新、数据资料采集方面的创新和解决实际问题方面的新见解等。

（一）学术思想与理论观点方面的创新

相对于本领域已有研究成果，本项目研究成果在学术思想认识和理论观点上有了新的提升。在本项目研究过程中，坚持了历史唯物主义和辩证唯物主义的思想方法与原则立场。在正确的方法论指导下，研究活动从科研实践出发，以采集现有的各种资料为基础，剖析、推理、综合研究得出结论。较诸既有的学术思想认识，新的认识更加符合历史实际。

1. 在本领域前人已有的研究成果中，存在一种较为普遍的思想认识，即隋唐时期鄂尔多斯高原土地沙漠化现象的出现，是由于过度的农业耕垦。但是，项目组在收

集历史文献资料过程中，发现形成“初期毛乌素沙漠”之地，根本不存在农耕经济成分，因此并不存在土地沙漠化与农业经济过度耕垦的因果关系。与此同时，项目组确认“初期毛乌素沙漠”形成之前，该地方存在着游牧族群的畜牧经济实体和官营牧马业，因此，“初期毛乌素沙漠”形成的驱动因素之一应是草原载畜量过大。这是课题组得出的新观点、新认识。

2. 在本领域已有的研究成果中，往往将“早期库布齐沙漠”与“初期毛乌素沙漠”混为一谈，主要表现在对唐代诗人的纪实诗中沙漠景物描写的理解判断上。课题组经过对唐代诗人的纪实诗做深度阅读与理解，纠正了前述学术思想认识的偏颇，复原出历史时期两块沙漠化土地的真实位置。

3. 在本领域已有的研究成果（尤其是历史地图学研究成果）中，对于战国秦汉时期鄂尔多斯高原政区地理，或者无法标示其具体位置（即无从定位），或者定位错误。课题组经过系统的探讨，认为战国秦汉时期鄂尔多斯高原政区分布格局完全可全面复原，即战国秦汉时期鄂尔多斯高原政区地理的郡级治城、县级治城、郡级政区边界皆可准确定位、清晰显示。这就将该地域历史政区地理研究向前推进了一大步，解决了前人由于时代局限而未能解决的历史政区地理悬案。

4. 在本领域已有的研究成果中，对于两汉时期在鄂尔多斯高原建置的属国都尉府、部都尉府、护匈奴中郎将府、度辽将军府等地方高级军事机构驻地皆语焉不详。课题组经过细致的探索、分析与综合判断，逐一予以准确定位。其中，西汉时期西河郡属国都尉府治城——美稷县城故址，前辈学者将其判定在今内蒙古准格尔旗纳林古城，课题组经过认真论证而将其准确定位在今准格尔旗榆树壕古城。其他重要秦汉故城，皆予以重新定位。通过专题研究，既获得全新的学术思想认识，也为其他历史专题研究奠定了坚实的基础。

5. 在本领域已有的研究成果中，缺乏对历史时期鄂尔多斯高原民族地理演变的全面研究，仅有极少数单个族群研究的著作或论文。课题组经过数年的不懈探索，系统地复原出春秋战国至民国时期鄂尔多斯高原不同民族迁徙（迁入与迁出）、分布、交流与融合的历史横断面图景。由于彻底探明了历史时期鄂尔多斯高原诸多民族分布与变迁的时空过程，从而在学术思想上出现新升华，此地区就不再是历史民族地理的空白区。

限于篇幅，仅列举出上述学术思想认识和理论观点的新突破。

（二）研究方法上的创新

本丛书各卷的研究，注重多学科交叉的综合研究方法。在全力收集历史文献资料的同时，十分重视田野调查方法的运用、高科技手段的使用，以及考古学、地理学理论与方法的运用。

课题组非常重视田野调查的研究途径。七年中，每年都安排不同子课题组到野外进行实地考察活动。每年平均组织两至三次田野调查，踏勘各种历史文化遗迹，确定其真实的地理位置、遗存现状，采集测量相关数据资料，据此，积累起大量有效的野外考察资料，极大地丰富了科学研究的资料库。

课题组十分重视高科技手段的使用。为在田野调查活动中获得准确的采集数据，我们购置行之有效的科学仪器，诸如GPS接收器、激光测距望远镜、照相机等，并运用这些仪器，获得相对精准的经度、纬度、高程坐标，古城遗址的长度、宽度、高度及其平面布局，地物的围长、年龄、相对高度等数据。通过采集数据，获得可靠的田野调查原始资料，服务于不同的子课题研究。

课题组尽力收集已有的地理学和考古学研究的理论与成果，与历史文献记载相互印证，结合田野调查及使用高科技手段所获资料，探索特定历史地理要素的发生、发展与空间分布变化的过程与特征。运用地理学和考古学研究的理论与成果，充实课题研究的证据，弥补文献资料的不足，填补研究资料的空白，并与其他科研资料相互交叉、相互印证，探寻鄂尔多斯高原历史地理真相。

（三）数据资料采集方面的创新

课题组重视运用精准的数据资料以支撑相关专题研究。为此，课题组成员走出书斋，走向野外，通过实地考察以采集需要的科学数据。在数据采集方面的创新主要体现于使用GPS接收器、激光测距望远镜、照相机等小型仪器，获取专题研究所需地理坐标、海拔高程、古代遗址的测量数据与平面格局资料等。要采集数据，就必须走向田野，就必须花费一定的时间和精力，就必须有不怕吃苦受累的精神，正因为如此，课题组在采集、运用数据资料方面取得了重大突破。

（四）解决实际问题方面的新见解

历史地理学研究的终极目的是为现实社会服务，推动现代社会持续发展进步，因此，解决现实社会中存在的实际问题就是研究者必须面对的重要课题，也是科学研究的落脚点。本丛书在以下两个问题上提出了新见解、新建议。

第一，在治理毛乌素沙漠、再造绿色植被以改造沙化环境上，课题组提出，应该组建陕西、内蒙古和宁夏三省区治沙联合体、治沙联动机制，即组织三省区人民群众积极行动起来，同心协力打赢治理改造毛乌素沙漠之战，为三省区人民生活水平的提升奠定良好的自然环境基础。不可采取各省区自扫门前雪的方式。

第二，出于环境保护的需要，地方政府应推行节约资源、能源的生产与生活方式，减少对自然资源索取力度，维护自然环境自我修复与再生机制，尽力减少对生态环境的破坏。同时，有步骤地保持人类社会与自然环境的和谐关系与基本平衡。为此，政府应制订长期规划与决策，对损坏自然环境的经济建设项目进行整改。

10卷本“鄂尔多斯高原历史地理研究”丛书虽然业已完成，但对鄂尔多斯高原的研究尚需继续深入。如五胡十六国时期鄂尔多斯高原的行政建制，尚未完全探明；隋唐时期少数驻防城的位置，仍待探查；秦汉与宋元时期区域交通道路分布，仍有待解的路径位置问题；历史时期动物种群与植被群落的空间分布，仍需深入研究；历史时期河川与湖泊的变迁，也有待继续细化与再深入研究。

上述问题还未探明的原因约略有三点。其一，探究相关历史地理问题的文献资料严重欠缺。由于文献记载缺失，也致使课题组在涉及相关问题研究时无从推进。其二，过往学界对鄂尔多斯高原关注不够，学界产出的相关成果较少，可资借鉴者也就甚少。其三，个别学术问题研究不够深入。鄂尔多斯高原历史地理领域可继续研究的空间较大，留待今后再探索。

在研期间，数十名博士与硕士研究生参与了课题的实际研究，为科学研究的深入推进做出了自己的贡献，也培养与锻炼了其各自的科研能力。他们或在文献资料收集与整理的技术环节付出了劳动，或在阶段性成果的撰写环节做出了贡献，或在结题成果上付出了辛劳，特在此向这些年轻的同志表示深深的感谢。

在多次野外考察的进程中，得到许多地方机构工作人员和素不相识的当地居民的热心帮助和支持，正是他们的耐心解疑和介绍以及热心引路，为我们提供了野外考察活动的方便，也节约了课题科研工作的时间，特在此向那些已认识或迄今仍不知其姓名的人士表示衷心的谢意。

艾　冲

2024年10月18日（星期五）

于陕西师范大学长安校区文汇楼C段522室

前　言

本书稿研究的主题是鄂尔多斯高原的军事地理，但其仅仅是人类军事活动展开的局部场境，它与周边及邻近地区的角色往往难以割断划清，所以本书的研究范围只能是以该地区为中心展开。

该地区人类军事活动的踪迹可上溯至史前时期，但秦汉以前书阙有间，不可稽考，有史可考者，主要为战国以后史事，所以本书以战国为开端。战国时期，鄂尔多斯高原及其邻区军事驻防体系初步形成。赵国击破林胡和楼烦，进取阴山和榆中，占据鄂尔多斯高原东部丘陵沟壑区与前套平原，遂创置郡县，在阴山南麓构筑长城防御工程体系，以备匈奴；在东胜梁构筑东西走向长城与障塞，以备秦国和胡人。秦国战胜魏国、吞灭义渠，进据鄂尔多斯高原西南部、东南部及毗邻区，设置北地郡和上郡，以上郡、高奴、阳周等军事驻防城为据点，并大规模构筑长城以拒胡。

秦统一六国以后，鄂尔多斯高原及其邻区军事驻防体系继续发展。秦朝攻取河南地、阳山、北假中后，在鄂尔多斯高原及其邻区构建起以阴山长城防线为藩篱，依托阴山屏障、黄河天险，以内侧郡县城镇和交通网络为支撑，具有战略纵深和梯级层次的军事驻防体系，一度起到“胡人不敢南下而牧马，士不敢弯弓而报怨”的作用，但终因秦末中原战乱、戍卒大批南下而解体。

西汉时期，鄂尔多斯高原及其邻区军事驻防体系经历逐步发展的时空过程。西汉初期，匈奴占据河南地和阴山，对汉朝北疆形成钳形包围态势。西汉政府在鄂尔多斯高原形成以郡县城池为据点，控扼交通要道，以战国秦长城和赵国北长城为屏障的军事防御体系。汉武帝控制河南地后，鄂尔多斯高原的军事地理形势发生巨大变化。西汉政府在鄂尔多斯高原北侧邻区修缮秦代阴山长城，并构筑“塞外列城”，在边郡建置部都尉府，创置属国，在鄂尔多斯高原形成攻防兼备、以攻为主的军事驻防体系，实现了鄂尔多斯高原军事价值和战略地位的转变。此地域不仅是屏护关中的战略缓冲区，更是汉朝征讨匈奴的军事基地，亦是河西和居延地区的侧翼。此后，除汉宣帝曾罢“塞外列城”外，该驻防体系历经宣、元、成、哀、平五帝而保持稳定，并无太大变化。至新莽时期，该军事驻防体系受匈奴冲击和新莽政权放弃的双重影响而逐渐消亡。

东汉时期，鄂尔多斯高原及其毗邻区军事驻防体系变化很大。东汉初期，因卢芳割据和匈奴南侵诸因素影响，东汉政府在北疆进行战略收缩，围绕并州核心区域构建亭候、烽燧等军事预警工程，应对北疆形势。其后，随着卢芳割据势力消亡、匈奴北迁漠北，北疆军事压力减轻，东汉政府遂罢该军事候望系统。光武帝后期，南匈奴降附，北疆局势剧变，鄂尔多斯高原的军事驻防体系经光武帝、明帝、和帝三朝经略，得以重构与完善，形成以使匈奴中郎将府和度辽将军府为领导核心、右校尉府和属国都尉府为辅助、南匈奴八部为“捍戍”的军事驻防体系。至东汉后期，受鄂尔多斯高原羌胡动乱与内地战乱的双重冲击，该套军事驻防体系趋于解体。

经过东汉以来的战乱和民族迁徙，魏晋时期的鄂尔多斯高原地区已经成为羌胡活动的舞台。十六国时期，控制长安地区的前赵、后赵、前秦、后秦等都曾对该地区建立过不同程度的统治，北方强盛的拓跋部亦对该地区保有影响力。活跃于该地区的诸部族亦积极发展势力，争取获得更高的自主权。最终铁弗部首领赫连勃勃建立了大夏政权，定都统万城，成为十六国中唯一以鄂尔多斯高原为核心区的强大军事政权。军事力量强大的当地部族与外来政治势力的博弈贯穿整个十六国时期的鄂尔多斯高原，成为该地区军事政治斗争的一条主线索。

北魏灭亡赫连夏后，在该地区建立起以统万、薄骨律、沃野三大军镇为主体，分布于交通要道的众多军城为延伸的据点式军事管理体系，以羁縻控制当地部族和自北方迁移的敕勒、柔然牧民。在这种军事化管理的基础上，逐步改镇为州，建立中原式的地方行政区划。北魏王朝在该地区设立了著名的河西牧场，经营屯田、盐池，又建立了以刁雍开发的薄骨律至北镇水运通道为代表的军事交通网，使得鄂尔多斯高原地区成为屏障关中、支援北镇的重要战略基地和王朝西北军事体系的重要组成部分。因北魏北控阴山，设有六镇阻挡柔然、敕勒南下，鄂尔多斯高原地区少经战事，统治较为稳固。另一方面，保留有部落建制的部族尚有不少，对边远山地的控制亦不深入，为王朝的未来埋下了隐患。

西魏初年，因为北魏末年的战乱，关中政权失去了对阴山、河套地区的控制能力，加之定都关中、稽胡活跃和突厥崛起，鄂尔多斯高原面临的军事压力较北魏更为严重。经过数十年经营，西魏北周建立了以延、灵、夏三州总管府为支柱的军事体系，新建了一批军城，强化了对该地区的控制。其中延州总管府辖区跨越黄河，成为关中政权进击关东的战略前沿。在与稽胡的不断战争中，王朝的统治触角逐渐向山地延伸，新设了很多政区，地方行政体系进一步中原化。王朝对高原北部的控制能力亦有所加强，在武帝时期形成进击草原之势。

隋唐时期，突厥强势威逼，隋文帝通过军事施压和分化瓦解双管齐下，削弱了北方强敌突厥的势力。与此同时，又增设榆关总管府，兴修长城。隋炀帝三次北巡，继续修筑长城，且修筑榆林、楼烦、太原等行宫于边疆，一度迫使突厥启民可汗俯首称臣，隋之疆域逾越黄河以北。

唐初继续隋朝北疆政策，贞观二年灭梁师都后，唐朝与突厥的直接冲突在河套一带展开，贞观四年平定突厥以后，漠北回纥、薛延陀降服于唐朝，唐朝的疆域一度延伸至大漠之北，为此唐朝曾相继设置燕然（后改名安北）、单于二都护府，统御大漠南北，近五十年间，漠北基本平安无事，其间鄂尔多斯高原自然无事，很长时间寂寂无闻。至高宗后期后东突厥一度再兴，武周时期默啜可汗亦逞强一时，屡犯黄河以南，鄂尔多斯高原成为抵御其兵锋的前哨。直至唐中宗朝，张仁愿乘默啜可汗西征之际，抢筑三受降城于河外，突厥再无深入鄂尔多斯高原的机会，至唐玄宗朝，大军征讨，突厥势衰，继之而起的回纥，很长时间藩属于唐朝。在唐朝国力强盛之际，逐渐组成了以朔方节度、河东节度为中心，于突厥南下的交通要道分设军、戍防守，最终形成了东西阴山防线、黄河防线、横山防线为主的三横防线。而鄂尔多斯高原基本处在二、三防线之间。在严密的防御部署之下，直至中晚唐，北疆再无外敌之患。但安史之乱爆发以后，朔方又成为唐朝中兴赖以凭借之巨臂，加之西戎吐蕃内侵，鄂尔多斯高原西面的陇山至六盘山一线，包括高原附近的灵州、盐州、夏州等实际上成为抵御吐蕃东侵、南下的防线，高原一带的优势地位再次显现，直至晚唐党项势力在此崛起。

辽宋夏对峙时期，西夏在原有的夏、绥、银、宥、静五州之地的基础上，不断向鄂尔多斯高原北部和西部扩张。至元昊时，西夏已奄有除高原东南部麟、府、丰三州之外的大部分地区。元昊结合部落兵制和州县制度创立了监军司这一军政结合的管理制度，在占据的高原地区设置了左厢、宥州、韦州、绥州、翔庆五个监军司，并构筑了密迩监军司的军事堡寨。1043年和1048年，辽夏两度在河曲开战，西夏虽然取得胜利，但失去了高原东北部之胜州和唐龙镇。辽随即在这一地区设置河清、金肃二军和宁边州，移民戍守，并将之划隶西南面（路）招讨司。神宗、哲宗和徽宗统治时期，北宋积极奉行拓边政策，在与西夏接壤的鄂尔多斯高原缘边诸路大筑城堡寨，趁势出击，步步为营，不断蚕食西夏疆土，使西夏陷入了极度被动的境地。

夏金对峙时期，西夏趁金灭辽亡宋之机占领了辽之金肃、河清、宁边三州军及北宋之丰州、府州，并从金人手中获得横山北鄙之地。为了巩固对高原占领区的统治，西夏对原有的监军司做了部分调整，以适应金夏对峙的新形势。金灭辽宋后，在鄂尔多斯高原占领区实行兵民合一的路府州县体制，同时又设置西南路招讨司和陕西统军司，以防范西南诸部族和西夏。金末，面对蒙古之凌厉攻势，在陕西前线设立独具特色的行省、行元帅府等地方军政机构，由宰执兼领之，以统一调度战略物资，保证对蒙战事的推进。

13世纪初，蒙古崛起，通过二十余年时间灭夏亡金，全部接管了鄂尔多斯高原。蒙元在吸收金行省的基础上，结合自身的断事官制度，创立了行省制度，行省下的路府州县体制糅合了宋金地方管理模式。又结合中原王朝的分封制度和蒙古的兀鲁思体制确立了宗王出镇制度，以皇室诸王“将兵镇边徼襟喉之地”，统御地方驻军并负责征伐，代表朝廷监临地方，以为藩屏。除此之外，元还设立了宣慰司都元帅府，掌“边陲军旅之事”，并兼理民政。蒙元的这些制度和措施具体到鄂尔多斯高原，就是中书省、陕西行省、甘肃行省和察罕脑儿宣慰司都元帅府兼领军民之政，安西王坐镇关中，统领军马以备征伐。

辽宋夏金元时期的鄂尔多斯高原以其重要的战略地位，成为辽、北宋、西夏、金和蒙元诸政权着力经营的关键地区。这一地区不仅反映了诸政权之间错综复杂的政治军事角逐和势力进退，对当时的北方政局产生着至关重要的作用，而且见证了各民族间不断交流融合的历史进程，对中华民族共同体的形成亦有着不可替代的影响。

明清时期是鄂尔多斯地区由明蒙对抗逐步走向清朝大一统的重要历史时期。元顺帝退居漠北草原之后，鄂尔多斯地区成为明蒙争夺的重要区域之一，先后发生了多次战役。最终，明朝取得军事胜利，并且在此区域设置东胜卫、宁夏府（后改宁夏诸卫）等重要机构进行管辖，同时提防蒙古南下。“土木堡之变”后，明蒙军事力量发生变化，再次分裂的蒙古各部渐次越过黄河进入河套，并长期在此驻牧。明朝无力驱逐蒙古，开始在河套南缘大规模修筑长城，一直持续至万历时期。虽然嘉靖中期，明朝曾有复套之议，但因明廷内部权力争斗激烈，夏言、曾铣被杀，复套之议不了了之。“俺答封贡”之后，明朝与右翼蒙古的关系总体走向缓和。明朝因左翼蒙古不断扰边以及爱新国的崛起，把注意力放在东北，无暇顾及河套；右翼蒙古也因诸多原因走向衰落。最终，蒙古归附爱新国（后改清），明朝也被清朝取代。清朝征服蒙古后，在蒙古原有部落组织的基础上创立盟旗制度。鄂尔多斯部被划分为七旗，每旗设札萨克一名，并根据在臣服清朝前后的态度以及对清朝贡献的大小，分别给各札萨克封以不同的爵位。旗作为基本的行政区域单位，既是清政府在鄂尔多斯设立的基层行政区域单位，又是鄂尔多斯盟旗王公的世袭领地。七旗定期会盟于伊克昭，盟设盟长。最初，盟长只充当会盟的召集人，并无实权。清朝后期，随着社会政治生活的日益繁杂，全盟性事务不断增多，盟长的职能权限也逐渐扩大，盟也开始向一级地方行政建制转变。同时，清朝又设绥远将军对鄂尔多斯蒙古进行监督。民国时期，绥远和宁夏先后建省，鄂尔多斯地区大部分归属绥远省，西北地区归属宁夏省。

该书稿具体由李宗俊负责设计与统稿，全书分为十三章。本书的撰写分工如下：第一、二、三章由孟洋洋执笔，第四、五、六章由景凯东执笔，第七、八章由李宗俊执笔，第九、十、十一章由梁景宝执笔，第十二、十三章由马维仁执笔。经过多次修改，终于定稿。

李宗俊

2020年5月28日

目录

第一章　战国时期鄂尔多斯高原军事地理[1]

春秋时期，鄂尔多斯高原主要是戎狄活动区。据《史记》载，至晋献公晚期，"晋强，西有河西，与秦接境，北边翟，东至河内"[2]。这表明此时晋国河西（今山陕黄河以西）之地以北广大地域仍是翟人活动区，晋国势力已经抵达鄂尔多斯高原东南边缘。至晋文公时，晋国遂"攘戎翟，居于河西圁、洛之间，号曰赤翟、白翟。……晋北有林胡、楼烦之戎"[3]。此时，翟人活动区被晋国挤压至窟野河和洛河之间，即今陕西榆林和延安地区。晋国势力随之挺进至鄂尔多斯高原中部偏东区域。至于林胡和楼烦则主要分布在今山西省大同、忻州、朔州等地[4]，尚未进入鄂尔多斯高原东北部。秦穆公时期，鄂尔多斯高原南部则分布着义渠、大荔和朐衍等戎[5]。这些戎狄"各分散居溪谷，自有君长，往往而聚者百有余戎，然莫能相一"[6]。由此观之，鄂尔多斯高原东部、南部及其毗邻区主要是戎狄部落的活动范围。这种局面随着赵国和秦国的政治力量进入鄂尔多斯高原而改变。

---

① 本章吸收孟洋洋博士学位论文《战国秦汉时期鄂尔多斯高原军事地理研究》（陕西师范大学，2018年）部分成果。

② 〔汉〕司马迁：《史记》卷三九《晋世家》，中华书局，1959年，第1648页。

③《史记》卷一一〇《匈奴列传》，第2883页。按："圁"即《汉书·地理志》中西河郡的圁水，相当于今窟野河及其上游东支特牛川、西支乌兰木伦河。"洛"指北洛水，即今陕西洛河。

④ 〔宋〕乐史：《太平寰宇记》卷四一《河东道二》，王文楚等点校，中华书局，2007年，第871页。王兴锋：《秦汉魏晋时期鄂尔多斯高原民族地理研究》，陕西师范大学博士学位论文，2016年，第31页。

⑤《史记》卷一一〇《匈奴列传》，第2883页。

⑥《史记》卷一一〇《匈奴列传》，第2883页。

第一节　赵武灵王进取榆中和阴山及其军事布防

战国时期，赵襄子“逾句注而破并代以临胡貉。其后既与韩魏共灭智伯，分晋地而有之，则赵有代、句注之北，魏有河西、上郡，以与戎界边”[①]。此时鄂尔多斯高原东部及其毗邻区的军政格局为：赵国向北推进至句注山以北，晋北林胡和楼烦的生存空间遭到赵国挤压。林胡和楼烦主要分布在句注山和大青山之间，占据前套平原和后套平原部分区域。赵国南侧的魏国则控制鄂尔多斯高原东南部，即上郡河西地区。这种格局维持了百余年，至赵武灵王时期发生重大变化。

赵武灵王于十九年（前307）胡服骑射变革前，曾对楼缓和公子成强调：赵国“西有林胡、楼烦、秦、韩之边”[②]，却无强兵之救和骑射之备。张守节《史记正义》曰：“林胡、楼烦即岚、胜之北也。岚、胜以南石州、离石、蔺等，七国时赵边邑也。秦隔河也。晋、洺、潞、泽等州皆七国时韩地，为并赵西境也。”[③]唐代岚州和胜州之北主要指今内蒙古托克托县、和林格尔县和清水河县等区域。这里强调林胡和楼烦在西，则表明自赵襄子至赵武灵王百余年间，林胡和楼烦的活动区域实际已经向西推移。赵武灵王提到其先王曾“败林人”，[④]“林人”即“林胡”。可能就是这段时期内，部分林胡和楼烦人口由赵国之北向西南迁入鄂尔多斯高原和前套平原，由此成为赵国西邻。

一、赵武灵王进取榆中

赵国进据鄂尔多斯高原的一次重大军事行动发生在赵武灵王二十年（前306），即“西略胡地，至榆中。林胡王献马”[⑤]，从而占据“榆中”之地。

关于战国时期榆中的地理位置，张守节《史记正义》认为，榆中在“胜州北河北岸也”[⑥]。唐代胜州故城在今准格尔旗十二连城，此处“北河”大致相当于今乌拉山和大青山南侧的黄河主河道。换言之，张守节认为榆中在今黄河北岸土默特右旗和托克托县境内。谭其骧先生亦持此观点[⑦]。《汉书》颜师古注曰：“服虔曰：‘金

① 《史记》卷一一〇《匈奴列传》，第2885页。
② 《史记》卷四三《赵世家》，第1806页。
③ 《史记》卷四三《赵世家》，第1806页。
④ 《史记》卷四三《赵世家》，第1806页。
⑤ 《史记》卷四三《赵世家》，第1811页。
⑥ 《史记》卷四三《赵世家》，第1811页。
⑦ 谭其骧：《北河》，见中华书局上海编辑所编辑：《中华文史论丛》第6辑，中华书局，1965年。

城县所治也。’苏林曰：‘在上郡。’师古曰：‘即今之榆林，古者上郡界。苏说是也。’”[①]苏林和颜师古观点相较服虔之说更接近历史实际，但也不够准确。窃以为，榆中应指今鄂尔多斯高原东部丘陵沟壑区。理据如下：

第一，据《战国策·赵策》载，赵武灵王破原阳，以其为骑邑后，“遂胡服，率骑入胡，出于遗遗之门，踰九限之固，绝五径之险，至榆中，辟地千里”[②]。秦汉云中郡有原阳县，故城即今呼和浩特市黄合少镇二十家村古城[③]。此城文化层亦有战国时期遗物[④]。秦汉原阳县当与战国原阳一脉相承，应是赵国云中郡属县。赵武灵王由原阳发兵，大致沿大黑河西南行，渡黄河进入鄂尔多斯高原东北部，将榆中吞并，开疆拓土千余里。所谓“九限之固”和“五径之险”更多的是形容行军路线之崎岖艰难。参考鄂尔多斯高原的地理形势，唯有鄂尔多斯高原东部、东南部区域，即黄河中游鄂尔多斯高原外流区为丘陵沟壑区，地势起伏较大，相对山高沟深。赵武灵王所率骑兵在这种地形行军，虽难以肆意驰骋，但仍能发挥骑兵优势。因此，从地形地貌分析，榆中必在鄂尔多斯高原东部区域。再者，文献明确指出由原阳（今内蒙古呼和浩特黄合少镇二十家村古城）至榆中拓地千余里，这表明榆中之地广大。由原阳进入鄂尔多斯高原约100公里路程。因此，保守估计，榆中南端大概在今榆林市南部。

第二，《史记·赵世家》载：赵惠文王二年（前297），赵武灵王“行新地，遂出代，西遇楼烦王于西河而致其兵。三年，灭中山，迁其王于肤施”[⑤]。据此可知，此时鄂尔多斯高原的楼烦部族武装已被赵武灵王收编[⑥]。同时，肤施（故城即今陕西榆林市榆阳区米家园则古城）地区已是赵国辖地，赵国势力已经抵达鄂尔多斯高原东南部的无定河流域。换言之，鄂尔多斯高原东部区域已纳入赵国版图。因此，肤施与云中和九原之间的鄂尔多斯高原东部丘陵沟壑区应是赵武灵王所开辟的榆中之地。倘若榆中被推定在内蒙古托克托县和土默特右旗境内，则无论如何称不上“辟地

---

① 〔汉〕班固：《汉书》卷三一《项籍列传》，〔唐〕颜师古注，中华书局，1962年，第1806页。

② 〔汉〕刘向集录：《战国策》卷一九《赵策二·王破原阳》，上海古籍出版社，1998年，第2版，第675页。

③ 吴丰享：《西汉云中郡属县治城位置新考》，《西夏研究》2017年第1期，第94—100页；谭其骧主编：《中国历史地图集》第2册，中国地图出版社，1982年，第17—18页，亦将其标绘在此地附近。

④ 国家文物局主编：《中国文物地图集·内蒙古自治区分册》下，西安地图出版社，2003年，第13页。

⑤ 《史记》卷四三《赵世家》，第1813页。

⑥ 〔清〕顾炎武著，〔清〕黄汝成集释：《日知录集释（全校本）》卷二九“楼烦条”，栾保群、吕宗力校点，上海古籍出版社，2006年，第1663页。

千里”。

第三，有史料亦可佐证榆中在鄂尔多斯高原东部区域。赵惠文王十六年（前283），因秦、赵两国多次联合攻打齐国，苏厉为齐国遗赵王书曰：“燕、秦谋王之河山，间三百里而通矣。秦之上郡近挺关，至于榆中者千五百里”[①]。这表明秦上郡、挺关和榆中在地理空间上大致由南向北分布。此处的一千五百里路程应是由秦国上郡至榆中最北端的路程。挺关，顾名思义是一座重要的军事要塞。古代关隘绝大部分是为扼守山谷要道而筑。当时的秦国上郡辖区尚未如秦一统后那样南北深长、广大。上郡应未北逾白于山，白于山以北偏东区域应是赵国肤施等县辖区。或许当时秦、赵两国就以白于山山脉为分界线。挺关极有可能是一个穿越白于山的重要通道关口。白于山是鄂尔多斯高原和黄土高原的重要分界地标，其间必有通道将二者相连。鉴于白于山的军事价值，古人常在山间通道设置关隘，比如秦汉著名的“桥门”，唐宋的“塞门”等重要关口。挺关的地理位置究竟在哪里？《中国历史地图集》将“挺关”标绘在39°N以南约20公里、109°E以东约35公里的蒙陕交界处，即今内蒙古鄂尔多斯乌审旗图克镇、陕西榆林榆阳区小壕兔乡一带。[②]但是，此处的地理形势难以形成重要关隘。再者，由此向北约一千五百里[③]路程，足以抵达内蒙古包头达尔罕茂明安联合旗境内，与史书记载不相符合。因此，挺关应在《中国历史地图集》标绘地之南数百里。艾冲先生认为挺关“当在今大理河北侧山区”[④]，更有道理。挺关在此，北行千余里大致抵达鄂尔多斯高原北侧黄河附近，合乎史实。因此，榆中即鄂尔多斯高原东部区域。艾冲先生说：“‘榆中’地区在‘西河’（今山、陕黄河峡谷）之西、‘挺关’（在今大理河北侧）之北、今东胜梁之南地带，包括今榆溪河、葭芦河、秃尾河、窟野河和黄甫川在内的区域。”[⑤]他所言是榆中的主体区域，其北侧应包括黄河“几”字形河湾内侧、东胜梁以北区域，即今鄂尔多斯高原东北部。

二、赵武灵王进取阴山

赵国于赵武灵王二十年（前306）向西开拓取得榆中（今鄂尔多斯高原东北部

---

① 《史记》卷四三《赵世家》，第1817—1818页。
② 谭其骧主编：《中国历史地图集》第1册，中国地图出版社，1982年，第37—38页。
③ “一千五百里”或许有夸大成分，但千余里是合理、可信的。
④ 艾冲：《战国至西汉郡县制在鄂尔多斯高原的建立、发展与分布》，《陕西师范大学学报（哲学社会科学版）》2014年第6期，第20页。
⑤ 艾冲：《战国至西汉郡县制在鄂尔多斯高原的建立、发展与分布》，《陕西师范大学学报（哲学社会科学版）》2014年第6期，第20页。

广大丘陵沟壑区）之后，又于二十六年（前300）向北和西北开拓，“攘地北至燕、代，西至云中、九原”[①]。《史记·匈奴列传》则称：赵武灵王“北破林胡、楼烦。筑长城，自代并阴山下，至高阙为塞。而置云中、雁门、代郡”[②]。由此可知，赵国在打败阴山以南的林胡和楼烦后，在其故地设置代郡、雁门、云中和九原四郡[③]。不久，又筑造一道横亘在大青山和乌拉山南麓的长城防御工程体系，以抵御北方的胡人南掠。赵国在鄂尔多斯高原东北部毗邻区建置起健全、有效的军政管理机构，并以军事重镇云中城和九原城为后方基地，有效控制着大青山和乌拉山南侧的前套平原，甚至包括后套平原部分区域。

赵武灵王取得鄂尔多斯高原东部和前套平原后，并未罢手。次年（前299），赵武灵王打算继续向西北略取胡地，“欲从云中、九原直南袭秦”[④]。为此，赵武灵王甚至伪装成使者入秦，侦察地形，意图纵穿鄂尔多斯高原中部，南下关中，奔袭秦都。但是，此次颇具胆识的军事计划未能付诸实施。倘若其计划实施成功，必将是一场军事奇迹。

三、赵国构筑阴山长城防御工程体系

赵武灵王二十六年北破林胡和楼烦，将赵国北疆推进至阴山山脉后，在大青山和乌拉山南麓筑就一道呈东西走向，以泥土夯筑为主、土石混筑为辅的长城[⑤]，作为赵国北疆屏障，以备匈奴。秦汉时期也曾沿用和完善这道长城防线。

（一）赵国北长城的走向

目前学界根据《史记·匈奴列传》[⑥]和《水经注》[⑦]等文献记载，结合实地考察和

① 《史记》卷四三《赵世家》，第1811页。

② 《史记》卷一一〇《匈奴列传》，第2885页。

③ 关于九原是与云中为并列之郡，还是云中之县，可参见辛德勇：《张家山汉简所示汉初西北隅边境解析——附论秦昭襄王长城北端走向与九原云中两郡战略地位》，《历史研究》2006年第1期，第15—33页；史念海：《论九原郡的始置年代》，见史念海：《史念海全集》第5卷，人民出版社，2013年，第506—511页。

④ 《史记》卷四三《赵世家》，第1812页。

⑤ 学界通常将这道长城称为赵国北长城或赵国阴山长城。

⑥ 《史记》卷一一〇《匈奴列传》，第2885—2886页。“筑长城，自代并阴山下，至高阙为塞。”《史记正义》引《括地志》云：“赵武灵王长城在朔州善阳县北。案《水经》云白道长城北山上有长垣，若颓毁焉，沿溪亘岭，东西无极，盖赵灵王所筑也。”

⑦ 〔北魏〕郦道元注，〔民国〕杨守敬、熊会贞疏：《水经注疏》，段熙仲点校，江苏古籍出版社，1989年，第232—233页。“其水又西南入芒干水，又西南，迳白道南谷口。有城在右，萦带长城，背山面泽，谓之白道城。自城北出有高阪，谓之白道岭。……余每读《琴操》，见《琴慎相和雅歌录》云：饮马长城窟，及其扳陟斯途，远怀古事，始知信矣，非虚言也。顾瞻左右，山椒之上，有垣若颓基焉，沿溪亘岭，东西无极，疑赵武灵王之所筑也。”

文物考古调查，已经基本探清赵国北长城的起止和走向。赵国北长城自内蒙古乌兰察布市兴和县二十七号村北鸳鸯河北岸[1]向西延伸，经由卓资县旗下营镇，穿过大青山和斗金山之间山谷，渡大黑河，由那只亥村进入呼和浩特市境内，沿大青山山腰向西延伸，途经哈拉沁沟、坡根底村、蜈蚣坝，至乌素图水库南侧转向西南，至霍寨村又沿大青山山脚向西延伸，进入土默特左旗。长城沿大青山山脚继续向西延伸，途经白石头沟、水磨沟、朱尔沟、万家沟等沟口，抵达古雁沟口的圪力更村北，由此向西进入包头市土默特右旗境内。[2]赵国北长城由土默特右旗协力气村继续沿大青山南麓向西延伸，过美岱沟、水涧沟口至五当沟口，由此向北深入大青山，途经包头市石拐区老爷庙山，沿大南沟向北延伸至国庆乡白泥沟，然后向西延伸至包头市九原区昆都仑河东侧的边墙壕村。赵国北长城由此西渡昆都仑河，沿乌拉山南麓向西延伸，经哈德门沟、大坝沟、梅力更沟口、达拉盖沟口进入乌拉特前旗。[3]赵国北长城继续沿乌拉山南麓向西延伸，途经呼和布拉格沟（公庙沟），至大坝沟口终止。[4]

（二）赵国北长城沿线障城

赵国在构筑北长城时，着重加强对进出大青山和乌拉山的河沟谷道的控制。其中，在长城沿线构筑障城以供军队屯戍、扼守通道是基本方式。但是，赵国在北长城沿线修筑了多少障城，既无文献记载，又因战国晚期至汉初文化层有较高相似性，而学界对已发现的障城是否具有战国文化层也缺乏深入的考古调查。因此，只能通过分析已明确属于汉代的障城来探究赵国北长城沿线障城的军事地理价值。通过前辈学者考察和文物工作者普查可知，至汉代，赵国北长城乌拉山和大青山段至少有十几个障城。

赵国北长城乌拉山段沿线尚存的障城自西向东主要有：张连喜店障城、公庙沟口障城、梅力更沟南障城、梅力更沟北障城、大坝沟障城、哈德门沟障城、卜尔汉图东北障城、卜尔汉图西南障城、昆都仑召障城、营洞山障城和边墙壕障城等。

（1）张连喜店障城　地处乌拉特前旗乌拉山镇张连喜店村东、赵武灵王长城南侧约300米。障城平面呈长方形，东、西墙长250米，中部有瓮城，南、北墙长280米。城墙夯筑，基宽12米，残高1—6米。[5]现今城址遗迹已不明显，据当地老乡讲，

---

① 李逸友：《中国北方长城考述》，《内蒙古文物考古》2001年第1期，第2—3页。

② 朝克：《呼和浩特地区长城遗存》，《内蒙古文物考古》1994年第2期，第25页。

③ 包头市文物管理处、达茂旗文物管理所：《包头境内的战国秦汉长城与古城》，《内蒙古文物考古》2000年第1期，第74页。

④ 国家文物局主编：《中国文物地图集·内蒙古自治区分册》下，第622页。

⑤ 国家文物局主编：《中国文物地图集·内蒙古自治区分册》下，第622页。

古城曾发现大量三棱箭头和麻钱。①此城既扼守乌拉山西南端与黄河之间的狭窄通道，控制东侧的大坝沟（达巴图沟）口，可能就是赵国北长城终点阴山高阙。张连喜店古城规模较大，这可能与其较高的军事价值密切关联。稍后，赵国在前套平原设置属县，此城可能是九原郡西安阳县故城。

（2）公庙沟口障城　地处乌拉特前旗白彦花镇公庙沟（呼和布拉格沟）口。障城平面为方形，边长140米，北墙利用赵武灵王长城墙体，四个城角有角台，城墙夯筑，残高0.5—2米，基宽3.5米。②此障城主要是扼守公庙沟通道。据说，公庙沟北段崎岖难行，但尚可步行通过。③

（3）梅力更沟南障城和北障城　乌拉山的主峰大桦背（2322米）东侧有一条梅力更沟，沿此沟可穿越乌拉山。战国秦汉时期，梅力更沟口西侧筑有南、北两座障城。其中，梅力更沟南障城地处长城南约8米、梅力更沟口西侧高地之上，距沟底高差约50米。④障城平面为方形，边长65米，城墙夯筑，城墙基宽15米，残高3—5米，顶部宽4米，北墙中部建有烽燧。⑤梅力更沟北障城北墙利用长城墙体，平面为长方形，城墙夯筑，南、北墙长55米，东、西墙长35米，城墙基宽10米，残墙高2—3米，顶部宽2.5米，南墙设有宽约9米的门道。⑥这两座障城亦是西南约5公里宜梁县城（今内蒙古乌拉特前旗三顶帐房古城）的屏障。

（4）大坝沟障城　地处包头市九原区哈业胡同镇大坝沟口西。障城平面呈方形，北墙利用长城墙体，城墙夯筑，南、北墙长32米，东、西墙长37米，基宽13米，残高2—3米，顶宽4米。障城东北角有一边长20米的烽燧遗址。此障城主要是控扼大坝沟，进行预警。

（5）哈德门沟障城　地处包头市九原区哈业脑包乡哈德门沟口东侧黄土岗，障城东、西两侧为河槽。⑦障城平面呈不规则长方形，南墙利用长城墙体，城墙夯筑，南、北墙长123米，东、西墙总长约213米，城墙基宽8米，残高1—3米，顶宽3米。城

① 2018年8月9日，陕西师范大学艾冲教授带领项目组成员对张连喜店古城进行了实地考察。

② 国家文物局主编：《中国文物地图集·内蒙古自治区分册》下，第622页。

③ 2018年8月9日，陕西师范大学艾冲教授带领项目组成员在此障城进行了实地考察。

④ 2018年8月9日，陕西师范大学艾冲教授带领项目组成员对此障城进行了实地考察。

⑤ 包头市文物管理处、达茂旗文物管理所：《包头境内的战国秦汉长城与古城》，《内蒙古文物考古》2000年第1期，第80页。

⑥ 包头市文物管理处、达茂旗文物管理所：《包头境内的战国秦汉长城与古城》，《内蒙古文物考古》2000年第1期，第80页。

⑦ 王晓琨：《战国至秦汉时期河套地区古代城址研究》，社会科学文献出版社，2014年，第86页。

址北部高台有一座南北墙长37米、东西墙长43米的小城。[①]这座障城控制哈德门沟这条通往乌拉山北侧的谷道，是九原郡城西北翼屏障之一。

（6）卜尔汉图东北障城和西南障城　乌拉山虎奔汉沟也是赵国北长城沿途需重点设防的通道。战国秦汉时期在虎奔汉沟口设有两座障城。其中，卜尔汉图东北障城位于卜尔汉图村东北约300米、赵武灵王长城南约50米。障城“平面呈长方形，内一南北墙将城分为东西两城。……东城南北长115米，东西宽60米，东墙中央设门宽约10米。西城南北长115米，东西宽84米，南、北墙各设一门，宽约10米”[②]。卜尔汉图西南障城地处卜尔汉图村西南300米虎奔汉沟西岸，障城平面呈长方形，城墙夯筑，南、北墙长83米，东、西墙长110米，基宽15米，城墙残高1.5—2米，顶宽2.5米。[③]

（7）昆都仑沟三座障城　今昆都仑河即汉魏时期的石门水，战国秦汉时期就已是进出九原郡的重要通道。赵国在此筑造三座障城。其中，边墙壕障城地处包头市昆都仑区边墙壕村西约1公里的昆都仑沟东侧高地。障城平面为长方形，北墙借用长城墙体，南墙开门，南、北墙长约70米，东、西墙长约150米。城墙夯筑，基宽8米，残高约3.5米，顶宽3米。[④]昆都仑召障城地处昆都仑河西岸高地。障城平面为长方形，北墙长约82米，东墙残长约40米。[⑤]城墙夯筑，基宽7米，残高约2.4米，顶宽4米。其北墙利用长城墙体，南墙和东西墙南段已毁。[⑥]营洞山障城地处赵武灵王长城北侧约3.5公里的高地。昆都仑河绕障城东侧南流。障城平面大致呈长方形，东、西墙长约50米，南、北墙长约100米。城墙夯筑，基宽8米，残高约2米，顶宽1—3米。[⑦]这三座障城呈品字形，共同扼守大青山和乌拉山间的昆都仑河谷通道。

赵国北长城大青山段尚存的障城自西向东主要有克尔玛沟障城、后坝障城和霍寨障城。具体如下：

（1）克尔玛沟障城　地处包头市九原区大庙村东、克尔玛沟西侧、赵国北长城内侧。障城平面为方形，南、北墙长约25米，东、西墙长约30米。城墙夯筑，基宽

① 国家文物局主编：《中国文物地图集・内蒙古自治区分册》下，第61页。
② 包头市文物管理处、达茂旗文物管理所：《包头境内的战国秦汉长城与古城》，《内蒙古文物考古》2000年第1期，第79页。
③ 国家文物局主编：《中国文物地图集・内蒙古自治区分册》下，第61页。
④ 包头市文物管理处、达茂旗文物管理所：《包头境内的战国秦汉长城与古城》，《内蒙古文物考古》2000年第1期，第77页；国家文物局主编：《中国文物地图集・内蒙古自治区分册》下，第60页。
⑤ 国家文物局主编《中国文物地图集・内蒙古自治区分册》下第60页则称城墙边长100米。
⑥ 包头市文物管理处、达茂旗文物管理所：《包头境内的战国秦汉长城与古城》，《内蒙古文物考古》2000年第1期，第77页。
⑦ 国家文物局主编：《中国文物地图集・内蒙古自治区分册》下，第60页。

5米，残高约3米，顶部0.8米。其中，北墙借助长城墙体，西墙开门。[①]克尔玛沟障城可对由今固阳县金山镇途经沟谷和山梁穿越大青山进入包头市九原区的通道进行控制。

（2）后坝障城　地处包头市石拐区国庆乡后坝村、沿黄土梁自南向北延伸的赵国北长城西侧。障城平面约呈方形，东、西墙长95米，南、北墙长92米，城墙夯筑，基宽10米，残高3—6.2米，顶宽1—2.5米。其中，东墙借助长城墙体，西墙有宽约10米的门道。[②]后坝障城控制五当沟上游支流瓦窑沟。沿此沟东南行，再东行可至石拐区政府驻地，再沿五当沟南行可穿越大青山进入土默川平原。

（3）霍寨障城　地处土默特左旗台阁牧镇霍寨村北200米。障城平面呈长方形，城墙夯筑，东、西墙长40米，南、北墙长50米，残高约1米，基宽4—6米。[③]霍寨障城东北距呼和浩特市北的蜈蚣坝沟约8公里，其作用应是为西南方的云中郡城预警。

（三）赵国北长城北侧的塞墙和塞壕

最迟至汉代，在赵国北长城以北某些军事防御价值较高之地已构筑塞墙和塞壕，以加强对山间通道的控制。这些塞墙和塞壕主要集中在大青山呼和浩特市段，自西向东依次为：

（1）小坝子塞墙　地处土默特左旗大朱尔沟小坝子村东侧山梁之上，呈南北走向，长约800米，截断山谷通道。塞墙夯筑，残高1.5—3米，基宽6米。此外，山顶之处有一座烽燧。[④]

（2）蜈蚣坝沟塞墙　地处大青山蜈蚣坝沟，东起红山口峭壁，沿山脊向西蜿蜒，止于乌素图沟东侧陡坡，全程约10公里。这段塞墙为夯筑土墙，大部分坍塌，残高0.5—1米，基宽2.2米。[⑤]

（3）小东沟塞壕　地处大青山小东沟村南2.5公里，横亘于大梁山北坡，全长约1.2公里，壕深0.5—1.6米，底宽4米，口宽6米。壕沟南侧有一长约150米、宽约80米的建筑遗址，可能是一座障城。[⑥]

---

① 包头市文物管理处、达茂旗文物管理所：《包头境内的战国秦汉长城与古城》，《内蒙古文物考古》2000年第1期，第77页；国家文物局主编：《中国文物地图集·内蒙古自治区分册》下，第60页。

② 包头市文物管理处、达茂旗文物管理所：《包头境内的战国秦汉长城与古城》，《内蒙古文物考古》2000年第1期，第77页。

③ 国家文物局主编：《中国文物地图集·内蒙古自治区分册》下，第19页。

④ 国家文物局主编：《中国文物地图集·内蒙古自治区分册》下，第19页。

⑤ 国家文物局主编：《中国文物地图集·内蒙古自治区分册》下，第10页。

⑥ 国家文物局主编：《中国文物地图集·内蒙古自治区分册》下，第10页。

（4）小井沟塞墙　地处大青山小井沟谷内，南距沟口约2.5公里。此处有两道东西走向、南北相距约100米的城墙，横亘在陡峭山梁之间，阻断南北通道。这两道平行的塞墙为土石混筑，南墙基宽约0.5—1.5米，残高0.5—1米，北墙基宽约4米，残高2米。①

（5）奎素沟塞墙　地处大青山奎素沟中部，呈东西走向，阻断奎素沟通道。这段塞墙由片石垒砌和夯土筑就，基宽4米，残高约0.5—1.3米。②

（6）面铺窑子塞墙　地处大青山面铺窑子沟中部，塞墙连接两侧山梁，阻断山谷通道。这段塞墙夯筑，基宽4米，残高约0.5—1.5米。③

经过梳理可见，赵国北长城乌拉山和大青山西段沿线沟口有众多障城，大青山东段障城较少，却在长城以北构建塞墙和塞壕阻断沟谷通道。这些障城、塞墙和塞壕都是赵国北长城防御体系的重要组成部分。

（四）赵国北长城后方的郡县城镇

赵国北长城沿线的烽燧、障城、塞墙和塞壕共同构筑起一道军事防御工程体系，能够防备匈奴的小规模骚扰。但是，面对匈奴大规模进犯，就需要足够的兵力屯戍长城方可。从赵国北长城沿线障城数量和规模判断，赵国北长城本身并不能满足大量军队长期屯戍的需求。这就需要赵国北长城后方存在强力的军事据点支撑。自赵武灵王北破林胡和楼烦之后，赵国诸王、秦朝和西汉王朝都很重视赵国北长城后方——今前套平原的军事城镇建设。这些军事城镇多以郡城和县城的形式存在。

前套平原最重要的军事城镇即九原郡城（今内蒙古包头市九原区麻池古城）和云中郡城（今内蒙古呼和浩特市托克托县古城镇古城）。这两个军事重镇支撑起赵国北长城乃至前套平原的军事驻防。其中，九原郡城地处大青山与乌拉山分界的昆都仑沟口南约8公里，控扼“石门水”通道；云中郡城北距赵国北长城约25公里，是赵国北长城大青山段最重要的支撑点。在九原郡城和云中郡城之外，又有诸多县城分布在赵国北长城南侧，控扼附近的山谷通道等军事要地。比如西安阳县城（今内蒙古巴彦淖尔市乌拉特前旗张连喜店古城），可能利用赵国高阙塞故城，控制西山嘴通道和大坝沟通道；宜梁县城（今内蒙古巴彦淖尔市乌拉特前旗三顶帐房古城）控制乌拉山主峰大桦背附近的梅力更沟、达拉盖沟等通道；稒阳县城（今内蒙古包头市东河区古城湾古城）则扼守大青山西南端与黄河之间的狭窄通道，并作为经由五当沟深入大青山，再经老爷庙山至后坝障城的南北走向长城的后方基地；犊和县城（今内蒙古呼和浩特

① 国家文物局主编：《中国文物地图集·内蒙古自治区分册》下，第10页。
② 国家文物局主编：《中国文物地图集·内蒙古自治区分册》下，第11页。
③ 国家文物局主编：《中国文物地图集·内蒙古自治区分册》下，第11页。

市土默特左旗毕克齐镇大古城村古城村城址）北距赵国北长城仅4公里，可控制正北的黑牛沟、西北的朱尔沟和万家沟等大青山通道；北舆县城（今内蒙古呼和浩特市赛罕区巴彦镇塔布陀罗亥古城）北距榆树沟赵国北长城约3公里，对东北的小井沟、奎素沟，西北的哈拉沁沟，秦汉长城与赵国北长城交会的坡跟底、蜈蚣坝等要地形成控制；武泉县城（今内蒙古呼和浩特市新城区保合少镇北水泉村遗址），既支撑北侧1公里的赵国北长城防务，还控制大青山和斗金山之间的山谷通道。此外，在赵国北长城南侧还有众多或许战国时期已存在、秦汉时期充分利用的古城和聚落遗址，可能与赵国北长城的军事驻防存在一定关联。

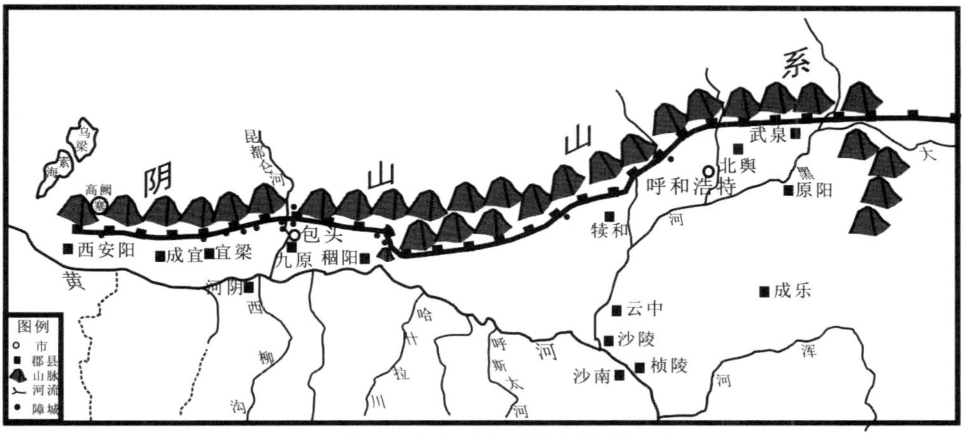

图1-1　战国至汉初赵国北长城防线示意图

可见，自赵武灵王二十六年（前300）赵国开始构筑东起今乌兰察布市兴和县鸳鸯河北岸，向西沿大青山南麓延伸至五当沟，由此向北深入大青山，至后坝障城再沿大青山山脚向西延伸，过昆都仑沟后沿乌拉山南麓延伸至乌拉山西段大坝沟口的赵国北长城。赵国北长城是抵御匈奴的军事防御工程。此后，赵国孝成王、悼襄王等，以及秦王朝和西汉王朝，都对赵国北长城进行过修缮和利用，最终形成以赵国北长城墙体、烽燧、障城、塞墙、塞壕为一体的防线，以南侧九原郡城和云中郡城为核心支撑、众多县城为小区域支撑的军事防御工程体系。赵国北长城军事防御体系对于赵国、秦朝和西汉王朝抵御匈奴进犯、保障前套平原乃至内地安全发挥着至关重要的作用。

综上所述，赵国在赵武灵王时期，通过胡服骑射等军事变革措施，迅速壮大其军事实力。在赵武灵王正确的军事战略和精妙的战术指导下，赵国一步步打败分布在前套平原和鄂尔多斯高原东北部的林胡和楼烦部落，将此区域纳入赵国版图，并通过设置云中、九原等边郡，在阴山南麓构筑长城、城邑等措施，逐步建立起在鄂尔多斯高原东部及东北侧毗邻区的军事驻防体系。这种军事格局持续了很长时间。尽管其后赵国北疆面临逐渐强大的匈奴势力，但由于存在健全的军事驻防体系，加上名将李牧的长期镇守，匈奴部落便长期不敢侵入赵国边地。

第二节　秦国北进鄂尔多斯高原及其军事布防

秦国作为鄂尔多斯高原南侧重要的政治力量，在与义渠等戎和晋国及稍后的魏、赵两国的斗争中，逐步进据鄂尔多斯高原，并建立相应的军事驻防体系巩固在此区域的统治。

一、秦国逐步进据鄂尔多斯高原

春秋时期，戎狄错居于泾、渭两河之北。秦国西北最大势力就是西戎诸部。虽然秦穆公三十七年（前623），“用由余谋伐戎王，益国十二，开地千里，遂霸西戎”①。但是，其时秦国北界仍未逾越关中地区。

进入战国时期，至秦厉共公三十三年（前444），秦国再次“伐义渠，虏其王”②。但也仅将义渠戎暂时打败，未能大幅度开疆拓土。十余年后，义渠戎便恢复元气，于秦躁公十三年（前430）伐秦复仇，兵锋直抵“渭南”。在秦国东北方则是强大的晋国，双方长期在洛河一带形成拉锯战局面。秦简公六年（前409）就曾“堑洛”③，构建防御工事以备晋国。三家分晋后，秦国东北部与魏国接壤。当时“魏筑长城，自郑滨洛以北，有上郡”④。至秦孝公十二年（前350），秦国“东地渡洛”⑤，距离鄂尔多斯高原南缘更近一步。

秦国进入鄂尔多斯高原南侧毗邻区，始自秦惠文王时期（前337至前311）。在秦国东北方向，秦国于秦惠文王十年（前328）击败魏国，魏纳河西上郡十五县于秦。此十五县的地域范围，《史记正义》解释为唐代“鄜、绥等州也”⑥，即今黄土高原的富县、延安一带。自此，魏国河西滨洛之地尽属秦国。秦国东北境抵达白于山一带。在秦国西北方向，秦国于秦惠文王后十年（前315）“伐取义渠二十五

① 《史记》卷五《秦本纪》，第194页。
② 《史记》卷五《秦本纪》，第199页。
③ 《史记》卷五《秦本纪》，第200页。
④ 《史记》卷五《秦本纪》，第202页。
⑤ 《史记》卷五《秦本纪》，第203页。
⑥ 《史记》卷五《秦本纪》，第206页。

城”[①]。秦昭王（秦昭襄王）三十五年（前272）时，宣太后在甘泉宫诈杀义渠王，并起兵伐残义渠。至此，秦国吞并义渠戎之地，占据今甘肃庆阳、平凉和宁夏固原部分区域，秦国西北疆域推进至鄂尔多斯高原南部台地。为巩固既有战果，保障秦国西北边地的安全，秦国既设置“陇西、北地、上郡”[②]，以郡城和县城为军政据点进行区域控制，更于秦昭王三十六年（前271）[③]开始大规模“筑长城以拒胡”[④]。这道长城对于巩固秦国在新占区的统治起到重大作用，更是为秦国其后扫灭六国解除了后顾之忧。

战国时期，秦国逐步将鄂尔多斯高原东部和西南部纳入版图。但是，鄂尔多斯高原西北部广大地域并未被秦国占领。尽管秦惠文王曾于后五年（前320）北游至北河[⑤]，秦昭王亦于二十年（前287）由上郡抵达北河。但是，这只能表明鄂尔多斯高原西北部区域未有强大的政治势力，不代表秦国将其纳入版图。何况此区域东临赵国，秦、赵两国任何一方占据此地，将对鄂尔多斯高原及其毗邻区的军事地理格局产生极大冲击，极易引发双方大战。秦、赵两国均未轻易打破此区域的军事态势，此区域依旧是林胡和楼烦活动区。直至秦国吞灭山东六国后，秦始皇方派蒙恬北击匈奴，将鄂尔多斯高原全部纳入版图。

二、战国秦长城的建造与分布

秦国于秦昭王三十六年开始大规模“筑长城以拒胡”。学界对此处的“胡”存在不同认识，或谓义渠残余[⑥]，或谓匈奴[⑦]，或谓西戎[⑧]。根据战国秦长城的大致走向和秦昭王时期长城外侧区域各部落的空间分布可知，此道长城所拒之“胡”并非单指。其西南陇西段应是防御西戎，北地郡段应是防范义渠残余势力，上郡段则是防备林

---

① 《史记》卷五《秦本纪》，第207页。秦惠文王十四年更为元年。

② 《史记》卷一一〇《匈奴列传》，第2885页。

③ 关于秦昭王长城的始筑年代还有秦昭王二十八年（前279）说、秦昭王三十五年（前272）说。窃以为，秦昭王大规模构筑陇西、北地和上郡外围的长城应是在秦昭王三十六年（前271）。

④ 《史记》卷一一〇《匈奴列传》，第2885页。

⑤ 《史记》卷五《秦本纪》，第207页。

⑥ 景爱：《中国长城史》，上海人民出版社，2006年；罗庆康：《战国及秦汉长城修建原因浅析》，《内蒙古社会科学（文史哲版）》1988年第6期，第59—63页。

⑦ 史念海：《黄河中游战国及秦时诸长城遗迹的探索》，《陕西师大学报（哲学社会科学版）》1978年第2期，第50—66页；彭曦：《战国秦长城考察与研究》，西北大学出版社，1990年；董耀会：《瓦合集》，科学出版社，2004年，第154页。

⑧ 白音查干：《战国时期燕、赵、秦长城新论》，《内蒙古社会科学（汉文版）》1999年第5期，第51—55页。

胡、楼烦和赵国。这条长城对于保卫秦国新拓区起到重大作用，更为其吞灭六国解除后顾之忧。本书在前辈学者研究基础上，就战国秦长城鄂尔多斯高原及其毗邻区段的走向、终点，以及其不同区段修筑时间，略做探讨。

（一）鄂尔多斯高原及其毗邻区战国秦长城遗迹走向

依据学界前辈实地考察，在鄂尔多斯高原及其毗邻区发现大量战国秦长城遗迹，可大致勾勒出战国秦长城的实际走向，为探究战国秦长城与军事驻防的历史真相奠定了基础。[①]其中，战国秦长城庆阳华池段，延安吴起段，榆林靖边段、横山段、榆阳区段、神木段，以及鄂尔多斯伊金霍洛旗段遗迹比较明显，与本文的研究区域密切关联。

战国秦长城由今甘肃省环县安山川上游的长城塬进入今华池县西北乔川乡曹咀，沿沟东北行，在任台子越过陶岔沟，沿陶岔沟和桥儿川分水岭东行，经吊墩岭，然后绕王掌子下坡，沿西岔沟至王砭台，长城在此越过桥儿川爬上东岸，经桥儿川、二道川和三道川分水岭向东南方向延伸，在寺沟崾岘进入今陕西省吴起县。战国秦长城大致沿三道川南岸东北行，在鲍新庄渡洛河，由高油房爬上杨青沟北岸的杨青岭然后向东延伸，至韩坪沟叉转而向北，行约5公里抵达西沟塔，由此向东，沿今延吴高速北侧的瓦舍、礼拜寺、新庄台和新任庄，再趋向东北；经今志丹县爱要湾、柳树崾岘等地，进入今吴起县薛岔乡。战国秦长城大致沿吴起县、志丹县与靖边县的分界线，即周河上游右侧支流与宁赛川左侧支流间的分水岭向北延伸，在五谷城乡的深岘进入靖边县。

战国秦长城进入今靖边县境，向北延伸至白铁赐，转而沿周河上游与芦河上游分水岭东行，至大路沟乡政府驻地西北，再大致沿东芦河与延河上游分水岭东北行，至杏树台。战国秦长城在此分成两支。一支沿大理河上游和延河分水岭向东延伸，进入今延安市安塞区镰刀湾镇，沿白于山延伸至绥德黄河附近。另一支则继续向北，循东芦河和西芦河分水岭北上，至靖边县镇靖镇伙场坬村。战国秦长城在此转向东，经西梁北坡，至三圪墩湾，转向东北，经杨桥畔，北渡芦河，由高墩山进入今横山县瓦窑界。战国秦长城沿塔湾镇和黄蒿界镇的分界线，即沿芦河和黑河的

① 陕西省考古研究所陕北考古队、榆林地区文物管理委员会：《神木县窟野河上游秦长城调查记》，《考古与文物》1988年第2期；史念海：《黄河中游战国及秦时诸长城遗迹的探索》，《陕西师大学报（哲学社会科学版）》1978年第2期，第50—66页；戴志尚、刘合心：《榆林市境内新发现一段秦汉长城遗址》，《文博》1993年第2期，第82—83页；李逸友：《内蒙古史迹丛考》，见内蒙古文物考古研究所编：《内蒙古文物考古文集》第2辑，中国大百科全书出版社，1997年，第393—411页；冯国富、海梅：《固原战国秦长城调查》，《宁夏师范学院学报（社会科学）》2009年第4期，第124—132页；彭曦：《战国秦长城考察与研究》，第68—235页。

分水岭向东北延伸至寨城峁，再沿芦河与九房沟的分水岭向东北延伸至边墙壕沟，由此北渡无定河，进入今榆林市榆阳区。

战国秦长城东北行经芹河乡黄沙墩、十六台、河口梁等地，北渡芹河至红石峡，越榆溪河，沿榆溪河东侧支流头道河南侧山梁和台地向东北延伸，经吴家梁、边墙、刘房则、麻黄梁和李家峁等地，然后沿秃尾河支流扎林川向东延伸至大河塔镇海则沟进入神木县。[①]战国秦长城进入神木县后向西北方向延伸至沟掌，由此东北行，渡秃尾河支流红柳沟，然后沿红柳沟与芦沟之间的狭长地带向东延伸，越秃尾河至喇嘛河村，沿喇嘛沟和团团沟之间山梁向东北延伸，至神木县城西、雨则古梁转而向北，沿窟野河及其上游牸牛川西侧向北延伸，进入今伊金霍洛旗。[②]

战国秦长城循今牸牛川西侧向北延伸至新庙乡后，转而沿牸牛川支流束会川西侧向西北方向延伸至纳林塔，由此沿束会川向北至纳林陶亥镇曹家塔村，再向东北越过哈拉庆川，进入准格尔旗境内。[③]《中国文物地图集·内蒙古自治区分册》（下）称：战国秦长城由纳林塔过束会川沿纳林沟向西北延伸[④]。但是，经项目组成员在纳林塔实地考察，并咨询当地老乡，皆言纳林沟一带没有长城。[⑤]战国秦长城由准格尔旗李家坡村向北延伸至碾坊塔村，再转向东北至公沟村，渡牸牛川支流四道柳川，由此向东至暖水村，然后转向西北延伸，途经榆树壕村，最终抵达今达拉特旗白泥井镇的敖包梁。[⑥]

战国秦长城至今敖包梁后，向东和向西均有延伸痕迹。一支向西进入今鄂尔多斯市东胜区塔拉壕镇辛家梁村，延伸至于店圪卜村西南。[⑦]另一支则向东延伸至今达拉特旗坝梁南侧。关于这两段长城遗迹的属性，以及战国秦长城到底终止于何处，学界争议颇大。

---

① 彭曦：《战国秦长城考察与研究》，第172—174、183—185、196—197、205—217页。

② 陕西省考古研究院、西北大学文化遗产学院编著：《陕西省早期长城资源调查报告》上册，文物出版社，2015年，第68—129页。

③ 内蒙古自治区文化厅（文物局）、内蒙古自治区文物考古研究所编著：《内蒙古自治区长城资源调查报告·鄂尔多斯—乌海卷》，文物出版社，2016年，第7—20页。

④ 国家文物局主编：《中国文物地图集·内蒙古自治区分册》下，第593页。

⑤ 2018年6月12日，陕西师范大学艾冲教授带领项目组成员对纳林塔附近的战国秦长城进行了实地考察。

⑥ 内蒙古自治区文化厅（文物局）、内蒙古自治区文物考古研究所编著：《内蒙古自治区长城资源调查报告·鄂尔多斯—乌海卷》，第20—33页。

⑦ 内蒙古自治区文化厅（文物局）、内蒙古自治区文物考古研究所编著：《内蒙古自治区长城资源调查报告·鄂尔多斯—乌海卷》，第34—36页。

（二）战国秦长城北段走向与终点问题

关于战国秦长城的终点，学界分歧较大。主要有绥德黄河西岸说、鱼河堡附近无定河南岸说、十二连城说、十二连城以东说，以及战国秦长城两终点说等。[①]绥德黄河西岸说以张维华先生[②]和罗哲文先生[③]为代表，认为秦昭王长城止于今绥德县黄河边。无定河南岸说以景爱先生为代表，认为秦昭王长城进入今靖边县后，沿白于山东行，经今子洲县和绥德县，再沿无定河北上，止于无定河南岸，与鱼河堡相对；同时指出，经由榆林和鄂尔多斯的长城是秦统一后蒙恬所筑的长城。[④]战国秦长城两终点说主要以史念海先生和彭曦先生等为代表，但二者又有分歧。史念海先生认为：秦昭王长城终点一处在秦上郡肤施故城附近的无定河西侧，另一处在托克托县十二连城（按：属于准格尔旗）附近的黄河。[⑤]《中国历史地图集》亦是此种观点。[⑥]彭曦先生也认为秦昭王长城由靖边县杏树台沿白于山向东的长城止于无定河鱼河堡（按：今鱼河镇）附近，但由杏树台向北至准格尔旗的长城则止于十二连城以东。[⑦]

靖边县至达拉特旗的战国秦长城遗迹表明，战国秦长城仅仅止于榆林附近的说法是不全面的，其在鄂尔多斯高原另有一个终点。也就是说，战国秦长城有两个终点。其中，榆林地区的终点当在绥德黄河附近。这段长城由靖边县沿白于山向东延伸，依托自然地理形势，呈东西走向，与特定时期秦国上郡北界位置，以及防备赵国相适应。部分学者所言长城由绥德循无定河而上、止于与肤施县城相对的无定河南岸（或言西侧）。但是，这段长城是否存在尚难以断定。假使存在，为何终止于与肤施城相对的无定河南岸？由此至横山县无定河南岸的边墙壕沟长城间则出现空白。若是秦国凭借此长城防备赵国，赵国可从今鱼河镇至波罗镇间这段长约50公里没有长城的区域南渡无定河。如此，秦国修筑这段长城的动机让后人难以揣测，对其军事防御价值有所质疑。

既然战国秦长城一个终点在今榆林市绥德县黄河附近，那么其在鄂尔多斯市的

---

① 除以上说法外，李文信《中国北部长城沿革考（上）》（《社会科学辑刊》1979年第1期，第144—153页）认为长城经榆林后，直到河曲附近黄河岸边；罗庆康《战国及秦汉长城修建原因浅析》［《内蒙古社会科学（文史哲版）》1988年第6期，第59—63页］认为长城止于陕北东北的黄河岸边。

② 张维华：《中国长城建置考》上编，中华书局，1979年，第118页。

③ 罗哲文：《长城》，北京出版社，1982年，第20页。

④ 景爱：《中国长城史》，第153—154页。

⑤ 史念海：《黄河中游战国及秦时诸长城遗迹的探索》，《陕西师大学报（哲学社会科学版）》1978年第2期，第50—66页。

⑥ 谭其骧主编：《中国历史地图集》第1册，第31—32页。

⑦ 彭曦：《战国秦长城考察与研究》，第227—235页。

终点又在何处呢？谁的观点更有道理呢？这需要结合长城遗迹走向和当时军事地理形势进行推测。学界前辈经踏查发现，战国秦长城遗迹至达拉特旗敖包梁乡分为东西两支。西支遗迹“由达拉特旗敖包梁乡进入东胜区潮脑梁乡，西北行经辛家梁村、店圪卜村、乔家渠村南，至亚麻沟东岸中止，全长约11公里”[①]。东支遗迹则由敖包梁向东，至坝梁一带。这两段长城应该都是战国长城，然而是否都是战国秦长城呢？

对于战国秦长城由敖包梁向东延伸至何处，史念海先生认为：这段长城一直向东延伸至点素脑包，长城由此向北趋向准格尔旗十二连城黄河南岸。其依据是点素脑包有夯土方台。[②]彭曦先生则认为：点素脑包应是长城内侧的一烽燧，长城应由坝梁向北抵达黄河南岸再向东。[③]这两种说法正如辛德勇先生所言：都无遗迹支撑，点素脑包遗址应与秦、赵两国间的塞垣有关。他进一步推测，秦昭王长城北端并未抵达“北河”，而是向东折向“西河”岸边。[④]辛德勇先生这种观点有道理，但是，由敖包梁沿东胜梁高地向东延伸的长城起初未必是秦国所筑。理据如下：

第一，不论西支长城，还是东支长城，当为一国所筑。横亘于鄂尔多斯高原中部偏北区域的东胜梁是鄂尔多斯高原中部最大、最重要的分水岭。东西走向的东胜梁地处赵国九原郡之南、秦国上郡之北。其北侧地势相对平坦开阔，南侧中东部则是丘陵沟壑区，西部地势则平缓。东胜梁本身就是一道明显的地理分界。不论是由敖包梁向东至坝梁附近的长城遗迹，还是向西至麻沟东岸的长城遗迹，实际都是沿东胜梁高地延伸。至于东支长城至坝梁后未见明显的长城遗迹，只见点素脑包烽燧，其实并不难理解。这可能与相关区域的自然地理形势和交通密切关联。由敖包梁至坝梁一带是犊牛川和纳林川发源地，根据两条河流沿途的战国秦汉遗迹可知，这两条河谷是鄂尔多斯高原东部的重要通道。因此，其上游发源地是军事防御重点区域。由坝梁向东经点素脑包至黄河西岸这段东胜梁高地南侧是地势崎岖的沟壑区，且又无适宜的河谷通道，秦赵两国在此区域大规模争战的可能性较低。因此，这段东胜梁高地只筑烽燧或障塞就足以进行军事预警和防御。据此，从军事地理形势分析，东胜梁高地的古长城当为一国所筑，鉴于赵国和秦国进入鄂尔多斯高原北部的先后关系，当以赵国最初筑造的可能性最大。

第二，东胜梁高地的长城可能是赵国所筑。其中，对于西支长城，田广金先生提

---

① 国家文物局主编：《中国文物地图集·内蒙古自治区分册》下，第572页。

② 史念海：《鄂尔多斯高原东部战国时期秦长城遗迹探索记》，见史念海：《史念海全集》第3卷，人民出版社，2013年，第558—567页。

③ 彭曦：《战国秦长城考察与研究》，第227—235页。

④ 辛德勇：《秦汉政区与边界地理研究》，中华书局，2009年，第275—278页。

到，“根据长城走向及老乡传说，这道城往北到包头附近，应该与赵长城相接”①。辛德勇先生指出这一想法未得到重视，并认为这道长城应是赵武灵王所筑。②此论有道理。若这段长城北通包头，则其走向很可能是沿罕台川东侧北行，利用这段水险，与达拉特旗新民堡附近的赵国长城③相接。这段长城“西自树林召乡王二窑村东，呈东西走向，东经锡尼召村、秦油房村、王爱召村、门肯梁村，至新民堡村东中段，全长约30公里”④。赵国长城可能由王二窑村沿西柳沟北行抵达黄河南岸，由此北渡黄河。赵国可凭借这道长城、罕台川和西柳沟水险构筑一道防御秦国和胡人的防线。东支长城也可能是赵国所筑，若非如此，则东支长城和西支长城都始自敖包梁附近，东支为秦国自南向北防备赵国，西支为赵国自北向南防备秦国，这两道近乎东西一线的长城分属两方显然不合情理。

第三，在秦国不断蚕食赵国领土的过程中，秦国疆域抵达甚至越过东胜梁，为防御鄂尔多斯高原中、西部的胡人，遂继续构筑长城，将靖边南部的长城向北延伸至敖包梁附近，与赵国构筑于今东胜梁上的长城相接。同时，为了防备赵国，可能对东胜梁的长城进行改造，为秦国所用。如此，秦国上郡大部就被长城屏护。稍后，秦国占据赵国云中和九原，这段西支长城被秦国重点利用，而东支长城的防御价值有所下降。

综上所述，辛德勇先生所言敖包梁长城以塞垣形式向东延伸至黄河西岸的观点有道理。但是，这段东支长城与西支长城都应是赵国筑造，秦国在一定时期内沿用的可能性更大。战国秦长城鄂尔多斯段应该止于达拉特旗敖包梁附近。

（三）靖边县南部至达拉特旗敖包梁段长城修筑时间

窃以为，不论是止于绥德黄河的长城，还是止于鄂尔多斯高原敖包梁的长城，都是战国秦长城，只是修筑时间不同。景爱先生将由靖边至准格尔旗黄河岸的长城判定为秦统一后蒙恬所筑，是不恰当的。因为蒙恬所筑长城是鄂尔多斯高原边缘的“河上塞”和阴山长城。秦统一后，其版图向北拓展至阴山北麓，鄂尔多斯高原已无匈奴势力，在鄂尔多斯高原东部腹地再筑长城的动机是什么呢？其次，秦始皇统一六国后的

① 史念海：《鄂尔多斯高原东部战国时期秦长城遗迹探索记》，见史念海：《史念海全集》第3卷，第558—567页。

② 辛德勇：《秦汉政区与边界地理研究》，第275—276页。

③ 辛德勇：《秦汉政区与边界地理研究》，第275—278页；内蒙古自治区文化厅（文物局）、内蒙古自治区文物考古研究所编著《内蒙古自治区长城资源调查报告·鄂尔多斯—乌海卷》第38页则认为这段长城为秦汉榆溪塞长城。

④ 国家文物局主编：《中国文物地图集·内蒙古自治区分册》下，第575页。

10年间，北伐匈奴而筑长城、南讨百越而修灵渠、修筑直道和驰道等，都是耗费大量人力、物力和财力的巨大工程。这种背景下，在鄂尔多斯高原东部筑长城的可能性几乎没有。

鄂尔多斯高原东部长城并非秦统一后所筑。那么，它是否完全为秦昭王时期所筑呢？这种可能性是存在的。秦国长城的修筑与秦国疆域的拓展密切关联。赵武灵王进取“榆中”后，赵国版图已经抵达白于山附近。赵惠文王三年（前296），“肤施”已是赵国领土[①]。赵惠文王十六年（前283），“挺关”以北还是赵国领土，秦国上郡距离“挺关”尚有一定距离。[②]此时，秦国疆域尚未向北逾越白于山，是否占据“肤施”也难以断定。郦道元所言：奢延水“迳肤施县南。秦昭王三年置，上郡治”[③]，容易让人产生误解。其实，“秦昭王三年”应是“秦昭王三十六年”之笔误。此处“三”字后脱漏“十六”二字。据当时的军政形势可以断定，秦赵两国大致以白于山分界。延至赵惠文王二十八年（秦昭王三十六年，前271），秦国才攻取肤施城。

在这种军政形势下，秦国于秦惠文王时期修筑一条由今靖边县南沿白于山向东至绥德县的长城，以备赵国，合乎情理。《史记·张仪列传》明确记载张仪是“上郡塞”督造者[④]。此后，秦国不断向北蚕食赵国领土，逐步将鄂尔多斯高原东部地域纳入其版图，为防御鄂尔多斯高原中、西部的林胡和楼烦等部族，遂将今靖边县南部的长城继续向北延筑至今达拉特旗敖包梁附近。这段长城兴筑时间较晚，大体是在秦昭王三十六年及其后数年。

由上所述，秦国自秦惠文王时期始构建上郡北缘的长城防线，秦昭王时期为抵御戎狄和赵国，开始在陇西、北地和上郡外围修筑长城。战国秦长城并非一次性完成，而是随秦国疆域不断向鄂尔多斯高原开拓而延伸。战国秦长城由陇西大致向东北延伸至今甘肃省华池县，即进入鄂尔多斯高原南侧毗邻区，然后经由今吴起县，进入靖边县南部。战国秦长城在靖边南部沿白于山向东延伸至绥德县黄河附近。随着秦国不断蚕食赵国领土，秦国版图向北越过白于山抵达鄂尔多斯高原东胜梁一带，遂将今靖边县南部长城向北延伸，途经今榆林市横山区、榆阳区，神木市，伊金霍洛旗和准格尔旗，抵达今达拉特旗敖包梁附近。这里应是战国秦长城的终点。由敖包梁向东和向西的长城遗迹应是赵国长城。秦国占据东胜梁区域后可能对其进行了改造和利用。战国

① 《史记》卷四三《赵世家》，第1813页。
② 《史记》卷四三《赵世家》，第1818页。
③ 《水经注疏》，第260页。
④ 《史记》卷七〇《张仪列传》，第2284页。

秦长城因地制宜，充分利用山川地势，占据地利。同时，又与其沿线的烽燧、障城、内侧诸郡城和县城相互支撑，形成一条较为完备的军事驻防线。战国秦长城在秦国统一六国过程中发挥着重要作用。秦王朝和西汉王朝都曾利用过战国秦长城防线。

综括以上所述，战国时期，赵国和秦国先后向鄂尔多斯高原扩张。其中，赵国军队在赵武灵王指挥下，进取榆中，占据今鄂尔多斯高原东部丘陵沟壑区，稍顷又占据毗邻鄂尔多斯高原的前套平原。赵国在前套平原设置郡县，形成以云中城和九原城为战略支撑点，以阴山南麓长城为屏障的军事驻防体系，应对北边的匈奴。秦国则自秦惠文王时期开始，东北部辖区逐步向鄂尔多斯高原东南部拓展，西北部辖区向鄂尔多斯高原南侧毗邻区延伸，设置陇西郡、北地郡和上郡，并在其外围构筑长城军事防御工程，保障边地安全。简言之，战国时期，秦、赵两国分别从鄂尔多斯高原南部和东北两个方向进入该高原，并依托自然地理形势构筑长城，设置郡县城池，构筑相应的军事设施，以巩固战果，保障安全。

第二章　秦代鄂尔多斯高原军事地理①

公元前221年，秦王政吞灭六国，建立大一统的秦王朝。此时，鄂尔多斯高原西北部仍是匈奴等戎狄的活动区。但是不久，秦始皇就派遣蒙恬北征匈奴，攻取河南地、高阙、阳山和北假中，开地千余里，将整个鄂尔多斯高原及其毗邻区纳入秦朝版图。秦朝为巩固战果，在开疆拓土的同时，也在此区域逐步建立起严密的军事驻防体系。

第一节　蒙恬北击匈奴与军事驻防

秦朝北部疆域的开拓与蒙恬北击匈奴的军事活动密切关联。秦吞灭六国后，针对北方日益强大的匈奴，派遣将军蒙恬统率三十万（一说为十万②）大军对其进行猛烈打击③，迅速将鄂尔多斯高原及其毗邻区纳入秦朝版图，并依托此区域的自然地理形势构建起宏大、严密的军事驻防体系。

一、蒙恬攻取河南地、高阙、阳山和北假中

依据《史记·秦始皇本纪》④、《史记·蒙恬列传》⑤和《史记·匈奴列传》⑥的

① 本章吸收孟洋洋博士学位论文《战国秦汉时期鄂尔多斯高原军事地理研究》（陕西师范大学，2018年）部分成果。
② 《史记》卷一一〇《匈奴列传》，第2886页。
③ 《史记》卷一一〇《匈奴列传》，第2886页。
④ 《史记》卷六《秦始皇本纪》，第253页。
⑤ 《史记》卷八八《蒙恬列传》，第2565—2566页。
⑥ 《史记》卷一一〇《匈奴列传》，第2886页。

相关记载可知，蒙恬北击匈奴大致经历了两个阶段：第一阶段即征讨鄂尔多斯高原的匈奴，攻取河南地；第二阶段即蒙恬“渡河取高阙、阳山、北假中”[①]。因此，需先明确河南地、高阙、阳山和北假中的地理位置，方能对秦朝在鄂尔多斯高原及其毗邻区的疆域演变和军事驻防体系建构的时空进程形成明晰的认知。

（一）河南地

关于河南地的地理位置[②]，《史记正义》曰：“今灵、夏、胜等州，秦略取之”[③]，大致相当今鄂尔多斯高原。此说有一定道理，但所指范围过大。河南地顾名思义即“河”之南广大地域。河即黄河“北河”河段。北河是秦汉时期鄂尔多斯高原北侧黄河主河道，其故道大致与今巴彦淖尔市乌加河（亦称总排干渠[④]）对应。河南地北界为北河，北河上承鄂尔多斯高原西侧黄河河段，因此河南地西界亦以黄河为界。那么河南地的东界和南界在何处呢？窃以为河南地虽然是一个地理区域概念，但更蕴含历史内涵，应置于特定历史时段的军政形势下探讨。若仅从单纯的地理区域定义，则北河以南直至渭水之滨、黄河“几”字形河湾之内广大地域都可称为河南地。这显然不符合历史环境，亦不能被学界认可。

不论是秦朝蒙恬，还是汉朝卫青攻取的河南地，都是当时秦、汉王朝先前未控制区域。因此，河南地地理空间的划定必须具备以上条件。秦国在秦昭王时期已经拥有陇西、北地二郡，秦朝西北疆域部分区段以战国秦长城为界，因此河南地应指战国秦长城外侧区域。但是需注意的是，战国秦长城西南段并非蒙恬北击匈奴时的边界，鄂尔多斯高原南部台地早已是秦国版图，河南地南部应在白于山—大罗山一带。据此，河南地即战国秦长城外侧的鄂尔多斯高原区域，亦包括今后套平原大部分区域。

河南地空间位置既已确定，则蒙恬第一次北击匈奴，使其却地七百里后，秦朝版

① 《史记》卷六《秦始皇本纪》，第253页。

② 关于河南地的地理位置，学界多有研究。史念海《新秦中考》（见史念海：《史念海全集》第4卷，人民出版社，2013年，第504—533页）认为秦昭王长城之北都应该包括在河南地的范围之内……但并不是说这条长城之北都是河南地，河南地只限于朝那、肤施之间以北的地方。谭其骧《何以黄河在东汉以后会出现一个长期安流的局面——从历史上论证黄河中游的土地合理利用是消弭下游水害的决定性因素》（见谭其骧：《谭其骧全集》第1卷，人民出版社，2015年，第400页）认为河南地应该不仅指河套地区即当时的九原郡，迤南的陕北北部即当时的上郡和北地二郡也应包括在内。辛德勇《秦汉政区与边界地理研究》（第203、209页）认为从秦昭王长城向西、向北，直抵黄河河道这一大片土地，就应当是蒙恬所略取的河南地，榆中乃是河南地最南面的起点。

③ 《史记》卷六《秦始皇本纪》，第253页。

④ 《中国河湖大典》编纂委员会编著：《中国河湖大典·黄河卷》，中国水利水电出版社，2014年，第100页。

图随之向北开拓至北河南岸、向西抵达鄂尔多斯高原西侧黄河一带，鄂尔多斯高原已被全部纳入秦朝版图。

（二）高阙

蒙恬攻取的高阙与汉代朔方郡高阙相同，皆为阳山高阙，而非今乌拉山南麓赵国北长城西端的高阙[①]。关于秦汉高阙的地理位置，学界主要有石兰计山口说[②]、乌拉山西段沟口说[③]、达巴图沟说[④]、达拉盖山口说[⑤]和狼山西段说[⑥]等。其中，石兰计山口说更合适。

《水经注》载："河水又屈而东流，为北河。……东迳高阙南，……山下有长城。长城之际，连山刺天，其山中断，两岸双阙，峨然云举，望若阙焉。即状表目，故有高阙之名也。自阙北出荒中，阙口有城，跨山结局，谓之高阙戍。自古迄今，常置重捍以防塞道。……河水又东，迳临河县故城北。"[⑦]可知，高阙在西汉朔方郡临河县城（今内蒙古五原县塔尔湖镇五星村古城[⑧]）西北、北河以北，其附近有长城遗迹，而且，高阙是一处适合大军穿行的山谷通道。

据实地考察，今狼山两狼山山谷（亦称石兰计沟谷）通道全程长约6公里，宽约10—50米不等，道路平缓易行。两狼山山谷北口两侧山虽不高，但很陡峭，攀爬困难。出山谷后地形平坦开阔。在山谷北口西侧山脊之上发现一段石块垒砌的长城墙体[⑨]。据文物工作人员调查，此处有座军事驻防城遗址，其"平面为长方形，北城墙利用长城墙体，东西城墙长约150米，南北城墙长约300米。城墙由石块垒砌，残高约0.5—1.5米，宽约2—2.5米"[⑩]。可见，两狼山北口符合《水经注》的描述。

① 辛德勇：《秦汉政区与边界地理研究》，第181—255页。
② 唐晓峰：《内蒙古西北部秦汉长城调查记》，《文物》1977年第5期，第16—24页；鲍桐：《高阙地望新探》，《中国历史地理论丛》1993年第2辑，第65—80页。
③ 何清谷：《高阙地望考》，《陕西师大学报（哲学社会科学版）》1986年第3期，第74—77页；何清谷：《关于高阙位置的反思——兼答鲍桐同志》，《中国历史地理论丛》1993年第2辑，第81—94页；李逸友《高阙考辨》（《内蒙古文物考古》1996年Z1期，第39—44页）认为此高阙即赵国高阙，在乌拉山大坝沟口。
④ 魏坚：《河套地区战国秦汉塞防研究》，见教育部人文社会科学重点研究基地、吉林大学边疆考古研究中心：《边疆考古研究》第6辑，科学出版社，2007年；王治国：《高阙塞考辨》，《河套大学学报（哲学社会科学版）》2006年第4期，第9—11页。
⑤ 王北辰：《内蒙古后套平原的几个历史地理问题——兼考唐西受降城》，《内蒙古社会科学（文史哲版）》1989年第5期，第68—74页。
⑥ 张海斌：《高阙、鸡鹿塞及相关问题的再考察》，《内蒙古文物考古》2000年第1期，第23—28页。
⑦ 《水经注疏》，第213—214页。
⑧ 孟洋洋：《西汉朔方郡属县治城考》，《西夏研究》2016年第3期，第90—91页。
⑨ 2018年8月8日，陕西师范大学艾冲教授带领项目组成员在此处进行实地考察。
⑩ 国家文物局编：《中国文物地图集·内蒙古自治区分册》下，第626页。

（三）阳山

蒙恬攻取的阳山，《史记·秦始皇本纪》称为“陶山”[①]。关于这点，前辈学者已经校正，以“阳山”为是[②]。关于阳山的地理位置，《水经注》载：“河水又屈而东流，为北河。……东迳高阙南，……河水又东，迳临河县故城北。……河水自临河县东迳阳山南。阳山在河北。指此山也。”[③]据此可知，阳山在北河以北、汉高阙以东、汉朔方郡临河县城东部以北。北河故道即今乌加河，其北侧不远就是今狼山山脉。汉高阙即今狼山两狼山口，临河县故城即今五原县西北的五星村汉代古城。由此推知，阳山即今狼山东段。当时尚未将整座狼山皆称为阳山。

（四）北假中

关于北假中的地理位置，《水经注》载：“［河水］南屈，迳河目县故城西，［河目县］在北假中，地名也。自高阙以东，夹山带河，阳山以往，皆北假也。《史记》曰：秦使蒙恬将十万人，北击胡，度河取高阙，据阳山北假中。是也。”[④]据此可知，北假中在阳山高阙以东，地处山河之间。此处的山包括阳山等，河即北河自阳山南流河段。汉代五原郡河目县（今乌拉山北、乌梁素海及其以东区域）也处于北假中区域。

学界对北假中的地理位置，存在不同的观点。[⑤]《史记索隐》引应劭云：“北假在北地阳山北。”[⑥]《史记正义》引《括地志》云：“汉五原郡河目县故城在北假中。北假，地名也，在河北，今属胜州银城县。”[⑦]窃以为，北假中应是今乌拉山以北的小佘太川、明安川区域，亦包括今乌梁素海以及后套平原东部区域。如此判断主要基于《汉书·王莽传》的一段记载。王莽时期“遣尚书大夫赵并使劳北边，还言五原北假膏壤殖谷，异时常置田官。乃以并为田禾将军，发戍卒屯田北假，以助军粮”[⑧]。这条记载透露了两条重要信息。

第一，北假中在西汉五原郡境内。西汉五原郡前身是秦九原郡，汉武帝元朔二

① 《史记》卷六《秦始皇本纪》，第253页。
② 辛德勇先生已追述前人对此问题的研究，参见其《秦汉政区与边界地理研究》，第226—230页。
③ 《水经注疏》，第213—215页。
④ 《水经注疏》，第215—216页。
⑤ 王北辰《内蒙古后套平原的几个历史地理问题——兼考唐西受降城》［《内蒙古社会科学（文史哲版）》1989年第5期，第68—74页］认为北假中指今乌梁素海以西，整个后套平原；辛德勇《秦汉政区与边界地理研究》（第226—240页）对此问题论述最为严密详尽，认为北假中指阴山北坡与阳山南坡之间这一区域。
⑥ 《史记》卷一一〇《匈奴列传》，第2887页。
⑦ 《史记》卷一一〇《匈奴列传》，第2887页。
⑧ 《汉书》卷九九中《王莽传中》，第4125页。

年（前127）卫青收复河南地后更名五原郡，并迅速增置属县，拓大郡境。根据《汉书·地理志》和《水经注》的记载，以及秦汉古城的调查，可确定五原郡地跨今乌拉山南北广大地区，北假中必在此间。乌拉山南侧、黄河以北区域自赵武灵王时期就成为赵国疆土，秦灭赵国接收其故地。因此，此区域在蒙恬北击匈奴之前就已经纳入秦朝版图。何况此地北有乌拉山和赵国北长城，南有黄河之险，可谓山河险固，易于防卫。因此，秦朝接管赵国故地没有不控制此区域的理由。换言之，北假中应在乌拉山以北。

第二，北假中土地肥沃，适宜农耕。符合此条件的地理环境应是地势相对平坦开阔、水源充足且土壤成分适合农作物生长。今乌拉山以北、查石太山以南就存在较大的山间平原，即白云常合山南北两侧的小佘太川和明安川冲积平原。这两处平原河水、泉水众多，土壤相对肥沃。在白云常合山西侧，则是后套平原黄灌区，更加宜农宜耕。

因此，基于文献对北假中地理位置和农耕地理环境的描述判断，北假中即今乌拉山以北的小佘太川、明安川、乌梁素海和后套平原东部区域。

二、秦代鄂尔多斯高原军事驻防体系的建立与崩塌

秦朝在控制阳山和北假中之后，未继续向北开疆辟土。这固然与秦始皇主观意图有关，更是自然地理环境制约的结果。由阳山和北假中向北是草原地带，再北则是今中蒙交界地带东西长千余里且具南北纵深的茫茫戈壁和荒漠。在当时的历史条件下，这种地理环境并不适宜农耕民族活动。因此，阳山和北假中就是秦朝最北有效控制区的极限。几乎与开辟疆土同步，秦始皇下令构筑一系列军事工程，巩固蒙恬北击匈奴的成果。秦朝在鄂尔多斯高原及其毗邻区的军事驻防体系主要围绕城河上塞、营筑长城和凿通直道等军事工程展开。关于秦朝城河上塞、营筑长城和凿通直道等具体问题，下文具体论述，在此不赘。

秦朝强势北进，占据鄂尔多斯高原的匈奴头曼单于与之交战不利，节节败退，一度退至漠北。此时，匈奴东邻是强大的东胡，西邻则是势头正盛的月氏。因此，匈奴在秦始皇时期处于缩守状态。但是，秦末风云突变，鄂尔多斯高原的军事驻防体系发生骤变，迅速崩溃。

秦末，因赋税徭役繁重等因素引发大规模农民起义。此时，秦王朝内忧严重，秦二世政权摇摇欲坠，与防范不太强大的匈奴相比，平息内乱才是当务之急。于是，秦朝抽调大量北疆戍卒以镇压中原地区的起义武装。其中，秦将王离率领的北疆驻防军

就是镇压河北起义武装的主要力量。史载："陈胜之反秦，秦使王翦之孙王离击赵，围赵王及张耳［于］钜鹿城。"[①]而王离统率的军队大部分是蒙恬麾下戍守鄂尔多斯高原北部毗邻区的数十万兵卒。史书对此明确记载：蒙恬死后，秦"以兵属裨将王离"[②]。王离率领大量的北疆戍卒前往河北地区导致北疆驻防兵力锐减。鄂尔多斯高原及其北侧毗邻区的军事驻防体系既无优秀将帅坐镇，又无充足兵力支撑，实际已徒有其表，丧失其作用。随着秦朝军事重心转向中原，北疆防务已十分空虚，处于危险状态。

内地的乱局进一步发展后，"诸侯畔秦，中国扰乱，诸秦所徙適戍边者皆复去"[③]，北疆驻防体系完全瓦解。匈奴则乘机得以喘息。此时，匈奴内部亦发生巨变，冒顿弑父自立为单于，并东破东胡、西败月氏，又乘中国"罢于兵革"之际南越大漠，雄踞阴山，再南渡黄河兼并楼烦王和白羊王等部落，占据河南地。冒顿单于建立了一个庞大的部落联盟，控弦之士一度达到三十余万。[④]

至此，蒙恬北击匈奴获得的战果已不复存在。更重要的是，匈奴重新占据了极具军事战略意义的阴山山系和河南地。阴山山系包括狼山、色尔腾山、乌拉山和大青山等山脉，东西绵延千余里，林木茂盛，禽兽繁多，是匈奴最重要的战略物资补给地。正如汉元帝时郎中侯应所言：阴山"本冒顿单于依阻其中，治作弓矢，来出为寇，是其苑囿也"[⑤]。河南地更是地势开阔、湖泊棋布、水草丰美，适合游牧。冒顿单于将这两处军事价值极高的战略要地囊入怀中，不但使匈奴获得优良的生存环境，在一定程度上摆脱了大漠对匈奴的限制，更重要的是匈奴占据河南地，对西汉关中形成压迫之势。

综上所述，秦国在一统六国后，派遣蒙恬北击匈奴，取得巨大胜利，将秦国版图推进至阴山一线，随之在鄂尔多斯高原及其毗邻区构筑以长城和直道为主的军事驻防体系。这套军事驻防体系一度发挥重要作用，但因秦末秦王朝内乱，大量北疆戍卒南下而瓦解。

第二节　秦代鄂尔多斯高原及其毗邻区的长城防御工程体系

蒙恬攻取河南地后，黄河"几"字形河湾内侧区域成为秦朝疆域。秦始皇遂着手构建此区域的军事驻防体系。秦朝建立后，于秦始皇三十三年（前214）派蒙恬北

① 《史记》卷七三《王翦列传》，第2341页。
② 《史记》卷八七《李斯列传》，第2551页。
③ 《史记》卷一一〇《匈奴列传》，第2887页。
④ 《史记》卷一一〇《匈奴列传》，第2890页。
⑤ 《汉书》卷九四下《匈奴传下》，第3803页。

击匈奴，将秦朝版图拓展至阴山地带。为巩固北疆边防，秦始皇遂令蒙恬在赵国北长城和燕国长城基础之上构筑“［西］起临洮，［东］至辽东，延袤万余里”[①]的秦代万里长城。学界对秦代长城的起止点和走向多有研究。本节主要对鄂尔多斯高原及其毗邻区的秦代阴山长城[②]的修筑、走向，以及围绕长城构建的军事防御工程体系进行探究。

一、秦长城的构筑年代辨析

历史文献对秦王朝修筑长城之举有明确记载。《史记·秦始皇本纪》载：“自榆中并河以东，属之阴山，以为三十四县，城河上为塞。又使蒙恬渡河取高阙、陶山、北假中，筑亭障以逐戎人。徙谪，实之初县。……三十四年，適治狱吏不直者，筑长城及南越地。”[③]《史记·六国年表》载：秦始皇三十三年，“筑长城河上”[④]，三十四年（前213），“適治狱吏不直者筑长城”[⑤]。《史记·匈奴列传》亦载：“后秦灭六国，而始皇帝使蒙恬将十万之众北击胡，悉收河南地，因河为塞，筑四十四县城临河，徙適戍以充之。……因边山险堑溪谷可缮者治之，起临洮至辽东万余里。又度河据阳山北假中。”[⑥]

由此可见，秦始皇命蒙恬起筑长城之工役历经两个阶段：第一阶段即初步击败匈奴，取得黄河套内广大地域后，于秦始皇三十三年开始沿黄河置县筑城，“城河上为塞”。第二阶段即秦始皇三十四年北击匈奴、进据阳山和北假中后，此时阴山山脉成为其北疆的重要屏障。秦王朝开始在今狼山、查石太山和大青山大规模筑造新长城，并进一步修缮赵国长城、燕国长城，将各段长城相互连接，最终形成一道西起临洮、东至辽东，横亘于秦王朝北疆的万里长城。

关于秦代长城的构筑时间，学界存在不同的观点。如《中国历代长城发现与研究》认为：秦长城的修建经历了两个阶段，第一阶段为秦始皇二十六年（前221）至三十二年（前215）；第二阶段即秦始皇三十三年（前214）至三十七年（前210），共计12年。[⑦]其第一阶段的依据是《史记·秦始皇本纪》所载：“西至临洮、羌中，

① 《史记》卷八八《蒙恬列传》，第2565—2566页。

② 秦代在北疆修筑长城，其中阴山段在鄂尔多斯高原北部毗邻区，与本文研究密切关联，在此以秦代阴山长城为名。

③ 《史记》卷六《秦始皇本纪》，第253页。

④ 《史记》卷一五《六国年表》，第758页。

⑤ 《史记》卷一五《六国年表》，第758页。

⑥ 《史记》卷一一〇《匈奴列传》，第2886页。

⑦ 段清波、徐卫民编著：《中国历代长城发现与研究》，科学出版社，2014年，第181—182页。

南至北向户，北据河为塞，并阴山至辽东”[①]，以及张守节《史记正义》将“北据河为塞”解释为“从河傍阴山，东至辽东，筑长城为北界”[②]。窃以为，这是对秦始皇二十六年统一六国后秦朝疆域的描述，并不能据此断定秦王朝自秦始皇二十六年就开始修筑长城。罗哲文先生认为，秦代长城自秦始皇三十年（前217）开始建筑[③]。秦灭六国后可能开始着手修缮北疆燕、赵长城，并在某些地段以新建长城将燕、赵长城相连接。但是，其时应未大规模构筑新长城，特别是阴山长城必定是在北击匈奴后构建的。马非百先生认为，秦始皇命蒙恬修筑长城应始于秦始皇三十三年[④]。这一看法更有道理。

秦代长城在王离率驻防戍卒前往内地平叛后，逐渐失去足够的军力支撑。其后，匈奴诸部更是突破狼山段秦长城，再度占据河南地。于是，秦代长城防线名存实亡。因此，秦代长城的建造时间始于秦始皇三十三年，止于王离率边防军赴河北平叛的秦二世二年（前208）。

在此后七十余年间，这段长城遭受雨水冲刷、冰雪冻融和风力侵蚀，以及匈奴南下的破坏，不可避免地遭受损坏。因此，西汉收复河南地，将匈奴赶至今狼山以北后，汉武帝立即派苏建督筑朔方郡诸城，并“复缮故秦时蒙恬所为塞，因河为固”[⑤]。换言之，汉朝对秦代长城进一步修缮和利用，阴山段长城遂有秦汉长城之称。秦汉阴山长城的两度大规模构建与农耕民族和游牧民族的碰撞密切相关，与河套地域的军政形势变化紧密关联。

二、秦代“河上塞”的位置辨析

《史记・秦始皇本纪》载：“自榆中并河以东，属之阴山，以为三十四县，城河上为塞。又使蒙恬渡河取高阙、陶山、北假中，筑亭障以逐戎人。徙谪，实之初县。”《史记・匈奴列传》载：“因河为塞，筑四十四县城临河，徙適戍以充之。”此处的“城河上塞”，即从秦代榆中地区（今甘肃榆中西北）沿着黄河主河道而下直至北河河段，置县筑城，并以此为军事据点，利用黄河天险构筑军事驻防体系，屏护西北边疆。

由于历史文献对“河上塞”的记述较为粗略，以及黄河河道变迁和地貌变化的影

① 《史记》卷六《秦始皇本纪》，第239页。
② 《史记》卷六《秦始皇本纪》，第241页。
③ 罗哲文：《长城》，第27页。
④ 马非百：《秦集史》，中华书局，1982年，第692页。
⑤ 《史记》卷一一〇《匈奴列传》，第2906页。

响，迄今已难以确定秦朝在鄂尔多斯高原西侧和西北侧黄河沿岸设置了多少座县城，“河上塞”的面貌也难以复原。但可确定的是，这道“河上塞”并非一道绵延千里的墙体，而是以黄河右岸的县城为军事据点，着重利用黄河天险，构建起鄂尔多斯高原西部和西北边缘的军事驻防线，阻遏匈奴等戎狄侵扰河南地。

这些滨河县城绝大多数已不可考。迄今可视为秦代“四十四县城”的遗址，有兰城子古城。文物工作者发现今乌海市黄河东岸千里山镇王元地村有座兰城子古城（亦称新地古城），其附近存在新地秦汉墓群。[①]此城应始建于秦代，可能是秦王朝“城河上为塞”的县城之一。依据秦汉时期鄂尔多斯高原段黄河河道推测，这道“河上塞”自青铜峡口向北穿过宁夏平原，经由黄河和桌子山间的狭长走廊，至兰城子古城，继续向北进入磴口县，由补隆淖镇河拐子古城西侧向北，至头道桥镇，然后转而沿秦汉屠申泽北侧西行，在沙金套海苏木土城子古城东侧转向西北，抵达狼山西南段，由此沿北河（今乌加河）延伸至今乌拉特前旗苏独仑镇附近。

秦王朝收取阳山和北假中后，遂大规模构筑北疆长城。大概在构筑阳山和北假中新长城的同时，秦王朝也构筑了今桌子山长城。秦王朝先前虽然“城河上为塞”，但城与城间存在很大的空白区，易被匈奴突袭，存在一定的隐患。其中，鄂尔多斯高原中部西侧，即今狼山与贺兰山之间只有黄河屏障。这一区域恰好便于匈奴骑兵快速突入鄂尔多斯高原。这段黄河东侧是南北绵延约100公里的桌子山山脉，唯有充分利用这道天然屏障，方能更好地阻断匈奴由西方进入鄂尔多斯高原之路。秦王朝对桌子山的利用方式是在其西坡构筑长城。考古调查资料表明，桌子山山区发现秦汉长城遗迹，比如桌子山西坡的凤凰岭长城。凤凰岭长城起于桌子山南端的乌海市海南区巴音陶亥镇的东风农场十队，西北经雀儿沟三队、向阳农场、平沟农场、西桌子山水泥厂、东风农场七队、渤海湾区五一农场九队、新南社区、摩尔沟煤矿、乌兰布和煤矿，最终止于鄂托克旗蒙西镇的巴音温都尔嘎查。凤凰岭长城长约8.5公里[②]。这段长城大致沿桌子山西坡或黄河东侧二级台地延伸，墙体就地取材，或毛石垒砌，或黄沙土砂石混筑。

关于桌子山凤凰岭古长城的时代属性，学界存在不同观点。辛德勇先生认为：凤凰岭长城地处兰城子古城以东，即位于秦朝边界线以内，其时代似乎更可能是西汉

① 国家文物局主编：《中国文物地图集·内蒙古自治区分册》下，第75页。兰城子古城，实际应作“烂城子古城”。

② 内蒙古自治区文化厅（文物局）、内蒙古自治区文物考古研究所编著：《内蒙古自治区长城资源调查报告·鄂尔多斯—乌海卷》，第43页。

时期。[①]这是一种严谨且有逻辑的判断，可备一说。此段长城也可能是秦代长城。桌子山长城具有重要的军事防御价值。第一，虽然兰城子古城和凤凰岭长城相距约12公里，但不可忽视桌子山毗邻黄河东岸、南北绵延100公里山脉的地理优势。它与黄河毗邻，秦王朝筑长城经过此区域时借助桌子山的地理形势更显合理，并不一定要在黄河东岸平地构筑长城。在桌子山筑长城，可就地取材，利用桌子山的石块，比在黄河东岸平地夯土筑城更节省人力、物力、财力和时间。第二，在桌子山西坡筑长城能更好地发挥长城的防御功能和桌子山的军事地形优势。长城筑在山坡之上，既能居高望远，视野开阔，及时发现敌情，居高临下，更是易守难攻。[②]桌子山长城与黄河间有一定的距离，也为秦军排兵布阵、战术操作提供了地理空间。

三、秦代阴山长城的走向

蒙恬“渡河取高阙、陶山、北假中”，占据今狼山山脉和色尔腾山脉后，阴山山系（包括狼山、色尔腾山脉、乌拉山和大青山）成为秦朝北疆的地理屏障。秦朝遂依托阴山山系构筑长城。其中，鄂尔多斯高原北侧毗邻区的秦长城由两大部分构成。一部分是沿狼山、查石太山和大青山新筑的长城，另一部分则是修缮乌拉山和大青山南麓的赵国北长城。其中，秦朝新筑长城与赵国北长城在今呼和浩特市毫沁营镇的坡根底村交会。

秦朝新建的长城由今坡根底村始，沿哈拉沁沟西侧山脊向北延伸，经羊场、马场、冯家窑、五道沟、蘑菇窑等地，抵达大青山北侧的汗家沟附近。由此沿大青山北麓向西延伸，历经今武川县什尔登、瓦窑圪旦、韩庆坝等地，西渡枪盘河，向西南延伸，历经后营子北、酒馆、哈不太梁等地，一直延伸至后北沟中段。这里是哈拉合少乡的一处大山（主峰2261米）。秦代长城在此处中断约9公里后，在大山西侧的烧林沟出现。秦代长城由烧林沟向西北延伸，途经良泉坝、五号村、花圪台和黄家村等地进入今固阳县境。[③]

秦代长城经由今固阳县大庙乡陈家村向西延伸，历经长发城、黑土窑、碾坊、银号村和三分子，过前康图沟而向西北方延伸，历经帐房湾、哈毛坝、西边墙壕、陈碾

① 辛德勇：《秦汉政区与边界地理研究》，第210—211页。
② 2018年8月5日，陕西师范大学艾冲教授带领项目组成员在凤凰岭考察，山虽不高，但陡峭难攀。
③ 国家文物局主编：《中国文物地图集·内蒙古自治区分册》上，第112—113、124—125页；国家文物局主编：《中国文物地图集·内蒙古自治区分册》下，第50页。

坊，至西斗铺乡王如地村伸入乌拉特中旗境内。[①]

秦代长城经由今乌拉特中旗部北乡南部的梁五沟林场，沿查石太山脉向西延伸，途经今乌拉特前旗小佘太镇北部的板申图沟、灰腾沟和苏吉沟，再次进入乌拉特中旗部北乡，继续向西途经白次沟、巴音布拉格等地，转向西北行，过牧仁河、毛盖图、乌兰额日格高勒河、海流图河，然后沿狼山北麓继续向西北延伸，途经巴音海日、博格吉，至阿拉腾呼硕转向西，途经前达门、哈沙图庙等地，止于两狼山山谷北口的小黄山。这段长城墙体多为石块垒砌，局部墙体则是夯筑土墙。[②]

秦长城至两狼山山谷北口中断后，再未在狼山北麓和西北麓发现明显的秦长城遗迹。而在狼山西南段东麓、今磴口县哈腾套海苏木的都毛都格发现一段长约1.5公里、呈东北—西南走向的石块垒砌长城遗迹[③]。或认为，两狼山山谷以西狼山西北麓和西麓的长城遗迹已被乌兰布和沙漠风蚀和掩埋。

由上所述，秦王朝通过城河上塞、营筑长城，依托山河险要构筑了鄂尔多斯高原西部和北部的外围防线。在这道防线与内侧“新秦中”[④]和九原郡境的郡县城池互为表里，相互支撑。长城防线是郡县的屏障，郡县则是长城防线的后援保障和战略支撑。秦长城是秦朝北疆最重要的军事驻防工程，军事价值不言而喻，在秦朝实力较强之时，它是名副其实的“藩篱”，达到“胡人不敢南下而牧马，士不敢弯弓而报怨”[⑤]的军事效果。

第三节 秦直道相关问题探讨

秦朝将鄂尔多斯高原纳入版图后，在其外围构建长城防线。但是，由关中北至阳山、北假中及九原等地区约700公里，路途遥远。这使得由关中向北疆转运物资和增派军队、边地和朝廷进行快捷通讯都很困难，制约着秦朝对鄂尔多斯高原北部及其毗邻区的控制力度，使北疆存在安全隐患。秦王朝为解决此问题，增强鄂尔多斯

① 国家文物局主编：《中国文物地图集·内蒙古自治区分册》上，第130—131页；国家文物局主编：《中国文物地图集·内蒙古自治区分册》下，第65页。

② 国家文物局主编：《中国文物地图集·内蒙古自治区分册》上，第270—273页；国家文物局主编：《中国文物地图集·内蒙古自治区分册》下，第625—626页。

③ 国家文物局主编：《中国文物地图集·内蒙古自治区分册》上，第266—267页；国家文物局主编：《中国文物地图集·内蒙古自治区分册》下，第616页。

④ 关于河南地县城的归属，目前难以论断，后晓荣先生称其为“新秦中郡”可备一说。参见后晓荣：《秦代政区地理》，社会科学文献出版社，2009年，第182页。

⑤《汉书》卷三一《项籍传》，第1823页。

高原北侧区域的防务[①]，加强中央政府对北疆区域的有效控制，遂于秦始皇三十五年（前212）令蒙恬修筑沟通林光宫和九原郡城的军事交通干线——直道。

部分学者认为，秦直道并非是秦朝新开辟的道路，而是在前人道路的基础之上修建的。[②]亦有学者认为，秦直道是秦朝全新开辟的道路。[③]秦直道贯通之前，关中咸阳与九原郡有道路相通是符合史实的。比如赵武灵王曾“欲从云中、九原直南袭秦，于是诈自为使者入秦”[④]，又如秦始皇三十二年（前215），“始皇巡北边，从上郡入”[⑤]。然而，所谓这两条史料反映的通道就是秦直道的前身，只是猜测。秦直道某些路段可能利用先前道路，比如甘肃庆阳市正宁县刘家店林场附近的秦直道遗迹[⑥]。但是，这种情况比重有多少，目前无法判断。因此，只能肯定秦直道部分路段是对先前路段的再施工。秦直道是一条全新而自成体系的军事交通干线，是此前道路无法比拟的。

秦直道作为一条极其重要的军事交通干线一直备受学界关注。但是，学界关于秦直道的经由地仍存在很大争议。本节在前辈学者研究基础上，着重对秦直道的位置、以秦直道为主干的交通网络，试做探析。

一、学界关于秦直道经由地的分歧

关于秦直道的走向，史书记载很简略。或言“自九原抵甘泉，堑山堙谷，千八百里”[⑦]，或言“而通直道，自九原至云阳［林光宫］”[⑧]，或言“三十五年为直道，道九原，通甘泉”[⑨]。甘泉，即汉代甘泉宫，亦即秦代云阳县林光宫，故址在今陕西淳

① 辛德勇：《秦汉直道研究与直道遗迹的历史价值》，《中国历史地理论丛》2006年第1辑，第95—107页。

② 姚生民：《秦直道起点及相关问题》，《咸阳师范学院学报》2002年第1期，第8—11页；曾磊：《秦直道为重修说》，《湖南科技学院学报》2008年第7期，第57—59页；王开：《“秦直道”新探》，《成都大学学报（社科版）》1989年第1期，第36—50页；王北辰：《古桥门与秦直道考》，《北京大学学报（哲学社会科学版）》1988年第1期，第117—124页。

③ 王子今《秦汉交通史稿（增订版）》（中国人民大学出版社，2013年，第27—28页）认为：“秦代经营的交通大道多利用战国原有道路，只有直道是在秦统一后规划施工，开拓出可以体现秦帝国行政效率的南北大通道。”吴宏岐：《秦直道修筑的起讫时间与工程分期》，《中国历史地理论丛》1996年第3辑，第251—252页。

④ 《史记》卷四三《赵世家》，第1812—1813页。

⑤ 《史记》卷六《秦始皇本纪》，第252页。

⑥ 榆林市古道研究会：《〈直道图志〉课题组得出阶段性研究成果》，《榆林报》1994年10月25日。

⑦ 《史记》卷八八《蒙恬列传》，第2566—2567页。

⑧ 《史记》卷一一〇《匈奴列传》，第1886页。

⑨ 《史记》卷一五《六国年表》，第758页。

化县梁武帝村。秦直道就是由此[①]向北爬上子午岭，沿子午岭山脊北行，经由鄂尔多斯高原，北渡黄河，最后抵达九原郡城（今内蒙古包头市九原区麻池古城）。关于秦直道大致为南北走向，学界并无异议。

但是，当今学界关于秦直道的具体经由地分歧很大，主要有东线说和西线说。不论东线说，还是西线说，对于秦直道由今淳化县梁武帝村北上甘泉山，沿着子午岭主脉向北延伸至今兴隆关的路段，以及由伊金霍洛旗红庆河村至包头市麻池古城的路段，看法基本一致。两种观点的分歧集中在秦直道是由兴隆关继续沿着子午岭主脉北行，再西北行，由今定边县东部进入鄂尔多斯高原，还是由兴隆关北行进入富县境内，经由榆林市榆阳区，进入鄂尔多斯高原。

（一）西线说

西线说以历史地理学界前辈史念海先生为代表。其《秦始皇直道遗迹的探索》一文对子午岭南段土石山区、子午岭北段黄土沟壑区和鄂尔多斯草原段的秦直道遗迹进行了探索，认为秦直道的走向大致为：由林光宫北行"至子午岭上，循主脉北行，直到定边县南，再由此东北行，进入鄂尔多斯高原，过乌审旗北，经东胜县（即今鄂尔多斯市东胜区）西南，在昭君坟附近渡过黄河，到达包头市西南秦九原郡治所"[②]。

此后，李仲立和刘得桢的《甘肃庆阳地区秦直道考察报告》一文，对秦直道庆阳段的走向进行考察和具体描述，其认为的经由地大致与史念海先生观点相近。[③]随着秦直道东线说的提出，史念海、吕卓民、吴宏岐等学者纷纷撰文继续论证西线的可

① 关于秦直道为何起点在云阳林光宫或汉甘泉宫，可参见姚生民：《秦直道起点及相关问题》，《咸阳师范学院学报》2002年第1期，第8—11页。其认为子午岭秦直道前身是先秦时期猃狁与西周军长期鏖战勘踏出来的，是基于甘泉山的特殊位置和要塞作用确定的。

② 史念海：《秦始皇直道遗迹的探索》，见史念海：《史念海全集》第4卷，第302—315页。

③ 李仲立、刘得祯《甘肃庆阳地区秦直道考察报告》（《甘肃社会科学》1991年第3期，第79—82页）认为：直道由梁武帝村进入甘泉山……由旬邑石门关入正宁县刘家店，……沿陕甘两省分界线达调令关，北上经艾蒿店至烧锅梁，走出正宁县境，长约70公里，……直道从烧锅梁进入宁县五里墩，经芦邑庄、……兴隆关、……到合水县午亭子，行完宁县境，长约 60公里。……午亭子是南北、东西两条古道交叉地。……直道由午亭子向北纵穿合水县境。经土桥、槐树原、……黄草崾岘到青龙山。……直道从青龙山起沿合水、华池两县分水岭向西北方向延伸，到华池县的麻芝崾岘，然后纵穿华池县境。经大红庄、墩梁、……过打扮梁的雷崾岘、五里湾、张新庄、田掌，进入陕甘两省交界的丁崾岘、墩梁，直达营崾岘。……直道沿长城内侧向西北方向延伸，……到白硷出长城，入陕西定边县的马崾岘，重合之处长约20公里。

靠性。[①]

（二）东线说

东线说由靳之林先生提出。他通过实地考察认为：秦直道由陕西淳化县梁武帝村，经旬邑、黄陵、富县、甘泉、安塞、榆林一直向北延伸，直达包头市西的秦直道位置。沿子午岭主脉伸向甘肃的古道可能是秦通往西北的故道，而不是秦直道。[②]

其后，部分学者也认可东线说，但具体经由地则略有差别。例如孙相武在与靳之林一起实地考察的基础上撰写《秦直道调查记》，对东线说进一步细化，但他认为秦直道始于咸阳。[③]

王开的《秦直道新探》则认为秦直道“经过陕西淳化、旬邑、黄陵、富县、甘泉、志丹、安塞、子洲、榆林等县境至内蒙古包头市，大体南北相直”[④]。具体而言，他认为秦直道沿子午岭主脉向北延伸至沮源关（兴隆关）段与史念海先生观点相同，但过沮源关后，则沿洛河和沮河分水岭——古道岭向东北方向延伸，进入富县，由槐树庄附近的白马驿北行，经白家店、后和尚原、望火楼、葫芦河北侧的五里铺、八卦寺、墩梁，甘泉县的洛河圣马桥，再向北至志丹县安条林场，沿“圣人条”路线北行，出志丹东北境，沿着安塞、子长北、子洲南、米脂和榆林县（笔者按：今榆林市榆阳区）西进入鄂尔多斯草原。认为直道由东胜西再向北路段，则与史念海先生所持观点基本一致。[⑤]

延安市文物普查队的姬乃军先生则认为：“秦直道进入富县后，不再沿子午岭主

---

① 史念海：《直道和甘泉宫遗迹质疑》，见史念海：《史念海全集》第4卷，第316—343页；史念海：《与友人论古桥门与秦直道书》，见史念海：《史念海全集》第4卷，第344—353页；吕卓民：《秦直道歧义辨析》，《中国历史地理论丛》1990年第1辑，第89—109页；吕卓民：《再论秦直道》，《文博》1994年第2期，第87—93页；李仲立：《秦直道新论》，《西北史地》1997年第4期，第1—6页；李仲立：《甘肃境内秦直道管见》，《人文杂志》1993年第3期，第93—96页；吴宏岐：《秦直道修筑的起讫时间与工程分期》，《中国历史地理论丛》1996年第3辑，第251—252页；吴宏岐：《秦直道不经过上郡及其属县阳周的证据与原因》，见雷依群、徐卫民主编：《秦都咸阳与秦文化研究——秦文化学术研讨会论文集》，陕西人民教育出版社，2003年，第417—432页；陈静、文启：《秦直道不经上郡的证据》，《中国历史地理论丛》1988年第1辑，第243—244页；甘肃省文物局：《秦直道考察》，兰州大学出版社，1996年。

② 卜昭文：《靳之林徒步考察秦直道记》，《瞭望周刊》1984年第43期，第40—41页；靳之林：《秦始皇直道线路图》，《光明日报》1984年8月19日，第2版。

③ 孙相武：《秦直道调查记》，《文博》1988年第4期，第15—20页。

④ 王开：《“秦直道”新探》，《成都大学学报（社科版）》1989年第1期，第45页。

⑤ 王开：《“秦直道”新探》，《成都大学学报（社科版）》1989年第1期，第36—50页。

脉北上，而是向正北方向延伸。经甘泉、志丹、安塞进入靖边县内”[①]。具体而言，即由甘泉县方家河进入志丹县，经永宁乡、双河乡、侯市乡、杏河镇、安塞县王窑乡、化子坪乡、镰刀湾乡、王家湾乡，进入靖边县小河乡石湾村。[②]

其后，许多学者支持东线说。比如陕西省考古研究院考古人员通过对富县坡根底、桦沟口和甘泉县方家河等地古道的发掘，特别是通过对黄陵县兴隆关附近三岔口三个方向古道的发掘，认为兴隆关向东至直道终点道路的使用时间约200年，后被人为破坏而废弃，转而在数十年后改走兴隆关以北子午岭主脉。此路一直沿用至宋明时期。张在明先生进一步指出，通过2009年和2010年分别对富县和黄陵道路的考古发掘，彻底否定了西线说。[③]

二、对秦直道经由地与走向的再审视

目前，东线说凭借近些年的考古发掘资料似乎占据一定优势。但是，笔者仍倾向于既有文献依据，又有实地踏查证据的西线说，遂在持西线说诸学者的研究基础上，受其启发，从交通和军事地理视角继续申述西线说的合理性。

（一）从交通视角观察

先秦时期，关中与黄土高原及其北方的鄂尔多斯高原就有大路相通。战国时期，不论秦、赵、魏三国间如何交通，雕阴、高奴、阳周和肤施是上郡重镇，其间必有南

① 姬乃军：《延安境内秦直道考察报告之一》，《考古与文物》1989年第1期，第26—31页。

② 姬乃军：《延安境内秦直道考察报告之一》，《考古与文物》1989年第1期，第26—31页；姬乃军：《延安境内秦直道考察报告之二》，《考古与文物》1991年第5期；姬乃军：《陕西志丹县永宁乡发现秦直道行宫遗址》，《考古》1992年第10期，第952—953页；姬乃军：《秦直道走向考辨》，见秦始皇兵马俑博物馆《论丛》编委会编：《秦文化论丛》第2辑，西北大学出版社，1993年，第241—256页。

③ 张在明、李增社、姜家乃等《2+2=4：秦直道发现道路四叠层与东西线之争——2010年秦直道考古收获之一》（《中国文物报》2011年8月12日，第4版）认为："兴隆关以南的秦直道，最典型的是道路四叠层，它代表了秦直道自修筑、沿用至废弃的全过程。……兴隆关以东的秦直道，代表性是两层路面，它始建于秦代，沿用至两汉之间或东汉早期，然后废弃。其中，下层路面的时代约为秦代和西汉早期，上层路面的时代约为西汉中晚期（最晚至东汉早期）。……兴隆关以北的古道路，代表性也是两层路面，下层路面的时代约为东汉（最晚在东汉中期）至南北朝，上层路面的时代约在隋唐至宋明之间。……结论：修筑于秦代的直道，自起点向北，经兴隆关向东，直至终点。使用200多年后，即在两汉之间或东汉早期，兴隆关以东的秦直道经人为破坏后废弃。约数十年后，改走兴隆关以北的子午岭主脉，向西转了一个大弯后至终点，直至宋明时期。……如果说，2009年富县秦直道考古的成果，是确定了东线而没有否定西线的话，那么，2010年黄陵的发掘，则是在进一步确认东线的同时，彻底否定了西线。”张在明、喻鹏涛：《陕西秦直道遗址调查发掘简报》，见梁安和、徐卫民主编：《秦汉研究》第9辑，陕西人民出版社，2015年，第42—52页。

北向大路相连。在秦直道开凿之前，秦始皇于三十二年（前215）巡北边就是“从上郡入”。秦始皇巡边是一次重大的军政活动，其所走道路必是上郡大道，绝非小路。

在辨析秦直道经由地与走向的歧说之时，切勿忽略秦朝在全国构建的驰道交通网络。通过相关学者的实地踏查和考古发掘，不否认存在一条由子午岭兴隆关折向东北，经由延安市和榆林市进入鄂尔多斯高原的古代道路。辛德勇先生认为：“秦始皇所建驰道网络，是否包含咸阳—甘泉—肤施—九原间道路在内，现在还不能完全肯定，因而，也不宜依据这一点，来绝对排除直道经行肤施的可能。”[①]这是一种严谨的表述。同理，这条肤施至九原间的道路也未必是秦直道。这条道路在秦代是以直道为名，还是以驰道为名，抑或另有其他名称，则难以确定。但是，《汉书·贾山传》载“［驰］道广五十步，三丈而树，厚筑其外，隐以金椎，树以青松”[②]可知，驰道宽约五十米。据东线说诸多学者的踏查和考古发掘可知，东线道路很多路段宽约五十米。这无疑基本符合驰道的统一规格。因此，东线是驰道的可能性更大[③]。虽然有从子午岭兴隆关转向东北的古道，但不能排除这条古道是连通秦直道和上郡诸属县的道路。秦直道是军事交通大动脉，上郡有道路通向直道某个重要的区段也合乎情理。

此外，贺清海和王开的《毛乌素沙地中秦汉“直道”遗迹探寻》一文认为秦直道在毛乌素沙地的路线为：由肤施县城向北，在今红石峡附近的马梁庙西侧伸出战国秦长城，沿榆溪河东侧西北行至刀兔海子以北后，东北行至昌鸡兔附近的石板太村，由此直北与红庆河附近的秦直道遗迹连接。[④]但是，此文对昌鸡兔至红庆河路段的古道状况仅用一句话概括，并未做进一步说明。因此，由昌鸡兔北至红庆河的古道情况十分模糊，难以为据。《中国文物地图集》虽采纳此说，但也指出这段古道遗迹并不明显。[⑤]战国时期由肤施向北有一条经白土县城抵达西都县城的道路[⑥]。其中，肤施至白土县的道路南段与贺清海和王开所提路线高度重合。此段道路虽然具备军事交通属

① 辛德勇：《秦汉直道研究与直道遗迹的历史价值》，《中国历史地理论丛》2006年第1辑，第106页。

② 《汉书》卷五一《贾山传》，第2328页。

③ 史念海《直道和甘泉宫遗迹质疑》（见史念海：《史念海全集》第4卷，第316—343页）认为经过肤施的大道，是秦始皇全国驰道的组成部分，与直道无关。

④ 贺清海、王开：《毛乌素沙漠中秦汉“直道”遗迹探寻》，《成都大学学报（社科版）》1989年第1期，第51—55页。

⑤ 国家文物局主编：《中国文物地图集·内蒙古自治区分册》下，第593页。

⑥ 参见孟洋洋：《战国秦汉时期鄂尔多斯高原军事地理研究》，陕西师范大学博士学位论文，2018年。

性，但仍是秦国对上郡属县实施行政管理及民间往来之路。

窃以为，不能将研究视野局限在上郡古道区段，应该加强对东线道路向南经黄陵、宜君、耀州区通向关中咸阳的古道，由上郡肤施向北深入鄂尔多斯高原古道的探查，研究这三段道路的文化层、修筑方式和道路规格是否存在高度相似性。若高度相似，则这段道路为驰道的可能性极大，是否为秦直道还值得商榷。

（二）秦始皇驾崩，为何由直道归

秦始皇在沙丘驾崩后，李斯等人一面矫诏谋杀扶苏和蒙恬，一面从井陉至九原郡城，转由直道归咸阳①。通过这一史实可对秦直道经由地有一定解读。此时蒙恬和扶苏将兵三十余万，负责北疆防务，其指挥中心在上郡。如此，蒙恬在上郡辖区内可调动的兵力不在少数。这应该是赵高等矫诏立胡亥为帝而忌惮之处。虽然扶苏自杀，但蒙恬并未自杀，而是被使者押至阳周城等候发落。这种局面是以蒙恬尚不知秦始皇驾崩为前提的。若他知晓实情，是否任由使者摆布尚未可知，极具变数。蒙恬麾下大量心腹将士“其势足以倍畔”②，其趋势更难预测。这应该不是赵高等人希望发生的事情。

据此推测，赵高等人运送秦始皇灵车经由上郡，特别是肤施、阳周和高奴这条南北通道回咸阳的可能性很小。若如此，就存在被上郡军官发现秦始皇驾崩的隐患。赵高等人当务之急是伪装成若无其事尽快回咸阳。这就是赵高等人继续北行至九原、转由直道归的原因之一。赵高等选择走直道固然与直道通行效率高、速度快有关，更重要的是直道沿途郡县治所较少，能够避开郡守县令等地方官吏的觐见，避免不必要的麻烦。这从侧面反映出，秦直道其实并不经由上郡腹地，特别是肤施、阳周和高奴一线，即所谓秦直道东线经由区域。

（三）从军事地理视角观察

秦王朝修建秦直道的核心出发点是加强关中和北疆九原郡城的联系，加强鄂尔多斯高原及其北侧毗邻区的军事防务。秦直道具有极强的军事属性，其应有两大特点：其一，秦直道的存在是为了便于其南端关中，以及东西两侧上郡和北地郡的军队和后勤物资快速、安全抵达目的地九原郡，具有极高的通行效率。其二，秦王朝建立后，北部边疆最大的军事威胁来自匈奴，鄂尔多斯高原北侧和西侧的黄河防线是防范匈奴的重要屏障。因此，秦直道与秦王朝西北地区军事地理形势密切关联，要最大限度支撑整个鄂尔多斯高原及其毗邻区的军事防务。

---

① 《史记》卷六《秦始皇本纪》，第265页。

② 《史记》卷八八《蒙恬列传》，第2569页。

1. 从直道快速通行角度分析

直道，字面之意或许有南北笔直之意，但脱离史实容易望文生义。直道解释为“直通之”，即由云阳快速直达九原，更符合史实。吕卓民先生对“直通之”做出了合理的解释，即“新修的直道当为从关中至九原郡的最为便捷的道路。……另一含义也可以理解为是九原和云阳南北两地直接通接，没有途中经过一些重要的可以重来的地点，也就是直达之意”①。笔者以前辈学者的解读为基础，结合相关史实和自然地理形势，认为秦直道是九原和云阳间快速直通的交通干道，要突出直道便于军队和物资快速、安全通行的特性。

秦直道作为一条重要的军事通道，主要进行军队调动和物资运输。地方郡县和百姓的日常活动多走驰道等其他通道，而不走直道。这样，可减少军事活动与行政及民事活动间的相互影响。若不然，军政不分、军民不分，直道人人可走。一旦北疆有警，即便提前禁止百姓通行，也存在道路有阻，影响军队畅行的隐患。此外，若任由百姓通行，容易增大直道的损耗，增加秦朝维护直道的经济成本和人力成本。史念海先生所指直道路线在先秦时期郡城和县城数量很少，这在一定程度上可保障直道的通行效率。

秦直道自南向北穿越黄土高原和鄂尔多斯高原两大地理单元。秦王朝在子午岭修筑秦直道，就是为了充分运用子午岭顶部有利的地形，避开子午岭东西两侧的丘陵沟壑区，充分发挥其快捷通行属性。前辈学者对子午岭主脉道路的踏查可确定，子午岭主脉顶部相对开阔，并不崎岖陡峭。虽然子午岭主脉古道自南向北有起伏，但坡度并不大，加上在施工中“堑山堙谷”，使得子午岭道路很适合牛马辎重和兵车等快速前行。如此，秦直道至今兴隆关后，继续沿子午岭主脉及其余脉延伸显然合乎情理。

所谓东线道路，在兴隆关以北循子午岭支脉东北行，渡葫芦河、洛河等河川进入白于山山区。这一路线沿途沟壑纵横。虽然秦人巧妙采用“之”字形路线下山、过河、再上山的方式，但不可避免增加了道路的坡度，使得辎重车辆的通行难度增加。若遇强降水及其引发的滑坡或泥石流等灾害，就会损失惨重。这都是秦朝应对北疆突发敌情的巨大隐患。而史念海先生所指路线至子午岭北段下主脉后，沿洛河与葫芦河和马莲河上游东川间的分水岭向西北延伸，至白于山西段北行进入鄂尔多斯高原。如此，可避开呈东西走向的白于山山脉及其南侧的黄土丘陵沟壑区。由今定边县铁角城至红庆河的路段大致为东北行，沿途区域是鄂尔多斯高原南部内流区和外流区分界地

① 吕卓民：《再论秦直道》，《文博》1994年第2期，第88页。

带，地势平坦开阔，无明显大河大湖阻碍，易于通行。具体而言，这条道路由铁角城沿洛河上游头道川和马莲河上游东川间的分水岭北行，即可进入鄂尔多斯高原定边县城东南，由此东北行（大致与无定河上游红柳河平行），途经纳林河和海流兔河上游高地，抵达今乌审旗嘎鲁图镇附近，再继续东北行100公里即可抵达红庆河古城西侧。因此，从道路通行效率判断，史念海先生所指路线更符合历史实际。

2. 从秦王朝西北地区的军事驻防分析

秦直道作为一项重大的军事交通工程，不仅支撑着九原郡及其周边区域的军事防务，更兼顾秦王朝整个西北地区，即新攻取的河南地及其周边地域的防务。通过前文论述可知，秦王朝攻取河南地后，依托黄河，在河南地西部"城河上为塞"，构筑起一道抵御匈奴从河南地西侧（今阿拉善地区）进犯的防线。但是这条防线孤悬西北，远离关中、上郡和北地郡腹地。这条防线一旦遇到重大敌情，秦朝缺乏从关中对其进行军事支援的快速道路。具体分析如下：

第一，在秦直道修建之前，秦王朝若想支援此区域的军事防务，主要由关中沿马莲河谷道、甜水堡西北行，或沿泾河—颉河谷道和茹河谷道经由萧关，再沿清水河谷道西北行，至今中宁县再顺黄河干流北上抵达河上塞。然而，以上路线路途遥远，崎岖难行，严重制约关中军事力量的快速支援。此外，当时蒙恬坐镇上郡指挥秦王朝西北地区的军事活动，要兼顾鄂尔多斯高原北侧和西侧两个方向的防务。而上郡与黄河东岸的河上塞之间并没有迅捷的道路直接连通，这严重制约了上郡辖区的军事力量对河上塞的快速增援，不利于对西北地区军事防务的统筹和巩固。

秦直道下子午岭主脉后西北行至铁角城附近，北行进入地势平坦的鄂尔多斯高原南部台地，由此转而东北行可直通九原。由此沿鄂尔多斯高原南部台地西行即可抵达秦北部都尉驻地富平县城，进而与黄河东岸的河上塞连通。如此，不但自关中而来的军队和物资可快速向边地投送，上郡境内的军事力量亦可通过大致东西向的道路快速集结，然后由直道这条大动脉转运至鄂尔多斯高原北部和西部边地。

第二，秦直道的修建不仅为支撑秦朝西北地区的外围防务，也为支撑内层的战国秦长城防务。尽管蒙恬击退匈奴、拓地千里，将秦朝疆域推进至狼山一带，战国秦长城不再是防御匈奴的前沿阵地；但是，秦朝并未完全放弃战国秦长城，只是让它退居二线。倘若匈奴突破鄂尔多斯高原北部防线，继续南下，则战国秦长城防线就显得至关重要。秦直道的开凿应进一步加强战国秦长城的军事防御功用。

史念海先生所指直道路线与战国秦长城在华池县营崾岘交会，然后沿长城内侧向西北延伸约20公里，在白硷出长城。窃以为，秦直道与战国秦长城大致平行的走向绝非偶然，而是出于军事战略考虑，有意为之。秦直道和战国秦长城这种空间关系使得秦直道对洛河与环江之间区域的长城防御体系的支撑作用最为明显。仔细观察战国秦长城经由区域的自然地理形势和交通状况可发现，由关中出发，沿马莲河及其上游环江谷道通往北地郡方渠县西北和正北的长城，经由茹河谷道可抵达北地郡朝那县以北的长城，上郡更有延河谷道等通往长城。唯独环江和洛河之间长100余公里的战国秦长城内侧缺乏顺畅大路与关中相连。秦直道下子午岭主脉后，大致沿洛河和马莲河上游东川分水岭西北行，抵达华池县营崾岘战国秦长城，并与之平行向西北延伸约20公里，可保障由关中而来的军队和物资快速抵达长城，然后沿着秦昭王长城向东北和西南两个方向转运。[①]这对洛河与环江间的战国秦长城防线起到有力的支撑作用。

第三，秦直道的黄土高原路段主要建在山顶之上，占据地利。若匈奴骑兵突破秦王朝在鄂尔多斯高原北部的军事防线，长驱直入鄂尔多斯高原南部台地，突破北地郡战国秦长城防线后，沿马莲河谷道进逼关中的可能性很大。秦直道修建在马莲河左岸诸支流源出的子午岭便可护卫这条谷道。秦直道相对于川谷通道居高临下，若有敌情，可自上而下俯冲，势如破竹。即便秦直道某些路段没有下山道路，秦王朝步兵亦可机动灵活下山，依靠冠绝一时的强弓硬弩应对河谷通道的匈奴骑兵。

基于以上论述，窃以为秦直道西线说相较于东线说更符合历史实际。秦直道循子午岭主脉向北延伸至今午亭子，然后沿子午岭西北行至今华池县营崾岘与战国秦长城交会，循长城西北行约20公里至今白硷出长城；后向北经今定边县纪畔乡进入鄂尔多斯高原；秦直道由纪畔乡向东北延伸，途经纳林河和海流兔河上游高地，穿过今乌审旗至伊金霍洛旗，经由红庆河古城，向北经车家渠古城、海子湾古城和城梁村古城，越过东胜梁高地后，至今达拉特旗昭君坟镇，北渡黄河抵达九原郡城。

三、秦直道沿途岔路

秦直道加强了都城咸阳与北疆九原郡的交通联系，具有极为重要的军事交通价值和战略意义。秦直道不仅对鄂尔多斯高原外围防线和战国秦长城这道内层防线具有支撑作用，其本身就是一套沿途配置众多的烽燧、墩台、障城和兵站等设施[②]的军事预警与通信之路[③]。秦直道更是通过沿途诸多岔路与两侧军政据点连接，融入秦汉王朝

① 李仲立：《论秦直道与秦长城的关系》，《庆阳师专学报（社会科学版）》1994年第1期，第26—31页。

② 甘肃省文物局：《秦直道考察》，第67—75页。

③ 王子今：《试说秦烽燧——以直道军事通信系统为中心》，《文博》2004年第2期，第82—87页。

在鄂尔多斯高原和黄土高原整体军事驻防体系的军事交通命脉。秦直道沿途分岔路概况如下：

秦直道沿今子午岭向北延伸至今正宁县艾蒿店，由此向西就是坐落在四郎河和九龙河之间平坦塬地上的北地郡直路县城（今甘肃正宁县西坡镇人民政府驻地附近），继续西行约20公里，途经山河镇、米桥镇便抵达泥阳县城（今甘肃宁县平子镇孟家村），继续西行即可进入泾河谷道和马莲河谷道。

秦直道向北延伸至今兴隆关，如王开先生等所言，沿沮河与洛河分水岭的古道，东北行进入子午岭东侧，与崂山以南的上郡诸县相连。

秦直道向北延伸至今合水县午亭子，有东西两条岔路。一路东北行，在今富县和尚塬村渡葫芦河，进入上郡。一路沿今固城川西南行，可通往北地郡略畔道城（今甘肃合水县西华池镇杨沟崂村）。

秦直道继续向北延伸至今吴起县丁崾岘，由此沿白豹川东北行约10公里就是北地郡归德县城（今陕西吴起县白豹镇人民政府驻地附近）。秦直道由丁崾岘西北行至营崾岘与战国秦长城交会，沿长城内侧西北行约20公里至白硷出长城。这段直道与战国秦长城沿途道路交会，东北行可至上郡，西南行则是北地郡。

秦直道由今白硷出长城，向北经今定边县白马崾崄乡、纪畔乡而进入今鄂尔多斯高原。秦直道在此分出北行通往北地郡弋居县城（今陕西定边县红柳沟镇沙场村）的岔路。由弋居县城北行可通往昫衍县城（今宁夏盐池县花马池镇张家场古城），西行通往北地郡富平县城（今宁夏青铜峡市巴闸村附近），西南可通向安定郡三水县城（今宁夏同心县红城水古城）。

秦直道由今纪畔乡东北行至今红庆河路段的遗迹受毛乌素沙地影响不甚清晰，沿途分岔路情况不明。秦直道在红庆河古城有岔路与秦上郡部分属县连接。秦直道由红庆河古城西侧东北行，途经西都县城（今内蒙古伊金霍洛旗车家渠古城），继续北行爬上东胜梁高地，经由东胜区海子湾东北行，抵达东胜区泊江海子镇的城梁村古城，与东胜梁高地的东西向路线交会。

秦直道由今城梁村古城北行，下东胜梁后大概沿西柳沟前行，至今达拉特旗昭君坟镇的二狗湾古城。在此沿黄河向西可抵达渠搜县。秦直道在二狗湾东侧北渡黄河，直达终点九原郡城（今内蒙古包头市九原区麻池古城），与前套平原的交通网络连接。

由上所述，秦朝在将鄂尔多斯高原及其毗邻区纳入版图后，为加强北疆与关中的联系，修筑纵贯鄂尔多斯高原的秦直道。秦直道通过沿途岔路与东西两侧的郡县相连接，融入鄂尔多斯高原及其毗邻区的军事驻防体系，富有极其重要的军事交通价值。

综括以上所述，秦灭六国后，为解除匈奴对关中和北疆的威胁，遂派蒙恬率军北击匈奴，夺取河南地、高阙、阳山和北假中，将整个鄂尔多斯高原及其毗邻区纳入秦朝版图。为巩固对新占土地的控制，秦朝先是依托黄河构筑河上塞，又依托阴山山脉起筑长城，形成鄂尔多斯高原的外围防线。不久，又修筑秦直道，将关中、北地、上郡、战国秦长城防线和北部边疆的军事驻防体系紧密衔接，构建起具有战略纵深和层次的军事驻防体系。蒙恬坐镇上郡肤施城统筹北疆防务。秦朝在鄂尔多斯高原构建的这套军事驻防体系在秦始皇时期发挥着重大作用，收到了“胡人不敢南下而牧马，士不敢弯弓而报怨”[①]的成效。至秦末，这套军事驻防体系因秦朝内部战乱和匈奴南下而丧失其军事价值和功效。但是，这并非是军事驻防体系本身的问题，而是政治因素所致。

① 《史记》卷六《秦始皇本纪》，第280页。

第三章 汉代鄂尔多斯高原军事地理[1]

秦朝短祚而亡，经过四年的楚汉争战，西汉代替嬴秦成为中原王朝，定都长安城。关中是西汉王朝的政治核心区域，其战略地位在西汉版图中无出其右。但是，西汉王朝面临的最大外部威胁就是北方极其强盛的匈奴。从军事地理视角观察，关中之北的屏障和战略缓冲区——黄土高原和鄂尔多斯高原的军事价值就更加重要。因此，汉王朝格外注重鄂尔多斯高原及其毗邻区军事驻防体系的建设。学界对此问题也有所研究[2]。

关于汉王朝北疆的军事驻防体系，《汉旧仪》概括曰："边郡太守各将万骑，行障塞烽火追虏。置长史一人，掌兵马。丞一人，治民。当兵行，长史领。置部都尉、千人、司马、候、农都尉，皆不治民，不给卫士。"[3]这五十余字仅表达汉朝边疆军事配置的梗概，未能全景展现汉王朝在鄂尔多斯高原军事驻防体系的建构与演变。汉王朝在鄂尔多斯高原及其毗邻区的军事驻防体系建设是一个中长时段的动态过程，是因应鄂尔多斯高原地理环境、民族关系变化和军事对抗形势不断变化的历史空间进程。本章依据文献资料，结合军事遗存、自然地理形势，以时间为顺序，剖析汉代鄂尔多斯高原军事驻防体系的建构与演变。

---

① 本章吸收孟洋洋博士学位论文《战国秦汉时期鄂尔多斯高原军事地理研究》（陕西师范大学，2018年）部分成果。

② 刘太祥：《秦汉北部边防建设》，《南都学坛（人文社会科学学报）》2012年第5期，第1—13页；陈晓鸣：《两汉边防兵制若干问题之比较——以西、北地区为中心》，《史学月刊》2001年第2期，第28—34页。

③〔清〕孙星衍等辑：《汉官六种》，周天游点校，中华书局，1990年，第81页。

第一节　西汉初期鄂尔多斯高原军事驻防体系的建立

西汉初期，汉朝与匈奴界于“故塞”。西汉王朝控制着鄂尔多斯高原战国秦长城南侧区域、鄂尔多斯高原西南部及其毗邻的宁夏平原局部、鄂尔多斯高原东北部及其毗邻的前套平原。该时段西汉王朝在控制区构建起以防御为主的军事驻防体系。

一、西汉初期鄂尔多斯高原的军事地理形势

如前文论述，匈奴在秦末汉初已控制河南地广大地域。西汉王朝面临的最大外部威胁就是匈奴诸部。双方在鄂尔多斯高原以战国秦长城这条“故塞”为活动界线。在此需注意，据张家山汉简《二年律令·秩律》①和《汉书·地理志》②对北地郡、上郡和九原郡属县的记载，以及《水经注》对相关汉代县城位置的记录，可知汉、匈双方并非是严格以战国秦长城为界。鉴于匈奴逐水草而居的游牧生产特性，以及河南地广袤的地域空间，西汉通过城、障据点控制着战国秦长城外侧部分区域。尽管如此，西汉在鄂尔多斯高原面临的军事压力极大，这从匈奴部落的空间部署可窥见一二。

冒顿单于将匈奴各部落以空间方位划分为左方王将、单于庭和右方王将三个区域。其中，“诸左方王将居东方，直上谷［郡］以往者，东接秽貉、朝鲜；右方王将居西方，直上郡以西，接月氏、氐、羌而单于之庭直代［郡］、云中［郡］：各有分地，逐水草移徙。而左右贤王、左右谷蠡王最为大国，左右骨都侯辅政”③。由此可见，汉初鄂尔多斯高原及其毗邻区的军政形势为：西汉王朝关中以北的北地郡、上郡和最北的九原郡正对匈奴右方王将军事势力，而且此区域“故塞”外侧是右方王将中实力最强的右贤王部。在鄂尔多斯高原东北侧毗邻区的云中郡则直面匈奴单于军事势力的冲击。自匈奴单于庭南下的骑兵经常由云中郡西攻九原郡，南寇上郡。汉初鄂尔多斯高原及其毗邻区的军事形势十分明晰，即：作为西汉王朝关中北部屏障的鄂尔多斯高原西南部、东南部、东部和东北部区域面临匈奴从正北和西北两个方向的强势冲击。在此区域，匈奴对西汉王朝呈现出一种钳形攻击态势，是一种战略包围状态，对西汉王朝政治安全产生了极大威胁。

---

① 朱红林：《张家山汉简〈二年律令〉集释》，社会科学文献出版社，2005年，第263—273页。
② 《汉书》卷二八下《地理志下》，第1616—1620页。
③ 《史记》卷一一〇《匈奴列传》，第2891页。

西汉王朝面对如此严峻的军事形势，汉高祖刘邦曾试图与匈奴会战，以期大败匈奴，扭转局势。但由于双方军事实力悬殊，刘邦战略战术失当，以及天气大寒等因素，致使刘邦被困平城白登七日。此战显示了匈奴强大的军事实力，在心理层面上对西汉王朝产生了极大震慑。其后七十余年，西汉奉行休养生息的国策，在与匈奴博弈中处于守势，在鄂尔多斯高原及其毗邻区逐渐形成以战略防御为取向的军事驻防体系。这套军事驻防体系虽进取不足，但固守尚可，基本起到屏障西汉核心区域——关中的战略作用。这种战略防御一直持续到汉武帝元朔二年（前127）方告结束。

二、西汉初期鄂尔多斯高原及其毗邻区的军事驻防体系

西汉王朝在鄂尔多斯高原及其毗邻区的军事驻防体系主要是由边郡太守①率领边郡兵，驻守在具有重要军事价值的郡城、县城和障城等据点，通过控扼交通要道、占据有利的军事地形，以阻止和延缓匈奴进犯，层层消耗匈奴武装。这是一套相对完备、合理且具有空间层级结构和战略纵深的军事驻防体系。西汉王朝在鄂尔多斯高原的控制区可划分为三个区域，一是鄂尔多斯高原东部区域，即西汉上郡大部；二是鄂尔多斯高原西南部及其毗邻的宁夏平原区域，即西汉北地郡西北部；三是鄂尔多斯高原东北部及其毗邻的前套平原，即上郡北部、九原郡和云中郡局部。本部分按照以上分区探讨西汉王朝在鄂尔多斯高原及其毗邻区的军事驻防体系。

（一）鄂尔多斯高原东部区域的军事驻防体系

西汉在战国秦长城南侧区域军事驻防体系的构建主要沿两条主线展开。第一条主线即依托和利用战国秦长城，第二条主线即屯戍鄂尔多斯高原东南部和南侧毗邻区的河川谷道，控扼交通线。

1. 依托和利用战国秦长城防御工程体系

西汉初期，战国秦长城中段和东北段位于汉匈边界地带。匈奴由河南地进犯西汉王朝，战国秦长城首当其冲。这道长城是西汉王朝抵御匈奴进犯的第一道防线，具有重要的军事价值，主要体现在以下三方面：

第一，通过彭曦等学者对战国秦长城的实地考察和研究可知，战国秦长城多沿着分水岭蜿蜒伸展②。因此，驻防该长城就是控扼汉匈河南地边界区域的高地，占据地利。第二，战国秦长城自秦昭王开始大规模筑造，历经秦孝文王、秦庄襄王和

---

① 《汉书》卷五《景帝纪》，第146页。汉景帝中元二年“秋七月，更郡守为太守，郡尉为都尉”。
② 彭曦：《战国秦长城考察与研究》。

秦始皇的经营，逐步形成一套相对完备的军事驻防工程。其墙体高大宽厚，易守难攻，现今仍能看到许多高大的战国秦长城墙体遗存[①]。汉军若凭借此长城，防御得当，能够起到阻隔匈奴骑兵的作用。第三，战国秦长城沿线配备完备的烽火预警系统。据前辈学者研究和项目组成员实地考察，每隔200多米就有一个凸出长城墙体的墩台，这应是瞭望预警设施。在长城南侧有与之紧连的障城等配套设施，为士卒长期戍守这道防线提供基本保障和支撑。此外，在长城南侧一定距离内有诸多县城作为其后盾。

鉴于战国秦长城防御体系重要的军事价值，西汉王朝就着重利用这道长城增强汉匈交界地带的防务。此外，在战国秦长城附近，尚有诸多保塞蛮夷，颜师古认为：保塞蛮夷“本来属汉而居边塞自保守”[②]。窃以为，这些保塞蛮夷名义上属于西汉王朝羁縻管辖，实际上应是西汉王朝与匈奴间的缓冲势力。其对西汉王朝守卫战国秦长城地带有一定的帮助作用。战国秦长城这道军事驻防工程在西汉前期一直存在，至汉武帝收复河南地之后，才逐渐衰落。但是，西汉王朝乃至东汉王朝仍在其沿线某些要地驻防。

2. 屯戍战略高地和河川谷道

西汉王朝在鄂尔多斯高原东部军事驻防体系的第二条主线即屯戍战略高地和河川谷道，控扼交通。

参稽《黄河流域地图集》[③]所绘鄂尔多斯高原东侧黄河中游的水系可发现，此段黄河右岸多数支流呈西北—东南流向。这种流向与战国秦长城基本呈现出一种垂直态势。而活跃在战国秦长城西北侧的匈奴部落突破战国秦长城防线，深入上郡和北地郡腹地又多是沿这些河谷通道深入。西汉王朝遂在河川台地或河流分水岭高地设置军事据点，控扼交通，进行布防。具体概况如下：

据张家山汉简《二年律令·秩律》[④]和正史等记载可知，至西汉吕后二年（前186），西汉初期的上郡北部，即今鄂尔多斯高原东部区域，有阳周、平都、雕阴、

① 2017年4月30日至5月2日，项目组成员对宁夏固原市原州区北侧的战国秦长城遗迹进行了长距离的徒步实地考察。

② 《汉书》卷九四上《匈奴传上》，第3756页。

③ 水利部黄河水利委员会编制：《黄河流域地图集》，中国地图出版社，1989年，第276—277页。

④ 朱红林：《张家山汉简〈二年律令〉集释》，第263—273页。

高望、中阳、徒经、广衍、饶、西都、平陆、肤施、高奴、圜阴等县城[①]，大多数处在分水岭和河川台地。

其中，广衍县城（今内蒙古准格尔旗佛爷庙村东北的城圪梁古城[②]）坐落在清水川与黄甫川之间的分水岭上。其西南距清水川约8公里，东北距黄甫川约7公里，监控清水川和黄甫川谷道。饶县县城（今陕西府谷县碛楞乡石马川村古城）坐落在黄河右岸支流石马川南岸台地，东距黄河约8公里，西距神木市战国秦长城约35公里，其军事价值在于衔接上郡河东和河西地区，以便军事互动。这座古城战国时期就已存在[③]，从侧面反映出其重要性。徒经县城（今内蒙古伊金霍洛旗新庙乡古城壕村古城）地处窟野河上游牸牛川东畔台地，束会川在此汇入牸牛川。其军事地理价值在于扼守束会川和牸牛川通道，支撑沿束会川西岸台地延伸的战国秦长城防线。白土县城（今陕西神木市中鸡镇河家圪台城址）地处乌兰木伦河支流考考乌素河上游高地，西南距红碱淖约10公里。其虽然位于战国秦长城外侧，但这里是鄂尔多斯高原内流区和外流区分水岭，地势相对高亢。此外，该城也是上郡一处交通枢纽。西都县城（今内蒙古伊金霍洛旗车家渠古城）地处东胜梁南侧、乌兰木伦河西侧。这里是鄂尔多斯高原内流区和外流区分界线，其军事价值在于扼守附近的秦直道。圜阴县城（今陕西神木市太和寨乡槐树塔村西北2公里的松树杆遗址），汉惠帝五年（前190）置[④]，坐落在秃尾河和窟野河分水岭上。东北距窟野河约15公里，西南距秃尾河约15公里，若这两条河川谷道有敌情，圜阴县城可对其进行支援。此外，圜阴县城西北距离今神木市高家堡镇喇嘛河战国秦长城约20公里，是战国秦长城高家堡段的内侧支撑据点。肤施县城（今陕西榆林市榆阳区鱼河镇米家园则古城）地处榆溪河下游东岸台地，依山傍水，西北距战国秦长城20余公里。肤施县城不但扼守宽广宜行的榆溪河谷道，更是鄂

---

① 本章所涉及的朔方、五原、云中、西河、北郡和上郡诸城的地理位置，除特别标注外，皆采纳以下研究成果观点。艾冲：《西汉时期上郡诸县治城位置新探》，见陕西历史博物馆编：《陕西历史博物馆馆刊》第22辑，三秦出版社，2015年，第142—153页；艾冲：《鄂尔多斯高原西汉时期西河郡属县治城位置新考》，《西夏研究》2016年第2期，第86—96页；白雪：《西汉时期五原郡诸县治城新考——以〈水经注〉的记载为中心》，见陕西历史博物馆编：《陕西历史博物馆馆刊》第21辑，三秦出版社，2014年，第136—144页；孟洋洋：《西汉北地郡属县治城考》，《西夏研究》2016年第2期，第106—116页；孟洋洋：《西汉朔方郡属县治城考》，《西夏研究》2016年第3期，第90—96页；吴丰享：《西汉云中郡属县治城位置新考》，《西夏研究》2017年第1期，第94—100页。

② 谭其骧主编的《中国历史地图集》（第2册，第17—18页）将广衍县标绘在准格尔旗乌日图高勒乡川掌村古城一带。

③ 国家文物局主编：《中国文物地图集·陕西分册》下，西安地图出版社，1998年，第651页。

④ 《汉书》卷二八下《地理志下》，第1618页。

尔多斯高原东南部的交通枢纽和军事中心，统筹鄂尔多斯高原东南部的军事防务。阳周县城（今陕西靖边县青阳岔镇卧牛城遗址）地处大理河河畔，主要是支撑附近的战国秦长城防务，同时控扼其西南桥山（今陕西延安市安塞区鸦行山[①]）上的桥门。阳周县城自战国时期就是军事重镇。

通过对西汉初期在鄂尔多斯高原东部上郡重要县城地理位置的分析，发现这些县城或地处分水岭高地，或地处河谷台地，都是占据地利、扼守相近的交通要道，支撑周边区域的防务。西汉王朝以这些城邑为军事据点，支撑起此区域军事防御体系。此外，上郡是西汉缘边大郡，地跨黄河两岸，南北约800里，兼跨鄂尔多斯高原和黄土高原，地形复杂，极具战略纵深。若西汉王朝防御战略坚定、驻守兵力充足、防御战术得当、后勤保障无忧，必将对匈奴进犯上郡产生重重阻碍，逐渐消耗匈奴武装，同时为朝廷做出反应争取时间。正因为西汉在鄂尔多斯高原东部上郡辖区军事驻防体系相对完善、坚固，匈奴虽屡屡进犯和抄略上郡，但未经由上郡大举南犯关中。比如汉景帝中元六年（前144）六月，“匈奴入雁门，至武泉，入上郡，取苑马。吏卒战死者二千人”[②]。虽然双方激烈交战，但匈奴仍以掠夺物资为主。

（二）鄂尔多斯高原西南部及其毗邻区的军事驻防

西汉初期，鄂尔多斯高原西南部及其毗邻区属于西汉王朝北地郡辖境。据上文论述，既然西汉王朝上郡辖区防卫严密，匈奴难以由上郡威胁关中，遂改变进攻方向。由于河南地被匈奴控制，相较于上郡，突破鄂尔多斯高原西南部的北地郡则更易深入关中，直扑长安。北地郡作为关中西北方的军事屏障，战略地位重要，成为汉匈角逐的重点区域。西汉也注重鄂尔多斯高原西南部的军事驻防体系的建设。西汉依托数个军事据点[③]，构建起此区域相对稳固的军事驻防体系。其军事据点主要有富平县城、灵州县城、眴衍县城、除道城、浑怀障和神泉障等。具体论述如下：

第一，西汉通过眴衍县城、除道城和神泉障三个军事据点支撑鄂尔多斯高原西南部区域的军事防务。眴衍县城（今宁夏盐池县花马池镇张记场古城）和神泉障（当为今鄂托克前旗南部的特布德古城）地处鄂尔多斯高原南部台地，这两城地处上郡无定河流域通往北地郡北部（今宁夏平原及其毗邻区）辖区的东西交通线之上。除道（今

① 孟洋洋：《东汉建宁元年夏秋段颎追击东羌叛众路线考述》，《中央民族大学学报（哲学社会科学版）》2018年第2期，第93—100页。

② 《汉书》卷五《景帝纪》，第150页。

③ 根据张家山汉简《二年律令·秩律》等资料可知，汉高祖吕后二年（前186），北地郡已辖富平、乌氏、朝那、卤、灵州、方渠、除道、郁郅、归德、义渠道、略畔道和眴衍等县。其中，富平、灵州、眴衍和除道地处鄂尔多斯高原西南部及其毗邻的宁夏平原。

甘肃环县甜水镇的牛毛城址）地处大罗山东约30公里、环江和苦水河（亦称山水河）的分水岭上，地势较高。溯环江谷道经由此城，再沿苦水河西北行即可抵达宁夏平原。除道是联系战国秦长城内侧区域和宁夏平原的重要交通枢纽，地处交通要冲，极具军事价值。

第二，鄂尔多斯高原西南部毗邻区宁夏平原西依贺兰山、东临鄂尔多斯高原、北抵桌子山、南靠牛首山，黄河由南向北从中穿过，地势平坦、水源充足、土壤肥沃，适宜屯垦，而且黄河在此区域形成一个很大的河心洲。因此，从军事地理视角观察，宁夏平原是一个可满足耕战需求、高度独立的地理单元。西汉王朝凭借山河之利，借助富平县城、灵州城和浑怀障三个据点支撑此区域防务。

北地郡富平县城（今宁夏青铜峡口巴闸村附近[①]）地处牛首山北约5公里，西距黄河青铜峡口约5公里，北距苦水河入黄口约10公里。这种东西为河流包夹、南倚山脉的地理环境，实为形胜之地，易守难攻。此外，青铜峡口和苦水河谷道是进出宁夏平原的重要通道。富平县城扼守此要冲之地，极具军事价值。灵州县城（今宁夏吴忠市利通区古城湾村西侧）始设于汉惠帝四年（前191）[②]，地处“河渚”之上[③]。灵州城地处面积宏大的河心洲，为黄河环抱，凭借黄河天险抵御匈奴。河心洲更是土壤肥沃，适宜屯垦。此外灵州还有河奇和号非二牧苑，用以饲养战马。换言之，灵州能够实现自给自足，满足耕战需求，为西汉王朝在此区长期驻防提供便利。西汉王朝还在灵州北部设有浑怀障，置浑怀都尉。[④]浑怀障（今宁夏平罗县陶乐镇）地处汉代黄河东岸[⑤]，是防范匈奴进犯北地郡的前哨，负责军事预警。

（三）鄂尔多斯高原东北侧毗邻区的军事驻防

汉初，鄂尔多斯高原东北侧毗邻区，即乌拉山和大青山之南、黄河之北的前套平原是西汉王朝控制区，为云中郡和九原郡辖区。依据张家山汉简《二年律令·秩律》[⑥]可知，汉吕后二年（前186），西汉领云中郡辖有云中、咸阳、北舆、旗（笔者按：桢）陵、沙陵、原阳和武泉等县，九原郡辖有九原、南兴、河阴、曼柏、莫黖、西安阳和武都等县。这些县城大部分坐落在前套平原。西汉王朝在此区域利用山河形

---

① 国家文物局主编的《中国文物地图集·宁夏回族自治区分册》（文物出版社，2010年，第289页）认为富平县城为宁夏扁担沟古城说，不妥。

② 《汉书》卷二八下《地理志下》，第1616页。

③ 《水经注疏》，第205页。

④ 《汉书》卷二八下《地理志下》，第1616页。

⑤ 《水经注疏》，第209页。

⑥ 朱红林：《张家山汉简〈二年律令〉集释》，第263—273页。

便、凭借战国赵北长城，依托郡县城镇形成三位一体的军事驻防体系。具体而言：

第一，利用此区域有利的自然地形。前套平原北靠乌拉山和大青山，东依铁炮山和蛮汉山，南临黄河，西端则是西山嘴这一山河辐辏的狭窄通道。从军事地理视角观察，前套平原是一个相对封闭和安全的军事区域。

第二，在乌拉山和大青山南麓，尚有秦代继续经营、军事驻防功用更加完备、可供汉军屯戍的战国时期赵国北长城。西汉初期沿用这道长城，扼守进出乌拉山和大青山的山谷通道。汉军凭借战国北长城可阻断匈奴经由乌拉山和大青山大规模进犯的行动。

第三，西汉王朝依托云中郡和九原郡的郡县城镇开展屯戍，与军事地形和长城防线相配合，支撑区域防务。

九原郡城（今内蒙古包头市九原区麻池古城）统筹乌拉山和大青山西段防务，重点控制昆都仑河，即汉石门水谷道。西安阳县城（今内蒙古乌拉特前旗张连喜店古城）地处乌拉山西端临近黄河处，扼守西山嘴这一狭窄通道，阻止匈奴由后套平原东犯，保障九原郡西部安全。河阴县城（今内蒙古达拉特旗昭君坟镇二狗湾古城）虽孤悬黄河以南，但其东北距九原郡城仅18公里，且地处黄河南岸高地，易守难攻，其军事价值在于防范匈奴由河南地北渡黄河偷袭九原郡城，是九原郡的后翼屏障。

云中郡城（今内蒙古托克托县古城镇古城）地处前套平原东部[①]核心区域，统筹此区域防务。咸阳县城（今内蒙古土默特右旗苏波盖乡东老藏营村古城）北距大青山约7公里，南距黄河约18公里，其军事价值在于控扼大青山美岱沟谷道[②]，作为云中城西侧屏障，护卫郡城。北舆县城（今内蒙古呼和浩特市赛罕区巴彦镇塔布陀罗亥古城）东南临小黑河，北依大青山，控扼小黑河上游干流哈拉沁沟谷道，并且是云中城东北侧翼屏障。原阳县城（今内蒙古呼和浩特市黄合少镇二十家村古城）位于铁炮山西侧、大黑河东侧，扼守大黑河流入前套平原的咽喉。武泉县城（今内蒙古呼和浩特市保合少镇北水泉村遗址）地处小黑河上游支流发源地东北、大黑河南约3公里，扼守大青山和斗金山之间宽约2公里的谷道，抵御匈奴由今大青山北进犯云中。桢陵县城（今内蒙古托克托县燕山营乡章盖营古城）和沙陵县城（今内蒙古托克托县哈拉板申村古城）位于黄河“几”字形大河湾东北部，扼守附近的黄河津渡，保障云中郡和

① 受大青山和黄河河道的影响，可以内蒙古包头市东河区古城湾乡为界，将前套平原分为东西两部分。

② 虽然美岱沟在大青山山口以上，除在大水圪洞沟汇入口附近下湿壕镇地形开阔外，全属于深山陡坡，两岸支沟发育，但这并不妨碍匈奴奇兵由此路奇袭。

鄂尔多斯高原的联系。

综上所述，鉴于汉初汉匈间的军政形势，西汉王朝利用战国秦长城和赵国北长城防线，又屯戍战略高地和河川谷道、依托军事据点，在所控制的鄂尔多斯高原东部、西南部和毗邻的前套平原构筑起以战略防御为主的军事驻防体系。这套军事驻防体系在西汉初期发挥着重要作用。

第二节　汉武帝时期鄂尔多斯高原驻防体系的发展与分布

汉武帝元朔二年（前127）春，匈奴进犯上谷郡和渔阳郡，并杀略吏民千余人。西汉王朝一改先前对匈奴的被动防御战略，实行积极进攻，主动出击，寻找匈奴主力会战。汉武帝派遣卫青和李息兵出云中，沿大青山和乌拉山南麓西行，进入后套平原，抵达狼山高阙，又渡北河，击败匈奴白羊王和楼烦王部落，又讨蒲泥，破符离，收复河南地。[①]此后，西汉王朝多次对匈奴用兵，将北部疆界推进至阴山以北。先前与匈奴相邻的北地郡和上郡实际已是二线边郡。河南地最北部的朔方郡和五原郡成为与匈奴直接对抗的一线边郡。随着西汉王朝版图的扩大、汉匈军事实力的此消彼长和北疆军政形势的变化，鄂尔多斯高原的军事价值已不再限于作为屏护关中的战略防御区，而是转变为攻守兼备、以攻为主、征讨匈奴的军事基地。汉武帝随之对鄂尔多斯高原及其毗邻区的军事防务进行调整，构建新的军事驻防体系。

一、增置郡县，增加军事驻防点数量

河南地对汉、匈双方都具有重要的军事战略价值，匈奴自然不甘心丧失此地，遂屡屡进犯。西汉王朝的首要任务就是在巩固先前控制区驻防体系的同时，尽快在新收复的河南地构建军事驻防体系，以应对匈奴反扑。为此，汉武帝在河南地北部新设朔方郡，陆续筑就十座县城，以加强对此区域的统治。

西汉王朝结合河南地北部的军事地理形势，将十座县城均设在河南地北部要害之处。其中在狼山西南段东侧、黄河两岸营筑窳浑（今内蒙古磴口县沙金套海苏木土城子古城）、临戎（今内蒙古磴口县补隆淖镇河拐子古城）、三封（今内蒙古磴口县哈腾套海苏木麻弥图古城）和沃野（今内蒙古巴彦淖尔市临河区黄羊木头镇脑高古城）四座县城。在当时黄河主河道北河南侧筑临河县城（今内蒙古五原县塔尔湖镇五星村

① 《汉书》卷六《武帝纪》，第170页。

古城），在南河南侧筑广牧县城（今内蒙古乌拉特前旗西小召镇西局子古城），在北河和南河汇合后东流河段南侧筑朔方县城（今内蒙古杭锦旗独贵塔拉镇附近）和渠搜县城（今内蒙古杭锦旗独贵塔拉镇和达拉特旗中和西镇之间的黄河附近）。另外，修都（今内蒙古杭锦旗浩绕柴达木苏木敖楞布拉格古城）和呼酋（今内蒙古杭锦旗塔然高勒乡政府驻地北）两座县城则分布在四十里梁西段向黄河延伸的交通线旁。如此，西汉王朝在新占区北部形成凭借狼山屏障和黄河阻隔、有后方重要据点支撑的军事驻防体系。

同时，西汉在朔方郡以南、上郡西部、北地郡北部也增加县级行政建制，筑造县城，以点控面，加强区域的行政管理和防务。汉武帝出于加强对河南地控制的考虑，于元朔四年（前125）由上郡析置西河郡①，西河郡西部辖区抵达今内蒙古乌海市黄河附近。北地郡也向北拓展辖区，与西河郡相接。至此，西汉王朝在鄂尔多斯高原形成分布广泛、数量众多的郡县两级行政区划群体，成为驻防体系的支撑点。

二、建置边郡部都尉府

西汉王朝鉴于北方边郡辖区广大且战事频繁，仅靠郡太守和郡都尉二人难以应对来自不同方向的军事威胁。汉武帝遂将各个边郡辖区按地理方位划分为不同防区，设立部都尉府②负责郡内不同区域的防务，从而使边郡军事驻防体系更为严密精细。汉武帝在鄂尔多斯高原及其毗邻区的朔方郡、五原郡、西河郡、上郡、北地郡和云中郡皆设有部都尉府。

（一）上郡北部都尉府治城

《汉书·地理志》载："高望，北部都尉治。莽曰坚宁。……望松，北部都尉治。"③显然，西汉王朝在上郡高望县城和望松县城分别设置了一个部都尉府，而且都称北部都尉府。但是，一郡之内怎会存在两个北部都尉呢？《汉书·地理志》此处记载必定存在讹误。其中一个并非北部都尉，而应是其他方位的部都尉。前辈学者已注意到此问题。比如陈梦家先生《西汉都尉考》一文提及"望松，北部都尉治"时指出："一郡二北部，其中之一必西字之误。"④至于驻在望松县城的部都尉，究竟是东部都尉还是西部都尉，暂无证据以资确定，而且关于望松县城的地理位置也尚无线

① 《汉书》卷二八下《地理志下》，第1618页。
② "都尉"是军事职务之名。其处理军务之场所称作"府"或"幕府"。都尉府是军事机构之名称。以下同此。
③ 《汉书》卷二八下《地理志下》，第1617页。
④ 陈梦家：《西汉都尉考》，见陈梦家：《汉简缀述》，中华书局，1980年，第129页。

索[①]。在此暂将高望县城确定为北部都尉府驻地。

上郡北部都尉府驻地高望县故城即今内蒙古杭锦旗东南隅的吉尔庙古城[②]。其地处东胜梁高地南侧，这里是上郡和西河郡的交界处，是上郡戒备匈奴穿越朔方郡和西河郡西部南下的前沿地带。同时，吉尔庙古城在汉代鄂尔多斯高原东西交通干线和南北交通干线交会点西南约60公里处，北距东西交通干线约20公里，东距秦直道约45公里，交通便捷，地处冲要，具有重要的军事价值。既可依托其军事地理区位，保护交通干道，又可快速进行军事调动，征讨进犯之敌和叛乱势力，以此稳定北疆政局。

（二）西河郡部都尉府治城

《汉书·地理志》载："［西河郡］南部都尉治塞外翁龙、埤是。莽曰归新。属并州。……增山，有道西出眩雷塞，北部都尉治。……虎猛，西部都尉治。"师古注曰："翁龙、埤是，二障名也。"[③]据此可知，西河郡共有西、南、北三个部都尉。其中，西部都尉府治虎猛县城，南部都尉府治塞外翁龙和埤是二障，北部都尉府治增山县城。

1. 西河郡西部都尉府治城

西河郡西部都尉府治虎猛县城。西部都尉负责西河郡西部辖区防务，则虎猛县城当于西河郡西部寻找。西河郡西部应是北地郡和朔方郡之间的广大区域，其西界可能抵达或越过桌子山西侧的黄河。虎猛县故城当为今内蒙古鄂托克旗木凯淖尔镇东北约

① 关于望松县城的地理位置，尚未发现有效线索。《中国历史地图集》也没有标注，将其列为朔方刺史部无考县名。艾冲先生认为望松县城应是今内蒙古伊金霍洛旗黄陶勒盖古城，参见艾冲：《西汉时期上郡诸县治城位置新探》，见陕西历史博物馆编：《陕西历史博物馆馆刊》第22辑，第142—153页。武沐先生等认为望松县可能在今内蒙古鄂托克旗城川一带，参见武沐、王希隆：《汉武帝开发上郡秦故塞以北诸县的量化分析》，《中国经济史研究》2003年第4期，第104—110页。

② 艾冲：《西汉时期上郡诸县治城位置新探》，见陕西历史博物馆编：《陕西历史博物馆馆刊》第22辑，第142—153页。关于高望故城的大概位置，学界还有乌审旗境说和乌审旗呼和淖尔古城说。乌审旗境说参见穆彰阿、潘锡恩等纂修：《嘉庆重修一统志》卷五四三"鄂尔多斯·古迹"，四部丛刊续编本；张鹏一：《河套图志》卷一《鄂尔多斯七旗》，民国六年在山草堂铅印本；王仲荦：《北周地理志》，中华书局，1980年，第96页；史为乐主编：《中国历史地名大辞典》，中国社会科学出版社，2005年，第2175页；薛国屏编著：《中国古今地名对照表》（第二版），上海辞书出版社，2014年，第84页。乌审旗呼和淖尔古城说参见谭其骧主编：《中国历史地图集》第2册，第17—18页；王文楚：《西汉西河、上郡、北地三郡边塞考》，见王文楚：《古代交通地理丛考》，中华书局，1996年，第332—338页。王文楚先生认为高望县故城即圪圪淖古城。圪圪淖古城实际上就是呼和淖尔古城。关于高望故城即今内蒙古杭锦旗吉尔庙古城的具体论述参见孟洋洋：《西汉上郡北部都尉府驻地考》，《内蒙古社会科学（汉文版）》2020年第1期，第61—66页。

③《汉书》卷二八下《地理志下》，第1618页。

6公里的水泉古城[1]。

西河郡西部都尉府驻守此城具有重要的军事价值。第一，若匈奴自鄂尔多斯高原西侧进犯，虎猛县作为西河郡西部边县首当其冲。虎猛县是西河郡西部很重要的军事城镇，西部都尉府驻此城负责西河郡西部防务，抵御匈奴由西向东深入西河郡腹地。第二，虽然桌子山上有长城、黄河东岸有制虏塞（今内蒙古乌海市千里山镇兰城子古城）可抵御匈奴东渡黄河进犯，但由桌子山向东约120公里至水泉古城是地势平坦开阔的高平原地貌。既无山河阻隔，亦无其他军事据点。这更加凸显水泉古城的军事区位价值。西部都尉府驻守此城，控扼西河郡西部区域，可对桌子山长城和制虏塞，以及附近的黄河防线提供支撑。第三，水泉古城地处交通要冲。由此城北上可抵达西河郡大成县（今内蒙古杭锦旗霍洛柴登古城），东北行可至西河郡中阳县城（今内蒙古杭锦旗古城梁古城），东去可经上郡北部都尉府驻地高望县城（今内蒙古杭锦旗吉尔庙古城）至西河郡平定县城（今内蒙古伊金霍洛旗红庆河古城），南行可通往北地郡昫衍县城（今宁夏盐池县张记场古城）等地，战略位置重要。简言之，西部都尉府驻虎猛县城，掌控着西河郡西部防务，同时又可对北地郡和西河郡其他区域进行协防。

2. 西河郡南部都尉府治城

西河郡南部都尉府治塞外翁龙、埤是二障。《中国历史地图集》将其大致位置标注在109° E以西、杭锦旗驻地东南约35公里处，并未具体定位。[2]此区域除一座规模较大的古城梁古城外，并未发现其他城址。而且，此区域地处西河郡中部偏西，并非在西河郡南部。西河郡南部都尉府治城当在其他区域寻找。艾冲先生认为，西河郡南部都尉府治城在今神木县高家堡镇的喇嘛河古城。[3] 此说合理。

西河郡南部都尉府驻守喇嘛河古城，最主要的军事价值在于居高临下，控扼秃尾河谷道。此外，喇嘛河古城与战国秦长城空间关系紧密，应是战国秦长城驻防体系中重要的一环。

3. 西河郡北部都尉府治城

西汉王朝在增山县城设西河郡北部都尉府。关于增山县城的地理位置，《汉书·地理志》载："增山，有道西出眩雷塞，北部都尉治。"据此可知，由增山县城

---

① 艾冲：《鄂尔多斯高原西汉时期西河郡属县治城位置新考》，《西夏研究》2016年第2期，第86—96页。

② 谭其骧主编：《中国历史地图集》第2册，第17—18页。

③ 艾冲：《鄂尔多斯高原西汉时期西河郡属县治城位置新考》，《西夏研究》2016年第2期，第86—96页。

向西可通往眩雷塞，西出西河郡。这表明增山县城当处在西河郡东西向交通干线附近。汉代西河郡横跨今山陕黄河两岸，其西部地处鄂尔多斯高原中部。西河郡东西向交通干线循东胜梁向东、西两方向延伸。增山县城作为西河郡北部都尉府治城，当在西河郡北部且相对居中的位置。从西河郡辖区判断，其位置大概在今东胜梁西段。《中国历史地图集》将增山县城标注在东胜区西北约30公里处，即城梁村古城。[①]王文楚先生也认为城梁村古城可能是增山县城[②]。此判断有道理。

西河郡北部都尉府驻守增山县城的军事价值表现在两方面。第一，此城居高临下，易守难攻。此城位置相较周边区域地势最高，古城周边是落差较大的沟壑。这些沟壑虽与长期流水冲刷有关，但这些斜坡汉代应已存在。第二，此城地处东胜梁高地北坡，横贯西河郡北部的交通干线途经此城附近，而且此城西侧约1.5公里就是纵贯鄂尔多斯高原的秦直道。[③]此城扼守交通要冲，是一个极其重要的交通枢纽。西河郡北部都尉府驻守此城，一旦有警，可随时阻断交通，起到抵御或延缓敌军进犯的作用。

（三）朔方郡部都尉府治城

据《汉书·地理志》载，西汉朔方郡有西、中、东三个部都尉府，即“西部都尉治窳浑。莽曰沟搜。……渠搜，中部都尉治。莽曰沟搜。……广牧，东部都尉治”[④]。但是，据《水经注》关于汉代黄河在今后套平原流经汉代县域的记载可确定窳浑、广牧和渠搜三县自西向东分布，可见《汉书·地理志》记载有误。广牧县应是中部都尉府驻地，渠搜县应是东部都尉府驻地。

1. 朔方郡西部都尉府治城

西汉王朝在窳浑县城设西部都尉府负责朔方郡西北地区防务。关于窳浑县城的地理位置，《汉书·地理志》载：“窳浑，有道西北出鸡鹿塞。屠申泽在东。”[⑤]《水经注》载：“河水又北，屈而为南河出焉。河水又北迤西，溢于窳浑县故城东。汉武帝元朔二年开朔方郡，县即西部都尉治。有道自县西北，出鸡鹿塞，王莽更郡曰沟搜，县曰极武。其水积而为屠申泽，泽东西一百二十里，故《地理志》曰：屠申泽在县东，即是泽也。阚骃谓之窳浑泽矣。”[⑥]学界据此已确定窳浑故城即今磴口县沙金

① 谭其骧主编：《中国历史地图集》第2册，第17—18页。
② 王文楚：《西汉西河、上郡、北地三郡边塞考》，见王文楚：《古代交通地理丛考》，第333页。
③ 2014年3月27日，陕西师范大学艾冲教授带领项目组成员对此古城进行了实地考察。
④ 《汉书》卷二八下《地理志下》，第1619页。
⑤ 《汉书》卷二八下《地理志下》，第1619页。
⑥ 《水经注疏》，第212—213页。

套海苏木土城子村古城[①]。

朔方郡西部都尉府治窳浑县城的军事价值表现在两方面。第一，窳浑县城是朔方郡10县中位于黄河外侧的两县之一，也就是说，朔方郡西部都尉府控制区主要是黄河西侧与狼山东侧区域。这个区域是西汉王朝河南地的西北外围屏障。第二，朔方郡西部都尉府治窳浑县城，可控扼朔方郡的出塞要道。汉代由窳浑县城西北行约20公里，即抵达今哈日格那沟[②]。此沟是连接狼山南北的重要通道。虽有鸡鹿塞坐落在沟口西侧台地，扼守此通道，但是，鸡鹿塞规模太小，其主要作用应是军事预警。鸡鹿塞后方的西部都尉府治城才是控制此通道的核心据点。正因狼山哈日格那沟适宜大军通行，西汉王朝多次经由此谷出塞征讨匈奴。窳浑县城不仅是西汉抵御匈奴进犯的前沿阵地，也是征讨匈奴的重要基地。

2. 朔方郡中部都尉府治城

西汉王朝在朔方郡广牧县城设中部都尉府，负责朔方郡北部偏中区域的防务。关于广牧县城的空间位置，《水经注》载："南河上承西河，东迳临戎县故城北，又东迳临河县南。又东迳广牧县故城北，中部都尉治，王莽之盐官也。迳流二百许里，东会于河。河水又东，迳马阴山西。"[③]《元和郡县图志》载："［丰州］九原县，本汉之广牧旧地，东部都尉所理。其九原县，永徽四年重置。"[④]据此可知，广牧县城在汉代南河之南、马阴山（今乌拉山）西北、唐丰州城附近，相当于今乌拉特前旗西小召镇的西局子古城[⑤]。受历史时期南河河道变迁影响，西局子古城址位于今黄河河道之北2公里。[⑥]

朔方郡中部都尉府治广牧县城的军事价值表现在三方面。第一，观察广牧县城的位置可知，朔方郡中部都尉府负责汉代北河几字形河湾内侧，以及南河南侧区域的防务。其防区内有广牧县、临河县和沃野县。从地缘关系观察，朔方郡中部都尉府的防区抵达今狼山山区，负责朔方郡正北部防务。第二，朔方郡中部都尉府防区内有极其重要的高阙谷道（今狼山两狼山山谷）穿过狼山。广牧县城既是高阙塞的后方基地，又是汉军经由高阙出塞的中转站。第三，朔方郡中部都尉府驻广牧县城，除抵御自北

---

① 侯仁之、俞伟超：《乌兰布和沙漠的考古发现和地理环境的变迁》，《考古》1973年第2期，第92—107页；张郁：《汉朔方郡河外五城》，《内蒙古文物考古》1997年第2期，第80—89页。

② 学界称其为哈隆格乃山口。据实地考察，当地居民及山口所立石碑则称为哈日格纳沟。

③ 《水经注疏》，第216—217页。

④ 〔唐〕李吉甫：《元和郡县图志》卷四《关内道四》，贺次君点校，中华书局，1983年，第112页。

⑤ 谭其骧主编：《中国历史地图集》第2册，第17—18页。

⑥ 国家文物局主编：《中国文物地图集·内蒙古自治区分册》下，第623页。

而来的匈奴外，还有驰援朔方郡西部都尉府、东联朔方郡东部都尉府的作用。它与南河、北河、阳山长城等共同构成西汉在后套地区的军事驻防体系。

3. 朔方郡东部都尉府治城

西汉王朝在渠搜县城设朔方郡东部都尉府，负责朔方郡东部防务。关于渠搜县城的位置，《水经注》载："河水自朔方东转，迳渠搜县故城北。《地理志》朔方有渠搜县，东部都尉治，王莽之沟搜亭也，……河水又东，迳西安阳县故城南，王莽更之鄣安矣。"[①]可知，渠搜县应在朔方县城（今内蒙古杭锦旗独贵塔拉镇附近）东、西安阳县城（今内蒙古乌拉特前旗乌拉山镇张连喜店古城）西南、汉代黄河南侧寻找。《中国历史地图集》将渠搜县城标于黄河南岸、毛不拉孔兑沟下游河道西侧[②]。结合此区域的地理形势，渠搜县东界应在毛不拉孔兑沟东约5公里高梁处，大致与今达拉特旗和杭锦旗界限重合。但此区域暂未发现汉代古城，渠搜故城可能因黄河河道变迁而毁，抑或被库布齐沙漠湮没。

朔方郡东部都尉府驻于渠搜县城的军事价值在于控制"南河"与"北河"汇流后东流河段南侧区域的防务。朔方郡东部都尉府一方面抵御匈奴渡黄河南下，另一方面防备匈奴突破狼山西段防务，由西向东进犯五原郡。渠搜县城和五原郡西安阳县城分处此段黄河南、北两侧，共同负责今乌拉山西山嘴一带的防务。

（四）五原郡部都尉府治城

据《汉书·地理志》记载，西汉王朝在五原郡设立东、中、西三个部都尉府，即"东部都尉治稒阳。……中部都尉治［成宜］原高，西部都尉治［成宜］田辟"[③]。

1. 五原郡西部都尉府治城

西汉王朝在成宜县田辟城设五原郡西部都尉府。关于成宜县田辟城的地理位置，古代文献就有记载。《水经注》载："河水又东，迳西安阳县故城南，王莽更之漳安矣。河水又东，迳田辟城南，《地理志》曰：故西部都尉治也。……河水又东，迳成宜县故城南，王莽更曰艾虏也。"[④]据此可知，田辟城在西安阳县城东、成宜县城西。有观点认为成宜故城即今乌拉特前旗巴彦花镇的公庙沟口城址[⑤]。此城地处呼和布拉格嘎查北侧、乌拉山山脚赵国北长城沿线，实际上是长城沿线障城，规模较小，

① 《水经注疏》，第220—221页。
② 谭其骧主编：《中国历史地图集》第2册，第17—18页。
③ 《汉书》卷二八下《地理志下》，第1619页。
④ 《水经注疏》，第221—222页。
⑤ 白雪：《西汉时期五原郡诸县治城新考——以〈水经注〉的记载为中心》，见陕西历史博物馆编：《陕西历史博物馆馆刊》第21辑，第136—144页。

作为成宜县城不妥，更可能是五原郡西部都尉府治城——田辟城。

五原郡西部都尉府驻于此城主要是控制乌拉山西段，一方面抵御匈奴由西山嘴沿黄河向东进犯五原郡腹地，另一方面则是作为赵国北长城防御体系的一环，扼守公庙沟（当地居民称为白泥沟）这条乌拉山通道。据当地驻军战士介绍，这条山谷通道南段易行，北段即便是驾驶东风猛士军车也难以通过，但是步行或牛马可以通过。①

2. *五原郡中部都尉府治城*

西汉王朝在成宜县原高城设立五原郡中部都尉府。关于原高城的地理位置，《水经注》载："河水又东，迳成宜县故城南，王莽更曰艾虏也。河水又东，迳原亭［按：高］城南。阚骃《十三州志》曰：中部都尉治。河水又东，迳宜梁县之故城南。阚骃曰：五原西南六十里，今世谓之石崖城。"②据此可知，原高城在成宜县城和宜梁县城（今内蒙古乌拉特前旗三顶帐房古城③）之间。由于成宜县的位置难以确定，窃以为，原高城可能与田辟城一样，都是赵国北长城沿线的一个障城，且扼守一条乌拉山山谷通道，大概在今乌拉特前旗巴彦花镇附近。但是由于公庙沟障城和三顶帐房古城之间区域没有合适的汉代古城与之对应，因此，五原郡中部都尉府治城——原高城的具体位置暂难确定。它可能在今白彦花镇东北海勒斯太音高勒沟的赵国北长城附近。其军事地理价值无疑与五原郡西部都尉府相似。

3. *五原郡东部都尉府治城*

西汉王朝在稒阳县城设置五原郡东部都尉府，负责五原郡东部区域防务。关于稒阳县城的地理位置，古代文献有明确的记述。《水经注》载：河水"又东过临沃县南，王莽之振武也。河水又东，枝津出焉。河水又东流。石门水南注之。水出石门山。《地理志》曰：北出石门鄣，即此山也。……其水自障东南流，迳临沃城东，东南注于河。河水又东，迳稒阳县故城南。王莽之固阴也"④。学界据此已确定稒阳故

① 2018年8月9日，陕西师范大学艾冲教授带领项目组成员在此沟口进行考察。

② 《水经注疏》，第222—223页。

③ 张海斌：《包头出土的"单于天降"和"单于和亲"瓦当》，见陈永志主编：《内蒙古出土瓦当》，文物出版社，2003年，第32—42页；白雪：《西汉时期五原郡诸县治城新考——以〈水经注〉的记载为中心》，见陕西历史博物馆编：《陕西历史博物馆馆刊》第21辑，第136—144页。亦有诸多学者认为此城为九原郡治，如史念海：《论秦九原郡始置的年代》，《中国历史地理论丛》1993年第2辑，第57—64页；李逸友编著：《内蒙古历史名城》，内蒙古人民出版社，1994年；周清澍主编：《内蒙古历史地理》，内蒙古大学出版社，1994年。现今看来五原郡治城为今内蒙古包头市麻池古城更为合理。

④ 《水经注疏》，第226—227页。

城即今内蒙古包头市东河区古城湾乡上古城湾村东的古城湾古城[①]。

五原郡东部都尉府的军事价值在于控扼交通枢纽，策应五原郡城。稒阳县城位于大青山西南段密迩黄河之处，是极其重要的交通枢纽。由此沿石门水北行经石门障可出塞，南渡黄河可抵达五原郡蒲泽县城、曼柏县城和西河郡美稷县城，东去可直达云中郡城，西行则是五原郡城。五原郡东部都尉府驻于稒阳县城，扼守交通枢纽，负责大青山西段区域的防务，同时也是五原郡城的侧翼和后援。

（五）云中郡西部都尉府治城

西汉王朝在云中郡设有东、中、西三个部都尉府，即东部都尉府治陶林，西部都尉府治桢陵，中部都尉府治北舆。[②]其中，云中郡西部都尉府与鄂尔多斯高原联系最密切。

关于桢陵县城的地理位置，《水经注》载："芒干水又西南注沙陵湖。湖水西南入于河。河水南入桢陵县西北，缘胡山，历沙南县东北，两山二县之间而出，……［桢陵］县在山南。王莽之桢陆也，北去云中城一百二十里。"[③]据此可知，桢陵县在黄河"几"字形河湾东侧，北距云中城（今内蒙古托克托县古城镇古城）120里（约合今50公里）。今内蒙古托克托县燕山营乡章盖营村汉代古城可与之相对应。

云中郡西部都尉府驻桢陵县城具有重要的军事价值。第一，桢陵县地处黄河"几"字形河湾外侧，与云中郡沙南县城隔河相对，两县之间必有道路相通。云中郡西部都尉府驻于此处，防务重心就是扼守黄河"几"字形河湾东北部区域，控扼津渡，阻止匈奴纵穿云中郡，进入鄂尔多斯高原。第二，桢陵县城地处云中郡城正南约40公里，是其后援。

（六）北地郡北部都尉府治城

西汉王朝在北地郡富平县神泉障设立北部都尉府[④]。欲确定神泉障的地理位置，需先确定富平县的辖区范围。富平故城在今青铜峡北口的巴闸村一带[⑤]。富平县北临"河渚"之上的灵州县（故城在今宁夏吴忠市利通区古城湾村西侧），东接眴衍县（故城即今宁夏盐池县张家场古城）。因此，神泉障应在富平县城和眴衍县城之间区域。这里恰好是北地郡北部区域，北临西河郡。鄂托克前旗文物工作者于2003年在明

---

① 包头市文物管理处、达茂旗文物管理所：《包头境内的战国秦汉长城与古城》，《内蒙古文物考古》2000年第1期，第74—91页。

② 《汉书》卷二八下《地理志下》，第1620页。

③ 《水经注疏》，第236页。

④ 《汉书》卷二八下《地理志下》，第1616页。

⑤ 孟洋洋：《西汉北地郡属县治城考》，《西夏研究》2016年第2期，第106—116页。

长城北侧、鄂托克前旗特布德村南发现一座汉代城址，暂称其为特布德古城。此城在明代兴武营城西北约8公里、铁柱泉正北约50公里处。卫星图像显示，特布德古城平面呈方形，边长约250米[①]。从此城的地理位置和规模判断，可当汉代神泉障。[②]

北地郡北部都尉府驻于神泉障，主要是控制鄂尔多斯高原西南部的灵盐台地，增强北地郡北部区域的防务，同时对西河郡西南部、安定郡北部、上郡西部进行协防。

综上所述，由于鄂尔多斯高原地处关中北方，地近边疆，是战事频繁地区。为巩固此区域防务，西汉王朝在鄂尔多斯高原及其毗邻区的朔方、五原、云中、西河、北地和上郡设置10余个部都尉府。这些部都尉府驻于战略要地，控扼交通，主管该郡某一区域的防务，在保卫边郡安全方面发挥着重大作用。

三、建置属国都尉府

汉武帝收复河南地后，继续对匈奴进行军事打击，并不断获胜。[③]此时，匈奴贵族内部矛盾加剧，匈奴诸多部落遂降附西汉王朝。汉武帝将其大部分民众迁至河南地，建置属国予以安置，并设属国都尉对其监管。史载：元狩二年（前121）“秋，匈奴昆邪王杀休屠王，并将其众合四万余人来降，置五属国以处之”[④]。

在这5个属国中，有4个分布在今鄂尔多斯高原。其中，上郡属国都尉府治龟兹县城[⑤]（今内蒙古乌审旗昂拜淖尔古城），西河郡属国都尉府治美稷县城[⑥]（今内蒙古准格尔旗榆树壕古城[⑦]），五原属国都尉府治蒲泽县城[⑧]（今内蒙古达拉特旗城圪梁古城），安定郡属国都尉府治三水县城[⑨]（今宁夏同心县红城水古城）。

这4个属国均分布在地势平坦开阔、水草丰美之处。从军事地理视角观察，上郡属国、五原属国和安定属国地处战国秦长城外侧较远处，西河属国都尉府治城——美

① 2017年8月28日，陕西师范大学艾冲教授带领项目组成员去特布德村寻找此城，后发现其在明长城外侧。当时因为下雨后，道路松软，司机不肯前往，项目组成员便徒步前往，又因下雨，无奈而返，与之失之交臂。

② 关于神泉障的地理位置，学界还有不同观点。陈永中《神泉障址小考》［《西北第二民族学院学报（哲学社会科学报）》1990年第3期，第70—71页］认为神泉障在铁柱泉附近；谭其骧主编的《中国历史地图集》（第2册，第17—18页）将神泉障标注在今宁夏盐池县城西北、明长城南侧，约在今盐池县兴武营村附近。

③ 《汉书》卷六《武帝纪》，第171、172、176页。

④ 《汉书》卷六《武帝纪》，第176页。

⑤ 《汉书》卷二八下《地理志下》，第1617页。

⑥ 《汉书》卷二八下《地理志下》，第1618页。

⑦ 王兴锋：《汉代美稷故城新考》，《中国边疆史地研究》2016年第1期，第129—136页。

⑧ 《汉书》卷二八下《地理志下》，第1619页。

⑨ 《汉书》卷二八下《地理志下》，第1615页。

稷县城虽然在战国秦长城东南侧，二者紧邻，但是西河属国的匈奴部众主要活动区则是美稷县西部，即长城外侧区域。

匈奴降附部众的这种地理分布格局并非偶然。其一，匈奴部众的降附和属国的设立，使西汉王朝掌握了一支战力强悍的军事力量——属国兵。西汉王朝将其安置在战国秦长城外侧，助汉军守边和对外作战，这是对西汉王朝在鄂尔多斯高原军事驻防的极大补充，起到一定的积极作用。正如《盐铁论·诛秦篇》所言“置五属国以距胡，则长城之内，河、山之外，罕被寇葘”[①]。其二，西汉王朝将五属国基本设置在战国秦长城之外，固然与鄂尔多斯高原的地理环境、匈奴的经济形态和生活方式有关，但也反映出西汉王朝的高度戒备心理。

四、构建障塞

西汉王朝攻取河南地后，在“筑朔方”的同时，亦快速构建北疆防线。至汉武帝太初年间，西汉王朝版图已北越阴山抵达今中蒙边境荒漠戈壁区域。西汉王朝在阴山以北修筑塞外列城等驻防设施，构筑起西汉北疆（即鄂尔多斯高原北部毗邻区）外围军事防线。这些军事驻防工程主要包括修缮秦代阴山长城、筑受降城和塞外列城（汉外长城）等。

（一）修缮秦长城

西汉王朝取得河南地，进而将疆域拓展至阴山以北后，就“复缮故秦时蒙恬所为塞，因河为固”[②]，主要是将大青山、查石太山和狼山一线的秦长城墙体和沿线障、塞、亭燧予以修缮，并在要害之地屯戍，利用秦代阴山长城快速构建其北疆防线，以备匈奴。据考古调查，西汉王朝在修缮秦长城的同时，也可能由狼山两狼山北口继续向西，沿着狼山西段秦长城向南延伸，在哈鲁乃山南北两侧、贺兰山西侧修筑障、塞、亭燧，构建鄂尔多斯高原的西翼军事屏障。

（二）筑受降城

汉武帝于太初元年（前104）夏五月，“遣因杅将军公孙敖筑塞外受降城”[③]。受

---

① 〔汉〕桑弘羊撰，王利器校注：《盐铁论校注》，中华书局，1992年，第488—489页。

② 《史记》卷一一〇《匈奴列传》，第2906页。

③ 《汉书》卷六《武帝纪》，第200页。

降城，即今蒙古国南戈壁省瑙木冈的巴彦布拉格古城[①]，地处赫尔赫山脉西段南侧。此地距离东南方的朔方郡高阙塞和鸡鹿塞均约500里路程。受降城虽是为接应匈奴归附部众而筑[②]，但它像颗钉子一样牢牢矗立在塞外匈奴南下大路之上，成为西汉北疆驻防体系的前哨。

受降城的地理位置使其具有重要的军事价值。西汉王朝设置受降都尉驻守此城[③]。这座军城逐步成为汉军北击匈奴的重要中转站和补给基地。比如太初二年（前103）春，汉武帝派浞野侯赵破奴率领二万多骑兵，出朔方郡西北2000余里，接应欲归汉的匈奴左大都尉，其所走路线就途经受降城。[④]天汉二年（前99），为配合贰师将军出酒泉，征讨右贤王，汉武帝诏令李陵"以九月发，出遮虏鄣，至东浚稽山南龙勒水上，徘徊观虏，即亡所见，从浞野侯赵破奴故道抵受降城休士，因骑置以闻"[⑤]。匈奴则视受降城为眼中钉，急欲拔之而后快。儿单于在受降城外400里围困赵破奴后，"遂遣奇兵攻受降城"[⑥]，但未攻克。太初三年（前102）冬，儿单于又亲率大军攻打受降城，却病死于行军途中，军事行动遂作罢。[⑦]此后匈奴曾攻克受降城，并多次派遣重兵驻守受降城，视之为防备汉军的桥头堡。如汉昭帝元凤二年（前79），匈奴"复遣九千骑屯受降城以备汉"[⑧]，就是明证。

（三）筑塞外列城

汉武帝在筑受降城的次年（前102），开始在北疆大规模筑造塞外列城，并屯兵驻守，形成一道东起五原塞、西至居延塞，横亘于草原、荒漠和戈壁地带的千里军事驻防线。其中，在鄂尔多斯高原北侧毗邻区则命徐自为筑五原塞外列城[⑨]。史载："汉使光禄徐自为出五原塞数百里，远者千余里，筑城鄣列亭至庐朐，而使游击将军韩说、长平侯卫伉屯其旁"[⑩]。

---

① A·A·科瓦列夫、Д·额尔德涅巴特尔：《蒙古国南戈壁省西夏长城与汉受降城有关问题的再探讨》，《内蒙古文物考古》2008年第2期，第101—110页；A·A·科瓦列夫：《蒙古国南戈壁省巴彦布拉格要塞遗址（汉受降城）的考古发掘及西汉时期外部防御相关问题研究》，权乾坤译，《草原文物》2015年第2期，第91—99页。

② 《汉书》卷九四上《匈奴传上》，第3775页。

③ 《汉书》卷九〇《田广明传》，第3664页。

④ 《史记》卷一一〇《匈奴列传》，第2915页。

⑤ 《汉书》卷五四《李陵传》，第2451页。

⑥ 《史记》卷一一〇《匈奴列传》，第2915页。

⑦ 《史记》卷一一〇《匈奴列传》，第2915页。

⑧ 《汉书》卷九四上《匈奴传上》，第3783页。

⑨ 《汉书》卷六《武帝纪》，第201页。

⑩ 《史记》卷一一〇《匈奴列传》，第2916页。

五原塞外列城，亦称光禄城，或汉外长城，分为南、北两支。其北支始于“武川县哈拉合少乡后石背图村，为西北走向，经达尔罕茂明安联合旗、乌拉特中旗、乌拉特后旗进入蒙古国南戈壁省，最终止于巴彦达赖附近的尚德山。南长城起自武川县乌兰不浪乡马鞍山，为西北走向，经过固阳县、达尔罕茂明安旗、乌拉特中旗、乌拉特后旗，再进入蒙古国南戈壁省，最后止于扎格苏舍呼都格附近”[①]。

如果说受降城只是塞外一个重要的军事驻防点，那么，徐自为所筑塞外列城则是两条近乎平行，具备屯戍、侦查、候望、预警和传递军事信息的驻防线，进一步完善了西汉北疆的驻防体系，给匈奴造成极大威胁。因此，当年秋天，匈奴就“行坏光禄诸亭障”[②]。此后，匈奴也常伺机南下破坏这道防线。如汉昭帝元凤三年（前78），“匈奴三千余骑入五原，略杀数千人，后数万骑南旁塞猎，行攻塞外亭障，略取吏民去”[③]。

塞外列城的军事价值体现在攻、守两个方面。第一，作为西汉最北部的军事驻防线，其首要目的是对匈奴侵犯进行预警，阻碍匈奴南下，发挥军事防御功能。正如深谙北疆防务的郎中侯应所言：“［汉武帝］建塞徼，起亭隧，筑外城，设屯戍，以守之，然后边境得用少安。幕北地平，少草木，多大沙，匈奴来寇，少所蔽隐，从塞以南，径深山谷，往来差难。边长老言匈奴失阴山之后，过之未尝不哭也。如罢备塞戍卒，示夷狄之大利，不可一也。”[④]第二，这条驻防线的军事据点既可以用来修整军队，亦可作为军用物资的中转站，为汉军北征匈奴提供后勤保障。

综上所述，汉武帝时期武功大盛，西汉王朝控制区越过阴山山系直至漠南。汉武帝在鄂尔多斯高原建郡置县，增置边郡部都尉府和属国都尉府，又在鄂尔多斯高原外围修缮秦长城，筑造障塞亭燧，构筑起强大的军事驻防工程体系，北疆防务明显增强。“是时汉边郡烽火候望精明，匈奴为边寇者少利，希复犯塞。”[⑤]此外，汉武帝时期，实现了鄂尔多斯高原军事价值的演变。汉军频频以鄂尔多斯高原为基地，征伐匈奴。同时，鄂尔多斯高原也是西侧河西走廊与居延塞的侧翼支撑。

第三节 汉昭帝至新莽时期鄂尔多斯高原军事驻防体系的变化

汉武帝驾崩，昭帝继位，匈奴趁机进犯。此时汉朝因皇位交替，以及汉武帝后

① 段清波、徐卫民编著：《中国历代长城发现与研究》，第205页。
② 《汉书》卷六《武帝纪》，第201页。
③ 《汉书》卷九四上《匈奴传上》，第3784页。
④ 《汉书》卷九四下《匈奴传下》，第3803页。
⑤ 《汉书》卷九四上《匈奴传上》，第3784页。

期国力疲软等诸多原因，遂以固守现有控制区、巩固北疆现有军事驻防体系为主。比如汉昭帝后元二年（前87）冬，匈奴进犯朔方郡，杀略吏民，西汉王朝“发军屯西河［郡］”①，并派遣左将军上官桀巡视北部边疆。始元二年（前85）冬天，又“发习战射士诣朔方［郡］”②，增强朔方郡的边防力量以备匈奴。此时，汉匈双方在鄂尔多斯高原及其毗邻区域没有大规模的军事冲突。因此，汉昭帝时期西汉北疆的军事驻防体系因应汉匈间的军政形势也没有重大变化。其变化则出现在汉宣帝、汉元帝和新莽时期。

一、汉宣帝时期北疆军事形势与军事驻防

汉宣帝继位，再次对匈奴发动猛烈攻势。本始二年（前72），遣五将军、校尉常惠及乌孙西域兵共约二十万众击匈奴。其中，“御史大夫田广明为祁连将军，四万余骑，出西河；度辽将军范明友三万余骑，出张掖；前将军韩增三万余骑，出云中；后将军赵充国为蒲类将军，三万余骑，出酒泉；云中太守田顺为虎牙将军，三万余骑，出五原”③。五路大军有三路由鄂尔多斯高原的云中、五原和西河出兵，另外两路由河西走廊的酒泉和张掖出兵。此外，乌孙昆弥率兵五万攻击匈奴西部。这次声势浩大的军事征伐对匈奴产生极大震慑。匈奴“老弱犇走，驱畜产远遁逃”④。同年冬，“单于自将万骑击乌孙，颇得老弱，欲还。会天大雨雪，一日深丈余，人民畜产冻死，还者不能什一。于是丁令乘弱攻其北，乌桓入其东，乌孙击其西。凡三国所杀数万级，马数万匹，牛羊甚众。又重以饿死，人民死者什三，畜产什五，匈奴大虚弱，诸国羁属者皆瓦解，攻盗不能理”⑤。这极大削弱了本就势微的匈奴。自此，西汉王朝北部边境少事，军事驻防体系只是略有变化。

（一）罢塞外列城

至汉宣帝地节二年（前68），“是时匈奴不能为边寇，于是汉罢外城，以休百姓”⑥。汉宣帝所罢外城，即徐自为所筑塞外列城。这表明，此时西汉王朝北疆防务压力较小，为减少国力消耗，遂将驻防重心南移至阴山一线，着力于北疆边郡的军事防卫。比如，地节二年，匈奴左大且渠和呼卢訾王“各将万骑南旁塞猎，相逢俱入。行未到，会三骑亡降汉，言匈奴欲为寇。于是天子诏发边骑屯要害处，使大将军军监

① 《汉书》卷七《昭帝纪》，第218页。
② 《汉书》卷七《昭帝纪》，第221页。
③ 《汉书》卷九四上《匈奴传上》，第3785页。
④ 《汉书》卷九四上《匈奴传上》，第3785页。
⑤ 《汉书》卷九四上《匈奴传上》，第3787页。
⑥ 《汉书》卷九四上《匈奴传上》，第3787页。

治众等四人将五千骑，分三队，出塞各数百里，捕得虏各数十人而还。时匈奴亡其三骑，不敢入，即引去”[①]。又如神爵二年（前60），虚闾权渠单于率领骑兵十余万旁塞猎，欲入边寇。西汉王朝获知军情后，就“遣后将军赵充国将兵四万余骑屯缘边九郡备虏”[②]。虽然单于因病未能顺利寇边而撤兵，但这反映出西汉王朝此时以戍守边郡及北部的秦汉阴山长城防线为主，而非数百里以外地处荒漠戈壁的外长城防线。

（二）呼韩邪单于降汉保塞与复置属国

汉宣帝五凤三年（前55），虚闾权渠单于病死。此后，匈奴出现五单于争立局面。是时，匈奴“诸王并自立，分为五单于，更相攻击，死者以万数，畜产大耗什八九，人民饥饿，相燔烧以求食，因大乖乱”[③]。匈奴实力耗损严重，“单于阏氏子孙昆弟及呼遬累单于、名王、右伊秩訾、且渠、当户以下将众五万余人来降归义”[④]。匈奴呼韩邪单于于五凤四年（前54）向西汉王朝称臣，并遣其弟谷蠡王入侍为质，成为西汉北疆的藩属政权。汉宣帝重“置西河、北地属国以处匈奴降者”[⑤]。此后，西汉王朝北部边疆晏然，靡有兵革之事。汉宣帝“以边塞亡寇，减戍卒什二”[⑥]。

呼韩邪单于又于甘露二年（前52）冬十二月款五原塞[⑦]，次年（前51）春正月入朝觐见。同年二月，呼韩邪单于归匈奴，将单于庭安置在漠南草原地带，作为西汉王朝藩属，协助汉军守卫地节二年所罢塞外列城防线。同时，郅支单于远遁西北，匈奴遂定。[⑧]此后很长一段时间，西汉王朝北部边疆局势相对稳定，鄂尔多斯高原及其毗邻区的军事驻防体系也保持稳定，略有变化。

二、汉元帝时期“罢边备塞吏卒”之争

鄂尔多斯高原军事驻防体系随汉匈关系的变化而变化。汉昭帝后期和汉元帝时期，诸多降附的匈奴部落被安置在鄂尔多斯高原及其毗邻区，北疆相对稳定。此时，鄂尔多斯高原的军事驻防体系虽有发生巨变之可能，最终仍保持相对稳定。

汉元帝建昭三年（前36）秋，甘延寿和陈汤率兵将郅支单于斩杀，[⑨]对呼韩邪单

① 《汉书》卷九四上《匈奴传上》，第3788页。
② 《汉书》卷九四上《匈奴传上》，第3789页。
③ 《汉书》卷八《宣帝纪》，第266页。
④ 《汉书》卷八《宣帝纪》，第266页。
⑤ 《汉书》卷八《宣帝纪》，第267页。
⑥ 《汉书》卷八《宣帝纪》，第268页。
⑦ 《汉书》卷八《宣帝纪》，第270页。
⑧ 《汉书》卷八《宣帝纪》，第271页。
⑨ 《汉书》卷七〇《甘延寿传》，第3013—3014页。

于产生极大震慑。呼韩邪单于遂于竟宁元年（前33）朝觐，上书“愿保塞上谷以西至敦煌，传之无穷，请罢边备塞吏卒，以休天子人民”[①]。所谓“罢边备塞吏卒”就是撤销屯戍在西汉北疆阴山一线的塞、障、列城的士卒，将北疆防务交由呼韩邪单于负责。若如此，长城防线和阴山山脉就将失去其防备匈奴的军事作用，匈奴则获得阴山山脉战略要地，对其生存和壮大，南下云中、五原和朔方等郡具有重大战略意义。汉元帝令有司商议，绝大多数公卿认为此举对汉朝有利，唯独熟悉北疆防务的郎中侯应以为不可。他从军事地理角度、西汉北疆驻防体系的作用等视角，透彻分析不可“罢边备塞吏卒”的十条理由。现引列于下：

“周秦以来，匈奴暴桀，寇侵边境，汉兴，尤被其害。臣闻北边塞至辽东，外有阴山，东西千余里，草木茂盛，多禽兽，本冒顿单于依阻其中，治作弓矢，来出为寇，是其苑囿也。至孝武世，出师征伐，斥夺此地，攘之于幕北。建塞徼，起亭隧，筑外城，设屯戍，以守之，然后边境得用少安。幕北地平，少草木，多大沙，匈奴来寇，少所蔽隐，从塞以南，径深山谷，往来差难。边长老言匈奴失阴山之后，过之未尝不哭也。如罢备塞戍卒，示夷狄之大利，不可一也。今圣德广被，天覆匈奴，匈奴得蒙全活之恩，稽首来臣。夫夷狄之情，困则卑顺，强则骄逆，天性然也。前以罢外城，省亭隧，今裁足以候望通烽火而已。古者安不忘危，不可复罢，二也。中国有礼义之教，刑罚之诛，愚民犹尚犯禁，又况单于，能必其众不犯约哉！三也。自中国尚建关梁以制诸侯，所以绝臣下之觊欲也。设塞徼，置屯戍，非独为匈奴而已，亦为诸属国降民，本故匈奴之人，恐其思旧逃亡，四也。近西羌保塞，与汉人交通，吏民贪利，侵盗其畜产妻子，以此怨恨，起而背畔，世世不绝。今罢乘塞，则生嫚易分争之渐，五也。往者从军多没不还者，子孙贫困，一旦亡出，从其亲戚，六也。又边人奴婢愁苦，欲亡者多，曰‘闻匈奴中乐，无奈候望急何！’然时有亡出塞者，七也。盗贼桀黠，群辈犯法，如其窘急，亡走北出，则不可制，八也。起塞以来百有余年，非皆以土垣也，或因山岩石，木柴僵落，溪谷水门，稍稍平之，卒徒筑治，功费久远，不可胜计。臣恐议者不深虑其终始，欲以壹切省繇戍，十年之外，百岁之内，卒有它变，障塞破坏，亭隧灭绝，当更发屯缮治，累世之功不可卒复，九也。如罢戍卒，省候望，单于自以保塞守御，必深德汉，请求无已。小失其意，则不可测。开夷狄之隙，亏中国之固，十也。非所以永持至安、威制百蛮之长策也。”[②]

① 《汉书》卷九四下《匈奴传下》，第3803页。
② 《汉书》卷九四上《匈奴传上》，第3803—3804页。

汉元帝最终听取侯应建议，继续保持对阴山长城和障塞亭燧的控制。若非侯应反对并提出极具说服力的十条理据，则汉武帝数十年辛苦经略而成的北疆军事驻防体系将毁于一旦，鄂尔多斯高原北部区域将无所守备。一旦呼韩邪单于反叛，就很容易渡河南下，攻入鄂尔多斯高原。鄂尔多斯高原降附匈奴人口亦可能随之骚动、响应。若此，鄂尔多斯高原及其北侧毗邻区的军事地理形势将重回汉武帝元朔二年（前127）以前的状态。可以说，汉元帝采纳侯应建议未"罢边备塞吏卒"之举，对于鄂尔多斯高原的军事驻防体系的稳定是决定性的。此后历经汉成帝、哀帝、平帝，四十余年，西汉王朝在鄂尔多斯高原及其毗邻区的军事驻防体系基本维持宣帝时期状况，并无显著变化。

三、新莽时期鄂尔多斯高原军事驻防体系的骤变

自匈奴呼韩邪单于降汉以来，西汉北疆地区政局相对稳定。鄂尔多斯高原的军事驻防体系也无显著变化。但是，这一格局至新莽时期被突然打破，主要有两个原因：一是王莽改匈奴单于称号，冠以羞辱之名；二是王莽意欲瓜分匈奴，损害匈奴单于的利益。

始建国元年（9），王莽改革王侯官吏名称，并收刘汉印绶，授新朝印绶。这次改革也波及匈奴藩属政权。此年秋，王莽派遣五威将王骏等至匈奴单于庭，"谕晓以受命代汉状，因易单于故印"[①]。匈奴单于得到大量金帛，遂答应上交故印更换新印。但是，汉宣帝所授单于印的印文为"匈奴单于玺"，而王莽新授印的印文为"新匈奴单于章"。换印次日，单于方发现这一差异，认为"汉赐单于印，言'玺'不言'章'，又无'汉'字，诸王已下乃有'汉'言'章'。今即去'玺'加'新"，与臣下无别"[②]。单于要求五威将归还旧印，但是故印已被陈饶用椎破坏。五威将将损毁故印示单于，并诈称："新室顺天制作，故印随将率所自为破坏。单于宜承天命，奉新室之制。"[③]单于无奈，只好遣右贤王入新朝拜谢，并趁机上书王莽求故印，却被王莽拒绝。加上此时匈奴非但求税乌桓不得，又被王莽要求归还乌桓降附匈奴者。始建国二年（10）冬十二月，王莽又"更名匈奴单于曰降奴服于"[④]。乌珠留单于因

---

① 《汉书》卷九四下《匈奴传下》，第3820页。

② 《汉书》卷九四下《匈奴传下》，第3821页。

③ 《汉书》卷九四下《匈奴传下》，第3821页。

④ 《汉书》卷九九中《王莽传中》，第4121页。特日格尔乐认为：这条记录在《汉书·匈奴传》中未见，且没有颁印赐绂的记录，故推知，此次易号匈奴可能未真正贯彻执行，才有天凤二年（15）五月，改匈奴曰"恭奴"、单于曰"善于"之事。参见特日格尔乐：《简牍所见汉匈关系史料整理与研究》，北京交通大学出版社，2015年，第57页。

此极其怨恨新莽，遂“遣右大且渠蒲呼卢訾等十余人将兵众万骑，以护送乌桓为名，勒兵朔方塞下”①，并“寇边郡，杀略吏民”②。匈奴大军突破朔方郡的障塞烽燧防线，深入边郡抄略，对此区域的军事驻防体系造成极大冲击。

就在此时，西域政治形势突变，戊己校尉史陈良和终带、韩玄、任商等叛逃匈奴，西域都护但钦又上书言匈奴寇击西域诸国。③王莽遂于始建国三年（11）“大分匈奴为十五单于，遣中郎将蔺苞、副校尉戴级将兵万骑，多赍珍宝至云中塞下，招诱呼韩邪单于诸子，欲以次拜之。使译出塞诱呼右犁汗王咸、咸子登、助三人，至则胁拜咸为孝单于，……拜助为顺单于”④。王莽虽有汉武帝“推恩令”之意，但严重损害单于利益，威胁匈奴存亡，弄巧成拙，引起单于极大不满。单于以为“先单于受汉宣帝恩，不可负也。今天子非宣帝子孙，何以得立”⑤，以王莽非汉室正统为由，派遣“左骨都侯、右伊秩訾王呼卢訾及左贤王乐将兵入云中益寿塞，大杀吏民”⑥。至此，北疆特别是鄂尔多斯高原北部战云再起。其后，“单于历告左右部都尉、诸边王，入塞寇盗，大辈万余，中辈数千，少者数百，杀雁门、朔方太守、都尉，略吏民畜产不可胜数，缘边虚耗”⑦。

面对匈奴对北疆的威胁，王莽“怙府库之富欲立威”⑧，针锋相对，派遣孙建等十二将军，“发三十万众，欲同时十道并出，一举灭匈奴”⑨。其中，“遣五威将军苗䜣、虎贲将军王况出五原［郡］，厌难将军陈钦、震狄将军王巡出云中［郡］，振武将军王嘉、平狄将军王萌出代郡，相威将军李棽、镇远将军李翁出西河［郡］，诛貉将军阳俊、讨秽将军严尤出渔阳［郡］，奋武将军王骏、定胡将军王晏出张掖［郡］”⑩。尽管名将严尤以劳师远征后勤补给困难、匈奴之地环境恶劣、汉军水土不服等五方面理由上谏，反对王莽征讨匈奴策略，但被王莽拒绝。⑪

王莽此举造成北疆极大震动。大量军队屯驻边郡，补给难以保障。至天凤二年（15），边郡“谷常贵，边兵二十余万人仰衣食，县官愁苦。五原、代郡尤被其毒，

① 《汉书》卷九四下《匈奴传下》，第3822页。
② 《汉书》卷九九中《王莽传中》，第4119页。
③ 《汉书》卷九四下《匈奴传下》，第3823页。
④ 《汉书》卷九四下《匈奴传下》，第3823页。
⑤ 《汉书》卷九四下《匈奴传下》，第3823页。
⑥ 《汉书》卷九四下《匈奴传下》，第3823页。
⑦ 《汉书》卷九四下《匈奴传下》，第3824页。
⑧ 《汉书》卷九四下《匈奴传下》，第3824页。
⑨ 《汉书》卷二四上《食货志上》，第1143页。
⑩ 《汉书》卷九九中《王莽传中》，第4121页。
⑪ 《汉书》卷九四下《匈奴传下》，第3824—3825页。

起为盗贼，数千人为辈，转入旁郡。莽遣捕盗将军孔仁将兵与郡县合击，岁余乃定，边郡亦略将尽”[①]。

由于北疆战乱，而匈奴寇边日甚，缘边大饥，盗贼并起，致使边郡之民多流入内郡。北疆地带特别是鄂尔多斯高原北部居民人口锐减，更加疲敝。这使得北疆区域的障塞烽燧等驻防设施实际失去强有力的后方支撑。随着匈奴寇略加剧、反抗新莽的武装势力兴起，王莽不得不抽调大量北疆军队南下镇压反叛势力，鄂尔多斯高原北侧毗邻区的驻防体系并无足够士卒戍守，名存实亡。北疆军事形势似乎回到秦末情形。此后，由于卢芳割据势力兴起，鄂尔多斯高原军事驻防体系已经完全崩溃。直至东汉光武帝后期，才重构鄂尔多斯高原的军事驻防体系。

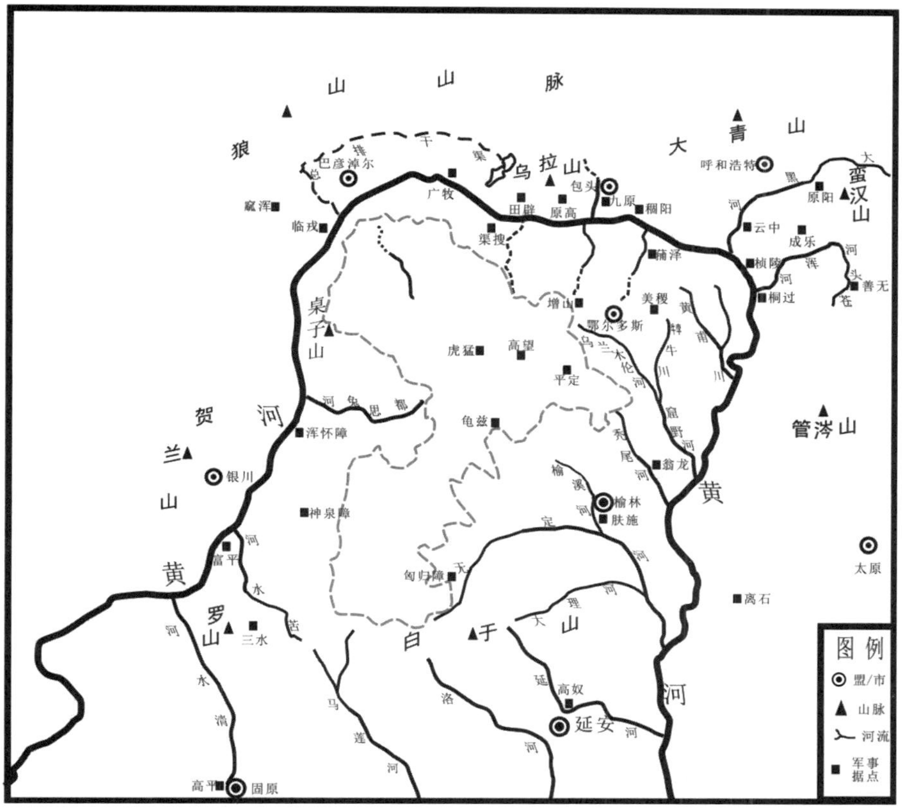

图3-1　西汉鄂尔多斯高原军事据点分布示意图

综上所述，自汉武帝之后，历经昭、宣、元、成、哀、平六帝，鄂尔多斯高原军事驻防体系相对平稳，除局部有所调整外，无大变化。至新莽时期，由于政治因素导致匈奴屡屡进犯，冲击鄂尔多斯高原北部及其毗邻区的军事驻防体系。此区域驻防体

① 《汉书》卷九九中《王莽传中》，第4140—4141页。

系又因中原战事再起而逐渐名存实亡。

第四节　东汉时期鄂尔多斯高原军事驻防体系的重构与演变

两汉之际，由于中原地区诸割据势力鏖战，无暇顾及鄂尔多斯高原及其毗邻区，致使匈奴、东羌等族群活跃于此。西汉王朝在此区域构建的军事驻防体系至新莽时期遭到严重破坏。东汉王朝初期对此区域的掌控力度有限，且与匈奴和卢芳等割据势力多有武力冲突。东汉王朝在消灭内地割据势力之后，也着手重构北疆的军事驻防体系，历经数十年的经营，逐步构建起相对完善的军事驻防体系。其后，随着北方诸多民族向鄂尔多斯高原迁徙以及引发的新形势，东汉王朝也顺势调整此区域的军事驻防体系。

一、东汉光武帝时期鄂尔多斯高原军事驻防体系的初步重建

东汉王朝在光武帝时期重构鄂尔多斯高原军事驻防体系，主要表现在三个方面：一是在鄂尔多斯高原及其毗邻区进行战略收缩，筑亭候、修烽燧，构建军事候望预警工程；二是南匈奴内迁鄂尔多斯高原及其毗邻区“助为捍戍”；三是在鄂尔多斯高原东北部的美稷县城设置高级军事机构——使匈奴中郎将府。

（一）东汉光武帝初期鄂尔多斯高原的军事地理形势

东汉王朝最初只控制鄂尔多斯高原东南侧毗邻区。此时，鄂尔多斯高原及其毗邻的广大地域则被卢芳割据势力控制。卢芳于新莽时期纠合安定郡羌胡于三水县（治今宁夏同心县红城水古城）起兵，势力不断壮大，并逐渐向安定郡以北的鄂尔多斯高原及其毗邻区发展。最终于建武五年（29）十二月，在五原郡九原县城（今内蒙古包头市麻池古城）自称天子。[①]鄂尔多斯高原北部的朔方、五原、云中诸郡被卢芳割据。换言之，此时东汉政权尚未进入鄂尔多斯高原地域，自然谈不上构建军事驻防体系。

东汉光武帝从建武六年（30）开始着手消灭卢芳割据势力，派遣代郡太守刘兴征讨卢芳于高柳，然而出师不利。[②]至建武七年（31），鄂尔多斯高原军事形势发生重

① 〔南朝宋〕范晔：《后汉书》卷一上《光武帝纪上》，〔唐〕李贤等注，中华书局，1965年，第40页。

② 《后汉书》卷一下《光武帝纪下》，第49页。

大变化。此年冬，“卢芳所置朔方太守田飒、云中太守乔扈各举郡降”[①]。东汉王朝控制区向北延伸至鄂尔多斯高原北部的朔方郡和东北侧毗邻区的云中郡。但是，卢芳依旧牢牢控制着五原郡及周边区域，并联合匈奴进犯朔方郡和云中郡。五原郡地处鄂尔多斯高原北部正中位置，郡境广大，南抵东胜梁北麓，东至今准格尔旗黄河西岸，北跨黄河、前套平原和乌拉山直达色尔腾山脉，西至毛不拉孔兑沟以东。其战略地位重要，极具军事价值。东汉王朝唯有收复五原郡，方能恢复如同西汉王朝在鄂尔多斯高原及其毗邻区的那般有效统治。因此，自建武七年开始，东汉王朝逐步加强对卢芳割据势力的防御和征讨。

建武七年光武帝诏杜茂引兵向北，“屯田［太原郡］晋阳、广武，以备胡寇”[②]。建武九年（33）夏，“遣大司马吴汉率四将军击卢芳将贾览于高柳，战不利”[③]。建武九年秋，杜茂又与“雁门太守郭凉击卢芳将尹由于繁畤。芳将贾览率胡骑万余救之，茂战，军败，引入［雁门郡］楼烦城”[④]。建武十年（34）春正月，大司马吴汉“率捕虏将军王霸等五将军击贾览于高柳，匈奴遣骑救览，诸将与战，却之”[⑤]。由于匈奴多次救援卢芳，致使东汉王朝对卢芳割据势力的征讨屡屡受挫，效果不佳。而此时卢芳又占据高柳，和匈奴连兵，多次寇掠东汉边民，对东汉王朝形成极大威胁。东汉王朝在鄂尔多斯高原中部、北部及其毗邻区没有有效的军事驻防体系，无法应对卢芳割据势力和匈奴的军事威胁，光武帝深患之。

光武帝鉴于新莽以来长期战乱导致北部边郡凋敝，人口锐减，以及在与卢芳割据势力军事对抗中节节败退、暂时难以将其消灭的现实，遂进行战略收缩，以期达到稳固实际控制区的目的。这种战略收缩主要表现在将诸多边郡和属县省并或内徙。比如，建武十年，省并鄂尔多斯高原东北侧毗邻区的定襄郡，“徙其民于［河东］西河［郡］”[⑥]。建武十一年（35），又“省朔方牧，并并州”[⑦]，将鄂尔多斯高原及其毗邻区整合为并州管辖，并且“初断州牧自还奏事”[⑧]，加强州牧权力。建武十三年（37），因匈奴寇掠河东，州郡不能禁，“于是渐徙幽、并边人于［代郡］常山关、

① 《后汉书》卷一下《光武帝纪下》，第53页。
② 《后汉书》卷二二《杜茂传》，第776页。
③ 《后汉书》卷一下《光武帝纪下》，第55页。
④ 《后汉书》卷二二《杜茂传》，第776—777页。
⑤ 《后汉书》卷一下《光武帝纪下》，第56页。
⑥ 《后汉书》卷一下《光武帝纪下》，第57页。
⑦ 《后汉书》卷一下《光武帝纪下》，第58页。
⑧ 《后汉书》卷一下《光武帝纪下》，第58页。

［上谷郡］居庸关已东”[①]。建武十五年（39）二月，又迁雁门郡百姓“置常山关、居庸关以东”[②]。建武二十年（44），“省五原郡，徙其吏人置河东”[③]。这种战略收缩虽然放弃对北疆部分地域的控制，但有助于将有限的军事实力用于加强区域的控制和防御。

（二）筑亭候、修烽燧，构建军事预警工程

东汉王朝在进行战略收缩的同时，围绕并州核心区域筑亭候、修烽燧，构建军事预警工程来应对北疆的军事形势。

光武帝于建武十二年（36）委派骠骑大将军杜茂率领众郡施刑徒屯驻北边，开始筑亭候、修烽燧，[④]构筑军事瞭望和预警工程，并以此工程为依托构筑符合北疆实际的军事驻防体系。杜茂在修建军事预警工程的同时，“亦建屯田，驴车转运”[⑤]。这与秦和西汉王朝经略河南地的策略相同。东汉王朝在北疆筑亭候、修烽燧的军事驻防工程并非一蹴而就，而是持续很长时间。如建武十三年二月，卢芳“自五原亡入匈奴”[⑥]后，南匈奴屡屡寇略毗邻鄂尔多斯高原的河东地区，匈奴左部再次转居塞内，州郡不能有效抵御。东汉遂“增缘边兵郡数千人，大筑亭候，修烽火”[⑦]。此时，并州北部区域非东汉王朝控制，匈奴继续南下挤压东汉王朝的控制区。因此，东汉王朝迫切需要有效的军事驻防体系，以控制、扭转此种不利的军事态势。

建武十四年（38），光武帝派遣杨武和马成“屯常山、中山以备北边，并领建义大将军朱祐营。又代骠骑大将军杜茂缮治障塞”[⑧]。马成这次修缮、增筑障塞规模很大，“自西河至渭桥，河上至安邑，太原至井陉，中山至邺，皆筑保壁，起烽燧，十里一候”[⑨]。这套障塞驻防体系修筑在并州及其周边区域。其中“自西河至渭桥”指的是沿着并州西部区域，即今鄂尔多斯高原东部区域，自北向南修建的一条纵贯鄂尔多斯高原、黄土高原和关中，直抵渭水北岸而绵延千里的堡寨、烽燧工程。李贤注《后汉书》认为：“西河，今胜州富昌县也”[⑩]。李贤注解有一定道理，但显得模

① 《后汉书》卷八九《南匈奴传》，第2940页。
② 《后汉书》卷一下《光武帝纪下》，第64页。
③ 《后汉书》卷一下《光武帝纪下》，第73页。
④ 《后汉书》卷一下《光武帝纪下》，第60页。
⑤ 《后汉书》卷二二《杜茂传》，第777页。
⑥ 《后汉书》卷一下《光武帝纪下》，第61页。
⑦ 《后汉书》卷八九《南匈奴传》，第2940页。
⑧ 《后汉书》卷二二《马成传》，第779页。
⑨ 《后汉书》卷二二《马成传》，第779页。
⑩ 《后汉书》卷二二《马成传》，第779页。

糊。此处的“西河”应是指西汉至东汉初期的西河郡无疑。但是，西河郡横跨黄河两岸，地域辽阔，这一堡寨、烽燧工程北起西河郡何处呢？

此处所言西河郡可能是指西河郡治平定县城[①]（今内蒙古伊金霍洛旗红庆河古城），东汉王朝由西河郡平定县城附近开始构筑军事工程有其合理性。第一，西河郡治平定县城紧临秦直道。这条连接关中和前套平原的军事交通要道是东汉王朝不能轻易放弃的。沿秦直道修建堡寨、烽燧工程有其必要性。第二，秦汉时期，秦直道是支撑沿途军事驻防体系的核心工程，秦直道沿线本就有烽燧和兵站等军事设施。至东汉初年，这些军事设施可能有所损毁，但是充分利用这些军事设施，可节省人力、物力和财力，更能节省时间，尽快形成一道完善的预警工程系统。第三，由西河郡平定县沿秦直道走向可至甘泉宫（今陕西淳化县梁武帝村），由此向南即可至渭桥。这一南北向堡寨、烽燧工程的军事价值在于阻遏匈奴、羌族等部落由鄂尔多斯高原和黄土高原西部向东进犯，保障并州核心区的安全，进而保障长安和洛阳的安全。

东汉王朝通过增筑亭候一类候望敌情之所，修缮烽燧等军事工程，并配备一定的军事力量，达到及时预警和防御卢芳和匈奴等势力威胁。这是东汉王朝第一次较为系统地在包括鄂尔多斯高原及其毗邻区的北疆地带构建军事驻防体系，重整北部边防。这套军事驻防体系在防范卢芳割据势力和匈奴方面发挥了一定作用。其后，随着东汉王朝加强对卢芳的征讨，卢芳于建武十六年（40）遣使向东汉王朝乞降，十二月被封为代王。[②]虽然两年后，即建武十八年（42），“卢芳复亡入匈奴”[③]，但是，卢芳割据势力在鄂尔多斯高原及其毗邻区已消失，东汉政权趋于稳固。至建武二十二年（46），匈奴被逐渐强大的乌桓击败，被迫向北迁徙。漠南之地成为一个政治真空区域。东汉王朝在鄂尔多斯高原及其毗邻区的实际控制范围基本恢复至西汉后期状态，面临的军事压力骤然减轻。因此，光武帝遂“诏罢诸边郡亭候吏卒”[④]。陈晓鸣先生认为：这次诏罢诸边郡亭候吏卒，“亦即罢省了西汉以来的边郡候望系统”[⑤]。此处“诏罢诸边郡亭候吏卒”应指建武年间围绕并州核心区域新建的亭候、烽遂等军事候望系统，而非西汉时期在阴山山脉及以北区域建立的候望系统。换言之，建武十三

① 关于西汉西河郡治在何处，有平定县城和富昌县城两种说法，此处采纳平定县城说。参见艾冲：《鄂尔多斯高原西汉时期西河郡属县治城位置新考》，《西夏研究》2016年第2期，第86—96页。

② 《后汉书》卷一下《光武帝纪下》，第67页。

③ 《后汉书》卷一下《光武帝纪下》，第70页。

④ 《后汉书》卷一下《光武帝纪下》，第75页。

⑤ 陈晓鸣：《两汉边防兵制若干问题之比较——以西、北地区为中心》，《史学月刊》2001年第2期，第29页。

年，依托新筑的亭候、烽燧等军事设施而形成的军事驻防体系仅存在十年，就不再适应北疆新的政治军事形势。

（三）光武帝后期南匈奴内迁“助为捍戍”

匈奴被乌桓打败退往漠北后，因内部矛盾激化等原因，匈奴薁鞬日逐王比于建武二十三年（47），“率部曲遣使诣西河［郡］内附”①。第二年又“遣使款五原塞，求扞御北虏”②。此年冬，随着匈奴内部矛盾的进一步激化，薁鞬日逐王比遂自立为南单于。匈奴正式分裂为南匈奴和北匈奴。南匈奴于建武二十五年（49）春“遣使诣阙贡献，奉蕃称臣”③。东汉王朝起初将南匈奴单于庭安置在五原塞外，不久内迁至云中郡，至建武二十六年（50）冬，将其再次南迁至鄂尔多斯高原的西河郡美稷县。

南匈奴单于庭被安置在美稷县后，单于“亦列置诸部王，助为捍戍”④。其中，“韩氏骨都侯屯北地［郡］，右贤王屯朔方［郡］，当于骨都侯屯五原［郡］，呼衍骨都侯屯云中［郡］，郎氏骨都侯屯定襄［郡］，左南将军屯雁门［郡］，栗籍骨都侯屯代郡，皆领部众为［东汉］郡县侦罗耳目”⑤。在南匈奴八部中，有六部分布在鄂尔多斯高原及其毗邻区。

主要分布在鄂尔多斯高原及其毗邻区的南匈奴部众成为东汉王朝北疆地区军事驻防体系中的一支重要军事力量。尽管南匈奴内迁初期，实力并不太强大，在与北匈奴作战中时常失利，但随着时间推移，其在鄂尔多斯高原及其毗邻区已站稳脚跟，部众数量速增。在实力显著增强的情况下，对东汉王朝仍故意保留或隐藏其军事实力。在特定的历史环境中，南匈奴部落武装作为东汉北疆“捍戍”的一支重要军事力量，在协助东汉政府军征讨北匈奴、鲜卑和乌桓等军事活动中发挥了重要作用。针对南匈奴“助为捍戍”，史载：“是时乌桓、鲜卑屡寇外境，［耿］国素有筹策，数言边事，帝器之。及匈奴薁鞬日逐王比自立为呼韩邪单于，款塞称藩，愿扞御北虏。事下公卿。议者皆以为天下初定，中国空虚，夷狄情伪难知，不可许。国独曰：‘臣以为宜如孝宣故事受之，令东扞鲜卑，北拒匈奴，率厉四夷，完复边郡，使塞下无晏开之警，万世有安宁之策也。’帝从其议，遂立比为南单于。由是乌桓、鲜卑保塞自守，北虏远遁，中国少事。”⑥

---

①《后汉书》卷一下《光武帝纪下》，第75页。
②《后汉书》卷一下《光武帝纪下》，第76页。
③《后汉书》卷一下《光武帝纪下》，第77页。
④《后汉书》卷八九《南匈奴传》，第2945页。
⑤《后汉书》卷八九《南匈奴传》，第2945页。
⑥《后汉书》卷一九《耿国传》，第715—716页。

当然，在肯定南匈奴部落武装在东汉北疆军事驻防体系中所起积极作用的同时，也不可否认其在特定历史环境下反叛，甚至联合鲜卑、乌桓和羌族部落，武力进犯并且抄略鄂尔多斯高原，成为此区域乃至北疆的安全隐患。[①]陈晓鸣先生认为：以南匈奴、乌桓、鲜卑为侦候耳目而已。东汉对边郡部都尉和候望系统的罢省，使边郡武装力量大为削弱。其单独抵御寇乱的能力亦大大降低，故遇有寇乱，辄徙边民于内郡。[②]南匈奴“助为捍戍”，也为日后鄂尔多斯高原沦为羌胡之地，以及五胡影响中国历史进程的走向埋下伏笔。

（四）设置使匈奴中郎将府

虽然南匈奴内迁后分布于边郡“助为捍戍”，是东汉王朝在鄂尔多斯高原军事驻防体系的重要一环。但是，东汉王朝并未将此区域防务完全交由南匈奴负责，而是建置高级军事机构——使匈奴中郎将府，对其进行领导、监管和防范。

南匈奴内迁初期在与北匈奴的军事对抗中处于劣势，北疆局势尚不稳定。东汉光武帝遂于建武二十六年，设使匈奴中郎将率兵护卫南匈奴单于庭。史载：“遣中郎将段郴授南单于玺绶，令入居云中，始置使匈奴中郎将，将兵卫护之。”[③]使匈奴中郎将设置不久，光武帝“复诏单于徙居西河美稷，因使中郎将段郴及副校尉王郁留西河拥护之”[④]。使匈奴中郎将作为高级军职，配有属官，开府。其“拥节，秩比二千石”[⑤]，并“置从事二人，有事随事增之，掾随事为员”[⑥]。使匈奴中郎将府长期屯驻西河郡美稷县城（今内蒙古准格尔旗榆树壕古城）。

美稷县故城坐落在鄂尔多斯高原南北分水岭东胜梁之敖包梁南侧、战国秦长城内侧。使匈奴中郎将府作为鄂尔多斯高原最重要的军政机构，驻于美稷县城，具有重要的军事价值，主要表现在以下方面：第一，美稷县城所处区域具有极高的军事战略地位。从东西横向交通来观察，榆树壕古城地处鄂尔多斯高原东胜梁东段，而东胜梁地形相对平坦开阔，汉代横贯西河郡的交通大动脉就沿东胜梁延伸。从南北纵向交通观察，东胜梁是鄂尔多斯高原南北分水岭，由此向南可沿着黄甫川等河谷通道深入西河郡腹地，向北地势逐渐降低，沿哈什拉川即可经曼柏县城和蒲泽县城抵达黄河南岸，

① 薛海波：《南匈奴内迁与东汉北边边防新论》，《内蒙古社会科学（汉文版）》2012年第3期，第65—70页。
② 陈晓鸣：《两汉边防兵制若干问题之比较——以西、北地区为中心》，《史学月刊》2001年第2期，第29页。
③ 《后汉书》卷一下《光武帝纪下》，第78页。
④ 《后汉书》卷八九《南匈奴传》，第2945页。
⑤ 《后汉书》卷一下《光武帝纪下》注引《汉官仪》，第51页。
⑥ 《后汉书》志二八《百官五》，第3626页。

北渡黄河至稒阳县城，再由此沿稒阳道即可出塞。由此观之，榆树壕古城扼守鄂尔多斯高原东部的交通要冲，是极其重要的交通枢纽。第二，东汉时期美稷县是安置南匈奴降众的重要区域，东汉将南匈奴单于庭及其直属部众安置在东起美稷县、西至虎泽（今内蒙古鄂尔多斯市东胜区阿日善音淖尔）一带，并在美稷县域设置管辖匈奴降众的西河属国。使匈奴中郎将府驻在美稷县城，能够密切卫护南匈奴单于庭，及时处理南匈奴事务。第三，使匈奴中郎将府与度辽将军府南北呼应，互为犄角，牢牢控制鄂尔多斯高原东部，并以此区为基地，征讨北匈奴，镇压南匈奴和东羌叛乱，应对鲜卑和乌桓犯塞等。简言之，使匈奴中郎将府借助美稷县城的地缘优势，在维护东汉王朝在北疆的统治秩序中发挥着重大作用。

由以上论述可知，东汉王朝在鄂尔多斯高原及其毗邻区的军事驻防体系始建于光武帝建武年间，大致经历两个阶段。光武帝初期进行战略收缩，同时筑亭候、修烽燧，构建军事候望预警工程，初步建立起北御匈奴和卢芳势力，西抗羌族，以保卫并州核心区域为主的军事驻防体系；光武帝后期，南匈奴内附，“助为捍戍”，设匈奴中郎将府驻守美稷县城，监护南匈奴，统筹此区域防务。经光武帝经略，东汉王朝在鄂尔多斯高原及其毗邻区的军事驻防体系由南向北，由并州核心区向北延伸至阴山山系一带，实现了由战略收缩、以防御为主向兼顾攻防的转变。

二、汉明帝时期鄂尔多斯高原军事驻防体系的完善

汉明帝刘庄继位后，因应北疆的军政形势变化，进一步加强与完善光武帝晚期的军事驻防体系。这表现在两个方面：一是设置高级军事机构度辽将军府，并配备度辽营，以增强东汉王朝在鄂尔多斯高原及其毗邻区的军事驻防实力；二是构筑边郡城郭，移民实边，增强对边郡的控制，支撑区域的军事驻防。

（一）设置度辽将军府和度辽营

南匈奴自光武帝建武二十五年（49）内迁后，经过十余年的发展，至汉明帝时期已在鄂尔多斯高原及其毗邻区站稳脚跟，对东汉中央政府的依赖有所减弱。由于其时东汉王朝对北匈奴策略有所转变，致使南匈奴部分贵族内心惶恐，蠢蠢欲动，妄图北叛。汉明帝“遣越骑司马郑众北使报命，而南部须卜骨都侯等知汉与北虏交使，怀嫌怨欲畔，密因北使，令遣兵迎之。郑众出塞，疑有异，伺候果得须卜使人，乃上言宜更置大将，以防二虏交通”①。此种复杂军政局势，仅靠使匈奴中郎将府难以从容

① 《后汉书》卷八九《南匈奴传》，第2949页。

应对。这主要基于三个原因：其一，使匈奴中郎将府能够迅速调集和直接统领的兵力并不充足，难以应对南、北匈奴骑兵。其二，使匈奴中郎将府驻地和南匈奴单于庭在同一县，在地理空间上基本处于东西相对局面，而南匈奴其他七部则分布在美稷县所在西河郡的北方、东北方或西南方。因此，从军事地理视角观察，使匈奴中郎将府在地理空间上难以阻遏南匈奴部众北叛。其三，虽然光武帝晚期东汉王朝控制区已经抵达阴山一带，并将此区域纳入军事驻防体系之中；但是，边郡的军事实力还是比较薄弱的。

东汉明帝针对南、北匈奴暗中勾结的严峻形势，以及东汉王朝在鄂尔多斯高原及其北侧毗邻区军事力量不足的现实，遂于永平八年（65）建置高级军职——度辽将军，幕府驻五原郡曼柏县城，并配以重要的军事力量——度辽营。同时，派遣副校尉和左、右校尉协助度辽将军驻守五原郡曼柏县，阻断南匈奴北叛之路。此外，汉明帝还派遣骑都尉驻守美稷县，协助使匈奴中郎将对南匈奴单于庭实施监护。[①]汉明帝通过一系列部署以加强鄂尔多斯高原的军事实力。度辽将军府驻鄂尔多斯高原东北部的五原郡曼柏县城[②]（今内蒙古达拉特旗黑庆壕古城[③]），扼守由西河郡美稷县北经五原郡出塞的要道，隔绝南、北匈奴。此外，度辽将军麾下的度辽营部分士兵也配置在毗邻五原郡的朔方、云中、西河等郡，监视南匈奴各部动向。

汉明帝设置度辽将军府和度辽营，起初是出于阻止南、北匈奴相互勾结，防范南匈奴北叛的动机。但是，在其后的历史进程中，鄂尔多斯高原民族成分日益复杂，羌胡亦相互呼应，使得东汉王朝面临的北疆军事形势更加复杂。特别是至东汉中后期，活跃在鄂尔多斯高原及其毗邻区的南匈奴、东羌、乌桓和鲜卑时常反叛，寇略郡县，对北疆的稳定造成极大威胁。由于使匈奴中郎将府和度辽将军府是此区域最重要的军事实体，其驻地具有极高的军事中心地位。因此，曼柏县城和美稷县城成为羌胡重点进攻和围困的目标。但是，使匈奴中郎将府驻地美稷县城和度辽将军府驻地曼柏县城分处今东胜梁南北两侧，互为犄角，南北呼应。况且，度辽将军府和度辽营是东汉王朝在鄂尔多斯高原一支战力强悍的军事力量。因此，这两大军事机构针对反叛和进犯的南匈奴部落、东羌各部以及乌桓和鲜卑势力，或轮番出击，或协同作战，或固守鄂尔多斯高原军事要地，为稳固东汉王朝在鄂尔多斯高原的统治秩序起到至关重要的作用。此外，这两大军事机构长期负责边疆民族事务和军务，熟悉边疆防务和羌胡诸

① 《后汉书》卷八九《南匈奴传》，第2949页。
② 《后汉书》卷二《孝明帝纪》，第110页。
③ 孟洋洋：《东汉度辽将军府驻地考实》，《中国边疆史地研究》2017年第2期，第70—78页。

族。因此，东汉王朝历次大规模征讨北匈奴时，两者都是重要的军事力量，在协同羌胡武装与政府军联合作战中扮演重要角色。

度辽将军府和度辽营的设置，标志着东汉王朝在鄂尔多斯高原及其毗邻区建立起具有明确战略支撑点、相对高效而稳固的军事驻防体系。

（二）修筑边郡城郭，为军事驻防提供据点支撑

军事驻防体系在特定时期是相对稳定的，其构建既需要相应的组织机构和兵力，更需要相应的军事地理依托。军事据点就是军事地理依托的一种形式。两汉之际，鄂尔多斯高原及其毗邻区政局动荡、人口流亡，导致郡县行政体系名存实亡，郡县城郭大多荒废，呈现一片衰败景象。随着南匈奴内附称臣，东汉王朝北疆实际控制区域再次北移，先前内迁的北疆八郡得以恢复。其中就包括鄂尔多斯高原及其毗邻区的云中、五原、朔方、北地和定襄诸郡。光武帝亦“遣谒者分将施刑补理城郭。发遣边民在中国者，布还诸县，皆赐以装钱，转输给食”①。随着内迁八郡百姓的回归和郡县城郭的修葺和重筑，东汉王朝在广袤的鄂尔多斯高原及其毗邻区拥有数量众多的军事据点，并据此加强区域军事驻防部署。

东汉王朝在鄂尔多斯高原的诸多军事据点既已恢复，则需要足够的军民戍边、实边。自南匈奴内徙以后，东汉王朝就逐步增加边郡人口。特别是鉴于永平年间北匈奴的多次进犯，汉明帝遂下令迁徙内地百姓至朔方和五原等郡，增加边郡人口数量，充实边郡的军事实力，确立中央政府在鄂尔多斯高原的主导地位。这时期的移民实边主要有三次。

第一次即永平八年（65）冬十月，“诏三公募郡国中都官死罪系囚，减罪一等，勿笞，诣度辽将军营，屯朔方、五原之边县；妻子自随，便占著边县；父母同产欲相代者，恣听之。其大逆无道殊死者，一切募下蚕室。亡命者令赎罪各有差。凡徙者，赐弓弩衣粮”②。第二次即永平九年（66）春三月，“诏郡国死罪囚减罪，与妻子诣五原、朔方占著，所在死者皆赐妻父若男同产一人复终身；其妻无父兄独有母者，赐其母钱六万，又复其口算”③。第三次即永平十六年（73）九月，“诏令郡国中都官死罪系囚减死罪一等，勿笞，诣军营，屯朔方、敦煌；妻子自随，父母同产欲求从者，恣听之”④。通过这三次移民实边，朔方、五原两郡居民人口快速增长，度辽营

---

① 《后汉书》卷一下《光武帝纪下》，第78页。
② 《后汉书》卷二《孝明帝纪》，第111页。
③ 《后汉书》卷二《孝明帝纪》，第112页。
④ 《后汉书》卷二《孝明帝纪》，第121页。

兵员得到较大补充，增强了东汉政府军在五原郡和朔方郡的实力。

三、汉和帝时期鄂尔多斯高原军事驻防体系的进一步完善

经过光武帝和明帝两朝经略，东汉王朝已在鄂尔多斯高原及其毗邻区构建起相对成熟、有效的军事驻防体系。汉和帝即位后，又因此区域的军政形势，采取多种措施，进一步完善此区域的军事驻防体系，主要表现在复置属国都尉官和右校尉官。

（一）复置属国都尉官

西汉王朝针对内迁匈奴的社会组织结构和经济形态，设置属国军政合一的特殊机构予以管理。属国都尉就是西汉王朝军事驻防体系中的重要一环。根据边郡的军政形势和少数民族的地理分布，属国和属国都尉常有置废。至东汉时期，原西汉在鄂尔多斯高原的五原属国、西河属国和上郡属国皆被省废，仅保留鄂尔多斯高原西南部的安定属国。随着光武帝后期南匈奴的内附，以及其后北匈奴诸部落的内附，鄂尔多斯高原的内附民族种类与人口数量皆急剧增加，民族关系更加复杂，急需适宜的军政机构对其进行监管。因此，复置属国就成为东汉王朝的必然选择。

汉和帝永元二年（90）二月，复置西河郡属国都尉官和上郡属国都尉官。李贤注《后汉书》云："《前书》西河郡美稷县、上郡龟兹县并有属国都尉，其秩比二千石。《十三州志》曰：'典属国，武帝置，掌纳匈奴降者也，哀帝省并大鸿胪。'故今复置之。"[①]东汉西河郡属国都尉府治城在美稷县境（治今内蒙古达拉特旗吉格斯太镇马场壕城圪梁古城），上郡属国都尉府治龟兹县（治今内蒙古乌审旗敖柏淖尔古城[②]）。东汉王朝在羌胡分布密集区复置这两个属国，不仅是对羌胡进行日常管理和处理民族事务，更是出于军事层面的考虑。仔细观察这两个属国都尉府驻地的空间分布可发现：西河属国都尉府地处使匈奴中郎将府驻地美稷县城正北约20公里，度辽将军府驻地曼柏县城东南约25公里处。使匈奴中郎将府、度辽将军府和西河郡属国都尉府在南匈奴单于庭东部、北部和东北部形成三角架构，相互呼应，密切配合，对南匈奴单于庭进行保卫和监控。一旦有警，就可从地域上隔断南匈奴单于庭与西河郡东部、五原、云中、定襄和雁门等郡南匈奴部落的联系。上郡龟兹属国都尉府驻地虽然在使匈奴中郎将府驻地美稷县城西南约160公里，与鄂尔多斯高原的高级军政机构相距稍远，但其地处于南匈奴单于庭西南方，是鄂尔多斯高原南部正中位置。上郡属国

---

① 《后汉书》卷四《孝和帝纪》，第170页。

② 艾冲、陈娇：《两汉上郡龟兹县治城位置新探》，《陕西师范大学学报（哲学社会科学版）》2015年第5期，第5—11页。

都尉府驻于此，可以起到隔绝南匈奴与鄂尔多斯高原西南部羌族诸部串通的作用，具有重要的军事地位。

（二）复置右校尉官

汉和帝于永元二年，复置西河郡属国和上郡属国之后，又于永元十一年（99）四月，“复置右校尉官”[①]。右校尉官在汉明帝永平八年（65）曾随度辽将军府一起设置，但彼时其作为度辽将军下属，率领黎阳虎牙营部分兵力驻五原郡曼柏县，以防南匈奴北逃。[②]当时右校尉官并无固定驻地，是东汉王朝的临时举措，不久就被撤销。

永元十一年，汉和帝重置右校尉官，并为之安置固定的驻地。显然，右校尉官实际上已是负责特定区域防务的军事职官。右校尉府驻在西河郡鹄泽县城（今内蒙古伊金霍洛旗乌兰敖包古城），其军事任务在于监视活动在虎泽附近的南匈奴单于庭及其直属部众。倘若此区域匈奴部众出现异动，右校尉可及时采取军事行动，既可与使匈奴中郎将和度辽将军相呼应，东西夹击，又可阻断南匈奴单于沿东胜梁向西逃亡、南犯上郡等地。

需注意的是，史书明载汉和帝于永元十一年复置右校尉官，却未载左校尉官置废情况。左、右校尉官同属大将军下属，也应存在。永元四年（92）正月，北匈奴单于於除鞬款塞乞降，东汉王朝就曾遣左校尉耿夔授其玺绶。[③]这表明至少至永元四年，左校尉尚存。但是该军职有无废置、有无固定驻地，尚不能确定。若其有固定驻地，也应在南匈奴单于庭附近。

四、东汉中期鄂尔多斯高原军事驻防体系的变化

至汉和帝永元年间，东汉王朝在鄂尔多斯高原的军事驻防体系已经比较完善。这套军事驻防体系延续至东汉后期，其整体框架未发生重大变化。东汉王朝也因应鄂尔多斯高原的军政形势采取一定措施加强其防务能力。

（一）汉安帝时期军事驻防体系的微变

至东汉安帝永初四年（110），由于羌胡叛乱，致使并州和凉州社会经济残破。鉴于鄂尔多斯高原独特的地理区位和战略价值，东汉王朝仍极力保持对此区域的军事掌控。关于此种判断，从大将军邓骘的上疏即可印证。邓骘“以军役方费，事不相

① 《后汉书》卷四《孝和帝纪》，第185页。
② 《后汉书》卷八九《南匈奴传》，第2949页。
③ 《后汉书》卷四《孝和帝纪》，第173页。

赡，欲弃凉州，并力北边”[①]。所谓“并力北边”就是力保并州。汉安帝于是召集公卿集议。邓骘认为当时的局势“譬若衣败，坏一以相补，犹有所完。若不如此，将两无所保”[②]。参与集议的官员大多认同邓骘力保并州的观点。虽然虞诩等反对放弃凉州，但对并州的战略地位也予认同。东汉并州主体区域即包括今鄂尔多斯高原及其毗邻区。既然东汉王朝高度重视并州，即便羌胡势力猖獗、朝廷军力衰落，也不会放弃对鄂尔多斯高原的军事控制。

至汉安帝永初五年（111），叛乱羌胡声势浩大，朝廷征讨无效。而陇西、安定、北地和上郡的“二千石、令、长多内郡人，并无守战意，皆争上徙郡县以避寇难”[③]。东汉王朝遂进行战略收缩，“遂移陇西徙［陇西郡］襄武，安定徙［右扶风］美阳，北地徙［左冯翊］池阳，上郡徙［左冯翊］衙”[④]。这次边郡内迁并非仅是行政机构内迁，而是连同郡民彻底内迁。当时“百姓恋土，不乐去旧，［朝廷］遂乃刈其禾稼，发彻室屋，夷营壁，破积聚”[⑤]，将鄂尔多斯高原中南部及其毗邻区诸多城池营寨等聚落全部破坏。这使得东汉王朝很多县城被废弃，军事驻防点密度大幅降低。显然，东汉王朝欲彻底放弃鄂尔多斯高原南部及其毗邻区的土地。滇零羌则以北地郡富平县城（今宁夏青铜峡市巴闸村附近）为核心割据鄂尔多斯高原西南部。

总体而言，汉安帝时期羌乱对东汉王朝冲击极大。正如史官所言：“自羌叛十余年间，兵连师老，不暂宁息。军旅之费，转运委输，用二百四十余亿，府帑空竭。延及内郡，边民死者不可胜数，并凉二州遂至虚耗。”[⑥]但是，由于鄂尔多斯高原东北部使匈奴中郎将府、度辽将军府、右校尉府和属国都尉府等军事实体依旧存在，东汉王朝依旧保持对鄂尔多斯高原北部的西河、五原和朔方郡的控制。[⑦]

简言之，至汉安帝时期，东汉王朝失去对鄂尔多斯高原南部及其毗邻区的有效掌控，区域军事驻防体系随之解体；但是，东汉在鄂尔多斯高原军事驻防体系的核心架构基本未变，甚至得到一定程度的加强，更加凸显其军事价值。东汉王朝在鄂尔多斯高原北部的军事驻防力量，与关中的军事力量在地缘上相互呼应，南北夹击，为东汉政府多次戡定羌胡叛乱奠定军事地理基础。

---

① 《后汉书》卷五八《虞诩传》，第1866页。
② 《后汉书》卷五八《虞诩传》，第1866页。
③ 《后汉书》卷八七《西羌传》，第2887页。
④ 《后汉书》卷八七《西羌传》，第2888页。
⑤ 《后汉书》卷八七《西羌传》，第2888页。
⑥ 《后汉书》卷八七《西羌传》，第2891页。
⑦ 《后汉书》卷五《孝安帝纪》，第240页。

（二）汉顺帝时期军事驻防体系的变化

汉顺帝时期，鄂尔多斯高原的军事驻防体系相较于汉安帝时期主要发生两大变化：一是修复和巩固鄂尔多斯高原北侧毗邻区的障塞类军事驻防工程；二是恢复对鄂尔多斯南部区域的军事控制。

1. 鄂尔多斯高原北侧毗邻区驻防工程的修缮

汉顺帝时期，鲜卑诸多部落已迁徙至鄂尔多斯高原北侧的漠南地区。但是，东汉王朝在朔方郡以北、以西的军事驻防工程——障塞却年久失修，名存实亡，失去其应有的军事防御功效。因此，鲜卑部落多次穿越这条障塞，进入鄂尔多斯高原，进攻南匈奴诸部落，并杀南匈奴渐将王。鲜卑部落对南匈奴诸部的军事安全和生存环境产生极大威胁，引起后者震动。南匈奴单于忧虑恐惧，遂“上言求复障塞，顺帝从之”①。汉顺帝采纳南匈奴单于的建议，着重对朔方郡以北、以西今狼山山区的障塞进行修复，同时“增置缘边诸郡兵，列屯塞下，教习战射”②。永建元年（126）五月，“诏幽、并、凉州刺史，使各实二千石以下至黄绶，年老劣弱不任军事者，上名。严敕障塞，缮设屯备，立秋之后，简习戎马”③。同年冬十月，又“诏减死罪以下徙边”④，增加朔方、五原、西河等边郡的人口数量，为鄂尔多斯高原的防务提供人口和后勤保障。汉顺帝以上举措对阻止鲜卑部落南下鄂尔多斯高原起到一定作用。

2. 对鄂尔多斯高原南部区域的短暂掌控

汉顺帝永建元年（126），护羌校尉马贤在临洮大败陇西钟羌，斩首千余级，叛羌降服，“自是凉州无事”⑤。这使得鄂尔多斯高原南部及其毗邻区的军政形势趋向稳定。在此背景下，尚书仆射虞诩于永建四年（129）上疏曰：“《禹贡》雍州之域，厥田惟上。且沃野千里，谷稼殷积，又有龟兹盐池以为民利。水草丰美，土宜产牧，牛马衔尾，群羊塞道。北阻山河，乘厄据险。因渠以溉，水舂河漕。用功省少，而军粮饶足。故孝武皇帝及光武筑朔方，开西河，置上郡，皆为此也。而遭元元无妄之灾，众羌内溃，郡县兵荒二十余年。夫弃沃壤之饶，损自然之财，不可谓利；离河山之阻，守无险之处，难以为固。今三郡未复，园陵单外，而公卿选懦，容头过身，

---

① 《后汉书》卷八九《南匈奴传》，第2959页。
② 《后汉书》卷八九《南匈奴传》，第2959页。
③ 《后汉书》卷六《孝顺帝纪》，第252—253页。
④ 《后汉书》卷六《孝顺帝纪》，第253页。
⑤ 《后汉书》卷八七《西羌传》，第2893页。

张解设难，但计所费，不图其安。宜开圣德，考行所长。”[①]虞诩着力强调鄂尔多斯高原的战略价值。汉顺帝遂于永建四年九月，将汉安帝永初六年（112）内徙的安定郡、北地郡和上郡复归旧土，[②]并派遣郭璜督促内徙百姓各归旧县，“缮城郭，置候驿。既而激河浚渠为屯田，省内郡费岁一亿计。遂令安定、北地、上郡及陇西、金城常储谷粟，令周数年”[③]。

这些举措使得荒废多年的郡城和县城得以修缮，人口数量得以恢复，边郡实力得以增强，进而为东汉军队在此区域驻防和征战提供后勤保障。汉顺帝在将三郡复归旧土一个月后，又“诏郡国中都官死罪系囚皆减罪一等，诣北地、上郡、安定戍”[④]，增加鄂尔多斯高原西南部和东部的戍卒数量。这无疑增强了东汉政府在此区域的军事力量，有助于此区域的军事控制。

但是，这种局面仅维持了十余年，特别是马贤败亡之后，东、西羌大合，四处抄略，凉州震恐。汉顺帝遂于永和六年（141）十月，“复徙安定居扶风，北地居冯翊”[⑤]。鄂尔多斯高原西南部再度被东羌各部割据。东汉王朝配置于此区域的军事驻防体系随之瓦解，只能依靠其他地区的军队进行征剿。

五、东汉后期鄂尔多斯高原军事驻防体系的衰微

东汉后期，由于内地政局动荡，东汉王朝在鄂尔多斯高原的控制力逐步减弱。南匈奴各部、休屠各胡、羌族各部，以及乌桓和鲜卑部落纷纷迁入鄂尔多斯高原及其毗邻区，各族人口相互交错分布，军政形势更加复杂。东汉王朝军事驻防体系受到极大冲击，最终走向终结。

汉桓帝时期，鄂尔多斯高原及其毗邻区的南匈奴、羌和鲜卑等势力就开始频繁反叛、袭扰。但是，东汉政府依靠使匈奴中郎将府、度辽将军和属国都尉府等军事力量，尚可应对。如汉桓帝永寿元年（155），南匈奴且渠伯德等反叛，寇西河郡美稷县，被安定属国都尉张奂戡定。[⑥]汉桓帝延熹元年（158）十二月，“鲜卑寇边，使匈奴中郎将张奂率南单于击破之”[⑦]。延熹四年（161）十月，先零沈氏羌和诸种羌寇略

① 《后汉书》卷八七《西羌传》，第2893页。
② 《后汉书》卷六《孝顺帝纪》，第256页。
③ 《后汉书》卷八七《西羌传》，第2893页。
④ 《后汉书》卷六《孝顺帝纪》，第257页。
⑤ 《后汉书》卷八七《西羌传》，第2896页。
⑥ 《后汉书》卷七《孝桓帝纪》，第302页。
⑦ 《后汉书》卷七《孝桓帝纪》，第304页。

并州和凉州，被使匈奴中郎将皇甫规讨灭。[①]延熹九年（166）夏，鲜卑“遂招结南匈奴、乌桓数道入塞，或五六千骑，或三四千骑，寇掠缘边九郡，杀略百姓。秋，鲜卑复率八九千骑入塞，诱引东羌与共盟诅。于是上郡沈氏、安定先零诸种共寇武威、张掖，缘边大被其毒”[②]，但是，最终被使匈奴中郎将张奂戡定[③]。

汉灵帝时期，鲜卑族部落势力强大，“幽、并、凉三州缘边诸郡无岁不被鲜卑寇抄，杀略不可胜数”[④]。其中，鄂尔多斯高原及其毗邻区是鲜卑屡屡进犯之地。如汉灵帝熹平三年（174）冬，鲜卑入寇北地郡，被北地太守夏育率领休著屠各胡击破。[⑤]熹平六年（177）夏，鲜卑又寇幽、并、凉三州边境地区大小数十次。汉灵帝“遂遣夏育出高柳，［鲜卑中郎将］田晏出云中，［使］匈奴中郎将臧旻率南单于出雁门，各将万骑，三道出塞二千余里。檀石槐命三部大人各帅众逆战，［夏］育等大败，丧其节传辎重，各将数十骑奔还，死者十七八”[⑥]。这是东汉王朝后期规模很大的一次军事行动，总兵力也仅有三万人左右，且包括部分南匈奴部落骑兵。显然，东汉王朝在鄂尔多斯高原驻防兵力严重不足。这次失败表明东汉政府军战斗力与鲜卑武装已有一定差距，对鄂尔多斯高原的军事控制力骤降。至汉灵帝光和年间，檀石槐死，和连代立，“亦数为寇抄，……后出攻北地［郡］，廉［县］人善弩射者射中和连，即死”[⑦]。此时，东汉王朝在鄂尔多斯高原的控制力下降，已无力阻止鲜卑向鄂尔多斯高原迁徙的历史大势。除鲜卑屡屡进犯外，鄂尔多斯高原的休屠各胡也于汉灵帝中平四年（187）反叛，波及范围不断扩大。至中平五年（188）正月，又寇西河郡，杀郡守邢纪。[⑧]中平五年三月，“攻杀并州刺史张懿，遂与南匈奴左部胡合，杀其单于”[⑨]，鄂尔多斯高原广大地域陷入战乱。休屠各胡威胁到东汉政府在此区域的统治地位。

在汉灵帝之后，鄂尔多斯高原郡县逐渐荒废，人口锐减。东汉王朝基本丧失对此区域的控制，鄂尔多斯高原成为名副其实的羌胡之地。至汉献帝建安二十年（215）春，东汉弃鄂尔多斯高原东北部及其毗邻区的云中郡、定襄郡，将鄂尔多斯高原北部

---

① 《后汉书》卷七《孝桓帝纪》，第309页。
② 《后汉书》卷六五《张奂传》，第2139页。
③ 《后汉书》卷七《孝桓帝纪》，第317—318页。
④ 《后汉书》卷九〇《鲜卑传》，第2990页。
⑤ 《后汉书》卷九〇《鲜卑传》，第2990页。
⑥ 《后汉书》卷九〇《鲜卑传》，第2993—2994页。
⑦ 《后汉书》卷九〇《鲜卑传》，第2994页。
⑧ 《后汉书》卷八《孝灵帝纪》，第355页。
⑨ 《后汉书》卷八《孝灵帝纪》，第355页。

的五原郡、朔方郡，原“郡置一县领其民，合以为新兴郡”[①]。新兴郡已脱离鄂尔多斯高原，侨治于今山西省忻州市境内。随着内地黄巾起义和诸侯争战的发展，东汉王朝完全失去对鄂尔多斯高原的统治力，其军事驻防体系也不复存在。

由上所述，东汉王朝历经光武帝、明帝、和帝三朝经略，在鄂尔多斯高原逐步形成相对完善的军事驻防体系。这套驻防体系以高级军事机构使匈奴中郎将府和度辽将军府为领导核心，以右校尉府和属国都尉府等军事实体为协助，同时以南匈奴八部为“捍戍”。这套军事驻防体系对维护东汉王朝北疆的稳定发挥了重大作用。此后，随着鄂尔多斯高原民族成分日益复杂，南匈奴、羌、休屠各胡时常反叛，乌桓和鲜卑屡屡进犯，对此区域军事驻防体系产生重大挑战和冲击。东汉王朝也曾对军事驻防体系进行调整，但是随着东汉国力的衰微、胡族势力的兴盛，至东汉晚期鄂尔多斯高原的军事驻防体系趋于瓦解。

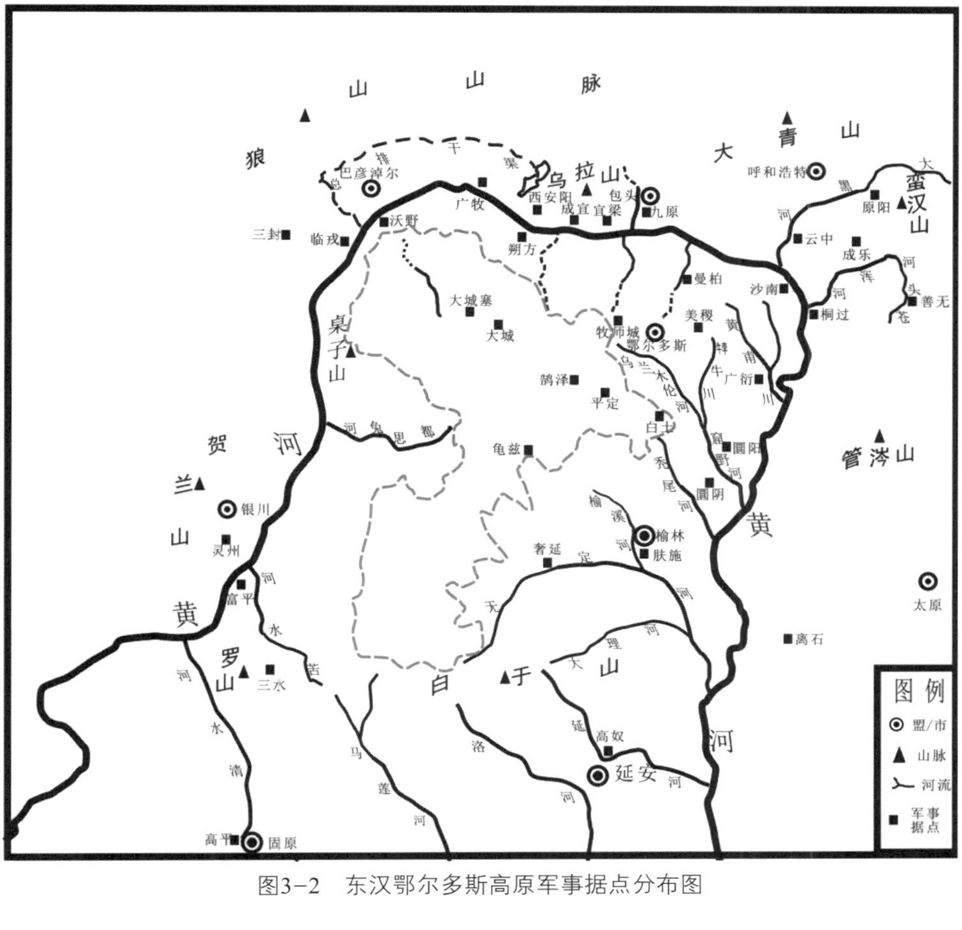

图3-2　东汉鄂尔多斯高原军事据点分布图

① 〔晋〕陈寿：《三国志》卷一《魏书·武帝纪》，中华书局，1959年，第45页。

综括以上论述，西汉初期，基本沿用赵国和秦国在此区域的军事驻防体系，只是细节方面略有差别。汉武帝将鄂尔多斯高原及其毗邻区纳入版图后，积极构建此区域的军事驻防体系，形成外围依托山河险固的长城防御工程体系，腹地又有边郡部都尉府和属国都尉府支撑的军事驻防体系。其时，鄂尔多斯高原的军事驻防体系已经相当完备、成熟，并由先前以防御为主、屏护关中为目的而逐步转变为攻守兼顾，以攻为主。西汉军事驻防体系除汉宣帝时期曾罢塞外列城外，历经宣、元、成、哀、平五帝保持稳定，并无太大变化。至新莽时期，该军事驻防体系受匈奴冲击和新朝放弃双重影响而逐渐消亡。东汉时期，经光武帝重构、明帝完善，至东汉和帝永元年间，在鄂尔多斯高原已形成以使匈奴中郎将府和度辽将军府为领导核心、以右校尉府与上郡属国都尉府和西河郡属国都尉府为辅助、以南匈奴部落为“捍戍”的军事驻防体系。该军事驻防体系在东汉早中期发挥着重要作用，至东汉后期，在鄂尔多斯高原诸多民族武力冲击下走向解体。

简言之，汉代鄂尔多斯高原军事驻防体系既是因应军事对抗、政治形势、民族关系诸多因素而构建的一个中长时段动态过程，也是一个依托自然地理环境和军事地形不断变化的空间进程。

第四章　曹魏西晋十六国时期鄂尔多斯高原军事地理

东汉时期，鄂尔多斯高原大部归并州刺史部管辖，分属朔方、五原、西河、上郡等郡。当时该地区已多有羌胡入居。南匈奴呼韩邪单于比臣附于汉后，在西河郡美稷县附近设立王庭，麾下诸部分处朔方、五原、云中等地，[①]广布于鄂尔多斯高原之上。氐羌在这一地区更是早有分布。加之西汉末年大乱以来，关陇地区被严重破坏，汉人数量大大减少。东汉十年羌乱之后，情况更为严重。至顺帝永和五年（140），朔方郡六城仅剩不足两千户，七千余口；距离内地更近的上郡亦仅剩五千余户，不足三万口。[②]胡汉人口对比的失衡加之汉末战乱、关中残破，使得苟延残喘的东汉政权及其后占据中原的曹魏和西晋政权再也无力维系在鄂尔多斯高原地区的统治。史载："灵帝末，羌胡大扰，定襄、云中、五原、朔方、上郡等五郡并流徙分散。"[③]可见东汉末年鄂尔多斯高原的中原行政建制事实上已不复存在。建安二十年（215），"省云中、定襄、五原、朔方郡，郡置一县领其民，合以为新兴郡"[④]，中原政权彻底放弃了在该地区的政区，而选择在内地设立新郡，安置原属鄂尔多斯高原的汉民。新兴郡在今山西境内，下设五原、定襄、广牧诸县，皆为侨县。西晋仍大体沿用了原新兴郡的设置，未能恢复对鄂尔多斯高原的统治。鄂尔多斯高原成为羌胡控制的地区。分布于该地区的少数民族甚至南下关中，西晋江统《徙戎论》云："且关中之人百余万口，率其少多，戎狄居半"[⑤]。而活动于阴山、代北的拓跋鲜卑则一度将所统

① 《后汉书》卷八九《南匈奴传》，第2945页。
② 《后汉书》志二三《郡国五》，第3526、3524页。
③ 〔唐〕房玄龄等：《晋书》卷一四《地理志上》，中华书局，1974年，第428页。
④ 《三国志》卷一《魏书·武帝纪》，第45页。
⑤ 《晋书》卷五六《江统传》，第1533页。

杂胡迁入鄂尔多斯高原和黄土高原北部[①]，取得了对该地部族的宗主权。

西晋统治崩溃后，北方诞生了一大批少数民族政权，其中前赵、后赵、前秦、后秦、赫连夏先后控制了鄂尔多斯高原地区，部分政权在军政方面亦有所建置。但十六国相关史料极为稀少，其详情已难以考证。总体而言，十六国时期，鄂尔多斯高原地区是游牧部族活动的区域，地广人稀，且地缘上相对封闭，战争频率低于南部的关中地区。角逐该地区的各方势力中，在经营方面用力最深的为匈奴铁弗部及其后继者赫连夏政权。

第一节　十六国时期各政权在鄂尔多斯高原的军事活动和经营

曹魏西晋时期，鄂尔多斯高原地区是羌胡的活动区域，部族林立，民族成分复杂。西晋统治崩溃后，内迁的各少数民族争相在中国北方建立政权。十六国北朝时期的少数民族政权，其军力多依赖主体部族，在军事布置上多倾向于将主体部族的核心力量聚集在都城周边以保障自身的安全，对远离统治中心的地区则无力进行严密控制，故而对边地的武装集团往往采取招抚和羁縻的策略。各北方政权统治鄂尔多斯高原的策略亦是如此。

关中平原为天府之国，拥四塞之固，长安更是秦汉旧都，故而成为各族争夺的焦点。鄂尔多斯高原地区因为毗邻关中，分布其间的各部族势力过大，就会威胁到长安的安全。十六国中，曾经控制过长安的各个政权，如前赵、后赵、前秦、后秦等，虽然无力彻底吞并鄂尔多斯高原各部族，但为保障长安的安全，仍多兼用政治招抚和军事威慑的手段，对这些部族进行一定程度的控制。北方则有雄踞阴山的拓跋部势力对高原虎视眈眈。鄂尔多斯高原本土部族经过多年的发展，实力增强，亦在谋求摆脱外来势力的干预。总体来讲，十六国时期鄂尔多斯高原的军事斗争大致分为两条主线：关中政权和北方势力对鄂尔多斯高原的控制；当地部族谋求摆脱干预的努力。其中匈奴铁弗部的兴衰及其与北方拓跋部的争斗，对后世具有深远影响。兹按政权先后略述如下。

一、汉、前赵时期

十六国中第一个控制关中地区的是匈奴人的汉政权。晋元帝建兴四年（316），

① 王兴锋：《秦汉魏晋时期鄂尔多斯高原民族地理研究》，陕西师范大学博士学位论文，2016年，第145—146页。

汉国大将刘曜率兵攻陷长安，俘虏晋愍帝，同时发兵扫平西晋的抵抗力量。

其后，刘曜称帝，改国号为赵，是为前赵。前赵时期关涉鄂尔多斯高原最重要的军事活动是镇压上郡氐羌。当时羌胡各部在鄂尔多斯高原及其东南部的延河流域广泛分布，仅上郡即有“氐羌十余万落保嶮不降”[①]，他们保持着完整的部落建制，具有相当的军事实力，对关中的前赵构成威胁。其中，最强大的部族是权渠部，其首领虚除权渠自称秦王，其余各部“皆禀其命而为寇暴”[②]。刘曜曾一度亲统军队前往讨伐，无功而返。后又派遣大臣游子远前往征讨。游子远先以坚壁固守挫其锐气，后乘其无备进击，生擒素号骁将的权渠之子伊余。战后，刘曜听从游子远的建议，封虚除权渠为征西将军、西戎公以羁縻之，利用其影响力招抚氐羌各部，同时将其子伊余等人及部落二十余万人迁移到长安附近，以削弱其势力。原听命于权渠部的各部族纷纷归附。通过这次军事行动及其后的政治运作，鄂尔多斯高原地区及延河流域的羌胡势力遭到很大的削弱，前赵在这一地区的影响力也得到了扩展。这次行动是十六国时期综合运用军事打击和政治分化手段来招抚、控制毗邻部族的经典案例。但终前赵之世，其直接统治的区域未能真正扩展到鄂尔多斯高原地区。这一时期鄂尔多斯高原及其以南的延河流域大致仍是羌胡诸部的控制范围，北方的拓跋鲜卑和兴起于东方的后赵政权对该地区也有较大影响力。

二、后赵时期

继前赵之后控制这一地区的是羯族人石勒建立的后赵。石勒本为前赵将领，后自立于关东，反攻故主，最终消灭前赵，成为北方霸主。攻灭前赵前，后赵势力已对鄂尔多斯高原有所渗透。早在晋元帝大兴（亦作“太兴”）二年（319），石勒即对盘踞在鄂尔多斯高原的鲜卑诸部用兵，“遣石虎击鲜卑日六延于朔方，大破之，斩首二万级，俘虏三万余人”[③]，“此或为后赵取朔方地之始”[④]。晋明帝太宁三年（325），石勒派遣大将石他“自雁门出上郡，袭安国将军、北羌王盆句除，俘三千余落，获牛马羊百余万而归”[⑤]。此次行军很可能经行鄂尔多斯高原地区，打击的目

① 《晋书》卷一〇三《刘曜载记》，第2687页。
② 《晋书》卷一〇三《刘曜载记》，第2687页。
③ 〔宋〕司马光编著，〔元〕胡三省音注：《资治通鉴》卷九一，晋元帝太兴二年（319），中华书局，1956年，第2869页。
④ 牟发松、毋有江、魏俊杰：《中国行政区划通史·十六国北朝卷》，复旦大学出版社，2016年，第67页。
⑤ 《晋书》卷一〇三《刘曜载记》，第2697页。

标是当时活动于延河、洛河流域且正“附于赵”[①]的北羌王盆句除。其目的一方面是削弱前赵的附属势力，另一方面则是掠夺畜产，增强自身力量。前赵昭文帝刘曜闻讯，及时组织反击，命中山王刘岳率兵追击，“斩他及其甲士一千五百级，赴河死者五千余人，悉收所虏，振旅而归”[②]，后赵经由鄂尔多斯高原渗透关中的军事行动以失败告终。灭亡前赵后，后赵曾规划利用鄂尔多斯高原地区发展牧业。朔州是后赵在朔方之地新设的政区，石虎曾“发百姓牛二万余头配朔州牧官”[③]，可见已经在鄂尔多斯高原北部设立了官营牧场。但总体而言，后赵因政治中心和精锐力量均在关东，对关西的鄂尔多斯高原地区控制力不强，羌胡、鲜卑多有叛乱。后赵灭亡后，北方群雄并起，最终氐族建立的苻秦政权西取关中，并以此为基地统一北方，史称前秦。鄂尔多斯高原也被其控制。

三、前秦时期

作为十六国中唯一曾统一整个北方的政权，前秦在经营鄂尔多斯高原方面颇有建树。晋穆帝升平三年（359），前秦天王苻坚“以左仆射李威领护军；右仆射梁平老为使持节、都督北垂诸军事、镇北大将军，戍朔方之西；丞相司马贾雍为云中护军，戍云中之南”[④]，可见此时虎踞关中、国势渐强的前秦政权势力范围已经北越黄河，监控鄂尔多斯高原全境。

但此时，该地区土著部族仍有极强的势力，其中最具代表性的就是铁弗部。铁弗部与当时雄踞阴山的索头鲜卑拓跋部有世仇。刘虎为首领时，为拓跋部首领郁律与晋并州刺史刘琨所迫，南徙朔方，臣于刘聪。刘聪因刘虎亦为南匈奴之后，视同宗室，拜为安北将军、监鲜卑诸军事、丁零中郎将，肯定其在鄂尔多斯高原诸部中的宗主地位。刘虎之子刘务桓为首领时，部族势力进一步增强，“招集种落，为诸部雄”，务桓名义上臣服于后赵石虎，接受其左贤王的名号。其后首领之位又经两代，传至务桓之子刘卫辰。当时铁弗部南北皆有强敌。北方是世仇拓跋氏代国。鲜卑拓跋部自神元帝拓跋力微时已是称雄代北的强大部落联盟，穆帝猗卢在位时，趁西晋末年天下大乱之机，联合并州刺史刘琨，南下逐鹿，声威已赫。刘卫辰主持铁弗部时，拓跋代的君主正是后世北魏开国皇帝拓跋珪的祖父昭成帝什翼犍。拓跋什翼犍是一位雄武杰出的

① 《资治通鉴》卷九三，晋明帝太宁三年（325），第2934页。
② 《晋书》卷一〇三《刘曜载记》，第2697页。
③ 《晋书》卷一〇六《石季龙载记》，第2777页。
④ 《资治通鉴》卷一〇〇，晋穆帝升平三年（359），第3178页。

人物，他正式建立国号，修筑盛乐新城，有开疆拓土的雄心。铁弗部南方则是坐拥关中天府、日渐强盛的前秦政权。刘卫辰先是借助参与昭成帝皇后慕容氏葬礼的机会，向代国求婚，迎娶了昭成帝的女儿，借此缓和与代国的关系。又潜通苻坚，受其左贤王封号。借此首鼠于两强之间，观望形势。

对于关中以北诸雄，前秦天王苻坚最初采取的是以抚为主的羁縻政策。刘卫辰请降之初，苻坚允许其入居塞内。在云中护军贾雍遣司马徐斌劫掠刘卫辰部众时，苻坚以“朕方修魏绛和戎之术，不可以小利忘大信”，重惩贾雍，令其归还财物，“遣使修和，示之信义”。[①]此事《资治通鉴》系于晋穆帝升平四年（360）[②]。刘卫辰所部的活动区域由此南越长城，实际势力范围反较归顺前有所扩大。苻坚还一度欲将归降的乌丸独孤部和鲜卑没奕于也安置在塞内。宽松的统治政策助长了北方各部的野心。刘卫辰此后仍摇摆于秦、代之间。至晋哀帝兴宁三年（365）[③]，受封为左贤王的刘卫辰与右贤王曹毂公然叛秦。此前曾发生刘卫辰掠前秦边民五十万作为奴婢进献于苻坚，被勒令放还的事件。《魏书》记载此事后刘卫辰“乃背坚，专心归国”[④]，兴宁三年的叛乱背后可能也有拓跋代国的影子。苻坚对反叛的两部进行了坚决的军事打击，亲率精锐击败曹毂，派大将邓羌北击铁弗，在今鄂尔多斯高原西部的木根山生擒刘卫辰。[⑤]为稳定北方局势，苻坚取道骢马城（即唐银州城地，在今陕西榆林以南）亲至朔方，巡抚羌胡诸部。苻坚远离关中深入鄂尔多斯高原腹地，目的在于威慑各部族，巩固前秦在北方的统治，可见他对该地区的重视。但叛乱平定后，苻坚对与乱各部首领的处置却甚为宽大，仍以刘卫辰“为夏阳公以统其众”[⑥]。

此后，前秦在鄂尔多斯高原最大的军事行动是借道于此北伐拓跋代国。刘卫辰再次臣服于苻坚后，对拓跋氏“贡使不绝，而诚敬有乖”[⑦]。代主拓跋什翼犍遂南讨卫辰，时值冬季，“河冰未合，什翼犍命以苇絙约流澌。俄而冰合，然犹未坚；乃散苇于其上，冰草相结，有如浮梁”[⑧]，以此奇策飞渡黄河，直击卫辰本部，乘其不备，“大破之，收其部落十六七焉”，刘卫辰逃往关中，投奔前秦。[⑨]时为晋海西

① 《晋书》卷一一三《苻坚载记》，第2887页。
② 《资治通鉴》卷一〇一，晋穆帝升平四年（360），第3182页。
③ 《资治通鉴》卷一〇一，晋哀帝兴宁三年（365），第3200页。
④ 〔北齐〕魏收：《魏书》卷九五《刘卫辰传》，中华书局，1974年，第2055页。
⑤ 《晋书》卷一一三《苻坚载记》，第2889页。
⑥ 《晋书》卷一一三《苻坚载记》，第2889页。
⑦ 《魏书》卷九五《刘卫辰传》，第2055页。
⑧ 《资治通鉴》卷一〇一，晋海西公太和二年（367），第3208页。
⑨ 《魏书》卷九五《刘卫辰传》，第2055页。

公太和二年（367）。此役极大削弱了铁弗部的实力和前秦政权在鄂尔多斯高原的统治。刘卫辰来奔后，苻坚将其“送还朔方，遣兵戍之”①。这是前秦继平定刘卫辰之叛后又一次直接出兵干预鄂尔多斯地区，这支派遣至鄂尔多斯高原的部队肩负着重要的任务，一方面是协助刘卫辰重新稳定朔方局势，另一方面是防备拓跋代南下。其后数年，朔方形势基本稳固，但代国并未放弃经略鄂尔多斯高原。晋孝武帝宁康二年（374），“代王什翼犍击刘卫辰，南走”②。此为拓跋代对前秦在鄂尔多斯高原权威的又一次挑战。当时，前秦已经灭亡了慕容氏前燕、张氏前凉，虎踞代北，士马雄壮的拓跋代国自然成为其下一个目标。太元元年（376），苻坚调度诸军，向代国发动大规模军事进攻。“遣其安北将军、幽州刺史苻洛为北讨大都督，率幽州兵十万讨代王涉翼犍。又遣后将军俱难与邓羌等率步骑二十万东出和龙，西出上郡，与洛会于涉翼犍庭。”③前后动员兵力超过三十万，可见战争规模之大。诸路军中，有一路西出上郡，主将应即曾经平定刘卫辰之叛的邓羌。史载“昭成末，卫辰导苻坚来寇南境”④，可见刘卫辰在前秦北伐中发挥了重要作用，很可能其部众也隶属自上郡而出的西路军，这支部队也是经由刘卫辰所辖的鄂尔多斯高原行军。代主拓跋什翼犍为其子寔君杀害，代国为前秦所灭。灭亡代国后，苻坚将其国民分为二部，黄河以西由刘卫辰统领，黄河以东由独孤部首领刘库仁统辖。苻坚后又任刘卫辰为西单于，“督摄河西杂类，屯代来城”⑤，刘卫辰成为前秦在鄂尔多斯高原地区的最高代理人。当地各部仍要受前秦大臣的监控，前文曾提及驻守朔方之西的“都督北蕃诸军事”梁平老正是其中代表。他“才识明达，令行禁止”⑥，严格奉行苻坚的和戎政策，注意协调民族关系，“在镇十余年（359—372），鲜卑、匈奴惮而爱之”⑦。

前秦对鄂尔多斯高原的经略在十六国政权中是比较成功的，这种成功一方面表现在军事震慑和政治招抚并用，对鄂尔多斯高原全境实施重臣监控下的代理人统治；另一方面则表现在攻灭拓跋代政权，大大降低了来自北方其他势力对该地区的影响。但前秦的经营策略同样有失误之处。前秦同十六国时期其他各民族政权面临着同样的问题，即出身本族的精锐军队数量有限，无力始终保持对国土的强力控制。前秦赖以扫

① 《魏书》卷九五《刘卫辰传》，第2055页。
② 《资治通鉴》卷一〇三，晋孝武帝宁康二年（374），第3268页。
③ 《晋书》卷一一三《苻坚载记》，第2898页。
④ 《魏书》卷九五《刘卫辰传》，第2055页。
⑤ 《魏书》卷九五《刘卫辰传》，第2055页。
⑥ 《晋书》卷一一二《苻生载记》，第2875页。
⑦ 《资治通鉴》卷一〇三，晋简文帝咸安二年（372），第3261页。

平群雄的氐族军团在连年征战中损耗严重，苻坚为强化对各地的统治，于晋孝武帝太元五年（380）“分三原、九嵕、武都、汧、雍氐十五万户，使诸宗亲各领之，散居方镇，如古诸侯”①，配给氐户的军镇多在关东地区，朔方地区则未有分配。这些氐户是前秦精锐部队的主要来源，苻坚此举大大削弱了前秦在关中地区的军事力量，降低了对北方鄂尔多斯高原地区的威慑力。苻坚本人崇尚儒学，奉行和戎政策，坚持安边养民原则，对待各附属部族极为宽松，还大量吸收其上层分子进入统治集团、参与军国大事。②虽也曾迁移各部豪强，但对朔方群雄却未有处置。这种宽松的处置措施使降附各部保留着完整的部落建制，战斗力削弱不大。具体到鄂尔多斯高原地区，降附部族之首铁弗刘卫辰的实力不仅没有削弱，反而在瓜分灭代成果后有所增长，遂成尾大不掉之势。在前秦保持有强大的军事优势时，这些部族尚能臣服，一旦前秦国势稍弱，对该地区的统治即无法维持。公元383年淝水之战后，前秦的统治土崩瓦解，北方再次进入群雄并起的乱局。

四、后秦时期

继前秦之后统治鄂尔多斯高原的是羌酋姚氏建立的后秦。386年，姚苌定都长安，鄂尔多斯高原地区也处于其影响之下。但不同于统一北方的前秦，后秦只是一个以关中为根基的地方政权，实力有限，无法对鄂尔多斯高原地区进行有效控制。

淝水之战后，原本臣服于前秦的刘卫辰乘势而起，“遂有朔方之地，控弦之士三万八千”③，再次成为鄂尔多斯高原名副其实的主宰者。刘卫辰先后接受西燕慕容永和后秦姚苌的官号。姚苌册封其为“使持节、都督北朔杂夷诸军事、大将军、大单于、河西王、幽州牧”④，这些官衔明显高于前秦所封，可见姚苌虽然以刘卫辰辖地为幽州，却无力干预，事实上仍承认卫辰自专其国的地位。这一时期影响鄂尔多斯高原军事形势的另一大事件，为拓跋鲜卑的复国。386年，曾经在独孤部为质的代国末主什翼犍之孙拓跋珪乘机复国，国号初为代，398年改为魏，拓跋珪即北魏道武帝。刘卫辰与拓跋部有灭国之仇，自不能坐视其壮大，他先对附属于北魏⑤的贺兰等部发起掠夺，被魏军击退。391年，刘卫辰遣其子直力鞮率众数万进攻北魏南境。拓跋珪

---

① 《资治通鉴》卷一〇四，晋孝武帝太元五年（380），第3295页。

② 参见罗嗣忠：《试论氐族君王苻坚的民族政策》，《青海师范大学学报（社会科学版）》1986年第3期，第58—69页。

③ 《晋书》卷一三〇《赫连勃勃载记》，第3201页。

④ 《魏书》卷九五《刘卫辰传》，第2055页。

⑤ 拓跋珪复国时国号初为代，398年改为魏，为行文方便，下文直称北魏。

结车为阵，破直力鞮军于铁岐山南，乘胜渡河，直捣代来城，刘卫辰弃城而逃，于途中被部下所杀。这次战役拓跋珪部获马牛羊四百余万头，大肆诛杀铁弗部民，投于河中。[①]此役后铁弗部实力大衰，丧失了在鄂尔多斯高原的主导权。

此役之后，北魏在鄂尔多斯高原的影响力大增。刘卫辰之子刘勃勃投奔活动在三城（今陕西延安一带）的薛干部首领太悉伏。此时，薛干部已表示臣服北魏，拓跋珪遣使要求执送勃勃。太悉伏对以“今穷而见投，宁与俱亡，何忍送之”[②]，拒绝了拓跋珪的要求。拓跋珪遂乘太悉伏出兵讨伐曹覆寅[③]之机亲率军袭其城，获其妻子珍宝，徙其部众而还。太悉伏不及返回，只得前往关中投奔后秦。此事《资治通鉴》系于孝武帝太元十八年（393）[④]。此役之后，代国在鄂尔多斯高原地区的影响力进一步扩大。毋有江先生认为，至赫连勃勃崛起前，高原北部处于北魏控制下。[⑤]但在当时，拓跋珪把下一个目标定为东方强大的慕容氏后燕政权，并未谋求进一步扩大在该地区的利益。

拓跋氏的扩张停歇后，迫于其军事压力离开鄂尔多斯高原的各部酋帅开始谋求重返故地。其中谋划最早的就是薛干部首领太悉伏。薛干部本为朔方强部，太悉伏在鄂尔多斯高原和延河流域诸部中素有威望，故而敢在收留刘勃勃的问题上违逆拓跋珪。他投奔后秦后，“未几亡归岭北。上郡以西诸鲜卑、杂胡闻而皆应之”[⑥]，声威复振。太悉伏或即《晋书》中的薛勃。薛勃本为鲜卑首领，“于贰城为魏军所伐，遣使请救，使姚崇赴救。魏师既还，薛勃复叛，崇伐而执之，大收其士马而还”[⑦]，沦为后秦的阶下囚。后“叛奔岭北，上郡、贰川杂胡皆应之”[⑧]。薛勃和太悉伏的事迹相似处颇多，且活动区域近似，很可能即同一人[⑨]。薛勃之“薛”很可能即部名“薛干”的省称。他重返故地均获得当地部族的响应，可见对于后秦而言，当时关中以北诸部具有很强的离心力。

后秦政权对鄂尔多斯高原诸部的控制不若前秦严密，但对威胁到自身安全的部族

---

① 《魏书》卷九五《刘卫辰传》，第2055—2056页。

② 《魏书》卷一〇三《薛干部传》，第2313页。

③ 此人应即曹寅，苻坚所封右贤王曹毂子，封力川侯，领贰城以东部族两万余落，称西曹，见《晋书》卷一一三《苻坚载记上》，第2889页。

④ 《资治通鉴》卷一〇八，晋孝武帝太元十八年（393），第3410页。

⑤ 毋有江：《北魏政区地理研究》，复旦大学博士学位论文，2005年，第7页。

⑥ 《魏书》卷一〇三《薛干部传》，第2313页。

⑦ 《晋书》卷一一七《姚兴载记上》，第2976—2977页。

⑧ 《晋书》卷一一七《姚兴载记上》，第2978页。

⑨ 吴洪琳教授即持此说，见吴洪琳：《大夏国史》，陕西师范大学博士学位论文，2005年，第32页。

还是会坚决打击。薛勃叛逃后，于397年发兵进攻后秦西部重镇金城。姚兴亲率两万军队讨伐，薛勃兵败，“弃其众奔于高平公没奕于，于执而送之”[①]，后秦的势力范围北扩至鄂尔多斯高原南部。

此时，后秦开始面对北魏的军事威胁。后秦与北魏本为盟国，关系友好，且一度有婚姻之约。但随着396年北魏攻陷后燕国都中山、慕容氏流亡龙城，后秦已成为北魏道武帝拓跋珪统一北方最大的对手。北魏开始逐步谋求向南扩张，后秦属部高平没弈于、黜弗、素古延等都受到北魏的攻击。姚兴为遏制北魏的扩张，于402年统大军与北魏战于柴壁。其所发诸军中有“岭北突骑”“朔方见骑”[②]等名目，其中应有部分应征发自鄂尔多斯高原诸部，可见平定薛勃后，后秦对该地区的控制力确实有所增强。柴壁之战以姚兴于蒲坂止步不前、狄伯支等十将四万余人尽为魏军所俘而告终[③]。战后，为加强北方防御以对抗北魏扩张，姚兴选择刘卫辰之子勃勃作为其在鄂尔多斯高原地区的代理人。刘勃勃为逃避北魏追杀，托庇于后秦高平公没弈于。没弈于为鲜卑多兰部首领，对勃勃十分欣赏，招其为女婿。姚兴对“性辩慧，美风仪”[④]的刘勃勃也十分欣赏，“使助没奕于镇高平，以三城、朔方杂夷及卫辰部众三万配之”[⑤]，以备北魏，刘勃勃由此恢复了与父亲旧部的联系，实力大增。此后，姚兴又任命勃勃为安北将军，封五原公，“配以三交五部鲜卑及杂虏二万余落，镇朔方”[⑥]，至此勃勃基本恢复其父在前秦时的地位，成为后秦政权在鄂尔多斯高原地区的最高代理人。姚兴使出身于原鄂尔多斯高原统治部族铁弗部的刘勃勃回到故地且成为后秦的代理人，无异于纵虎归山。回到故土，且重新统率了原本的附属部族，对这位落难王孙来说，恢复父祖基业的时机已经成熟。

五、赫连夏时期

回到故土的刘勃勃，很快就不甘臣服于姚氏。后秦复与铁弗世仇北魏通和成为引发其反叛的导火索。407年，他先是强行扣留了柔然可汗社仑进献给姚兴的八千匹马，后又以率众狩猎为掩护，在高平川袭杀岳父没弈于，兼并其部众，实力大增，随即公开背秦建国，自称大单于、大夏天王，成为鄂尔多斯高原的新主。他就是十六国

① 《晋书》卷一一七《姚兴载记上》，第2978页。
② 《晋书》卷一一七《姚兴载记上》，第2982页。
③ 《晋书》卷一一七《姚兴载记上》，第2982页。
④ 《晋书》卷一三〇《赫连勃勃载记》，第3202页。
⑤ 《晋书》卷一三〇《赫连勃勃载记》，第3202页。
⑥ 《晋书》卷一三〇《赫连勃勃载记》，第3202页。

时期大夏政权的开国之主赫连勃勃[①]。413年，勃勃兴建了举世闻名的坚城统万城，并定都于此。

大夏军队多出自鄂尔多斯高原诸游牧部族，骁勇善战。建国后，赫连勃勃先是征服了强大的薛干部，又对后秦施加军事压力，史称“岭北诸城门不昼启”[②]，可见其兵锋之锐利。其后大夏与后秦军队频繁交战，多有杀伤，亦对南凉秃发氏、西秦乞伏氏用兵。后秦传至姚泓，国势衰微，勃勃遂“尽有岭北之地”。417年，多面受敌的后秦为东晋大将刘裕所灭。赫连勃勃乘东晋军队撤退之机，南下占领长安，几乎生擒刘裕之子刘义真。夺取关中后，勃勃为防备北魏来袭，仍以统万为都，而以长安为南都。赫连夏跨有关中、河曲之地，与东方的北魏对峙，成为十六国后期关西的霸主。

赫连夏是十六国时期统治过鄂尔多斯高原的诸政权中唯一一个以该地区为核心统治区的政权，亦因其王族赫连氏源自该地区强族铁弗部，故其在该地区的统治最为稳固。赫连夏统治鄂尔多斯高原二十余年，直至427年一代天骄北魏太武帝拓跋焘攻陷统万城，该地区的控制权才转入北魏之手。

第二节　十六国时期鄂尔多斯高原的重要军事设施

十六国时期鄂尔多斯高原的新建军事工程中，以大夏国主赫连勃勃所筑统万城最为重要，此城与铁弗部时期的代来城先后为十六国时期鄂尔多斯高原的军政中心。

铁弗部见于记载最早的居城即代来城。代来城，一名悦跋城。盖悦跋城为胡名，代来城为纪念灭拓跋代所起的汉名，在今内蒙古伊金霍洛旗（一说陕西榆林巴拉素乡白城台村）[③]。此城不详建于何时，但刘卫辰为铁弗部首领、“督摄河西杂类”时即以此为居城。至391年被北魏军攻破为止，此城一直是铁弗部首领的驻地，也是鄂尔多斯高原实际上的政治军事中心。

赫连勃勃复祖宗基业、建国称王后，立志于修建一座固若金汤的都城。413年，赫连勃勃改元凤翔，以叱干阿利为将作大匠，“发岭北夷夏十万人，于朔方水北、黑水之南营起都城”[④]。其地即今陕西省榆林市靖边县白城子遗址。此城十分坚固，在建筑工艺和军事工程学上均有十分杰出的成就。建筑工艺方面，其采用了被称为“蒸

① 刘勃勃后改姓氏为赫连。

② 《晋书》卷一三〇《赫连勃勃载记》，第3203页。

③ 关于代来城各种说法，可参见吴洪琳：《大夏国史》，陕西师范大学博士学位论文，2005年，第28页注释①。

④ 《晋书》卷一三〇《赫连勃勃载记》，第3205页。

土”的特殊方法建造，《水经注》称其“蒸土加功，雉堞虽久，崇墉若新”[①]。统万城历经一千六百余年的风霜，其白色城墙至今仍屹立在鄂尔多斯高原腹地，可见这种筑城方法的功用突出。军事工程学方面，该城专门修建了“亢敌楼”，“峻险非人力可攻”[②]。《魏书》甚至记载该城建造之时，“蒸土以筑都城，铁锥刺入一寸，即杀作人而并筑之”[③]，如此记述本意是为凸显赫连勃勃的凶残暴虐，但从中也可看出此城的坚固甚至在魏人心目中被渲染上了一层恐怖色彩。此城之名，多解释为“统一天下，君临万邦”，但史料和碑刻中却还保留着“统万突”和“吐万突”的译名，可见其本为胡语，可惜本意已无从查考。此城建立之后，一直作为赫连夏的国都和鄂尔多斯高原的军政中心。在夏国后期，此城一度阻止了北魏铁骑灭亡夏国的脚步。太武帝拓跋焘灭亡夏国之役，也是通过诱夏主赫连昌出城决战的策略才得以成功。赫连夏灭亡后，统万城又先后作为北魏统万镇和其改置的夏州的治所，经西魏、北周、隋、唐数朝，此城一直作为鄂尔多斯高原地区重要的军政中心和交通枢纽，发挥了重要作用。

综上所述，十六国时期鄂尔多斯高原民族成分复杂，是各政权军事斗争和政治博弈的焦点，无论是以前赵、前秦为代表的关中政权，还是拓跋代、北魏等北方政治势力，都力求扩大在该地区的影响力。当地部族的力量亦不断强化，最终成为以该地区为本位的赫连氏夏国的统治基础。军事力量强大的当地部族与外来政治势力的博弈贯穿整个十六国时期，成为军事政治斗争的一条主线。

---

① 〔北魏〕郦道元著，陈桥驿校证：《水经注校证》卷三《河水》，中华书局，2007年，第84页。

② 《太平寰宇记》卷三七《关西道十三》，第785页。

③ 《魏书》卷九五《赫连屈孑传》，第2057页。

第五章　北魏时期鄂尔多斯高原军事地理

北魏之前，控制鄂尔多斯高原的是由匈奴铁弗部赫连氏建立的强大军事政权大夏。大夏南吞关中，北据黄河，军力强大而统治残暴，至北魏太武帝时期已经是北魏统一北方最严重的阻碍。始光四年（427），太武帝拓跋焘亲率轻骑，采取诱敌出城的战略，攻克号称天下坚城的大夏国都统万城，重创了赫连氏夏国，北魏对鄂尔多斯高原的经略亦自此开始。

第一节　北魏在鄂尔多斯高原地区的军事机构和军事设施

北魏是中国历史上一个幅员辽阔的大王朝。它通过构筑闻名后世的六镇防线，将有效控制区推进到阴山一线，使得巅峰时期的柔然汗国亦不敢南下牧马。单论对抗草原民族的武功之盛，北魏的成就在中国史上各王朝中亦是独树一帜。北魏在其统治区内建立一系列军事机构，通过它们来控制各个区域。这些军事机构中最为重要的就是军镇。

军镇制度是北魏一朝最具特色的军事制度，北魏王朝通过在边境、交通要道和新征服地区设置军镇、屯驻重兵，来防御外敌、镇压内部反对势力。北魏设置的军镇总数有近百个之多，其中很多直到北魏末年还存在，与北魏在各地的统治相始终，对维系这个鲜卑族政权在全国的统治发挥了重要的作用。军镇制度不仅仅是军事制度，同时也是北魏一项重要的地方行政制度。严耕望先生将北魏军镇分为三大类型：不设州郡县地区之镇；与州郡县并置且同治所之镇；参间于州郡区域内，自统面积土地与人民，而无州郡与之同治之镇。[①]其中设置于不设州郡县地区的军镇，据严氏统计共十七个，这些军镇兼治军民，控制着北疆和西北的广大地区。这种类型的军镇大多规模很大，地位与州相同甚至更高，它们控制着极为广阔的土地，所领民众中杂有大量的游牧民族，这些地区是北魏王朝战马和精锐兵源的重要来源，对北魏极为重要。在北魏一朝为抵御柔然做出巨大贡献，却在王朝末年搅动天下烽烟、使帝国走向崩溃的北方六镇，就属于这种类型的军镇。严耕望先生早已指出，对于以少数人口控制庞大帝国的北魏王朝来说，“军镇制度的重要性远在州郡县制度之上”[②]。因为军镇的普遍设置不仅使北魏的军事力量遍布帝国的要害之处，而且使作为帝国武力重要基础的游牧民族活动区由大军镇直接控制。

前文已述，鄂尔多斯高原在当时战略地位十分重要。该地区自东汉以来一直是羌胡民族内迁的重要区域。十六国时期，匈奴铁弗部首领赫连勃勃在这里建立了大夏政权。铁弗部是当时中国北方一支强大的民族势力，主要在鄂尔多斯高原地区活动。该部是拓跋鲜卑的宿敌，自赫连勃勃的曾祖刘虎和北魏道武帝拓跋珪的伯高祖穆帝拓跋猗卢的时代起，数代攻战不休，勃勃之父刘卫辰率部投向苻坚更是直接导致了拓跋氏代国的灭亡。铁弗部后虽因为道武帝拓跋珪的打击一度衰落，但到赫连勃勃时代再次崛起。赫连勃勃是当时一位雄才大略的匈奴系部族首领，他先依靠后秦国主姚兴的支持再次在朔方故地站稳脚跟。之后，又兼并其岳父破多罗没弈于的部众，实力大增。随后，他自称大夏天王，在鄂尔多斯高原建国。公元417年，盘踞关中的后秦为东晋大将刘裕率领的北伐军所灭。刘裕大军南归时，以其子刘义真镇守长安。赫连勃勃乘机挥师南下，“大破义真，积人头为京观，号曰‘骷髅台’”[③]。夺取关中地区后，赫连勃勃正式称帝，定都统万城，而以长安为南都。赫连夏全盛时期，其领土包括今陕西省大部和宁夏、甘肃、内蒙古的部分，与当时国势蒸蒸日上的北魏政权形成东西对峙的局面，连远在河西的北凉沮渠氏也一度奉大夏正朔。北魏太武帝拓跋焘灭亡大夏后，对其残余势力给予高度重视，不仅将其王族迁至平城，还在大夏故地鄂尔多斯高原设置了数个强大军镇，以监控当地的大夏遗民。鄂尔多斯高原民族成分极为复杂，不但铁弗匈奴曾在此建国，其他很多民族也曾在这一区域活动，他们多保留有强大的军事力量，对北魏政权的威胁同样不容小觑。对各民族部落进行绥抚和监控，同

① 严耕望：《中国地方行政制度史——魏晋南北朝地方行政制度》，上海古籍出版社，2007年，第763—767页。

② 严耕望：《中国地方行政制度史——魏晋南北朝地方行政制度》，第691页。

③ 《魏书》卷九五《赫连屈孑传》，第2057页。

样是北魏在该地区设置军镇的重要目的。北魏在鄂尔多斯高原地区设置的大军镇共有三个，即东部统辖大夏故地的统万镇，西南部跨黄河东西的薄骨律镇和西北部兼统河套的沃野镇。

一、统万镇

统万镇是北魏太武帝攻灭大夏之后，为统辖其故地所设的大军镇，也是北魏前期鄂尔多斯地区最为重要的军镇。《魏书·地形志》夏州条记载："赫连屈孑所都，始光四年平，为统万镇，太和十一年改置。治大夏。"[①]可见统万镇设立于北魏太武帝始光四年（427），是年夏六月，太武帝拓跋焘率军攻陷统万城，夏主赫连昌奔上邽。[②]当月辛酉太武帝班师时，留常山王拓跋素与执金吾桓贷镇守统万，统万镇之设即在此时，拓跋素就是首任统万镇大将。

（一）统万镇的兴废沿革

《魏书·地形志》夏州条注文中所谓"太和十一年改置"，指的是在统万城设立夏州的时间。北魏孝文帝时期，极力推行汉化，在地方行政制度上的一大表现就是将北魏前期设置的一大批军镇改为州郡，所谓"至孝文锐意华化，对此一魏晋南朝所无之军镇制度，逐渐废除，尤以太和十一年至迁都前后所废尤多"[③]。但统万镇情况稍有不同，据史书记载，设立夏州后，统万镇并未立刻罢置，而是经历了一段州镇并置的时期。太和十三年（489），时任夏州刺史的章武王元彬因罪削封，[④]此前他的头衔为"使持节、都督东秦豳夏三州诸军事、镇西大将军、西戎校尉、统万镇都大将、朔州刺史"[⑤]，由此可见至太和十三年时，统万镇仍然存在，且统万镇将与夏州刺史由同一人担任。

关于统万镇的废止时间，周一良先生曾有考证。周氏据《西河王太兴传》及《高祖纪》的相关记载，认为罢统万镇应在太和二十一年（497），[⑥]此说甚确。《魏书》记载西河王元太兴"拜长安镇都大将，以黩货，削除官爵。后除秘书监，还复前爵，

---

① 《魏书》卷一〇六下《地形志下》，第2628页。
② 《魏书》卷四上《世祖纪上》，第72页。
③ 严耕望：《中国地方行政制度史——魏晋南北朝地方行政制度》，第794页。
④ 《魏书》卷七下《高祖纪下》，第164页。
⑤ 《魏书》卷一九下《章武王太洛传附元彬传》，第513页。此处"朔州刺史"误，应为"夏州刺史"。
⑥ 周一良：《北魏镇戍制度考及续考》，见周一良：《魏晋南北朝史论集》，北京大学出版社，1997年，第225页。按周氏前后文意，当指太和二十一年罢镇，而书中一处写作二十二年，盖校对有误。

拜统万镇将，改封西河。后改镇为夏州，仍以太兴为刺史。除守卫尉卿”[①]，则统万镇被废除当在他担任统万镇将期间。《高祖纪》中记载太和二十年（496）十一月乙酉复封“前京兆王太兴为西河王”[②]。元太兴为景穆太子拓跋晃之孙，爵位本是继承自其父京兆王拓跋子推，后因罪失爵，本纪中称太兴为“前京兆王”，则他并未复封京兆而是直接被改封西河。京兆是西汉三辅之首，京兆王的爵位较西河王为美，若太兴先复京兆王之封，无过而改封西河似不太合理，考虑到次年即太和二十一年的八月，孝文帝就封自己的第三子元愉为京兆王，本纪所载太兴未复封而直接改封显然更为可靠。太兴本传盖因资料取舍原因，时间出现了错乱，将太兴封西河王之事误记为先复封京兆后改封西河两事。元太兴封西河王和拜统万镇将的诏命很可能是同时下达或相距时间不远，因统万镇自设立之后，多由宗王出镇，太兴应是在前往赴任之前先封王，盖托以重任前先重其名位。则统万镇废除的时间上限不早于孝文帝太和二十年十一月乙酉。统万镇被废后，太兴专任夏州刺史，本传中“守卫尉卿”时，他应已离开夏州，返回京城。太兴笃信佛教，因大病痊愈，请求入道为僧。史称“表十余上，乃见许。时高祖南讨在军，诏皇太子于四月八日为之下发，施帛二千匹”[③]。皇太子为太兴落发时，太兴显然身在京城。当时北魏贵族崇佛风气十分盛行，太兴于孝文帝是宗室长辈，正常情况下，自请入道之事不可能十余次上表方获皇帝允许。合理的解释是太兴上表时孝文帝已经统军南讨，南征军与洛阳路途遥远，延长了孝文帝批答到达的时间。而太兴入道之心恳切，上表时间间隔很短，孝文帝不及批复，方才出现十余次上表乃见许的情况。则孝文帝率军南讨时，太兴已经身在京城。据《高祖纪》载，孝文帝统军南讨的时间是太和二十一年八月庚辰，则太兴返回京城的时间必然在此之前。太兴担任统万镇将、夏州刺史的时间不满一年，可能与本传中所记他身染疾病有关。统万镇被废除是在他任职统万期间，如此则废镇时间的下限大略可知。

总之，统万镇始置于北魏太武帝始光四年。孝文帝太和十一年（487）设夏州，州镇并置。最终废除时间为太和二十年十一月至太和二十一年八月之间。则统万镇在北魏一朝约存在了七十年，历太武、文成、献文、孝文四朝，是北魏前期经营大夏旧地、控制当地部族的重要军镇。

---

① 《魏书》卷一九上《京兆王子推传附西河王太兴传》，第443页。
② 《魏书》卷七下《高祖纪下》，第180页。
③ 《魏书》卷一九上《京兆王子推传附西河王太兴传》，第444页。

（二）治所和辖区

统万镇治所的位置史书有明文记载，即曾经赫连氏大夏国的首都统万城，统万镇后改为夏州，《魏书·地形志》夏州条谓其“治大夏”，即指其治所就在大夏都城。统万城位于“是水（指奢延水，今无定河）之北，黑水之南”[①]，即今陕西省榆林市靖边县白城子遗址。

统万城是十六国北朝时期最著名的城池之一，此城位于鄂尔多斯高原腹地，始建于赫连夏龙升七年（413），是赫连勃勃修筑的都城。《水经注》称其“蒸土加功。雉堞虽久，崇墉若新”。《魏书》在描述此城建设过程时说：“蒸土以筑都城，铁锥刺入一寸，即杀作人而并筑之。”[②]《魏书》如此记述的本意自然是为了突出赫连勃勃的残酷暴虐，但从中也可看出此城的坚固，以至在魏人心目中渲染上了一层恐怖的色彩。《太平寰宇记》记载此城“土色白而牢固，有亢敌楼，峻险非人力可攻”[③]，可见此城实在是当时建筑学和军事工程学的典范之作。其遗址至今仍屹立在鄂尔多斯高原上，虽然历经近一千六百年的时光，但残留的白色墙体仍然诉说着这座朔方雄城当年的风采。此城的名称，历代多解释为“统一天下，君临万邦”，并认为这是赫连勃勃自大骄狂的体现，然而此城在典籍和碑刻史料中还保存着“统万突”或“吐万突”的异名，这两种异名带有明显的游牧民族特点，很可能本来的名称并非汉语，“统一天下，君临万邦”的解释也许并不可靠。只可惜其本来的意思已经无从得知了。

鄂尔多斯高原地区本就地广人稀，故而统万镇辖区面积极大。太和十一年，孝文帝在统万城设立夏州，至太和二十一年前后废统万镇，由夏州统其故地。此后一段时间内，夏州成为鄂尔多斯高原唯一的州级政区。直至宣武帝永平四年（511），才在谏议大夫薛和的建议下自夏州分出东夏州。[④]西魏时东夏州改为延州，州治在今陕西延安附近。由此推知北魏时期统万镇的辖区北至黄河，南越白于山，东临黄河，西接薄骨律镇，不仅包括今鄂尔多斯高原大部，还将陕北黄土高原的延安等地包括进来，是北魏前期辖区面积最大的军镇之一。这里需要注意的是，北魏时期的鄂尔多斯高原地区地广人稀，且多有保持着部族组织的游牧民族和山居民族活动，故而才不设置州郡县，而以大军镇统领。相比中原设置州郡的地区，统万镇对辖区的控制并不严密，

① 《水经注校证》卷三《河水》，第84页。
② 《魏书》卷九五《赫连屈孑传》，第2057页。
③ 《太平寰宇记》卷三七《关西道十三》，第785页。
④ 《魏书》卷四二《薛辩传附薛和传》，第945页。

而是以镇城和其他军城为据点，对活动在鄂尔多斯高原地区的各部族进行羁縻与军事管制相结合的统治。故而辖区虽大，却很难说北魏的有效控制力已经延伸到该地区的各个角落，一些部族可能只是羁縻而已。另外，上面讨论的只是统万镇本身的辖区。事实上，统万城在很长一段时间内都是北魏河西地区的军事中心，也是北魏西部广大区域的指挥中枢。出镇统万的将领通过加“都督某州某镇诸军事”之类的头衔，其职权范围可以超出统万镇辖区而扩展到周边州镇。这一部分将在其后探讨统万镇军事地位变化时详论，在此不赘。

（三）历代镇将情况及统万镇战略地位的变迁

在太武帝平定赫连夏之后，统万镇一度与关中的长安镇一道，成为北魏在西部地区的军事指挥中心，统万镇将作为北魏黄河以西军事活动的重要负责人，权势极大，堪称一方诸侯。而随着沮渠氏北凉被平定，对北魏而言，西部的强敌变成了西南方向的吐谷浑。凉州镇和高平镇因距离吐谷浑较近，战略地位上升，成为北魏西部重镇，而统万镇则失去地近敌国的战略位置，地位下降。而随着阴山以南六镇防线的完成，柔然突破黄河自鄂尔多斯高原南下关中的可能性已基本不存在，统万镇的职能变成了单纯的绥抚地方。至太和十一年（487），孝文帝在其地设置夏州，又在太和二十一年（497）前后将此镇废除。统万镇战略地位的变迁是北魏向西经略过程的一个侧面。

因北魏所留史料非常简略，统万镇地位变迁的详细过程已很难查考，但我们可以通过见于史册记载的历代统万镇将的结衔，来大致了解其战略地位变化的过程。统万镇将的相关情况，前辈学者的研究已经有所涉及，[①]现在已有研究基础上，将统万镇历代镇将可考者的结衔、任职时间整理如下。

统万镇首任镇将为拓跋素。他是北魏宗室，昭成皇帝拓跋什翼犍曾孙，常山王拓跋遵之子。因继承了父亲的爵位且死后谥号为康，世称常山康王。拓跋素是太武帝朝名将，战功显赫，深得太武帝器重。《魏书》本传记载：“及平统万，以素有威怀之略，拜假节、征西大将军以镇之。”[②]并未明言他当时的职务为统万镇大将，张金龙教授结合素孙元昭的墓志，认为拓跋素全名“素连”，可简写为“素”或“连”，他确实曾担任统万镇大将的职务，其说可从。[③]根据《元昭墓志》，其祖父常山康王连的结衔为“使持节侍中征西大将都督河西诸军事内都坐大官羽真统万突镇都大

① 参见严耕望：《中国地方行政制度史——魏晋南北朝地方行政制度》，第721—722页；张金龙：《北魏政治史（三）》，甘肃教育出版社，2008年，第449—451页。
② 《魏书》卷一五《拓跋素传》，第375页。
③ 张金龙：《北魏政治史（三）》，第449页。

将”[①]。拓跋素曾孙元侔也有墓志存世，所载曾祖头衔为“侍中使持节征西大将军都督河以西诸军事常山康王”[②]。两条墓志材料均可与正史记载呼应。结合本传，《元昭墓志》中的“内都坐大官”为拓跋素离开统万镇后的职务，且两墓志中记载拓跋素为“使持节”而正史为“假节”，墓志中头衔为综合拓跋素一生最高任官而言，则他初任统万镇将时应为“假节”，“使持节”当为之后加授的。他离开统万镇入朝转任内都坐大官的时间史无明文，但史书记载他参与了延和三年（434）平定休屠胡首领金当川叛乱的战役。金当川起兵后曾围攻北魏西川侯彭文晖于阴密[③]，可见叛军主要在陇山以东一带活动。太武帝下达讨逆诏书是在四月乙未，当月壬戌拓跋素即擒获金当川，耗时仅二十七日。是时拓跋素应仍在统万任职，否则断难有如此神速。且太武帝太延五年（439）西伐北凉时，派出两路大军作为前锋，拓跋素统领一路，另一路则由永昌王健和尚书令刘洁统率。刘洁当时坐镇上邽，他麾下的军队即是自陇右出发进攻河西的。[④]拓跋素的情况很可能与之类似，此时他很可能仍担任统万镇将，率领军队自统万镇出发。当然，亦不能排除他虽已经离任，太武帝因他熟悉统万镇的情况而派他统率河西诸军出征的可能。据此，则拓跋素担任统万镇大将始于太武帝平定统万回军平城的始光四年（427）六月，至延和三年四月仍然在任，其任职的下限有可能延至太延五年太武帝西征北凉时。

拓跋素之后可考的统万镇将是楼伏连。其家族世代为部落酋帅，伏连本人历仕道武、明元、太武三朝，是北魏的勋贵宿将。太武帝时“除假节、督河西诸军、镇西大将军，出镇统万”[⑤]。本传将此事系于伏连封王之后，伏连由广陵公进爵为王是在太武帝太延元年（435）[⑥]，则他就任统万镇将的时间上限不早于太延元年，下限不晚于他病逝的太平真君十年（449）。考虑到其前后镇将的活动时间，他的任职时间应该较此为短。

根据史书记载，北魏重臣长孙道生也在太武帝年间出任过统万镇大将。太平真君五年（444），“诏征西大将军、司空、上党王长孙道生镇统万”[⑦]。其时长孙道生

---

① 赵超：《汉魏南北朝墓志汇编》，天津古籍出版社，1992年，第146页。
② 赵超：《汉魏南北朝墓志汇编》，第60页。
③ 阴密后属泾州平凉郡，见《魏书》卷一〇六下《地形志下》，第2619页。
④ 据史料记载，刘洁与拓跋丕于太延二年（436）平定了仇池的叛乱，439年担任前锋西征北凉。其间有他安抚秦陇和上疏劝谏太武帝勿发陇右骑卒征讨高丽的记载，却无他回归平城的事迹，可见刘洁当时应一直留在陇西，为西征做准备。
⑤ 《魏书》卷三〇《楼伏连传》，第717页。
⑥ 《魏书》卷四上《世祖纪上》，第85页。
⑦ 《魏书》卷四下《世祖纪下》，第97页。

年事已高，张金龙教授对年已七十五岁的他能否出镇表示怀疑。[①]张氏怀疑有据，今从之。

武昌王拓跋提同样是太武帝后期的一位统万镇将，他是道武帝之孙，河南王拓跋曜之子，太武帝的堂弟。据记载，拓跋提“与淮南王他讨平吐京叛胡，迁使持节、车骑大将军、统万镇都大将，赐马百匹，羊千口，甚见宠待。太安元年薨，年四十七，谥曰成王”[②]。所谓吐京叛胡，指的是以曹仆浑为首的山胡叛军。拓跋提与淮南王他出兵平叛事在太平真君八年（447）正月到二月，则拓跋提担任统万镇将的时间上限在太平真君八年，下限为他去世的太安元年（455）。如此，则他的任职时间与其后拓跋惠寿、豆代田冲突，张金龙教授据此推测，北魏时的镇将，可能与州郡长官同样实行三员编制。[③]还有一种可能，即拓跋提的镇将职务并非常驻，只是临时性的。拓跋提等平定曹仆浑的战事并非一帆风顺，最早曹仆浑起兵的地点是在河东吐京一带，后来叛军“渡河西，保山以自固，招引朔方诸胡”[④]，与分布于今鄂尔多斯地区的胡人部族联合，对抗魏军，战场由河东转移到河西地区。至当年二月，高凉王拓跋那从安定率军赶到，与拓跋提会合，才最终平定这场叛乱。战事发生的地点正是统万镇的辖区，如此，则作为这场战事的最高长官，拓跋提“使持节、车骑大将军、统万镇都大将”的官衔很可能是为了统一调度参与平叛的河西各州镇军队而临时授予的。

太武帝时期可考的北魏镇将还有拓跋崘，他同样是北魏宗室，为昭成帝曾孙，拓跋颙之子，道武帝时期威名远播的骁将陈留王拓跋虔正是他的叔父。太武帝时，他“以功除统万镇将。后从永昌王仁南征，别出汝阴”[⑤]。永昌王拓跋仁南征事本纪系于太平真君十一年（450）[⑥]。其后拓跋崘又参与了太武帝的南征，在文成帝即位后转任为秦州刺史。《魏书》对他的记载非常简略，但可以看出他在太平真君十一年随永昌王拓跋仁南征之前任统万镇将。楼伏连病逝于太平真君十年，史书未记载他去世的地点是在统万还是平城，但他应该是拓跋崘的前任。如此，则拓跋崘履职的时间并不长。史书对他跟随永昌王仁南征之后到文成帝即位后出任秦州刺史之间的经历并无着墨，不知他是留在平城还是回到了统万镇将的任上。拓跋崘担任统万镇将时的其他头

① 张金龙：《北魏政治史（三）》，第449—450页。
② 《魏书》卷一六《拓跋提传》，第396页。
③ 张金龙：《北魏政治史（三）》，第450页。
④ 《魏书》卷四下《世祖纪下》，第101页。
⑤ 《魏书》卷一五《拓跋虔传附拓跋崘传》，第382页。
⑥ “（二月）永昌王仁大破刘义隆将刘坦之、程天祚于汝东，斩坦之，擒天祚。”《魏书》卷四下《世祖纪下》，第104页。按：《魏书》卷九七《岛夷刘裕传附刘义符传》中“坦之”为“泰之”：“永昌王仁击破之，斩泰之”。

衔史书无载，从他在文成帝即位后转任秦州刺史来看，他担任统万镇将时应该并未兼督其他州镇。

鲜卑勋贵出身的豆代田同样是北魏太武帝末年的统万镇将。“从驾南讨。转太子太保。出为统万镇大将。兴安中卒。”[①]其担任镇将的时间上限为太武帝南征结束的正平元年（451），下限至文成帝兴安年间（452—454）他去世为止。若拓跋崘南讨返回平城后没有回到统万复职，则豆代田的出镇即是填补他离任后的空缺。

文成帝年间的统万镇将有南安王拓跋惠寿。文成帝兴安元年（452）十一月，“陇西屠各王景文叛，诏统万镇将、南阳王惠寿讨平之”[②]。拓跋惠寿《魏书》无传，虽是宗室大将，却不详其出身。在他之前的南安王是后来改封为长乐王的权臣拓跋寿乐[③]。拓跋寿乐为北魏章皇帝拓跋悉鹿之后，是拥立文成帝的功臣，但在文成帝即位当年即因为与另一权臣长孙渴侯争权，二人同时被赐死。寿乐转封长乐王后，其原王号被转封于惠寿。道武帝之后的拓跋氏世系比较清晰，并无关于惠寿的记载，他应该与寿乐一样，为拓跋宗室疏属，且二人汉名相似，不排除有血缘关系的可能。豆代田的去世地点史书无载，不详他是因病离任统万镇将还是在任所病逝，拓跋惠寿应是他之后的统万镇将。惠寿结局不详，南安王的爵位在皇兴二年（468）被献文帝封给自己的叔父拓跋桢，证明惠寿一支在此时已经失爵。联系文成帝一朝为拓跋氏内部权力斗争十分激烈的时期，很多宗室因各种罪名被杀，则惠寿并非善终的概率很高。

孝文帝时期可考的统万镇将有四位。其一是河间王闾虎皮，张金龙教授认为他应当是柔然人出身的勋贵。孝文帝延兴二年（472），时任统万镇将的闾虎皮“坐贪残赐死”[④]，他被赐死应与当年年初“统万镇胡民相率北叛”[⑤]的事件有关。

其二是老将尉元。“太和初，征为内都大官。既而出为使持节、镇西大将军、开府、统万镇都将，甚得夷民之心。”[⑥]太和四年（480），他奉诏统军南下，讨伐司马朗之，[⑦]此时的尉元应该已经不再担任统万镇将了。则他担任统万镇将是在孝文帝太和初年，任官时间较短。

---

① 《魏书》卷三〇《豆代田传》，第727页。

② 《魏书》卷五《高宗纪》，第112页。

③ “长乐王寿乐，章帝之后也。位选部尚书、南安王，改封长乐王。高宗即位，寿乐有援立功，拜太宰、大都督、中外诸军、录尚书事。矜功，与尚书令长孙渴侯争权，并伏法。”见《魏书》卷一四《拓跋寿乐传》，第346页。

④ 《魏书》卷七上《高祖纪上》，第137页。

⑤ 《魏书》卷七上《高祖纪上》，第136页。

⑥ 《魏书》卷五〇《尉元传》，第1113页。

⑦ 《魏书》卷七上《高祖纪上》，第149页。

其三是前面提到过的章武王元彬，他是景穆太子拓跋晃之孙，南安惠王拓跋桢第二子，后出继叔父章武王太洛为后。太和年间“出为使持节、都督东秦豳夏三州诸军事、镇西大将军、西戎校尉、统万镇都大将、朔州刺史”[①]。《元彬墓志》结衔与此略同，唯作“征西大将军”，墓志往往多溢美之词，征高于镇，今从正史。太和十三年（489）“以贪惏削封”，后率军平定吐京胡叛乱，转任汾州刺史，病逝于任所。他任职的时间为孝文帝太和中期。

其四即统万镇最后一位镇将西河王元太兴，太和二十年年末至二十一年（496—497）在任。

以上是见于正史及其他文献记载的统万镇将情况。军镇制度虽然为北魏一项重要的制度，但史书中关于各个军镇的情况记载不多。很多重镇甚至连兴废时间都难以稽考。而统万镇不但沿革轨迹清晰可查，而且有记载的镇将多达十一人。按时间顺序，太武帝朝有常山王素、楼伏连、长孙道生（存疑）、武昌王提、陇西公崘，太武末年至文成帝时期有豆代田、南安王惠寿，孝文帝朝有闾虎皮、尉元、章武王彬、西河王太兴。其中宗室有六人之多，另有四人为鲜卑勋贵，闾虎皮则可能是拓跋氏的外戚[②]。镇将名号事迹多载于史书，从一个侧面反映了统万镇河西重镇的地位。史书中保存的历代统万镇将的结衔，也向我们勾勒出统万镇地位变迁的一角。

北魏的官品制度，史料记载甚少，目前所能依据的主要是《魏书·官氏志》中孝文帝太和年间所制定的前令和孝文帝晚年制定宣武帝时颁行的后令，太武帝之前的官员品阶，史书中并无系统记载。而有史可查的十一位统万镇将中，七人任职时间在孝文帝朝之前。但孝文帝制定前令时，毕竟是根据北魏已有的官阶制度，各官职之间的高低关系当大致与太武、文成等朝相仿。今依据前令，对历代统万镇将的品级整理如下：

常山王素，位居征西大将军，四征“加大者，次卫将军”[③]，第一品下。

楼伏连为镇西大将军，四镇“加大者，次尚书令”[④]，从第一品上。

长孙道生为司空，第一品中。

武昌王提，车骑大将军，“二将军加大者，位在三司上”[⑤]，第一品下。

陇西公崘，不详。考虑到他生平最高官位只是秦州刺史，其官位当逊于之前几人。

① 《魏书》卷一九下《元彬传》，第513页。按：“朔州刺史”应为“夏州刺史”。
② 张金龙：《北魏政治史（五）》，甘肃教育出版社，2008年，第64页。
③ 《魏书》卷一一三《官氏志》，第2977页。
④ 《魏书》卷一一三《官氏志》，第2977页。
⑤ 《魏书》卷一一三《官氏志》，第2977页。

豆代田，出镇前官位为太子太保，从第一品上。

南安王惠寿和闾虎皮，记载中有爵号无官称，情况不详。

尉元为镇西大将军，从第一品上。

章武王彬为镇西大将军，从第一品上。

西河王太兴，出镇之前为秘书监，从第二品中。

依照太和前令，除情况不详的几人之外，统万镇将的官位多为第一品下至从第一品上，且以征西、镇西二大将军为多，有四人。其中官位最高者为位居三公的长孙道生，但无法确定他是否真的曾出镇统万，姑且不论。次高者为太武帝太平真君八年（447）担任统万镇将的武昌王提，车骑大将军的官位犹在征西大将军之上。前文已经论述，他应是为指挥统万、安定诸镇军队平定叛乱而临时担任统万镇将，作为前线的最高指挥官，其官位较高可以理解。如此，则长期担任统万镇将的北魏将领中，官位最高的应为常山王拓跋素，为第一品下的征西大将军，其次为从第一品上的豆代田。若依镇将官品来衡量军镇地位，统万镇地位最高的时期即拓跋素担任镇将的427—439？年，即太武帝前期。这一时期，虽然统万城已经被攻克，北魏基本控制了河西地区，但赫连夏残余势力仍在。大夏皇帝赫连昌直到攻克统万镇的次年（428）二月才在上邽为北魏将领安颉擒获，其弟赫连定逃往平凉。铁弗部在鄂尔多斯高原经营多年，对当地诸胡族有巨大的影响力。在赫连氏余党未灭之前，统万镇肩负着监控大夏余部、防止赫连氏流亡势力与之呼应而死灰复燃的任务，同时也要绥抚当地各部族，以巩固拓跋氏在河西的统治。太武帝撤军时留重兵于此，建立统万镇，并选择“有威怀之略”的宗室重将拓跋素担任首任镇将，原因正在于此。至公元431年赫连定被吐谷浑擒获，次年送斩于平城，赫连夏的残余势力被彻底扑灭。但此时，统万镇又有了新的历史使命。大夏一灭，北魏在西方的对手，只剩下盘踞于姑臧、控制河西走廊和西域部分地区的沮渠氏北凉。地处鄂尔多斯高原的统万镇与关中的长安镇、陇西的上邽镇一起，成为北魏经略西方的前沿阵地。太延五年（439），太武帝御驾亲征，西伐北凉。拓跋素任职时期的统万镇，初期肩负有监控赫连氏余孽、安抚当地部族的使命，后期又为太武帝讨平北凉做出了贡献，是当之无愧的西方重镇。统万镇将拓跋素位居征西大将军，又“都督河以西诸军事”，为北魏西部最高的军事首领之一，在当时北魏政坛上的地位举足轻重。太武帝前期是统万镇地位全盛时期。

楼伏连担任镇将时期，统万镇的地位有所下降，其官衔“镇西大将军”“督河西诸军”明显低于拓跋素的“征西大将军”“都督河以西诸军事”，除了因拓跋素是宗王地位较高外，也与统万镇不再是西部的前沿军镇，军事地位下降有关。

楼伏连之后的统万镇镇将不再兼有“督河西诸军”的头衔，这除了因为北魏已经控制河西走廊地区，“河西”一词的指代发生变化外，也是统万镇地位下降的一个表现，即统万镇不再作为北魏西部地区的军事指挥中枢。楼伏连之后，类似“督河西诸军”的称呼再次出现在史书中，是在孝文帝时期。城阳王元鸾“出为持节、都督河西诸军事、征西大将军、领护西戎校尉、凉州镇都大将”[①]，他的结衔与当年出镇统万的常山王拓跋素极为相似，官位高于同时期的统万镇将，可见地近吐谷浑、柔然等敌国的凉州镇地位上升，而远离边境的统万镇则不复昔日荣光。

当然，统万镇地位下降是相对于其南边的长安镇和西方的凉州镇而言。实际上，至孝文帝迁都之前，统万镇将中官位记载较为清晰的豆代田、尉元、元彬等，仍是官居一品的重臣。至孝文帝中期，担任统万镇将的元彬仍然“都督东秦豳夏三州诸军事”，可见统万镇虽然不再是西部的军事枢纽，却仍是统辖着鄂尔多斯高原大部，兼辖白于山以南泾水、洛水流域部分地区的军事重镇，其辖区面积之大，在有魏一代的军镇中也是名列前茅。随着北魏在这一区域经营的深入，鄂尔多斯高原的形势逐步稳定，至太和十一年（487），孝文帝在统万城设立夏州，改以华夏之制经营该地。原有统万镇的组织逐渐失去效力。而随着孝文帝南迁河洛，大力推行汉化，西北各军镇的地位普遍下降。至孝文帝太和二十一年（497）前后，统万镇被最终废除。这个控制鄂尔多斯高原近七十年的强大军镇最终退出了历史舞台。

（四）统万镇的职能

存世七十年间，统万镇为巩固北魏在西北地区的统治发挥了重要的作用，但因资料缺乏，很多细节已经难以考证。现仅就史料所见统万镇在军事上的职能略论如下。

1. 绥抚当地部族

绥抚当地各部族是统万镇最重要的职能。鄂尔多斯高原在十六国时代已经是各民族混杂的地区。大夏灭亡后，北魏又将部分内附和被征服的少数民族迁移于此，使该地区民族成分进一步复杂化。据吴洪琳教授考证，十六国北朝时期在统万城附近活动过的民族就有氐，羌，铁弗、稽胡、屠各、卢水胡、羯胡等与匈奴有关的部族，敕勒、柔然等民族，鲜卑、乌桓等民族，甚至还有来自西域和中亚的胡人。[②]如此复杂的民族构成和善战的民众，若能善加利用的话，自然可增长北魏的经济、军事实力，

① 《魏书》卷一九下《元鸾传》，第509页。

② 吴洪琳：《十六国北朝时期统万城附近活动的民族》，《中国历史地理论丛》2015年第4辑，第117—124页。

可若处理不当，就会成为威胁北魏统治的重要因素。统万镇配备强大的军队，目的正在于监控和绥抚当地的各部族。

统万镇治下各部族，社会组织结构似乎并不一致。有的被打散原有的部族结构，同于编户。例如薛干部，本为鄂尔多斯高原极有影响力的大部族，其首领太悉伏一度迫于北魏兵锋南奔姚兴，返回时“上郡[①]以西诸鲜卑、杂胡闻而皆应之”[②]，该部后被赫连勃勃征服，“及平统万，薛干种类皆得为编户矣”[③]。似乎北魏对薛干部等原本臣属于赫连夏的部族采取的是打散部族编制、纳入北魏户籍的统治方法。既然同于编户，就需要缴纳赋税、承担兵役和徭役。但情况似乎不尽如此。唐长孺先生曾经根据《周书·稽胡传》中北魏时稽胡“虽分统郡县，列于编户，然轻其徭赋，有异齐民”[④]的记载，推出当时汾西、陕北地区的胡人未同于编户者尚为数众多的结论。[⑤]唐先生所说，诚为灼见。北魏最初在鄂尔多斯建立军镇进行统治，而非全面推行郡县制，正因为此地多游牧、山居部族，情况与中原地带不同。北魏对原属大夏的各部族所谓纳为“编户”，其意义应也与中原地区不同。薛干部之类游牧于开阔地带的部族，控制起来比较方便，故能直接纳入户籍，进行较为彻底的统治。而如稽胡之类分布于高山深谷中的山居民族，其中很多应该并没有纳入编户，纵使名义上被纳入北魏户籍，但由于居住地地形复杂，北魏的力量难以进入，统治方式也较为宽松。当然，正如唐先生所说，在军事力量强大的北魏王朝的压力下，他们的负担同样沉重。还有的部族则保持着原有的部落建制。例如敕勒，他们应是北魏王朝历代北伐时征服的部族被迁移至此的，按照《魏书》记载，他们因为“类粗犷，不任使役”[⑥]，在道武帝分散诸部时仍别为部落。统万镇所统敕勒部族似乎也仍保存着部落建制，孝文帝即位第一年即延兴元年（471），“沃野、统万二镇敕勒叛”[⑦]，此次叛逃声势浩大，波及沃野、统万、高平、上邽等西部军镇，很难想象失去部落组织、编户状态的牧民可以掀起如此叛乱。

因为统万镇治下民族众多，社会组织也并不相同，北魏在此地的统治方式不同于中原内地，而是以抚为主的宽松政策。这就要求统万镇的官员要善于处理民族矛

① 魏晋时上郡在今陕西榆林市东南，无定河流域。
② 《魏书》卷一〇三《高车传附薛干部传》，第2313页。
③ 《魏书》卷一〇三《高车传附薛干部传》，第2313页。
④ 〔唐〕令狐德棻等：《周书》卷四九《稽胡传》，中华书局，1971年，897页。
⑤ 唐长孺：《北魏末期的山胡敕勒起义》，见唐长孺：《山居存稿》，中华书局，1989年，第63页。
⑥ 《魏书》卷一〇三《高车传》，第2309页。
⑦ 《魏书》卷七上《高祖纪上》，第135页。

盾。太武帝以拓跋素“有威怀之略”，任命他为统万镇将；尉元任统万镇将时，“甚得夷民之心”。他们二人是统万镇将中较为杰出者，史书对二人的评价，正是对他们处理民族问题才能的肯定。同时，为了防止胡民反叛，又要求统万镇官员不得过分残酷贪婪，如引发事端，纵使是位高权重的宗室、外戚也难逃惩处。北魏孝文帝延兴二年（472）正月，发生了统万镇所属胡民北叛的事件，当年九月，时任统万镇将的河间王闾虎皮就以“贪残”的罪名被赐死。太和十三年（489），统万镇将、夏州刺史章武王元彬因“贪婪”被削封。

当然，所谓的宽松是相对而言。一旦当地各民族发动叛乱，威胁到北魏在鄂尔多斯高原的统治，北魏政府则会毫不留情地加以镇压。若统万一镇兵力不足以制，则抽调中央的精锐部队前来镇压。太平真君八年（447）朔方胡参与曹仆浑叛乱，太武帝立即派出武昌王提、淮南王他、高凉王那等宗室大将统重兵剿杀，“其众赴险死者以万数”①，统万镇军队也参与了这次战事。上文提到的孝文帝延兴元年统万、沃野诸镇敕勒叛逃事件，中央派出大将陇西王源贺追击，“至枹罕，灭之，斩首三万余级；徙其遗迸于冀、定、相三州为营户”②。次年又有统万镇胡民北叛，“诏宁南将军、交阯公韩拔等追灭之”③。北魏处理军镇治下胡民叛乱时，手段可谓极为酷烈。这正是北魏民族政策的另一面，即以压倒性的军事实力粉碎叛乱，维系王朝的绝对权威。

总的来说，统万镇对治下各民族采取的是镇、抚结合的统治方式。这座大军镇的存在，使得北魏在鄂尔多斯高原的统治逐渐巩固，纵然当地民族发起叛乱，最终也未能动摇皇权。但在军事实力震慑下，各被统治民族与王朝的矛盾虽然被掩盖下去，但并未消失，只是需要一个爆发的契机。统万镇被废除不过二十余年，该地区就爆发了所谓统万逆胡、河西牧子的叛乱，与北方六镇军乱的大潮一起，掀翻了北魏王朝的统治。

2. 对其他地区进行军事支援

统万镇是以太武帝西征大夏后所留精兵为基础建立起来的。作为西北地区首屈一指的大军镇，且治下又有着优良的牧场，足以支持强大的骑兵，使得统万镇军队的战斗力和机动性都相当可观。在存世七十年间，统万镇军队不仅发挥着镇抚鄂尔多斯当地的职能，还频频出境作战，参与国家的军事行动或对其他州镇进行军事支援。

太武帝太延年间，乐平王丕讨伐仇池公杨难当，所统部队即是“河西高平诸

① 《魏书》卷四下《世祖纪下》，第101页。
② 《魏书》卷七上《高祖纪上》，第135页。
③ 《魏书》卷七上《高祖纪上》，第136页。

军”[①]，此时北魏尚未占领河西走廊，其所谓“河西诸军”，指的是河曲地区的诸军镇，统万镇作为北魏河西重镇，应当也参与了这次战役。文成帝兴安元年（452），陇西屠各首领王景文起兵叛乱，即是由时任统万镇将的南安王惠寿发兵讨平。文成帝和平元年（460），河西胡叛乱，诏“征西将军皮豹子等督河西诸军南趋石楼”[②]，与统领河东诸镇军的乐安王良共同进攻逃窜到石楼地区的叛胡。石楼在今山西吕梁一带，统万镇在其西北方向，是距离该地最近的河西军镇，故而皮豹子所督“河西诸军”中定然包括了统万镇的军队。同年六月，文成帝下诏两路进军，讨伐吐谷浑国主什寅。其中南路主将阳平王新成所督即为“统万、高平诸军”[③]。是役，北魏大军获牲畜二十余万头，堪称战果不小。

兵强马壮的统万镇，不仅在绥抚当地部族上发挥了重要作用，还通过派兵出境作战，支援王朝一系列军事行动，对于镇压各地叛乱、维护北魏在西北的统治，发挥了重要作用。

3. 补给北镇

统万镇除了自身的军事职能外，还兼有为北方军镇提供补给的职能。

北魏名将刁雍在担任薄骨律镇将时曾向太武帝上表称：“奉诏高平、安定、统万及臣所守四镇，出车五千乘，运屯谷五十万斛付沃野镇，以供军粮。”[④]可见统万镇与西边的高平、安定、薄骨律等镇同样领有屯田，承担着由陆路为北方的沃野镇运输给养的任务。太武帝在答复刁雍以水路运粮至沃野镇的建议时，亦说“今别下统万镇出兵以供运谷”[⑤]，足见黄河水运开通后，统万镇仍需派出士兵，承担运输和护送军粮的任务。但由于统万镇所统以牧区为主，屯田的数量和产量均逊色于领有黄河沿线膏腴之地的薄骨律镇，故而其向北镇运粮的数量应并不大，担当补给基地并非统万镇的主要职能。

作为北魏在鄂尔多斯地区最重要的军镇，统万镇一度作为北魏西北地区的军事中心，虽然后来随着北魏边境的西拓和汉化程度的加深，统万镇地位有所下降，但直到被最终废除前，统万镇仍是当之无愧的西北重镇。存世七十年间，统万镇为巩固北魏在西北地区特别是鄂尔多斯高原地区的统治发挥了不可替代的作用。

---

① 《魏书》卷一〇一《氐传》，第2230页。
② 《魏书》卷五《高宗纪》，第118页。
③ 《魏书》卷五《高宗纪》，第118页。
④ 《魏书》卷三八《刁雍传》，第868页。
⑤ 《魏书》卷三八《刁雍传》，第868页。

二、薄骨律镇

薄骨律镇与统万镇同为北魏时期西北地区的重要军镇，其辖区跨有鄂尔多斯高原西部的黄河两岸，是北魏存在时间最长的军镇之一。

（一）薄骨律镇的兴废沿革

《魏书·地形志》灵州条记载："太延二年置薄骨律镇，孝昌中改，后陷关西。"[①]薄骨律镇始设于北魏太武帝太延二年（436），太武帝设置此镇，是为切断漠北柔然等游牧民族经高阙后沿黄河南下之道，也是为了向西发展，为下一步攻取凉州做准备。北魏末年，此镇被改为灵州。薄骨律镇改州的时间《魏书》系于孝明帝孝昌年间，乐史的《太平寰宇记》则精确至孝昌二年（526）[②]，应有所据。如此，则薄骨律镇存在了九十年，几乎与北魏在这一区域的有效统治相始终。

（二）治所及辖区

薄骨律镇城的位置在今宁夏灵武市西南，但关于其具体所在近世学人颇有争鸣。薄骨律镇最初设于赫连勃勃果园城，后改置灵州。《太平寰宇记》灵州条引《括地志》有灵州"初在河北胡城"[③]之说，牟发松先生据此认为薄骨律镇治所本在黄河以北之胡城[④]。根据《水经注》，则薄骨律镇城与胡城本非一城[⑤]。多部史书明确提到灵州得名是因为"在河渚之中，随水上下，未尝陷没"[⑥]，灵州由薄骨律镇改置，则最初的灵州城即薄骨律镇城，显然在黄河之中河渚之上，而不在黄河北岸。此为史料中最大冲突之处。艾冲教授认为灵州初置时治所并未选在薄骨律镇城，而是以河北的胡城作为州治所在，[⑦]应为是。北魏末年大臣贾显度早年曾任薄骨律镇别将，正光末年，北镇乱起，"为贼攻围"，"拒守多时，以贼势转炽，不可久立，乃率镇民浮河而下"，[⑧]放弃薄骨律镇城，去投奔当时在秀容的尔朱荣。攻击薄骨律镇的"贼首"，很可能就是自称高平王的胡琛，他自正光五年（524）四月起兵，被击败后北

---

① 《魏书》卷一〇六上《地形志上》，第2504页。

② 《太平寰宇记》卷三六《关西道十二》，第759页。

③ 《太平寰宇记》卷三六《关西道十二》引《括地志》，第759页。

④ 牟发松：《北魏军镇考补》，见武汉大学历史系魏晋南北朝隋唐史研究室编：《魏晋南北朝隋唐史资料》第7期，1985年，第71—72页。

⑤ "河水又北，薄骨律镇城在河渚上，赫连果城也。……河水又迳典农城东，世谓之胡城"（《水经注校证》卷三《河水》，第74页），则胡城本为典农城，与薄骨律镇城并非一城。

⑥ 《元和郡县图志》卷四《关内道四》，第91页；《太平寰宇记》卷三六《关西道十二》引《括地志》，第759页。

⑦ 艾冲：《灵州治城的变迁新探》，《中国边疆史地研究》2011年第4期，第128页。

⑧ 《魏书》卷八〇《贾显度传》，第1775页。

遁。高平镇在今宁夏固原一带，正处于薄骨律镇的南方。当时关西遍地烽烟，与朝廷音信阻绝，朝廷于孝昌二年下令改薄骨律镇为灵州时，处于河中洲的原镇城是否放弃不甚清楚。北魏最早见于记载的灵州刺史是曹泥。曹泥是北魏末年西北地区重要的军阀之一，对当时的关陇局势影响颇大。他的出身情况不详，不过曹氏为胡人大族，西域胡、稽胡等均有此姓，曹泥应该是关西的胡族酋豪。且曹泥所据之胡城，本为北魏安置自他地迁来的胡人镇户之所。若拥兵自重的曹泥果为北魏末年第一位灵州刺史，则很可能是北魏授予他刺史官位以为羁縻。如此，则本应由薄骨律镇改置而来的灵州，其最初的治所便成了曹泥的驻地胡城了。后西魏于薄骨律镇故地重置灵州，《括地志》中载“大统六年于果园复筑城”[①]，既言“复筑”，则应是在已经破败的薄骨律镇城基础上重新修建。薄骨律城的具体位置当如艾冲先生所考，在今宁夏吴忠市古城湾村西侧、黄河河心洲东侧的黄河公路大桥之下，即古代“河渚”的东部。[②]薄骨律镇在北魏时的辖区范围，因灵州郡县情况在《魏书·地形志》中缺载而难以确知。隋代灵武郡所辖六县地，即今中宁县以北黄河两岸，大致包括今宁夏银川、吴忠、石嘴山的部分地区。北魏时的薄骨律镇应比隋灵武郡辖区略大。

（三）历代镇将情况及薄骨律镇的战略地位变迁

薄骨律镇的地位稍逊于统万镇，见于史籍的镇将数量也较统万镇为少。现在前辈学者的研究[③]基础上整理如下。

首先是太武帝时期的刁雍。他是东晋大将刁协的曾孙，其家与刘裕有宿怨。后为躲避刘裕的追杀，先投靠后秦，于明元帝时归降北魏，官至征南将军、徐豫二州刺史。太武帝太平真君五年（444），“以本将军为薄骨律镇将”[④]，兴光二年（455）回到平城，在薄骨律镇任职长达十年。他在任期间开通水运、大兴屯田，颇有政绩，是北魏一朝最重要的薄骨律镇将。

献文帝朝有奚兜。他同样是鲜卑贵族出身，是北魏前期大将奚斤的侄孙。“出为薄骨律镇将，假镇远将军，赐爵富城侯”[⑤]。他于孝文帝延兴年间（471—476）去世。延兴是孝文帝的第一个年号，当时孝文帝年纪幼小，实际掌控政权的是已为太上皇的献文帝拓跋弘。张金龙教授根据奚兜在任时曾击退叛乱的高车，联系延兴

① 《太平寰宇记》卷三六《关西道十二》引《括地志》，第759页。

② 艾冲：《灵州治城的变迁新探》，《中国边疆史地研究》2011年第4期，第129页。

③ 严耕望：《中国地方行政制度史——魏晋南北朝地方行政制度》，第735页；张金龙：《北魏政治史（三）》，第455页。

④ 《魏书》卷三八《刁雍传》，第867页。

⑤ 《魏书》卷二九《奚兜传》，第702页。

二年（472）八月“河西费也头反，薄骨律镇将击走之”[①]的记载，推出他担任薄骨律镇将应在献文帝时期，应为是。[②]

宣武帝朝有慕容契、于景。慕容契是燕国慕容鲜卑皇族之后，北魏大将慕容白曜从子。正始初年为征虏将军、营州刺史，后以本将军“都督沃野、薄骨律二镇诸军事，沃野镇将”[③]。离任后，又曾担任过平城镇将和朔州刺史，孝明帝熙平元年（516）去世，于十二年间转任四地。以此推算，他担任沃野镇将大约在正始后期至永平年间（508—512），是以沃野镇将兼督薄骨律镇。

于景出身于鲜卑勋臣八姓之一的于（勿忸于）氏家族，其兄即为孝明帝初年的权臣于忠。于景本传只记载他曾担任高平镇将，而《于景墓志》则说他于延昌年间（512—515）担任“宁朔将军薄骨律高平二镇大将”[④]，可见于景当时身兼高平、薄骨律二镇镇将。从正史中只记录了高平镇将的职务来看，他应是坐镇于高平。根据墓志，他于神龟二年（519）离任回京。

以上是史书中记载的北魏薄骨律镇将的相关情况。从四人的官衔可以看出，刁雍的时代，薄骨律镇还是西北重镇。刁雍的官衔为“征南将军”，按前令为从第一品中，而大致同时期担任统万镇将的楼伏连为从第一品上的“镇西大将军”，可见太武帝太平真君年间薄骨律镇的地位比统万镇略低，二者同为西北重镇。考虑到楼伏连身具“督河西诸军”的加衔，薄骨律镇或许在名义上受统万镇的领导。至献文帝、孝文帝时期，薄骨律镇的地位已经大不如前，奚兜假第三品下的镇远将军即可担任镇将。至北魏后期，随着汉化的深入和国都的南迁，西北军镇的地位一落千丈。担任沃野镇将的慕容契只是从第三品征虏将军，大体与中州刺史相当，[⑤]而高平镇将于景则只是从第四品的宁朔将军。可见如沃野、高平这类重镇此时地位也早已下降，更遑论处于从属位置的薄骨律镇。张金龙先生从贾显度以别将身份负责薄骨律镇城防一事，得出了北魏末年薄骨律镇已无专职镇将防守的结论，可见此时薄骨律镇的地位之低下。[⑥]北魏后期军镇地位下降是普遍现象，统万镇若非在太和年间改为夏州，亦当如此。可薄骨律镇的地位下降在前期诸西北重镇中似乎最为严重，除国家政策变化的因素外，应该与柔然降服于魏，北方多年无边患之忧有关。

① 《魏书》卷七《高祖纪上》，第137页。
② 张金龙：《北魏政治史（三）》，第455页。
③ 《魏书》卷五〇《慕容白曜传附慕容契传》，第1123页。
④ 赵超：《汉魏南北朝墓志汇编》，第196页。
⑤ 据后令，《魏书》卷一一三《官氏志》，第2995页。
⑥ 张金龙：《北魏政治史（三）》，第455页。

（四）薄骨律镇的职能与作用

1. 外防柔然，内制高车、山胡的军事防御功能

军事功能本来是北魏设镇的首要功能，薄骨律镇的初设尤其如此，其地处漠北柔然等草原民族经高阙南下，进入河套地区后沿黄河继续南下，然后寻机渡过黄河深入中原的要冲位置。选址于河渚之中，更是为了利于防守，而且西北与西南两翼皆能护持，从而有效阻止来犯之敌的南下。正如《于景墓志》中所说的“河西二镇，国之蕃屏”，薄骨律镇也和高平镇一起承担着防御北方来犯之敌，翼护关中和鄂尔多斯地区安全的作用。但随着较之更北的怀朔、沃野等镇力量的加强，柔然等逾越高阙深入南下的机会越来越少，其军事防御能力很长时间不能表现出来，而随着北凉的灭亡和柔然的衰落，来自西北的军事威胁削弱，薄骨律镇承担的军事任务逐渐减少，遂演变为从属于其他军镇的补给型军镇。其地位下降，在西北诸镇中尤为明显，也往往被北魏晚期的统治者疏忽。

2. 屯田转运，支援北镇

宁夏河套平原本就是秦汉以来为中原王朝开发的塞外江南，充分利用河套平原便利的灌溉和水路，发展屯田和水运，负责对北镇的支援和补给，是薄骨律镇的一大优势。

北魏时刁雍于太平真君年间上太武帝的几道表本，是揭示薄骨律镇屯田补给功能的关键史料。太平真君五年（444），刁雍刚刚到任即向太武帝上疏，目的是请求整修薄骨律镇水利，增加粮食产量。在奏疏中，他提到薄骨律镇“户口殷广”，他本人到任后“督课诸屯，以为储积”，①又说“北行四十里，还入古高渠，即循高渠而北，复八十里，合百二十里，大有良田”②，并称一旦水利工程建成，可“溉官私田四万余顷”③，可见薄骨律镇治下有大量品质优良的田地，其中大部分应是属于官方的屯田。奏疏所提建议得到太武帝的批准后，刁雍遂大力整修水利，扩大灌溉面积，薄骨律镇的粮食产量有了极大提高。薄骨律镇时期所修建的水利工程，至唐朝时犹有遗泽，当时灵州回乐县南尚有薄骨律渠，“溉田一千余顷”④。真君九年（448），刁雍又向太武帝上疏，以“平地积谷，实难守护”，建议“造城储谷，置兵备守”。⑤这两份奏疏，充分体现了生产、屯储粮草是薄骨律镇的重要职能。

---

① 《魏书》卷三八《刁雍传》，第867页。
② 《魏书》卷三八《刁雍传》，第867页。
③ 《魏书》卷三八《刁雍传》，第868页。
④ 《元和郡县图志》卷四《关内道四》，第94页。
⑤ 《魏书》卷三八《刁雍传》，第869页。

这些军粮主要用于北方的沃野等军镇。沃野镇是镇守河套阴山地区的大军镇，也是所谓六镇中最西边的一个。此镇常年有重兵屯驻，但由于所辖区域粮食产量有限，不得不依赖其他军镇的支援，薄骨律镇正是负责沃野镇补给的重要军镇。刁雍在太平真君七年（446）给太武帝的奏疏中提到“奉诏高平、安定、统万及臣所守四镇，出车五千乘，运屯谷五十万斛付沃野镇，以供军粮”①，可见北方沃野镇的军粮补给是由薄骨律等四镇承担的。在这四镇当中，薄骨律镇距离沃野镇最近，且管理着银川平原等地的众多屯田，粮食产量大，故而在补给体系中最为重要。

薄骨律镇向沃野镇输送军粮最初是通过陆路，两镇相距较远，交通不便，运输效率不高。刁雍出身南方，熟悉水运，故而向太武帝提出了通过黄河水路来运送军粮的建议，得到太武帝的批准。按刁雍所说，黄河水路开通后，“合六十日得一返。从三月至九月三返，运送六十万斛”②，运输效率大大提高。自此条线路开通后，太武帝下令统万镇出兵支援薄骨律镇运送粮食，薄骨律镇成为这个补给体系的中枢，作用进一步凸显。从地缘上看，南方的高平镇向北镇运粮时也要通过薄骨律镇。如此数量的军粮北运，受惠的除了沃野镇，还有与之相邻的武川镇。黄河运粮路线的开通，使得北魏西北诸军镇形成了一个有机的整体，有利于北魏西北防线的巩固，首倡此议的刁雍可谓功不可没。

开通黄河水运也使得薄骨律镇原有的补给功能进一步凸显，与南方的高平镇和北方的沃野镇联系也日益紧密。而正因为随着北凉的灭亡和柔然的衰落，来自西北的军事威胁削弱，薄骨律镇承担的军事任务亦逐渐减少，遂演变为从属于其他军镇的补给型军镇。北魏末年不再设置专门的薄骨律镇将，而是以高平或统万镇将兼领此镇，原因正在于此。不过薄骨律镇地处黄河要津，直到北魏末年，仍承担着维护黄河水运的工作。叛军围攻薄骨律镇时，别将贾显度“率镇民浮河而下”③，当时薄骨律镇镇民为数不少，若军镇当时没有足够的船只，绝难从水路安然撤退。显然直到北魏末期六镇起义爆发前，薄骨律镇仍然保有大量船只，承担着为北镇供粮的任务。

3. 其他职能

薄骨律镇也如其他西北军镇一样，还承担着管理当地各民族的任务。薄骨律镇周边的民族，除本地原有的部族外，还有很多是北魏政府安置于此的降部和被征服部

① 《魏书》卷三八《刁雍传》，第868页。
② 《魏书》卷三八《刁雍传》，第868页。
③ 《魏书》卷八〇《贾显度传》，第1775页。

族，其中也有不少汉人。薄骨律镇当时辖有胡城、汉城[①]。汉城中居住的是北魏强制迁移而来的关东汉人，他们在屯田上为政府劳作。[②]北魏平定齐地后，又将许多当地汉人迁徙到西北边镇，称为“平齐民”。其中原历下居民甚多，在此地形成了一座与山东历城同名异地的“历城”[③]。而与汉城对称的胡城，其中居住的应该就是北魏政府强制迁移而来的胡人。对比几种文献的记载，此胡城应即“胡地城”，“后魏破赫连昌，收胡户徙之，因号胡地城”[④]。可见此地胡人有很多是原赫连夏治下的匈奴系诸部。此城在北魏末年曹泥担任灵州刺史时一度作为灵州的治所，至唐时为灵武县。这些被迁移来的胡汉居民，既然居住于北魏的军城之内，其原有的组织结构应该已经被打散，北魏对这部分人口控制力较强。除此之外，还有一些降服的北方游牧部族被安置在薄骨律镇周围，其中又以柔然和敕勒为主。“初，显祖世有蠕蠕万余户降附，居于高平、薄骨律二镇，太和之末，叛走略尽，唯有一千余家”[⑤]，可见安置于高平、薄骨律二镇的柔然人不在少数，从人口数量上看，他们很可能还保留着部落的建制。但高平、薄骨律二镇对他们的管控时间很短，仅二十余年就“叛走略尽”。这一方面是因为薄骨律镇以补给功能为主，兵力相对较少，难以有效制约尚保留着部落建制的柔然人。另一方面也由于相较接近北魏腹地的统万镇，薄骨律镇位置更为边缘，可能北魏对安置于此地的依附部族本就以羁縻为主，对他们的叛逃并不十分在意。奚兜担任镇将时，“时高车叛，围镇城。兜击破之，斩首千余级”[⑥]，足见亦有为数不少的高车人被安置于薄骨律镇周边。

薄骨律镇存世九十年，是北魏历史存续时间最长的军镇之一。它作为西北地区最重要的军镇之一，在军事防御及维持西北交通、保障北方沃野诸镇的军需给养等方面都发挥了重要作用。虽然在发展过程中，其地位逐渐下降，但它在北魏西北经略过程中发挥的作用也是不容忽视的。

三、沃野镇

沃野镇是六镇西起第一镇，也是北魏最为重要的大军镇之一。作为阴山—六镇

① “河水又迳典农城东，世谓之胡城。又北迳上河城东，世谓之汉城。”见《水经注校证》卷三《河水》，第74页。
② 《元和郡县图志》卷四《关内道四》，第95页。
③ 《水经注校证》卷三《河水》，第75页。
④ 《元和郡县图志》卷四《关内道四》，第94页。注文以为“地”应为衍字，此城即“胡城”。
⑤ 《魏书》卷五八《杨播传附杨椿传》，第1286页。
⑥ 《魏书》卷二九《奚斤传附奚兜传》，第702页。

防线的西边起点，沃野镇对北魏北部边防发挥了不可替代的作用。沃野镇历史上曾数次迁址，其镇城很长一段时间内坐落在鄂尔多斯高原北部。虽然其主要职能是掌握河套、控扼阴山，但它毕竟为鄂尔多斯高原周边最为重要的军镇之一，对于鄂尔多斯高原及其周边地区的军事安全，发挥过重要作用。

（一）沃野镇的兴废时间

沃野镇之名得自汉朔方郡沃野县。设置时间不详，刁雍于太平真君七年（446）给太武帝上疏时提到诸军镇向沃野转运粮草的问题，可见沃野镇在此时已存在，且为北方重镇。唐长孺先生认为此镇应在太武帝灭夏后就已设置，有因袭赫连氏旧镇的可能。[①]孝明帝正光五年（524），“沃野镇人破落汗拔陵聚众反，杀镇将”[②]，沃野镇陷落。其后孝明帝虽有改西北诸镇为州的诏命，但在沃野镇早已陷落的情况下不过是一纸空文了。

（二）治所迁移情况

沃野镇的治所曾有多次迁移，谭其骧先生所编《中国历史地图集》中就记载了三处地址。就此问题，唐长孺先生曾有专文加以考证。他根据刁雍给太武帝奏表中“臣镇（指薄骨律镇）去沃野八百里”及“谷在河西，转至沃野，越度大河”[③]的记载推断，太平真君年间的沃野镇在黄河南北河分流处的西南方向。沃野镇在太和年间经历了一次迁址，据陆恭之《风土记》记载，“朔方故城，太和十年改为沃野镇”[④]，“朔方故城，后魏改为沃野镇，去统万八百余里”[⑤]。可见沃野镇于孝文帝太和十年（486）迁移至统万镇正北方向的汉朔方故城，即南北河交汇处之南，也就是《中国历史地图集》所标太和末年之沃野镇。此次迁址原因不详，可能与此前两年的水旱灾害及其引发的部族外叛有关。沃野镇在宣武帝时期再次改置，即景明四年（503）“复镇阴山”[⑥]，唐先生认为原来的沃野镇可能已经因此前高车叛乱和北镇旱灾而被破坏，故而需要在异地重置以固北疆。此次重置沃野镇的地点即《元和郡县图志》所云唐天德军城北60里的沃野故城[⑦]，在今乌梁素海以北。[⑧]

---

① 唐长孺：《北魏沃野镇的迁徙》，《华中师院学报（哲学社会科学版）》1979年第3期，第30页。
② 《魏书》卷九《肃宗纪》，第235页。
③ 《魏书》卷三八《刁雍传》，第868页。
④ 《太平寰宇记》卷三六《关西道十二》引《风土记》，第759页。
⑤ 《资治通鉴》卷一三三，南朝宋明帝泰始七年（471）胡三省注引《风土记》，第4166页。
⑥ 《魏书》卷四一《源贺传附源怀传》，第927页。
⑦ 《元和郡县图志》卷四《关内道四》，第115页。
⑧ 唐长孺：《北魏沃野镇的迁徙》，《华中师院学报（哲学社会科学版）》1979年第3期，第29—32页。

沃野镇的辖区史无明文，以六镇方位论，大致应为今河套地区至阴山一带。在景明四年于乌梁素海以北重置之前，沃野镇应还领有鄂尔多斯高原西北部的部分地区。但重置之后，其辖区南界向北移动，在鄂尔多斯高原地区的原有辖区为夏州接管。《元和郡县图志》中称统辖河套地区的丰州在北魏时“为夏州之北境”[①]，可见至北魏后期，沃野镇大致与夏州以南河为界，在鄂尔多斯高原不再有辖区。故本文对沃野镇相关史料的整理，下限止于景明四年。

（三）历任镇将和沃野镇地位的变迁

据张金龙教授考证，文献中记载的北魏沃野镇将有城阳王长寿、韩天生、于祚、于劲、孟威等[②]，陆延和宇文福曾以怀朔镇将兼管沃野镇。这些见于史册的镇将中，任职时间在景明四年之前的有城阳王长寿、于祚、韩天生、于劲四人。

城阳王拓跋长寿为景穆太子拓跋晃之子，皇兴二年（468）封王，拜征西大将军。后“出为沃野镇都大将。性聪惠，善抚接，在镇甚有威名”[③]，延兴五年（475）去世。他是正史中记载的唯一一位以都大将头衔出镇沃野的将领，任职时间在献文帝后期至孝文帝早期。其官位在有记载的诸位沃野镇将中也是最高的，张金龙教授认为其出镇沃野时，应已由征西大将军转为征北大将军，据前令为第一品下。

韩天生是北魏大将韩茂之子，“出为持节、平北将军、沃野镇将”[④]。张金龙教授根据天生父茂死于太安二年（456），兄备卒于延兴五年，推测天生担任沃野镇将当在孝文帝年间，[⑤]其说可从。

于劲为北魏外戚，太尉于拔（洛拔）之子，于烈之弟，其女即宣武顺皇后。“位沃野镇将，赐爵富昌子，拜征虏将军”[⑥]，据本传，景明二年（501）九月世宗纳于后时[⑦]他已经在任，任职时间应为孝文帝后期至宣武帝初期。

于祚出身于鲜卑高门，是于烈之子，权臣于忠的长兄。“除假节、振威将军、沃野镇将”[⑧]，根据记载，他于孝文帝时官居中散，两次转任后担任沃野镇将。宣武帝景明年间，大将源怀巡抚北镇，因于祚在位颇有受纳，“即劾祚免官”[⑨]。宣武帝

① 《元和郡县图志》卷四《关内道四》，第112页。
② 张金龙：《北魏政治史（三）》，第420—421页。
③ 《魏书》卷一九下《拓跋长寿传》，第509页。
④ 《魏书》卷五一《韩茂传附韩天生传》，第1129页。
⑤ 张金龙：《北魏政治史（三）》，第420页。
⑥ 《魏书》卷八三下《外戚下·于劲传》，第1832页。
⑦ 《魏书》卷八《世宗纪》，第194页。
⑧ 《魏书》卷三一《于栗磾传附于祚传》，第740页。
⑨ 《魏书》卷四一《源贺传附源怀传》，第926页。

下诏令源怀巡边的时间是景明四年十一月癸亥[①]，可见于祚景明四年时犹在沃野镇将任上。而景明四年恰为"复镇阴山"之时，则于祚应在沃野镇第二次迁移前后担任镇将。按任职时间，他应该是继叔父于劲为沃野镇将的，叔侄二人相继出镇重藩，可见于氏当时确实一门贵盛。

从镇将的官职来看，沃野镇的地位不断下滑。献文帝时期的城阳王长寿为第一品下的征西（北）大将军，孝文帝时的韩天生为从第二品上的平北将军，[②]孝文帝后期至宣武帝时期的于劲、于祚，虽然家族贵盛，后来还成为外戚，但担任沃野镇将时的官职不过是从第三品的征虏将军[③]和从第四品的振威将军[④]。可见在迁址至阴山以南之前，沃野镇的地位已经处于不断下降之中，镇将的品秩也不断降低。

（四）沃野镇发挥的作用

景明四年以前，沃野镇虽然地处鄂尔多斯高原北部，但其战略防御的重点在北而不在南。前文已经论述了，鄂尔多斯高原时期的沃野镇有两处城址，其一在南北两河分流处以南，其一在南北两河汇合处以南，这两处地点都是控扼北方河套地区的要冲。张金龙教授指出，沃野镇设立的主要目的，是统领归降的敕勒人防守北疆，防止柔然对河套地区的侵犯。[⑤]

除捍卫河套外，沃野镇同样兼有绥抚周边部族的职能。沃野镇治下部族主要是敕勒，这些敕勒部族同时也是军镇兵力的重要来源。但从史料记载来看，沃野镇对敕勒部族的统治并不成功。孝文帝初年，沃野敕勒与统万等镇的敕勒联合反叛，声势浩大，北魏朝廷派出名将源贺统重兵前往，方才艰难地镇压了这场叛乱。但显然沃野镇的北魏官吏并未从中吸取教训，而是变本加厉地鱼肉百姓。宣武帝时的镇将于祚，以"贪残多所受纳"闻名。源怀北巡沃野时，"细民为豪强陵压，积年枉滞，一朝见申者，日有百数"[⑥]，可见镇将以下沃野镇各级官员对百姓的压迫之深。如此劣政下，出现所部敕勒频频叛逃的事情，并不奇怪。源怀在给宣武帝上疏之时，称"复镇阴山"之前的北方诸镇"高车外叛，寻遭旱俭，戎马甲兵，十分阙八"[⑦]。当时敕勒部众纷纷叛逃，除因天灾外，沃野镇等北方军镇官吏贪残无度、绥抚不力，同样是重要原因。

---

① 《魏书》卷八《世宗纪》，第196页。
② 据前令，《魏书》卷一一三《官氏志》，第2979页。
③ 据后令，《魏书》卷一一三《官氏志》，第2995页。
④ 据后令，《魏书》卷一一三《官氏志》，第2997页。
⑤ 张金龙：《北魏政治史（三）》，第420页。
⑥ 《魏书》卷四一《源贺传附源怀传》，第927页。
⑦ 《魏书》卷四一《源贺传附源怀传》，第927页。

综上，在北魏前期，虽然治所设置在鄂尔多斯高原，但沃野镇的主要任务是防备柔然进入河套地区，防御重心在北不在南。尽管如此，沃野镇的存在遏制了柔然铁骑南下的步伐，客观上保障了鄂尔多斯高原的安全。

四、其他与鄂尔多斯高原相关的小军镇

前文我们论述了北魏设置在鄂尔多斯地区的三大军镇，即统万、薄骨律、沃野。实际上，北魏在鄂尔多斯高原及其周边地区还设置有一些小型军镇。它们的规模、兵力均无法和辖区广大、地位与州平等甚至更高的三大军镇相比。在军事上，它们很可能还要受到三大军镇的领导。正因为这些军镇的地位相对较低，故而在传世文献中对它们的建制沿革和历任长官的情况记载极少，有的军镇甚至连名称都是通过碑刻材料才得以见之于世。尽管如此，这些军镇也曾经在民族成分复杂、动乱不断的鄂尔多斯高原发挥过重要的作用。本部分根据文献资料和前人研究成果，对这些军镇进行了整理。个别军镇虽然位置并不在严格意义上的鄂尔多斯高原范围内，但由于从属于该地区大军镇，且位置靠近该地区，为巩固北魏在鄂尔多斯高原的统治做出了贡献，故并论于此。

（一）弘静镇

此镇《魏书》无载，见于《元和郡县图志》灵州条："保静县，本汉富平县地，后魏立弘静镇，徙关东汉人以充屯田，俗谓之汉城。"①则此镇城在唐为保静县地，即今宁夏永宁县东北。据郦道元《水经注》及所引薛瓒语，这座东临黄河的汉城旧名上河城，乃冯参任上河典农都尉时的治所。②冯参为西汉大臣，成帝阳朔年间（前24—前21）"擢为上河农都尉"③，东汉著名史学家班固的曾祖班况也曾担任此官，且任职时间犹在冯参之前。④则此城在西汉中期时已经是该地区重要的屯田基地。

北魏设置弘静镇的时间不详，很可能与薄骨律镇同时或稍后。据"徙关东汉人以充屯田"分析，亦可能设置于太和初年迁平齐民于西北边镇之时，即严耕望先生所言"盖中叶以后置镇"⑤。此镇主要职能是管理黄河西岸的屯田和在其中劳作的汉人。史书中并未留存一位弘静镇镇将的姓名，盖因此镇地位确实不高，故镇将无闻。从地理位置上看，此镇应受薄骨律镇节制。

① 《元和郡县图志》卷四《关内道四》，第95页。
② 《水经注校证》卷三《河水》，第74页。
③ 《汉书》卷七九《冯奉世传附冯参传》，第3306页。
④ 《汉书》卷一〇〇上《叙传上》，第4198页。
⑤ 严耕望：《中国地方行政制度史——魏晋南北朝地方行政制度》，第736页。

弘静镇位于黄河以西，严格来说并不属于鄂尔多斯高原地区，但因这座统辖河西屯田的军镇是支援薄骨律镇的重要据点，对保护鄂尔多斯高原的安全有一定作用，故附列于此。

（二）石龟镇

此镇同样不见于《魏书》，《元和郡县图志》麟州条记载：“周武帝保定二年，移于废石龟镇城，即今县（指银城县）理是也。”[①]周武帝时言其为废镇城，则此城当非西魏北周所筑，而应是北魏时期的镇城，此城被废弃当是因为北魏末年的动乱。石龟镇城的位置，即唐麟州银城县所在地，今陕西神木市以南、窟野河以西的河谷地带。古代游牧民族行军主要沿河谷地带，此镇在军事上的主要职能应即控扼窟野河河谷这条军事通道。

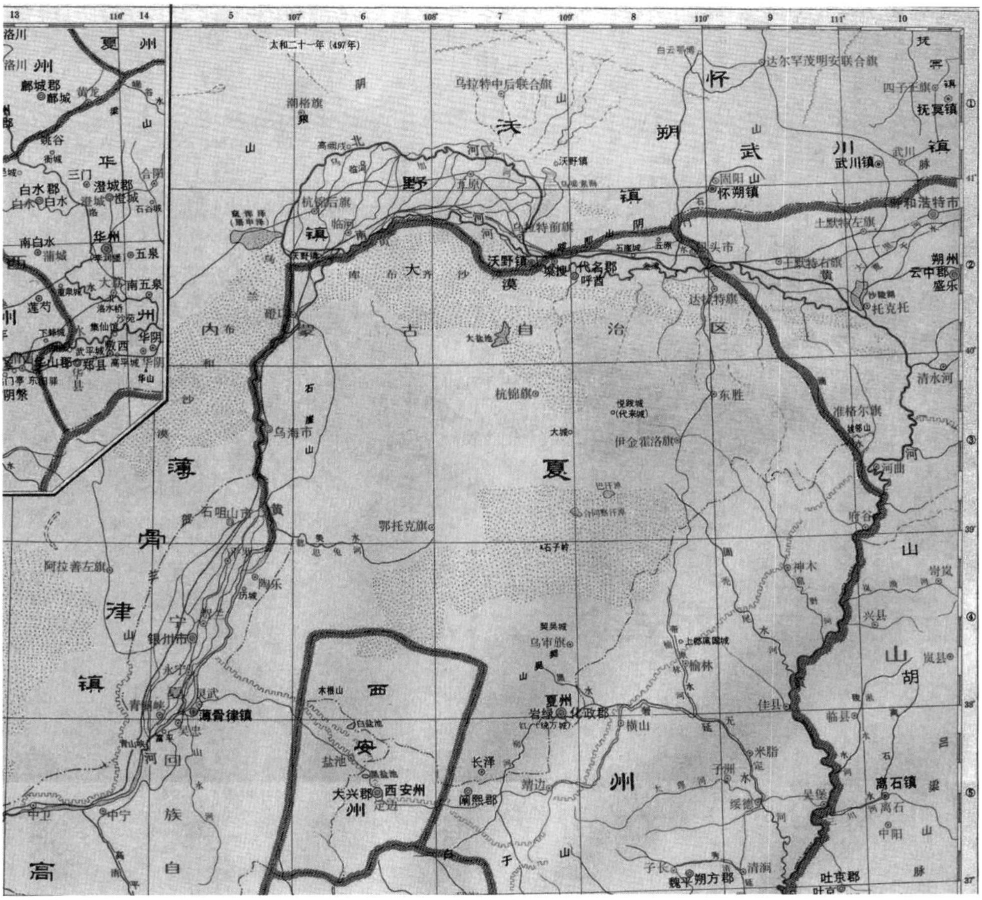

图5-1　北魏时期鄂尔多斯高原军镇分布

① 《元和郡县图志》卷四《关内道四》，第109页。

五、鄂尔多斯高原诸军城

北魏作为一个崛起于草原的游牧民族政权，能够统治中国北方百年之久，其兴建的各种军事设施功不可没。北魏兴建的军事设施中，最为重要的当属与六镇一起阻挡柔然南下的阴山长城和保卫平城及周边地区安全的畿上塞围。在不直接与柔然接触的鄂尔多斯高原地区，北魏最重要的军事设施则是为数众多的军城。在北朝时期，经历了东汉末年以来的持续动乱，商品经济极不发达，城市的作用仍主要表现在政治、军事方面，坚固的城堡是抵御外敌、保障政权统治的重要军事设施。在地广人稀且游牧部族众多的鄂尔多斯高原，城堡的功效尤为突出。

北魏时期鄂尔多斯高原的军城有一个突出特点，即大多数是因袭前朝的旧城，绝少北魏一代另起的新城。这一方面是由于北魏的史料过于疏略，对军事工程方面的记载很少；另一方面也与北魏的政权特点和当时鄂尔多斯高原的军事形势有关。作为发源于大兴安岭、崛起于代北的游牧民族首领，拓跋氏的统治者对筑城并无执念。而北魏一朝，鄂尔多斯高原地区仍是地广人稀的格局。通过修缮前朝旧城、派驻军队来镇扼这一地区，比之征发大量人力另起新城，显然要合算得多。这些坐落在鄂尔多斯高原各个军事要地的城池，成为北魏控制该地区、统治当地各部族的重要据点。北魏时期军城的资料，散见于当时和后世的史料之中。这些军城情况不尽相同，有的是作为长期驻兵的军事据点，有的则是在特定时期承担军事任务。北魏部分军镇辖有戍，是低一级的军事单位。见于后世记载的鄂尔多斯高原的军城，其中可能有一部分在当年是作为戍而存在的。统万镇改为夏州后的部分郡县治所，最早很可能也是北魏设置于当地的军城。由于资料缺乏，难以确定，暂置不论。此处仅就所见北魏时期鄂尔多斯高原地区诸城及周边地区与鄂尔多斯安全息息相关的部分军城略做整理，以求教于方家。

（一）代来城（悦跋城）

代来城，一名悦跋城，是十六国时期鄂尔多斯高原一座重要的城市。在赫连勃勃的父亲刘卫辰统治朔方之地时，此城就是铁弗匈奴的政治中心。关于代来城的位置，古来史家多有讨论，大致可分为顾祖禹的“榆林卫北”说，杨守敬到谭其骧的乌兰木伦河上游、今内蒙古伊金霍洛旗附近说，和戴应新、市来弘志的陕西榆林巴拉素乡白城台村说。[①]道武帝拓跋珪西征刘卫辰，“戊子，自五原金津南渡河。辛卯，次其所

① 关于代来城位置的各种说法，可参见吴洪琳：《大夏国史》，陕西师范大学博士学位论文，2005年，第28页注释①。

居悦跋城，卫辰父子奔遁"[①]。据胡三省考证，金津在汉代五原郡宜梁、九原两县之间[②]，大致在今内蒙古包头市西南方向的黄河之上。根据干支计算，道武帝的军队仅用了三天时间便自金津抵达悦跋城。金津一带到今伊金霍洛旗不足300里，而距离榆林白城台则超过600里。依照古代行军速度，代来城在今伊金霍洛旗一带更为合理。故本文从伊金霍洛旗说。

这座曾经成为鄂尔多斯高原政治中心的城市，在北魏时仍然发挥着作用，这突出体现在镇抚新附敕勒降部上。神䴥二年（429）八月，太武帝派左仆射安原击破东部高车，将其众迁移于漠南千里之地。其中三万余落因安原、刘洁的建议，被迁移到河西的鄂尔多斯高原地区。为防止其叛逃，"［刘］洁与侍中古弼屯五原河北，左仆射安原屯悦拔城北，备之"[③]。可见当时代来城是北魏屯驻军队以监控敕勒降民的一个据点。代来城所处地区，邻近窟野河上游，北魏时，该地区水草丰茂，是国营牧场的重要组成部分[④]。在牧场上为北魏政府劳作的主要劳动力，正是被迁移到漠南、河西地区的敕勒降民。他们"乘高车，逐水草，畜牧蕃息，数年之后，渐知粒食，岁致献贡，由是国家马及牛羊遂至于贱，毡皮委积"[⑤]。该地区的牧业产品成为北魏财政收入的重要来源。河西地区的敕勒降民曾因为不堪压迫集体逃亡，却被北魏政府以铁腕镇压，"既而新民数千骑北走，洁追讨之。走者粮绝，相枕而死"[⑥]。未逃亡的敕勒人仍在北魏驻军的监视下，为帝国劳作。

这支驻守在代来城的军队，最初是专为监控敕勒部民而设置的，虽位于统万镇辖区内，但应不受统万镇都大将的节制。史书中并没有留下对这支军队去向的记载，但很可能代来城附近一直保留着一支军队，用以控制国营牧场上的敕勒部民。作为铁弗匈奴曾经的都城，代来城被北魏政府继承下来，成为镇抚该地区部族的一个据点，为维护北魏的统治发挥了作用。

（二）骢马城

"骢马城"之名始见于前秦时期。《元和郡县图志》银州条对此地有如下记载："十六国时为戎狄所居，苻秦建元元年，自骢马城巡抚戎狄，其城即今州理城是

① 《魏书》卷二《太祖纪》，第24页。
② 《资治通鉴》卷一〇七，晋孝武帝太元十六年（391）胡三省注，第3402页。
③ 《魏书》卷二八《刘洁传》，第687页。
④ 关于《魏书·食货志》中的"河西"牧场指的是鄂尔多斯高原地区的考证，可参见李并成：《〈魏书·食货志〉"河西"地望考辩》，《西北师大学报（社会科学版）》1993年第4期，第45—50页。
⑤ 《魏书》卷一〇三《高车传》，第2309页。
⑥ 《魏书》卷二八《刘洁传》，第687页。

也。”[①] 前秦建元元年（365），匈奴杂部首领曹毂和铁弗刘卫辰的叛乱刚被平定[②]，苻坚亲自由骢马城北上鄂尔多斯高原地区，意在安抚当地各部族与确立前秦在这一区域的宗主权。可见此城在那时已经是鄂尔多斯高原地区重要的军事据点，把守着进入鄂尔多斯高原腹地的交通线。

骢马城坐落在榆溪河与无定河交汇处以南的河谷地带。古代交通路线多按河流走向延伸，自骢马城向西，可沿无定河谷直达统万，向东南则可通上县[③]，此城可谓是鄂尔多斯地区一处重要的交通枢纽。且骢马城所在谷地水草丰美，在当时是一处优良的牧场。“旧有人牧骢马于此谷，虏语骢马为乞银”[④]，故而时人称呼这条山谷为乞银谷。良马产地的身份使得骢马城的地位更为突出。北周武帝保定三年（563），在此设置了银州，隋、唐两朝州县名称虽然几经变易，此城却一直是一州治所所在，可见其重要地位。北周时期能够直接将骢马城升为一州首城，可见其当时已经具备了一定规模的人口，应是自前秦至北魏一直沿用下来并发挥着作用。

北魏时期骢马城究竟在军事上发挥了怎样的作用，因史料的缺乏，现在已经很难确知。但从地理位置上看，此城显然受到其西北的统万镇的节制。这座城池处于两河交汇的交通要冲，在和平时期，既可以负责维护交通线的畅通，又可以监控河谷地区各部族尤其是稽胡的动向。战争时期，由此城出兵，可切断无定河谷的行军通道，避免统万城遭受来自东南方向的进攻。

（三）胡城

胡城是从属于薄骨律镇的一座军城，一作“胡地城”[⑤]，位于今宁夏永宁县西南。此城本名“典农城”[⑥]，是汉魏时期管理河西屯田的城池。北魏太武帝平定赫连昌，将大批胡户迁移至此，故当时习惯性称此城为“胡城”，与其东北方向后来被设置为弘静镇的“汉城”相对应。此城的职能主要是经营辖区屯田，同时防御西北之敌。北魏末年曹泥担任灵州刺史时，胡城一度作为灵州治所。隋朝时，成为灵武县治所。胡城地处河西，严格来讲并不在鄂尔多斯高原范围内，但因其是薄骨律镇重要的屯田区，同时也是镇城西北防线的重要一环，对保护鄂尔多斯高原的安全发挥过作

① 《元和郡县图志》卷四《关内道四》，第104页。

② 《晋书》卷一一三《苻坚载记上》，第2889页。

③ 此上县在今陕西绥德县境，北魏时为上郡郡治，隋唐两朝为绥州治所。

④ 《元和郡县图志》卷四《关内道四》，第104页。

⑤ 贺次君先生认为此城名即“胡城”，“地”是传抄过程中的衍字。参见《元和郡县图志》卷四《关内道四》校勘记，第119页。

⑥ 《水经注校证》卷三《河水》，第74页。

用，故附论于此。

（四）契吴城

契吴城，一名“白城”，是赫连夏时期的一座重要城池，位于统万城北方的契吴山中。《元和郡县图志》记载：“故白城，一名契吴城，在［朔方］县北一百二十五里契吴山。”①唐朔方县城即夏州治所统万城。要确定契吴城的位置，首先必须明确契吴山所指。但《元和郡县图志》中关于契吴山却有一条与白城条互异的记载，作“契吴山，在［朔方］县北七十里”②。王北辰先生根据《新唐书·地理志》中引用贾耽语“夏州北渡乌水，经贺麟泽、拔利干泽，过沙，次内横划、沃野泊、长泽、白城，百二十里至可朱浑水源”③，推测出白城即契吴城，应邻近距离夏州120里的可朱浑水源，《元和郡县图志》对契吴山的两种记载应以统万城北125里更为准确，并由此推测契吴山应为今阿拉托洛海丘陵。④但契吴城的确切位置至今未能考实。契吴城因山而筑，是夏主赫连昌为纪念其父赫连勃勃所建，城中有赫连勃勃的庙宇。隋代曾一度在这里设立白城镇，是此城当时即有“白城”的异名。所谓“白城”，当指契吴城城墙的颜色。现存统万城遗址的城墙亦呈现白色，故当地称其为“白城子”。契吴城很可能采用了与统万城相同的土质和筑城工艺。

赫连昌即位之初，大兴土木，在国都以北百里开外的契吴山中筑城，绝不仅仅是为了纪念父亲。赫连勃勃病逝于北魏始光二年（425），次年正月，西秦主乞伏炽磐遣使入魏，请求北魏出兵伐夏。当年冬，太武帝亲统骑兵袭击夏国，一路攻至统万城下，徙其民万余家而还。⑤由此可见，赫连昌即位之初，夏国与周边政权的关系非常紧张，随时有可能面临敌国的入侵。在这种形势下，赫连昌在契吴山筑城，显然有巩固国都以北防御的目的。从地形上看，黑水以北地区地形平坦，无法有效遏制骑兵的前进。赫连昌在地势相对较高的契吴山地区因山建城，屯驻兵力，可在一定程度上拒敌人于契吴山以北。从隋朝时曾在这里设置白城镇来看，这座城池在北魏和西魏北周时期并未废弃，而是一直在使用。北魏时这座城显然隶属于统万镇，负责保卫镇城北线的安全。

契吴山区今天多为荒漠地带，但在十六国时期却是优良的牧场。赫连勃勃曾对

① 《元和郡县图志》卷四《关内道四》，第101页。

② 《元和郡县图志》卷四《关内道四》，第100页。

③ ［宋］欧阳修、宋祁：《新唐书》卷四三下《地理志七下》，中华书局，1975年，第1147页。

④ 王北辰：《内蒙古乌审旗古代历史地理从考——龟兹县、榆溪塞、契吴山》，《干旱区地理》1989年第4期，第14页。

⑤ 《魏书》卷四上《世祖纪上》，第71页。

契吴山地区大加赞美："美哉，临广泽而带清流。吾行地多矣，自马领以北，大河以南，未之有也。"①可见这一区域当时不但有水源，还有湿地存在，是优良的牧场。北魏时期在鄂尔多斯高原地区设立国家牧场，契吴山区应也成为官营的牧区，契吴城很可能还负有监控此地牧民的任务。

（五）上郡属国城

上郡属国城是西汉时期为安置龟兹降胡而建，先后作为龟兹属国和上郡龟兹县的治所。《水经注》记载，"［交兰］水出龟兹县交兰谷，东南流注奢延水"，"帝原水西北出龟兹县，东南流"。②经学者考证，交兰水即今海流图河，奢延水即今榆溪河。在沙漠还未迅速扩张的北朝时期，这两条河流的长度较现在为长，其沿岸河谷是鄂尔多斯高原重要的通道，控扼两河的上郡属国城地位之重要可想而知。艾冲教授通过对《水经注》中榆林旧塞、诸次之水等地名的详细考证，结合考古资料，推断上郡属国城即今乌审旗北偏西方向约40公里处的敖柏淖尔古城③，结论可信，今从其说。

这座两汉旧城在北魏时期仍处于东西交通的要道，在军事上发挥着重要的作用，其作用突出表现在太武帝西征北凉的战争中。太延五年（439），太武帝亲统大军，自平城出发，"秋七月己巳，车驾至上郡属国城，大飨群臣，讲武马射。壬午，留辎重，分部诸军"④。由此可见，上郡属国城是太武帝西征途中重要的一站。他不但在此驻军十七日，还举行大规模的庆典和军事演习，鼓舞诸军士气。临走之前，他还下达了一系列重要的军事命令，调动关陇地区各路大军参与西征。太武帝将辎重留在此地，显然是将上郡属国城作为一处重要的后勤补给基地和中转站。上郡属国城在西征北凉过程中发挥的重要作用，正是它战略地位的体现。

上郡属国城周边地带还是当时重要的盐产区。《汉书 · 地理志》即记载上郡龟兹县为"属国都尉治，有盐官"⑤。《后汉书 · 西羌传》也记载"又有龟兹盐池以为民利"⑥，这句话出自虞诩建议汉顺帝重开朔方的奏章，特别点出龟兹盐池，可见其在鄂尔多斯高原乃至整个关陇地区的重要作用。艾冲先生认为龟兹盐池即对这一地区一系列盐碱湖的统称。

---

① 《元和郡县图志》卷四《关内道四》引崔鸿《十六国春秋》，第100页。
② 《水经注校证》卷三《河水》，第40页。
③ 艾冲、陈娇：《两汉上郡龟兹县治城位置新探》，《陕西师范大学学报（哲学社会科学版）》2015年第5期，第5—11页。
④ 《魏书》卷四上《世祖纪上》，第89页。
⑤ 《汉书》卷二八下《地理志下》，第1617页。
⑥ 《后汉书》卷八七《西羌传》，第2893页。

上郡属国城控扼两河、沟通东西的重要战略地位，加之当地有盐池存在，使得这座西汉故城直到北魏时期仍是鄂尔多斯高原地区极为重要的城池。

（六）饮汗城

饮汗城即唐初怀远县治，据《元和郡县图志》怀远县条记载："本名饮汗城，赫连勃勃以此为丽子园。后魏给百姓，立为怀远县。"[①]《隋书·地理志》则云怀远县为北周所置[②]。《元和郡县图志》对北魏和西魏常统称后魏，此城正式设县当在西魏北周时期。从"给百姓"三字看，该城附近应曾开垦过一定数量的田地，故而在西魏北周时可作安置百姓之用。此城在仪凤年中被黄河冲毁，后在原城之西建筑新城，在今宁夏银川市境内。则北魏时饮汗城在今银川市区以东，邻近黄河，应与胡地城等同为监控河西诸屯田的军城。

（七）吴儿城

吴儿城建于赫连夏时期，赫连勃勃击败刘裕之子刘义真占领长安，将俘虏安置于此地。根据《元和郡县图志》记载，此城位于唐绥州上县西北40里，盖在今大理河流域。

综上所述，北魏在鄂尔多斯高原地区的军事统治方式主要通过大小军镇和军城来实现。辖区包括的鄂尔多斯高原三大军镇中，统万镇辖区广大，兼具控制原本臣属于大夏的诸部族、支援西北地区的战事等多重功能，是控制鄂尔多斯高原最重要的军事机构，同时也是北魏前期较为重要的西北军镇。薄骨律和沃野两镇，虽然辖有鄂尔多斯高原的部分地区，但前者的主要战略任务是防御柔然兼统辖河西屯田以补给北镇，后者则是阴山六镇防线的重要一环。二者虽不以鄂尔多斯高原为战略重心，但在保障鄂尔多斯高原地区的安全方面仍发挥了重要作用。若干小军镇和军城是北魏王朝统治得以实现的重要载体。北魏王朝由于自身的游牧性质，同时也出于节约成本的考虑，并未在这一区域大量建设新城，而是通过经营之前政权的旧城，来构筑王朝的军事体系。北魏所启用的军城，大多位于河谷地区，以扼守军事通道。另外还有监控屯田的补给型军城。这些军城终北魏之世不曾改为郡县，正体现了军事管理模式贯穿北魏经营鄂尔多斯高原地区的始终。

---

① 《元和郡县图志》卷四《关内道四》，第95页。

② 〔唐〕魏徵、令狐德棻：《隋书》卷二九《地理志上》，中华书局，1973年，第813页。

第二节　北魏时期鄂尔多斯高原的政区沿革

北魏一朝的行政区划大致可分为两种，一种是承自汉家王朝的州郡县三级传统政区，另一种则是直接由军镇辖土治民。后一种方式主要存在于北方沿边地区，西北诸军镇中有不少即属于这一类型。北魏最初占领鄂尔多斯高原地区时并未设置州一级政区，而是直接以统万镇等大军镇管理这一区域。但随着汉化程度的加深，北魏也开始在这一地区推行州郡县三级政区。汉魏传统政区在此地的重建，是北魏在鄂尔多斯高原地区统治巩固与深入的表现。

一、北魏时期鄂尔多斯高原地区州郡县的设置情况

《魏书·地形志》是研究北魏政区地理沿革的重要资料，但因种种原因，其中错漏之处甚多。北魏末年，天下大乱，官方文献多有散佚。正如魏收在此志篇首所言："永安末年，胡贼入洛，官司文簿，散弃者多，往时编户，全无追访。"[①]加之北魏末年曾经大规模改镇为州，又出于羁縻考虑授予各地将领、豪强州郡长官的职位，使得当时的行政区划极为混乱。《魏书·地形志》依据东魏武定版籍来记述后来成为东魏北齐领土的关东地区的州郡情况。对于被西魏、北周占领的关西地区的州郡情况，则"据永熙绾籍，无者不录焉"[②]。后世学者根据《水经注》等文献和出土材料的记载，对北魏时期的政区情况进行了很多研究。王仲荦先生在《北周地理志》一书中对北魏至北周的州郡沿革有所探讨。近年成果则以毋有江的博士论文《北魏政区地理研究》，周振鹤主编，牟发松、毋有江、魏俊杰撰写的《中国行政区划通史·十六国北朝卷》一书和艾冲先生《北朝时期"河曲"地域行政区划建制的演替》一文最具代表性。本节对北魏时期鄂尔多斯高原地区州郡县情况的叙述，即在上述成果的基础上进行。

（一）夏州

夏州设立于孝文帝太和年间，治所位于原赫连夏国都统万城，最初与统万镇并置，孝文帝后期废统万镇，专设夏州。关于夏州的设立时间，《魏书·地形志》系于孝文帝太和十一年（487）[③]，而据《魏书·食货志》所载，太和八年（484）下诏

---

① 《魏书》卷一〇六上《地形志上》，第2455页。
② 《魏书》卷一〇六上《地形志上》，第2455页。
③ 《魏书》卷一〇六下《地形志下》，第2628页。

班百官俸禄时，北魏所辖诸州中已有夏州[①]，毋有江据此推测夏州的设置早于《地形志》所载，其说可从。夏州是北魏时期鄂尔多斯高原地区最重要的州级政区，其辖区北尽黄河，将鄂尔多斯高原的大部分地区都囊括在内。在分置东夏州之前，其辖区南越白于山脉，一直延伸到洛河、延河流域。据《地形志》记载，至北魏永熙年中，夏州尚辖有四郡九县之地。

夏州首郡为化政郡，设立于太和十二年（488），统辖统万城及其周边地区，领革融、岩绿两县。其中岩绿县治统万城，至唐时改名朔方县，[②]一直作为夏州的治所。革融县位置史书无载，王仲荦先生认为在岩绿县以东，陕西横山县境内[③]，艾冲先生认为可能即今陕西榆林市榆阳区以西巴拉素镇附近的白泥台古城[④]。岩绿、革融二名盖出自胡语[⑤]。除《地形志》记载的两县外，北魏末年，化政郡还领有代名县，见《赫连子悦墓志》"化政代名人"[⑥]。赫连子悦为北齐大臣，卒于后主武平四年（573），其墓志中所用地名当为北魏旧名。此代名县应设于北魏末年，为代名郡废弃后重置于州治附近的侨县。

阐熙郡与化政郡同年设置，位于统万城西南方向，辖今陕西靖边以西地区。据《元和郡县图志》记载，"阐熙故城，在今县（指长泽县）西南二十里"[⑦]。北朝至隋唐的长泽县为今内蒙古鄂托克前旗城川古城，则阐熙郡城应在其西南，即今鄂托克前旗城川镇西南方向S216省道以西。据《魏书·地形志》，阐熙郡领有山鹿、新囶二县。其中山鹿县为郡治所在。新囶县位置史书缺载，但根据《隋书·地理志》中"开皇三年［阐熙］郡废，又废山鹿、新囶二县入［长泽］焉"[⑧]，可见此县距城川镇不远。艾冲先生认为当在今定边县安边镇和砖井镇之间，即城川古城的西南方向。

金明郡始设于太武帝太平真君十二年（451），是鄂尔多斯高原地区最早的郡级行政区划，领永丰、启宁、广洛三县，其中永丰县设置于太平真君十二年[⑨]，为郡治所在，启宁县和广洛县设置于太平真君十年（449）。其中广洛县隋朝时因避时为太

---

① 《魏书》卷一一〇《食货志》，第2852页。
② 《元和郡县图志》卷四《关内道四》，第100页。
③ 王仲荦：《北周地理志》，第123页。
④ 艾冲：《北朝时期"河曲"地域行政区划建制的演替》，《陕西师范大学学报（哲学社会科学版）》2013年第2期，第145页。
⑤ 牟发松、毋有江、魏俊杰：《中国行政区划通史·十六国北朝卷》，第576页。
⑥ 赵超：《汉魏南北朝墓志汇编》，第461页。
⑦ 《元和郡县图志》卷四《关内道四》，第102页。
⑧ 《隋书》卷二九《地理志上》，第812页。
⑨ 原文为"十三年"，太平真君年号只有十二年，"三"当为"二"之讹。

子的杨广名讳，改为金明县，大业中一度废除，唐代复置于旧址，在延州西北方向48里。[①]《隋书·地理志》载金明"有冶官。有清水"[②]。清水即延河，唐延州在今陕西延安市以北，则唐金明县即北魏广洛县，在今延安市西北的延河流域。县名广洛，可见洛水也经过其境内，当时广洛县辖区盖在延、洛两河之间。永丰、启宁两县位置不详，从广洛县位置已邻近东夏州来看，其余两县当在其北。王仲荦先生认为此二县当在陕西安塞县以北[③]，艾冲先生也将两县断于安塞县境。由此可见，金明郡为北魏末年时夏州最南一郡，其辖区南越白于山，到达陕西志丹、安塞两县境。

代名郡与金明郡同样设于夏州之前，《魏书·地形志》将其始置年系于文成帝太安二年（456），领有呼酋、渠搜两县。呼酋县与郡同年设置，为郡治所在。渠搜县设置时间较晚，为孝文帝太和二年（478）。此二县皆借用汉代朔方郡属县旧名[④]，但并不设于原址。郦氏《水经注》中称汉渠搜城为"渠搜县故城"[⑤]，若北魏是在汉旧城基础上重置渠搜县，此处可径称"渠搜县"。由此可知北魏渠搜县与汉渠搜县并非一地，呼酋县很可能亦为借名。《魏书·地形志》记载北魏呼酋县有"横水"，《新唐书》引贾耽所述通四夷道，横水在什贲故城南59里[⑥]，什贲故城即汉朔方城，王仲荦先生据此推断北魏呼酋县在今内蒙古杭锦旗西北方向。则渠搜县应亦在杭锦旗以北。代名郡是夏州所领最北一郡，北隔黄河与阴山以南诸镇相望。至魏末乱起，代名郡及所领二县皆废，后于州治附近设代名县。

北魏时期亦有大兴郡。《隋书·地理志》载"后魏置郡，曰大兴。西魏改为五原，后又为大兴"[⑦]。《太平寰宇记》亦载"后魏太武平赫连昌之后，初置大兴郡"[⑧]。从地理位置上看，位于今陕西定边县附近，应当属于夏州。

（二）灵州

灵州设置于北魏孝昌二年（526），是在北魏末年军镇改州的大背景下由薄骨律镇改置而来的一州。由于设置灵州之时，薄骨律镇城已经陷落，故其州治最初位于黄河以北的胡城，即今宁夏青铜峡市瞿靖镇新林村附近。由于北魏末年关西动乱，灵州与中央的联系长期受阻，故而《魏书·地形志》中缺载其郡县状况。目前可确知的灵

---

① 《元和郡县图志》卷三《关内道三》，第77页。
② 《隋书》卷二九《地理志上》，第811页。
③ 王仲荦：《北周地理志》，第126页。按：安塞县现为延安市安塞区。
④ 《汉书》卷二八《地理志下》，第1619页。
⑤ 《水经注校证》卷三《河水》，第77页。
⑥ 《新唐书》卷四三下《地理志七下》，第1148页。
⑦ 《隋书》卷二九《地理志上》，第812页。
⑧ 《太平寰宇记》卷三七《关西道十三》，第782页。

州郡县只有与州治所同在胡城的普乐郡和回乐县。

《隋书·地理志》和《元和郡县图志》皆云普乐郡设置于后周时期，但根据《北齐书·刘丰传》中“破六韩拔陵之乱，丰以守城之功，除普乐太守。魏永安初，除灵州镇城大都督”①，永安为北魏孝庄帝元子攸的年号，始于公元528年，此时普乐郡应该已经设立。隋朝时回乐县为灵州治所所在，即北魏故薄骨律镇城，《隋书·地理志》言回乐县“带普乐郡”，可见回乐县初为普乐郡郡治所在。前文叙述薄骨律镇兴废时提到，薄骨律镇在北魏末年一度废弃，灵州城最初的治所是河北胡城，则普乐郡和回乐县最初的治所不详，西魏年间李虎水淹胡城逼走曹泥后，在薄骨律镇旧地重建灵州、普乐郡并回乐县。刘丰本传记载他为“普乐人”，同时他还是曹泥的女婿，则他应当是出身胡城的豪强。胡城最初的居民是被北魏迁徙而来的原赫连夏统治区诸胡族，而刘姓恰是铁弗、屠各、稽胡等匈奴种胡族的大姓。刘丰的普乐太守职位，当与他岳父曹泥的灵州刺史一样，是北魏政府出于羁縻当地武装集团的目的而授予的，当时灵州未必真的建立了完整的郡县区划。

（三）东夏州

东夏州是北魏后期分夏州东南部而设置的新州。宣武帝永平四年（511），谏议大夫薛和平定刘龙驹叛乱后，上表请求分夏州东南设东夏州，②以增强对当地的控制，得到了宣武帝的批准。延昌二年（513），东夏州正式设立，统四郡九县之地。因东夏州是分夏州东南部而设立的，其辖区中有相当一部分不在鄂尔多斯高原的范围内。

偏城郡置于太和元年（477），领广武、沃野二县。据《元和郡县图志》延州丰林县条“本汉高奴县地，后魏孝文帝置广武县，属偏城郡，在今理东四十里”③，可见北魏广武县在唐丰林县东40里，盖在今陕西延安市以东甘谷驿镇附近④。沃野县可能是北魏末年为安置南下镇民所置的侨县，盖亦在今延安市以东的延水流域。

朔方郡同样是东夏州的领郡，设置时间不详。朔方郡所领三县中，魏平县为郡治所在，后周时废朔方郡，但县治仍存，⑤唐初废。城平县西南有魏平关，应即其地，在今陕西子长县东南方向秀延河流域。魏平县所处位置，已是鄂尔多斯高原的南界。政和、朔方两县位置不详。

定阳郡为文成帝太安年间（455—459）改置，领临戎、临真二县。临戎县为郡治

① 〔唐〕李百药：《北齐书》卷二七《刘丰传》，中华书局，1972年，第377页。
② 《魏书》卷四二《薛辩传附薛和传》，第945页。
③ 《元和郡县图志》卷三《关内道三》，第77页。
④ 牟发松、毋有江、魏俊杰：《中国行政区划通史·十六国北朝卷》，第578—579页。
⑤ 《隋书》卷二九《地理志上》，第811页。

所在，谭图系于今陕西甘泉县东。临真县故城在延安市东南宝塔区的临镇[1]。

上郡是当时东夏州最北部的一郡，《魏书・地形志》言秦朝所置。然北魏上郡非在秦郡原址，而是直到北魏末年才设置的。“后魏明帝神龟元年，东夏州刺史张郘于此置上郡”[2]。据《魏书・地形志》，此时上郡领有石城、因城二县。《元和郡县图志》延州敷政县条载：“后魏太和初置因城县，隋开皇六年于其中置金城镇，武德二年移县就镇，因改为金城县。”是北魏因城县在唐金城县附近，即今甘泉县西北的洛水流域。《元和郡县图志》麟州条记载：“后魏时置石城县，废帝改为银城关。周武帝保定二年，移于废石龟镇城，即今县（指银城县）理是也。”[3]可见北魏时石城县与石龟镇城即后来的唐代银城县相距不远，盖同样在今陕西神木西南、窟野河以西地区。如此，则当时东夏州北部辖区形状狭长，沿黄河及其支流的河谷地带深入鄂尔多斯高原地区。此时上郡亦领上县，据《元和郡县图志》绥州龙泉县条：“后魏于此置上县，……属绥州。”[4]其地即唐龙泉县，在今陕西绥德一带。大斌县不见于《魏书・地形志》记载，但同样为北魏末年上郡属县。大斌县，“中下。东至州一百一十里”，“后魏孝明帝神龟元年，于今县（唐大斌县）东五里置大斌县，属上郡”。[5]北魏大斌县与上郡同时设置，县名“大斌”，取稽胡怀化、文武杂半之意，可见此县之设同样出于安抚稽胡地区的目的。在今陕西子洲县以西大理河流域。城中县同样设置于北魏晚期，“后魏孝明帝于今县（唐城平县）理西三十里库仁川置城中县”[6]，大致在今陕西清涧县西秀延河流域。则北魏时上郡至少辖有因城、石城、上县、城中、大斌五县，唯因城县所在与其他诸县距离较远，且其间有金明、朔方等郡境分隔，似不合情理，疑史书记载有误。

乐川郡不见于《魏书・地形志》，《元和郡县图志》丹州汾川县条云“后魏孝文帝置安平县，理薛川，属乐川郡”[7]，隋文帝时改为汾川。从行政区划上说，此郡当亦隶东夏州，其治所安平县即唐汾川县，在今陕西宜川县东北库利川入黄河处。

义川郡见于《元和郡县图志》丹州咸宁县条：“后魏孝文帝太和十八年，于白水

---

① 《延安市宝塔区文物图（南部）》，见国家文物局主编：《中国文物地图集・陕西分册》上，西安地图出版社，1998年，第272—273页。
② 《元和郡县图志》卷四《关内道四》，第102页。
③ 《元和郡县图志》卷四《关内道四》，第109页。
④ 《元和郡县图志》卷四《关内道四》，第103页。
⑤ 《元和郡县图志》卷四《关内道四》，第104页。
⑥ 《元和郡县图志》卷四《关内道四》，第104页。
⑦ 《元和郡县图志》卷三《关内道三》，第75页。

川置永宁县，属义川郡，在今县东二十里永宁故县是也。”[①]可见义川郡北魏时已经设置，应属东夏州。属县有永宁县，在今宜川一带。其他属县不详。

抚宁郡见于《隋书·地理志》雕阴郡开疆县条：“西魏置，有后魏抚宁郡”[②]。《元和郡县图志》银州抚宁县条记载西魏废帝“于县东抚宁故城置抚宁县，属抚宁郡”[③]。可见北魏时曾在后来的银州地区设立过抚宁郡。其治所当为唐抚宁县以东的抚宁故城，在今陕西子洲县以北的黄河西岸，处于沿延河进入鄂尔多斯高原腹地的咽喉要路上，地理位置十分重要。郡名抚宁，盖与安抚当地稽胡势力有关。西魏时此城已成为故城，很可能在北魏末年的战乱中被毁坏或放弃。抚宁郡属县情况不明。

（四）西夏州

西夏州是东魏设置于并州境内的侨置州，用以安置被东魏掠来的夏州军民。这些夏州军民，应即北魏末年夏州刺史斛拔弥俄突所部。斛拔弥俄突是北魏末年活跃于鄂尔多斯高原地区的一位军事首领，宇文泰为贺拔岳分析关陇形势时，将时任夏州刺史、“胜兵之士三千余人”的斛拔弥俄突与灵州刺史曹泥、河西流民首领纥豆陵伊利相提并论，[④]把他作为当时左右关陇局势的一方势力。史书中又称此人为“费也头斛拔弥俄突”[⑤]。费也头是当时在鄂尔多斯高原地区为北魏放牧的河西牧子的别称，这些出身敕勒等族的牧民在北魏末年发动起义，与北方六镇叛军遥相呼应，是摧垮北魏统治的重要力量。由此可见，斛拔弥俄突是北魏末年河西牧子的首领，他的夏州刺史职务与曹泥的灵州刺史类似，是北魏朝廷出于招安目的而授予的。斛拔弥俄突后来率部归顺宇文泰，东魏孝静帝天平三年（536），高欢率一万骑兵夜袭夏州，擒获并招降了这位西魏夏州刺史，“迁其部落五千户以归”[⑥]。斛拔弥俄突所部五千户正是东魏侨置西夏州的人口来源，其中主体是敕勒诸族牧民。

此州领有两郡，即太安郡、神武郡[⑦]。太安郡应即大安郡，《隋书·地理志》记载夏州长泽县“有后魏大安郡”[⑧]，则大安郡治所当在今内蒙古鄂托克前旗城川古城附近。神武郡治所不详。另外，东魏侨置原怀朔镇民的朔州所领五郡中亦有大安、神武。此类郡名与中国传统地名命名方法颇异。

---

① 《元和郡县图志》卷三《关内道三》，第75页。
② 《隋书》卷二九《地理志上》，第811页。
③ 《元和郡县图志》卷四《关内道四》，第105页。
④ 《周书》卷一《文帝纪上》，第4页。
⑤ 《北齐书》卷二《神武纪下》，第19页。
⑥ 《北齐书》卷二《神武纪下》，第19页。
⑦ 《魏书》卷一〇六上《地形志上》，第2503页。
⑧ 《隋书》卷二九《地理志上》，第812页。

过去一般认为所谓西夏州即治所位于统万城的夏州，与北魏时分置的东夏州对称。然东魏侨置西夏州所领的大安郡为不见于史的北魏旧郡。颇疑北魏末年曾为安抚斛拔弥俄突而以其部众设置了西夏州，领有太安、神武二郡，辖原夏州以西地区。后斛拔弥俄突归顺西魏，官居夏州刺史，其部众随他迁居统万，西夏州建制遂与夏州合一。当时夏州以西地区可能如北魏末年的灵州，并未建立成熟的郡县体制。

广牧郡之名见于《魏书・斛斯椿传》，斛斯椿为"广牧富昌人"[①]，其中广牧为郡名，下辖富昌县。两汉时广牧皆为朔方郡辖县，东汉末年属新兴郡，不曾独立设郡，此处的广牧郡非上溯两汉旧名，而是北魏时的实郡。胡三省据此推测北魏时期广牧曾经别为一郡[②]。北魏时有陆俟孙□，字清都，曾赐爵广牧子，北魏开国县子皆以县名为封号，则当时广牧亦为县名。《魏书・地形志》中有广牧县，为侨置于并州的朔州附化郡属县。斛斯椿是敕勒族人，"其先世为莫弗大人"[③]，父斛斯敦是北魏牧官。北魏末年，因"河西贼起，牧人不安"，斛斯椿为避乱带家小投奔尔朱荣。从"河西""牧人"，可知迫使斛斯椿携家避难的事件应是河西牧子叛乱，他的居住地北魏广牧郡当在鄂尔多斯高原地区。《斛斯椿传》中提及广牧郡辖有富昌县，西汉广牧县城在湳水流域[④]，今陕西府谷县境，魏富昌县治当距此不远。则北魏广牧郡应在今鄂尔多斯高原东北部，其下辖县除富昌县外，还应有与郡名相同的广牧县，但其设置时间及所隶高级政区的情况现已无法查考，姑附论于此。

二、政区沿革反映的北魏在鄂尔多斯高原的经营过程

鄂尔多斯高原地区州郡县的设置情况，反映了北魏在这一地区统治的深入。从设置时间上看，北魏在鄂尔多斯高原地区设置政区大致分为三个阶段。

第一阶段，是孝文帝之前，设置郡县的地区主要是鄂尔多斯高原的北部和东南部的延水、洛水流域。其中金明郡及所属三县设立时间最早，在太武帝太平真君年间；代名郡及所属呼酋县次之，在文成帝太安年间。金明郡主体位于白于山以南的延、洛二河上游地区，这一地区人口中游牧民所占比例较低，多为平地或山居的农耕人口，与起家于鄂尔多斯高原北部的原赫连夏政权历史联系较少，建立稳固统治的条件较为成熟，故而最早设立郡县。位于鄂尔多斯高原地区北部的代名郡，其辖区距离北魏统

① 《魏书》卷八〇《斛斯椿传》，第1772页。
② 《资治通鉴》卷一五四，梁武帝中大通二年（530）胡三省注，第4787页。
③ 〔唐〕李延寿：《北史》卷四九《斛斯椿传》，中华书局，1974年，第1785页。
④ 《水经注校证》卷三《河水》，第82页。

治的核心区域平城较近，早在代国时期拓跋鲜卑的势力已经渗透到这一地区，经营状况较好。文成帝年间，北方阴山—六镇防线已基本构筑完毕，柔然逾越南下鄂尔多斯高原的可能性大大降低，在此设置郡县的条件已经成熟。

第二阶段，即孝文帝太和年间。这一时期，不但作为北魏鄂尔多斯高原地区统治中枢的统万镇改为夏州，其下辖各城也迎来了一次全面改造。在高原腹地新设化政、阐熙二郡并其下辖的革融等四县，同时又新设渠搜县，划归代名郡管辖。后来由夏州分置的东夏州首郡偏城郡，同样设立于太和初年。文明太后冯氏与孝文帝祖孙二人对汉家制度的追求固然是北魏在太和年间大量改镇为州的重要原因，但鄂尔多斯高原地区战略形势的变化，方是推动统万镇辖区改行州郡县制的具体因素。统万城地处鄂尔多斯高原腹地，其周边地区是赫连夏的统治核心区，后来北魏又在此地安置了敕勒等部族的大量人口，游牧人口比例较高，统治难度较东南河谷地区为高。但经过太武、文成、献文数代经营，至孝文帝太和年间，北魏对鄂尔多斯高原腹地的控制力已有显著增强。且随着北魏西、北两侧的边境向外推移，鄂尔多斯高原不再是毗邻敌国的前线地区，统万镇支援边境战事的职能也不再突出。北魏在这一地区统治的巩固和当时战略形势的变化，使设郡县于鄂尔多斯高原腹地成为可能。

第三个阶段，即宣武帝年间到北魏末年。这一时期，鄂尔多斯高原地区改置和新设了若干郡县。推动这一进程的重要因素是当地少数民族的活动和北魏末年的动乱。其中稽胡的反抗活动是影响这一时期北魏政区变动的重要因素。因为汾州山胡首领刘龙驹与鄂尔多斯高原地区的胡族呼应入侵夏州，故平叛之后，宣武帝在薛和的建议下分原夏州东南部设立东夏州。孝明帝年间所设大斌县，更是直接以“稽胡怀化，文武杂半”之意命名，可见北魏对稽胡的警惕。新设之东夏州，其辖区不限于白于山脉以南地区，而是沿黄河及其以西诸河谷，深入鄂尔多斯高原腹地，其目的正在于与夏州辖区形成犬牙相入之势，切断河西诸胡部与河东稽胡的联系，防止如白龙、刘龙驹般跨河联动的大叛乱再次发生。然而，北魏在政区调整上做出的努力并未收到应有效果，不久之后就爆发了席卷北魏西部和北部的大动乱。除了破六韩拔陵、胡琛等崛起自西北军镇的反叛势力外，被称呼为费也头的河西牧子也起兵反魏，虽有夏州刺史源子雍等能臣干将极力弥补，却终无法力挽狂澜。在王朝末期，北魏虽在鄂尔多斯高原地区改置和增设了一批政区，如改薄骨律镇为灵州，在夏州设置太安、神武诸郡，但这些政区很多是为羁縻当地豪强而设立的名目，代表的是王朝秩序的失控而非加强。北部的代名郡更是被动乱的洪流摧毁，变成了夏州治下的一个侨县。政区紊乱是北魏末年在鄂尔多斯高原地区统治失效的重要表现。

综上，在鄂尔多斯高原地区推行州郡县制，是北魏强化其对该地区控制的重要方式。郡县政区从太武帝到文成帝时期的屈指可数，到孝文帝时期由改置和增置带来的数目增长，再到北魏末年的畸形增长和紊乱，反映了北魏政权在此地的统治方式由据点式的军事管理到不断深入延展的稳定统治再到最终崩溃的全过程。

第三节　北魏时期鄂尔多斯高原及其周边的军事道路

北魏时期，鄂尔多斯高原地区的战略地位十分重要。王朝前期，政治中心在平城，鄂尔多斯高原地区是北魏向西用兵时的必经之路，北魏西扩最重要的三次战役，即克统万城、击溃赫连定和灭亡北凉，军队行军路线都经过该地区。赫连夏灭亡后，鄂尔多斯高原地区的部族频有叛乱，北魏政府时常调动河西诸军镇的军队前往平叛。至北魏末年，关西大乱，河西牧子、边镇叛军和萧宝夤、贺拔岳等人率领的北魏平乱军，都曾在鄂尔多斯地区活动过。梳理北魏时期鄂尔多斯高原地区行军道路的相关记载，有助于我们更为清晰地把握当时的军事形势和各民族的活动情况。《魏书》和《北史》对北魏历次行军的过程记叙极为简略，不便于我们还原当时军事道路情况。一般情况下，一个王朝的道路并非凭空选择，而是对前代经营成熟的道路多有继承。本文拟根据史料中相关记载，比照严耕望等先生对北魏以后诸王朝交通状况的考证，尽量还原北魏时期鄂尔多斯高原及其周边地区的军事道路情况。

一、薄骨律镇东北向交通线

由薄骨律镇向东北方向通阴山以南六镇和国都平城的道路，是北魏时期鄂尔多斯高原地区重要的军事道路。其路线大致沿黄河而行，按经过地区的不同又分为水陆三条支线。

（一）自薄骨律镇沿黄河西岸向北通沃野镇道

此道在黄河分叉处向北经狼山高阙可直通漠北柔然辖区，向东可达位于汉朔方故城的新沃野镇。薄骨律镇向北沿黄河行至高阙，逾越狼山等，通向漠北之路。此路大致即严耕望所言唐时“灵州北达丰州、西受降城、天德军道及西城出高阙至回纥、黠戛斯道”[1]，它既是北方民族南下进攻关中的重要通道，也是北魏出兵漠北腹地的一条要路。但因北魏早早在河套地区设立了沃野镇，以重兵戍守，柔然经此道南下必

① 严耕望：《唐代交通图考·京都关内区》，“中央研究院”历史语言研究所，1985年，第209页。

须突破阴山以南六镇防线，故而在北魏统治鄂尔多斯高原期间，这条道路并不常被柔然利用。在薄骨律镇将刁雍开辟黄河水运通道前，由薄骨律镇向北镇运送补给多由此道。刁雍在太平真君七年（446）上太武帝的奏表中说："臣镇去沃野八百里，道多深沙，轻车往来，犹以为难。"可见这是一条有沙漠分布、不方便辎重通过的陆上通道。当时的沃野镇在黄河以东，根据"谷在河西，转至沃野，越度大河"之语来看，这条路线的起点在薄骨律辖区境内、黄河以西。乐史《太平寰宇记》中曾有这样的记载，即"弘静县，本汉城，居河外三里，乃旧薄骨律镇仓城也"[①]。这条记载证明后来改为弘静县的北魏弘静镇城是薄骨律镇下属的储藏河西屯田所产军粮的一处重要仓城，且弘静镇恰恰位于薄骨律镇东北方向、黄河以西。则被时人称为"汉城"的弘静镇很可能是这条陆上运输线的重要起点。这条路线"道多深沙"，可见经过沙漠地带，应即今贺兰山以北乌兰布和沙漠的雏形。根据严耕望先生考证，唐代灵州北通河套地区丰州的路线为：灵州—灵武县—弘静县—怀远县—定远县—乞伏山（今石嘴山一带）—西受降城—丰州。[②]这条路线大致沿贺兰山麓和黄河西岸行进。其中，弘静县即北魏弘静镇所在，怀远县为故饮汗城之地，皆是当时隶属于薄骨律镇的重要城池。北魏时薄骨律镇通沃野镇的陆上运粮道当与此路线大略一致，即由薄骨律镇发兵，先至弘静镇提粮，经由饮汗城，沿贺兰山东麓和黄河西岸行进，行至临近南北河分流处，即今磴口东北处，渡过黄河，东行至沃野镇。这条路线是薄骨律镇设立之初向北镇运送补给的重要通道，虽然在刁雍开通水上运输线之后，其作为补给线的作用有所下降，但作为连通河套、鄂尔多斯高原和更北的漠北、更西的河西地区的陆上通道，其作用历经数朝，是当时关涉鄂尔多斯高原的一条重要交通线。

（二）自薄骨律镇沿黄河通北镇之水路

薄骨律镇是北魏时期经营西北地区屯田的重要军镇，也是北镇军粮的重要来源。由薄骨律镇负责补给的军镇中最重要的是六镇中地处最西、控制河套地区的沃野镇。薄骨律镇向沃野镇运输粮草本由陆路，至刁雍担任薄骨律镇将时，方改为凭借黄河的水运。据唐长孺先生考证，刁雍担任沃野镇将的太平真君年间，沃野镇大致在汉沃野县故城，即内蒙古临河县（今内蒙古巴彦淖尔市临河区）南、黄河分流处的东南方向。这条水上运粮通道始于薄骨律镇，沿黄河而下，自沃野镇北转为陆运。按刁雍奏章中所说，一船往返一次所需时间为十五日，即"方舟顺流，五日而至，自沃野牵上，十日还到"，运输二十万斛约需六十日，较之陆运可谓大大节省了时间。这条水

① 《太平寰宇记》卷三六《关西道十二》，第764页。
② 严耕望：《唐代交通图考·京都关内区》，第210—218页。

上运输通道尚可继续沿黄河伸展，北魏末年的薄骨律守将贾显度曾率镇民顺河而下去投奔尔朱荣，可见这条水路可以顺黄河延伸到河东地区，且直到北魏末年仍在使用。

（三）经薄骨律镇辖区沿黄河东岸至北镇、平城道

经薄骨律镇辖区出发沿黄河东岸通向北镇的道路，主要见于太武帝讨赫连定之役。神䴥三年（430），太武帝西讨赫连定，大获全胜，赫连定单骑遁走。太武帝自安定回军，依次经过平凉、纽城，“四年春正月壬午，车驾次于木根山，大飨群臣”[①]。太武帝车驾所经之木根山，是魏晋南北朝时期鄂尔多斯高原地区一处重要的地标，莫久愚考证此山即桌子山，位于今内蒙古乌海市以东，[②]今从其说。太武帝车驾自平凉回军时，经过了木根山，古代游牧民族多沿河谷行军，则太武帝的返程路线很可能是自平凉出发，沿高平川（今清水河）河谷北行，转而沿黄河东岸而行，经木根山返回平城。太武帝到达木根山后取何道返回平城，因记载疏略现在已难以考证。但无论是自木根山沿黄河东岸到达当时的沃野镇，再渡河前往北镇，还是继续沿河东行返回平城，在交通上都是可以成立的。

二、经过统万镇（夏州）辖区诸交通线

统万镇是北魏前期重要的军事机构，经由其辖区的各军事交通线，是北魏政府控制鄂尔多斯高原进而向西统治河西地区的生命线，对北魏政权有着极为重要的意义，现分别论述如下。

（一）自统万城向东北经君子津通平城道

此即太武帝始光四年（427）西征赫连昌时所取路线。对这条道路，《魏书》中有明确记载：“五月，车驾西讨赫连昌。辛巳，济君子津。三城胡酋鹊子相率内附。帝次拔邻山，筑城，舍辎重，以轻骑三万先行。戊戌，至于黑水，帝亲祈天告祖宗之灵而誓众焉。六月甲辰，昌引众出城，大破之。”[③]太武帝由平城出发，经过君子津、拔邻山，渡黑水而至统万城下。君子津自代国时期就是拓跋部进入鄂尔多斯高原地区的重要渡口，其名称据说得自北魏时追封为桓帝的拓跋部领袖拓跋猗㐌对该地津长信守诺言的褒奖，位置大致在今内蒙古托克托县东南、清水河县西北的黄河之上。太武帝在出兵前即令执金吾桓贷在君子津造桥，可见早已选定此处为渡河的地点。拔邻山之名当出自胡

① 《魏书》卷四上《世祖纪上》，第78页。
② 莫久愚：《〈魏书〉木根山地望疏证》，《内蒙古社会科学（汉文版）》2011年第4期，第68—71页。
③ 《魏书》卷四上《世祖纪上》，第72页。

语译写，另有明元帝拓跋嗣时期曾渡君子津西狩于薛林山，二者可能为一地。拔邻山显在君子津西南方向，谭其骧先生在《中国历史地图集》中将其标于准格尔旗东南方向，当与其实际位置大致相近。太武帝自君子津渡河后，将辎重留在拔邻山，率轻骑先行，五月戊戌日到达黑水。这条道路的具体情况因史料缺乏，很难详细还原，但可根据后世道路大致推测。严耕望先生认为，魏伐赫连夏之故道，即由君子津向西南行，沿唐朝时麟、胜二州之驿道至石子岭或榆多勒城，转而向南，沿夏州北通天德军的驿道至统万。历代的军事道路之间有很强的因袭性，北魏建立之前途经鄂尔多斯高原北部的重要军事行动是前秦苻坚派苻洛率兵北伐拓跋代，太武帝讨伐赫连昌时的行军路线很可能与前秦军北伐路线相近。根据史书记载，前秦北伐军与依附于拓跋代的独孤部首领刘库仁所率骑军曾在石子岭有过一场大战，“［昭成］帝复遣库仁率骑十万逆战于石子岭，王师不利”[①]，可见石子岭地处关中通往拓跋部根据地代北的交通要道上，是当时鄂尔多斯高原的一处重要地标。石子岭位于今内蒙古湖洞察汗淖的西南方向，在唐朝时仍是自夏州北通塞外的必经之路，太武帝的军队很可能是从这里转而向南，到达统万城的。至此，则太武帝西征赫连夏的路线大致可推测，即自平城出发，西南行至君子津，然后继续向西南方向行进，先后渡过今乌兰木伦河、秃尾河（古称圁水），行至今乌审旗北偏西方向的石子岭，再转而向南，经突纥利泊、可朱浑水源、白城（即契吴城）、贺麟泽等地，渡黑水，凡200余里，兵临统万城下。太武帝之所以选取这条道路，一方面是由于当时正值夏季，若沿君子津直下西南，需经过许多河谷和河流，若无桥梁，通行极为不便，而沿先至石子岭再折而向南的道路行军，只需经过几条黄河支流的上游河段，水面较为狭窄，方便渡河；另一方面，该路线沿线地形平坦开阔，可以承载大规模的军队通行。这条道路的存在，是北魏前期平城政权可有效控制鄂尔多斯高原的重要保障。

（二）夏州经东夏州通东南道

东夏州是宣武帝年间分夏州东南部设立的新州，经此向东南，可渡黄河直通北魏后期都城洛阳，向西南，可通西北地区的政治中心长安，是连通鄂尔多斯高原地区与外界的重要交通枢纽。连通夏州与东夏州的道路，对保障北魏在鄂尔多斯高原地区的统治有重要意义。

北魏时期，夏州与东夏州之间数有大军通行，在东夏州正式设立之前即有谏议大夫薛和发夏州兵讨平山胡刘龙驹的记载。史书记载事关鄂尔多斯高原地区的历次军事行动中，最能反映夏州与东夏州之间道路走向的，当属北魏末年夏州刺史源子雍平

---

① 《魏书》卷一《序纪》，第16页。

定东夏的战役。当时，“子雍新平黑城，遂率士马并夏州募义之民，携家席卷，鼓行南出”[①]，可见他自东夏州南下时行军路线经过黑城。黑城在当时东夏州临真县南，即今陕西甘泉县以东的黑水南岸。子雍经此统兵南下，进攻盘踞于锯谷和杨氏壁的叛军。此道较严耕望先生所说唐时经过甘泉的延夏官道[②]偏东，然当时行军的目的是镇压黑城叛军，所取路线未必为官道。

（三）经统万镇境北通北镇道

此处所论，即经过统万镇辖区的南北向道路。统万镇辖区甚大，南北向道路当不止一条，但史料对此着墨不多，且极为疏略，比较清晰的有《魏书》中对道武帝拓跋珪出兵讨伐刘卫辰的记载：“乘胜追之，自五原金津南渡，迳入其国，居民骇乱，部落奔溃，遂至卫辰所居悦跋城。”[③]金津在今内蒙古包头市西南方向的黄河之上，此处后来为夏州代名郡辖地。而悦跋城在今内蒙古伊金霍洛旗西北，已经深入鄂尔多斯高原腹地。道武帝攻克悦跋城后，分派两员大将追击铁弗部残敌，其中陈留王拓跋虔向西南方行进至今宁夏盐池县东北方向的白盐池，几乎贯穿鄂尔多斯高原全境。这条道路具体所经不详，但鄂尔多斯高原北部地势相对开阔，在当时尚有天然植被存在，适合骑兵行军，在选择道路时当可根据军事行动需要灵活调整。统万镇辖区有可灵活使用的南北向道路，使北魏可以随时调发阴山以南的精兵镇压鄂尔多斯高原境内的叛乱，这是北魏能够控制安置于此的敕勒、柔然部族的重要原因。

（四）经统万镇境通河西道路

经统万镇西通河西的道路，主要见于太武帝西征北凉之役。太延五年（439）六月，太武帝起兵西征，七月，至上郡属国城，八月兵临姑臧。太武帝主力军所取道路的前半段，盖与灭夏时相近，即由君子津渡河，向西南行进。上郡属国城即今敖柏淖尔古城，位于今内蒙古乌审旗北偏西方向约40公里处。随后继续西行渡河，进入河西地区。这条道路与严耕望先生考证的唐时鄂尔多斯高原地区的东西向干道即灵—盐—夏官道相比，位置明显偏北，这既是因为太武帝的出兵地点是位于鄂尔多斯高原东北方向的平城，可能也与当时夏州以北植被分布尚较为茂盛有关。太武帝渡河的地点，很可能是薄骨律镇。前文已经提到，早于西征北凉之役三年设立的薄骨律镇，是太武帝攻取河西的跳板，太武帝选取此处为渡河地点是符合情理的。灵州在后世也一直是由鄂尔多斯高原前往河西地区的要津。据《魏书》记载，北魏大臣李顺等曾劝阻

---

① 《魏书》卷四一《源子雍传》，第930页。
② 严耕望：《唐代交通图考·京都关内区》，第236页。
③ 《魏书》卷九五《刘虎传附刘卫辰传》，第2055页。

太武帝西征，言讨伐凉州的行军路线“自温圉河以西，到于姑臧城南，天梯山上冬有积雪，深一丈余，至春夏消液，下流成川，引以溉灌。彼闻军到，决此渠口，水不通流，则致渴乏。去城百里之内，赤地无草，又不任久停军马”[①]。温圉河在今甘肃皋兰县附近，天梯山是河西名山，位于今甘肃武威市南约50公里处，则太武帝所取道，应是自薄骨律镇渡河，取贺兰山东麓南下，大致沿黄河而行，进入河西走廊，最终到达河西重镇姑臧。

除太武帝主力所取道外，常山王拓跋素的先头部队，很可能是从统万镇西行渡河进入河西的，其所取道该与唐世灵—盐—夏官道接近。

三、史籍中略写的其他道路

除以上所述道路外，当时尚有多条军事道路穿越鄂尔多斯高原，但因史料不足，难以详其所经。比较典型的有孝文帝初年，源贺讨平河西诸镇敕勒反叛时所取道路。此次反叛声势甚大，沃野、统万、高平、上邽诸镇均参与其中。源贺军队自平城或北镇出发，最终在枹罕和金城分别击溃两支叛部主力。其军队前半段行军方向不详，后半段应沿黄河南岸行进，可证当时鄂尔多斯高原地区有沿黄河直通今兰州一带的军事道路。当时河西诸军也曾多次进入河东地区弹压山胡叛乱，足证当时有连通鄂尔多斯高原和河东地区的军事道路，但今山陕之间黄河两侧津渡不少，因史料疏略，历次河西军队出境东援时所取道路已经难以还原。文成帝时出于行猎需要还开通了从河东通往鄂尔多斯高原的河西猎道。

综上，北魏时期鄂尔多斯高原地区有通向北镇、河西、平城、洛阳、长安等地区的多条军事道路，地区内部的各军事重地之间亦有道路相连。这些路线保证了北魏军事力量对鄂尔多斯高原的渗透，是王朝控制西部地区的有力支撑。

第四节　北魏时期鄂尔多斯高原地区的后勤补给体系

补给是军事活动的重要一环，北魏是幅员辽阔的帝国，鄂尔多斯高原地区又是民族成分复杂的地区，王朝向这里派驻大量的军队来维持统治秩序，并建立以自给为主的补给体系。

军粮补给方面，除赋税所得外，统万、薄骨律两军镇下领有大量屯田，其军粮出

---

① 《魏书》卷三五《崔浩传》，第822—823页。

产不仅供给本镇需求，还要支援北境军镇。统万镇所领屯田位置不详，大致应在东部黄河诸支流沿线的河谷地带。薄骨律镇的屯田则分布在黄河以西、贺兰山脉以东的狭长地带。鄂尔多斯高原诸军镇的士兵、镇户多出身胡族，对农作物需求量相对较少。从统万镇和薄骨律镇可以向北镇输送粮草看，通过赋税和屯田，这两大军镇可以实现本镇军粮的自给。

相对军粮，北魏在鄂尔多斯高原的军队对畜牧产品有相当大的需求，且当时这一地区牧业条件较好，东汉以来有大量游牧部族在此生存繁衍，太武帝更在此设立了北魏重要的官营牧场——河西牧场[①]。史书记载："世祖之平统万，定秦陇，以河西水草善，乃以为牧地。畜产滋息，马至二百余万匹，橐驼将半之，牛羊则无数。"[②]可见河西牧场占地甚广，产量极大。在河西牧场上为北魏劳作的主要是附属于王朝的敕勒等族牧民，史书中一般称他们为费也头或河西牧子，今天我们可通过当时敕勒族在鄂尔多斯高原的活动情况来推测河西牧场的范围。前面提到，沃野、统万二镇治下均有大量敕勒部民，他们不能承受北魏政府的剥削，曾多次反叛、逃亡。沃野镇主体在黄河以北，本身就是安置北方游牧民族的重要基地。统万镇辖区也安置有大量敕勒，例如前文提到的河西牧子首领斛拔弥俄突，其部族游牧的范围即在统万城以西。《魏书》中还有河西牧子围攻薄骨律镇城被镇将击退的记载[③]。可见当时薄骨律镇辖区同样有河西牧子在为北魏放牧。当时的鄂尔多斯高原地区自然环境与今日差异颇大，赫连勃勃即曾盛赞统万城以北地区牧业条件优良。河西牧场巅峰时期有马二百余万匹，骆驼百万头，牛羊无数，如此巨大的产量显然不只是为了供应当地军镇，还会向其他地区输送。河西牧场强大的畜牧生产能力，有效弥补了当地农业水平不足的问题，使得北魏能够在鄂尔多斯高原维系强大的军事力量。但北魏政府对国营牧场上敕勒等族游牧民的盘剥，激化了民族矛盾，使得这些尚保持着部落建制和强大军事能力的游牧民奋起反抗，最终瓦解了王朝在鄂尔多斯高原的统治秩序。

综上，北魏政府在统治鄂尔多斯高原百余年间，通过一系列措施，建立起相对稳定的统治秩序。军事机构方面，以统万、薄骨律、沃野三大军镇为主体，分布于交通要道的众多军城为延伸，建立了据点式的军事管理模式，并通过恩威并施的手段迫使敕勒、山胡、铁弗等部族臣服。行政机构方面，随着统治力的加强，北魏开始在鄂尔多斯高原推行州郡县制。在北魏政府将统万镇改置为夏州后，这种中原式的行政区划

① 马旭东：《北魏牧政研究》，西北师范大学硕士学位论文，2011年，第37页。
② 《魏书》卷一一〇《食货志》，第2857页。
③ 《魏书》卷七上《高祖纪上》，第137页。

在鄂尔多斯高原的大部分地区得到确立。同时又通过建立军事交通网和补给体系，将王朝的秩序进一步强化。不过，由于当地很多部族还维系着部落的建制，州郡县机构对辖区的实际控制力有限，直到北魏末年，以据点为中心的军事管理体制并未从根本上有所改变。

第六章　西魏北周时期鄂尔多斯高原军事地理

公元534年，随着北魏末代皇帝孝武帝元修西奔关中，盛极一时的北魏王朝在遍地狼烟中走向了灭亡，取而代之的是两个东西对峙、依托于胡化武人集团的新政权——东魏和西魏。鄂尔多斯高原除东北一角外，大部分成为西魏政权的领土，宇文氏取代元氏自立后，又成为北周王朝的辖区。西魏建立初期，鄂尔多斯高原的形势极为动荡，费也头牧子和当地豪强的势力盘根错节，广布于黄河两岸的稽胡趁机崛起，雄踞中原的东魏高欢同样对鄂尔多斯高原地区虎视眈眈。如何恢复对当地的控制力并重建统治秩序，成为摆在西魏权臣宇文泰面前的一道难题。宇文泰通过多年战争，击溃了灵州刺史曹泥等反对势力，遏制了高欢对黄河以西地区的渗透，又对稽胡和当地豪强势力进行不断打击，使得西魏王朝的实际控制区不断北扩。他又通过外交手段最大程度上降低了突厥对鄂尔多斯高原的威胁。他的策略被其侄宇文护继承，至北周年间仍在推行。不过北周在鄂尔多斯高原重构统治秩序的事业，直到武帝宇文邕年间才真正完成。

第一节　西魏对鄂尔多斯高原的经营情况略论

北魏末年，关西地区群雄并起，形势复杂。左右关西局势的军阀中，既有以贺拔岳、宇文泰为代表的带有官方立场的北镇武人集团，又有曹泥等地方豪强和斛拔弥俄突等河西牧子领袖。宇文泰虽然继承了贺拔岳的部众，在当时关西群雄中实力最强，但其势力主要集中在泾、原、豳等州，对其他地区掌控力相对较弱。故而在534年迎北魏孝武帝入关后，宇文泰一方面密切防备占据中原之地的高欢，另一方面着手扫平群雄，确保自己在关西的统治。

西魏经略鄂尔多斯高原的措施，首先是与东魏争夺对夏州的统治权。夏州可算宇文泰的龙兴之地，北魏末年，他曾受关西行台贺拔岳委派，出任夏州刺史。贺拔岳被杀后，宇文泰被众军将自夏州紧急追回平凉拥立为主。西魏建立之初兵力较少，无力彻底掌控夏州，便仍以亲西魏的费也头首领斛拔弥俄突为夏州刺史，实际上类似于羁縻统治。大统二年（536）正月，东魏丞相高欢亲统轻骑夜袭夏州，擒获斛拔弥俄突，迁其部落五千家东归，留下部将张琼、许和镇守统万城。东魏统治夏州近两年。大统三年（537）宇文泰于沙苑击败高欢，“进军蒲坂，略定汾、绛”[①]后，东魏夏州副将许和杀主将张琼，投降西魏。宇文泰任命招降许和的长孙俭为西夏州刺史，总统三夏州。长孙俭出身北魏勋贵之家，是宇文泰幕府旧人，且曾在夏州任职，所谓“太祖临夏州，以俭为录事”[②]，对当地的情况较为熟悉。由他总摄三夏州，有助于协调各方关系，强化西魏在鄂尔多斯高原的统治。沙苑之战后，西魏政权终于稳固下来，又通过收编东魏降卒和征发关中豪强武装入伍，使军队得到扩充，兵力上捉襟见肘的局面有所改变。西魏年间出任夏州刺史的有怡峰、宇文贵、李和等，他们的努力使得西魏在夏州的统治逐步稳固，有效阻止了东魏对鄂尔多斯高原的渗透。

西魏经略鄂尔多斯高原的另一大措施是处置地方豪强势力。一方面，宇文泰积极打击反对他的地方豪强，以讨平曹泥为代表。曹泥是北魏末年崛起于灵州的地方军阀。宇文泰、曹泥两大势力之间的关系一向紧张。在宇文泰的旧主贺拔岳主政关西时，曹泥就拒绝降附，暗通高欢。灵州战略地位极为重要，不但控扼黄河水路，而且沿高平川南下，可直接威胁关陇集团的根据地泾、原二州。曹泥据此，则可与高欢遥相呼应，故而被宇文泰视为心腹大患。孝武帝西迁的当年十一月，宇文泰“遣仪同李虎与李弼、赵贵等讨曹泥于灵州，虎引河灌之。明年，泥降，迁其豪帅于咸阳”[③]。曹泥与其婿刘丰得到东魏阿至罗的接应，率五千遗户投靠东魏。宇文泰一次出动三员大将，且采取水攻战术，可见他对灵州势在必得。夺取灵州后，宇文泰再无后顾之忧，得以专心应对高欢的攻势。另一方面，宇文泰对有当地豪强背景的将领也能大加提拔。例如李和，其父李僧养“以累世雄豪，善于统御，为夏州酋长”[④]，是当地有名的豪强势力。李和最初投效于贺拔岳帐下，后追随宇文泰。至西魏时，宇文泰不但

① 《周书》卷二《文帝纪下》，第24页。
② 《周书》卷二六《长孙俭传》，第427页。
③ 《周书》卷一《文帝纪上》，第13页。
④ 《周书》卷二九《李和传》，第497页。

为李和赐姓宇文氏，还任命他为夏州刺史。其后李和长期在鄂尔多斯高原地区担任要职。与他情况类似的还有王雅，史书记载他是“阐熙新囼人”[①]，与李和同样是夏州人士，随宇文泰历战有功，在西魏年间先后出任延、夏两州的刺史，他也是隋朝名将王世积的父亲。宇文泰任命具有当地背景的将领出镇鄂尔多斯高原，目的正在于利用他们的威望和家族武装，强化西魏在该地区的统治。

西魏时期，为了强化对鄂尔多斯高原的控制力，还对当地的稽胡势力进行了一系列打击。稽胡是鄂尔多斯高原地区主要的土著民族，其势力在北魏时已经相当可观，至西魏初年，“居河西者，多恃险不宾。时方与齐神武争衡，未遑经略。太祖乃遣黄门郎杨（忠）〔摽〕就安抚之”[②]。可见盘踞在鄂尔多斯高原山谷地带的稽胡，是西魏控制该地区的一大障碍。大统五年（539），黑水部率先反叛，从部落名称看，该部应该主要活动于统万城以北的黑水流域。吕思静通过北齐所设黑水领民都督的官职推断黑水部的叛乱可能与东魏的策动有关[③]，其说可从。次年，又有白额稽胡之叛，被李弼、宇文深等人平定。大统七年（541），稽胡酋帅夏州刺史刘平伏在上郡起兵，西魏以大将于谨为主帅出兵讨伐，侯莫陈崇、豆卢宁等将领也参与了此役，可见这次稽胡反叛声势浩大。其后，“北山诸部，连岁寇暴。太祖前后遣李远、于谨、侯莫陈崇、李弼等相继讨平之”[④]，通过对稽胡进行的历次军事打击，西魏在鄂尔多斯高原的统治环境有所改善，但问题显然没有得到根本解决。与稽胡之间的反复拉锯，成为西魏北周经略鄂尔多斯高原的一条主线索。

西魏时州仍是鄂尔多斯高原最高的政治军事机构。当时亦有一军区兼统数州的情况存在，例如长孙俭和怡峰都曾以一州刺史总摄三夏州诸军事。但这种军区只是魏晋以来都督区的延续，且由于西魏在该地区的统治并不稳固，这种军区的实际效力值得怀疑，很多时候只是单纯代表武装力量的隶属关系。

终西魏之世，关中政权未能在鄂尔多斯高原地区建立一套完整的军事防御体系。这点，从北方游牧民族对关中的入侵就可以看出。大统六年（540），“茹茹度河至夏州，太祖召诸军屯沙苑以备之”[⑤]。西魏政府的紧张应对，正反映了当时关中以北军事力量真空的窘境。即使到柔然汗国已经灭亡的魏恭帝元年（554），其残部首领乙旃达官犹能越过夏州侵扰东夏州广武郡。

---

① 《周书》卷二九《王雅传》，第501页。
② 《周书》卷四九《稽胡传》，第897页。
③ 吕思静：《稽胡史研究》，华中师范大学硕士学位论文，2012年，第67页。
④ 《周书》卷四九《稽胡传》，第897页。
⑤ 《周书》卷二《文帝纪下》，第27页。

公元552年，柔然可汗郁久闾阿那瓌为突厥所攻，兵败自杀，称霸北方草原百余年的柔然汗国灭亡，突厥立足未稳，暂时无力南顾。乘此机会，西魏权臣宇文泰积极运作，谋求加强对鄂尔多斯高原地区的控制力。恭帝三年（556），宇文泰北巡，“秋七月，度北河”[①]，其行程纵贯鄂尔多斯高原。这次出巡正是宇文泰谋求进一步控制鄂尔多斯高原的一个信号。虽然因为宇文泰的突然病逝，计划暂时搁浅；但经过其后继者宇文护、宇文邕的努力，北周政权的势力范围不断北扩，终于稳定控制了黄河以南的鄂尔多斯高原全境。

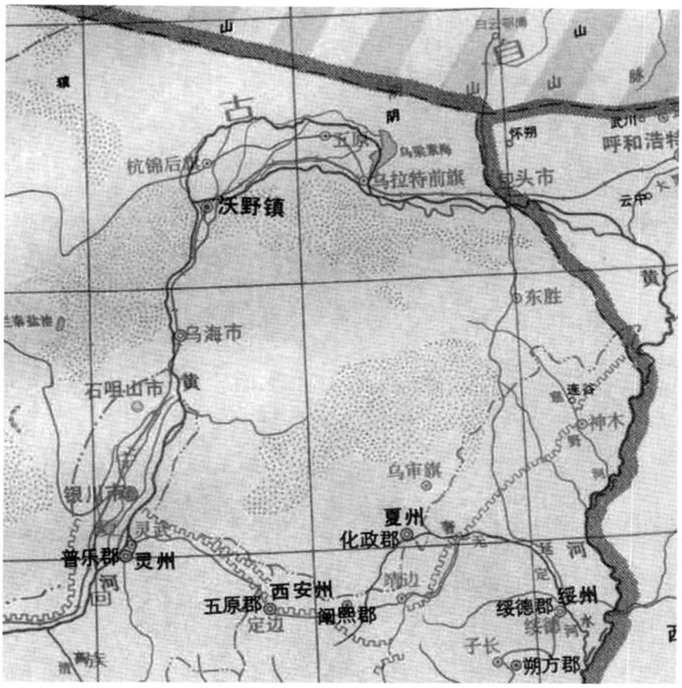

图6-1　西魏北周时期鄂尔多斯高原军镇分布

第二节　西魏北周鄂尔多斯高原的军事机构

北魏中后期，由于战略形势的变化和孝文帝的汉化改革，军镇的地位不断下降。孝明帝年间，北魏朝廷出于安抚北镇的需要，下令将西、北诸军镇改为州，辖土治民的强大军镇自此成为历史。西魏北周继承了这一趋势，军镇（又称为防）变成了单纯的军事单位，地位低于州。更高层的军事机构方面，西魏时期往往由重将都督数州军事，以致形成不稳固的军区。至北周时期，这种军区以总管府的形式固定下来，但各

① 《周书》卷二《文帝纪下》，第36页。

总管府辖区仍时有变化。西魏的经营策略已详前节。本节拟从总管府、镇（防）两个方面，论述当时关中政权在该地区的军事布置。

一、北周在鄂尔多斯高原地区所设总管府

北周王朝在地方制度上所做的最大创新即是将原本不稳定的都督区改为相对稳固的总管府。北周武成元年（559），周明帝宇文毓诏改都督诸州军事为总管，总管府制度自此确立。学界对总管府的权限范围尚存异议，但都肯定它是节制数州的军事机构。总管府制度作为北周军事制度的重要组成部分，不但在当朝发挥了重要的作用，还为之后隋唐王朝所继承，产生了深远的影响。

北周在鄂尔多斯高原地区设置有夏州、灵州、延州三总管府，这三大总管府和下辖的镇（防）、城构成了北周在这一地区的军事防御体系。兹分别论之。

（一）夏州总管府

夏州总管府设置时间不详，盖即为天和初年改置。总管府设于统万城，与夏州同治。北周夏州总管可考者有赫连达、长孙俭、豆卢勣。赫连达是赫连夏皇室之后，“性刚鲠，有胆力”[①]，后投效于贺拔岳帐下。贺拔岳被害后，赫连达支持赵贵提议，亲往夏州迎宇文泰来平凉主持大事，可谓宇文氏的从龙之臣。后又参与讨伐曹泥、平定汉中等战役。他担任夏州总管是在保定（561—565）初。长孙俭是北周重将，于武帝天和四年（569）出任夏州总管。豆卢勣是豆卢永恩之子，出继伯父北周大将豆卢宁为后，武帝年间“历信、夏二州总管”[②]。赫连达为赫连夏皇室之后，长孙俭在西魏年间曾督三夏州军事，二人皆是长于军略的北周重臣，且与夏州有历史关系。豆卢勣是贵族子弟，曾就学于北周国立学校露门学，涉猎经史，为政宽惠，任职时尚不以武略见长。前后夏州总管的人选差异，正反映了北周在鄂尔多斯高原腹地的统治已经逐渐巩固。

《周书》记载赫连达于“保定初，迁大将军、夏州总管、三州五防诸军事”[③]，可见当时夏州总管府辖有三州、五防。前文已经论述过，鄂尔多斯高原地区在西魏时虽没有如后世总管区般稳定的大军区，但三夏州常常归属于同一都督区。然至北周时期，由东夏州改置的延州同样设有总管府，如此则延州不在夏州总管所辖三州之列。南夏州乃西魏分北魏夏州阐熙郡等地而设，位于统万城西南方向，西魏废帝三年

① 《周书》卷二七《赫连达传》，第439页。
② 《隋书》卷三九《豆卢勣传》，第1156页。
③ 《周书》卷二七《赫连达传》，第441页。

（554）改为长州[①]。西魏西安州后改为盐州，州治在今陕西定边附近。纪浩认为夏州总管府所辖即为夏、长、盐三州[②]。因当时统万城以东黄河沿岸归属于延州总管府，夏州总管府所辖另外两州显在夏州以西，而当时灵、夏二州间所设州级政区唯有长、盐二州，它们应同归夏州总管府管辖，纪氏之论确。如此则夏州总管府之辖区，约同于北魏后期分置东夏州后的夏州，包括鄂尔多斯高原的中部与北部地区。夏州总管府的辖区亦非一成不变，据史料记载，杨坚之父杨忠曾在保定四年（564）出任“总管泾豳灵云盐显六州诸军事、泾州刺史”，可见当时盐州一度隶属于泾州总管府。夏州东北方向有银州，设立于保定二年（562）[③]，建德元年（572）划归延州总管府，则在此之前银州应曾一度隶属于夏州总管府。若盐州是在杨忠出任泾州总管时归属泾州总管府的话，夏州总管府曾一度辖有夏、长、银、盐四州之地。

（二）延州总管府

延州总管府是北周设于鄂尔多斯高原地区的重要军事机构，史书中对其记载较夏州总管府为详。据严耕望先生考证，北周时曾担任过延州总管的有李檦、宇文盛、宇文丘、李和、王庆、韦孝宽、宇文庆等[④]。李檦为西魏北周时期著名骁将，曾先后随李弼、豆卢宁征讨稽胡，武成年间出任延州总管，大约至保定四年卒于任所。[⑤]总管府之设始于武成元年（559）正月，李檦应为北周延州总管中较早的一位。宇文盛、宇文丘兄弟是北镇军人出身，战功显赫，且因为参与了晋公宇文护诛杀赵贵之事，甚得其重用。宇文盛本传将其“转延州总管”系于随贺兰祥平吐谷浑洮阳、洪和二城之后[⑥]，贺兰祥西征获胜是在武成元年五月。宇文盛应是继保定四年病逝于任所的李檦而出任延州总管的，他在延州任职至天和五年（570），后入朝任大宗伯。宇文丘本传中未明言他曾担任延州总管，但“延绥丹三州三防诸军事、延州刺史”[⑦]的职务表明他是统辖三州军事的最高长官，显是延州总管无疑。宇文丘死于建德元年，且死前还曾由延州总管转任凉州，可见他是继兄长之后出镇延州的，且任职时间不长。李和出身朔方豪族，据本传其任职时间为天和三年（568）至建德年间（572—578），与

---

① 《周书》卷二《文帝纪下》，第34页。

② 纪浩：《周隋时期鄂尔多斯高原总管府的沿革》，《西安社会科学》2011年第2期，第105页。

③ 《元和郡县图志》卷四《关内道四》，第104页。

④ 严耕望：《中国地方行政制度史——魏晋南北朝地方行政制度》，第456—457页。

⑤ 《周书》卷一五《李弼传附李檦传》，第243页。“四年卒于镇　张森楷云：‘此不知是何四年，若蒙上“武成初”，则止二年，无四年也。《北史》无文，今亦阙疑。’”见同卷校勘记〔一八〕，第255页。

⑥ 《周书》卷二九《宇文盛传》，第493页。

⑦ 《周书》卷二九《宇文盛传附宇文丘传》，第494页。

宇文兄弟的任期有矛盾，不详何故。韦孝宽是出身于京兆望族的北周名将，长期镇守东部重镇玉壁城，屡挫强敌。据本传，他出镇延州当在建德末至大象初①。王庆同样为北周宿将，且出使突厥有功，在北周末年担任延州总管。

延州总管府的辖区前后有所变化。李檷于武成年间出镇延州时，总管府辖延、绥、丹三州，李和、宇文丘等人在位时同样如此。《周书·李和传》载："天和三年，进位大将军，拜延绥丹三州武安、伏夷、安民三防诸军事、延州刺史。六年，进柱国大将军。建德元年，改授延绥银三州文安伏夷安民周昌梁和五防诸军事。"②可见延州总管府辖区的变化发生在建德元年，由原本的延、绥、丹三州变为延、绥、银三州，所辖防数也由三个变为五个，管区向北推移。《李和墓志》中称其官号为"延绥丹银四州、大宁、安民、姚襄、招远、平独、朔方、武安、金明、洛阳原、启沧十防诸军事、延州刺史"③，所辖范围较史书记载为大，当是总前后辖区而言。北周时期延州总管辖区大致为北魏后期东夏州辖区。

延州总管府所辖为鄂尔多斯高原东部地区，与北齐龙兴之地河东隔河相望，肩负着防止北齐军队通过鄂尔多斯高原进攻关中的重要使命。《李和墓志》中记载延州总管府下辖诸防中，姚襄、大宁等城皆在黄河以东，是北周攻取汾河流域的前沿阵地。北周将这几座城池划归延州总管府治下，使其辖区越过黄河向东延伸，似一把尖刀插入河东地区，从而达到依托鄂尔多斯高原东部数州军力，维持北周对汾河地区军事压迫的目的。由此可见，延州总管府不仅仅肩负着防备北齐军队向西侵入鄂尔多斯高原地区的使命，同时也在北周东方攻略中发挥着重要作用。同时，延州总管府所辖地区还是稽胡的聚居区，镇扼治下各民族同样是其重要任务。北周历任延州总管多为战功显赫的名将，其中部分人还具有当地豪强的背景，北周政权命将之用心可见一斑，这也从侧面反映出当时延州总管府的重要地位。

（三）灵州总管府

《隋书·地理志》和《元和郡县图志》等文献均言北周曾在灵州设立总管府，刘昶在大象年间（579—580）曾官至"秦灵二州总管"④。北周灵州总管府资料较少，辖区不详。但根据《隋书·地理志》记载，北周曾在鸣沙县设立会州，则会州很可能也隶属于灵州总管府。据纪浩研究，灵州在西魏北周时期仍以补给功能为主，较少承

① 《周书》卷三一《韦孝宽传》，第542页。
② 《周书》卷二九《李和传》，第498页。
③ 《李和墓志》，见付珺：《隋李和墓研究》，中央民族大学硕士学位论文，2013年，第28页。
④ 《周书》卷一七《刘亮传附刘昶传》，第285页。

担作战任务。

二、西魏、北周在鄂尔多斯高原所设镇防

西魏、北周上承北魏，在军事要地设置有镇，但其镇的地位较诸北魏时期大为降低，地位与州相等甚至更高的大军镇已经绝迹。西魏、北周之镇也称为防。当时经常出现一州之下设有数防的情况，可见其地位逊色于州。而且当时州的数量本已较北魏前期膨胀很多，镇的地位下降之严重可见一斑。西魏、北周严格奉行关中本位政策，且前期军队数量不多，诸镇、防的军队数量相比北魏时也当有所减少。尽管如此，镇在巩固西魏、北周军事防御体系方面，仍然发挥了重要的作用。在地广人稀、异族广布的鄂尔多斯高原地区，镇防作为控制重要城市和交通要道的军事据点，其作用尤为突出。下面分别论述西魏、北周设置于鄂尔多斯高原及其邻近区域的镇防。

（一）永丰镇

永丰镇位于河套地区，南隔黄河与鄂尔多斯高原相望，是北周时期新设军镇中最北的一座。《元和郡县图志》记载，“周武帝于今永丰县置永丰镇”[①]，可见此镇设立于周武帝年间，位置同唐永丰县城，即今内蒙古巴彦淖尔市临河区东北方向，据《元和郡县图志》此镇设立于保定三年（563）[②]。永丰镇地处河套地区，设立此镇显然是为了防范北方的突厥。能够越过南河，重新在河套地区设立军事据点，可见北周对鄂尔多斯高原的控制力有所加强。隋文帝开皇五年（585）于此设立丰州，仁寿年间又单独设立总管府，[③]该军镇持续发挥作用，成为中原王朝控扼河套、北图草原的前沿阵地。

（二）弘静镇

隶灵州总管府，为北魏旧镇，西魏、北周因之。

（三）鸣沙镇

鸣沙镇位于灵州西南120里，即唐鸣沙县所在地、今宁夏青铜峡东南。北周保定二年（562），于此设立会州。建德六年（577）改为鸣沙镇。北周将其由行政区改为军管区，除当地人口较少等可能的原因之外，军事上的考虑同样起了相当的作用。鸣沙镇地处水陆要冲，北周在灭亡北齐后突然将此地改为军管区，盖与设立永丰镇的理由相同，即防备北方的突厥由此突破黄河进入鄂尔多斯高原和关中地区。

---

① 《元和郡县图志》卷四《关内道四》，第112页。
② 《元和郡县图志》卷四《关内道四》，第113页。
③ 《隋书》卷二九《地理志上》，第813页。

鸣沙镇与各总管府统辖关系不详，但从地理位置看，其受灵州总管府节制的可能性很高。

（四）安民防

现存史料中以《周书·李和传》对北周时鄂尔多斯高原东部地区镇防分布情况的记载最为详尽。原文为“天和三年，进位大将军，拜延绥丹三州武安伏夷安民三防诸军事、延州刺史。六年，进柱国大将军。建德元年，改授延绥银三州文安伏夷安民周昌梁和五防诸军事”，这段史料中李和第一次担任延州总管的时间与宇文盛兄弟的任期有冲突，但关于建德元年（572）前延州总管府所辖三防的记载当可信据。

《李和传》所列镇防名称中，安民防在辖区变化前后皆在延州总管府治下，可见其在延、绥二州境内。据记载，西魏时曾在上县境内设安宁郡，下辖安宁、绥德、安民[①]三县。[②]安民防盖与县同治，在今陕西延川县东南。王仲荦先生在《北周地理志》中引用《元和郡县图志》言：“后魏于其（临河故城）中置安人县及安人镇，属东夏州。隋文帝废镇置安人戍。”[③]语句为今本所无。[④]据此则安民防属东夏州，其设置当在改称延州的西魏废帝三年（554）之前。而据《隋书·李穆传》中“天和中，进爵申国公，持节绥集东境，筑武申、旦郛、慈涧、崇德、安民、交城、鹿卢等诸镇”[⑤]，则安民防当设置于北周天和年间（566—572），较安民县之设为晚，且“筑”字似表明此镇不与安民县同址，而是别有一城，抑或为翻新城防。未详孰是。

（五）文安防

文安防亦隶延州总管府。西魏时有文安县，“后魏分安人县于此地置文安县”[⑥]，此城后来成为隋唐延川县治，在今延川县附近，清涧河以西。文安防应与县同治。

（六）伏夷防

伏夷防在辖区变化前后皆隶延州总管府，当在延、绥二州境内。北周时有冯恕，“位至仪同三司、伏夷镇将、平寇县伯”[⑦]。冯恕是宇文护亲信冯迁之子，且勋、爵的等级较高，可见伏夷镇在当时的地位是比较重要的。

---

① 原文作“安人”，为避唐太宗讳，当时名称为安民。
② 《隋书》卷二九《地理志上》，第811页。
③ 王仲荦：《北周地理志》，第77页。
④ 《太平寰宇记》中亦有类似语句，见《太平寰宇记》卷三六《关西道十二》，第755页。定有所本。
⑤ 《隋书》卷三七《李穆传》，第1116页。
⑥ 《元和郡县图志》卷三《关内道三》，第77页。
⑦ 《周书》卷一一《宇文护传附冯迁传》，第181页。

（七）周昌防

周昌防之名见于《李和传》，为建德元年辖区变化后延州总管府所辖五防之一。周昌之名，亦见于《隋书·郭荣传》。郭荣奉晋公宇文护之命，“于上郡、延安筑周昌、弘信、广安、招远、咸宁五城”[①]，扼守要路，以防范稽胡。可见此防亦在今陕西延安市附近。最初为军城，后设防。北周有侯莫陈琼封“周昌县公”，似此地亦曾设县，与防同治。

（八）梁和防

梁和防为北周延州总管府所辖镇防，位置不详。

（九）朔方防

除正史记载外，碑石资料也为我们还原西魏北周时期鄂尔多斯高原地区的镇防设置情况提供了宝贵材料，这些碑石资料中，以《李和墓志》最为重要。前文已经提到，李和出身朔方土豪，是西魏北周经营鄂尔多斯高原地区的重要人物之一。他在西魏时曾担任延州刺史，北周时也数次在延州任职、平叛。墓志中提及，李和在北周时曾担任“延绥丹银四州、大宁、安民、姚襄、招远、平独、朔方、武安、金明、洛阳原、启沦十防诸军事、延州刺史”，这是现今出土墓志中对北周时期鄂尔多斯高原东部地区镇防情况最为详尽的记载。延州总管府的辖区曾在建德元年经历过一次变动，《李和墓志》中所记州、防，乃综前后辖区而言之，盖为夸耀志主的显赫职任，但所记镇防名称，弥足珍贵，可补正史之缺。

朔方防之名即不见于正史。北魏时东夏州领朔方郡，辖魏平、政和、朔方三县。北周时，废朔方郡，将朔方、政和二县并入魏平县。[②]朔方防当即设于废朔方县城，在今陕西子长市附近。

（十）金明防

金明防之名，同见于《李和墓志》。金明郡北魏时为夏州属郡，治永丰，在今陕西延安市安塞区西北。金明防应即在永丰县，与郡同治。

《李和墓志》所举镇防中，武安防见于《李和墓志》和正史中记载建德元年前的延州总管府辖区，似属丹州，大宁、姚襄皆在河东，是北周进攻北齐的前沿重镇，洛阳原、启沦、平独不详何地。故只取确认属于延、绥、银三州的朔方、金明二防录于此。

---

① 《隋书》卷五〇《郭荣传》，第1319页。

② 《隋书》卷二九《地理志上》，第811页。

（十一）弥浑戍

弥浑戍之名见于《元和郡县图志》，即唐时夏州德静县地，“周武帝于此置弥浑戍，南有弥浑水，因名”[①]，隋时改为德静镇，不久废镇为县，在统万城东北80里，今内蒙古乌审旗东南方向。

以上即史书和碑志资料中记载的西魏北周时期鄂尔多斯高原的镇防情况。除上述所列外，《周书·赫连达传》记载他“保定初，迁大将军、夏州总管、三州五防诸军事”，可见夏州总管府下辖五个防，分布于夏、盐、长三州境内。但由于史料缺乏，此五防的名称已无法查考。且从《李和墓志》看，正史中对当时鄂尔多斯高原东部地区镇防情况的记载多有缺漏，延、绥、银三州境内不止五防。如此，则正史所载夏州总管府辖下镇防数同样未必准确，实际数目可能不止五个。

虽然史籍中的相关记载并不完善，但我们仍能从这些记载中了解当时西魏、北周在鄂尔多斯高原地区所建立的军防体系的概况。与北魏相比，西魏、北周在鄂尔多斯高原地区设置的中小型军事据点数目明显增多。其分布趋势大致为东部较为密集，中西部则比较稀疏，这与当时的军事形势有密切的关系。当时的西魏、北周政权，以关中为腹地，虎踞西北。西方诸政权中，能够威胁到关中政权的只有吐谷浑。但吐谷浑政权距离关中和鄂尔多斯高原地区较远，很难越过贯穿凉州等地的西部防线来寇。西魏、北周又一直与北方的柔然、突厥政权保持较为友好的关系，以出让利益换取了灵、夏等州的相对安全。而东方的东魏北齐政权则是西魏北周最大的敌人。在东西双方对峙的前期，东魏北齐政权一直没有放弃取道鄂尔多斯高原南下关中的计划，高欢轻骑夜袭夏州就是很好的例子。为了保障关中地区的安全，西魏、北周政权在鄂尔多斯高原东部地区设置了一系列军事据点。这些军事据点有的依托原有的城池与郡城或县城同治，如文安防、朔方防、金明防；另有部分专门设置的军事据点，如伏夷防、周昌防。这些镇防与河东前线的军事据点互相配合，肩负着防御东魏、北齐的任务。单以鄂尔多斯高原东部地区而论，军事据点呈现南多北少的分布特点，尤以延州境内据点数量为多。这是由鄂尔多斯高原地区自身的军事形势决定的。北魏后期到西魏、北周时期鄂尔多斯高原的重大变化，即以匈奴族裔为主体、融合了其他众多部族的新民族共同体——稽胡的崛起。这个新兴的民族在鄂尔多斯高原地区发展百年，建立了强大的军事力量，且形成一定的民族认同。西魏、北周时期，稽胡成为关中政权控制鄂尔多斯高原地区最主要的对手。西魏北周屡次派名将重兵清剿，虽有所斩获，却难

① 《元和郡县图志》卷四《关内道四》，第101页。

以彻底扑灭稽胡的势力。且稽胡往往能够串通东魏、北齐政权和北方的突厥汗国，进一步威胁关中政权的统治。西魏北周政权在鄂尔多斯高原东部特别是延州设置军事据点，正是为了控制河谷地区的军事通道，切断稽胡和东魏、北齐政权的联系。并且防止稽胡叛军经由河谷南下，威胁关中的安全。

西魏、北周时期在鄂尔多斯高原北部设置的军事据点极少，这与当时关中政权对该地区的控制力不足有关。西魏、北周作为盘踞西北的割据政权，其国力无法与统治整个北方的北魏政权相比。鄂尔多斯高原地区则因为稽胡的崛起，表现出了远较北魏时更强的离心力。北方的突厥汗国当时正处于国力上升阶段，趁中原王朝分裂之际控制了河套平原和阴山地区。西魏、北周政权无力越过实力不俗的稽胡扩展有效控制范围，更无法与日渐强大的草原帝国争锋，不在鄂尔多斯高原北部地区设置军事据点，既是鞭长莫及之下的无奈之举，也是为了向突厥人表明自己无意北扩的态度。北周武帝宇文邕灭北齐统一北方且彻底压制了稽胡人的反抗后，即开始谋划北伐突厥，可惜中途病死于云阳宫。终西魏、北周之世，再未恢复北魏时守在阴山的盛况。

第三节　西魏北周在鄂尔多斯高原兴建的军事工程

西魏、北周时期鄂尔多斯高原的军事工程具有与北魏时截然不同的特点。北魏王朝前期仍保留有较为鲜明的游牧民族特色，对修建城池并不热衷。且北魏阻挡北方柔然南下的第一道防线是阴山以南的六镇，鄂尔多斯高原并非直面敌国的地区，故而北魏主要依托原有的城池来构建军事体系。至王朝后期，迁都洛阳，鄂尔多斯高原的战略地位有所下滑，自然更无修建新军事工程的必要。西魏、北周时期，关中政权丧失了对河套阴山的有效控制，鄂尔多斯高原直面来自稽胡、东魏、北齐和北方的柔然与突厥的巨大威胁，由旧有城市组成的军事体系不足以应对新的战略形势。为了强化对这一地区的控制，同时为之后军事上的进取做准备，西魏北周在鄂尔多斯高原进行了一系列的军事工程建设，其中以诸新建军城最为重要。

西魏、北周时期与鄂尔多斯高原地区相关的军城建设主要有两次。一次见于《隋书·李穆传》："天和中，进爵申国公，持节绥集东境，筑武申、旦郛、慈涧、崇德、安民、交城、鹿卢等诸镇。"《周书》将此事系于天和四年（569），"九月辛卯，遣柱国、齐国公宪率众于宜阳筑崇德等城"[①]。齐王宇文宪本传亦载："诏宪与

① 《周书》卷五《武帝纪上》，第77页。

柱国李穆将兵出宜阳，筑崇德等五城，绝其粮道。”[①]这次工程的建城地点主要在今河南省洛阳市以西地区。当时，“齐将独孤永业来寇，盗杀孔城防主能奔达，以城应之”[②]，为巩固对已有领土的占领，同时应对北齐的攻势，方紧急在洛阳周边加强军事建设。然《隋书》李穆本传中提及的城池不止五座，其中安民的位置不在今河南洛阳附近的两国边界，而在今陕西延川县东南，靠近鄂尔多斯高原南界。由此可见，天和四年的这次大规模军事工程建设，不只是为了强化洛阳以西地区的防御，同时也是对东部防线的重新配置。李穆所谓“持节绥集东境”，正显示他身负统筹东部战线新军城建设的使命。具体到安民城，此城位于今延川县东南方向，北齐军渡过黄河后，可溯延水而上，直捣延州，与鄂尔多斯高原地区的稽胡势力形成呼应之势。在此建城设镇，可有效抵御北齐的进攻，强化对延水流域和鄂尔多斯高原的控制。

另一次大规模的军城建设见于《隋书·郭荣传》，“［宇文］护又以稽胡数为寇乱，使荣绥集之。荣于上郡、延安筑周昌、弘信、广安、招远、咸宁等五城，以遏其要路”[③]。郭荣本传将此事系于他筑城于汾州、姚襄镇之间抵御北齐事之后，而《资治通鉴》将筑城退齐系于陈宣帝太建三年（571）五月[④]，则这次工程的时间当在太建三年五月之后和宇文护被杀的建德元年（572）三月之间。此次工程由晋公宇文护的亲信大都督郭荣负责，建城范围为隋时的上郡和延安郡，北线可至鄂尔多斯高原南部。其中，广安城应设于延州广安县，“后魏废帝元年于丘头原置广安县”[⑤]，隋仁寿年中，此县为避太子杨广讳改名延安，在今陕西延川县一带。郭荣筑城时广安县早已设置，此次应是重修城防。广安城位于清涧河（古称吐延川）之畔，是扼守稽胡南下通道的要塞。咸宁城盖在丹州境内。北魏时在白水川设有永宁县，隋文帝时将县治移于故县西20里，改县名为太平，开皇十八年（598）以境内有咸宁镇改名咸宁县[⑥]。此咸宁镇城应即郭荣所建咸宁城，位置在今陕西宜川一带，盖原本城名亦为永宁，后避隋太子杨勇讳而改，未详是否与北周永宁县同治。虽然因史料缺乏，难以确知其他三城的准确位置，然筑城目的既在于防御稽胡，其中多数城池位置应相对偏北，即在隋延安郡境内。其中周昌城曾设防，隶延州总管府。古代沿河流行军，稽胡多沿延、洛两河南下，则“遏其要路”的五城当在两河之畔。已知周昌城曾设防，隶延州总管

---

① 《周书》卷一二《宇文宪传》，第188页。
② 《周书》卷一二《宇文宪传》，第188页。
③ 《隋书》卷五〇《郭荣传》，第1319页。
④ 《资治通鉴》卷一七〇，陈宣帝太建三年（571），第5292页。
⑤ 《元和郡县图志》卷三《关内道三》，第77页。
⑥ 《元和郡县图志》卷三《关内道三》，第75页。

府。此次新建的五座军城在抵御稽胡的过程中发挥了重要作用，史称“稽胡由是不能为寇”。

两次大规模的军城建设均发生在晋公宇文护执政时期，郭荣筑城更有明确的记载证明其源于宇文护的授意。宇文护执政期间十分重视对鄂尔多斯高原地区的经营，不但派其得力干将宇文盛兄弟出镇延州，还任命亲信郭荣筑城抵御稽胡。在他实际掌控北周期间，关中政权逐渐压制了北方的稽胡势力，巩固了在鄂尔多斯高原地区的统治，为此后隋唐王朝进击草原奠定了基础。这位以弑杀三帝而闻名的权臣同时也是西魏北周经营鄂尔多斯高原的大功臣。

这些城堡在应对稽胡的反抗和北族南下的过程中发挥了重要作用。由此可见，这一时期的关中政权已经充分认识到坚城深壕对攻坚能力不足的游牧民族具有显著的压制作用，虽然西魏北周的统治集团主体仍是胡族和胡化的汉人，但随着汉化的深入和战略形势的变化，他们的军事思想开始向传统中原王朝靠拢了。

第四节　西魏北周时期鄂尔多斯高原的军事交通线

西魏北周时期与军事交通相关的史料仍然较为匮乏，见于史籍的道路较少，但从现有材料中提取的信息可知，这一时期的军事交通线较诸北魏时有一点显著的变化，即由南向北经鄂尔多斯高原进入河套阴山地区的交通线开始见于史册。北魏针对北方草原的军事行动集中于王朝前期，当时的政治军事中心是平城，北取草原的交通线多自此始，少有舍近求远绕行鄂尔多斯高原的。故而史书中对经过鄂尔多斯高原的南北向交通线少有记载。而西魏北周时期军事中心在关中地区，与北方草原有关的军事行动，必然经过鄂尔多斯高原。下面，按南北向和东西向，略论西魏北周时期鄂尔多斯高原的军事交通线情况。

一、南北向交通线

史书中记载了西魏北周时期多次沿南北向道路通过鄂尔多斯高原的军事行动。失去阴山屏障后，北族多次经由鄂尔多斯高原南下。大统六年（540），柔然军队渡黄河至夏州，宇文泰亲率诸军在沙苑设防。恭帝元年（554），柔然乙旃达官南侵至延州广武。因史书中对这几次军事活动记载较为疏略，使我们很难判断北族具体的南下道路。另有大统十三年（547）春正月柔然寇高平事。高平即原州治所，是昔年贺拔岳起家之地，为长安西北屏障，地理位置十分重要。柔然军队当是在灵州附近渡河，沿葫芦水（清水河）南下进入原州境内的。这条道路即后来唐代原、灵二州间的官道。

记载相对详细的，是护送西魏文帝悼皇后郁久闾氏出嫁长安的队伍所取的道路。悼后为柔然头兵可汗阿那瓌长女，于文帝大统四年（538）嫁至长安。史称“后之来，营幕户席，一皆东向。车七百乘，马万匹，驼千头。到黑盐池，魏朝卤簿文物始至”①。当时柔然的可汗牙帐在漠北，护送悼后的队伍显然是自北向南横穿鄂尔多斯高原，在黑盐池与西魏的迎亲队伍会合后前往长安的。黑盐池亦称乌池，是鄂尔多斯高原重要的盐池，属盐州，位置大致在今宁夏盐池县东北。黑盐池在夏州以西，若南下送亲队伍想要接受西魏的供给，似不应绕开重镇夏州。从魏朝卤簿文物在黑盐池始与南下队伍会合来看，送亲队很可能并未经过西魏政权控制的夏州等地。从方位看，送亲车队很可能是在河套地区渡河后，经过今内蒙古鄂托克旗境内，到达黑盐池与西魏方面的人员会合。此条道路较诸唐代自长安北通丰州天德军的官道偏西，需要经过库布齐沙漠等多处较大的沙地，其沿线西魏据点较少，在当时亦非官道。护送公主的队伍可由此通行，应是当时该地区尚有部分自然植被、水草条件较好的缘故。送亲队伍与西魏人员会合后当是沿官道南下，其路线很可能为严耕望先生所说的唐代长安—邠州—宁州—庆州的官道，即先向南进入马岭水流域，转入泾水流域，最终进入长安。

相较于在当时亦不常用的柔然公主南下路线，隋国公杨忠两次挥军北上所取的路线显然更为典型。这两次向北行军的目的都是为了联合突厥伐齐，第一次在周武帝保定三年（563）九月，“诏柱国杨忠率骑一万与突厥伐齐”②，此次北周与突厥联军攻破齐长城，兵临晋阳；第二次在次年（564）八月，“诏柱国杨忠率师与突厥东伐，至北河而还”③，这次出征最终渡河而止，实际上并未进入北齐境内。两次北上所取道路比较接近。第一次时，杨忠率兵渡河后，“乃留［尔朱］敏据什贲，游兵河上”④，可见渡河地点在什贲故城附近。前文已述，什贲故城即汉朔方城，在今内蒙古杭锦旗北部，南北河合流处以南，此城在486—503年间为北魏沃野镇所在地。第二次时，“晋公护出洛阳，令忠出沃野以应接突厥”⑤。此次行军过程中一度出现军粮短缺的问题，杨忠令部将王杰假称“大冢宰已至洛阳，天子闻银、夏间胡扰动，故使

---

① 《北史》卷一三《后妃传上》，第507页。
② 《周书》卷五《武帝纪上》，第69页。
③ 《周书》卷五《武帝纪上》，第70页。
④ 《周书》卷一九《杨忠传》，第318页。
⑤ 《周书》卷一九《杨忠传》，第319页。

杰就攻除之”[①]，同时又借突厥木杆可汗威名，胁迫诸稽胡头领运粮供军。被胁迫者既为银、夏两州稽胡首领，则杨忠军队北行路线必然经过二州附近，是所出沃野镇必非南北河分流处之旧镇。若所出镇为唐天德军北60里之阴山沃野新镇，则无须渡过北河。可见，第二次杨忠军所出之沃野镇仍是指汉朔方故城，杨忠本来意图应是先由沃野镇城渡南河进入河套地区进行补给，再渡北河与突厥军会合，最终因宇文护兵败、木杆可汗撤军，这次军事行动无果而终。这种重要的军事行动，当是由长安发精兵进行的。杨忠两次行军的路线应大致相同，即由长安发兵，北上经夏州和银州边界，在南北河汇流处的北魏沃野镇城渡河进入河套，越过北河与突厥军队会合。如此，其在鄂尔多斯境内的行军路线很可能即是严耕望先生所说唐长安城向北的官道之一，夏州以北的经行路线即《新唐书·地理志》引贾耽所云夏州塞外通古云中城道[②]，即夏州向北，经沃野泊、契吴城、石子岭等地，最终到达什贲城的道路。夏州以南又有官道数条。由王杰以虚言恫吓银夏稽胡首领来看，稽胡并不了解此次行军的底细，可见军队行进路线并非稽胡势力较多的丹州—延州—夏州道，从沿线补给能力看，以取唐时长安—坊州—鄜州—延州官道进入夏州的可能性较大。

宇文泰在人生最后一年北巡返程时所取的路线亦值得注意。宇文泰于恭帝三年（556）四月北巡，七月渡过北河，其北进路线不详，很可能与杨忠北伐的路线类似。宇文泰在返程时染病，当年十月病逝于云阳宫。史称：“太祖西巡至牵屯山，遇疾，驰驿召护。护至泾州见太祖，而太祖疾已绵笃。”[③]由此可见，宇文泰南返时渡过北河，曾经过牵屯山、泾州，最后到达云阳宫。牵屯山一般认为在今宁夏固原一带。从方位来看，宇文泰返回时很可能是在灵州一带转入今葫芦河流域进入关中的，与柔然人进攻原州的取道接近。则他在鄂尔多斯高原地区的行程有可能是沿黄河东岸而行，与太武帝平定凉州后返回的路线接近。亦可能未再向南渡过北河，而是绕行河外，即严耕望先生所云唐代灵州北通丰州道路，经乞伏山、丽子园、汉城等地，渡河至灵州。[④]

西魏北周时期，在鄂尔多斯高原东部发动了多次针对稽胡的军事行动，因记载疏略，其行军路线情况难以详知，盖大致亦沿丹延绥银间的官道移动。

① 《北史》卷一一《隋本纪上》，第398页。
② 《新唐书》卷四三下《地理志七下》，第1147—1148页。
③ 《周书》卷一一《宇文护传》，第166页。
④ 严耕望：《唐代交通图考·京都关内区》，第210—211页。

二、东西向交通线

西魏、北周时期东西向的军事道路记载较少，一方面是因为东部防线严固，东魏北齐势力难以越过黄河进入鄂尔多斯高原；另一方面是因此时军事重心在关中，出兵方向多是由南向北，较少东西向行军。

这一时期东西向军事行动中较为典型的是大统二年（536）高欢奇袭夏州之战。此役，高欢率部将厍狄干等并精骑万余，自晋阳出兵，渡黄河，陷夏州，生擒西魏夏州刺史斛拔弥俄突，将其部众迁往河东。夏州在晋阳的正西偏北方向，考虑到行军速度，高欢所部渡河地点应在今陕西吴堡到佳县之间，很可能即定胡县以西的孟门津。由孟门津向西，可经后来的绥州到达夏州，是当时典型的东西向军事交通线。

当时鄂尔多斯高原尚存在多条东西向道路。大统十四年（548），宇文泰陪同西魏太子西巡，“至原州，历北长城，大狩。将东趣五原”[①]，当时的五原指的是西安州，即后来盐州的州治所在，今陕西定边附近。宇文泰一行先由原州北上，到达长城，本拟向东前往盐州，因得到西魏文帝染疾的消息，改变行程，匆匆返回关中。由其行程设置，可知当时盐州以西是有可供大军通行的道路的。盐州亦在长城附近，这条道路很可能是沿长城而行。天和四年（569），晋公宇文护“巡历北边城镇，至灵州而还”[②]，所取路线应与宇文泰西巡时不同。

第五节　西魏北周时期鄂尔多斯高原的补给体系

西魏北周时期鄂尔多斯高原地区的补给体系相较于北魏时期有所不同，其中以牧业方面的变化尤为突出。

牧政方面，这一时期鄂尔多斯高原的官营畜牧业比照北魏时期已有明显的衰退。北魏时，鄂尔多斯高原是河西官营牧场的重要组成部分，“畜产滋息，马至二百余万匹，橐驼将半之，牛羊则无数”[③]，可见当时畜牧业的发达。而到了西魏北周时期，史书中再无对鄂尔多斯高原官营牧业的记载。供给关中政权军用的牧场，似乎皆在更为偏南的位置。例如齐王宇文宪本传中曾有“从猎陇上，经官马牧”[④]的记载，可

---

① 《周书》卷二《文帝纪下》，第31页。
② 《周书》卷一一《宇文护传》，第175页。
③ 《魏书》卷一一〇《食货志》，第2857页。
④ 《周书》卷一二《宇文宪传》，第187页。

见当时在陇山一带有西魏的官营牧场。另有“［大统］八年夏四月，大会诸军于马牧”[①]的记载，根据本次活动阅兵的性质和西魏太师宇文泰在此事前后的活动，可知此官马牧就在关中。西魏北周的官营牧场显然已不在原来北魏的牧业重心鄂尔多斯高原，而是分布在更为偏南的地区，曾经盛极一时的河西牧场似已不复昔日的风光。西魏北周时期鄂尔多斯高原官营牧业的衰退是由多方面原因造成的。首先是西魏北周对鄂尔多斯高原控制力的下降。前文已述，当时关中政权无力在鄂尔多斯高原建立稳固的防御体系，既无法完全压制当地的稽胡势力，又不能阻挡北族的南下。官营牧场事关军队命脉，自然不能安置在安全无法保障的地区。其次是鄂尔多斯高原地区生态环境的破坏。已有研究表明，中古时期是鄂尔多斯高原植被退化和毛乌素沙漠形成的关键时期，高原核心区域的统万城地区从水草丰美的牧场变成了环境恶劣的戈壁。北魏时期官营牧场的超载放牧应是造成这一地区环境恶化的重要原因。西魏北周时期这一区域的牧业条件已经开始下滑，无法继续支持官营牧场的存续。还有一个重要原因，即专业劳动力的丧失。牧业的发展需要具有专门技术的劳动力来支撑。北魏时期河西官营牧场上的劳动力主要是牧子，又称费也头，他们是出身敕勒、山胡等部族的专业牧民。北魏末年关西大乱，这些河西牧子也参与逐鹿天下的争斗，其部落大部分在战争中流散或迁移。继之而起在鄂尔多斯高原占据优势的少数民族是稽胡，他们是由匈奴种杂胡发展而来的新群体，比之游牧民更接近山居民族。鄂尔多斯高原的土地经营方式亦随之发生改变，没有专业劳动力支撑，牧业很难再取得北魏时期那样的辉煌了。

屯田体系较之北魏时期变化较小。当时灵州总管府所辖军屯尤其是河西诸屯田，仍是该地区军队补给的重要来源。北周大将杨忠两次与突厥合兵攻齐均是自沃野镇出兵，应该就是考虑可以利用漕运获得灵州方面的补给。[②]

盐政方面变化亦不大。鄂尔多斯高原地区的盐出自盐池，历代虽有耗损，但影响较小。且该地区盐池主要分布在偏南位置，防御力量较强，能够保证食盐生产的安全进行。

综上，西魏、北周时期鄂尔多斯高原的军事地理情况与北魏时有很大差异。因为北魏末年的战乱和稽胡崛起的影响，建国之初，关中政权在北部的势力边界相对北魏时期大大向南退缩，失去了对河套阴山地区和鄂尔多斯高原北部的有效控制。而经过

---

① 《周书》卷二《文帝纪下》，第27页。

② 纪浩：《隋唐宋时期鄂尔多斯高原地区军政建制沿革研究》，陕西师范大学硕士学位论文，2011年，第7页。

数十年的经营，西魏北周政权在鄂尔多斯高原建成了由三大总管府和所辖诸镇防军城组成的完备军事体系，其中延州总管府作为东部防线的组成部分，不但将东部河谷地带连成一体，对山谷地带的稽胡形成进击之势，还跨过黄河插入河东地区，对高氏龙兴之地晋阳形成巨大的压迫。因其地位重要，所辖军事据点的密度也较灵、夏二府为高，关中政权还在高原东部和以南的延河流域新建了一系列军事工程，进一步加强延州总管府的力量。此外，北周还在河套地区设置了永丰镇，可见其对鄂尔多斯高原北部的控制也有所加强。因战略形势不同，军事交通和补给体系也产生了一系列变化。至北周后期，随着北方的统一，雄才大略的北周武帝宇文邕已开始尝试调整在鄂尔多斯高原地区的经营策略，预备进击草原。这种新策略最终为代周而立的杨坚所完成。

第七章　隋代鄂尔多斯高原及其毗邻地区军事地理

公元581年，北周外戚杨坚篡周，建立隋朝。隋朝继承北周继续定都长安，成为立足中国北方的新政权。589年隋灭陈，结束西晋末年以来二百八十多年的长期分裂局面，继秦汉之后，建立起了大一统的王朝。隋朝建立之初，乃至589年灭陈之后，北方的突厥对其国防安全产生了巨大的威胁。此时，东突厥政权方兴未艾，位处北方的鄂尔多斯高原及其邻近地区，往往是东突厥南下的必经之地。

隋文帝开皇二年（582），突厥军队大规模南侵，“纵兵自木硖、石门两道来寇，武威、天水、安定、金城、上郡、弘化、延安六畜咸尽”[①]，整个关西地区损失惨重。当时的隋朝已是据有整个北方和巴蜀、江汉地区的大王朝，国力非此前分裂势弱的北齐、北周可比。隋文帝继承北周武帝之遗志，对突厥进行了坚决的反击。抓住有利时机，他先令多路大军北伐，重创突厥沙钵略可汗的部队，“时虏饥甚，不能得食，于是粉骨为粮，又多灾疫，死者极众”[②]，大大消耗了突厥的有生力量。同时利用沙钵略可汗与阿波可汗、达头可汗的矛盾，对突厥各部进行分化瓦解，终于使得东突厥可汗沙钵略上表称臣，约以大碛为界，再次取得了在河套阴山地区的主导权，为南下统一全国消除了后顾之忧。

第一节　隋代鄂尔多斯高原及其毗邻地区的行政区划

隋代在鄂尔多斯及其毗邻地区的行政区划随着与突厥军事关系的变化而几经变

① 《隋书》卷八四《突厥传》，第1866页。
② 《隋书》卷八四《突厥传》，第1867—1868页。

动。隋文帝开皇三年（583）废除行政区中的郡一级，将汉晋以来实行了四百年的州、郡、县三级制改为以州统县的二级制。至隋炀帝大业三年（607），又将州一级改为郡。如此，至隋代大业年间，鄂尔多斯高原及其毗邻地区的郡主要有：北面河套地区自西向东分别为五原郡、榆林郡、定襄郡；西面为灵武郡、会宁郡；南面为平凉郡、安定郡、北地郡、弘化郡、上郡、雕阴郡、延安郡、盐川郡、朔方郡；东面跨过黄河自北而南为定襄郡、马邑郡、楼烦郡、离石郡等。

总体而言，隋代鄂尔多斯高原的行政区划整体趋于精简，而北部边界明显向阴山一线推移。时隔数百年，中原王朝再次在河套阴山地区建立正式的行政区，正是再次统一北方的隋朝国力日趋强盛的体现。

第二节　隋代初年鄂尔多斯高原地区的军政机构

隋代外部的威胁主要是北方的突厥，因此鄂尔多斯高原是关中的北部屏障，隋王朝在鄂尔多斯高原进行了一系列的行政建制与军事部署，这些建制与部署既保障了南下灭陈时后方的安全，又为全国统一后进一步经略草原奠定了基础。

一、总管府

北周开始设置的军区性质的军事管理机构总管府，至隋继续沿用。《隋书》记载的鄂尔多斯高原及其毗邻地区设置总管府的郡县有：延安郡（后魏置东夏州。西魏改为延州，置总管府。开皇中府废）、平凉郡（旧置原州，后周置总管府，大业初府废）、朔方郡（后魏置夏州，后周置总管府，大业初府废）、灵武郡（后魏置灵州，后周置总管府，大业元年府废）、金河县榆关总管（本榆林郡金河县，开皇三年置，……又置榆关总管。五年改置云州总管。……仁寿二年又置金河县，带关）、五原郡（开皇五年置丰州，仁寿元年置总管府，大业元年府废）。[①]

随着边疆形势的变化，这些总管府较前代亦有大的变动。隋初鄂尔多斯高原及其毗邻地区总管府最大的变动，则是增设了榆关总管府。开皇三年三月，隋文帝下诏在榆关建城，置榆林关。[②] 榆关为榆林关的简称，因地近榆林（即汉之榆溪塞）而得名，据《元和郡县图志》，其在唐榆林县东30里的黄河南岸[③]，今内蒙古托克托东

① 《隋书》卷二九《地理志上》，第811—813页。
② 《隋书》卷一《高祖纪上》，第19页。
③ 《元和郡县图志》卷四《关内道四》，第111页。

南。次年二月，任命钜鹿郡公贺娄子干为榆关总管，榆关城竣工盖亦在此时。贺娄子干的头衔为“榆关总管十镇诸军事”[①]，可见此总管府辖内军事据点的密度相当之高。开皇五年（585），改管内为云州，府名亦改为云州总管府。云州总管府虽只辖一州之地，然其辖区不但包括鄂尔多斯高原东北部，还向北跨过黄河直抵阴山，颇有进击草原之势。云州总管府的设立，标志着中原王朝在北魏灭亡数十年后，再一次在黄河以北、阴山以南地区建立了稳固的统治。“隋文开皇三年置榆林戍；七年又置榆林县，属云州”[②]。开皇二十年（600），割云州之榆林、富昌、金河三县置胜州。大业五年（609），以胜州为榆林郡，领榆林、富昌、金河三县。胜州榆林郡与云州的分离，更加强了对黄河两岸的管控。

这一时期总管府方面另一重大调整是开皇八年（588）撤销延州总管府[③]，其所辖延、绥、银三州归入夏州总管府。隋朝初年，北方重归统一，这个北周时期为防备东魏、北齐而设置的鄂尔多斯高原最强军区已无存在的必要，将其并入夏州总管府，是因在防御突厥的大背景下，防线北移，夏州的地位更为突出，这样更方便调度整个区域的力量来经略北方。夏州总管府在合并延、绥、银三州后，其控制范围略近于北魏统万镇，再次成为统合高原主体部分的大军区，治所统万城也再次成为高原的区域政治军事中心。

此外，灵州总管府的辖区有所扩大。北周时期河套地区的永丰镇隶属关系不明，隋文帝开皇五年在这一地区设立了全新的州级政区丰州，而并未在第一时间设立总管府。在此后相当长的时期内，丰州应隶属灵州总管府，如此，灵州总管府的有效控制范围则向北扩展至河套地区。

除军事管区的调整外，在各总管府将领任命上的精心斟酌同样是经营鄂尔多斯高原地区战略的重要一环。出任榆关总管的贺娄子干“晓习边事”[④]，在抗击突厥、吐谷浑的战争中屡建功勋；开皇二年出镇夏州的豆卢勣为北周名将豆卢宁之子，在平定益州总管王谦叛乱的过程中展现了非凡的军事才能；[⑤]开皇五年担任夏州总管的达奚长儒，曾在沙钵略可汗十万大军的围攻之下，身被五创仍率领士卒力战不休，坐镇夏州时“匈奴惮之，不敢窥塞”[⑥]，是当时著名的悍将；灵州总管贺若谊为三朝老将，

① 《隋书》卷五三《贺娄子干传》，第1353页。
② 《太平寰宇记》卷三八《关西道十四》，第809页。
③ 《元和郡县图志》卷三《关内道三》，第76页。
④ 《隋书》卷五三《贺娄子干传》，第1353页。
⑤ 《隋书》卷三九《豆卢勣传》，第1156页。
⑥ 《隋书》卷五三《达奚长儒传》，第1351页。

“而筋力不衰，犹能重铠上马，甚为北夷所惮”[①]。这些卓越将领的存在，是隋朝在鄂尔多斯高原的经略政策能够顺利推行的重要保障。

二、镇、戍

隋代军镇、戍的地位早已不能与北魏时相提并论，更多是作为总管府下辖的军事单位和据点而存在。下面简述隋初鄂尔多斯高原的镇、戍设置。

会宁镇：《元和郡县图志》卷四会州条：“周武帝保定二年废州，改为会宁防。隋开皇元年改防为镇。”[②] 隋唐会州（位于今甘肃白银市平川区水泉镇陡城村的陡城堡或柳州城遗址[③]）位处原州至凉州的道上，在黄河东岸，把持着向西进出河西与向东经原州，再沿泾水河谷进入关中的大道。

白城镇：《元和郡县图志》卷四夏州朔方县条：“故白城，一名契吴城，在县北一百二十五里契吴山。赫连中因山所筑……隋置白城镇，后废。”[④] 则白城镇位处夏州统万城北125里，处于唐夏州至丰州天德军道上，该道为隋唐时期关中地区通向河套地区的两大道之一。《新唐书·地理志下》收录贞元宰相贾耽考方域道里之数，其中记载：“夏州北渡乌水，经贺麟泽、拔利干泽，过沙，次内横划、沃野泊、长泽、白城，百二十里至可朱浑水源。”[⑤] 此白城应即隋代的白城镇，只是里程各书先后记载略有出入。

德静镇：《元和郡县图志》卷四夏州德静县条：“周武帝于此置弥浑戍，南有弥浑水，因名。隋改为德静镇，寻废镇为县。”[⑥]《太平寰宇记》卷三七夏州德静县条：“德静县，……隋开皇三年改弥浑县为德静镇，至大业九年废镇立县，仍隶朔方。”[⑦]唐代的德静县即北周的弥浑戍，位置大约在今乌审旗东南，应该是位处夏州东北通唐胜州的道上。

永丰镇：《元和郡县图志》卷四丰州条：“周武帝于今永丰县置永丰镇。隋文帝开皇三年，于镇置丰州，后废。”又云：“周武帝保定三年，于此置永丰镇。隋开皇

---

① 《隋书》卷三九《贺若谊传》，第1160页。
② 《元和郡县图志》卷四《关内道四》，第97页。
③ 严耕望：《唐代交通图考》第2卷《河陇碛西区》，上海古籍出版社，2007年，第411页；孙长龙：《关于唐代会州的几个问题》，《兰州教育学院学报》2009年第3期；史志林：《关于唐会州州治的几个问题》，《中国历史地理论丛》2015年第1辑。
④ 《元和郡县图志》卷四《关内道四》，第101页。
⑤ 《新唐书》卷四三下《地理志七下》，第1147页。
⑥ 《元和郡县图志》卷四《关内道四》，第101页。
⑦ 《太平寰宇记》卷三七《关西道十三》，第787页。

五年废镇，置永丰县”[①]。位置大约在今杭锦后旗境，乌加河南岸。

丰安镇：在隋丰州五原郡（治今内蒙古五原南）内。《元和郡县图志》卷四丰州废丰安县条：“废丰安县，在州东南四十里。隋开皇六年，于县置丰安镇，麟德元年改为丰安县”[②]。丰安镇应在今乌拉特前旗西北，五原县东南，与永丰镇同为隋朝控扼河套乌加河南东西两端的津要。

安民镇、安民戍：《元和郡县图志》卷三延州延水县条：“后魏于其中置安人县并安人镇，属东夏州。隋文帝废镇，置安人戍。”[③]对此，《太平寰宇记》所记同，唯“人”作“民”，应为唐人讳。唐延州延水县为隋安人戍，城临河，应该是因位处黄河渡口而设。

咸宁镇：《元和郡县图志》卷三丹州咸宁县条：“［开皇］十八年改太平县为咸宁，以界内有咸宁镇为名。”[④]咸宁镇在今陕西宜川县南部，靠近黄河，应该也是西魏、北周以来对抗东魏、北齐而设。开皇八年撤销延州总管府后皆归夏州总管府，应该皆是东魏、北齐灭亡而北方突厥的威胁日增，为加强夏州总管府防御突厥改而归夏州。

朔方镇：《元和郡县图志》卷三延州延昌县条：“隋开皇三年于此置朔方镇，十年，以北有朔方，镇遂废。”[⑤]朔方镇设置时归延州，位置在今陕西延安市北安塞区西北，应该是直北有朔方郡，名称重复，且防御突厥防线逐渐北移，仅仅七年而废。

金城镇：《元和郡县图志》卷三延州敷政县条：“本汉高奴县地，后魏太和初置因城（名）县。隋开皇六年于其中置金城镇，武德二年移县就镇，因改为金城县。天宝元年改敷政。”[⑥]金城镇在今陕西延安市西南方向的洛水河畔，为盐州沿洛水南下进入关中道上。

连谷镇：《元和郡县图志》卷四唐麟州连谷县条：“隋文帝于此置连谷镇，炀帝改为连谷戍，大业十三年废戍。贞观八年于废戍置连谷县，属胜州，天宝元年割属麟州。”[⑦]唐代的麟州在今陕西神木北不远处的窟野河畔，连谷镇在其北40里窟野河畔汇流处，位处突厥在河套地区渡过黄河，长安以北沿洛河至唐胜州的大道上。

---

① 《元和郡县图志》卷四《关内道四》，第112—113页。
② 《元和郡县图志》卷四《关内道四》，第113页。
③ 《元和郡县图志》卷三《关内道三》，第78页。
④ 《元和郡县图志》卷三《关内道三》，第75页。
⑤ 《元和郡县图志》卷三《关内道三》，第78页。
⑥ 《元和郡县图志》卷三《关内道三》，第78页。
⑦ 《元和郡县图志》卷四《关内道四》，第109页。

合川镇：《元和郡县图志》卷三庆州条："后魏文帝大统十一年置朔州，周武帝保定元年废朔州为周武防。隋文帝开皇三年改置合川镇，十六年割宁州归德县置庆州，……义宁元年为弘化郡。"[①] 隋合川镇位置在隋唐庆州治所（今甘肃庆阳），位处严耕望所谓的唐"邠、宁、庆、青刚川道上"[②]，西北沿马岭水（今环江）或马莲河可至盐州、灵州，向南沿泾水河谷可至长安。该镇为防御突厥南下的重镇。

弘静镇：《元和郡县图志》卷四灵州保静县条："后魏立弘静镇，……隋改置弘静县"[③]。《隋书·地理志》载灵武郡弘静县"开皇十一年置"[④]。隋唐灵州城在今宁夏吴忠市境内，弘静镇在其东北60里，位置大约紧邻今宁夏永宁县城东北。

鸣沙镇：《元和郡县图志》卷四灵州鸣沙县条："周保定二年于此置会州，建德六年废郡，立鸣沙镇。隋开皇十九年置环州，以大河环曲为名，仍立鸣沙县属焉。大业三年罢环州，以县属灵武郡。"[⑤] 鸣沙镇位置在灵州西南120里，大约在今宁夏中宁县东北，黄河东岸。该镇与弘静镇南北夹持灵州，为突厥沿黄河南下，在灵州境渡过黄河，或向东进入盐州，或沿高平川水（清水河）、泾水河进入关中的要道。

隋代镇、戍的相关材料在唐人所著《元和郡县图志》等史料中有所保留，但仍很不完整，如据贺娄子干本传榆林辖有十镇，而目前可知的镇、戍只有两个，希望后续的考古材料能够补充史书的缺漏。从现有史料虽然无法准确判断隋代鄂尔多斯高原及其毗邻地区镇、戍相较前朝的数量变化趋势，但仍能较为清晰地看出军事据点分布范围在向北推移，原东部镇、戍逐渐削弱，中部的镇、戍则有所增强。后期许多总管府和镇、戍的废弃，则是因长城的修筑与防御突厥防线的北移所致。

第三节　隋代北方疆域的变迁与鄂尔多斯及其毗邻地区民族关系的演变

隋唐北部疆域是从北齐、北周继承下来的，因此还要从北魏的北部疆域追溯其源头。因北魏疆域曾紧抵漠南，为防御柔然，北魏曾于漠南沿边设立六镇，其分别是：沃野镇、怀朔镇、武川镇、抚冥镇、柔玄镇、怀荒镇。而北魏的分裂就是从六镇开始的。史载："魏自丧乱以来，农商失业，六镇之民相帅内徙，就食齐、晋，欢因之以

① 《元和郡县图志》卷三《关内道三》，第67页。
② 严耕望：《唐代交通图考》第1卷《京都关内区》，上海古籍出版社，2007年，第181—201页。
③ 《元和郡县图志》卷四《关内道四》，第95页。
④ 《隋书》卷二九《地理志上》，第813页。
⑤ 《元和郡县图志》卷四《关内道四》，第96页。

成霸业。东西分裂，连年战争，河南州郡鞠为茂草，公私困竭，民多饿死。”[①]随着北魏分裂，北部边备松弛，柔然、突厥等游牧民族相继兴起而频频南下，最终突厥自公元6世纪崛起，很快取代柔然、嚈哒的霸主地位，雄长漠北，君临西域。东、西魏乃至北齐、北周曾与之“争结姻好，倾府藏以事之”[②]。之后，北周灭北齐，直至隋代周之初，突厥的统治范围与畜牧所及皆以大漠为限。《周书·突厥传》载，北周时突厥木杆可汗务于征伐，“其地东自辽海以西，西至西海万里，南自沙漠以北，北至北海五六千里”，且明谓其可汗牙帐，“恒处于都斤山（今鄂尔浑河上游杭爱山之北山）”。[③]《隋书·突厥传》亦载，佗钵可汗卒，四可汗子争立，“国中相与议曰：‘四可汗之子，摄图最贤。’因迎立之，号伊利俱卢设莫何始波罗可汗，一号沙钵略。治都斤山”[④]。这些都说明很长时间突厥的政治中心就设在漠北，但随着突厥政权的发展，突厥的势力可能早在北齐、北周分立之际就已开始向南发展。北齐、北周曾于北境沿着鄂尔多斯高原北部边缘数度大修长城，以阻挡突厥的南侵。

隋开皇初，突厥南侵，突厥先通过战争，后向隋称臣，最终取得了在隋默许之下“寄居白道川（今内蒙古呼和浩特平原一带）”和“因请猎于恒、代之间（今山西、河北境内）”的权利，这是突厥向漠南发展的重要两步。随着进一步南下，突厥开始逾越隋代沿着鄂尔多斯高原北部边缘的长城防线深入南下。开皇二年（582）五月，故北齐营州刺史高宝宁引突厥寇隋平州，突厥悉发五可汗控弦之士四十万入长城，随后又寇兰州。隋朝被迫分道迎击，其中太子杨勇屯兵咸阳以备突厥。由此，可以看出突厥这次进攻规模之大，兵锋可能已抵近咸阳。史载：“上令柱国冯昱屯乙弗泊，兰州总管叱李长叉守临洮，……皆为虏所败。于是纵兵自木硖、石门两道来寇，武威、天水、安定、金城、上郡、弘化、延安六畜咸尽。”[⑤]

突厥这次南下之后，因隋王朝积极迎战和奋力抵抗，数次打败突厥，加之突厥内部出现严重分裂，突厥沙钵略可汗只好向隋请和。而正是这次，在继北周之后的和亲的幌子下，突厥沙钵略可汗所部又向隋谋取了更大的利益——向南徙居于白道川。史载：“时沙钵略既为达头所困，又东畏契丹，遣使告急，请将部落度漠南，寄居白道川内，有诏许之。诏晋王广以兵援之，……官军为击阿拔，败之，所获悉与沙钵略。

① 《资治通鉴》卷一五八，梁武帝大同七年（541），第4909页。
② 《隋书》卷八四《突厥传》，第1865页。
③ 《周书》卷五〇《突厥传》，第909—910页。
④ 《隋书》卷八四《突厥传》，第1865页。
⑤ 《隋书》卷八四《突厥传》，第1866页。

沙钵略大喜，乃立约，以碛为界”[①]。北周千金公主亦上书，自请改姓杨氏，为隋文帝女。自此以后，双方由原来的政治对抗走向缓和，突厥开始在政治关系上屈服于隋，成为隋王朝的藩附政权而“寄居白道川”。沙钵略上表称：“今感慕淳风，归心有道，屈膝稽颡，永为藩附。”[②]至开皇七年，“突厥沙钵略可汗遣其子入贡于隋，因请猎于恒、代之间，隋主许之，仍遣人赐以酒食。沙钵略帅部落再拜受赐”[③]。但此时，突厥的南下已经引起了隋王朝的高度警惕，就在同时，“隋发丁男十万余人修长城，二旬而罢”[④]。

至此，突厥通过战争和妥协的办法，获得了隋朝赏赐的缯彩与在隋朝默许之下“寄居白道川”的权利，后又进而取得“猎于恒、代之间”的允许，此为突厥向南扩展的关键两步。但此时双方明确约定“以碛为界”，即明确表明，至此突厥还是承认整个大漠以南为隋疆界，承认隋朝对该地区的所有权，其居于漠南白道川乃为在隋允许下的暂时“寄居”，其实是在东西突厥分裂，沙钵略众叛亲离背景之下的政治避难。实际上，此时突厥已初步南越阴山，逐步控制了大漠以南、阴山南北和黄河以北河套地区，而且其牙帐亦从漠北徙于漠南，开始将统治中心放在了漠南。

自开皇十七年（597）起，突厥因灾荒等原因，内部又出现了分裂。在此之前，新即位的都蓝可汗又尚大义公主，而大义公主因其宗国（北周）为隋所覆，心常不平，为隋文帝闻而恶之。于是隋转而扶持突厥突利可汗，开皇十七年令其尚隋安义公主，且向南徙。

开皇十九年（599），“突厥突利可汗因长孙晟奏言都蓝可汗作攻具，欲攻大同城。诏以汉王谅为元帅，尚书左仆射高颎出朔州道，右仆射杨素出灵州道，上柱国燕荣出幽州道以击都蓝，皆取汉王节度；……都蓝闻之，与达头可汗结盟，合兵掩袭突利，大战长城下，突利大败。都蓝尽杀其兄弟子侄，遂渡河入蔚州”[⑤]。这次以汉王谅为元帅，大臣高颎、杨素参加的大规模出击突厥的战争，可谓北齐、北周与突厥抗衡以来的一次大规模出击，大战长城之下，说明隋军的主要战场就在今鄂尔多斯高原。

其后，隋军继续出师，突厥达头可汗大败，而突厥都蓝可汗为部下所杀，突厥各部纷纷归降于突利。隋王朝继续扶植突利可汗，封其为启民可汗，且“筑大利城处其

① 《隋书》卷八四《突厥传》，第1869页。
② 《隋书》卷八四《突厥传》，第1869—1870页。
③ 《资治通鉴》卷一七六，陈长城公祯明元年（587），第5489页。
④ 《资治通鉴》卷一七六，陈长城公祯明元年（587），第5489页。
⑤ 《资治通鉴》卷一七八，隋文帝开皇十九年（599），第5563页。

部落”[①]。大利城的位置，应即今内蒙古和林格尔县土城子[②]，也就是说在当时的白道南，金河与紫河之间的地区。

自隋筑大利城安置突厥启民部之后，突厥部落向启民归附者甚众，而且在隋的支持之下，启民部继续向南迁徙，势力逐渐壮大。史载：“雍虞闾又击之，上复令入塞。雍虞闾侵掠不已，迁于河南，在夏、胜二州之间，发徒掘堑数百里，东西拒河，尽为启民畜牧之地”[③]，甚至一度将其部众迁至河南或长城以内。至此，说明突厥启民可汗部在隋朝的扶持下已经深入河南鄂尔多斯高原地区。

开皇十九年，隋朝下令上柱国赵仲屯兵二万协助启民可汗防御达头，代州总管韩洪等将步骑一万镇恒安（今山西大同），又史载：“帝遣越公杨素出灵州，行军总管韩僧寿出庆州。太平公史万岁出燕州，大将军武威姚辩出河州，以击都蓝。师未出塞，十二月，乙未，都蓝为部下所杀，达头自立为步迦可汗，其国大乱。长孙晟言于上曰：‘今官军临境，战数有功，虏内自携离，其主被杀，乘此招抚，可以尽降。请遣染干部下分道招慰。’上从之。降者甚众。”[④]

此后，突厥达头可汗继续南下威逼启民可汗部，侵扰隋北部边疆，隋王朝屡次调兵遣将，经鄂尔多斯高原北征突厥。史载开皇二十年，“诏命晋王广、杨素出灵武道，汉王谅、史万岁出马邑道以击之”[⑤]。同年，另有突厥步迦可汗犯塞，败代州总管韩弘于恒安。

总之，自隋“筑大利城处其部落”以后，突厥政权由沙钵略可汗时起，以隋朝藩属政权的名义“寄居白道川”。至启民可汗时进而取得了在隋王朝翼护下以大利城为中心，居于漠南河套地区的权利，逐步控制了朔方黄河以北的地区，甚至一度将其部众迁至河南或长城[⑥]以内。正是自开皇初年以来，由于或向隋称臣，或由隋扶植，突厥逐步向南扩展，尤其是突厥启民可汗，在隋的直接扶植下逐渐统一了突厥各部，而且随着漠北铁勒各部的纷纷归附，启民也最终控制了大漠南北。至隋炀帝大业年间，突厥的势力已经十分强大，已深入至鄂尔多斯高原腹地，隋与突厥的疆域或实际控制的范围，事实上已以河套地区东西向的黄河—大业长城一线为界。此时，鄂尔多斯高原北部及鄂尔多斯高原以北漠南原属隋的大片土地划给了突厥。

① 《隋书》卷二《高祖纪下》，第44页。
② 周清澍主编：《内蒙古历史地理》，内蒙古大学出版社，1994年，第61页。
③ 《隋书》卷八四《突厥传》，第1873页。
④ 《资治通鉴》卷一七八，隋文帝开皇十九年（599），第5569页。
⑤ 《资治通鉴》卷一七九，隋文帝开皇二十年（600），第5571页。
⑥ 这里的长城为隋炀帝大业年间所修的“西距榆林，东至紫河”的长城，即今山西北部的大业长城。

隋朝末年，在继启民可汗之后的始毕、处罗二可汗之世，突厥部众渐盛，乃至达到了东突厥汗国的极盛时期。大业十一年（615），不满于隋分化瓦解政策的始毕，乘隋炀帝北巡之机，率骑数十万谋袭乘舆，围炀帝于雁门。

随后，“值天下大乱，中国人奔之者众。其族强盛，东自契丹、室韦，西尽吐谷浑、高昌诸国，皆臣属焉，控弦百余万，北狄之盛，未之有也”[①]。这里史书虽未言及此时突厥南北的疆域，事实上此时突厥建牙漠南，控制着大漠南北，而且趁机积极向南继续渗透，插手操纵中原各方势力，而逐鹿中原的各方势力也竞相依附于突厥。正如隋盛世时那样，此时的突厥反其道而行之，对各反隋势力“离强合弱”、分化瓦解，广泛支持，又使其各不统一，以达到分而治之的目的。在这个过程中，北方割据者如白榆妄、王须拔、魏刀儿、刘武周、郭子和、窦建德、薛举、李轨、高开道、梁师都、刘季贞、张长逊、王世充等，史载他们“虽僭尊号，皆北面称臣，受其可汗之号。使者往来，相望于道也”[②]。这样突厥通过操纵这些反隋势力，势力大大越过长城、黄河，深入到中原内地，实际上操纵或左右着该时期中国北方的局势。在这期间，突厥除扶植反隋势力间接统治北方外，还乘机南下武装占领原隋缘边州郡。

在河东地区，突厥首先南下占领定襄（郡治大利城，今内蒙古和林格尔县土城子），立杨政道为隋王；其次扶植刘武周、苑君璋割据马邑（郡治在今山西朔州）、楼烦（郡治在今山西静乐）等郡。马邑乃塞上重镇，为北方游牧民族南下入寇的要塞，太原并州之屏障，隋末以来实际上一直控制在突厥手中，突厥先是扶植反隋的刘武周，后又扶植反唐的苑君璋盘踞于此，借以深入南下或威胁并州（治所在今山西太原西南）。

在朔方鄂尔多斯高原及其周边地区，突厥扶植梁师都、李子和、张长逊占据榆林（治所在今内蒙古准格尔旗境内）、五原（治所在今内蒙古乌拉特前旗境内）、朔方（郡治岩绿县，在今陕西靖边县与内蒙古乌审旗交界处的白城子）、雕阴（治所在今陕西绥德县境内）、弘化（治所在今甘肃庆阳）、延安（治所在今陕西延安）、盐川（治所在今陕西定边县境内）等郡。梁师都自隋末据夏州朔方郡反后，北连突厥，“略定雕阴、弘化、延安等郡”，“始毕遗以狼头纛，号为大度毗伽可汗。师都乃引突厥居河南之地，攻破盐川郡”。[③]李子和亦自隋末丧乱后据有隋榆林郡，“南连梁师都，北附突厥始毕可汗，并送子为质以自固”。自武德元年（618），李子和向唐

① ［后晋］刘昫等：《旧唐书》卷一九四上《突厥传上》，中华书局，1975年，第5153页。
② 《隋书》卷八四《突厥传》，第1876页。
③ 《资治通鉴》卷一八三，隋恭帝义宁元年（617），第5724页。

遣使归款，武德四年（621）因突厥威逼，子和被迫南徙，“其地又陷梁师都”[①]。

在这期间，突厥越过黄河，占据隋五原、榆林郡地，直接入处河南地。此时的河南地，正是鄂尔多斯高原及其毗邻地区。突厥入处河南五原旧地后，直至武德五年（622）唐始收复。

总之，以上所考说明，隋末唐初，突厥通过扶植刘武周、苑君璋、梁师都等，在河东地区长期占领马邑、楼烦、雁门等郡和恒安镇，且一度占领并州太原；在朔方，除支持梁师都、李子和、张长逊占据鄂尔多斯高原及其附近的榆林、五原、朔方、雕阴、弘化、延安、盐川等郡外，其间直接越过黄河，占领了关中以北大部分地区，直接威逼关中腹地，将新建立的唐王朝在关中的势力挤压在长安及其周围的几个州郡。其中，梁师都从起兵到灭亡共十二年，突厥在该地区的实际控制达到了十余年之久。

第四节　东突厥的强势威逼与隋朝大修长城

历史上隋王朝数度大兴边役，修筑长城，成为继秦之后又一个因之而被视为暴政王朝的典型。有关隋代长城，学界研究重点在于隋朝长城的位置、沿革、性质、修筑原因等。根据史书记载和学界的研究，隋朝修筑长城共八次[②]，大部分在鄂尔多斯高原及其周边。

其一，文帝开皇元年（581）四月，在汾州征发稽胡筑长城，史书记载：“是月，发稽胡修筑长城，二旬而罢”[③]。又载：“高祖践祚，征［韦冲］为兼散骑常侍，进位开府，赐爵安固县侯。岁余，发南汾州胡千余人北筑长城，在途皆亡。上呼冲问计，冲曰：‘夷狄之性，易为反覆，皆由牧宰不称之所致也。臣请以理绥静，可不劳兵而定。’上然之，因命冲绥怀叛者。月余皆至，并赴长城，上下书劳勉之。”[④]《资治通鉴》所载与此大致相同，但在征发稽胡地点上有异，称：“隋主召

① 《元和郡县图志》卷四《关内道四》，第110页。

② 学界已有相关研究参见岑仲勉：《突厥集史》上册，中华书局，1958年，第58页；李孝聪撰写的“隋长城”条，见中国长城学会编：《长城百科全书》，吉林人民出版社，1994年，第82—83页；朱大渭：《北朝历代建置长城及其军事战略地位》，《中国史研究》2006年第2期，第51—66页；李鸿宾：《隋朝的北部防务与长城问题》，《中国边疆史地研究》2006年第4期，第43—52页。对于隋朝修建长城，学界多有统计，一般认为有七次，现根据已有研究，补列开皇十六年的一次。

③ 《隋书》卷一《高祖纪上》，第15页。

④ 《隋书》卷四七《韦世康传附韦冲传》，第1269—1270页。

汾州刺史韦冲为兼散骑常侍。时发稽胡筑长城，汾州胡千余人，在途亡叛。帝召冲问计，对曰：‘夷狄之性，易为反覆，皆由牧宰不称之所致。臣请以理绥静，可不劳兵而定。’帝然之，命冲绥怀叛者，月余皆至，并赴长城之役”[①]。至于到底是征发汾州胡还是南汾州胡，李鸿宾考证认为《资治通鉴》所记“汾州胡”较为正确。所以隋朝第一次修筑长城当是在汾州。[②] 李孝聪认为“短短20余天的长城之役，可能只是对起自黄栌岭，绵延于吕梁山脉之北齐天保三年（552）所筑长城的重新修缮”[③]。有关隋文帝这次修筑长城的目的，李鸿宾认为“此段长城的修缮既是针对那些隋朝认为不听话的稽胡而采取的行动，也是防范突厥威胁的措施”[④]。根据当时征发的人数之少与汾州胡人的身份来看，二位学者的看法都是正确的。

其二，开皇元年末，在幽、并等州缘边修缮长城。第二次修筑长城，应当是为了防范突厥和高宝宁的再次进攻。《隋书·突厥传》记载：“沙钵略勇而得众，北夷皆归附之。……会［北］营州刺史高宝宁作乱，沙钵略与之合军，攻陷临渝镇（今河北秦皇岛市抚宁区东）。上敕缘边修保障，峻长城，以备之”[⑤]。朱大渭认为此次“峻长城”及同年四月“修筑长城”的监筑者可能是卫玄。李鸿宾认为，由于隋朝统一了中原，使得突厥失去了以往北周、北齐相争而自己得利的局面，突厥和隋朝的关系恶化。[⑥]“开皇元年，摄图曰：‘我周家亲也，今隋公自立而不能制，复何面目见可贺敦乎？’因与高宝宁攻陷临渝镇，约诸面部落谋共南侵。高祖新立，由是大惧，修筑长城，发兵屯北境，命阴寿镇幽州，虞庆则镇并州，屯兵数万人以为之备。”[⑦] 可见这次修缮长城是为了防范突厥和北齐遗绪高宝宁的再次联合进攻而采取的被动防御。

其三，开皇五年（585），在朔方、灵武筑长城。开皇五年十二月，隋文帝命司农少卿崔仲方“发丁三万，于朔方、灵武筑长城，东至黄河，西拒绥州，南至勃出岭，绵亘七百里”[⑧]。朔方郡治今陕西靖边北白城子，灵武郡治今宁夏吴忠市利通区

---

① 《资治通鉴》卷一七五，陈宣帝太建十三年（581），第5441页。

② 朱大渭认为，此次修筑长城的监筑者应为卫玄。《隋书》卷六三《卫玄传》称：“及高祖受禅，……未几，拜岚州刺史。会起长城之役，诏玄监督之。”岚州为隋楼烦郡地，治今山西静乐县，此处正是稽胡集中聚居之地。

③ 中国长城学会编：《长城百科全书》，第82—83页。

④ 李鸿宾：《隋朝的北部防务与长城问题》，《中国边疆史地研究》2006年第4期，第46页。

⑤ 《隋书》卷八四《突厥传》，第1865页。

⑥ 李鸿宾：《隋朝的北部防务与长城问题》，《中国边疆史地研究》2006年第4期，第43—52页。

⑦ 《隋书》卷五一《长孙览传附长孙晟传》，第1330页。

⑧ 《隋书》卷六〇《崔仲方传》，第1448页。根据李孝聪的研究，“西拒绥州”应作“西拒河，东至绥州”。参见中国长城学会编：《长城百科全书》，第83页。

古城湾村西侧黄河东岸[1]，勃出岭在今陕西绥德县北。这段长城大致走向，由今宁夏吴忠市至陕西靖边县、榆林市横山区，再折向东南的绥德县，可见上引史料表述有误，方向应该正好相反，即“东至绥州，西拒黄河”。

关于这段长城的修缮，李鸿宾认为它是在隋朝战胜突厥和高宝宁进攻后，加固长城防御的做法。开皇三年（583）隋朝重击沙钵略，高宝宁势力也被消灭。次年，沙钵略见自己屡遭挫折，内部反叛不已，开始转变态度，寻求与隋交好。开皇五年，沙钵略遣子入朝，上表文帝表示要“永为藩附”。隋朝正是利用这个缓和时机，做了以后防范突厥的准备。

史念海先生认为，隋朝虽然在此前后，已经在阴山山脉附近建置了一些州县，但过于荒凉，而且无法抵御突厥的进攻，所以不宜将长城建得如此靠北。事实证明在灵武和朔方之间修筑长城，也能够对突厥起到防御作用。[2] 史念海先生所说正是，其实隋朝与突厥抗衡的界限也是随着军事力量的对比逐渐北移的，在被动防御的背景下，一时无法直接推进至河套一带。

2007年，内蒙古文物考古研究所发现了鄂托克前旗隋长城，用考古调查的方法，结合航空测绘照片，证实了鄂尔多斯南部鄂托克前旗隋长城的存在。经调查，隋崔仲方主持所筑长城在今鄂托克前旗与宁夏交界处，宁夏境内的分布情况是：由灵武市至盐池县，从张家边壕经毛卜剌、兴武营、大圪塔、安定堡、聂家梁、刘八庄、东郭庄，东去进入陕西省定边县界。以聂家梁经刘八庄和县城至东郭庄一段较为清晰，其中从张家边壕至兴武营的隋长城段落就在鄂托克前旗特布德嘎查境内。[3] 从航片和卫片上观察，鄂托克前旗隋长城位于明长城头道边和二道边以北，距明长城50—300米，墙体笔直。它和明长城的走向是一致的，时而单独出现，时而与明长城重叠一处，呈东西向贯穿整个鄂托克前旗南端，自宁夏横城村一带进入该旗上海庙镇南境，东行经十三里套、宝日岱、四十堡，折向东南伸入宁夏盐池县高沙窝乡境内。其墙体为堆筑土墙，泛白色或红色，呈鱼脊状突起或土垅状，墙体底宽2—6米，高0.3—1米，呈东西向贯穿鄂托克前旗。

1997年9、10月间，宁夏文物考古研究所在盐池县博物馆的配合下，对盐池县境

---

① 艾冲：《灵州治城的变迁新探》，《中国边疆史地研究》2011年第4期，第125—133页。

② 史念海：《论西北地区诸长城的分布及其历史军事地理（下篇）》，《中国历史地理论丛》1994年第3辑，第1—25页。

③ 甄自明：《鄂尔多斯南部发现隋长城遗迹》，《中国长城博物馆》2008 年第2期，第9—10页。

内的古长城地点进行了钻探和试掘，同时对长城沿线进行了考古调查。[①]明内长城（俗称头道边）发掘地点以北250米左右，有一条与明内长城走向基本平行的堤状人工堆积。这条堆积从盐池县王乐井乡东毛井自然村1.5公里处与明内长城分开，东南至城郊乡八堡村以北700米处与其重合，又东南至县城（花马池古城）东1公里处再次分开，再向东南出宁夏境，于陕西定边县盐场堡乡二楼村以东约1公里处再次与明内长城重合。非重合部分全长约25公里。沿线均匀分布有明显的墙墩台遗迹，此人工堆积应是长城遗迹无疑。揆诸史料，可以认为未被明长城利用（叠压）的部分，当是崔仲方所筑长城。[②]

2004年8、9月间，宁夏文物考古研究所与内蒙古自治区鄂托克前旗文化局，在灵武市文物管理所的配合下，对敖银公路所穿过灵武市境内的古长城地点进行了试掘。同时对长城沿线进行了考古调查。在灵武市临河镇横山村北、敖银公路穿过明长城缺口处发掘的城墙，从其剖面看到有明显的早晚叠压关系，最早筑成的墙体为浅红砂黏土质。在其东西两侧以远的长城地段，自然倒塌形成的断面中，同样看到墙体内均有基宽3.5米、高3米多的浅红色砂黏土的墙垣。叠压在明长城之内的长城垣体，其垣基内外两侧，有较厚的雨水冲刷所形成的淤积层，其构筑时代无疑要早于明长城。而且其土色又与保存在今盐池县城北、明内外长城之间的长城垣体的红色砂黏土相一致。据此推测，明内外长城间的这两小段城墙与发掘点的明墙体内的早期墙垣应属同一时期，很可能就是史料中所记载的在灵武修筑的隋长城。[③]

其四，开皇六年（586），在朔方东筑数十城。此次在朔方东筑数十城很明显是开皇五年修筑长城活动的继续。史书载："明年（开皇六年），上复令仲方发丁十五万，于朔方已东缘边险要筑数十城，以遏胡寇。"[④]朱大渭认为如果以上次所筑长城东头朔方郡为起点，平行向东为离石郡，再向东为楼烦郡与太原郡之间，此处非"缘边险要"，更无"胡寇"可遏。故"朔方已东缘边险要"，或为"朔方东北缘边险要"的不准确句。故崔氏这次所筑数十城戍，当从朔方郡向东北经马邑郡（治今山西朔州）西部，再沿黄河河套北上至定襄郡（治今内蒙古和林格尔北）。这次沿线所

① 宁夏文物考古研究所、盐池县博物馆：《宁夏盐池县古长城调查与试掘》，《考古与文物》2000年第3期，第15—20页。

② 王仁芳在《宁夏长城研究文献综述》中有不同看法，认为皆为明长城。见王仁芳：《宁夏长城研究文献综述》，《图书馆理论与实践》2018年第4期，第102—106页。

③ 宁夏文物考古研究所、内蒙古鄂托克前旗文化局、灵武市文物管理所：《宁夏灵武市古长城调查与试掘》，《考古与文物》2006年第2期，第26—30页。

④ 《隋书》卷六〇《崔仲方传》，第1448页。

筑数十城，便将上两次所筑灵武至朔方段长城和恒州至山海关段长城连接起来，恒州以西很长一段东西横穿鄂尔多斯高原，主要为遏制东突厥南下横山一带州县。[①]

其五，开皇七年（587）二月，修长城。隋文帝于开皇七年二月，“发丁男十万余修筑长城，二旬而罢”[②]，史书中并未说明此次修筑长城的地点、走向和原因。李孝聪认为这是对前一年即开皇六年朔方以东诸城堡的续修，用来专门修缮或加强这些城堡之间的联系和屏障。[③]而朱大渭认为，这可能是趁农闲时，发丁修缮北齐所筑从恒州至山海关沿线长城。这时离北齐最后一次筑长城已整整三十年，有风化颓损者加以修缮，少数民族南下毁坏者予以补筑。既为修缮补筑，故无筑长城地名及其走向，而且时间都很短促。[④]结合前两次修筑长城来看，地点应是在朔方，是对前两次长城的延续和完善。

其六，开皇十六年（596）修筑长城。《元和郡县图志》岚州（治今山西岚县北）合河县条记：“隋长城，起县北四十里，东经幽州，延袤千余里，开皇十六年因古迹修筑。”[⑤]合河县，因城下有蔚汾水西与黄河合名，开皇十六年合河县境修筑长城，“东经幽州，延袤千余里”，说明这是一次大规模修筑，应该也是对秦长城的利用和增筑，正是从岚州，即今山西境内向东至隋幽州（今北京一带）、山海关一线的延伸。

其七，炀帝大业三年（607）七月，筑长城，自榆林至紫河。《隋书》载，大业三年七月“发丁男百余万筑长城，西距榆林，东至紫河，一旬而罢，死者十五六”[⑥]。《隋书·食货志》载：“明年，帝北巡狩。又兴众百万，北筑长城，西距榆林，东至紫河，绵亘千余里，死者太半。”[⑦]《资治通鉴》载，大业三年七月“诏发丁男百余万筑长城，西拒榆林，东至紫河。尚书左仆射苏威谏，上不听，筑之二旬而毕”[⑧]。关于大业三年所筑长城，诸史所记大致相同。薛宗正认为，这段长城的修建主要是防备以启民为首的突厥人。大业四年（608）下半年后，启民势力日益强大，同隋朝的关系虽然表面上依旧维持，但不再像过去那样恭顺了，隋朝也开始加强边地的防守，此段长城的修建就是出于这个目的。由此他认为“发丁男百余万筑

① 朱大渭：《北朝历史建置长城及其军事战略地位》，《中国史研究》2006年第2期，第51—66页。
② 《隋书》卷一《高祖纪上》，第25页。
③ 中国长城学会编：《长城百科全书》，第83页。
④ 朱大渭：《北朝历代建置长城及其军事战略地位》，《中国史研究》2006年第2期，第51—66页。
⑤ 《元和郡县图志》卷一四《河东道三》，第397页。
⑥ 《隋书》卷三《炀帝纪上》，第70页。
⑦ 《隋书》卷二四《食货志》第687页。
⑧ 《资治通鉴》卷一八〇，隋炀帝大业三年（607），第5632页。

长城”的事情不是发生在“三年”，而是“五年”。[1]

李鸿宾从突厥和隋朝的关系方面考虑，认为在突厥内乱形势下修建的长城，其本意可能是保持战果，继续开拓，以启民为依靠力量，继续征服突厥其他势力。加上炀帝本人大肆修造，搞盛大工程以求国家大业振兴的宏愿，向来为学界所关注，即使在修建长城前后，炀帝北巡之中亦征调河北十余郡丁男开通驰道，甚至征调丁男十余万开挖龙门至商州上洛的堑壕。这些都能说明炀帝打算继续文帝经营周边外围地区的战略，并在此基础上有更大规模的行动。[2]

对于此次修筑长城的走向，学界依然有不同看法。大多数学者都认为“榆林”即指榆林郡治所在（即今内蒙古托克托黄河南岸）[3]，“紫河”即今浑河[4]。但赵杰认为，“榆林”或指榆林郡，或指河套一线的榆林塞，或为今陕西榆林市或神木市附近的榆林塞。[5]但据《隋书·食货志》中“绵亘千余里”的记载，从长度上排除了榆林郡的说法，而且从方位和距离边境远近上，排除了此“榆林”或为今榆林市或神木市附近的榆林塞的说法。[6]所以，赵杰认为从长度和走向来说，将隋大业三年长城所涉的榆林定在榆林塞的西端，即今乌加河一带。艾冲也认为“西距榆林”指的是长城西抵榆林郡西北境，即今内蒙古乌拉特前旗乌梁素海东北一带，[7]与赵杰所述大致相合。

有关“紫河”的位置所在，以前学界大都认为大业三年长城所涉紫河即今浑河[8]。赵杰认为，“紫河即今浑河”一说，是因《读史方舆纪要》错误理解了《通典》记载而起的，并有一番论证。[9]根据《通典》单于府金河县条载：“有长城。

① 薛宗正：《突厥史》，中国社会科学出版社，1992年，第196页。

② 李鸿宾：《隋朝的北部防务与长城问题》，《中国边疆史地研究》2006年第4期，第43—52页。

③ 李鸿宾、朱大渭皆从此说，参阅二人前引文。

④ 李孝聪、景爱、李鸿宾等均认为大业三年长城所涉紫河即今浑河，谭其骧《中国历史地图集》亦从此说标注。

⑤ 赵杰：《隋朝大业三年榆林至紫河长城位置考》，《内蒙古社会科学（汉文版）》2018年第3期，第70—73页。

⑥《隋书》所记长城是自西向东的走向，但今榆林市或神木市附近的榆林塞至大黑河上游方位是自西南向东北。

⑦ 艾冲：《中国的万里长城》，三秦出版社，1994年，第91页。

⑧ 李文信提出除今称浑河的紫河外，还有一条紫河，就是今大黑河的上游，大业三年长城所涉即是后者，但未详其论。

⑨ 赵杰：《隋朝大业三年榆林至紫河长城位置考》，《内蒙古社会科学（汉文版）》2018年第3期，第70—73页。

有金河，上承紫河及象水。又南流入河”[①]，认为紫河应有两条，一为紫河（今浑河），一为金河（今大黑河）的上游。《隋书·突厥传》载隋炀帝从启民可汗牙帐南返时，“启民仍扈从入塞，至定襄，诏令归藩”[②]。据此，可以认为长城在定襄以北。定襄郡治大利县，在今内蒙古和林格尔县西北。长城沿大黑河布置，也正位于定襄之北。由此，隋大业三年榆林至紫河长城的位置和走向，大致沿榆林塞西端的秦汉北河（今乌加河）至东端的隋唐榆林郡治（今内蒙古准格尔旗黄河南岸）附近的黄河北岸，继而沿金河（今大黑河）延伸至其上游紫河。

其八，大业四年（608）七月，筑长城，自榆谷而东。大业四年七月辛巳，隋炀帝又“发丁男二十余万筑长城，自榆谷而东”[③]。《资治通鉴》卷一八一胡三省注云：“此榆谷当在榆林西”。具体方位应该在黄河南岸隋唐榆林郡治以东。但前引李孝聪文引证顾祖禹《读史方舆纪要》说在青海省贵德县黄河岸侧。榆林郡治在今内蒙古托克托旗境内黄河南岸，而贵德则在今青海西宁西南，两地相去甚远，李鸿宾认为前者的可能性大于后者。[④]这年，隋炀帝使裴矩说铁勒大破吐谷浑，可汗伏允南奔雪山，其故地东西四千里、南北两千里皆为隋有，隋炀帝置州、县、镇、戍，发天下轻罪徙居之。若按“榆谷”在贵德说法，隋朝在吐谷浑降服，其地已经置州县时，于今青海西宁市沿西川河筑一道长城，实在看不出有什么实际作用。近注意到艾冲先生过去对隋长城的研究，他认为大业四年春隋炀帝北巡五原郡，“遂于同年七月‘发丁男二十余万筑长城，自榆谷而东。’……西端起首处是榆谷，迄今无考，大致在五原郡西北境上，略当今狼山西段某个山谷”[⑤]。从当时炀帝视察五原郡而筑长城，以及突厥启民可汗已经十分恭顺于隋王朝的背景来看，这段长城应该就在五原郡境，而且从防御目的看应该包括了整个河套地区，很可能就是对河套地区阴山秦长城及战国长城的重新利用和增筑。

综括以上所述，结合当时的民族关系来看，隋代修筑长城次数虽多，但从大的时间段看可归纳为三个时期。一为隋初，即包括开皇元年至开皇七年先后五次；二为开皇十六年于岚州合河县境内一次；三为隋炀帝大业三年、四年的两次。这里不仅

① 〔唐〕杜佑：《通典》卷一七九《州郡九》，王文锦、王永兴、刘俊文等点校，中华书局，1988年，第4745页。
② 〔唐〕《隋书》卷八四《突厥传》，第1875页。
③ 《隋书》卷三《炀帝纪上》，第71页。
④ 李鸿宾：《隋朝的北部防务与长城问题》，《中国边疆史地研究》2006年第4期，第43—52页。
⑤ 艾冲：《隋代万里长城建置考述》，见艾冲：《隋唐北疆史地新探》，陕西师范大学出版总社，2020年，第7页。此文原载《函授教育》1993年第1—2期。

明显看出隋初修筑长城的地点主要在鄂尔多斯高原腹地及沿边的幽、并二州，许多地段充分利用了先代的秦长城和战国长城，隋末大业年间应该就是对整个河套地区东西向秦长城乃至战国长城的增筑利用。隋长城的修筑有效防御了突厥势力向南发展，而且隋朝以守为攻，最终将与突厥抗衡的界限北移至河套黄河以北的阴山长城一线。

进一步考察隋初突厥对隋发动进攻的原因，从开皇二年至六年的五年中，除三年和五年没明确记载外，史书反映漠北和关内等我国北方地区遭受了持续多年的旱灾和蝗灾，并随之有瘟疫发生。这些灾害给突厥民族带来了极大灾难，致使人畜死亡，草原退化，不得不向漠南迁徙。而就在无力应对如此严重的自然灾害的情况下，突厥沙钵略可汗只好铤而走险，向隋发动了有组织的大规模进攻和掠夺。在隋军的打击下突厥内部出现分裂，达头可汗联合阿波、贪汗二可汗及沙钵略从弟地勤察反叛沙钵略而独立，且向隋请援。

在严重的自然灾害和隋王朝的离间分化以及强大的军事反攻之下，隋与突厥的力量对比和外交地位完全改变了，突厥沙钵略可汗遣其子入贡于隋。加之，该时期开皇五年、六年修筑的长城，即关中以北的灵武—朔方—榆林郡长城，几乎东西横穿鄂尔多斯高原，有效防卫了突厥的南侵。在与突厥关系转变及因长城的修筑而安全已初步有保障的情况下，隋初自开皇元年以来大规模修筑长城的工程告一段落，隋王朝解除了北部边疆之患和统一全国的后顾之忧。

第二个时期，从开皇十四年（594）至开皇十六年，我国北方再次发生旱灾和蝗灾。也许正由于此，突厥内部又出现了动乱迹象，在此背景下，隋王朝只好再次大规模修筑长城，以防御突厥的南下。这次修筑尽管时间短暂，却“东经幽州，延袤千余里”，规模非常宏大。紧接着从开皇十七年（597）起，突厥内部再次出现内乱而南侵，但这次统一强大的隋王朝或对其分化瓦解，或直接出师，结果突厥达头可汗大败，突厥都蓝可汗为部下所杀，突厥各部纷纷归降于突利可汗。

隋王朝修筑长城的第三个时期为隋炀帝大业三年、四年。隋炀帝在其短短两年里连续三次北巡，接连大规模修筑长城，实际上已经将隋朝与突厥有效抗衡的界限向北推进至河套地区黄河以北阴山长城一线。这一时期，炀帝还开通驰道，营建行宫，有计划、按步骤地大修长城，大业五年西巡，平定吐谷浑，西巡张掖，派军西征伊吾，大业七年起，连续御驾亲征，东打高丽，以宗女为华容公主嫁高昌。这一系列的东征西讨及西降公主给高昌，皆志在剪除突厥的左膀右臂，最终实际是有效解除了北方民族自隋初以来便东西呼应的弧形包围圈。事实证明，隋朝三个时期先后八次修筑的长城，皆为防御突厥南下而修筑，为当时的形势所驱动，而且在防御突厥的进程中均发挥了巨大作用，隋王朝在与突厥的抗衡中逐渐由被动变为主动。

第五节　隋朝东突厥南下的行军路线及南北往来的道路

一、隋初东突厥武装南下所取之道

隋朝建立之初，隋王朝周边最大的威胁还是来自突厥。开皇元年（581）杨坚受禅称帝，同年，突厥即大举入侵，结束了北周末年以千金公主和亲为契机达成的北周与突厥的联盟与和平关系。史载："沙钵略勇而得众，北夷皆归附之。及高祖受禅，待之甚薄，北夷大怨。会营州刺史高宝宁作乱，沙钵略与之合军，攻陷临渝镇。上敕缘边修保鄣，峻长城，以备之，仍命重将出镇幽、并。"① 说明隋建立之初，改变了北周以来向突厥纳贡称臣的屈辱外交，加之北周宗室遗老对隋文帝篡立不满，尤其是嫁于突厥的千金公主向沙钵略极力进谗挑唆，突厥随即大举进犯隋境。但是从随后的史事来看，当时隋王朝在军事防备上已经做了充分的应战准备。

史载："沙钵略妻，宇文氏之女，曰千金公主，自伤宗祀绝灭，每怀复隋之志，日夜言之于沙钵略。由是悉众为寇，控弦之士四十万。上令柱国冯昱屯乙弗泊，兰州总管叱李长叉守临洮，上柱国李崇屯幽州，达奚长儒据周盘，皆为虏所败。于是纵兵自木硖、石门两道来寇，武威、天水、安定、金城、上郡、弘化、延安六畜咸尽。"② 这里，对于隋朝设置防御的几个据点要弄清楚。临洮（治今甘肃岷县）与幽州（今北京一带）位置可知，但乙弗泊与周盘二地在哪里呢？岑仲勉先生引丁谦考证曰："'乙弗泊在乙弗敌国'，又同人《魏书考证》云：'乙弗敌国当在今嘉峪关西北。屈海即玉门县东北花海子，因泊形屈曲，故名。《隋书》……冯昱屯乙弗泊，即此。'盖望文生义之考证，东突厥为寇，不必自瓜肃入也。《通鉴》一七五、胡注谓当在鄯州西，尚为近之。"③ 其实，丁谦关于乙弗泊应该在故乙弗敌国，而且应该在今嘉峪关西北"玉门县东北花海子"的观点，既符合乙弗泊应该就是乙弗敌国的对音，也符合突厥南下常取道河西之史实。河西黑河，即今张掖河，其主河道西北流经今甘肃张掖、酒泉，最终向北流入今之额济纳旗，古之居延海。昔日突厥等漠北游牧

① 《隋书》卷八四《突厥传》，第1865页。
② 《隋书》卷八四《突厥传》，第1865—1866页。
③ 岑仲勉：《突厥集史》上册，第47页。

民族南下，常取道居延海，可直接进入河西走廊。而今之玉门市东北花海子，就在张掖河西侧，上游为今玉门市石油河，昔日流经赤金峡，汇聚为泽。而乙弗敌国，为晋代依附于鲜卑西部大人拓跋氏的鲜卑乙弗氏之一部，由今华北北部地区南移入塞，徙居于今甘肃河西走廊东。东晋孝武帝太元二十年（395），乙弗人遭到河西鲜卑大都统秃发乌孤的攻击，西徙于今青海湖滨，成为环湖地区早期居民之一。其落居青海后，与世居当地的鲜卑和羌人友好相处，逐步融合为一个以地缘关系为基础的部落民族联合体，史称“卑禾虏”。可见，丁谦之考证应该是接近历史事实的，即乙弗泊在乙弗敌国，具体位置在居延海一带，今嘉峪关北之张掖河下游。而《资治通鉴》胡三省注认为在隋唐鄯州（治今青海海东市乐都区）一带，则与突厥南下河西之道相去甚远矣。

但对于史书所记开皇初年这次突厥南下所取之二道，前引史书所谓“纵兵自木硖、石门两道来寇，武威、天水、安定、金城、上郡、弘化、延安六畜咸尽”，《资治通鉴》胡三省注：“木峡、石门两关，皆在弘化郡平高县界”，但此二关与此二道究竟在哪里呢？

木硖关即木峡关，据《元和郡县图志》与《太平寰宇记》记载，木硖关应该在原州平高（今宁夏固原）西南40里的颓沙山上。[①]谭其骧主编的《中国历史地图集》第5册《京畿道　关内道》图，将其标在今宁夏固原西南海子峡出口处。严耕望指出：“木峡关乃原州由西南逾陇而南之道。与原州西北出石门之道固异。”[②]穆渭生进而将木峡关确定在宁夏固原县西南红庄乡界[③]。其地位于原州西南越六盘山的隘口之中，可绕开原州，直达泾州。说明突厥这次南侵，兵分两路，西面一路自今宁夏境内沿黄河南下，至今宁夏中宁至中卫后渡过黄河，沿蔚如水（今清水河）南下至原州西南的木峡关，折而东进沿泾水河流域，应该是受到抵抗以后，东向返回至弘化郡（或从灵州渡过黄河以后，或取道盐川郡，或取道今之山水河，经二道可进入马岭水河谷南下至弘化郡、北地郡），西向至金城郡（治今甘肃兰州）、武威、天水、安定等郡抄掠后返回。

那么石门关在哪里呢？谭其骧主编的《中国历史地图集》第5册《京畿道　关内道》图，将其标在今宁夏固原与海原之间，则石门关也在上面所考的蔚如水道上。若据史书关于唐宣宗大中三年（849）二月，吐蕃大将论恐热以三州七关降唐的有关

① 《元和郡县图志》：“木硖关，在县西南四十里。”《太平寰宇记》：“木峡关，在颓沙山上。”
② 严耕望：《唐代交通图考》第2卷《河陇碛西区》，第408—409页。
③ 穆渭生：《唐代关内道军事地理研究》，陕西人民出版社，2008年，第127页。

记载，唐代的石门关应该就在原州，今《中国历史地图集》将其标在今宁夏固原与海原之间，应该为是。但上引史料关于开皇三年突厥自二关攻隋的石门关应该不是原州境内者，因根据突厥随即掳掠的隋朝七郡方位来看，这次突厥大军应该是兵分东西两路，显然这里的石门关与木峡关不在同一道上。

考稽史书，此处所指隋代之石门关应源于汉代之石门障，在今内蒙古包头市境内。汉代之“石门”最早见于《汉书·地理志》的“石门水”和“石门障”。《汉书·地理志》五原郡条“稒阳”下注曰：“北出石门障得光禄城，又西北得支就城，又西北得头曼城，又西北得虖河城，又西得宿虏城。”[①]北魏郦道元在《水经注》中亦提到了石门障：“河水又东流，石门水南注之。水出石门山。……其水自障东南流，径临沃城东，东南注于河。”[②]但过去学界对于石门障的研究，多基于《清史稿》的相关记载，近张文平考察后认为，石门障并非在昆都仑河沟南口或北口处，而是处在昆都仑河谷以东的五当沟口一带，五当沟才是《水经注》记载的石门水。[③]此说可以信从。由此，说明史书所记突厥这次南下取道的“石门”指的应该是汉代以来的石门障，在今包头市境内。则突厥这次南侵，东面一路自石门障，即今内蒙古包头市境内渡过黄河，南下取道今窟野河经神木、东胜后沿着榆林河、洛河至延安郡（今陕西延安）、上郡（今陕西富县）抄掠。此为这次突厥南下所取的另一道。

以上是这次突厥南下分两道入侵隋朝北部诸郡的行军路线，从大业三年隋炀帝北巡往返所取之道来看，当时鄂尔多斯高原及其周边诸道应该尚未发展成官方驿道。但这些道路的走向应该已经为当时人所熟知，到了唐代许多都发展成了官方驿道，这便是唐代长安西北通灵州驿道与长安东北通胜州振武军驿道等，具体参见严耕望先生所考。

二、隋炀帝大业三年北巡的交通路线

隋代关中以北沿鄂尔多斯高原的南北道路已明，但上文提及与唐代相比，整个隋代南北之间的道路似乎没有唐代官道那么发达，这从随后大业三年隋炀帝北巡的交通路线似乎也可以看出。那么大业三年隋炀帝北巡路线是怎样的呢？史书记载，大业三年四月，“丙寅，车驾北巡；己亥，顿赤岸泽”[④]。赤岸泽大约在今陕西大荔县西

---

① 《汉书》卷二八《地理志下》，第1620页。

② 《水经注疏》，第226—227页。

③ 张文平：《石门障寻踪》，《草原文物》2016年第2期，第93—97页。

④ 《资治通鉴》卷一八〇，隋炀帝大业三年（607），第5629页。

南，隋唐时为政府监牧所在，《新唐书·兵志》提及："唐之初起，得突厥马二千匹，又得隋马三千于赤岸泽"[①]。可见，这次炀帝北巡应该是从长安出发，向东从蒲津关渡过黄河，取道并州道北去的。这在随后的行程中有所反映。《资治通鉴》记载："帝过雁门，雁门太守丘和献食甚精；至马邑，马邑太守杨廓独无所献，帝不悦。"[②]可见，炀帝是从蒲津关渡过黄河，取道并州，过太原，至雁门，再至马邑。马邑为并州北部的屏障，是北方草原民族南下的要道。而过了马邑继续北行，即到达隋榆林郡，《资治通鉴》继载："［六月］戊子，车驾顿榆林郡。"在榆林郡期间，六月"甲辰，上御北楼观渔于河，以宴百僚"，可见榆林郡治所位于黄河以南。直至"八月，壬午，车驾发榆林，历云中，泝金河"[③]，随即幸突厥启民可汗牙帐。这中间从榆林郡渡过黄河，便进入隋定襄郡，沿金河（今大黑河）北走为白道川（在今呼和浩特平原），突厥牙帐应该就在金河岸边。以上是炀帝这次北巡所取之道。

那么炀帝返回所取之道如何呢？史书记载，该年八月，"癸巳，入楼烦关。壬寅，次太原。诏营晋阳宫。九月己未，次济源。幸御史大夫张衡宅"[④]，可见这次返程也是取道并州道，只不过取道楼烦关，说明回程没有经过雁门。往来皆经过太原，太原以南，是自今山西东南穿越太行山，取道轵关陉，经过济源（今河南济源），向东南到达洛阳。

由炀帝车驾北巡，往返皆取道并州道来看，当时关中以北经过鄂尔多斯高原及其周边的道路并非都如并州道那么平坦顺畅。并州道大致沿汾水河谷而行，沿途平坦，而且自北齐以来几经维护修筑，已成为关中与北方往来常取的官道。

---

① 《新唐书》卷五〇《兵志》，第1337页。
② 《资治通鉴》卷一八〇，隋炀帝大业三年（607），第5630页。
③ 《资治通鉴》卷一八〇，隋炀帝大业三年（607），第5633页。
④ 《隋书》卷三《炀帝纪上》，第70页。

第八章　唐代鄂尔多斯高原及其毗邻地区军事地理

唐代鄂尔多斯及其毗邻地区，前期为防范北狄之患的关中北门，在抵御突厥的进攻中战略位置十分重要。但到了中晚唐以后，突厥衰落，代之兴起的回纥[①]常年与唐王朝交好，而且开成五年（840）回鹘西迁，之后对唐王朝更加构不成威胁了。安史之乱爆发以后，该地区成为唐朝中兴的倚仗，朔方军为唐朝的中兴立下了汗马功劳。同时，西面的吐蕃对唐王朝的威逼日甚一日，在渐次吞并唐朝的河西、陇右大部分州县以后，开始觊觎关中，而且一度直取长安。为了抵御吐蕃的东进，唐王朝加强了陇山至六盘山的防御。吐蕃在无法逾越这一防线以后，只好采取迂回包抄，取道原州、泾州、盐州、夏州等，折而南下威逼关中的方针，于是唐代中后期，鄂尔多斯及其周边地区屡屡遭到吐蕃的侵扰。该地区在抵御吐蕃的东进南下中也发挥了重要作用。

第一节　唐代鄂尔多斯高原及其毗邻地区的行政区划

唐代鄂尔多斯高原及其毗邻地区，行政区划上属于关内道，贞观十三年（639）关内道除京畿地区外，尚包括灵、原、鄜、夏、胜五州都督府。贞观十七年，罢鄜州都督府。贞观二十一年（647），置燕然都护府，贞观二十二年（648），置丰州都督府。永徽元年（650）分置燕然、单于二都护府。天宝元年（742），关内道除京兆府二十三县及华州华阴郡、同州冯翊郡外，鄂尔多斯高原及其周边的郡包括：岐州扶风郡、邠州新平郡、陇州汧阳郡、泾州安定郡、宁州彭原郡、延州延安郡、鄜州洛交

---

① 按：唐贞元四年（788），回纥可汗上表请唐允许改称“回纥”为“回鹘”，故本书大体以此为界，前此称“回纥”，后此称“回鹘”。

郡、灵州灵武郡、原州平凉郡、胜州榆林郡、夏州朔方郡、丰州九原郡、庆州安化郡、丹州咸宁郡、盐州五原郡、银州银川郡、绥州上郡、会州会宁郡、安北大都护府、单于大都护府。

第二节　唐代鄂尔多斯高原及其毗邻地区诸州郡的军府及关戍

《新唐书·兵志》载："初，府兵之置，居无事时耕于野，其番上者，宿卫京师而已。若四方有事，则命将以出，事解辄罢，兵散于府，将归于朝。"①可见府兵制在唐初是重要的军事制度，在唐初开土拓疆、平定四方的斗争中，曾发挥了巨大的作用。折冲府为唐前期实行府兵制条件下的军事机构："太宗贞观十年，更号统军为折冲都尉，别将为果毅都尉，诸府总曰折冲府。凡天下十道，置府六百三十四，皆有名号，而关内二百六十有一，皆以隶诸卫。凡府三等：兵千二百人为上，千人为中，八百人为下。府置折冲都尉一人，左右果毅都尉各一人，长史、兵曹、别将各一人，校尉六人。"② 唐初因为采取"实近虚远，居重驭轻"的策略等原因，府兵数量的分布以关内道最为集中各州郡军府及关戍情况简列如下③。

邠州新平郡，治新平（今陕西彬州），隋新平郡，唐武德元年（618）改为豳州，唐开元十三年（725）改豳州为邠州，辖境相当于今陕西彬州、长武、旬邑、永寿四市县，位处泾水河边，邠原大道上。有府十一：嘉阳、宜禄、公刘、良社、胡陵、蜂川、万敌、金池、舜城、宜山、邠州。

岐州扶风郡，治雍县（今陕西凤翔南），地当陇坂经大震关之东西大道。唐前期岐州扶风郡有府二十三：岐山、雍北、道清、洛邑、留谷、岐阳、文城、郊邑、三交、凤泉、望苑、邵吉、山泉、望云、杜阳、积善、凤鸣、义伏、郿邑、玉泉、五丈、书台、陈仓。

陇州汧阳郡（今陕西陇县），义宁二年（618），析扶风郡之汧源、汧阳、南由和安定郡之华亭置。天宝元年（742）曾更郡名曰汧阳。地当陇坂经大震关之东西大道，有府八：大堆、龙盘、开川、临汧、大候、源汧、斥候、閤川。华亭有义宁军，大历八年（773）置。有大震关（安戎关）、安夷关。

① 《新唐书》卷五〇《兵志》，第1328页。
② 《新唐书》卷五〇《兵志》，第1325页。
③ 以下所引各州郡境内的府，除来自《元和郡县图志》《新唐书·地理志》外，主要参考了张沛编著的《唐折冲府汇考》（三秦出版社，2003年）。

泾州保定郡（治今甘肃泾川北，泾河北岸城关镇一带），本安定郡，至德元载（756）更名保定郡，乾元元年（758）复为泾州。地当泾水河谷咽喉，为长安通向凉州、西域的北道必经之地，也是唐代中后期吐蕃东侵之际，取道泾水河谷威逼关中的必经之地，又是关中经泾水河谷、蔚如水河谷通向灵州一道之咽喉，有府七：泾阳、四门、兴教、纯德、肃清、仁贤、临泾。

原州平凉郡（今宁夏固原），为继泾州之后，北经蔚如水通向灵州一道之重镇，也是唐代中后期阻止吐蕃穿越六盘山东侵的要地，有府二：彭阳、安善。州境内又有石门、驿藏、制胜、石峡、木峭、木峡、六盘等七关。

宁州彭原郡（今甘肃宁县），位于泾水河的另一支流马岭水边，在关中以北经邠、宁、庆等州通灵州一道上，为阻止突厥南侵之要地，有府十二：彭池、高望、静难、驎宝、天固、蒲川、东原、三会、大延、和泉、永宁、罗川。有安定故关、高摭城。

庆州顺化郡（治今甘肃庆阳），本弘化郡，天宝元年改名为安化，至德元载更名顺化，有府八：龙息、交水、同川、永清、蟠交、永业、乐蟠、永安。

鄜州洛交郡（今陕西富县），本上郡，天宝元年更名洛交。鄜州地处长安北通朔方边塞之驿道，即夏延、鄜、坊至长安道，贞观年间即置鄜州都督府、大都督府，管鄜、坊、丹、延四州。唐代中后期，又置鄜坊丹延节度使。有府十五：洛昌、龙交、苇川、五交、大同、安光、洛安、银方、杏林、修武、安吉、安昌、洛交、洛川、三川。有肃戎军，大历六年（771）置，应该是中晚唐为防御吐蕃与党项沿洛河南下关中而设。

坊州中部郡（今陕西黄陵），武德二年（619）析鄜州之中部、鄜城置，有府六：杏城、仁里、思臣、永平、安台、嘉禾。

丹州咸宁郡（今陕西宜川），本隋丹阳郡，义宁元年（617）析延安郡之义川、汾川、咸宁县置，天宝元年更名咸宁，有府六：宜城、通天、同化（通化）、丹阳、长松、汾川。有乌仁关。

延州延安郡（治肤施县，今陕西延安），唐前期为中都督府，有府七：敦化、延川、宁戎、因城、塞门、延安、金明。又仪凤中，吐谷浑部落自凉州内附，置二府于金明西境，分别为羌部落、閤门。境内有合岭关、芦子关。

灵州灵武郡，大都督府，隋唐之际为北方突厥、回鹘入寇之孔道，西北交通之枢纽，更为拱卫关中长安之屏障。有府五：武略、河间、静城、鸣沙、万春。灵州城有朔方经略军。黄河外有丰安、定远、新堡（昌）等军，丰宁、保宁等城。

会州会宁郡，本隋西会州，武德二年以平凉郡之会宁镇置。位处长安通凉州、西域道之北道的黄河渡口，控制进出河西之咽喉，唐前期有新泉军，但大部分时间归凉州都督府或河西节度使掌控，开元五年（717）废为守捉，有会宁关、乌兰关。有府一：黄石。

盐州五原郡（治今陕西定边红柳沟镇北部沙场古城或为今定边县城新区[①]），唐前期为下都督府，隋盐川郡，唐初为梁师都占据，贞观二年（628）平定梁师都后，复置州，天宝元年更名五原。境内有乌池、白池、细项池、瓦窑池等盐池，有盐池之利，经济地位重要，加之与长安北通朔方各道及东西连接灵州、夏州之道彼此相通，战略位置亦很重要，唐前期为突厥南下，或中唐以后为吐蕃东进南下的要冲。有府一：盐川。有保塞军，贞元十九年（803）置。

夏州朔方郡（今陕西靖边白城子遗址），唐初为梁师都所据，贞观二年平定梁师都后置夏州。有府二：宁朔、顺化。有天柱军，天宝十四载（755）置，宝应元年（762）废。长庆四年（824），节度使李祐筑乌延、宥州、临塞、阴河、陶子等城于芦子关北，以护塞外。

绥州上郡（治今陕西绥德），本隋雕阴郡地，唐初没梁师都。贞观二年梁师都平，置绥州，治上县，天宝元年更郡名。有府六：伏洛、义合、万吉、大斌、绥德、信义。

银州银川郡（治今陕西榆林市横山区党岔镇），隋为雕阴郡之儒林县。贞观二年平梁师都，置银州，天宝元年，改为银川郡。乾元元年，复为银州。治所在今榆林河与无定河交汇处，位于隋唐时期洛水河谷北上通胜州道上。有府一：龙川。

宥州宁朔郡，《新唐书·地理志》载："调露元年，于灵、夏南境以降突厥置鲁州、丽州、含州、塞州、依州、契州，以唐人为刺史，谓之六胡州。长安四年并为匡、长二州。神龙三年置兰池都督府，分六州为县。开元十年复置鲁州、丽州、契州、塞州。十年平康待宾，迁其人于河南及江、淮。十八年复置匡、长二州。二十六年还所迁胡户置宥州及延恩等县，其后侨治经略军。至德二载更郡曰怀德。乾元元年复故名。宝应后废。元和九年于经略军复置，距故州东北三百里。"宥州开元二十六年（738）始置，治今内蒙古鄂托克前旗查干巴拉嘎苏古城[②]，天宝中徙至经略军驻地

① 分别参见艾冲：《唐蕃争夺的盐州治城新考》，见杜文玉主编：《唐史论丛》第16辑，陕西师范大学出版总社有限公司，2013年，第18—28页；李宗俊：《唐陆耽墓志考释》，《中国边疆史地研究》2014年第3期，第125—133页。

② 国家文物局主编：《中国文物地图集·内蒙古自治区分册》下，第588页。

榆多勒城（艾冲认为即巴彦淖尔镇哈达图村西南水泉古城[①]），元和十五年（820）移治夏州长泽县（今内蒙古鄂托克前旗东南隅城川古城[②]），不久后被吐蕃攻破，长庆四年（824）复置长泽县。

麟州新秦郡（治所在今陕西神木北窟野河畔，郭声波认为新秦城在神木县塔店镇杨城村古城[③]），下都督府。开元十二年（724）析胜州之连谷、银城置，十四年（726）废，天宝元年（742）复置。隋以来有连谷戍。

胜州榆林郡（今内蒙古准格尔旗东北十二连城），下都督府。武德中没梁师都。师都平，复置。胜州“阻河为固”，东北渡过黄河至单于都护府与振武军理所，向南连接麟、银、绥、延、鄜、坊直通长安道。有榆林关、河滨关，二者并设县。境内唐代中后期有义勇军。有府一：榆林。

丰州九原郡（治今内蒙古乌拉特前旗西小召镇古城村[④]），下都督府。贞观四年（630）以降突厥户置，不领县，十一年（637）州废，地入灵州。二十三年（649）复置。有横塞军、天德军、东受降城、中受降城和西受降城。

第三节　唐前期部署在鄂尔多斯高原及其毗邻地区的军

《新唐书·兵志》记唐初朔方节度使所辖各军称：“朔方经略、丰安、定远、新昌、天柱、宥州经略、横塞、天德、天安军九，三受降、丰宁、保宁、乌延等六城，新泉守捉一，曰关内道。”[⑤]《唐六典》载：“单于、安北、东受降城、中受降城、西受降城，丰安军、定远城皆属焉。”[⑥]《通典》载：“经略军、丰安军、定远城、西城、安北都护府、安东城、振武军。”[⑦]《旧唐书·地理志》载：“朔方节度使，捍御北狄，统经略、丰安、定远、西受降城、东受降城、安北都护、振武等七军府。”[⑧]《唐会要》引开元元年十月六日敕：“经略、定远、丰安

① 参见艾冲：《唐代“六胡州”与“宥州”故地新探》，《中国方域》2003年第2期，第38—40页。该文后收入艾冲《隋唐北疆史地新探》第266—273页。

② 参见艾冲：《唐代“六胡州”与“宥州”故地新探》，《中国方域》2003年第2期，第38—40页。

③ 郭声波：《中国行政区划通史·唐代卷》，复旦大学出版社，2012年，第122页。

④ 郭声波：《中国行政区划通史·唐代卷》，第125—126页。一说在内蒙古巴彦淖尔市临河区东，参见林幹：《突厥与回纥史》，内蒙古人民出版社，2007年，第172页。

⑤《新唐书》卷五〇《兵志》，第1328页。

⑥〔唐〕李林甫等：《唐六典》卷五，陈仲夫点校，中华书局，1992年，第157页。

⑦《通典》卷一七二《州郡二》，第4480页。

⑧《旧唐书》卷三八《地理志一》，第1386页。

军，西、中受降城，单于、丰、胜、灵、夏、盐、银、匡、长、安乐等州，并受节度。”[①]

以上各书所记，均错讹多出，如《新唐书·地理志》所记即有以下错误：将“新堡”记为“新昌”；安史之乱以后将“丰安”改名“丰宁”，但以上同列；“天德”与“天安”二军为同一军的前后不同名，亦同列；保宁军或城，史书记载为唐兴元元年（784），改河东节度使置保宁军，治太原府，唐前期不见于关内道，为误记还是另有同名，无考；而夏州天柱军天宝十四载已置，无记。总之，各书所记或错漏，或州、军同列，时代混乱，无一完整者，现一一考列如下。

（一）定远军

定远军管兵人数与马匹数量很大，在当时确属大军。其驻地地当突厥经西受降城沿黄河西岸南下的要道，可起保卫灵州与朔方的作用，军事战略地位重要。该军诸史记载较详。《元和郡县图志》卷四灵州条：

> 定远东城，灵武郡东北二百里黄河外，景龙中韩公张仁愿置。管兵七千人，马三千匹。[②]

又《元和郡县图志》同卷灵州温池县条：

> 定远废城，在州东北二百里。即汉北地郡方渠县之地，先天二年，郭元振以西城辽阔，丰安势孤，中间千里无城，烽堠杳渺，故置此城，募有健兵五千五百人以镇之。其后信安王祎更筑羊马城，幅员［一］十四里。[③]

《旧唐书·地理志》卷三八朔方节度使条：

> 定远城，在灵州东北二百里黄河外，管兵七千人，马三千匹。[④]

《新唐书·地理志》卷三七灵州灵武郡条：

> 有朔方经略军，黄河外有丰安、定远、新昌等军，丰宁、保宁等城。[⑤]

《唐会要》卷七八定远军条：

> 定远军，在灵州东北二百里，先天二年正月郭元振置。[⑥]

从以上诸书记载可知，开元初朔方节度初置时即有定远军，定远军驻防的军城应该即为定远城。而且可以明确的是，定远军城有两处，一处为中宗景龙

---

① 〔宋〕王溥：《唐会要》卷七八《诸使中》，上海古籍出版社，1991年，第1686页。
② 《元和郡县图志》卷四《关内道四》，第92页。
③ 《元和郡县图志》卷四《关内道四》，第96页。
④ 《旧唐书》卷三八《地理志一》，第1386页。
⑤ 《新唐书》卷三七《地理志一》，第972页。
⑥ 《唐会要》卷七八《诸使中》，第1686页。

年间由时任朔方道大总管的张仁愿所筑，一处为先天二年（713）由郭元振所筑（后被废），二城似乎均在灵州城东北200里。黄河在今宁夏段为西南往东北流，所以即使东北200里，仍有可能在黄河以西。考察二人任职与事迹，《旧唐书·张仁愿传》记载：神龙三年（707），“突厥入寇。朔方军总管沙吒忠义为贼所败，诏仁愿摄御史大夫，代忠义统众。……于河北筑三受降城，首尾相应，以绝其南寇之路。……景龙二年，拜左卫大将军、同中书门下三品，累封韩国公”[①]。可见，从神龙三年（707）至景龙二年（708），张仁愿为朔方大总管，而且从城处黄河外的形势，很符合张仁愿筑三受降城时要跨过黄河的战略思路。景龙年间张仁愿任职朔方道大总管时所筑为著名的“三受降城”就皆在黄河外，定远城与三受降城遥相呼应，应该为同一时期建筑的一个防御体系，时间、事迹皆合。

而郭元振筑城，《旧唐书·郭元振传》亦有明确记载：“先天元年，为朔方军大总管，始筑定远城，以为行军计集之所，至今赖之。”[②]说明《元和郡县图志》与《唐会要》记郭元振曾筑定远城亦不虚，上引各书记二城修筑时间、人物有别，驻防的守军人马数也不一致，说明二城确实有别。

二人先后修筑定远军城，时间与事迹和个人传记皆合，但上引《元和郡县图志》记载的二人所筑二城又皆在灵州城东北200里，说明二城距离很近，二城是不是夹河对峙呢？如果是夹河而筑，且不说张仁愿所筑“东城”，不符合“黄河外”的记载，就是郭元振所筑之城，也不符合他在增筑新城时“以西城辽阔，丰安势孤，中间千里无城，烽堠杳渺，故置此城”的这一理由。即郭元振增筑一城，是因为“西城”与灵州城以及灵州城西的丰安军城（灵州城西黄河外180余里）之间距离太远，而且皆不在黄河东岸，不能彼此关照配合，所以新增一城。由此说明，郭元振修筑的新城应该在张仁愿所筑城与丰安军城之间，而不是与张仁愿筑城邻近而夹河对峙。可见，上引文献必有二处误记，一是“东城”还是“西城”必有一误，二是两城距离灵州城皆为“东北二百里”必有一误。

首先，查考史书所记，一是今中华书局版《元和郡县图志》卷四所记上引“定远废城”文后的校勘记，其中第三二条称：“二百里，《考证》：官本脱‘百’字。”[③]这里的“官本”应即该书卷首语所记的乾隆四十一年周梦棠校勘时依据的

① 《旧唐书》卷九三《张仁愿传》，第2982—2983页。

② 《旧唐书》卷九七《郭元振传》，第3048页。

③ 《元和郡县图志》卷四《关内道四》，第120页。

农部所藏“四库馆江南进本”[①]。可见，上引今中华书局版《元和郡县图志》卷四及其依据的其他版本所记“定远废城”条应该确实有误抄，将“二里”误抄为“二百里”。

其次，再考察上引《元和郡县图志》将“定远废城”记在灵州温池县境，而据《元和郡县图志》温池县治所在灵州城东南180里，说明温池县境达不到灵州城东北200里的地方。相反，灵州城北60里是保静县，灵州城东北125里又是怀远县。此亦说明灵州城东北200里不会有隶属在温池县境的定远废城。隶属温池县境的定远废城，位置应该正如清代“四库馆江南进本”《元和郡县图志》所记的“在州东北二里”的温池县境，大约即今宁夏灵武市所在的位置。此城应为黄河东岸拱卫灵州城及控制东岸各道而设。

另外，正是因为上引《元和郡县图志》将张仁愿所筑的定远城误记为“定远东城”，这应该也是传抄致误，正确的应该是张仁愿所筑为“定远西城”。因不仅上引“定远废城”条记“西城辽阔，丰安势孤”句就是把张仁愿所筑城称为“西城”，而且从张仁愿当时的筑城背景来看，就是要打破原来以河为守的态势，跨河筑城，其城必在黄河西岸。

那么造成以上两处错误的原因，可能是因《元和郡县图志》灵州灵武郡条所列朔方节度使所辖各军与各城中，因原书将张仁愿所筑的“定远西城”与三受降城并书，原“定远西城”后即为“西城（西受降城）”，传抄者因此混淆而致误。

概括以上所考，定远城由东西二城组成，西城在灵州城东北200里黄河外，具体位置大约在今宁夏平罗县南黄河西岸，为景龙年间张仁愿筑；而东城在州城东北2里，在黄河东岸，为先天二年郭元振所筑，但此城作为定远军东城后，不久被废弃，所以又称“定远废城”，其位置应该在今宁夏灵武市一带。

（二）丰安军

丰安军管兵八千，亦为朔方大军，《元和郡县图志》卷四灵州条记：

> 丰安军，灵武郡西黄河外一百八十余里，万岁通天初置。管兵八千人，马一千三百匹。[②]

《通典》卷一七二《州郡》有相似记载；《新唐书》卷一二二《郭元振传》：

> 先天元年，为朔方军大总管，筑丰安、定远城，兵得保顿。[③]

---

① 《元和郡县图志》卷首语，目录第32页。
② 《元和郡县图志》卷四《关内道四》，第92页。
③ 《新唐书》卷一二二《郭元振传》，第4365页。

前引朔方节度使初置的开元初年即有此军，此谓武周万岁通天初年置。当为武周后期，后东突厥默啜势力复炽之际，朔方边陲频频告急，为加强灵州安全而于万岁通天元年置军。但关于丰安军的治所，前条谓“灵武郡西黄河外一百八十余里”。然而，另据《元和郡县图志》灵州鸣沙县条：“神龙二年冬为默啜所寇，因而荒废，遂移县于废丰安城，即今县理是。”这里又有“废丰安城”。而神龙二年（706）默啜对鸣沙县的进攻《资治通鉴》有载：“十二月，己卯，突厥默啜寇鸣沙，灵武军大总管沙吒忠义与战，军败，死者六千余人。丁巳，突厥进寇原、会等州，掠陇右牧马万余匹而去。”① 结合以上两条史料的记载，丰安军的初置及治所情况应该是：万岁通天元年置军，因初置于灵州鸣沙县的丰安城而得名，初置时丰安城在黄河东岸。神龙二年因鸣沙县城被默啜寇废，而将鸣沙县寄理于黄河东岸的丰安城，后一度军县同理。先天元年（712），朔方军大总管郭元振为加强朔方地区的防务，又于灵州西境黄河外180余里筑新的丰安军城，即郭元振筑的丰安城在黄河以西，位置应该如艾冲提出的在今宁夏中卫沙坡头区东部的镇罗堡（今镇罗镇）附近②，或柔远镇一带，为定远军之后的一补苴防线，也是防御外敌取道河西，东南渡河进入关中的要津。至于原来黄河东岸的废丰安军城则变成了鸣沙县新的治所，其位置应该在今中宁县城至鸣沙镇一带。

（三）新堡军

灵州怀远县境内有新堡，《元和郡县图志》卷四灵州怀远县条载：

> 新堡，在县西北四十里，永昌元年置。堡内安置防御军二千五百人，粮五万石。旧名千金堡，今名新堡。③

唐灵州怀远县在灵州城北125里处，大约在今贺兰县的位置，新堡又在怀远县西北40里处，应该在黄河以西，位置大约在今贺兰县洪广镇。新堡旧名千金堡，说明改名以前就是军事城堡，永昌元年置新堡以后，内安置防御军二千五百人，上引《新唐书·地理志》有“新昌”，应即“新堡”，可能因设置于永昌元年，亦有“新昌”之名，而且显然是按照军的级别设置的。

新堡位处黄河以西，地当突厥南下道上，其名还见于张说撰《拨川郡王神道碑》，其中记：“降户之叛河曲也，……公越自新堡，奔命寇场，赢粮之徒，不满

---

① 《资治通鉴》卷二〇八，唐中宗神龙二年（706），第6607—6608页。
② 艾冲：《论唐代“河曲”内外驻防城群体的分布及其历史作用》，见艾冲：《隋唐北疆史地新探》，第158页。
③ 《元和郡县图志》卷四《关内道四》，第96页。

五百，……千里转战，合薛讷于河外，返知运于寇手。朔方诸军，壮其战矣”[①]。这里所述论弓仁因平定突厥降户的叛乱，转战于河曲新堡一带的事迹发生在玄宗开元二年（714）至三年（715）之间，而上引文称新堡设置于武则天执政的永昌元年（689），该时期也正是后东突厥强大之际，此时于灵州西北筑城，正是为阻止突厥沿黄河南下，也说明直至玄宗开元年间，新堡依然是唐军驻守和聚结之地。

（四）经略军

开元初朔方节度初置时无经略军，撰成于开元二十六年（738）的《大唐六典》所记朔方节度使所统各军亦无此军，但《资治通鉴》记载天宝元年（742）唐朝的十节度、经略使时，其中朔方节度所统已有经略军，王忠嗣任职朔方节度使也恰在天宝初年，天宝五载（746）已由哥舒翰所取代。

《元和郡县图志》卷四灵州条载：

> 经略军，灵武郡城内。管兵二万七百人，马三千匹。[②]

又《元和郡县图志》卷四灵州温池县条载：

> 经略军，在夏州西北三百里。天宝中王忠嗣奏于榆多勒城置军，今属灵武节度。本属夏州，南去灵武六百五十余里，元和九年于此城新置宥州。[③]

《资治通鉴》载，天宝三载（744）八月，“拔悉蜜攻斩突厥乌苏可汗，……国人立其弟鹘陇匐白眉特勒，是为白眉可汗。于是突厥大乱，敕朔方节度使王忠嗣出兵乘之。至萨河内山，破其左厢阿波达干等十一部”[④]。四载（745），“二月，己酉，以朔方节度使王忠嗣兼河东节度使。……既兼两道节制，自朔方至云中，边陲数千里，要害之地，悉列置城堡，斥地各数百里。边人以为自张仁亶之后，将帅皆不及”[⑤]。由此说明，经略军正是王忠嗣于天宝初年所置。而经略军所在的榆多勒城，地当丰州至夏州的大道上。对于此城所处的交通、军事位置，《新唐书》谓：“开元时……置宥州以处降户，寓治经略军，居中以制戎虏，北援天德，南接夏州，至德、宝应间，废宥州，以军遥隶灵武”[⑥]。榆多勒城，艾冲认为即今巴彦淖尔镇哈达图村

① 〔唐〕张说：《拨川郡王神道碑》，见〔清〕董浩等编：《全唐文》卷二二七，上海古籍出版社，1990年，第1014页。

② 《元和郡县图志》卷四《关内道四》，第92页。

③ 《元和郡县图志》卷四《关内道四》，第96—97页。

④ 《资治通鉴》卷二一五，唐玄宗天宝三载（744），第6860页。

⑤ 《资治通鉴》卷二一五，唐玄宗天宝四载（745），第6863—6864页。按：“张仁亶”即“张仁愿”。

⑥ 《新唐书》卷一四六《李吉甫传》，第4742页。

西南“水泉古城”[①]，说明天宝年间宥州方位正在唐代夏州西北与河套地区丰州以南的驿道上，为唐代突厥由丰州渡过黄河南下夏州的必经之地。而据前文根据《旧唐书·王忠嗣传》与《资治通鉴》天宝元年相关史事所考，该年王忠嗣北伐，陈兵碛口，该年八月之后突厥相次来降，随之该年年底唐于漠北边陲设麟州新秦郡。麟州新秦郡位处长安至胜州道上，该道从长安沿洛河谷北上，经坊、鄜、延，折而东北经绥、银、麟诸州至胜州及振武军[②]。可见麟州新秦郡与宥州宁朔郡东西毗邻，分别把持着唐朔方盐、夏、延、绥等州通向河套地区的两条交通驿道，说明唐王朝在王忠嗣的奏请下设置麟州新秦郡的同时，必然是将其以西的宥州改为了宁朔郡并升为正州，与经略军同治榆多勒城，从而加强了当地的防务与行政建制，也加强了与朔方夏、延、绥等州和河套地区的联系。

天宝初王忠嗣奏于榆多勒城置军，后因肃宗即位于灵武，为了加强灵武郡城的力量而将经略军主力移至灵州城内，此前应该是一军驻防两城。

（五）横塞军

横塞军，《资治通鉴》卷二一六天宝八载记：

> 三月，朔方节度等使张齐丘于中受降城西北五百余里木剌山筑横塞军，以振远军使郑人郭子仪为横塞军使。[③]

《旧唐书·郭子仪传》载：

> 天宝八载，于木剌山置横塞军及安北都护府，命子仪领其使，拜左卫大将军，十三载，移横塞军及安北都护府于永清栅北筑城，仍改横塞［军］为天德军，子仪为之使，……[④]

以上所记，《唐会要》与《旧唐书》记载同，只是将“塞”误为“山”[⑤]。由此，横塞军为天宝八载由朔方节度使张齐丘于中受降城北500里木剌山筑城置军，以郭子仪为军使。张齐丘于木剌山所筑横塞军城，严耕望先生考定约在今乌拉特中旗治所及黑沙图地区[⑥]，学界近考得为乌拉特中旗的新忽热古城，当时的横塞军与安北都

---

① 参见艾冲：《唐代“六胡州”与“宥州”故地新探》，《中国方域》2003年第2期，第38—40页。

② 严耕望：《唐代交通图考》第1卷《京都关内区》，第259页。

③ 《资治通鉴》卷二一六，唐玄宗天宝八载（749），第6893页。

④ 《旧唐书》卷一二〇《郭子仪传》，第3449页。

⑤ 《唐会要》卷七三《安北都护府》，第1559页。

⑥ 严耕望：《长安东北通胜州振武军驿道》，见严耕望：《唐代交通图考》第1卷《京都关内区》，第276页。

护府、阴山县同治[①]。该城地处控制漠北南下大道。从天宝八载横塞军设立与安北都护府迁治今新忽热古城以后，仅仅过了五六年，至天宝十四载，唐朝再次移横塞军及安北都护府于永清栅北的新城，且又改横塞军为天德军，仍由郭子仪为军使。《元和郡县图志》天德军条，天宝十二载，安思顺奏废横塞军，废军的原因根据《新唐书·郭子仪传》是“俄苦地偏不可耕”，应该是说因不能屯田以提供给养而废，其实与该时期回纥的强势崛起，以及唐朝西疆危急被迫收缩北部防线亦有关系。

（六）天德军

天德军是唐代朔方大型军类驻防单位。《通典》《旧唐书·地理志》等未记天德军事，《元和郡县图志》卷四丰州天德军条云：

> 天德军（旧理在西受降城，权置军马于永清栅，元和九年诏移理旧城。）本安北都护，贞观二十一年，于今西受降城东北四十里置燕然都护，……景龙二年，又移理西受降城。开元十年，又移理中受降城。天宝八年，张齐丘又于可敦城置横塞军，又自中受降城移理横塞军。十二年，安思顺奏废横塞军，请于大同川西筑城置军，玄宗赐名曰大安军（按：《太平寰宇记》为“天安军”，天下安定之意，应是）。十四年，筑城功毕，移大安军理焉。乾元后改为天德军。……西南移三里，权居永清栅，其理所又移在西受降城。[②]

《元和郡县图志》此处其实是讲述了天德军及安北都护府的沿革，之所以将二者并述，是因为自天宝十二载（753）将安北都护府移理天安军后，天德军与安北都护府便合二为一了。确切地说，《元和郡县图志》此处涉及了安北都护府、横塞军与天安军（后改为天德军）三者之间的关系，安北都护府先后寄理于横塞军与天安军。天宝八载设置横塞军，安北都护府自该年移理横塞军理所可敦城（今新忽热古城）。天宝十二载，因不宜屯田与唐朝北疆形势的变化，安思顺奏废横塞军，同年始置天安军，十四载（755）将安北都护府理所移至新竣工的天安军城。而天安军自乾元后改称天德军（安史之乱后因原军名带“安”而改），而且自此与安北都护府的治所一起又有迁移，先后再迁至永清栅与西受降城，直至元和年间在李吉甫的建议下重新移置天德军旧城，位置在大同川西（今巴彦淖尔市乌拉特前旗明安川之西的土城子古城，城址今已淹没于乌梁素海之中[③]）。这里主要是讲天德军的由来与沿革，所以标题为

① 张文平：《新忽热古城为唐代横塞军军城考论》，《内蒙古师范大学学报（哲学社会科学版）》2020年第2期，第28—35页；李宗俊：《新忽热古城与汉受降城及唐燕然都护府治所关系辨》，《中国边疆史地研究》2023年第1期，第53—69页。

② 《元和郡县图志》卷四《关内道四》，第113页。

③ 张郁：《唐王逆修墓志铭考释》，《内蒙古文物考古》1981年第1期。

“天德军”，且涉及李吉甫亲身参与之事。李吉甫记载准确无误，只是将“天安”误为“大安”，很可能又为传抄之讹。但据上引《元和郡县图志》所记，难以理清安北都护府与天德军的关系，前谓“旧理在西受降城”似乎在讲安北都护府的沿革，后又称“移理旧城”，又在讲天德军，前后混淆，不明所言。

（七）三受降城

三受降城即驻防于三城之军。唐中宗朝，为有效防御东突厥骑兵的南下和威胁，时任朔方军总管的张仁愿，利用后东突厥西攻西域之际，及时奏请朝廷，受命修筑了著名的三受降城。史书记：“先，朔方军北与突厥以河为界，河北岸有拂云神祠，突厥将入寇，必先诣祠祭酹求福，因牧马料兵而后渡河。……仁愿请乘虚夺取漠南之地，于河北筑三受降城，首尾相应，以绝其南寇之路。……六旬而三城俱就。以拂云祠为中城，与东、西两城相去各四百余里，皆据津济，遥相应接”[①]。三受降城就是在武周政权以后，迫于后东突厥的严重威胁，唐被迫放弃了黄河以外的原单于都护府之地，形成唐与突厥以河为界的背景下，为了跨过黄河、处于有效防卫和主动反攻的战略位置而修筑的。三城沿黄河北岸修筑，各相距400余里，各据交通要道，以“犬牙相入”之势，东西呼应配合，既为唐军牵制突厥南下的据点，又是唐军向突厥发起反攻，进占大漠南北的桥头堡，具有极其重要的军事战略地位。张仁愿筑三受降城的时间诸书记载不一，但根据对该时期突厥默啜可汗率众西征的时间分析，应该为《资治通鉴》记载的景龙二年（708）。

东受降城，《元和郡县图志》记载：“东受降城，本汉云中郡地，在榆林县东北八里，今属振武节度。”[②]《通典》载：东城，“榆林郡东北二百里，……管兵七千人，马千七百匹，西南去理所千六百余里。”[③]因唐中宗朝张仁愿所筑的东受降城，《旧唐书》记至唐宪宗元和七年春正月，“癸酉，振武河溢，毁东受降城”[④]。说明东受降城离黄河很近，位于“榆林县东北八里”，《元和郡县图志》所记较为接近，而《通典》所记“榆林郡东北二百里”显误。这次被毁以后，据《旧唐书·敬宗纪》记，至文宗宝历元年（826）五月，唐朝“赐振武军钱一十四万贯，修筑东受降城”。至同年十月，“丁巳，振武节度使张惟清以东受降城滨河，岁久雉堞摧坏，乃移置于绥远烽南，及是功成”[⑤]。说明东受降城有两处，其初址应在今内蒙古托克

① 《旧唐书》卷九三《张仁愿传》，第2982页。
② 《元和郡县图志》卷四《关内道四》，第115页。
③ 《通典》卷一七二《州郡二》，第4480页。
④ 《旧唐书》卷一五《宪宗本纪下》，第441页。
⑤ 《旧唐书》卷一七上《敬宗本纪》，第517页。

托县南，黄河北岸，后因河溢被毁，其址应为今呼和浩特市托克托县中滩乡薄滩拐城[①]。唐文宗宝历元年十月，振武节度使张惟清以东城滨河，徙置绥远烽南者，应为李逸友提出的今呼和浩特市托克托县东沙岗城圐圙古城之中的大黄城。[②]因据李逸友称，“大黄城”所在的托克托城位于大黑河与黄河汇流处之北约3公里处，则距离黄河尚有一定距离。但张文平认为张仁愿所筑的东受降城为今托克托县东沙岗城圐圙古城之中的大黄城，东受降城迁址为今呼和浩特市赛罕区白塔古城。[③] 此存疑。

东受降城建成以后，成为唐军跨过黄河进入白道川，占领今呼和浩特大平原的基地，也是唐军牵制和阻止突厥由此跨过黄河攻唐的要隘。按照郭子仪弟郭幼贤曾任东受降城副使一职判断，其建制与节度使下的军镇同。

中受降城位于突厥南下通道的黄河北岸，《元和郡县图志》载：“中受降城，本汉九原郡地，汉武帝元朔二年更名五原，开元十年于此城置安北大都护府，后又移徙。事具天德军。”[④]《通典》载：安北都护府，“亦曰中受降城，……管兵六千人，马二千匹”[⑤]。严耕望考证言：“今包头西昆都伦河口之西、贾格尔旗庙之东，约E109° 30′ 处”[⑥]。具体位置，据姚桂轩在《包头文物资料》第一辑（1988年）中撰文称，中受降城就是今包头市敖陶窑子古城，在包头市南郊的共青农场敖陶窑子村村北，南距黄河1里处，有一座唐代古城遗迹，城址平面略呈近正方形，周长约7里，南北城墙仍有部分残存，城中偏北有一处2米左右高的大型建筑台基。城址未经考古发掘，仅从表土层中采集到砖瓦材料、唐三彩瓷器残片、胎质较粗糙的白瓷片，以及“开元通宝”钱币等物。但张文平认为唐代中受降城为今鄂尔多斯达拉特旗二狗湾古城[⑦]。二狗湾古城，莫久愚认为是汉代五原郡宜梁县城。[⑧]

包头市境内汉魏以来的古城有几处，但究竟哪一个是唐代的中受降城呢？首先肯

---

① 《内蒙古发现唐代古城》，新华网通讯，2002年2月21日。

② 李逸友：《托克托城名考辨》，《中国蒙古史学会成立大会纪念集刊》1979年；李逸友：《内蒙古托克托城的考古发现》，见文物编辑委员会编：《文物资料丛刊》（4），文物出版社，1981年，第210—217页。

③ 张文平：《新忽热古城为唐代横塞军军城考论》，《内蒙古师范大学学报（哲学社会科学版）》2020年第2期，第34页。

④ 《元和郡县图志》卷四《关内道四》，第115页。按：“本汉九原郡地”，原书作“本秦九原郡地”。

⑤ 《通典》卷一七二《州郡二》，第4480页。

⑥ 严耕望：《长安东北通胜州振武军驿道》，见严耕望：《唐代交通图考》第1卷《京都关内区》，第266页。

⑦ 张文平：《新忽热古城为唐代横塞军军城考论》，《内蒙古师范大学学报（哲学社会科学版）》2020年第2期，第34页。

⑧ 莫久愚：《昭君坟、石崖城与达拉特旗段黄河——关于〈中国历史地图集〉相关注记的考疏》，《西部资源》2010 年第1期，第44—45页。

定的是，从上引唐中宗朝张仁愿筑三受降城的背景来看，当时的河北已有拂云祠，应该是汉魏以来的遗迹，汉魏在河套地区的经营是跨过黄河的，而作为神祠显然是修建在汉魏古城中的。再结合张仁愿当日筑城的紧迫形势，则中受降城为汉魏古城的基础上加固和增筑而成无疑。

其次，从交通道路来看，根据上引文对于石门障的研究，既然石门障位于今昆都仑河谷以东的五当沟口处，则昔日突厥南下所取的石门道，应该是途经五道沟的道。前引文开皇二年（582），突厥沙钵略可汗“纵兵自木硖、石门两道来寇”，其中的石门道，即汉代的石门障道。当时突厥南下所取道路为此道，则唐代该地南北往来的道路也应该是此道。该道较昆都仑河谷道更容易控制，只要以长城封锁谷口较宽的昆都仑河谷道，仅以五道沟道往来，就更容易控制南北通道。《新唐书·地理志》载：“中受降城正北如东八十里，有呼延谷，谷南口有呼延栅，谷北口有归唐栅，车道也，入回鹘使所经。”① 所谓“正北如东八十里”，应该从古城正北出发，继而向东沿今包石公路行，至古城塔村恰为80里。进入五道沟，今之五当驿或附近的古城塔村处可能即呼延栅。沟北口，今石人壕处可能即归唐栅。“栅”也是一种较小的军事营寨，南北设“栅”，就控制了呼延谷（今五道沟）。再从张仁愿筑城是为了跨过黄河，“皆据津济”，以便于控制黄河津渡与交通要道来看，此城不仅要易于防守（应背靠大青山），而且紧临黄河渡口，以便控制黄河渡口。

综合以上因素，笔者认为包头市东境的古城湾古城，即学者们认为的汉代的稒阳县治城，应该为唐代的中受降城。

西受降城，《元和郡县图志》载：“西受降城，旧天德军理于此，元和九年理天德军城。在丰州西北八十里。……开元初为河水所坏，至开元十年总管张说于故城东别置新城。今城西南隅又为河水所坏。本末具天德军。”② 《通典》载：西城，“九原郡北黄河外……管兵七千人，马千七百匹，西南去理所千余里”③。西受降城旧址在今内蒙古五原西北乌加河北岸，但该地区唐代先后有二城。旧城本景龙二年张仁愿所筑，因开元初为河水所坏，故开元十年（722）朔方大总管张说于故城东别置新城。乾元后移天德军来治。元和八年（813），新城西南隅又为河水所坏，次年移天德军于大同川西旧城。西受降城的位置，据《元和郡县图志》所记在丰州西北80里，

---

① 《新唐书》卷四三下《地理志七下》，第1148页。

② 《元和郡县图志》卷四《关内道四》，第116页。按：“旧天德军理于此，元和九年理天德军城”原书作“旧天德军理于此城，元和九年移理天德军城”。

③ 《通典》卷一七二《州郡二》，第4480页。

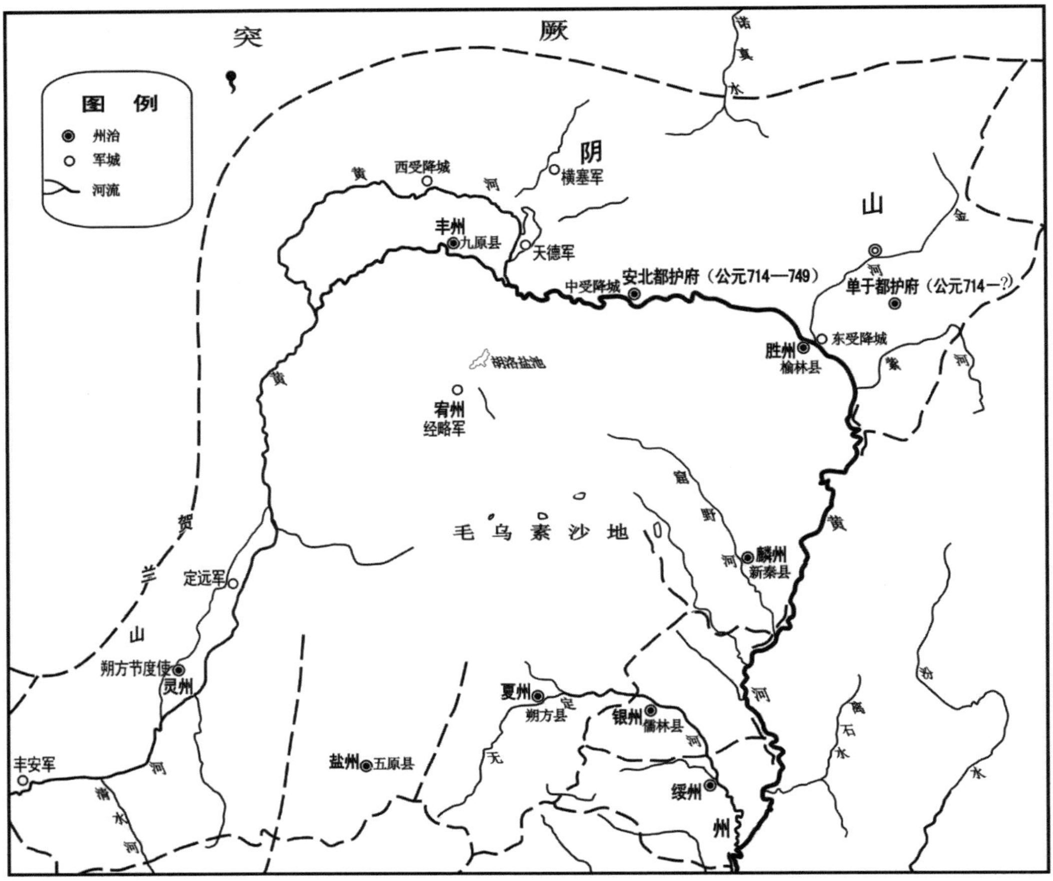

图8-1　唐代鄂尔多斯高原及其周边主要军政机构示意图

严耕望先生考证在狼山口南或东南，约N41°15′·E107°25′—30′处[①]，应即今乌拉特中旗乌加河镇乌加河北岸之狼山口古城。西受降城唐代先后有二城，旧城为景龙二年张仁愿所筑，新城址应为今巴彦淖尔市乌拉特中旗奋斗古城[②]。

（八）天柱军

据《新唐书·地理志》载，天柱军在朔方县，“天宝十四载置，宝应元年废”。《新唐书·兵志》亦载关内道有天柱军。唐代夏州治朔方县统万城，不仅地处鄂尔多斯高原中心，辐射整个关中北方各州县，也是地当夏州至丰州天德军驿道和灵—盐—

① 严耕望：《长安北通丰州天德军道》，见严耕望：《唐代交通图考》第1卷《京都关内区》，第246页。

② 张文平：《新忽热古城为唐代横塞军军城考论》，《内蒙古师范大学学报（哲学社会科学版）》2020年第2期，第34页。

夏州道，前期为抵御突厥南下的前方大镇，后期是抵抗吐蕃取道灵—盐—夏州道包抄关中的要塞，置军十分必然，前期置天柱军，下文考后期置定难军。

除以上各军外，唐前期在朔方设置的军应该远不止这些，如唐前期见于史籍的尚有静难、平狄、清夷等军，《资治通鉴》就记载，武则天命侄子武延秀入突厥，求纳突厥可汗默啜女为妃，结果默啜可汗大怒，“遂发兵袭静难、平狄、清夷等军，静难军使慕容玄崱以兵五千降之”[①]。至于这些军的建置沿革都不见于史书，一方面是前后废置有变化，一方面是后世史书缺漏或无载。

第四节　唐代中后期部署在鄂尔多斯高原及其毗邻地区的军镇

安史之乱后，唐朝西部边军东调，吐蕃乘机蚕食东侵，至广德元年（763），河西、陇右大部郡县相继沦陷。唐朝与吐蕃的军事防线退缩至陇山—六盘山一线。同时，唐初以来迁居朔方的党项逐渐兴起，寇扰唐境。在这种形势之下，唐朝廷对关中及其周边，特别是朔方，进行了军事调整。乾元元年（758），从朔方节度使辖区中析出麟（今陕西神木北）、胜（今内蒙古托克托）二州，设置振武节度使，以防御黄河以北的回纥。乾元二年（759），又从朔方、振武二节度区中析出邠（今陕西彬州）、泾（今甘肃泾川北）、原（今宁夏固原）、宁（今陕西宁县）、坊（今陕西黄陵）、 庆（今甘肃庆阳）、鄜（今陕西富县）、丹（今陕西宜川）、延（今陕西延安）等九州，设邠宁节度使，主要对付吐蕃的东进。上元元年（760），为分道讨伐逼近京城的党项，又从邠宁节度使辖区中析出鄜、坊、丹、延四州，另设鄜坊节度使。原邠宁节度使仅领庆、宁、邠、泾、原五州。其中原州为吐蕃占有，其实为虚领。同年，又从朔方节度使辖区中析出陇州（今陕西陇县），河中府析出凤翔府，设凤翔节度使，加强陇山一带的防御，也是针对吐蕃。代宗大历三年（768），又从邠宁节度区使析出泾原节度区，治所泾州（今甘肃泾川北），又加强了原州与泾州，特别是弹筝峡一带的防御。

这样，关中及其以北就设立了朔方、振武、邠宁、鄜坊、凤翔、泾原等六节度使。此外，上元二年（761），在京城东面设置的同华节度使（主要是针对京城以东的军事防御），在京城外围部署了七个屏蔽其安全的藩镇。朔方与振武，以黄河为依托，以贺兰山、阴山为屏障，防御回纥，而且位处河外，居高临下，也是对吐蕃东进

① 《资治通鉴》卷二〇六，唐则天后圣历元年（698），第6531页。

南下的牵制。鄜坊镇，控制从京城北去洛水谷地的通道，主要防御党项的南下。凤翔、泾原、邠宁三节度，控制着吐蕃从西面穿越陇山、六盘山，东南沿泾水或汧水谷地，进入长安的通道。如此就形成了多重防线，又相互配合的局面。

（一）凤翔节度使

唐肃宗上元元年（760）二月，唐朝以太子少保崔光远为凤翔尹、秦陇节度使。《旧唐书·肃宗纪》唐肃宗乾元三年（760年，闰四月后改元为上元元年）二月，“癸丑，以太子少保崔光远为凤翔尹、秦陇节度使”[①]，则崔光远为凤翔首任节度使，治凤翔府（岐州），下辖凤翔府、陇州。之所以设秦陇节度使，是因为此时在吐蕃的进攻之下，西平郡已于上年陷落，吐蕃大军已经威逼关中，所以增设秦陇节度使以确保京西。随着陇右全境陷落，唐朝西部防线退守陇山，陇右节度使一职不再设置，仅设支度营田观察使，而且由凤翔节度使兼领。对此，《新唐书·方镇表》记曰：“初，陇右节度兵入屯秦州，寻徙岐州，及吐蕃陷陇右，德宗置行秦州，以刺史兼陇右经略使，治普润，以凤翔节度使领陇右支度营田观察使。”[②]

凤翔节度使驻节凤翔，西依陇坂，北屏汧山，东西河谷地形狭长，易守难攻。唐朝在陇坻、六盘山一线设关，其中在凤翔节度管内首先是大散关与大震关。大散关位处秦岭北麓，本自古为“川陕咽喉”，但在吐蕃陷落陇右以后，又成为吐蕃威逼关中的常取之道。大震关，《新唐书·地理志》载：汧源县“西有安戎关，在陇山，本大震关，大中六年，防御使薛逵徙筑，更名。”[③]《资治通鉴》胡三省注：“陇州防御使薛逵徙筑，谓之安戍关。汧、陇之人谓大震为故关，安戎为新关。”[④]则故关位于今甘肃清水县东陇山东坡，严耕望考证在今陕西陇县固关，新关即安戎关（或稍南），在故关东30里，[⑤]后期应该是二关并为戍守处。则大震关在今陕西陇县固关镇西南山顶之上，山高坡陡，安戎关位于旧关稍南，今固关镇二桥或今固关镇政府所在地固关街村的位置。

临汧城、安夷关。代宗大历八年（773）在陇州华亭县置义宁军，贞元十三年（797）正月，凤翔节度使邢君牙奏请于陇州之西70里的平戎川筑永信城，文宗太和元年（827），由节度使王承元以凤翔西北邻接泾源，无有山谷之险，被吐蕃取道东进，于是于交通要冲筑临汧城，分兵千人把守。对此，《唐会要》记：“太和元年

① 《旧唐书》卷一〇《肃宗本纪》，第258页。
② 《新唐书》卷六四《方镇表一》，第1775—1776页。
③ 《新唐书》卷三七《地理志一》，第968页。
④ 《资治通鉴》卷二八八，后汉高祖乾祐元年（948），第9405页。
⑤ 严耕望：《唐代交通图考》第2卷《河陇碛西区》，第361—364页。

四月，凤翔府筑临汧城于汧阳县西北八十里。”[①] 其位置大约即今甘肃华亭上关镇一带。另据《新唐书·地理志》，凤翔府辖县普润县设有陇右军，贞元十年（794）置，十一年（795）以县隶陇右经略使，元和元年更名保义军。[②]

陇州吴山县，《新唐书·地理志》记：“本长蛇，义宁二年置，贞观元年更名，……有西镇吴山祠，有紫埏山。西有安夷关。”[③]《中国历史地图集》将吴山县标绘于陇州西境，渭水北岸，应该为今陕西宝鸡县功镇所在的位置。今宝鸡市北金陵河的上游北川河与司川河在县功镇汇流，二河谷道与西南的道（今S104公路，为连接今陇南的另一道，当时应为吐蕃进犯的重要一道）皆为东西南北往来之道，陇州吴山县西境的安夷关恰为数道要隘之关卡。

（二）泾原节度使

代宗大历三年（768），从邠宁节度使析出泾原节度使，治所泾州。是年十二月，以邠宁节度使马璘改任泾原节度使。《旧唐书·马璘传》记：“以犬戎浸骄，岁犯郊境，泾州最邻戎虏，乃诏璘移镇泾州，兼权知凤翔陇右节度副使、泾原节度、泾州刺史，四镇、北庭行营节度使如故，复以郑、滑二州隶之。”[④]《旧唐书·郭子仪传》记曰：“时议以西蕃侵寇，京师不安，马璘虽在邠州，力不能拒，乃以子仪兼邠宁庆节度，自河中移镇邠州，徙马璘为泾原节度使。”[⑤]考察其背景，正是代宗上台以后，在安史之乱渐趋平息之际，唐廷放弃了肃宗朝以来在吐蕃面前退让的金帛外交，于是引起吐蕃的大规模东侵。迫于形势，唐朝为加强防御吐蕃的力量，将郭子仪从河中府（治今山西永济蒲州镇）移镇邠州，马璘从邠州移镇泾州，形成前后两道防线，力量空前加强。

此时，原州沦陷于吐蕃，马璘的泾原节度使驻节泾州，其实也只控制一州，但却把守着弹筝峡与进入泾水河谷的各要道，任务艰巨。大历五年（770），马璘以地贫无以供军食上奏后，遥领河南道郑、颍二州以赡军。加之此时马璘职衔兼权知凤翔陇右节度副使、泾原节度、泾州刺史、四镇北庭行营节度使，所统率的军队主要是从安西、北庭东调的勤王之师，兵力不下两万人。

马璘在泾原节度使任上驻防泾州八年，城堡获全，虏不敢犯边。其后一度因唐朝安置不当，引起泾原兵变，兵力一度减半，但贞元四年（788），唐朝调宣武行营

① 《唐会要》卷八六《城郭》，第1878页。
② 《新唐书》卷三七《地理志一》，第966页。
③ 《新唐书》卷三七《地理志一》，第968页。
④ 《旧唐书》卷一五二《马璘传》，第4066页。
⑤ 《旧唐书》卷一二〇《郭子仪传》，第3464页。

节度使刘昌为泾原节度使，充实兵力八千人。刘昌赴任以后，“复筑连云堡”；又筑平凉城，“以扼弹筝峡口。……又于平凉西别筑胡谷堡，名曰彰信。”[①]刘昌任泾原节度使期间，泾州西北的整个弹筝峡及北面的青石岭都被唐军控制，吐蕃经此二道进入泾水流域的通道被遏制，从而确保了泾州及长安的安全。后至宪宗元和元年（806），为了威逼吐蕃固守的原州，又将原泾原节度使下辖的泾水以南的灵台、良原和崇信三镇，划归凤翔节度使。宪宗元和三年（808），唐筑临泾城（今甘肃平凉崆峒区草峰镇至庆阳镇原县新城镇之间的山岭[②]），命镇将郝玼为刺史，唐朝以临泾县为行原州，自此西戎不敢犯塞。史书记载：“临泾城直泾州西北九十里，实险要之镇。其界有青石岭，……城之功毕，时方以为大利，扼川口要害，塞上至今赖焉。”[③]

至宣宗大中三年（849），吐蕃宰相论恐热以秦、原、安乐三州及石门等七关归唐。泾原节度进据秦州，继续在对抗吐蕃的前线发挥着重要作用，直至唐昭宗大顺二年（891）改为彰义节度使。

原州、泾州境内有石门（宁夏固原县西北黄铎堡乡西须弥山寺子口）、驿藏、制胜（宁夏泾源县城西北西峡东口永丰村古城址）、石峡（宁夏海原县东北高崖乡石峡口）、木靖等关，并木峡（宁夏固原县西南红庄乡界）、六盘（宁夏隆德县东20余里六盘山上）为七关。[④]泾州有彰信堡、折墌故城等。

（三）邠宁节度使

邠宁节度使，乾元二年（759）始设置，治所在邠州（今陕西彬州）。主要辖区是邠州、宁州、庆州。相当于今陕西省彬州市、永寿、旬邑、长武和甘肃省东部环江马莲河流域以东。《新唐书·方镇表》记：“置邠宁节度使，领州九：邠、宁、庆、泾、原、鄜、坊、丹、延。”[⑤]《资治通鉴》唐肃宗上元元年（760）记：正月丙戌，“党项等羌吞噬边鄙，将逼京畿，乃分邠宁等州节度为鄜坊丹延节度，亦谓之渭北节度。以邠州刺史桑如珪领邠宁，鄜州刺史杜冕领鄜坊节度副使，分道招讨。戊子，以

① 《旧唐书》卷一五二《刘昌传》，第4071页。

② 陈淑娟、王怀宥：《唐宋时期青石岭地望新考》，《宁夏师范学院学报》2020年第6期，第49—53页。

③ 〔宋〕王钦若等编：《册府元龟》卷四一〇《将帅部·壁垒》，中华书局，1960年，第4875页。

④ 以上石门、六盘等五关的位置，参考谭其骧主编《中国历史地图集》第5册（中国地图出版社，1982年）《京畿道　关内道》图，第40—41页；严耕望《唐代交通图考》第2卷《河陇碛西区》，第405—410页；穆渭生《唐代关内道军事地理研究》，第127页。

⑤ 《新唐书》卷六四《方镇表一》，第1767页。

郭子仪领两道节度使，留京师，假其威名以镇之。”[①] 即上元元年，为分道讨伐逼近京城的党项，又从邠宁节度使析出鄜、坊、丹、延四州，另设鄜坊节度使。原邠宁节度使仅领庆、宁、邠、泾、原五州，代宗大历三年（768），从邠宁节度使析出泾原节度使以后，邠宁节度使仅辖邠、宁、庆三州。

邠宁节度与泾原节度分置以后，既是泾原节度与凤翔节度之后的补苴防线，更是驻防吐蕃自原州东进再沿泾水的另一支流今之马莲河南下之道。所以邠宁节度防御的重点首先是庆州至宁州吐蕃进入马莲河的山口，其次是泾州东南的宜禄县（今陕西长武），以控制泾水河谷。《资治通鉴》胡三省注：“邠州宜禄县有长武城。时郭子仪遣李怀光筑长武城，据原首，临泾水，俯瞰通道，吐蕃自是不敢轻犯。”[②]另外，贞元十三年，邠宁节度使杨朝晟奏请修筑方渠、合道、木波等城堡，扼守贼路，开地300余里。方渠、合道、木波均在环州境内，为吐蕃取道马莲河南下之要隘。《资治通鉴》胡三省注引《九域志》：“环州，治通远县，唐方渠县地，有木波、马岭、石昌、合道四镇。”[③]

继桑如珪、郭子仪之后，邠宁节度使一职很长时间由安西、北庭行营节帅担任，广德二年（764）起由白孝德担任，大历元年（766）二月起又由马璘担任。大历三年，从邠宁节度使析出泾原节度使，马璘移镇泾原，邠宁节度又由郭子仪兼任。由朝廷重臣或久经战场的军将担任邠宁节帅，可见其地位置之重要。

（四）鄜坊节度使

鄜坊节度使，又称渭北节度使，上元元年，为分道讨伐逼近京城的党项，从邠宁节度使析出鄜、坊、丹、延四州，另设鄜坊节度使司，治所先在中部县（今陕西黄陵县隆坊镇），建中四年（783），徙治鄜州（今陕西富县）。《旧唐书·肃宗纪》载：“［上元元年正月］戊子，以朔方节度使郭子仪兼邠宁、鄜坊两道节度使。”[④]《新唐书·方镇表》载：“置渭北鄜坊节度使，治坊州，并领丹、延二州。”[⑤]

鄜坊节度使司下辖肃戎军，大历六年（771）置军，在鄜州城驻防，主要防守洛河谷地咽喉。晚唐，除党项取道洛河谷南下入寇关中外，吐蕃亦曾绕道庆州北，穿越子午岭或横山（今白于山）沿洛河谷南下，威逼关中。加之，鄜坊节度使地近京城长安，同时肩负着拱卫长安的责任。

---

① 《资治通鉴》卷二二一，唐肃宗上元元年（760），第7090页。
② 《资治通鉴》卷二二五，唐代宗大历十二年（777），第7248页。
③ 《资治通鉴》卷二三五，唐德宗贞元十三年（797），第7576页。
④ 《旧唐书》卷一〇《肃宗本纪》，第257—258页。
⑤ 《新唐书》卷六四《方镇表一》，第1767页。

（五）夏绥银宥节度观察处置押蕃落安抚平夏党项、银川监牧等使

夏绥银宥节度观察处置押蕃落安抚平夏党项、银川监牧等使，治夏州统万城（今陕西靖边白城子），辖夏州、绥州（今陕西绥德）、银州（治今陕西榆林市横山区党岔镇党岔村）、宥州。唐德宗贞元三年（787）七月，“甲子，割振武之绥、银二州，以右羽林将军韩潭为夏、绥、银节度使，帅神策之士五千、朔方、河东之士三千镇夏州”①。此后，夏绥银节度使辖境又一度扩大，增领盐州（今陕西定边县城新区②）、宥州、威州（今宁夏同心县境内）。史载：贞元十四年（798），“闰［五］月庚申，以左神策行营节度韩全义为夏州刺史，兼盐夏绥银节度使，以代韩潭”③。但很快贞元十七年（801），吐蕃攻陷盐州城，“盐州刺史杜彦先弃城奔庆州”④。贞元十九年（803），“十一月，戊寅朔，以李兴干为盐州刺史，得专奏事；自是盐州不隶夏州”。对此，《资治通鉴》胡三省注称：“贞元三年，置夏州节度使，领绥、盐二州，今盐州得专达于朝廷。其后盐州属朔方节度，夏州节度又增银、宥、威三州隶之。”⑤

夏绥银宥节度观察处置等使的设置大大加强了灵州以东，今鄂尔多斯高原地区的军事防御。因随着唐朝邠宁、泾原等节度使的设置，吐蕃向东穿越陇山、六盘山，取道泾水、洛水河谷南下侵唐的路线被切断，于是向北深入鄂尔多斯高原取道盐、夏等州，迂回南下侵唐，盐州也因此而几度废置。加之，唐后期与回鹘的关系亦有变化，唐朝抓住回鹘因内讧等开始衰落的有利时机，及时加强了对回鹘的防御。宪宗元和八年（813）冬十月，“振武、天德军奏回鹘数千骑至鹏鹈泉”，同年十一月，“丙寅，以盐州隶夏州。自夏州至丰州，初置八驿”⑥，显然是加强了河外丰州与夏州之间的联系。

随之，宪宗元和九年（814）五月，“庚申，移宥州于经略军，郭下置延恩县，隶夏州观察使”⑦。唐经略军为唐前期王忠嗣任朔方节度使时所置，至此设宥州，郭下置延恩县。元和十五年（820）又将新宥州移置于夏州长泽县（今内蒙古鄂托克前旗城川古城）。之所以有此变动，应该是自夏州初置八驿以后，新宥州治所即原夏州

---

① 《资治通鉴》卷二三二，唐德宗贞元三年（787），第7492页。
② 李宗俊：《唐陆耽墓志考释》，《中国边疆史地研究》2014年第3期，第133页。
③ 《旧唐书》卷一三《德宗本纪下》，第388页。
④ 《资治通鉴》卷二三六，唐德宗贞元十七年（801），第7598页。
⑤ 《资治通鉴》卷二三六，唐德宗贞元十九年（803），第7604页。
⑥ 《旧唐书》卷一五《宪宗本纪下》，第448页。
⑦ 《旧唐书》卷一五《宪宗本纪下》，第449页。

长泽县的位置临近驿道。

（六）朔方节度使

朔方节度使，又称灵州节度使、灵武节度使、灵盐节度使，辖境偶或有调整，为天宝十节度使之一。朔方节度使治所在灵州城（今宁夏吴忠市利通区古城湾村西侧黄河东岸[①]）。安史之乱以后，朔方节度为唐朝廷借以中兴的主要军事力量。自天宝十四载（755）十一月，“丙子，以朔方节度使安思顺为户部尚书，……以朔方右厢兵马使、九原太守郭子仪为朔方节度使”[②]，此后短暂的几年由李光弼、仆固怀恩继任外，郭子仪任职至大历十四年（779）五月。大历十四年五月，唐代宗驾崩，德宗上台以后，因担心郭子仪威权太重，于是加以虚名，实夺其权，史载：

> 郭子仪以司徒、中书令领河中尹、灵州大都督、单于·镇北大都护、关内·河东副元帅、朔方节度、关内支度·盐池·六城水运大使、押蕃部并营田及河阳道观察等使，权任既重，功名复大，性宽大，政令颇不肃，代宗欲分其权而难之，久不决。甲申，诏尊子仪为尚父，加太尉兼中书令，增实封满二千户，月给千五百人粮、二百马食，子弟、诸婿迁官者十余人，所领副元帅诸使悉罢之；以其裨将河东、朔方都虞候李怀光为河中尹·邠·宁·庆·晋·绛·慈·隰节度使，以朔方留后兼灵州长史常谦光为灵州大都督、西受降城·定远·天德·盐·夏·丰等军州节度使，振武军使浑瑊为单于大都护、东·中二受降城、振武·镇北·绥·银·麟·胜等军州节度使，分领其任。[③]

这样，原来的朔方节度其实被一分为三，实力大为削弱。其后辖境屡有变动，大部分时间灵武节度使管灵、会、盐三州。会州陷落后，实际只领灵、盐二州，盐州亦曾陷落吐蕃，贞元三年（787），一度归夏绥节度。

朔方节度使很长时间都是唐朝廷仰仗的大镇，灵州位处河外河套平原，有黄河灌溉之利，农业发达，兵精粮足。盐州之盐池也是吐蕃、党项争夺的目标，加之地当回鹘南下的通道，是抵御回鹘南侵的战略要地。另外，灵州环河而筑，易守难攻，在吐蕃北上或东侵，回鹘南下之际，常受其掣肘，正如郭子仪上书代宗所言：“朔方，国之北门，西御犬戎，北虞猃狁”[④]，这正是对中晚唐朔方节度区重要战略地位的概括。

---

① 艾冲：《灵州治城的变迁新探》，《中国边疆史地研究》2011年第4期，第125—133页。

② 《资治通鉴》卷二一七，唐玄宗天宝十四载（755），第6937页。

③ 《资治通鉴》卷二二五，唐代宗大历十四年（779），第7259页。

④ 《旧唐书》卷一二〇《郭子仪传》，第3464页。

（七）振武节度使

唐乾元元年（758）分朔方节度置振武军节度，属关内道，领镇北大都护府和麟、胜二州，治原单于都护府（今内蒙古和林格尔西北土城子古城）。但不久又归属朔方军，大历十四年（779），郭子仪将朔方军一分为三，复置振武军节度使司，以浑瑊为节度使。796年，唐朝将三受降城分隶于天德军和振武军，振武军初领中受降城、东受降城，于813年再次分配时，将振武军所辖之中受降城转隶于天德军。振武节度使的设置主要是防御回纥，但因中晚唐唐朝与回鹘的友好关系及后期回鹘的衰落，很长时期内，回鹘没有对振武军造成威胁。

单于都护府，唐朝前期单于府城曾是漠南安缉突厥降户的军政管理中心，后期振武军节度使驻此城，遂隶属振武军，城称振武军城。内蒙古文物工作队于1960年对单于府城遗址进行了考古发掘，随后在《文物》1961年第9期发表《和林格尔县土城子试掘纪要》。单于都护府城遗址规模宏大，城周长达7600米，折合成唐里，可达15里，是黄河外侧驻防城群体中占地面积最大的城池。

（八）夏州定难军

唐朝贞元中分振武、朔方二节度，置夏州节度使，治夏州城。夏州节度使，领夏、绥、银三州，兼领宥、盐二州。唐僖宗广明初年，党项拓跋思恭因替唐朝镇压黄巢暴动有功，被封为定难军节度使，并赐姓为李，以后该家族数代领有定难军。

（九）盐州保塞军

对于盐州境内置有保塞军，以及该军设置于何年，史书多缺载，但据《册府元龟》，贞元十九年（803）盐州境内已设有保塞军，其中记："李兴翰（乾）为盐州兵马使，贞元十九年以为盐州刺史、保塞军使、左神策行营兵马使，其剑南东川西川兵在州者，皆俾兴翰（乾）主焉。盐州军使便宜得专达于上，盐州自此不隶夏州。"[①] 经与《资治通鉴》及两唐书有关记载比对，此记载"翰"为"乾"的误抄，李兴乾始任盐州刺史的时间，也的确在贞元十九年，说明《册府元龟》关于保塞军的记载是可信的。今据《唐陆耽墓志》所记其上任盐州刺史后有"命郭衙门、峻军城"的事迹[②]，正说明盐州境内是设有保塞军的。至于始建于何时，无考，史书前代无见，但从吐蕃攻占河陇以来盐州地位的突显来分析，应该是至迟唐贞元年间已经建有保塞军。

---

① 《册府元龟》卷七八《帝王部・委任二》，第899页。

② 参见李宗俊：《唐陆耽墓志考释》，《中国边疆史地研究》2014年第3期，第125—133页。

（十）鄜州保大军

唐乾元中分邠宁节度置渭北节度使，治坊州（今陕西黄陵），建中初徙治鄜州，领鄜、坊、丹、延四州。唐僖宗中和三年（883），党项李孝昌被赐号保大军节度使。另据《新唐书·地理志》载："有肃戎军，大历六年置，在鄜城。"应该是中晚唐为防御吐蕃与党项沿洛河南下关中而设，但不知罢废时间，也不知与保大军的关系。

（十一）陇州义宁军

《新唐书·地理志》载："华亭有义宁军，大历八年置。"① 当时为抵抗吐蕃置军，废罢时间无考。

（十二）胜州义勇军

胜州义勇军建于何时无考，唐前期无见此军，《全唐文》卷七四九杜牧撰写的《李诚元除朔州刺史制》记："银青光禄大夫检校国子祭酒前使持节都督胜州诸军事兼胜州刺史御史中丞充本州押蕃落及义勇军等使上柱国李诚元。"②李诚元与杜牧皆生活在中晚唐。其次，契苾何力五世孙《唐契苾府通墓志铭并序》记："父亲契苾漪，持节都督胜州诸军事、胜州刺史，充本州押蕃落义勇军等使，兼侍御史，赠鸿胪卿。"③ 契苾通的父亲契苾漪，父子大约生活在中晚唐。这两条史料说明，胜州很可能中晚唐始设有义勇军，具体设置年代无考。

军之下的城镇、戍、关、驿、烽堠等多不见于史书，零星见于史书者又多不知设置与使用年代者多有，如见于《元和郡县图志》《新唐书·地理志》等的夏州长泽县南80里有百井戍，夏州北18里有芦子关；胜州榆林县境内有榆林关，河滨县境内有河滨关；丰州天德军城北有安乐戍；麟州新秦县境内有连谷戍，后改为连谷县，但其县城又置连谷镇，贞观八年置；延州延昌县西北20里有塞门镇（开元二年又移至芦子关南金镇所安置），丰林县东北有合岭关；原州境内平高县有木峡关、萧关古城、瓦亭故关，百泉县境有弹筝峡，萧关县境内有故白草军城；泾州境内有折墌故城，潘源县境有阴槃驿；宁州定平县县城北有枣社驿；陇州汧源县有大震关，吴山县有安夷关；会州城西北180里有会宁关，会宁关东南4里（或40里）又有乌兰关；邠州三水县有阴槃城、长武城。

见于《新唐书·地理志》的晚唐夏州附近新筑五城：长庆四年（824），"节度

① 《新唐书》卷三七《地理志一》，第968页。
② 〔唐〕杜牧：《李诚元除朔州刺史制》，见《全唐文》卷七四九，第3437页。
③ 周绍良主编：《唐代墓志汇编》下册，上海古籍出版社，1992年，第1374页。

使李祐筑乌延、宥州、临塞、阴河、陶子等城于芦子关北，以护塞外”[①]。《旧唐书·敬宗纪》亦记：长庆四年，“甲戌，夏州节度使李祐奏：于塞外筑乌延、宥州、临塞、阴河、陶子等五城，以备蕃寇。又以党项为盗，于芦子关北木瓜岭筑垒，以扼其冲”[②]。

芦子关属延州金明县，在今靖边县天赐湾乡楼关梁（原名芦关梁），位于夏州至延州道的必经之处。因山高坡陡，狭谷状如葫芦，又称葫芦关。

芦子关北的五城中，宥州城的前身是夏州长泽县城，元和十五年（820）宥州自榆多勒城迁来，随后被吐蕃攻陷，长庆四年节度使李祐重建。据研究，该城即今内蒙古鄂托克前旗东南部红柳河西侧的城川古城；[③]乌延城，故址大约在今陕西靖边县南部葫芦河西侧的镇靖镇政府所在的镇靖古城的位置；[④]临塞城，故址当在今陕西靖边县东部的龙洲镇龙洲村，西距乌延堡（今镇靖堡旧址）约20公里；[⑤]陶子城，故址即今内蒙古乌审旗南部、红柳河东侧的河南乡“三岔河村古城”（或作“大石砭古城”）；[⑥]阴河城，故址应在今陕西靖边县东部高家沟乡北境的惠桥水库大坝附近，明代清平堡所在地。[⑦]此五城的修筑，其实就是以夏州城为中心，南北相互配合，控制无定河上游与无定河南部的葫芦河，以切断吐蕃取道盐州至夏州的道路东犯或南下。

又见于《册府元龟》卷四一〇《将帅部·壁垒》者，如刘昌为泾原节度使，贞元四年（788）筑连云堡，在原州西胡谷堡筑彰信堡；李元谅为陇右节度使，贞元四年初筑良元城（在泾州），又筑新城；张献甫为邠宁节度使，于彭原（宁州属县）置义仓，方渠、马岭等县选险要之地以为烽堡，复置盐州及洪门、洛原等镇；宪宗元和三年（808）唐筑临泾城，提及临泾镇及附近的麟游（岐州）、灵台（在泾州）、良原（在泾州）、崇信、归化等镇。

监牧与军事息息相关，鄂尔多斯高原西南部的横山至六盘山、陇山两侧，为历史上的农牧交界地带，宜农宜牧，草木繁茂，唐代国家最大的监牧就在这里。贞观年间

① 《新唐书》卷三七《地理志一》，第973—974页。
② 《旧唐书》卷一七《敬宗本纪》，第509页。
③ 侯仁之：《从红柳河上的古城废墟看毛乌素沙漠的变迁》，见侯仁之：《历史地理学的理论与实践》，上海人民出版社，1984年，第47—68页。
④ 《王北辰西北历史地理论文集》编辑组编：《王北辰西北历史地理论文集》，学苑出版社，2000年，第10、54页。
⑤ 艾冲：《西北城市发展与环境演变研究》，西安地图出版社，2004年，第107、132页。
⑥ 《王北辰西北历史地理论文集》编辑组编：《王北辰西北历史地理论文集》，第10、55页。
⑦ 艾冲：《西北城市发展与环境演变研究》，第133页。

自京师长安以东的赤岸泽“移马牧于秦、渭二州之北，会州之南，兰州狄道县之西，置监牧使以掌其事。仍以原州刺史为都监牧使，以管四使。南使在原州西南一百八十里，……北使寄理原州城内，东宫使寄理原州城内”①。秦、渭二州之北，东西约600里，南北约400里，大致范围以今宁夏固原与甘肃平凉、庆阳二市为中心，西至今甘肃定西、天水北境，向东可能到达洛水流域的今延安市。

第五节　唐代“河曲”及其毗邻地区的战略地位及区域军事冲突

一、唐前期与突厥政权的抗衡与北部防务的变化

（一）唐初与突厥政权的抗衡

秦汉以来，鄂尔多斯高原一带就是关中的北部屏障，是中原王朝借以防守的战略要地。隋唐之际，中原大乱，势力强大的突厥大军乘机南下。唐高祖李渊正是在此背景下受任晋阳，“突厥数寇北边。诏晋阳留守李渊帅太原道兵与马邑太守王仁恭击之”②。同时，反隋的北方各大势力纷纷北连突厥，借突厥之力来壮大自己的声威。突厥始毕可汗亦积极扶持各反隋势力，企图迅速推翻隋王朝，并借机分割统一的中原王朝，使中原地区彼此不相统一后分而治之。正是在此背景下，突厥势力一度达到了极盛，史载：“时中国人避乱者多入突厥，突厥强盛，东自契丹、室韦，西尽吐谷浑、高昌，诸国皆臣之，控弦百余万。”③

史载：“突厥颉利可汗承父兄之资，士马雄盛，有凭陵中国之志。”因此突厥南犯，无岁不入。而旨在统一全国和积蓄力量的唐王朝因无力对抗，只好一再退让，甚至在突厥这种咄咄逼人的攻势之下，唐初亦开始修筑防御工事，被动防御。唐高祖武德中，刘弘基备边，“弘基率步骑一万，自豳州北界东拒子午岭，西接临泾，修营障塞，副淮安王神通备胡寇于北鄙”④；“［武德］七年六月遣边州修堡城、警烽候，以备胡”⑤；“八年正月，己酉，帝与群臣言备边之事。将作大匠于筠进曰：‘未若多造船舰于五原、灵武，置舟师于黄河之中，足以断其入寇之中路。’中书侍郎温彦博又进曰：‘昔魏文帝掘长堑以遏匈奴。亦因循其事。’帝并从之。于是遣将军桑显

---

① 《元和郡县图志》卷三《关内道三》，第59页。

② 《资治通鉴》卷一八三，隋炀帝大业十二年（616），第5717页。

③ 《资治通鉴》卷一八五，唐高祖武德元年（618），第5792页。

④ 《旧唐书》卷五八《刘弘基传》，第2310页。

⑤ 《册府元龟》卷九九〇《外臣部·备御三》，第11634页。

和堑断北边要路，又征江南习水之士，更发卒于灵州造战船”[①]；“六月，丙子，遣燕郡王李艺屯兵于华亭县及弹筝峡，水部郎中姜行本筑断石岭之道以备胡”[②]；“九年正月，辛亥，突厥声言入寇，敕州县修城堡，谨烽堠”[③]。可以看出，武德年间，为了防御突厥的南下，立国未稳的唐王朝也断续修筑了长城等防御工事。

唐太宗继位以后，面对突厥强大的军事压力，亦继续修筑防御工事，加强防务。武德九年（626）九月，特下《修缘边障塞诏》[④]。由此可见，唐初至贞观初年，唐朝在突厥强大的军事压迫下，仍然沿袭隋朝的做法，修筑缘边障塞，以加强防务；但限于立国之初心力不足，更惮于隋末人民起义的巨大威力，不敢轻易大规模征发民力，只能“审量远近，详计功力，所在军民，且共营办”[⑤]，即只能限于小规模的修葺和对隋长城的充分利用。

此后，唐王朝渐次消灭中原各路争霸势力，适时开始组织对突厥的反攻，长城的修筑随之停止。巧合的是，突厥民族自唐高祖武德五年（622）以来，遭受了持续多年的旱灾、蝗灾和雪灾。在遭受持续多年的自然灾害后，突厥内部及藩属部族开始叛离。而面对灾害性天气给突厥带来的打击，唐廷一方面积极接受来降各部，另一方面不失时机、有计划地展开了反攻。贞观元年（627），唐太宗及其大臣开始讨论趁机出兵之事，是年，“鸿胪卿郑元璹使突厥还，言于上曰：‘戎狄兴衰，专以羊马为候。今突厥民饥畜瘦，此将亡之兆也，不过三年。’上然之”[⑥]。第二年，唐朝廷又有人建议修筑长城，史载：“突厥寇边，朝臣或言宜修古长城，发人乘塞者。帝曰：‘颉利国中，盛夏降霜，五日并出，三月连明，赤气满野，鬼哭于路而不修德，暴虐滋甚，此所谓不畏天时也。迁徙无常，六畜多死，所谓不爱地利也。……以朕察之，殆将不远，当为公等廓定沙场，安用劳民远修亭障也。’”[⑦]

贞观二年（628），唐王朝出兵一举消灭苟安朔方而依附突厥的梁师都，剪出了突厥政权在漠南的傀儡势力，事实上已拉开进攻突厥的序幕。到贞观三年（629），唐王朝开始了对东突厥的反攻。是年十一月，李勣、李靖等出征。贞观四年（630）春，李靖率骁骑三千自马邑进屯恶阳岭，夜袭定襄，李勣出云中，与突厥战于白

① 《册府元龟》卷九九〇《外臣部·备御三》，第11634页。
② 《册府元龟》卷九九〇《外臣部·备御三》，第11635页。
③ 《册府元龟》卷九九〇《外臣部·备御三》，第11635页。
④ 〔宋〕宋敏求编：《唐大诏令集》卷一〇七《政事》，中华书局，2008年，第552页。
⑤ 《册府元龟》卷九九一《外臣部·备御四》，第11636页。
⑥ 《资治通鉴》卷一九二，唐太宗贞观元年（627），第6046页。
⑦ 《册府元龟》卷一二五《帝王部·料敌》，第1501页。

道，大破突厥主力。随后李靖、李勣率军夜袭，“靖斩首万余级，俘男女十余万，获杂畜数十万，……世勣虏五万余口而还。斥地自阴山北至大漠，露布以闻”①。最终，大同道行军总管任城王道宗和行军副总管张宝相俘颉利送京师，东突厥政权灭亡。

（二）安北、单于二都护府与羁縻州府的防御功能

突厥颉利政权灭亡以后，唐朝廷内部对归降突厥的安置问题展开了争辩，经过反复讨论，最终确立了以“分而治之”和“以夷治夷”为原则的羁縻政策，即“处突厥降众，东自幽州，西至灵州；分突利故所统之地，置顺、祐、化、长四州都督府；又分颉利之地为六州，左置定襄都督府，右置云中都督府，以统其众”②。

贞观十三年（639）夏，在京城长安的突厥贵族结社率与其党四十余人入宫行刺未遂，唐廷借故令突厥降户北返。史载：“自结社率之反，言事者多云突厥留河南不便，秋，七月，庚戌，诏右武候大将军、化州都督、怀化郡王李思摩为乙弥泥孰俟利苾可汗，赐之鼓纛；突厥及胡在诸州安置者，并令渡河，还其旧部，俾世作藩屏，长保边塞。突厥咸惮薛延陀，不肯出塞。上遣司农卿郭嗣本赐薛延陀玺书，言‘……秋中将遣突厥渡河，复其故国。尔薛延陀受册在前，突厥受册在后，后者为小，前者为大。尔在碛北，突厥在碛南，各守土疆，镇抚部落。其逾分故相抄掠，我则发兵，各问其罪。’薛延陀奉诏。于是遣思摩帅所部建牙于河北”③。由此道出令突厥重建依附于唐的藩属政权的真正目的，就是令其“世作藩屏，长保边塞”，实为以夷制夷的策略，旨在阻止势欲代突厥而雄长漠北的薛延陀政权的南下。

正是因为唐令突厥北返，旨在抗衡薛延陀势力，阻止其南下，贞观十五年（641），薛延陀与由唐扶植的突厥政权，以及与唐之间的军事冲突最终升级。史载：“薛延陀真珠可汗闻上将东封，谓其下曰：‘天子封泰山，士马皆从，边境必虚，我以此时取思摩，如拉朽耳。’乃命其子大度设发同罗、仆骨、回纥、靺鞨、霫等兵合二十万，度漠南，屯白道川，据善阳岭以击突厥。俟利苾可汗不能御，帅部落入长城，保朔州，遣使告急。”④面对薛延陀的大军压境，太宗命李世勣等五路大军迎击。结果薛延陀大败，“其众至漠北，值大雪，人畜冻死者什八九”⑤。贞观十九年（645），薛延陀多弥可汗既立，再次趁太宗出征高丽未还之际，引兵寇河南。贞

① 《资治通鉴》卷一九三，唐太宗贞观四年（630），第6073页。
② 《资治通鉴》卷一九三，唐太宗贞观四年（630），第6077页。
③ 《资治通鉴》卷一九五，唐太宗贞观十三年（639），第6148—6149页。
④ 《资治通鉴》卷一九六，唐太宗贞观十五年（641），第6170—6171页。
⑤ 《资治通鉴》卷一九六，唐太宗贞观十五年（641），第6172页。

观二十年（646），太宗亲至灵州，命江夏王道宗等分道出击，薛延陀政权覆亡，铁勒各部相继降唐，被安置于灵州等地，沿边设十三州都督府。高宗更置溪弹州。另外于贞观二十一年和永徽元年（650）先后置立燕然、单于二都护府，分统大漠南北。

自贞观四年东突厥灭亡至贞观二十年薛延陀政权覆亡，突厥、铁勒各部相继降唐，唐在北部边陲先后设立二都护府与数十个羁縻州府，一方面起到了对突厥、铁勒等民族的有效统治，另一方面明显起到了巩固边防，防止外来进攻的作用，使其北部边疆由此维持了近五十年的安定局面。在安北、单于二都护府的管辖之下，这种羁縻州府就起到了不可逾越的长城工事的作用。

（三）中宗到玄宗朝北部边城的构筑与新的防御体系的构建

唐自高宗永淳元年（682）以后，在后东突厥的进攻下，北部边疆再次出现了危机和疆域的大退缩。在突厥默啜政权的强劲攻势下，唐北部防线几乎崩溃，武则天垂拱元年（685），安北都护府被迫撤离漠北，先后迁移寄居在河西大同城镇和删丹县南之西安城。这种军事上的不利局面直至唐中宗朝朔方三受降城构筑以后，方得到根本的扭转。

中宗景龙二年（708），时任朔方道大总管的张仁愿，乘突厥默啜可汗“悉众西击突骑施”，远征西域之际，说服唐朝廷允许其奏请，“乘虚夺取漠南地，于河北筑三受降城，首尾相应，以绝其南寇之路”。自此以后，唐向北“拓地三百余里。于牛头朝那山北，置烽候千八百所，……自是突厥不敢渡山畋牧，朔方无复寇掠，减镇兵数万人”①。

此外，除著名的三受降城外，该时期张仁愿在灵州境内还修筑了定远军城等。另外，先天元年（712），朔方军大总管郭元振为加强朔方地区的防务，曾于灵州西境黄河外180余里筑新的丰安军城；又有玄宗天宝八载（749），朔方节度使张齐丘于中受降城西北500余里的木剌山筑横塞军。天宝十二载（753），安思顺奏废横塞军；废横塞军的同时，又置天安军。天宝十四载（755），将安北都护府理所移至新竣工的天安军城（位大同川西），天安军自乾元后改称天德军。这些军城在唐王朝关中腹地以北形成了几重弧形防御体系。

这样，三受降城及河外诸城的成功修筑，使唐王朝成了继秦汉王朝之后，又一个以积极进攻、犬牙相入的反攻态势控制河套地区的统一王朝，在控制黄河天堑上更加处于主动地位。再加上千八百所的烽堠，就将军事情报系统、军事防御工事等向北

---

①《资治通鉴》卷二〇九，唐中宗景龙二年（708），第6621页。

延伸到了漠南阴山以北。这样，经唐王朝几代人的筹划经营，最终在唐玄宗天宝年间形成了东西向的三道防线①。第一道防线，北以阴山山脉为屏障，中以河外七城（初为“河外五城”）为据点，南以黄河为阻，形成天然与人力相结合的区域内小三线，从而构成了东西呼应，南北一体，层层相继，步步为守的严密防御体系。河外七城，为西南起自灵州境内的丰安军城，东北的定远军城，北面自西向东的西、中、东三受降城，加天德军城和单于都护府城。（第一道防线还可以理解为：以黄河两岸的军城与烽燧为据点，正北方以丰州都督府、胜州都督府为中心，以河套地区的三受降城、天德军城及振武军城为据点，西面以灵州都督府为中心，以定远军、丰安军、新堡为据点，加再上东面的黄河天堑与沿河关津。河套地区以北的横塞军城及烽燧，也可以理解为外围防线。）第二道防线，以横山山脉北麓的灵、盐、夏、银数州以东西向排开，南依崇山，北临平原，中以榆多勒城、麟州城为接援，是以行政州城为据点，交通道路为纽带，东西方向点线结合构成的防线。第三道防线，为唐初以来就已形成的在横山山脉一带东西向一字排开的会、原、庆、鄜、坊、丹、延等州为主体的防线。这样，南北三列军事防御层东西呼应，南北依靠，布局浑然一体，防守严密坚固。这三道防线的形成，肇始于唐太宗、高宗之时，中宗朝形成雏形，玄宗开天之际定型。从此以后，唐之北疆几无北狄之患，而突厥、回鹘相继衰亡或西迁，应该说与此防御体系的组织严密、布局合理不无关联。

（四）安史之乱以后，陇山、六盘山、贺兰山一线应对吐蕃防线的建立

安史之乱后，吐蕃几番长驱直入，吞并唐朝大片河陇旧地，双方又经过近五十年的争战，在已经饱受战争之苦的背景下，加上唐朝藩镇跋扈，中央政权危机四伏。建中四年（783）四月，唐朝凤翔节度使张镒作为主边大将与吐蕃宰相尚结赞会盟于清水，双方签订了清水盟约。这次清水和盟的主要内容与其说是唐蕃双方疆域的重新划定，不如说是对当时军事抗衡的界限做了新的约定。这次盟约规定的界限十分明确，不仅从双方往来的三条道路上做出了明确规定，而且从行政区域上也做了明确规定。东西道路，“陇州西至清水县”为汉界，而清水县以西为蕃界；行政区域上，唐朝正式承认“兰、渭、原、会，西至临洮”的各州为吐蕃疆界。则串联弹筝峡、大震关、同谷县、大渡河几个点的东北至西南走向一线成为唐蕃划定的新界线，北方大致以陇山、六盘山、贺兰山一线为界。这是唐朝对此前唐蕃边界已经推进到泾水流域，威胁到唐朝腹地这一现实的公开承认和绥靖。这标志着陇山、六盘

---

① 严耕望先生对此三道防线已有论述，此处采用其说，并有补充。参见严耕望：《唐代河套地区军事防御系统》，见严耕望：《唐代交通图考》第1卷《京都关内区》，第315—321页。

山、贺兰山一线，在这一时期成为唐朝抗击吐蕃的最西防线，也是保障关中及包括鄂尔多斯高原在内的关中北部广大地区安全的一道军事防线。

二、隋唐时期泾州的重要交通、战略位置

隋唐时的泾州位处泾水上游，辖境约今甘肃泾川、平凉、崇信、灵台、华亭及陕西彬县、永寿、旬邑以及宁夏固原等县市。天宝元年（742）改为安定郡，乾元元年（758）复为泾州。中晚唐辖境缩小，大约包括今甘肃泾川、镇原、灵台等县地。在唐代，泾州属于关内道，代宗大历三年（768）设泾源节度使，治泾州。敦煌博物馆藏原编号为敦博58号文书所记载的唐天宝元年唐代的行政区划中，泾州安定郡属于关内道二十四州，并属上州，下辖安定、鹑觚（天宝元年改为灵台）、阴盘（天宝元年改为潘源）、良原、临泾等五县，下辖六十五个乡，人口在十一万三千多人以上。①

上溯泾州过去的行政建制沿革，自北魏神䴥三年（430），于安定郡城（今甘肃泾川北）置州，治安定县，州因泾水得名。隋大业三年（607），隋炀帝以州为郡，因改安定郡。唐武德元年（618）复为泾州，治安定县，领安定、灵台、临泾、良原、潘原五县。唐初为泾州，天宝元年改为保定郡，乾元元年，保定郡又为泾州。大历三年以后为泾原节度使治所，长期领有泾州、原州（原州实际很长时间为吐蕃占领）。五代建置仍为泾州。其中泾州州治所在的保定县，《元和郡县图志》记曰：“保定县，本汉安定县地，今临泾县安定故城也，后汉省。后魏文帝大统元年，自高平城移于今理，属安定郡。隋开皇三年罢郡，以县属泾州。”②

自古以来，泾州即为金关锁钥之地。泾水发源于宁夏六盘山东麓泾源县境，向东南流经今平凉市、泾川县、长武县、彬县、泾阳县，于西安市高陵区南入渭河。千百年来，经过泾水河的冲刷侵蚀，在黄土高原的西端形成了平坦的河谷，成为天然的东西孔道，丝绸之路北道的很长一段即取泾水河谷。而这中间，泾州即是其咽喉，至今312国道有很长路段仍然取道泾水河谷。沿今泾川县向西，经弹筝峡，转而向北，经固原，北向又为清水河谷。清水河谷又是自古以来南北的一大通道，北方游牧民族南下往往取道于此。另外，尚有陇山两侧勾连回中宫的回中道，将泾州与陇山两侧，泾州南北串连了起来。今天，泾川县向西通向崇信、华亭、庄浪、通渭等县市的304省

① 据现藏敦煌市博物馆的原编号058号文书，现为10—76号文书。录文参考吴震：《敦煌石室写本唐天宝初年〈郡县公廨本钱簿〉校注并跋》，见中华书局编辑部编：《文史》第14辑，中华书局，1982年；王仲荦：《唐天宝初年地志残卷考释》，见王仲荦：《敦煌石室地志残卷考释》，郑宜秀整理，中华书局，2007年。

② 《元和郡县图志》卷三《关内道三》，第56页。

道，东南通向灵台县的202省道都要经过泾川县。可见，古代泾州具有重要的交通地理位置。秦汉以降，泾州即为继萧关之后的一大要隘。正因此，史家对其高度重视，顾祖禹《读史方舆纪要》称：泾州“外阻河朔，内当陇口，襟带秦、凉，拥卫畿辅，关中安定，系于此也”①。又谓：“州山川环带，水陆流通，……连络中外，翼带东西，诚关中襟要也。”②

（一）泾州位处东西丝绸之路北道的战略位置

隋唐时期，从长安西出河西凉州有南北二道，而且此南北二道俱为官方驿道，其中南道经秦州（今甘肃天水）、兰州，至凉州；北道经邠州、泾州、原州、会州西出至凉州。《元和郡县图志》卷四〇凉州武威郡条记载凉州的八到曰：“［凉州］东北至上都取秦州路二千里，取皋（乌）兰路一千六十里。东南至东都二千八百六十里。”这里的“秦州路”自然是途经秦州、兰州的南道，而所谓的“皋兰路”之“皋”应该为“乌”之讹误，应该是因途经会州境内的乌兰关黄河渡口，所以称为“乌兰路”。该道自凉州向东先后经会、原（今宁夏固原）、泾、邠等州至长安。上引书谓北道凉州至长安“一千六十里”显然有误，严耕望先生考证后言：“综合上文分析与考证，凉州至长安，取兰、秦道约二千里，取会州乌兰关道，经会、原、泾、邠等州，驿路约一千八百里，若乌兰至会州取直道，则共约一千七百三十里。”③今根据卫星地图计算，与严先生的考证大致相符。当时的北道较南道大约短200里，至少要少走三五天的路程。北道设驿，张籍诗《泾州塞》有咏曰：“道边古双堠，犹记向安西。”道设路堠，显然为驿道。对此，《太平寰宇记》明确记载称“州西北驿路一百八十里”④。另外，吐鲁番阿斯塔那509号墓所出的《唐开元廿一年（733）唐益谦、薛光泚、康大之请给过所案卷》记载，从安西四镇前往福州，“路由玉门、金城、大震、乌兰、僮（潼）关、蒲津等关”⑤，这其中的乌兰关是丝路北道上渡过黄河的重要关口，当时设关，显然也是人马往来常取的官道。

古代行军打仗，沿途不仅要有水草的供给，还要选择人马容易穿行的河谷。途经泾州之东西驿道，较南道秦州道，不仅距离较短，而且多为河谷和平川，一路水草相继。沿途有两个重要关口要隘，一是会州境内渡过黄河进入河西的要津——会宁关乌

① ［清］顾祖禹：《读史方舆纪要》卷五八“平凉府”，贺次君、施和金点校，中华书局，2005年，第2774页。

② 《读史方舆纪要》卷五八“泾州”，第2792页。

③ 严耕望：《唐代交通图考》第2卷《河陇碛西区》，第353页。

④ 《太平寰宇记》卷三七《关西道十三》，第781页。

⑤ 唐长孺主编：《吐鲁番出土文书》〔肆〕，文物出版社，1996年，第270页。

兰渡，二是泾州西、原州东南的弹筝峡，位于今宁夏泾源县城东6公里处，峡全长10公里，泾水东去，峡谷扼守东西孔道。而泾州正位处弹筝峡东口，自然是东西大道上重要的商贸重镇，更是一夫当关万夫莫开的战略要冲。

早在唐初，金城薛举大军东进，一度围了泾州城，进据长武的高墌城。这场战争事关唐朝关中安危，唐朝高度重视，命秦王李世民与齐王李元吉统军四十万与之抗衡。战争打了整整十八个月，最终消灭了薛举，确保了唐朝都城的安危。

到了唐代中后期，泾州在很长一段时间内处于唐蕃争战的边疆前哨，成为维系唐朝京城长安安危的关中西大门。这是因为吐蕃大军在东进的过程中，要么选择自秦州境内穿越陇山，大震关是其咽喉，但陇山及大震关地势险阻，唐军往往防守严密；要么是迂回北上，翻越六盘山后沿泾水河谷东进南下。六盘山南北一线，原州至泾州之间的弹筝峡等峡谷草茂林深，峡谷迂曲，是利于防守而不易穿越的关口。一旦突破，就是一路坦途的泾水河谷。所以中晚唐时期唐军死死把守在这里，就是在利用弹筝峡这一带的地理优势。

自安史之乱爆发以后，驻防河西、陇右的唐军东调，入靖国难，吐蕃乘机向唐境发起了大规模的军事进攻。唐朝河西、陇右渐次陷蕃。广德元年（763），吐蕃大军一路东逼泾州，唐泾州刺史高晖以城降，并做了吐蕃向导，随后引导吐蕃大军进犯关中。该年十月，在高晖的导引下，吐蕃大军经奉天、武功、盩厔等县，随后自司竹园渡过渭河，循南向东威逼长安。仓促之际，唐代宗被迫出逃，驾幸陕州，随后吐蕃大军进入唐京师长安，立唐广武王李承宏为傀儡皇帝。吐蕃大军自攻占泾州后，一路势如破竹，九月陷落泾州，十月连陷武功、盩厔等，继而占领长安，可见泾州陷落对唐朝损失之大。

之后，吐蕃大军因孤军深入，被迫退出长安，但继续蚕食唐境河西、陇右之地，并长时间于泾州以西与唐展开拉锯战。从代宗广德元年以后，双方抗衡的界线推进至陇山至六盘山一线。兴元二年（785），吐蕃进而占领了唐整个原州，泾州的安定、良原二县。后经唐军反击，泾州二县得以收复。自此以后，唐军充分利用泾州以西的弹筝峡的险要地形，坚守泾州，唐蕃军事边界线很长时间又维持在泾州以西，即原唐原州的平凉县至百泉县之弹筝峡一带。直至贞元七年（791），唐平凉县“又移于旧县南坂上，……仍屯军其中”[①]。但该时期弹筝峡及泾州即为唐军固守关中的最前线，正可见泾州地理位置的重要。

① 《元和郡县图志》卷三《关内道三》，第59页。

从大历三年（768）开始，尽管唐朝廷被迫全力抵抗吐蕃，但该年八月，吐蕃大军继续东进、南下，其十万大军转而北上进寇灵武，并绕道南下进寇邠州，形势再度告急，唐京师戒严。随之，该年八月，唐邠宁节度使马璘破吐蕃二万于邠州；九月，郭子仪自河中移镇奉天，加强抵抗，又有灵州将白元光破吐蕃二万于灵武。继之，唐军“灵武奏破吐蕃六万，百僚称贺，京师解严”。[①] 正是因为泾州在此时位置的重要，面对吐蕃大军的频繁进攻，为加强防御，唐朝随之设置了泾原节度使。大历三年十二月，代宗下诏，令郭子仪领邠宁节度使、李抱玉领山南西道节度使、马璘领泾原节度使，其中称：

> 以犬戎浸骄，岁犯郊境，泾州最邻戎虏，乃诏璘移镇泾州，兼权知凤翔陇右节度副使、泾原节度、泾州刺史，四镇、北庭行营节度使如故，复以郑、滑二州隶之。[②]

泾原节度使设置以后，马璘驻防泾州，郭子仪进驻邠州防御，史载：“以吐蕃岁犯西疆，增修镇守，乃以邠宁节度马璘为泾原节度使，镇泾州，以邠、宁、庆等州隶入朔方。时朝议以马璘孤军在邠州，不足捍蔽，遂徙郭子仪军自河中居邠，仍兼邠宁节度，令马璘居泾，自是京师宁晏。”[③] 自此，吐蕃如若取道泾水河谷南下，不仅需要攻克唐军固守的弹筝峡，还要先后攻克泾原节度使防线和邠宁节度使防线等几重防线，难度大大增加。

大历七年（772）之后，唐与吐蕃之间的争战几乎每年都有发生。此时唐军于泾州固守弹筝峡泾州属县潘原县（今甘肃平凉东），但吐蕃控制的最东界已经为包括整个蔚如水流域及六盘山、陇山一线以西的地区。为了减轻吐蕃对泾州防线的威胁，唐朝几度试图收复原州，宰相元载曾给唐代宗进谏，希望唐军进占“当西塞之口”的原州，称“今国家西境极于潘原，吐蕃防戍在摧沙堡，而原州界其间。原州当西塞之口，接陇山之固”[④]。

唐蕃抗衡在陇山至六盘山一线的局面维持了很长时间，直至建中四年（783）唐蕃清水会盟，双方划界时仍然是这样，如其盟词曰：“今国家所守界：泾州西至弹筝

① 《旧唐书》卷十一《代宗本纪》，第290—291页。

② 《旧唐书》卷一五二《马璘传》，第4066页。《代宗实录》所载略同：“以吐蕃岁犯西疆，增修镇守，乃以邠宁节度马璘镇泾州，仍为泾原节度使，以邠、宁、庆等州隶朔方。”［《资治通鉴》卷二二四，唐代宗大历三年（768）《考异》引文，第7204页］

③ 《册府元龟》卷九九二《外臣部·备御五》，第11655页。

④ 《册府元龟》卷九九二《外臣部·备御五》，第11656页。

峡西口，陇州西至清水县，凤州西至同谷县，暨剑南西山大渡河东，为汉界。”① 这里是以唐蕃东西往来的三条道路途中划界，其中北道即是泾州西至弹筝峡西口为界，说明泾州西至弹筝峡作为双方边界之一，泾州确为进入唐朝的西门户，维系着唐都长安的安危。

贞元七年（791），唐朝在加强吐蕃入侵的防御工事，《旧唐书·德宗纪》载：“［三月］甲子，泾原节度使刘昌筑胡谷堡，改名彰义堡。堡在平凉西三十五里，亦御戎之要地。”② 对此，《资治通鉴》载：“二月，癸卯，遣鸿胪少卿庾铤册回鹘奉诚可汗。戊戌，诏泾原节度使刘昌筑平凉故城，以扼弹筝峡口；浃辰而毕，分兵戍之。昌又筑朝（胡）谷堡；甲子，诏名其堡曰彰信；泾原稍安。”③ 又据《册府元龟》的记载，该年唐泾原节度“又城平凉，以扼弹筝峡口。命徒庀事，旬日而毕”④。可见，贞元七年唐泾原节度将治所又向西迁移至平凉故城，即原原州属县平凉县的旧址，与前面唐军驻守的泾州连云堡的位置相比，唐军又向西移了100多里。《元和郡县图志》记载：“平凉县，（上。西北至州一百六十里。）本汉泾阳县地，今县西四十里泾阳故城是也。……隋开皇三年属原州，皇朝因之。开元五年移于泾水南，贞元七年又移于旧县南坂上，今县是也。仍屯军其中。”⑤可见唐平凉故城在弹筝峡东口、泾水河之北面，南依山坡，扼守着南北交通要冲，地形、地势十分险要。这里《资治通鉴》所记的“朝谷堡”，由后来改名“彰义（信）堡”来看，该地应该为粟特人或稽胡所据，应为“胡谷堡”。而刘昌所筑的胡谷堡又在平凉县治所西35里，应该是在弹筝峡西口，可见，至此唐军完全控制着弹筝峡东西口。

以上论证，可由新发现的权德舆所作《大唐四镇北庭行军兼泾原等州节度度支营田等使开府仪同三司检校尚书右仆射使持节泾州诸军事泾州刺史兼御史大夫上柱国南川郡王刘公纪功碑铭并序》（以下简称《刘昌纪功碑》）证明。该碑记刘昌任泾原节度使以后，“于是建长利，规远略，程日力，兴人徒。西城平凉，开地二百里，据弹筝峡之险；北城保定，深入百余里，扞青石岭之固。凡七城二堡，有坚甲利刃，制彼冲阨，绝其驱侵。公之封内，罐燧灭息”⑥。从中可以明确看出，自贞元七年后，在刘昌的积极经营之下，泾州西北的整个弹筝峡及北面的青石岭都被唐军控制，其控制

① 《旧唐书》卷一九六下《吐蕃传下》，第5247页。
② 《旧唐书》卷一三《德宗本纪下》，第371页。
③ 《资治通鉴》卷二三三，唐德宗贞元七年（791），第7523页。
④ 《册府元龟》卷四一〇《将帅部·壁垒》，第4875页。
⑤ 《元和郡县图志》卷三《关内道三》，第59页。
⑥ 〔唐〕权德舆：《权德舆诗文集》，郭广伟校点，上海古籍出版社，2008年，第189—193页。

了吐蕃经此二道进入泾水流域的道路，从而确保了泾州及长安的安全。

泾州既是通向唐长安的西门户，也是唐军固守的要隘和军事基地以及向吐蕃发起反攻的桥头堡。唐宣宗大中三年（849），吐蕃大将论恐热归降于唐，唐朝方面及时出兵接应。[①]史载："吐蕃秦、原、安乐三州及石门等七关来降；以太仆卿陆耽为宣谕使，诏泾原、灵武、凤翔、邠宁、振武皆出兵应接。"[②]继之，又载："泾原节度使康季荣取原州及石门、驿藏、木峡、制胜、六磐、石峡六关。秋，七月，丁巳，灵武节度使朱叔明取长乐州。甲子，邠宁节度使张君绪取萧关。甲戌，凤翔节度使李玭取秦州。诏邠宁节度权移军于宁州以应接河西。八月，乙酉，改长乐州为威州。……冬，十月，……西川节度使杜悰奏取维州。……闰十一月，……山南西道节度使郑涯奏取扶州。"[③]由此可见，趁吐蕃内乱及时出兵攻取原州及六关的就是驻守泾州的泾原节度辖军。自此，唐朝西疆西移，泾州作为昔日唐都西门的作用暂告结束，但仍然作为屏蔽关中的要地和东西南北往来的重要驿站与贸易纽带，发挥着重要作用。

（二）扼守北方民族南下关中一道之咽喉

隋唐时的泾州不仅是东西驿道的一个重镇和战略要冲，还肩负着把守关中长安北门的责任。隋唐时期，北方突厥、回鹘南下所取之泾原道，重要一段即经其地。突厥、回鹘自漠北或河套地区自高阙南下，至丰州至灵州境内沿黄河西岸继续南下，再至黄河拐弯的丰安军至鸣沙县之间，约今中卫至中宁之间渡过黄河，转而沿蔚如水南下，途中经萧关而至原州。过原州，再过弹筝峡。过了弹筝峡即可沿泾水河谷东南行，又与原州至长安的东西大道相合，途经泾州、邠州而进入关中。这中间也可取庆州临泾县（今甘肃镇原）至青石岭南下至泾州，如大历十三年（778）九月，吐蕃万骑曾下青石岭，逼泾州。这两道泾州都是必经之地。

自高阙至泾州，因该道沿途水草相继，人烟相望，人马无粮草、水源之虞，所以往往为突厥南下进入关中的首选之道。前引隋朝建立之初，突厥沙钵略可汗在其妻北

---

① 《资治通鉴考异》记："《实录》：'泾原节度使康季荣奏吐蕃宰相论恐热杀东道节度使，奉表以三州、七关来降。'《献祖纪年录》亦云'杀东道节度使，奉表。'按《补国史》叙论恐热事甚详。至五年五月始来降，此际未降也。又不云杀东道节度使。且恐热若以三州、七关来降，朝廷必官赏之，何故但赏边将而不及恐热。盖三州、七关，以吐蕃国乱，自来降唐，朝廷遣诸道应接抚纳之，非恐热帅以来。《实录》误耳。"

② 《资治通鉴》卷二四八，唐宣宗大中三年（849），第8037—8038页；但《册府元龟》记载为："宣宗大中三年正月，泾原节度使沆季荣奏，吐蕃论恐热以安乐三州及石门七关等归国。"结合前注引《资治通鉴考异》等及论恐热反对当时吐蕃乞离胡政权及后来来唐长安的史事，我们认为此处记载是正确的，即安乐三州七关就是在论恐热的率领下投唐的。张议潮起义应该也是论恐热统治区响应论恐热的投唐暴动。

③ 《资治通鉴》卷二四八，唐宣宗大中三年（849），第8039—8041页。

周宇文氏千金公主的怂恿之下几番南下侵边，其中开皇二年（582），突厥沙钵略可汗“纵兵自木硖、石门两道来寇，武威、天水、安定、金城、上郡、弘化、延安六畜咸尽。天子震怒”①前文有考，木峡关在隋唐时期突厥取原州至泾州南下的道上。突厥这次南侵，兵分两路，西面一路自今宁夏境内沿黄河南下，至今宁夏中卫至中宁之间渡过黄河，沿蔚如水南下至原州木峡关，折而东进沿泾水河流域，应该是受到抵抗以后，东向返回至弘化郡，西向至金城郡（治今甘肃兰州）、武威、天水、安定等郡抄掠后返回。

至唐朝初年，东突厥兵马强盛，数次取道原州南下。其中武德七年（624），突厥颉利、突利二可汗自原州入寇，侵扰关中，唐高祖李渊与其臣僚曾有迁都之议。是年秋，秦王李世民受命统兵出征御敌，史载“突厥二可汗举国入寇，道自原州，连营南上，帝（李世民）受诏北讨，巢刺王元吉隶焉。……及勒兵北上，与虏遇于豳州”②。武德九年（626），就在唐朝发生玄武门事变后不久，突厥再次大军南下，紧急之际，新即位的唐太宗李世民委派大将尉迟敬德率军前去泾州退敌，《大唐故开府仪同三司鄂国公尉迟君墓志并序》载：“突厥大掠于泾州，诏公为泾州道行军大总管，纵兵奋击，所获万计，赉金鞍勒骏马十匹。又以公昔陪戎幕，早预军谋，赐绢一万匹，金银各千两，拜上柱国、吴国公，食实封益州一千三百户。”③可见，这几次突厥大规模南下入寇唐境仍然是取道泾原道，直至唐代中后期，唐朝与吐蕃在陇山一带抗衡之际，唐朝之所以极力要将西守之门维持在泾州以西，不仅是要凭仗泾州以西的弹筝峡的险要地形，也是因为该地本身就是东进、南下之枢纽和咽喉。

（三）总绾回中道之枢纽

回中宫、回中道，多见于秦汉史籍。然而学术界对回中宫的位置与回中道的路线存在较大的争议。史籍关于回中宫、回中道的记载有：

> 二十七年，始皇巡陇西、北地，出鸡头山，过回中。④
>
> 汉孝文皇帝十四年，匈奴单于十四万骑入朝那、萧关，杀北地都尉卬，虏人民畜产甚多，遂至彭阳。使奇兵入烧回中宫，候骑至雍甘泉。⑤
>
> ［元封］四年冬十月，行幸雍，祠五畤。通回中道，遂北出萧关，历独鹿、

---

① 《隋书》卷八四《突厥传》，第1866页。
② 《册府元龟》卷一九《帝王部·功业》，第210页。
③ 周绍良主编：《唐代墓志汇编》上册，上海古籍出版社，1992年，第291页。
④ 《史记》卷六《秦始皇本纪》，第241页。
⑤ 《史记》卷一一〇《匈奴列传》，第2901页。

鸣泽，自代而还，幸河东。[①]

［建武］八年春，歙与征虏将军祭遵袭略阳，遵道病还，分遣精兵随歙，合二千余人，伐山开道，从番须、回中径至略阳，斩嚣守将金梁，因保其城。[②]

《史记集解》引应劭称："回中在安定高平。"又引孟康曰："回中在北地。"《史记正义》引《括地志》云："回中宫在岐州雍县西四十里。"但分析始皇行程，应该是先从咸阳西出陇山，到达今天水、临洮一带视察，然后东北至北地，即最后到达今甘肃平凉、庆阳一带。在往北地途中经过了鸡头山与回中宫。鸡头山位于今甘肃镇原县开边镇政府东约1公里处，则始皇车驾应该是经今甘肃静宁或庄浪县境，中经华亭县、平凉市，在到达今镇原鸡头山之前后曾住宿回中宫。而回中宫的位置应该就在自然环境比较好的泾水河流域，而今泾川县又地当十字路口，尤其令人注意者，今泾川县境内又有回中山，说明秦回中宫应该是因山得名。

另外，对于上引《史记·匈奴列传》关于回中宫的记述，程大昌《雍录》有这样一段分析："匈奴方入萧关，未达安定，先遣骑兵深入，至安定即烧回中之宫以张声势，汉候骑见之，急以分告两地，故汉之候骑至雍亦至甘泉也，然则所烧之宫即不在雍亦不在甘泉也。"[③]此分析十分恰当，回中宫必在萧关与汉代安定郡（今宁夏固原）以南继续南下至长安的道上。而安定以下至关中又分两道：其一，即沿泾水河谷，经今泾川、长武、彬县道；其二，经今华亭，南逾陇山，再沿千河谷南下道。则秦回中宫确在泾川县至华亭、陇县之间。这两道都经秦汉回中宫，都可称为回中道。而其中唐泾州治所及其西南不远处即是总绾二道之枢纽。史书将从长安至今咸阳，经今礼泉、乾县、彬州、长武到泾川，再沿泾河谷到达华亭、泾川之间的道称为回中道的事迹还有：元封四年（前107）汉武帝"行幸雍，祠五畤。通回中道，遂北出萧关"，所取之道正是此道；东汉刘秀（光武帝）据有关中后，于建武八年（32），派大将来歙率两千人，从番须（即今甘肃华亭马峡）、回中向西，伐木开道，向西至略阳（今甘肃庄浪西南）。可见，来歙征西所走的道正是沿今泾川县境内的汭河向西南通向崇信、华亭、庄浪、通渭等县之道。

隋唐之际，行军打仗，对于回中道的利用，见诸史册者也是有的。前引开皇三年，突厥沙钵略可汗率领大军从木峡、石门两道进犯，对所经州大肆掳掠以后，从安定至天水应该就是走回中道。

---

① 《汉书》卷六《武帝纪》，第195页。

② 《后汉书》卷一五《来歙列传》，第585页。

③ ［宋］程大昌：《雍录》卷三，黄永年点校，中华书局，2002年，第48页。

到了中晚唐，唐与吐蕃在陇山一带抗衡之际，回中道就成了吐蕃东进、南下的常取之道。吐蕃除了自河西凉州以东沿黄河北岸至灵州，自原会州境内的乌兰关东进外，另外两道在清水会盟的盟词中就有约定，所谓陇州西至清水县，凤州西至同谷县，就是吐蕃东进所取的两道。陇州西至清水县，经这两道，吐蕃到达陇山以西的同谷县、清水县以后，如若东进往往受阻，只好沿今通渭、庄浪、华亭、崇信一线至泾州或陇州，南逾陇山，再沿千河谷或金陵河谷南下至关中。

贞元三年平凉劫盟后，吐蕃对唐境的大规模进攻一直持续到了该年十月。在此期间，“吐蕃寇华亭及连云堡，皆陷之。甲戌，吐蕃驱二城之民数千人及邠、泾人畜万计而去，置之弹筝峡西。泾州恃连云为斥候，连云既陷，西门不开，门外皆为虏境，樵采路绝。每收获，必陈兵以扞之，多失时，得空穗而已。由是泾州常苦乏食。冬，十月，甲申，吐蕃寇丰义城，前锋至大回原，邠宁节度使韩游环击却之；乙酉，复寇长武城，又城故原州而屯之。……吐蕃以苦寒不入寇，而粮运不继”[①]。可见，该年吐蕃还是取道泾原道南下犯唐，先后攻陷唐华亭与泾州连云堡，兵锋直逼泾州城下，一度甚至越过泾州城东进至长武城；又从泾州取回中道南下抵陇州。在兵围陇州城而受挫以后，继续沿汧水南下，大掠陇州汧阳、吴山各县，再取道回中道，经丰义城、大回原而退至长武城，大掠泾州华亭县，而后才退回到当时吐蕃军队驻扎的原州大本营。又可见，回中道的确是古代行军打仗及商旅往来的一条大道。

三、唐代发生在鄂尔多斯高原及其毗邻地区的军事冲突

（一）浅水原之战与解除薛举父子的威胁

隋末群雄割据，首先威胁李唐政权的便是北部朔方的梁师都和西边陇右的薛举、薛仁杲（“杲”一作“果”）父子。薛举于大业十三年（617）在兰州称帝，此后因为与李轨政权的几次战斗失利而迁都秦州（治今甘肃天水）。薛举将国都东移后，便开始觊觎关中，而浅水原之战便是薛氏政权和唐廷之间的决定性战役。浅水原之战发生于武德元年（618），战役共分为两个阶段，前期唐军由于轻敌而致惨败，后期李世民率军一举消灭薛氏政权，解除了关中西部的一大威胁。

武德元年六月，薛举率军进犯泾川，泾川位于长安西北，且在泾水沿岸，为取道泾水河谷进入关中的大门，地理位置十分重要。于是，李渊派李世民以元帅身份率八总管之兵前去抵抗。随后薛举率军进逼高墌，同时还以游兵进犯豳、岐二州。李世

---

① 《资治通鉴》卷二三三，唐德宗贞元三年（787），第7506—7507页。

民起初的战略是避实击虚，他命令军队深沟高垒避其锋芒。但恰在此时，李世民得了疟疾，无法继续指挥作战，只好命长史刘文静、司马殷开山代为指挥。由于担心此二人轻敌冒进，李世民特意告诫："薛举悬军深入，食少兵疲，若来挑战，慎勿应也。俟吾疾愈，为君等破之。"[①] 可惜长史刘文静和司马殷开山并未严格执行李世民的命令，于高墌城西南列阵且未设防。薛举抓住时机，从唐军阵后突然袭击，于浅水原大败唐军，史载唐军兵士阵亡十之五六，将军慕容罗睺、李安远、刘弘基身死。李世民只好带兵撤回长安，薛举趁势占领高墌，浅水原之战第一阶段以唐军轻敌惨败而告一段落。

关于浅水原之战第一阶段之薛举行军路线，史念海先生认为："他们（薛举父子）是先向陇县、千阳地区进攻，受到了挫折，才转向长武、彬县地区的。浅水原之战，一年之中前后两次。前一次，唐军由于轻敌而招致失败。薛仁杲移根据地于折墌城，就是因为取得了这次初步的胜利。但再一次战争，由于唐军改变战略，薛军大败，接着折墌城也为唐军所攻下。……当薛军初转向长武、彬县地区时，仍派游军袭击陇县、千阳地区，并且夺取了陇州，这分明是牵制唐朝的兵力。但唐朝的主力军依然防守浅水原，没有因此而改变战略部署，薛仁杲也就未能避免覆灭的命运。"[②]

总之，薛举在获得阶段性胜利后，乘胜追击，他派薛仁杲北上围攻宁州，但被宁州刺史胡演击退。此时郝瑗建议薛举把握机会，趁唐军新败直取长安，然薛举发病，不久便病死，此事遂罢。薛仁杲暂居折墌城，"薛仁果之为太子也，与诸将多有隙；及即位，众心猜惧。郝瑗哭举得疾，遂不起，由是国势浸弱"[③]。而此时，唐廷方面积极与李轨联系结成同盟，使薛仁杲处于两面受敌的境地。唐朝抓住机会，再次任命李世民为元帅对薛仁杲发动进攻。

武德元年十一月，李世民率军至高墌城，薛仁杲派宗罗睺领兵抵御，吸取了上次惨败的经验，无论宗罗睺几次挑战，李世民都坚壁不出。彼此相持六十余日后，薛仁杲将领梁胡郎因军内粮尽而投降唐军。李世民认为时机成熟，令行军总管梁实在浅水原安营扎寨引诱宗罗睺军。宗罗睺果然出动全部精锐进攻梁实，梁实坚守不出，双方军士大疲。此时，李世民派庞玉于浅水原设阵，并趁宗罗睺并兵进攻庞玉时，亲率骁骑冲入敌阵，宗罗睺军大溃。李世民乘胜追击，与薛仁杲临泾河列阵，薛氏将领数人

---

① 《资治通鉴》卷一八五，唐高祖武德元年（618），第5801页。

② 史念海：《关中的历史军事地理》，见史念海：《河山集》四集，陕西师范大学出版社，1991年，第209—210页。

③ 《资治通鉴》卷一八六，唐高祖武德元年（618），第5820页。

临阵而降，后薛仁杲回城拒守，无奈唐大军已来，成合围之势。薛仁杲计无所出，只有出降。至此，浅水原之战全部结束，李世民凭借泾川地形狭长与后发制人的战略获得胜利，消灭了薛举、薛仁杲势力。从此，唐廷解除了来自西部与西北方向的威胁。

（二）平定梁师都

在隋末割据政权中，有盘踞在朔方郡夏州统万城的一支重要势力——梁师都政权。梁师都本就是朔方豪族，而且曾任隋朝鹰扬府郎将。“大业末，罢归。属盗贼群起，师都阴结徒党数十人，杀郡丞唐宗，据郡反。自称大丞相，北连突厥。隋将张世隆击之，反为所败。师都因遣兵掠定雕阴、弘化、延安等郡，于是僭即皇帝位，称梁国，建元为永隆。突厥始毕可汗遗以狼头纛，号为大度毗伽可汗。师都乃引突厥居河南之地，攻破盐川郡。”①

武德元年七月，“梁师都寇灵州，骠骑将军蔺兴粲击破之”②。次年三月，“梁师都寇灵州，长史杨则击走之”③。梁师都两次进犯都未取得预定战果，遂于突厥合兵并转变进攻方向，率数千骑兵进犯延安。唐延州总管段德操督兵讨之，梁师都于野猪岭安营扎寨，段德操认为敌众我寡，强攻不取，遂按甲不动以挫其锐气。“后伺师都稍怠，遣副总管梁礼率众击之，德操以轻骑出其不意”④，利用这个战术，段德操很好地牵制住了梁师都军，于是掩至其后，大败梁师都。此战，梁师都溃逃200里，可谓狼狈，但仅仅数月之后，其又卷土重来，以步兵、骑兵五千余人再次进犯延安，“德操击之，俘斩略尽”⑤。两战失利，加之其部将张举、刘旻相继投降，梁师都意欲再次寻求突厥的帮助，他派其尚书陆季览游说处罗可汗：“比者中原丧乱，分为数国，势均力弱，所以北附突厥。今武周既灭，唐国益大，师都甘从亡破，亦恐次及可汗。愿可汗行魏孝文之事，遣兵南侵，师都请为乡导。”⑥梁师都摸清了此时突厥的心理，处罗可汗也很快同意了这一计策，并做出了一系列部署，如派遣莫贺咄设进攻原州，泥步设与梁师都继续进攻延州，处罗可汗进攻并州，突利可汗统领奚、霫、契丹、靺鞨进攻幽州，并和窦建德合兵滏口进军，会师于晋、绛。处罗可汗的部署不可谓不细致全面，可是正当发兵之际，处罗身死，梁师都的这次计划也宣告破产。

唐廷方面决定先发制人，李渊命段德操悉发边兵进攻梁师都，拔其东城。梁师都

① 《旧唐书》卷五六《梁师都传》，第2280页。
② 《资治通鉴》卷一八五，唐高祖武德元年（618），第5800页。
③ 《资治通鉴》卷一八七，唐高祖武德二年（619），第5848页。
④ 《旧唐书》卷五六《梁师都传》，第2280页。
⑤ 《旧唐书》卷五六《梁师都传》，第2280页。
⑥ 《旧唐书》卷五六《梁师都传》，第2280页。

只好退守西城，同时求救于突厥颉利可汗，突厥方面以精锐万骑救之。后来，稽胡大帅刘仚成率所部依附梁师都，但被其听信谗言而杀，梁师都此举使得部将担惊受怕，多归降唐军。梁师都感到局势危急，于是面见颉利可汗，故技重施。此后，突厥连年进犯，边州多战，颉利可汗深入内地进犯渭桥，这些都与和梁师都的勾结不无关系。

武德九年（626），在与梁师都的勾结之下，突厥南下，直抵渭水北岸，史书称："颉利可汗之寇渭桥，亦师都计也。"[①]但很快，贞观元年（627），梁师都所依靠的东突厥也发生了动乱，薛延陀、回纥和拔野古等相继反叛颉利可汗，"颉利益衰，国人离散。会大雪，平地数尺，羊马多死，民大饥"[②]。李世民了解到东突厥政乱，认为梁师都势力大损且孤立无援，希望其能归降，但梁师都继续负隅顽抗。于是李世民借此良机，派遣夏州长史刘旻、司马刘兰寻机剿灭，"有得其生口者，辄纵遣令为反间，离其君臣之计。频选轻骑践其禾稼，城中渐虚，归命者相继，皆善遇之，由是益相猜阻"[③]。唐军利用反间计离间梁师都政权，破坏其农业发展，使得梁师都实力大为削减，其麾下大将密谋反叛，亦有归降唐廷者。

贞观二年（628），李世民认为时机已到，派遣柴绍、薛万均征讨，"又使刘旻、刘兰率劲卒直据朔方东城以逼之"[④]。颉利可汗出兵救援，被柴绍击退。梁师都退无可退，困守孤城，后被其从弟梁洛仁所杀，梁洛仁降于柴绍，存在十二年的梁师都政权宣告覆灭。

（三）平定郭子和

郭子和政权是隋末割据势力中实力较弱的一支，所以不得不依附于多方力量。郭子和为同州蒲城（今属陕西渭南）人，后赐姓李。隋朝大业年间，任左翊卫，后因罪被流放榆林。隋朝末年，榆林郡粮食短缺，郡丞王才不能体恤百姓，未开仓赈灾。郭子和趁机交结敢死士十八人，攻郡门，斩郡丞王才，开仓赈济穷困之人。"自称永乐王，建元为正平，尊其父为太公，以弟子政为尚书令，子端、子升为左、右仆射。有众二千余骑。南连梁师都，北附突厥始毕可汗。"[⑤]郭子和自知实力弱小，所以对始毕可汗给予的封号"平杨天子"并不敢接受，于是突厥方面改封其为屋利设。

郭子和依附突厥仅仅是实力不足时的权宜之计，他的本意还是寻求自保。所以在武德元年郭子和遣使归款，被李渊封为榆林郡守。当时，梁师都实力远大于郭子和，

① 《旧唐书》卷五六《梁师都传》，第2281页。
② 《资治通鉴》卷一九二，唐太宗贞观元年（627），第6046页。
③ 《旧唐书》卷五六《梁师都传》，第2281页。
④ 《旧唐书》卷五六《梁师都传》，第2281页。
⑤ 《旧唐书》卷五六《梁师都传附李子和传》，第2282页。

而且残暴不堪，出于担心被攻击的心态，郭子和率兵袭击并成功攻克梁师都的宁朔城。为了寻求唐廷保护，郭子和将打探到的突厥情报送给唐军，但不幸被突厥发觉，处罗可汗大怒，囚其弟郭子升。郭子和与梁师都、突厥的关系都产生了裂痕，这对于实力不强的他来说并非善事，不得已郭子和只好在武德四年（621）率其户南迁，唐廷将其安置在延州故城。

（四）降服张长逊

张长逊，在隋朝时本为里长，因为平陈有功，最后出任五原郡通守。“及天下乱，遂附于突厥，号长逊为割利特勤。”[①] 李渊建唐之后，张长逊很快举郡来降，被封为五原太守，后任丰州总管。和郭子和一样，张长逊最初也同时依附于突厥和唐廷。当时，梁师都和薛举请求突厥发兵，想要过河向南进攻唐军，张长逊获得此消息后，“伪为诏书与莫贺咄设，示知其谋，突厥乃拒师都等使”[②]，破坏了梁、薛的计划，得到唐廷的嘉奖。突厥拒绝了薛举的出兵请求，同时，又因为李渊派遣宇文歆以金帛贿赂突厥，突厥不仅与薛举绝交，而且同意与张长逊合兵至李世民处，共同对付薛举。“［宇文］歆又说颉利遣长逊入朝，以五原地归于我。颉利并从之，因发突厥兵及长逊之众，并会于太宗军所”[③]，于是，武德元年张长逊向宗罗睺发起进攻，薛举来救并屯兵高墌城。

征讨薛举势力之后，时人担心张长逊久居丰州，与突厥关系紧密，不利于唐廷。张长逊闻言后心生恐惧，遂自请入朝。

（五）平定康待宾之战

唐灭东突厥后，在河套地区设立了六个羁縻州来管理突厥降户，分别是鲁、丽、含、塞、依、契六州，史称“六胡州”。开元九年（721），以康待宾为首的叛乱在兰池州爆发后，势力向东、西两个方向扩展，主战场被迫先后向六胡州、夏州、胜州转移。叛军余孽康愿子叛乱则从庆州扩展至原州和会州一带，主战场随即由庆州转至原州、会州。

康待宾等攻陷六胡州之后，势力达到七万人之多，并随即向夏州进逼。唐廷派遣朔方军大总管王晙和陇右节度郭知运合兵征讨。同时，“以太仆卿王毛仲为朔方道防御讨击大使，与王晙及天兵军节度大使张说相知讨康待宾”[④]。

---

① 《旧唐书》卷五七《刘文静传附张长逊传》，第2301页。
② 《旧唐书》卷五七《刘文静传附张长逊传》，第2301页。
③ 《旧唐书》卷一九四上《突厥传上》，第5155页。
④ 《资治通鉴》卷二一二，唐玄宗开元九年（721），第6745页。

其后，康待宾等又与党项部落交结，“攻银城、连谷，以据仓粮，［张］说统马步万人出合河关掩击，大破之”[①]。银城、连谷坐落的窟野河流域黄土深厚宜耕，是唐时重要的农耕区，也是北疆军队粮食供应的重要保障之一。叛乱武装“据仓粮”威胁甚大。左威卫将军兼胜州都督、东受降城大使臧怀亮率领东受降城兵士给予叛军沉重打击。其后张说率领的军队继续进攻，“追至骆驼堰，胡及党项自相杀，阻夜，胡乃西遁入铁建山，余党溃散。说招集党项，复其居业。副使史献请因此诛党项，绝其翻动之计，说曰：‘先王之道，推亡固存，如尽诛之，是逆天道也。’因奏置麟州，以安置党项余烬”[②]。“［开元九年］秋，七月，己酉，王晙大破康待宾，生擒之，杀叛胡万五千人。辛酉，集四夷酋长，腰斩康待宾于西市。”[③]

康待宾被生擒后被押往长安腰斩于西市。康待宾伏诛后，其“余党庆州方渠降胡康愿子自立为可汗，举兵反”[④]，并向西行军，图谋劫掠监牧马匹。叛乱发生后，张说率军征讨，论弓仁作为朔方节度副大使一道出征，最终在开元十年（722）九月于木盘之役生擒康愿子，彻底平定了康待宾之乱。

（六）盐州城保卫战

鄂尔多斯及其周边地区，本为防范北狄之患的关中北门，但到了中晚唐以后，突厥衰落，代之兴起的回鹘又常年与唐王朝交好，而且自开成五年（840）回鹘西迁以后，对唐王朝更加构不成威胁。但是，安史之乱爆发以后，西面的吐蕃对于唐王朝的威逼开始加剧，在渐次吞并唐朝的河西、陇右大部分州县以后，吐蕃开始觊觎关中，而且一度直取长安。为了抵御吐蕃的东进，唐王朝加强了陇山至六盘山的防御，吐蕃无法逾越这一防线，只好改为迂回包抄，取道原州、泾州、盐州、夏州等南下威逼关中，于是唐代中后期，鄂尔多斯及其毗邻地区屡屡遭到吐蕃的侵扰。这期间最典型的就是盐州城争夺战。

贞元二年（786）八月，“吐蕃寇泾、陇、邠、宁数道，掠人畜，取禾稼，西境骚然”[⑤]。同年十一月，吐蕃攻占盐州城，“辛丑，吐蕃寇盐州，谓刺史杜彦光曰：‘我欲得城，听尔率人去。’彦光悉众奔鄜州，吐蕃入据之”[⑥]。盐州城落入吐蕃手中，对唐廷来说是一大威胁。此后数年间，吐蕃多次大军兵临盐州城，对乌、白二盐

① 《旧唐书》卷九七《张说传》，第3052—3053页。
② 《旧唐书》卷九七《张说传》，第3053页。
③ 《资治通鉴》卷二一二，唐玄宗开元九年（721），第6746页。
④ 《旧唐书》卷九七《张说传》，第3053页。
⑤ 《旧唐书》卷一九六下《吐蕃传下》，第5249页。
⑥ 《资治通鉴》卷二三二，唐德宗贞元二年（786），第7474页。

池长期控制，“塞外无复保障”，吐蕃常断灵武与唐朝廷往来之路，并侵扰鄜州（今陕西富县）、坊州（今陕西黄陵）。贞元三年（787）六月，“吐蕃之戍盐、夏者，馈运不继，人多病疫思归，尚结赞遣三千骑逆之，悉焚其庐舍，毁其城，驱其民而去。灵盐节度使杜希全遣兵分守之”[①]。虽然吐蕃从盐州城撤出，但撤军之际却“毁其城”，使得唐廷不得不进行对盐州城的修复。

贞元九年（793）二月，唐朝颁发《城盐州诏》，下令重新修筑盐州城，其规模之大，堪称安史之乱以后最大的一次筑城活动。其间，唐廷几乎动用了能动员的京西北各种军事力量，诏发兵三万五千人筑盐州城。为了配合筑城，又诏泾原、山南、剑南各发兵深入吐蕃，以牵制其势。筑城二十余日而毕，命盐州节度使杜彦光戍之，命朔方军都虞候杨朝晟率兵戍木波堡（今甘肃环县东南），由是灵武、银夏、河西等地才不受吐蕃侵扰。

但是自贞元十四年（798）后，吐蕃对盐州、夏州的进攻次数不断增加，为此唐廷又不断加强盐州地区的军事防御。盐州境内设有保塞军，此时又驻有左神策行营兵以及河南、河东、山东、淮南、青、徐、江、浙等道防秋兵。贞元十四年，唐夏州节度使韩全义在盐州西北破吐蕃；“十六年六月，盐州破吐蕃于乌兰桥下”；“十七年七月，吐蕃寇盐州，又陷麟州，杀刺史郭锋，毁城隍”。[②]

盐州城的第二次修筑是在宪宗元和十五年（820）。元和十三年（818）十一月，“辛巳朔，盐州奏吐蕃寇河曲、夏州。灵武奏破吐蕃长乐州，克其外城。……甲午，盐州奏吐蕃遁去”[③]。此次进攻应是次年大举来犯前的一次试探。因为次年吐蕃便以十五万大军进犯盐州。“吐蕃节度论三摩等将十五万众围盐州，党项亦发兵助之。刺史李文悦竭力拒守，凡二十七日，吐蕃不能克。灵武牙将史奉敬言于朔方节度使杜叔良，请兵三千，赍三十日粮，深入吐蕃以解盐州之围。”[④]《旧唐书》对此记载甚详：“八月，吐蕃营于庆州方渠，大军至河州界。十月，吐蕃节度论三摩及宰相尚塔藏、中书令尚绮心儿共领军约十五万众，围我盐州数重，党项首领亦发兵驱羊马以助。阅历三旬，贼以飞梯、鹅车、木驴等四面齐攻，城欲陷者数四。刺史李文悦率兵士乘城力战，城穿坏不可守，撤屋版以御之，昼夜防拒，或潜兵斫营，开城出战，约杀贼万余众。诸道救兵无至者。凡二十七日，贼乃退。”[⑤]

---

① 《资治通鉴》卷二三二，唐德宗贞元三年（787），第7489页。

② 《旧唐书》卷一九六下《吐蕃传下》，第5249页。

③ 《资治通鉴》卷二四〇，唐宪宗元和十三年（818），第7754—7755页。

④ 《资治通鉴》卷二四一，唐宪宗元和十四年（819），第7774页。

⑤ 《旧唐书》卷一九六下，《吐蕃传下》，第5262—5263页。

此次吐蕃出兵数量众多，围攻时间长，但最后并未取得胜利。吐蕃也并未放弃，第二年仍旧进犯盐州，“［元和十五年三月］吐蕃寇盐州”，“［十月］辛卯，盐州奏吐蕃营于乌、白池，寻亦皆退”，“十二月，己巳朔，盐州奏：吐蕃千余人围乌、白池”。[①]在吐蕃接二连三的进攻下，盐州城城隍毁坏严重，为了加强防御力量，唐廷再次下诏修复盐州城。在修筑城池的同时，唐廷还不遗余力地加强盐州城的相关配套设施建设，力争强化对盐州的控制，增强其防边御敌的能力，大约在该时期盐州境内已经置立了保塞军，盐州的战略位置更见突出。“［元和十五年正月］乙未，命邠宁李光颜修筑盐州城。”[②]筑城结束后，李光颜还因功被加为特进。

长庆元年（821），唐廷和吐蕃谈判会盟，其后分别在长安和逻些建碑。唐蕃关系趋于缓和，此后数十年间未发生大的战争。

近年发现的唐陆耽墓志反映，大约在大中三年（849）至大中十一年（857）陆耽任盐州刺史期间，他主持增筑和加筑了多城，加强了对盐池的管理，提高了盐州的军事防御能力，所谓：“到数月，威凛惠滂，虏辈感伏，筑三城乌池畔，实以戎卒。羌望见缩颈远遁。公以州在御遏地，不宜庳陋，命廓衙门、峻军城，巍嵬坚完，势益以壮。”[③]

史书记载，当时盐州州治所在的五原县境内有盐池四所：一乌池，二白池，三细项池，四瓦窑池。但至晚唐宪宗元和年间，据李吉甫撰写的《元和郡县图志》记载，当时只有乌、白二池出盐，谓：“今度支收糶，其瓦窑池、细项池并废。”[④]据考证，乌池即今定边县北部的苟池，白池即今鄂托克前旗的北大池。[⑤]在唐代，国家实行盐铁专卖，政府对盐铁垄断经营，直至唐元和年间，盐州的榷盐业不仅是盐州定期向中央进献的重要土贡，更是地方财政收入和边境驻军给养的一个主要经济来源。尤其在唐代中后期，榷盐税收很长时间为国家重要的赋税来源，至大历末年，盐利岁得六百余万缗，所谓：“天下之赋，盐利居半，宫闱服御、军饷、百官禄俸皆仰给焉。”[⑥]为了有效管理盐州乌池的榷盐业，唐朝政府为乌池配备了专门的管理机构和人员，史书记载：“乌池，在盐州，置榷税使一员，推官一员，巡官两员，胥吏

① 《资治通鉴》卷二四一，唐宪宗元和十五年（820），第7779、7785、7787页。
② 《旧唐书》卷一五《宪宗本纪下》，第471页。
③ 李宗俊：《唐陆耽墓志考释》，《中国边疆史地研究》2014年第3期，第126页。
④ 《元和郡县图志》卷四《关内道四》，第99页。
⑤ 何彤慧、王乃昂：《毛乌素沙地历史时期环境变化研究》，人民出版社，2010年，第154页。
⑥ 《新唐书》卷五四《食货志四》，第1378页。

一百三十人，防池官健及池户四百四十人。”[1]今由陆耽墓志可知，榷税使一职还可由刺史兼任。

当时的榷盐业的确是盐州地方经济的一大支柱，为军队给养的主要来源。从陆耽墓志可知，在他上任盐州刺史以后，首先加强了对乌池的控制管理，“筑三城乌池畔，实以戎卒。羌望见缩颈远遁”。由此也反映出，对于盐州乌池榷盐业的争夺，实乃当时各民族或政权争夺盐州的另一重要原因。

① 《唐会要》卷八八《盐铁》，第1910页。

第九章　辽、宋、夏对峙时期鄂尔多斯高原的军事地理

从公元982年李继迁反宋至1127年北宋亡于金的一百四十五年间，是辽、宋、夏三朝鼎足而立、彼此对峙的时期。在这一时期，宋、辽相继将势力伸入鄂尔多斯高原，与早在该地区存在的夏政权展开角逐，逐步占据了一席之地。为进一步加强对各自控制区的经营管理，辽、宋、夏分别实行了具有自身特色的治理方式，如辽的西南面（路）招讨司、北宋的城堡寨战略和西夏的监军司制度等。本章分别从疆界变迁、行政区划、军事部署（统兵机构、兵力配置、军事设施）及相关战争四个方面对辽、宋、夏在鄂尔多斯高原的军事进退和经营历程进行详细论述，着重对《武经总要前集》《元丰九域志》《宋史·地理志》所载之北宋在鄂尔多斯高原修筑的八十余个城堡寨的沿革和地望进行考证。鉴于宋以后元明清诸朝所纂修之部分方志，如《元一统志》、《明一统志》和雍正《陕西通志》等，能在正史记载的基础上结合实地考察对北宋城堡寨所在做出较为可信的考究，具有较高的可信度和学术价值，故而本章将对其做进一步的利用。

第一节　辽、宋、夏在鄂尔多斯高原的疆界演变

北宋时期，辽朝、北宋、西夏三个王朝分别控制着今鄂尔多斯高原（河套高原）的局部。因此，三个政权在鄂尔多斯高原及其毗邻区的边界线处在较为复杂的变动过程中，受到政治局势、军事态势和部族归属变动的诸多影响。

一、辽夏间的疆界演变

辽夏在鄂尔多斯高原的疆界只限于东北部和北部。会同元年（938）之前，辽的实际控制范围并未深入至鄂尔多斯高原地区，所以在会同元年以前，辽夏在鄂尔多斯高原并无接界。《辽史·太祖本纪上》载：神册元年（916）七月，阿保机亲征西南“突厥、吐浑、党项、小蕃、沙陀诸部，皆平之”，十一月又攻克代北蔚、新、武、妫、儒五州之地，“自代北至河曲逾阴山，尽有其地”。[①]“河曲”即今河套地区，故有学者认为辽之军事势力在神册元年就已进入鄂尔多斯高原北部地区[②]，当是有所误解。因为阿保机在七月征讨西南诸部后即率军东进，八月克振武军节度使驻地朔州，继而攻云州不克，之后才攻下五州之地。胜州在朔州之西，辽进占朔州后，须挥师向西才可攻取胜州。况且此时辽尚未取得丰州、天德军，若西向去攻胜州，云州、代州等地军队来援，辽会陷入东西夹攻之中，因此阿保机下朔州后，即使“胜州之民皆趋河东”，也选择东向而进。既然河曲之胜州、丰州尚未攻克，也就谈不上“自代北至河曲逾阴山，尽有其地”。及会同元年，石敬瑭以河西之地贿辽，辽始拥有麟、府二州，进入河曲，与定难军夏州政权在窟野河以西为界。然会同七年（944），府州防御使折从阮反辽，翌年（945）又攻克辽之东胜州，[③]辽便退出了鄂尔多斯高原。后来辽虽取得东胜州，但实际对河曲的控制范围非常有限。

元昊执掌夏州政权后，于景祐（1034—1038）中并唐龙镇，又夺得胜州之地，与辽以黄河为界，占有了除麟、府、丰（按：乃宋之丰州，今内蒙古准格尔旗二长渠古城）以外的整个鄂尔多斯高原地区。辽统治的西南面（路）有许多党项部族，因不满辽之压迫，“多叛入西夏”[④]。辽重熙十三年（1044）五月，“罗汉奴奏所发部兵与党项战不利，招讨使萧普达、四捷军详稳张佛奴殁于阵。李元昊来援叛党”[⑤]。此举致使辽兴宗极度不满，加之辽与夏在对河西走廊的明争暗斗中失利[⑥]及重熙七年（1038）兴宗之姊以“元昊待之甚薄”而殁[⑦]，兴宗遂于重熙十三年和十八年（1049）两次发起对夏战争，夺得鄂尔多斯高原北部与东北部之地，并置金肃、河清

---

① 〔元〕脱脱等：《辽史》卷一《太祖本纪上》，中华书局，1974年，第11页。
② 保宏彪：《西夏在鄂尔多斯高原的疆界变迁》，《西夏研究》2013年第4期，第56页。
③ 〔宋〕薛居正等：《旧五代史》卷八三《晋少帝纪三》，中华书局，1976年，第1101页。
④ 《辽史》卷九二《耶律侯哂传》，第1368页。
⑤ 《辽史》卷一九《兴宗本纪二》，第230页。
⑥ 杨浣：《辽夏关系史》，人民出版社，2010年，第99页。
⑦ 撰人不详：《儒林公议》卷下，商务印书馆，1937年，第35页。

二军和宁边州，移民戍守。金肃军为今达拉特旗吉格斯太乡（镇）柳沟村东南的柳沟古城①，河清军即今准格尔旗十二连城乡以东天顺圪梁村古城②，宁边州西鄙在今准格尔旗东南部，三军州所辖区域大致即今准格尔旗及达拉特旗大部。此后，辽夏关系和解，双方疆界稳定，直至辽亡。

二、宋夏间的疆界演变

太平兴国七年（982），李继捧以夏、绥、银、宥、静五州之地献宋，其族弟李继迁出奔夏州东北300里之地斤泽而反宋。在进攻银、麟、夏等州失利后，李继迁于雍熙三年（986）利用宋辽矛盾向辽称臣，联辽抗宋。辽圣宗封李继迁为定难军节度使，并以宗室女义成公主许嫁之。四年（987），李继迁败宋军于夏州王亭镇（在今陕西靖边县白城子北方）。端拱元年（988），宋太宗以武力进讨不奏效，采纳宰相赵普以夷制夷之计，复授李继捧以“夏台故地，令图之”③。淳化元年（990），李继迁接受辽册封之夏国王之后，加大了对宋边进攻的力度，进占银州，袭扰麟府。五年（994），李继迁迫使绥州民徙于平夏，但为部将高文岯反戈击败。寻又转攻灵州、夏州，未克。至道元年（995），李继迁劫夺宋军粮草于浦洛河（今苦水河），继而再攻灵州。宋太宗遣李继隆等五路讨之，结果无功而返。

（一）宝元元年（1038）前的宋夏疆界

宋真宗即位后，采取息兵安民之守势，务在羁縻，遂于咸平元年（998）授李继迁以定难军节度使，许以五州之地。李继迁既得五州之地，遂全力进攻灵州。四年（1001），清远军失守，灵州已成孤城。五年（1002），李继迁“大集蕃部，攻陷灵州，以为西平府”④。得陇复欲望蜀，复发兵攻围麟州，不克。六年（1003），宋廷承认既定事实，正式赐五州予之。⑤景德元年（1004），李继迁在进攻凉州时中箭身亡，其子李德明继立。宋主动谕和⑥，于景德二年（1005）与之订立和议。至此，鄂

---

① 冯文勇：《鄂尔多斯高原及毗邻地区历史城市地理研究》，兰州大学博士学位论文，2008年，第209—210页。

② 陆瑶：《宋辽夏金政权在鄂尔多斯高原地区的疆界变迁》，陕西师范大学硕士学位论文，2014年，第32—34页。

③ ［宋］李焘：《续资治通鉴长编》卷二九，端拱元年五月，上海师大古籍所、华东师大古籍所点校，中华书局，2004年，第2版，第653页。

④ ［元］脱脱等：《宋史》卷四八五《夏国传上》，中华书局，1977年，第13988页。

⑤ 按：绥州其实并未全部给予李继迁，其南境仍属宋。参见李昌宪：《中国行政区划通史·宋西夏卷》，复旦大学出版社，2007年，第3页。

⑥ 《宋史》卷四六六《张崇贵传》，第13618页。

尔多斯高原夏、绥、银、宥、静、灵、盐等州皆为夏人所有，宋在鄂尔多斯高原的防线大幅移至横山以南。

李德明之子元昊继位后，积极奉行拓边之策，东北向占领唐龙镇、胜州，又升置洪、定、威、怀、龙等州，基本取得了鄂尔多斯高原除麟、府、丰三州和鄜延路北部之外的全境。而在麟、府方向，西夏实际控制范围也有所延伸。咸平五年（1002），李继迁攻陷麟州，陷浊轮、军马等寨，将势力延伸至浊轮川、窟野河沿岸。大中祥符二年（1009），宋在窟野河东筑横阳（在今神木市店塔村北）、神堂（在今神木市神木镇东北）、银城（在今神木镇黄石头地村）三寨，与夏人划定三寨及麟州城西、西南35—60里以内不得耕种。[①]但夏人逐渐侵耕窟野河及浊轮川以西划定之禁耕区，使此界限不断向东拓展。

（二）宝元至治平间（1038—1067）的宋夏疆界

元昊在称帝请求遭到宋仁宗拒绝后，决定以军事进攻作为换得宋廷承认之手段。康定元年（1040）正月，元昊首先选择了“地阔寨疏，自承平至安远约二百里，自长宁至黄河一百里，并无城寨，土兵寡弱”[②]的鄜延路作为突破口，发动了三川口（今陕西安塞东）战役，攻破宋之金明（今延安西北约50里延河与杏子河交汇处东侧）、塞门（今安塞县镰刀湾乡塞木城子）、安远（今安塞县东坪桥乡桥子川东岸）、栲栳（今安塞县北龙安村延河西岸）等寨[③]。是年六月，宋废弃承平（今陕西子洲县何家集镇镇政府南1公里淮宁河南岸）、南安（今陕西清涧县店则沟镇张家石硷村西北古城原）、长宁（今陕西子洲县淮宁湾镇薛家城则）三寨[④]。这使宋夏在鄜延路的边界进一步南移到今安塞县沿河湾镇北、镰刀湾乡、坪桥乡东至子洲县淮宁河南岸一线。庆历四年（1044），元昊为缓解国内压力及全力应对日益破裂之辽夏关系，遂上誓表，提出“栲栳、镰刀、南安、承平故地及他边境蕃汉所居，乞画中为界，于内听筑城堡”[⑤]。此以退为进之举，实际上是借归还沿边堡寨为名，使宋承认其对生番及其居住地的控制和占领。[⑥]宋仁宗虽许之，然趁辽夏关系交恶之机，及时修复栲

① 《续资治通鉴长编》卷一八五，嘉祐二年二月，第4469页。

② 〔清〕吴广成撰，龚世俊、胡玉冰、陈广恩等校证：《西夏书事校证》卷一三，宝元二年十一月，甘肃文化出版社，1995年，第154页。

③ 吕卓民：《西北史地论稿》，中国社会科学出版社，2011年，第52—53、55、58、53页。按：此处括注地名采用引用文献原文。

④ 《续资治通鉴长编》卷一二七，康定元年六月，第3019页。

⑤ 《宋史》卷四八五《夏国传上》，第13999页。

⑥ 保宏彪：《西夏在鄂尔多斯高原的疆界变迁》，《西夏研究》2013年第4期，第55页。

栲、镰刀、承平及南安四寨[1]，使鄜延路中部势力推进至今陕西延安市安塞区北，东部控制范围也延伸至淮宁河以北。至于鄜延路西部之保安军，因宝元二年（1039）西夏进攻而退出，加之宋于庆历四年新筑顺宁寨，所以宋夏在保安军仍以横山为界。而鄜延路以东至黄河西岸地区受三川口之战的影响，青涧城及白草寨一带在战后藩篱残破，“惟东路近里有延川等数千户”[2]，因此这一地区的宋夏边界应是在咸平六年（1003）的基础上向南移至今清涧县与延川县交界地带。此后一直到宋神宗即位前，宋夏在鄂尔多斯高原南部边界基本保持稳定。

在鄂尔多斯高原东部之麟府路，西夏于庆历元年（1041）的麟府丰之战中攻陷丰州（今内蒙古准格尔旗纳日松镇二长渠古城），将防线推进至窟野河以东之清水川沿岸。[3]庆历九年（1049），元昊在政变中被杀，子谅祚年幼继位，实权掌握在其舅没藏讹庞手中。讹庞不断蚕食窟野河西之肥沃耕地，由元昊时侵耕10里扩展到40余里，距窟野河只20里，距麟州城亦仅有40里。[4]嘉祐二年（1057），宋夏爆发麟州战役，宋军战败，使没藏讹庞之侵耕气焰更加嚣张，亦使本就紧张的宋夏关系雪上加霜。嘉祐六年（1061），谅祚因不满讹庞专权，将之诛杀，主动遣使与宋方议和，约定双方边界，“自今西界人户，毋得过所筑堠东耕种。其在丰州外汉寨及府州界蕃户旧奢俄寨，并复修完。府州沿边旧奢俄寨三十三，更不创修。麟州界人户，更不耕屈野河西”[5]。即宋夏大致以窟野河、横阳河（今黄羊城沟）与清水川为界，且自此后二十余年基本稳定。

（三）熙宁以后（1068—1127）的宋夏疆界

治平四年（1067）十月，宋知青涧城种谔沿无定河而上，诱降西夏绥州监军嵬名山，占领绥州。[6]自此宋夏展开了对横山地区的大规模争夺，“西方用兵，盖自此始矣”[7]。秉常提出以塞门、安远二寨易绥州，为神宗拒绝，遂大举进攻宋疆。熙宁三年（1070）四月，西夏点集两万大军来取绥德城，侵黑水、绥平、顺安等寨，又筑八城堡与宋军对峙。判延州郭逵趁时出击，攻取诸堡，大败夏军。之后，宋军又在庆州

---

① 《续资治通鉴长编》卷一五四，庆历五年正月，第3735页。

② 《续资治通鉴长编》卷一三二，庆历元年六月，第3142页。

③ 按：杨蕤先生虽然指出西夏的疆土已跨过窟野河，但其认为宋有两个丰州，旧丰州在今陕西府谷县沙梁川上游的说法确实有误，参见杨蕤：《宋夏疆界考论》，《中国边疆史地研究》2005年第4期，第101—102页。笔者证据见第229—231页丰州条之论证。

④ 杜建录：《宋夏屈野河西地界问题》，《宁夏史志研究》1994年第1期，第37页。

⑤ 《续资治通鉴长编》卷一九三，嘉祐六年六月，第4680页。

⑥ 《宋史》卷三三五《种谔传》，第10745页。

⑦ 《宋史》卷三三六《司马光传》，第10763页。

取得对夏战争的胜利。十一月，宋以参知政事韩绛宣抚陕西，全权负责前线战事。韩绛遣种谔出绥德城，袭占无定河上游之啰兀城，乘胜进筑永乐川、赏逋岭、抚宁堡等防御工事。西夏梁太后闻讯，率大军而来。夏军首先围攻啰兀城南之抚宁堡，切断宋军自绥德城进援的通道，迅速攻克抚宁堡与啰兀城，宋军遂退守绥德。宋第一次横山进攻计划虽然失利，但却取得绥德城，使自身军事防线推进至绥德城以北，为元丰后之横山攻防打下坚实基础。

元丰四年（1081），西夏内乱，神宗采纳沈括、种谔等人的建议，兴五路大军伐夏。西夏采取坚壁清野的计策，使宋军攻灭之计破产。然种谔下米脂寨，沈括又以河东兵十二将道鄜延路东还之计，声言西讨，西夏浮图、吴堡、义合因势孤，皆空壁去，宋遂不战而得浮图、吴堡、义合三寨。[①]据《宋史·地理志》载，“元丰五年，置葭芦、吴堡二寨”[②]，是以葭芦寨（今陕西佳县）此时已为宋方所有。宋既得浮图、吴堡、葭芦、义合、米脂诸寨，便占据了无定河下游之优势地利，将河东石、麟、府三州与陕西之联系成功打通。

元丰五年（1082）五月，种谔上经制西夏方略，主张“兴功当自银州始”，继而尽取横山地利，俯瞰平夏。神宗纳之，遣徐禧、李舜举往议边事。徐禧视边后上书银州城东南部分已为河水所吞，故建言沿横山南缘“自永乐埭、声塔平、移市、石堡、乌延至长城”筑六寨，“自背罔川、良乜、孟乜、罗韦、啰泊川、布娘堡置六堡”。[③]宋神宗允之。永乐城始成而夏军三十万来攻。永乐城依山无水源，在夏军强攻之下失陷，宋军势力被迫后移，但却仍然掌握着对横山一带大部分地区的控制权。

元祐年间（1086—1094），以宋哲宗年幼，高太后垂帘听政，保守派遂占据上风。元祐四年（1089），宋将葭芦、米脂、浮图、安疆还给西夏，在军事上保持守势。绍圣元年（1094），宋哲宗亲政，起用章惇等主战派人士，绍述神宗遗志，“罢画疆之义（议）”[④]，行开边之策，于宋夏边境兴筑大量城堡寨，步步为营，层层推进。绍圣至元符间（1094—1100），宋相继在河东路、鄜延路修筑了太和寨、太和堡、神泉寨、乌龙寨、通秦寨、通秦堡、暖泉寨、威戎城、开光堡、临夏寨、清边寨、镇边寨、威羌寨、殄羌寨等军事设施，将实际控制线推进至今陕西佳县双碾沟、

---

① 《续资治通鉴长编》卷三一九，元丰四年十一月，第7717页。

② 《宋史》卷八六《地理志二》，第2134页。

③ 《续资治通鉴长编》卷三二八，元丰五年七月，第7895页。

④ 〔清〕徐松辑：《宋会要辑稿》方域一九“给赐四寨”，刘琳、刁忠民、舒大刚等校点，上海古籍出版社，2014年，第9656页。

兴隆寺乡，米脂县沙家店以西[1]，以及米脂县龙镇、郭兴庄镇，榆林市横山区石湾镇，靖边县青阳岔镇以北（即大理河以北）一线，“横山之腴，尽复汉土”[2]矣。

崇宁元年（1102），宋徽宗拜蔡京为相，“首兴边事，用兵连年不息”[3]。宋在熙河路对西夏大规模用兵的同时，又以陶节夫为鄜延帅，“筑石堡等四城”[4]，深入横山北缘。陶节夫击退夏人来攻后，乘胜夺取西夏银州，城之以为固，直接威逼西夏石州。崇宁五年（1106），在辽说和之下，宋降银州为银川城，然而依旧对西夏在横山地区的利益构成重大威胁。政和四年（1114），宋徽宗命童贯经制陕西、河东。童贯奉行进筑战略，对夏采取强硬态度，在臧底河城等战役中击败西夏。在宋的屡屡进攻之中，西夏被迫于宣和元年（1119）向宋请和，宋夏战事结束。徽宗时期进筑的诸多城堡寨中，御谋城、威戎城、震威城、芦移堡等皆在鄂尔多斯高原，从而使宋夏直接以横山为界，宋在鄂尔多斯高原的疆域也达到最大。

三、辽宋间的疆界演变

辽与宋在鄂尔多斯高原本不接壤。开宝二年（969），丰州藏才族首领王甲降宋，宋太祖于府州西北200里建丰州，以其子承美为防御使。[5]宋重建之丰州辖永安、保宁、来远三寨，“皆以蕃族守之”[6]，“北至隔河藏才族”[7]，可知丰州北以黄河与辽之云内州为界。又太平兴国四年（979），唐龙镇党项首领来氏归宋，其北至唐胜州（治今内蒙古准格尔旗十二连城），东北至子河汊（今紫河），则当与辽天德军以河为界。元昊于景祐（1034—1038）兼并唐龙镇与胜州之地，庆历元年（1041）又攻破丰州，使辽宋在“河曲”不再接界。重熙十八年（1049），辽兴宗第二次伐夏后，改唐龙镇为宁边州，将其纳为辽之疆土。宁边州南面即与宋之丰州接界。嘉祐二年（1057），宋在原址重建丰州，而丰州东北即与宁边州相邻。

---

① 鲁人勇：《西夏的疆域和边界》，《宁夏大学学报（人文社会科学版）》2003年第1期，第39页。

② 《续资治通鉴长编》卷五一四，元符二年八月，第12227页。

③ 《宋史》卷三五一《赵挺之传》，第11094页。

④ 《宋史》卷三四八《陶节夫传》，第11038页。

⑤ 《续资治通鉴长编》卷一二四，宝元二年八月，第2920页。

⑥ 《续资治通鉴长编》卷一九五，嘉祐六年十二月，第4732页。

⑦ 〔宋〕曾公亮编：《武经总要前集》卷一七“废垒·丰州九原郡”，中华书局，1959年，第872页。

第二节　辽、宋、夏在鄂尔多斯高原的行政区划

两宋时期，由于鄂尔多斯高原（河套高原）分别被辽、宋、夏三朝所控制，因而行政区划面貌也呈现出各自的特征。宋朝控制区分别属于河东路、永兴军路，辽朝控制区属于西京道，西夏控制区则分别沿承旧州建制或添置新的州。

一、辽朝的行政区划

辽的行政区划较为复杂，属于典型的“复式”体制。高层政区为道和路，而路又有财政路和军事路之别。统县政区为府和州：府既可辖县，又可统州；州依其性质可分为方州（属南枢密院）、隶宫州（属皇室直辖）和投下州军（隶于贵戚大臣）三类，而方州按长官等级的高低又有节度州、观察州、防御州、团练州和刺史州之别，其长官分别为节度使、观察使、防御使、团练使和刺史。节度州既可领县，亦可辖州；节度州和刺史州皆有军额，而观察州、防御州和团练州则无军额。除此之外，还有边防城，也可领县，既有统县政区的性质，又有县级政区的性质。

辽在鄂尔多斯高原的疆域比较有限，故而其行政区划也较为简略，皆属于西南面（路）和西京道两个高层政区。兹将西南面（路）和西京道及其各自所辖州、军、县在鄂尔多斯高原者之建置沿革备述如下。

（一）西南面（路）

辽太祖神册元年（916），置西南面招讨司，以有功之臣领之，西南面（路）始形成，但治所不详。神册五年（920），辽下李晋之丰州、云内州，后移招讨司治丰州，辖丰、云内二州。会同元年（938），置东胜州，后隶西南面（路）。重熙十三年（1044），建河清、金肃二军，并增隶之。十八年（1049），置宁边州，复辖之。保大二年（1122），全境失于金。

1. 胜州、东胜州

《辽史·地理志》载：神册元年，阿保机攻破朔州，尽俘其民东还，于是“胜州之民皆趋河东”，州遂废。[①]由此可知，在辽攻占振武军并俘虏其民东还后，胜州之民因惧辽趁势南下进攻而皆东渡黄河逃至河东，胜州便就此而废。《辽史·太祖本纪》云：神册元年“八月，拔朔州，擒节度使李嗣本。勒石纪功于青冢南。冬十月癸

---

① 《辽史》卷四一《地理志五》，第514页。

未朔，乘胜而东。十一月，攻蔚、新、武、妫、儒五州”[①]。可见，辽在攻占振武军后并未有南下渡河进攻胜州之行动，而是转向攻击代北。至于《资治通鉴》所云“自麟、胜攻晋蔚州，陷之”[②]，当是辽声西击东之计谋，其真实目的是想借此吸引朔州之兵力西援胜州，进而轻松袭占朔州。况且，辽在此之前并未攻克天德军，如果贸然渡河南下深入，极有可能会遭到来自天德军和朔州等地的夹击。故而，辽于八月攻克朔州后即东向攻拔武州、云州等地，并未进攻胜州而进入河套地区。

直至会同元年，石敬瑭以燕云十六州并河西之地割隶辽之后，胜州之地才归辽所有。《旧五代史·折从阮传》载：“晋高祖起义，以契丹有援立之恩，赂以云中、河西之地，从阮由是以郡北属。”[③]胜州位于河套，且处折从阮所据府州之北，折从阮以府州北属也即意味着胜州北属。但辽并未于原址重新建置胜州，《辽史·地理志》所载之“晋割代北来献，复置”之胜州实为辽于黄河东岸所置之东胜州（今内蒙古托克托县城关[④]），非唐之胜州（治今内蒙古准格尔旗十二连城）。但胜州之地归属辽的时间并不长，石重贵即位后，与辽的关系迅速恶化，乃诏谕折从阮，自西线出兵，牵制辽军势力。“从阮以兵攻契丹，取其城堡十余，迁本州团练使，兼领朔州刺史、安北都护、振武军节度使、契丹西南面行营马步军都虞候。”[⑤]此为折从阮下一步进攻指明了方向，即东向攻取振武军节度使驻地朔州。会同八年（945）二月，“折从阮陷滕州”。余蔚先生以为“滕州”实即东胜州[⑥]，甚是。胜州在东胜州之西，东胜州既为折从阮攻陷，则胜州之地当已不属于辽。继而，折从阮按预定路线“进兵趋朔州”。及刘知远自晋阳起兵，折从阮归之，寻以府州建永安军节度，析振武节度之胜州及沿河五镇以隶之。此处只言“析振武之胜州并沿河五镇以隶焉”而不言朔州之情形，表明折从阮并未攻克朔州。正如余蔚先生所云：“此是胜州已拔而振武军（朔州）尚未攻陷的委婉表达。”[⑦]乾祐三年（950），“折从阮举族入朝”，永安军被罢，府州被降为团练州，自然不能辖有胜州或东胜州。显德元年（954），周世宗重建府州为永安军，以折从阮之子折德扆为节度使时，亦未提及胜州（东胜州），疑其于显德元年前再失于辽，直至天辅六年（1122）为金攻占。至于胜州的情况则不甚明

① 《辽史》卷一《太祖本纪上》，第11页。
② 《资治通鉴》卷二六九，后梁均王贞明二年（916），第8805页。
③ 《旧五代史》卷一二五《折从阮传》，第1647页。
④ 项春松：《辽代历史与考古》，内蒙古人民出版社，1996年，第149页。
⑤ 〔宋〕欧阳修：《新五代史》卷五〇《折从阮传》，〔宋〕徐无党注，中华书局，1974年，第570页。
⑥ 余蔚：《中国行政区划通史·辽金卷》，复旦大学出版社，2012年，第371页。
⑦ 余蔚：《中国行政区划通史·辽金卷》，第372页。

了，《旧五代史・郡县志》亦只罗列胜州而未有任何说明[①]。就其于“河东道”条所列各州除胜州外皆位于河东来看，此胜州有可能为后唐清泰三年（936）由岢岚军所改之胜州[②]。《中国历史地图集》将胜州划归永安军节度使司的管辖范围[③]，当是受刘知远建永安军节度的影响。然据《武经总要前集》记载，宋初胜州南境有紫河、唐龙二镇[④]，又唐龙镇由府州所管，由此可知，胜州南部自显德元年后当仍属重建之永安军节度所辖。故《中国历史地图集》将胜州之地划归永安军节度使管辖范围确有一定道理，但将胜州标注于唐胜州原址实有欠妥，因为没有资料显示自神册元年（916）胜州被废后中原王朝有在唐原址重建胜州之举措。

西夏攻占胜州之地的时间史无明确记载，但唐龙镇于“景祐中为夏国所并”，且元昊在天授礼法延祚元年（1038）称帝之前已“悉有夏、银、绥、宥、静、灵、盐、会、胜、甘、凉、瓜、沙、肃”[⑤]，由此而知，胜州之地当在景祐年间（1034—1038）为西夏夺取。然重熙十三年（1044），辽夏关系破裂，辽兴宗两次亲征西夏，虽失利，但夺得河西胜州等地，置宁边州（即唐龙镇）、河清军、金肃军，将胜州之地划归此三军州及东胜州所管，直至辽末亡于金。

东胜州，刺史州，军额武兴，于会同元年（938）建置时辖榆林、河滨二县。开泰六年（1017），以西南面招讨司请，增辖宁仁县，后宁仁县划归云内州。

（1）榆林县　《辽史》未载榆林县置于何时，亦未云是否为唐榆林县（为唐胜州治），但由神册元年阿保机攻陷振武军，“胜州之民皆趋河东，州废”的记载来看，与唐胜州同治的榆林县也应当随之而废。会同元年，置东胜州，仍辖榆林县，可知榆林县亦置于会同元年，且应与东胜州同治，只是借用了唐之旧名而已。因为《辽史・地理志》言东胜州初置时只辖榆林、河滨二县，后虽增宁仁县，但不久即划归云内州，故榆林县最有可能为东胜州治所。清人顾祖禹所言“石晋初以代北地割属契丹，因置东胜州，［榆林］县亦迁治焉”[⑥]即此意。《中国历史地图集》将榆林县位置标注于唐榆林县故址[⑦]，当有误。余蔚先生已对此提出过质疑[⑧]。

（2）河滨县　亦为会同元年所置东胜州之辖县，但对于其位置存有争议：李慎

① 《旧五代史》卷一五〇《郡县志》，第2011页。
② 《旧五代史》卷四八《唐末帝纪下》，第666页。
③ 谭其骧主编：《中国历史地图集》第5册，第88页。
④ 《武经总要前集》卷一九“西蕃地理・胜州榆林郡”，第952页。
⑤ 《宋史》卷四八五《夏国传上》，第13994页。
⑥ 《读史方舆纪要》卷六一“榆林镇・胜州城”，第2914—2915页。
⑦ 谭其骧主编：《中国历史地图集》第6册，中国地图出版社，1982年，第10—11页。
⑧ 余蔚：《中国行政区划通史・辽金卷》，第372页。

儒认为唐胜州所统榆林、河滨二县，皆在河套之内，而辽二县虽用唐县名而在河套之外，[①]主张河滨县当在黄河东岸而非唐河滨县之故址；顾祖禹以为“辽东胜州亦兼领河滨县”[②]，辽之河滨县在唐河滨县故址。《中国历史地图集》及余蔚先生皆以为辽之河滨县与唐之河滨县同址[③]。按：神册元年，胜州废，则州治河滨县亦当废。会同元年，辽虽得河西地，但从“欲尽徙河西之民以实辽东”的情况来看，辽实际上对该地区并无长久统治的打算，故会同元年所置河滨县极有可能在黄河东岸。由此看来，李逸友所云辽河滨县位于黄河东岸，即今内蒙古托克托县双墙村古城的结论，显得十分有力。[④]

2. 宁边州

《辽史·地理志》“宁边州”条载：“宁边州，镇西军，下，刺史。本唐隆镇，辽置。”[⑤]据此可知，宁边州为辽于唐龙（隆）镇之地所置之下等刺史州，军额镇西军。但此处并未言及宁边州之置州时间与治所。余蔚先生认为其置于重熙十二年（1043），且沿袭《中国历史地图集》之误，将其治所定在黄河以西今内蒙古准格尔旗东南63里龙口镇哈日敖包一带，误矣。[⑥]《续资治通鉴长编》（以下简称《长编》）引宋使王拱辰《别录》至和元年（1054）的一段话云：“寡人（辽兴宗）先领兵直入，已夺得唐隆镇。韩国大王插粮船绕头转来，寡人本意，待与除灭，却为韩国大王有失备御，被却西人伏兵邀截船粮，是致失利。今来既谢罪，遂且许和。”[⑦]此即辽兴宗向宋使王拱辰解释伐夏失利之事，“韩国大王插粮船绕头转来”“被西人伏兵邀截船粮”“遂且许和”等语表明此段文字所云即为重熙十八年（1049）伐夏一事。其中明谓“已夺得唐隆镇”，可见辽于重熙十八年之前并无宁边州之建置，宁边州当为此年伐夏后所置。又《西夏书事》重熙二十年（1051）云：“自经契丹残破，族帐逃亡，契丹以地介河西，不置戍守。”[⑧]是以知重熙十八年所置之宁边州并不在遭战争重创之唐龙镇河西之地而在河东之所。正如许伟伟、杨浣所言：辽人废弃了饱

---

① 〔清〕李慎儒：《辽史地理志考》卷五，开明书店，1937年，第42页。

② 《读史方舆纪要》卷六一“榆林镇·河滨城”，第2915页。

③ 谭其骧主编：《中国历史地图集》第6册，第10—11页；余蔚：《中国行政区划通史·辽金卷》，第372页。

④ 李逸友：《内蒙古史迹丛考》，见内蒙古文物考古研究所编：《内蒙古文物考古文集》第2辑，第403页。

⑤ 《辽史》卷四一《地理志五》，第509页。

⑥ 余蔚：《中国行政区划通史·辽金卷》，第370—371页。

⑦ 《续资治通鉴长编》卷一七七，至和元年九月，第4282页。

⑧ 《西夏书事校证》卷一九，重熙二十年五月，第222页。

受战火涂炭的镇城，而在便于防守之河东新置州城，名为“宁边州”，其所辖地域仍为唐龙镇故地。[①]对于宁边州的具体位置，李慎儒以为即“偏关昙东之宁边河墩”[②]，对应今址为山西忻州市偏关县附近。

不辖县。保大三年（1123）属金。

3. 金肃军

《辽史·地理志》“金肃州（军）”条云：“重熙十二年伐西夏置。割燕民三百户，防秋军一千实之。属西南面招讨司。”[③]按：辽兴宗亲征西夏在重熙十三年（1044），而在此之前夏辽既以黄河为界，辽何以能在大军未发之前即于西夏疆域内设置金肃军呢？盖重熙十二年当为预置，实际建置应在十三年伐夏之后。重熙十九年（1050）辽第二次伐夏失利后，夏遣洼普等率军进攻金肃城，为辽将耶律高家奴等击败之。重熙二十年（1051），辽夏两国和好，梁太后遣使“乞罢所建城邑”，然辽未允之。此处之“城邑”当指重熙十三年辽夏关系破裂后，辽于两国边界所建金肃军等边防军事设施。辽未同意其请求，显然是出于对西夏的不放心。

对于金肃军的位置，《辽史·天祚帝本纪》云：天祚帝于保大三年五月由云内州“渡河，止于金肃军北”[④]，又《大金国志》言“于是［金与夏］绝好。惟金肃、河清二军在大河西，不能取之”[⑤]，则其当在河西无疑，且与云内州（治今内蒙古托克托县古城乡古城[⑥]）接，居黄河之滨。冯文勇以为即今达拉特旗吉格斯太乡（镇）柳沟村东南的柳沟古城[⑦]，在地理上较为合理，今从之。

保大三年，陷于金。

4. 河清军

《辽史·地理志》“河清军”条载：“重熙十二年建城，号河清军。徙民五百户，防秋兵一千人实之，属西南面招讨司。”[⑧]据上分析，河清军建置时间当与金肃军同，皆在重熙十三年。《三朝北盟会编》记辽亡时之情形称：“至是，夏人由金

---

① 许伟伟、杨浣：《唐龙镇考》，《宁夏社会科学》2013年第1期，第101页。
② 《辽史地理志考》卷五，第39页。
③ 《辽史》卷四一《地理志五》，第515页。
④ 《辽史》卷二九《天祚帝本纪三》，第347页。
⑤ ［宋］宇文懋昭撰，崔文印校证：《大金国志校证》卷四《纪年·太宗文烈皇帝二》，中华书局，1986年，第58页。
⑥ 项春松：《辽代历史与考古》，第136页。
⑦ 冯文勇：《鄂尔多斯高原及毗邻地区历史城市地理研究》，兰州大学博士学位论文，2008年，第209—210页。
⑧ 《辽史》卷四一《地理志五》，第515页。

肃、河清军渡河取天德、云内、河东八馆及武州。”[①]由是可知，河清军亦位于河西且距黄河不远，李慎儒认为在河套外黄河东岸与夏接界处[②]。此说显然难以成立。又由《元丰九域志》府州东北距河清军220里[③]的记载可知，河清军与唐河滨县故址当非常接近。陆瑶通过计算进一步肯定了李逸友先生关于辽河清军在唐河滨县故址，即今准格尔旗十二连城乡以东天顺圪梁村古城的观点，[④]今从之。

保大三年，失之于金。

（二）西京道

会同元年（938），石敬瑭以云州予辽，后建为西京。重熙十三年，辽升云州为大同府，仍为西京。[⑤]辽末陷于金。

1. 府州

唐无府州，其地属麟州，五代始置府州。《太平寰宇记》云：“至［天祐］八年，麟州刺史折嗣伦男从阮招回纥归国，诏以府谷县建府州以扼蕃界，仍授从阮为府州刺史。”[⑥]则府州当建于天祐八年（911），治府谷县。石晋以燕云十六州并河西地献于辽，折从阮“由是以郡北属”，府州遂属辽。石重贵即位后，与辽关系决裂，谕令折从阮自府州出偏师以牵制辽军。开运元年（944），折从阮“率兵深入边界，连拔十余寨”。由此可知，至迟至944年，府州已不属辽。

2. 麟州

唐置麟州，位于府州西南，治新秦县（今陕西神木店塔镇杨城村古城[⑦]），辖新秦、连谷（今陕西神木店塔镇黄羊城[⑧]）、银城（今陕西神木南黄石头地村）三县。唐末，河东节度使李克用上奏划归于河东，仍为振武节度使支郡，治所及辖县不变。

---

① ［宋］徐梦莘：《三朝北盟会编》卷二五《政宣上帙二十五》，上海古籍出版社，1987年，第187页。

② 《辽史地理志考》卷五，第39页。

③ ［宋］王存：《元丰九域志》卷四“河东路·府州”，王文楚、魏嵩山点校，中华书局，1984年，第165页。

④ 陆瑶：《宋辽夏金政权在鄂尔多斯高原地区的疆界变迁》，陕西师范大学硕士学位论文，2014年，第32—34页。需要说明的是，其利用顾祖禹《读史方舆纪要》中河清军“在金肃州东北”的记载来论证河清军具体位置的做法是欠妥的，因为《读史方舆纪要》“榆林镇·金肃城”云：“宋庆历四年契丹主宗真伐夏，出金肃城，又分兵出南路、北路，三路济河长驱入夏境四百里，不见敌”。是以顾祖禹认为金肃军在黄河东岸，如果河清军在金肃军东北，则更进一步说明河清军亦在黄河东岸，这显然不符合史实。

⑤ 《辽史》卷四一《地理志五》，第506页。

⑥ 《太平寰宇记》卷三八《关西道十四》，第812页。

⑦ 国家文物局主编：《中国文物地图集·陕西分册》下，第639页。

⑧ 国家文物局主编：《中国文物地图集·陕西分册》下，第638页。

天祐八年，李存勖自麟州分置府州。因折氏于麟、府二州颇有威望，折嗣伦之父折宗本曾任振武军缘河五镇都知兵马使，折嗣伦以麟州刺史终于天祐八年[①]，其子折从阮继为府州刺史，故会同元年折从阮以府州“北属”时，麟州亦当“北属”，且至迟于开运元年即随府州而脱离于辽。

二、宋朝的行政区划

北宋的行政区划也属于典型的“复式”政区。高层政区为路，依职能分为帅司路（长官为安抚使、经略安抚使、兵马使）、漕司路（长官为转运使）、宪司路（长官为提刑按察使）和仓司路（长官为提举常平），分别负责各自辖路之军政、行政、司法及常平、茶盐之事。路下有府、州、军（与军事无直接关系）、监（置于采矿冶炼之地），府、州为统县政区，而军、监既可辖县，为统县政区，亦可不领县，属县级政区。

北宋在鄂尔多斯高原的疆域随着宋夏关系的发展而有较大伸缩，但皆属南部之永兴军路和东南部之河东路所辖。兹对两路及其下辖之州、军、县在鄂尔多斯高原者之建置沿革予以论述。

（一）河东路

北宋于太平兴国四年（979）平北汉，得河东，置河东（转运司）路，治潞州。[②]淳化四年（993），分天下为十道，改河东路为河东道。翌年，复为河东路。景德四年（1007），建提点刑狱司路，治太原府；[③]庆历元年（1041），置河东经略安抚使路，治太原府；[④]熙宁二年（1069），立提举常平司路，治太原府。[⑤]元符二年（1099），以所得西夏葭芦寨建晋宁军，隶诸河东路。靖康至建炎间（1126—1130），辖区相继失于金。

1. 府州

宋兴，折德扆以府州归之，仍以永安军为军额。乾德元年（963）闰十二月，“折德扆败北汉军于府州城下”[⑥]。淳化五年（994），辽西南面招讨使韩德威率军入

---

① 李裕民：《折氏家族研究》，《陕西师范大学学报（哲学社会科学版）》1998年第2期，第56页。

② 李昌宪：《中国行政区划通史·宋西夏卷》，第59—60页。

③ 李昌宪：《中国行政区划通史·宋西夏卷》，第60页。

④ 李昌宪：《中国行政区划通史·宋西夏卷》，第30页。

⑤ 李昌宪：《中国行政区划通史·宋西夏卷》，第24页。

⑥ 《宋史》卷一《太祖本纪一》，第16页。

寇府州，折德扆之子折御卿邀击之，败辽军于子河汊[①]，以是升永安军节度。庆历元年（1041）七月，元昊发动麟府丰之战，兵攻府州，折御卿之孙折继闵率众“力战，贼死伤甚众，遂引去”[②]，取得府州保卫战的胜利。崇宁元年（1102），改军额为靖康军。政和五年（1115），赐郡名为荣河[③]。据《宋史·徐徽言传》载，“金人再犯京师，……同知枢密院事聂昌出河东，为金人所劫，以便宜割河西三州（即麟、府、丰三州）隶西夏。……［徐徽言］遂率兵复取三州，夏人所置守长皆出降，徽言慰遣之”[④]，可知府州在靖康元年（1126）十一二月间曾短暂归西夏所有，寻即为徐徽言收复。建炎元年（1127）七月，再改军额为保成军。[⑤]二年（1128）十一月，知府州折可求在孤立无援的情况下“以城降”金人[⑥]。

治府谷县（今陕西府谷），领府谷一县。

2. 麟州

宋兴，麟州防御使杨重勋以麟州归之。建隆二年（961）三月，北汉寇麟州，杨重勋败之。[⑦]乾德五年（967）建节度，赐军额建宁，以杨重勋为节度留后。[⑧]端拱元年（988），又改为镇西军。[⑨]咸平五年（1002）六月，李继迁以兵攻之，以知麟州卫居实坚守，不果。[⑩]庆历元年，元昊在取得好水川之战胜利后转攻麟州，不克，乃北攻府州。宋虽取得了麟州保卫战的胜利，然弃麟州之议遂起。此年十月，知并州杨偕以“麟州孤垒”，“远在绝塞”，且“岁费缗钱百万”为由，建议舍麟州而于黄河东岸岚州境建新麟州，宋仁宗未许之。[⑪]庆历四年（1044）五月，宋仁宗以欧阳修巡视河东，欧阳修上《论麟州事宜札子》，以为不可弃之。[⑫]然自李继迁反宋以来，西夏奉行步步蚕食之策略，不断侵耕麟州窟野河西之地，以致嘉祐时（1056—1063）其境距窟野河仅20余里，“自银城以南至神木堡，或十里，或五七里以外，皆为敌

---

① 《宋史》卷二五三《折御卿传》，第8862页。
② 《宋史》卷二五三《折继闵传》，第8864页。
③ 《宋史》卷八六《地理志二》，第2135页。
④ 《宋史》卷四四七《徐徽言传》，第13191页。
⑤ 〔宋〕李心传：《建炎以来系年要录》卷七，建炎元年七月，中华书局，1988年，第189页。
⑥ 《宋史》卷二五《高宗本纪二》，第458页。
⑦ 《续资治通鉴长编》卷二，建隆二年三月，第41页。
⑧ 《续资治通鉴长编》卷八，乾德五年十二月，第197页。
⑨ 《宋史》卷八六《地理志二》，第2135页。
⑩ 《续资治通鉴长编》卷五二，咸平五年六月，第1137页。
⑪ 《续资治通鉴长编》卷一三四，庆历元年十月，第3188页。
⑫ 《续资治通鉴长编》卷一四九，庆历四年五月，第3610—3612页。

田矣”[①]。元祐六年（1091），西夏以兵十五万“围麟州及神木等寨”，劫掠焚荡而去。[②]靖康元年十一二月间，短暂归属西夏。建炎三年（1129），折可求以之降金。

郡名新秦。宋初，治小堡[③]；乾德时，移治吴儿堡（今陕西神木西南25公里解家堡乡王儿堡[④]）；端拱初，移理新秦县[⑤]（今陕西神木店塔镇杨城村古城）。辖新秦、银城（今陕西神木南黄石头地村，位于窟野河东岸，按：《中国历史地图集》第6册《河北东路　河北西路　河东路》图将银城县标定在窟野河西，不知何据）、连谷（今陕西神木店塔镇黄羊城）三县。政和四年（1114），省银城、连谷二县入新秦县。至此，麟州只辖一县矣。

3. 丰州

《长编》卷一〇开宝二年（969）十月戊戌条云：“契丹右千牛卫将军王甲以丰州来降，即命其子承美为丰州衙内指挥使。”[⑥]又同书卷一二四宝元二年（1039）八月戊辰条言：“知丰州王庆余之祖承美，本藏才族首领，自其归朝，于府州西北二百里建丰州，以承美为防御使，知蕃汉公事。”[⑦]由此可知，开宝二年之丰州实为安置自契丹归降之藏才族首领王氏而置，并非唐之丰州（今内蒙古乌拉特前旗西小召乡古城村[⑧]）。庆历元年八月，元昊在围攻麟、府未果后转而攻陷丰州。嘉祐六年（1061），宋复建丰州[⑨]。政和五年（1115），赐名宁丰郡。靖康元年冬，一度属西夏。建炎三年，折可求以之降金。治今内蒙古准格尔旗纳日松镇二长渠古城，不辖县。

对于嘉祐六年复置之丰州与开宝二年所置之丰州是否同址的问题，李逸友先生结合文献记载与实地考察认为“府谷县北至丰州萝泊川掌地一百二十五里”中的“萝泊川掌地”实际指的是清水川发源地带的山地，萝泊川即今清水川，“川掌”之“掌”并非“掌心”之意，从而指出嘉祐六年复建之丰州与开宝二年所建之丰州为同一地址，且位于今内蒙古准格尔旗羊市塔镇二长渠村。这一论断已为近年来的考古发掘所

① 《续资治通鉴长编》卷一八五，嘉祐二年二月，第4471页。
② 《续资治通鉴长编》卷四六五，元祐六年闰八月，第11115页。
③ 〔元〕孛兰肹等：《元一统志》卷四“延安路·古迹·废麟州城”，赵万里校辑，中华书局，1966年，第399页。
④ 神木县志编纂委员会编：《神木县志》，经济日报出版社，1990年，第438页。
⑤ 《元丰九域志》卷四“河东路·麟州”，第166页。
⑥ 《续资治通鉴长编》卷一〇，开宝二年十月，第233页。
⑦ 《续资治通鉴长编》卷一二四，宝元二年八月，第2920页。
⑧ 郭声波：《中国行政区划通史·唐代卷》，第128页。
⑨ 《续资治通鉴长编》卷一九五，嘉祐六年十二月，第4732页。

证实[①]。杨浣、许伟伟主要通过文献梳理的方法考察丰州沿革，得出宋代丰州城位置并未迁移，及嘉祐六年十二月收复并修葺之丰州与宋初之丰州同治一地，皆位于今内蒙古准格尔旗羊市塔乡二长渠村的结论。[②]其实，考察丰州在开宝二年建置后的修缮过程，便不难发现这一点。咸平五年（1002），“丰州言修城工毕，又请葺护水城”，宋真宗未许之，至大中祥符三年（1010）六月才“诏完修丰州城”，说明丰州城缮修完成应在此之后。庆历元年（1041），丰州为西夏攻陷后，破毁严重，宋未及时修复。嘉祐六年九月，宋始命代州副部署郝质和同管勾河东沿边安抚司事郭霭修缮丰州城，及十二月又升为州，以郭霭知丰州，司马光即上疏论其不可，其云：

伏见国家复修丰州故城，仍差人知州。此诚河西险要之城，修之甚便。然其地势孤绝，外迫寇境。向者王氏知州之时，所部蕃族甚众，有永安、来远、保宁三寨，皆以蕃族守之。庆历初，元昊攻陷州城，州民及三寨蕃族尽为所虏，扫地无遗。今州城之中，但有邱墟瓦砾，环城数十里，皆草莽林麓而已。若建以为州，则须设寨，备置官吏，广屯兵马，多积刍粮，皆应调发内地之民以奉之，劳费甚大。此所谓徇虚名而受实弊也。顷年朝廷欲修丰州城，河东经略司嫌其单外，乃于其［东］南数十里筑永宁堡，其地洼下，居两山间，疏恶难守。今既修丰州，则永宁堡深在腹内，无所复用。臣等以为不若迁永宁堡于丰州故城，其兵马刍粮不更增益，但择使臣有材略者使守之，不必假以知州之名，仍召募蕃汉之民，使垦开近城之田。俟民物繁庶，皆如其旧，然后升以为州，亦未晚也。[③]

由“此诚河西险要之城”可知，嘉祐六年所复修之“丰州故城”显然乃开宝二年所置之丰州，并且从“顷年朝廷欲修丰州城”来看，在嘉祐六年之前宋廷即有于故址重建丰州之打算，然河东经略安抚司以其孤悬于外而于其东南数十里建永宁寨以为应付。这充分表明自开宝二年后丰州的位置一直未变。虽然司马光以庆历元年丰州为西夏所破后“州民及三寨蕃族尽为所虏”、州城及其附近残破凋敝，“若建以为州”则“劳费甚大”，“永宁堡深在腹内，无所复用”，建议“迁永宁堡于丰州故城”，待俟后达到旧有规模再升为州，但从《元丰九域志》卷四“丰州”条及《宋史》卷八六《地理志》“丰州”条的记载来看，宋廷并未采纳司马光的建议。宋重建之丰州仍然辖有永安、保宁二寨，这也在一定程度上说明嘉祐六年重建之丰州仍在开宝二年

① 甄自明：《鄂尔多斯市东南部发现并确认宋代烽燧线》，见鄂尔多斯文化遗产编委会编：《鄂尔多斯文化遗产　2013》，鄂尔多斯市文物考古研究院，2013年，第42—45页。

② 杨浣、许伟伟：《宋、夏“丰州”考辨》，《宁夏社会科学》2015年第3期，第130—134页。

③《续资治通鉴长编》卷一九五，嘉祐六年十二月，第4732页。

之故址。除此之外，我们亦可通过以下两条证据得到证明：一是《宋本历代地理指掌图》，该书宋代部分皆将丰州标示在府州西北方向，且其方位并无变化；[①]二是谭其骧先生主编的《中国历史地图集》第6册，其将政和元年（1111）丰州之位置标定在今内蒙古准格尔旗羊市塔乡一带[②]，而此正是经考古证明的宋代丰州位置。综上所述，有宋一代，丰州之位置一直未有变动，皆在今内蒙古准格尔旗羊市塔乡（纳日松镇）二长渠村。

4. 晋宁军

元符二年（1099）八月，为彰显元丰之功，宋哲宗建葭芦寨为晋宁军[③]，以知晋宁军领岚石路沿边安抚使，兼岚、石、隰三州都巡检使，并割石州之临泉县以隶之。《宋会要辑稿》方域六作元祐二年（1087）建晋宁军，显误。稽诸《宋史·地理志》、《宋史·哲宗本纪》及《长编》卷五一四，皆作元符二年。按：葭芦寨升晋宁军乃河东帅林希之建议，而林希帅河东路在元符元年（1098）四月罢同知枢密院事之后，在此之前并未有帅河东之记载，故元祐二年之说殊不可信。大观三年（1109），宋徽宗复以石州之定胡县隶之。[④]金宋战起，金人在攻陷太原府、延安府等周边地区后，于建炎二年（1128）正月首次围攻晋宁军，然以徐徽言固守未克；[⑤]是年十一月，金将娄室再攻晋宁军，又未果；天会七年（1129）二月，娄室、塞里、鹘沙虎等合力破晋宁军，徐徽言死之，城陷。[⑥]

治葭芦寨（今陕西佳县），领定胡（今山西离石西北孟门[⑦]）、林泉（今山西临县西[⑧]）二县。

5. 唐龙镇

又称唐隆镇，世为党项族大姓来氏所据。宋太宗即位初，以閤门祇候袁继忠巡边至此[⑨]。太平兴国四年（979），唐龙镇自府州来属[⑩]。雍熙（984—987）、端

① 《太祖皇帝肇造之图》《太宗皇帝统一之图》《圣朝元丰九域图》，见《宋本历代地理指掌图》，上海古籍出版社，1989年，第89、91、93页。
② 谭其骧主编：《中国历史地图集》第6册，第16—17页。
③ 《续资治通鉴长编》卷五一四，元符二年八月，第12227页。
④ 《宋史》卷八六《地理志二》，第2134页。
⑤ 《宋史》卷二五《高宗本纪二》，第458页。
⑥ 〔元〕脱脱等：《金史》卷三《太宗本纪》，中华书局，1975年，第60页。
⑦ 郭黎安编著：《宋史地理志汇释》，安徽教育出版社，2003年，第77页。
⑧ 郭黎安编著：《宋史地理志汇释》，第77页。
⑨ 《宋史》卷二九五《袁继忠传》，第9004页。
⑩ 《宋会要辑稿》方域一二“河东路市镇”，第9521页。

拱（988—989）之时，曾为宋廷在河东路收市良马之地。[①]唐龙镇“东至黄河二十里”，“东南至火山军久良津，北至故胜州，西北至柳［拨］川，东北至子河汊混波川”[②]。火山军在今山西省河曲县东南；久良津，严耕望先生认为即《元一统志》中之九梁津，位于今河曲县东北30里；[③]故胜州指唐之胜州，治今内蒙古准格尔旗东北黄河南岸十二连城；柳拨川在唐龙镇西，当在丰州之东；[④]至于子河汊，《武经总要前集》卷一九“胜州榆林郡”条云：“隋筑长城，起于紫河，即此地，今谓之紫河汊，地产良马。”[⑤]则子河汊即紫河也，即今和林格尔县南之浑河[⑥]。按此，唐龙镇当位于今准格尔旗东南黄河西岸20里处。冯文勇根据考古发现，认为准格尔旗哈岱高勒乡城坡古城即唐龙镇之所在[⑦]，盖是矣。

唐龙镇处于北宋、辽、西夏三国交界处，形势险要，故而成为三国竞相笼络和争取之对象。大中祥符元年（1008）四月，并代副部署石普称辽“私署唐龙镇来怀正官，信使不绝，渐违誓约，潜有侵轶，望令边塞设备”[⑧]。景祐（1034—1038）之际，西夏胁迫来守顺过西界，地遂属之西夏。庆历元年（1041），宋夏战起，宋仁宗下诏河东经略安抚使招谕唐龙镇首领来守顺等麟府界蕃酋归降，并许“除节度、观察至刺史，仍以锦袍带赐之”[⑨]。重熙十八年（1049），辽兴宗第二次伐夏，夺得唐龙镇，并建为宁边州。

（二）永兴军路

乾德元年（963），太祖以沈伦为陕西转运使[⑩]，陕西转运司路形成，治永兴军。太平兴国二年（977），宋分之为陕西河北、陕西河南、陕府西北三转运司路。[⑪]太平兴国末，再次合并为陕西转运司路。[⑫]熙宁五年（1072），又分为永兴、秦凤二转运司路。[⑬]元丰元年（1078），二转运司合而为一，治永兴军。[⑭]景德四年（1007），

---

① 《续资治通鉴长编》卷一〇四，天圣四年九月，第2421页。
② 《武经总要前集》卷一七“废垒”，第872—873页。
③ 严耕望：《唐代交通图考》第1卷《京都关内区》，第293页。
④ 许伟伟、杨浣：《唐龙镇考》，《宁夏社会科学》2013年第1期，第104页。
⑤ 《武经总要前集》卷一九“西蕃地理·胜州榆林郡”，第952页。
⑥ 马正林主编：《中国历史地理简论》，陕西人民出版社，1987年，第228页。
⑦ 冯文勇：《鄂尔多斯高原及毗邻地区历史城市地理研究》，兰州大学博士学位论文，2008年，第210—211页。
⑧ 《续资治通鉴长编》卷六八，大中祥符元年四月，第1535页。
⑨ 《续资治通鉴长编》卷一三四，庆历元年十一月，第3197页。
⑩ 《宋史》卷二六四《沈伦传》，第9113页。
⑪ 《宋会要辑稿》食货四九“转运司”，第7094页。
⑫ 李昌宪：《中国行政区划通史·宋西夏卷》，第19页。
⑬ 《宋史》卷一五《神宗本纪二》，第282页。
⑭ 李昌宪：《中国行政区划通史·宋西夏卷》，第62页。

建陕西提点刑狱司路，熙宁五年又分陕西提点刑狱司路为永兴军提点刑狱司路和秦凤提点刑狱司路，永兴军提点刑狱司路治河中府（后移治永兴军）。[①]熙宁二年（1069），置提举常平司路，后之分路、治所与永兴军提点刑狱司路同。[②]建炎元年（1127）至绍兴元年（1131）间，全境失守殆尽。

1. 延州、延安府

郡名延安，为节度州，军额彰武。庆历元年十月三川口之战后，宋分陕西为四路安抚使，置鄜延路经略安抚使，驻延州，以知延州兼，统延、鄜、丹、坊四州及保安军，其后又增置银州（寻废）、绥德军，并隶于鄜延路。[③]元祐四年（1089），升为府。建炎二年（1128）正月，金军首次攻陷延安府，但弃而未守；三年（1129）二月，金再陷之，又以“新残破，未可居”而复弃之；[④]四年（1130）九月，金军终陷之。绍兴九年（1139），金还之于宋，翌年（1140）复夺之。治肤施县（治今陕西延安）。

2. 绥德军

即唐绥州，唐末五代为定难军节度使支郡。太平兴国七年（982）五月，定难军留后李继捧入朝，献绥州于宋。宋真宗继位后，面对李继迁之凌厉攻势，使知绥州高文岯徙“居民于石州，废毁其城”[⑤]。及李德明款附，“乞绥州田土”，真宗遂许之。治平四年（1067），知青涧城种谔诱降西夏绥州监军嵬名山，夺之，以为进占横山及其以北地区之依托。熙宁二年废为城，隶于延州。熙宁三年（1070）四月，夏发兵两万来争，为判延州郭逵击退。元符二年（1099）十一月，宋升绥德城为军，并将“暖泉、米脂、开光、义合、怀宁、克戎、临夏、绥平寨，青涧城，永宁关，白草、顺安寨，并隶本军管辖”[⑥]。天会六年（1128）十一月，金将娄室在第一次攻陷延安府后，继克绥德军。[⑦]不辖县。

3. 保安军

本永康镇[⑧]，隶延州。太平兴国二年，升为保安军。[⑨]天禧四年（1020），置建子

---

① 李昌宪：《中国行政区划通史・宋西夏卷》，第63页。

② 李昌宪：《中国行政区划通史・宋西夏卷》，第24页。

③ 《宋史》卷八七《地理志三》，第2146页。

④ 《建炎以来系年要录》卷二〇，建炎二年二月，第409页。

⑤ 《武经总要前集》卷一九“西蕃地理・绥州”，第943页。

⑥ 《续资治通鉴长编》卷五一八，元符二年十一月，第12335页。

⑦ 《金史》卷三《太宗本纪》，第59页。

⑧ 《太平寰宇记》卷三七《关西道十三》，第789页。按：《续资治通鉴长编》卷一八“太平兴国二年四月己亥”条及《元丰九域志》卷三“保安军”条作“永安镇”。

⑨ 《续资治通鉴长编》卷一八，太平兴国二年四月，第403页。

城。天圣元年（1023）又改为德靖寨。[①]然元昊发动三川口之战时已复称保安军，故其当在天圣元年至宝元二年间再升为军。宝元二年（1039）十一月，元昊攻之，鄜延路钤辖卢守勤遣狄青击走之。治平四年（1067），种谔取绥州，又欲招降横山诸部落，夏人遂诱杀知保安军杨定以为报复[②]。建炎四年（1130）九月，金军陷保安军。治永安镇（今陕西志丹西南），不辖县。

4. 夏州

宋初为定难军节度使治所。太平兴国七年，李继捧入朝，纳夏州于宋。由于李继迁侵边不已，端拱元年（988）四月，太宗授李继捧为定难军节度使，以夏州等五州隶之。[③]淳化五年（994）正月，太宗以李继迁胁迫绥州居民徙居平夏及兵略灵州，遣李继隆、尹继伦进拔夏州，并“隳夏州故城，迁其民于绥、银等州，分官地给之”[④]，实际上放弃了对夏州的统治。咸平元年（998），真宗以废弃之夏州赐予李继迁。元丰四年（1081）伐夏，种谔一度占领夏州，后复为西夏所据。治朔方县（治今陕西靖边白城子），领朔方、宁朔（治今陕西榆林市横山区境内）、德静（治今陕西榆林西）三县。

5. 银州

唐末五代为定难军节度使支郡。太平兴国七年五月，李继捧献之于宋。雍熙二年（985），李继迁于葭芦川诱杀曹光实后，“遂袭银州据之”。太宗闻讯，遣李继隆、尹宪等进讨李继迁，夺得银州。咸平元年，宋真宗割之于李继迁。熙宁三年收复，寻弃之。元丰四年伐夏，种谔率鄜延军出绥德城进占银州。史书未载其失陷于金之时间，疑当于天会六年延安府、绥德军被攻破后。

郡名银川，治儒林县（今陕西榆林党岔镇北庄村东北1公里[⑤]）。据《宋史·地理志》载，银州领儒林、抚宁、真乡、开光四县，然按《读史方舆纪要》卷五七：抚宁县废为抚宁寨；真乡县亦废，元丰中建为葭芦寨；开光县于“唐末废。宋绍圣四年收复，元符初赐名开光堡”。[⑥]据此，宋银州实领儒林一县。

---

① 《元丰九域志》卷三“陕西路·保安军”，第121页。

② 〔宋〕王珪：《华阳集》卷三七《邵安简公亢墓志铭》，商务印书馆，1916年，第491页。

③ 《续资治通鉴长编》卷二九，端拱元年五月，第653页。

④ 《续资治通鉴长编》卷三五，淳化五年四月，第778页。

⑤ 国家文物局主编：《中国文物地图集·陕西分册》下，第712页。

⑥ 《读史方舆纪要》卷五七“绥德州·抚宁城”“葭州·真乡废县”“绥德州·开光城”，第2743、2749、2743页。

6. 宥州

本定难军节度使支郡。太平兴国七年，李继捧献之于宋。咸平元年春，真宗以李继迁为定难军节度使，宥州复为夏有。元丰四年伐夏，种谔攻占之，然未能守。绍圣四年（1097）八月，鄜延路经略使吕惠卿遣副总管王愍克宥州[①]，“旋复为夏所陷”[②]。治长泽县（治今内蒙古鄂托克前旗城川古城），辖长泽一县。

7. 盐州

宋初属陕西路，咸平时为李继迁攻占。熙宁中，种谔在收复绥州后，欲取盐州而尽取横山之利，终不果。绍圣四年四月，环庆路钤辖张存攻入盐州，“及还，夏人追袭之”，复失盐州。治五原县，辖五原、白池（治今内蒙古鄂托克前旗南大池古城）二县。

8. 静州

即静边州，本为唐于银州境内所置之羁縻州。五代时升为静州，后汉乾祐初隶定难军。[③]太平兴国七年，李继捧献之于宋。咸平元年春，复属定难军。治今陕西米脂县北部，不辖县。

9. 灵州

后晋至宋初为冯晖、冯继业父子所据。开宝二年（969），冯继业举族内徙，宋太祖以其为静难军节度使，以段思恭知灵州。至道二年（996）五月，李继迁第一次围攻灵州，不克。咸平五年（1002），李继迁在攻占清远军后继陷灵州，灵州自此为西夏所有。元丰四年，宋军五路伐夏，环庆路经略安抚使高遵裕与泾原路总管刘昌祚率军攻灵州城不下，反为夏军所败。治回乐县（今宁夏灵武西南），领回乐一县。

三、西夏的行政区划

西夏的行政区划至今仍不甚明朗。有些学者认为西夏存在过“路”一级行政区划[④]，而亦有人认为文献中所载之路实际上即经略司，经略司为朝廷分派到各地代表朝廷行使管理权的派出机构，不能认定其就是一级政区。[⑤]而且，经略司是否为地方常驻机构，是否有固定辖区尚不可知，故而还不宜将其作为一级政区。西夏的州一级政区等

① 《续资治通鉴长编》卷四九〇，绍圣四年八月，第11623页。

② 《读史方舆纪要》卷六一“榆林镇·宥州城”，第2912页。

③ 《读史方舆纪要》卷五七“绥德州·静边城”，第2747页。

④ 李学江：《〈天盛律令〉所反映的西夏政区》，《宁夏社会科学》1998年第4期，第97—98页；李昌宪：《中国行政区划通史·宋西夏卷》，第709页。

⑤ 杨蕤：《西夏地理研究》，人民出版社，2008年，第152—153页。

级很低，很少辖县。杨蕤先生结合《天盛律令·司序行文门》认为西夏的州虽是一种行政单位，其实就是城寨而已，其派遣的官员与城寨相同。[①]按《天盛律令》所记，西夏亦有郡的设置，然正如西夏的路一样，还不应将其列为西夏的一级行政区划。故而，本书在论述西夏在鄂尔多斯高原的行政区划时，仍以州为目而述其沿革，暂不涉及路和郡。

1. 兴州——兴庆府

本怀远县，宋初为怀远镇，为灵州河外五镇之一。咸平时为李继迁攻陷[②]。天禧四年（1020），李德明“始城怀远镇而居之，号兴州”[③]，以为都城。元昊升为兴庆府。治怀远县（今宁夏银川），领怀远一县[④]。

2. 灵州

本属宋，咸平五年（1002）三月为李继迁攻破，改为西平府，六年（1003）以为都城。[⑤]䜣都六年（1062）五月，谅祚置翔庆军，为翔庆监军司驻地。治回乐县，领回乐一县。

3. 夏州

太平兴国七年（982）至咸平元年（998）属宋。咸平元年春，复属定难军。大安七年（1080），一度为种谔攻占。治今陕西靖边县白城子。

4. 银州

太平兴国七年属宋。雍熙二年（985），李继迁短暂袭据之，寻失。咸平元年，宋赐与李继迁。天赐礼盛国庆元年（1069）失之于宋，寻复。大安七年春，暂为种谔攻占。贞观五年（1105），为宋将韩世忠所破，自此失之。治儒林县，领儒林一县。

5. 绥州

太平兴国七年属宋。咸平初，知绥州高文岯徙居民于石州，毁弃之。李德明款附，以绥州田土赐之。拱化五年（1067）前为绥州监军司（1062年曾改为祥祐监军司）治所。拱化五年，为种谔所诱取，自此失之。治今陕西绥德县，不辖县。

6. 宥州

太平兴国七年至咸平元年属宋。大安七年，一度为种谔所破。天祐民安八年

① 杨蕤：《西夏地理研究》，第149页。
② 《武经总要前集》卷一九“西蕃地理·灵州”，第946页。
③ 《续资治通鉴长编》卷九六，天禧四年，第2234页。
④ 《天盛改旧新定律令》卷一〇《司序行文门》，史金波、聂鸿音、白滨译注，法律出版社，2000年，第375页。
⑤ 《宋史》卷四八五《夏国传上》，第13988页。

（1097），又为宋将王愍攻占，旋复。为嘉宁监军司治所。治今内蒙古鄂托克前旗东南城川古城。因“没于西夏，县废”[①]，故不领县。

7. 盐州

本属宋，咸平时为李继迁所据。天祐民安八年，为王愍攻陷，寻复。治五原县。宋领五原、白池二县，入夏后废白池县，仅领五原一县。[②]

8. 静州

即静边州，五代时升为静州，后汉乾祐初隶定难军。[③]太平兴国七年，李继捧献之于宋。咸平元年春，宋真宗授李继迁为定难军节度使，以静州归之。治今陕西米脂县北部，不辖县。

9. 洪州

本属宋，即夏州洪门镇。入西夏后升为洪州[④]。治洪门镇（今陕西靖边南[⑤]），不辖县。

10. 龙州

本属宋，即延州西石堡镇。至道中为西夏所占，升为龙州。贞观四年（1104）为宋所陷，建为威德军。治石堡镇（在保安县北，今陕西靖边西南龙洲[⑥]），不领县。

11. 石州

本石堡城，西夏升为州。对于其置州时间，李昌宪先生认为或在治平四年（1067）绥州失陷之时[⑦]。而据史载，最早出现石州的时间是元丰四年（1081）[⑧]，故而西夏石州的设置时间当在1067—1081年之间。绥州失陷后为祥祐监军司治所。《西夏地形图》将之标注于银、夏二州之间，且在其西边标有一地名讹河石堡，盖即石堡城，亦当为石州命名之来由也。杨蕤先生结合北宋后期宋夏疆界的变迁过程及考古发现，认为石州当位于今芦河与无定河交汇处之石马洼附近[⑨]，应是。

① 《读史方舆纪要》卷六一“榆林镇・长泽城”，第2911页。
② 《读史方舆纪要》卷六二“宁夏镇・五原废县”“宁夏镇・白池城”，第2957页。
③ 《读史方舆纪要》卷五七“绥德州・静边城”，第2747页。
④ 《武经总要前集》卷一九“西蕃地理・夏州洪门镇”，第940—941页。
⑤ 〔清〕穆章阿、潘锡恩等纂修：《嘉庆重修一统志》卷二三四“延安府二・洪门镇”，上海涵芬楼，1936年。
⑥ 〔明〕李贤等：《大明一统志》卷三六“延安府・石堡寨”，三秦出版社，1990年，第637页；李昌宪：《中国行政区划通史・宋西夏卷》，第695页。
⑦ 李昌宪：《中国行政区划通史・宋西夏卷》，第715—716页。
⑧ 《宋史》卷三三五《种谔传》，第10747页。
⑨ 杨蕤：《西夏地理研究》，第130—131页。

12. 韦（威）州

即唐代之长乐州。大中三年（849）七月，灵武节度使朱叔明自吐蕃手中收复，八月即改为威州，[①]后废。咸平中入夏，后置州。元丰四年十月，宋将高遵裕攻克之，寻复。元祐七年（1092）二月，宋将折可适攻入韦州，但未占据。[②]为静塞监军司驻地。治今宁夏吴忠同心县韦州镇南1公里处[③]。

13. 胜州

景祐时属夏。重熙十三年（1044）为辽所占，遂废。治唐榆林县故地，即今内蒙古准格尔旗东北黄河南岸十二连城。

14. 丰州

本为宋开宝二年（969）于府州西北200里所置之州。天授礼法延祚四年（1041）为元昊攻陷。嘉祐七年（1062），宋重建丰州。元德八年（1126），暂时归属西夏，寻即失之于宋。

15. 定州

本唐朔方节度使所辖之定远军，后降为镇。至道中建为威远军。咸平中为李继迁攻陷，后升为定州。[④]治定远县（今宁夏石嘴山平罗县姚伏镇东南1.5公里[⑤]），领定远一县[⑥]。

16. 怀州

其地本属宋。史籍未载何时入夏，当在咸平五年（1002）灵州失陷前后。据《西夏地形图》，其位置在兴庆府东部偏南黄河西岸，其东岸有西夏著名的顺化渡口。按《武经总要前集》卷一八“灵州”条载，灵州河外有怀远、保静、定远、灵武、临河五镇，其他四镇皆升为州，唯临河镇未言明升为何州。今结合《西夏地形图》中所绘怀州之位置来看，应当即临河镇所在。治临河县（治今宁夏银川市兴庆区掌政镇一带），领临河一县[⑦]。

17. 永州

本属宋，咸平四年（1001）九月为李继迁攻破之[⑧]。《西夏地形图》将其标注于

---

① 《资治通鉴》卷二四八，唐宣宗大中三年（849），第8039页。
② 《续资治通鉴长编》卷四七〇，元祐七年二月庚辰，第11228页。
③ 国家文物局主编：《中国文物地图集·宁夏回族自治区分册》，第323页。
④ 《武经总要前集》卷一九“西蕃地理·灵州定远镇”，第947页。
⑤ 国家文物局主编：《中国文物地图集·宁夏回族自治区分册》，第283页。
⑥ 《天盛改旧新定律令》卷一〇《司序行文门》，第374页。
⑦ 《天盛改旧新定律令》卷一〇《司序行文门》，第374页。
⑧ 《宋史》卷四八五《夏国传上》，第13988页。

兴庆府东南黄河西岸。治今宁夏银川市永宁县境内。

18. 顺州

即宋灵武镇，为灵州河外五镇之一。咸平中陷于李继迁，后升为顺州。南渡河至灵州50里，北至兴庆府70里[①]。治灵武镇（今宁夏银川市永宁县南黄河西岸）。

第三节　辽、宋、夏在鄂尔多斯高原的军事部署

辽、宋、夏三个政权出于对毗邻政权军事攻防的现实需要，在鄂尔多斯高原（河套高原）分别建立其军事驻防机构，并构筑相关的驻防城镇，从而形成各自的军事部署空间格局。随着岁月的推移，军事驻防体系也发生若干变化。

一、辽的军事部署

辽在鄂尔多斯高原的军事由设置于丰州的统兵机构西南面（路）招讨司负责。神册元年（916），阿保机在攻克朔、蔚等六州后，为加强对西南面的经营，“置西南面招讨司，选有功者领之”[②]。五年（920）又下丰州，则西南面（路）招讨司治丰州当在920年之后。但此时辽之势力其实并未深入鄂尔多斯高原。会同元年（938），石敬瑭以河南地割与辽，胜、府、麟三州便为辽所有，此三州军事亦当为西南面（路）招讨司所管，自此辽才在鄂尔多斯高原占有了一席之地。然而会同七年（944），折从阮反辽，“率兵深入边界，连拔十余寨”，府、麟、胜三州至迟在944年已不属辽。辽真正进入鄂尔多斯高原东北隅并对其实现稳定统治是在重熙十三年（1044）后。是年，辽兴宗伐夏，置金肃、河清二军于河西，徙民八百户、防秋兵两千人实之。[③]又“修天德城及多建堡寨”[④]。十八年（1049）再次伐夏，夺得唐龙镇，改置宁边州。此三州军及所修筑城堡寨之间密切配合，彼此呼应，共同防御西夏之进攻，而其军政则皆属西南面（路）招讨司所管。

西南面（路）招讨司主要的军事职责是“控制西夏”[⑤]。其可以调动的兵力包括所辖河清军、金肃军、宁边州、天德军、云内州、东胜州、丰州七州军境内的州县戍

① 《武经总要前集》卷一九“西蕃地理·灵州灵武镇”，第948页。

② 《辽史》卷一《太祖本纪上》，第11页。

③ 《辽史》卷四一《地理志五》，第515页。

④ 《续资治通鉴长编》卷一四八，庆历四年四月，第3593页。

⑤ 《辽史》卷四六《百官志二》，第748页。当然，西南面（路）招讨司的军事职责不止于此，还包括讨伐境内反叛之党项、鞑靼、突厥等部族。

守兵四千七百人和十二部族之兵[①]，总数应相当可观。另外，西南面（路）招讨司的最高军政长官西南面招讨使基本上皆由出身于契丹贵族的耶律氏、萧氏和契丹化汉姓大族韩氏担任[②]。由此可见，虽然辽夏关系在大部分时间内相当和睦，但辽在鄂尔多斯高原及其缘边地区对西夏的军事防范依然毫不松懈。

二、宋的军事部署

宋朝前期在河东、陕西设置都部署（后改为都总管）和钤辖司，“总治军旅屯戍、营防守御之政令”。其下又设路分都监和州府都监，以首州或首府之知州、知府兼领之，统一路之兵权。[③]其军事部署空间格局就以统军机构驻在地为显著标识。

（一）统兵机构及兵力配置

庆历元年（1041），为适应对夏战争形势，宋析陕西为鄜延、环庆、秦凤、泾原四安抚使路，各置经略安抚使，开府于诸路首州或首府，以首州或首府之知州或知府“兼都总管，以统制军旅”。除此之外，宋又置麟府路军马司，开府于府州，以太原府代州路钤辖领之。[④]帅司路以下，州县长吏即为本州本县之统兵将领，所谓“凡州县兵马，其长吏未尝不同管辖。盖知州则一州之将，知县则一县之将也”[⑤]。

为应对来自西夏的军事威胁，宋在与西夏交界的鄂尔多斯高原及其缘边诸路部署了庞大的兵力，主要包括禁军、厢军、蕃兵和乡兵。宋矫正唐代藩镇割据之弊端，对禁军实行更戍法，一半兵力留驻京师，一半兵力轮流戍防各地，使内外相维，易于控制。熙宁以前，宋部署于陕西四路（鄜延、环庆、泾原、秦凤）和麟府路的禁军大致为：鄜延路42指挥，环庆路45指挥，泾原路98指挥，秦凤路66指挥，麟府路5指挥，[⑥]共256指挥，每指挥500人，总计12.8万人。厢军为诸州之镇兵，“虽无戍更，然罕教阅，类多给役而已”[⑦]，即诸州之杂役兵也。熙宁以前，河东路厢军有52指挥

① 王颋：《辽的西南面经营及其与西夏的关系》，见《元史及北方民族史研究集刊　6》，南京大学历史系元史研究室，1982年，第85页。

② 彭文慧：《辽朝西南面招讨使研究》，《赤峰学院学报（汉文哲学社会科学版）》2016年第4期，第11页。

③ 李昌宪：《宋代安抚使考》，齐鲁书社，1997年，第16—17页；李华瑞：《宋夏关系史》，中国人民大学出版社，2010年，第96页。

④ 《宋史》卷八六《地理志二》，第2135页。

⑤ 〔宋〕司马光：《司马文正公传家集》卷五二《乞罢将官札子》，商务印书馆，1937年，第650页。

⑥ 《宋史》卷一八七《兵志一》，第4590—4600页。

⑦ 《宋史》卷一八九《兵志三》，第4639页。

12410人，陕西路厢军有111指挥20563人，[①]共163指挥32973人。蕃兵为团结内属诸部落的藩篱之兵，授予其大小首领以军职，“分队伍，给旗帜，使各缮堡垒，人置器甲，以备调发”[②]。据《宋史·兵志》载，熙宁以前陕西四路军、镇、城、堡、寨72，蕃兵106526人，战马19624匹。蕃兵中有一类称弓箭手，战力很强，甚为宋所倚重。英宗治平末，陕西十州军弓箭手46300人，河东七州军弓箭手7500人，[③]共53800人。乡兵为募集土民训练防卫之兵，数目较为庞大，治平初仅陕西路即有156873人[④]。统言之，熙宁以前陕西、河东所驻防之禁军、厢军、蕃兵（包括弓箭手）和乡兵共478172人。

王安石变法，在禁军中实行将兵法，在乡兵中实行保甲法。陕西、河东禁军共编为75将，每将2500人，[⑤]计18.75万；熙宁九年（1076），义勇保甲永兴军路87978人，秦凤路39980人，河东路3595人，[⑥]三路合计131553人。禁军与义勇保甲相加，总计近32万人，虽比熙宁前有所减少，但数目依然很庞大。

（二）军事设施——城、堡、寨

宋朝在形势险要之地构筑相应的军事设施，以达到有效防御和扼制西夏进攻，并作为进攻西夏必要基地之目的。宋在鄂尔多斯高原所在的麟府路、鄜延路设置并修筑了诸多的城、堡、寨等军事设施。随着宋夏战争形势的发展和各自疆域的伸缩，这些军事设施往往彼此易手，归属不定。兹结合史书记载、研究成果及考古发现，对北宋一朝在鄂尔多斯高原的军、镇、城、堡、寨之沿革与地望分路考述如下。

1. 河东路城堡寨

（1）震威城　宣和六年（1124），在铁炉骨堆建寨，赐名震威城，以朱昭为知城事。寻“金兵内侵，夏人乘虚尽取河外诸城镇”[⑦]。靖康元年（1126）春，西夏经河清、金肃军渡河攻取已属金的“天德、云内、武州及河东八馆”之地后回攻震威城，及四月下之，知城事朱昭死之[⑧]。顾祖禹云：“震威城，在［府谷］县北。”[⑨]按：“北”当作“西北”。震威城“距府州三百里，最为孤绝”[⑩]，若其在府州北，

① 《宋史》卷一八九《兵志三》，第4670、4672页。
② 《宋史》卷一九一《兵志五》，第4752页。
③ 《宋史》卷一九〇《兵志四》，第4713页。
④ 《宋史》卷一九一《兵志五》，第4734页。
⑤ 李昌宪：《宋代将兵驻地考述》，见邓广铭、王云海主编：《宋史研究论文集》，河南大学出版社，1993年，第320—340页；王曾瑜：《宋朝兵制初探》，中华书局，1983年，第96页。
⑥ 《宋史》卷一九一《兵志五》，第4740页。
⑦ 《宋史》卷四四六《忠义传一》，第13170页。
⑧ 《宋史》卷二三《钦宗本纪》，第427页。
⑨ 《读史方舆纪要》卷五七“府谷县·宁丰城”，第2753页。
⑩ 《宋史》卷四四六《忠义传一》，第13170页。

则已位于金之境内（辽宁边州、金肃军与河清军在1122年已属金），显然不可能，故其当在府州西北300里之丰州境内。

（2）百胜寨 地名深泊堝城，在府州［西］北40里，[①]即今府谷县西府谷镇深堝村。为庆历二年（1042）张亢所筑麟府间五堡寨之一。元丰五年（1082），“丰州屯驻神锐兵千余人修葭芦寨至府州百胜寨”[②]，说明百胜寨在此前曾毁废过，至元丰五年又修复之。

（3）宣威寨 庆历元年（1041）九月，并代钤辖张亢修筑。嘉祐六年（1061）废弃。此寨在府州北60里，“东南至黄河天桥子入火山军路，南至府州六十里，东北至安丰寨、龙门川，西至后河川”，天桥子当在今陕西府谷县东北黄河西岸之天桥则村，安丰寨在府谷县北旧巴州，故宣威寨当在今府谷县北尖堡则村附近。

（4）安丰寨 旧石台神寨。庆历元年，丰州陷于西夏，故于其东南“特筑城，以安丰为名”。麟府路驻泊都监兼沿边都巡检使张岊一度徙至于生地骨堆[③]。元丰七年（1084）三月，夏军夜入安丰寨，焚荡民居，杀掠人户。[④]安丰寨“［西］南至宣威寨四十九里”，“南至故丰州七十里，东至河滨堡十里，即雄勇津路”。故丰州即指开宝二年（969）所置之丰州，在今内蒙古准格尔旗纳日松镇二长渠村，雄勇津在今山西河曲县南，故而安丰寨当在今陕西府谷县北清水川东旧巴州一带。

（5）河滨堡 庆历五年（1045），折继闵筑[⑤]。载毕仲游元符年间论河外清野利害时言：“旧别有宣威一寨，瑠璃、怀来、青（清）塞、永宁、雅尔、河滨六堡，皆在见今城寨之间。访闻自康定后来，以平日无事，节次废罢”[⑥]，由此可知，河滨堡至迟在元符时即已废弃。此堡东控雄勇津路，东至黄河3里，西至安丰寨16里，南至府州60里，地当今陕西府谷县北黄甫川濒黄河口处。

（6）永宁堡 管勾麟府军马事孟元护筑[⑦]。对于其修筑时间，司马光在《论复置丰州札子》中云：“顷年朝廷欲修丰州城，河东经略司嫌其单外，乃于其南数十里筑

① 《武经总要前集》卷一七“麟府路·百胜寨”，第862页。
② ［宋］彭百川：《太平治迹统类》卷一五《李宪再举取灵武》，影印四库本。
③ 《宋史》卷三二六《张岊传》，第10524页。
④ 《续资治通鉴长编》卷三四五，元丰七年四月，第8272页。
⑤ 戴应新：《〈折继闵神道碑〉疏证》，见戴应新编著：《折氏家族史略》，三秦出版社，1989年，第70页。
⑥ 曾枣庄、刘琳主编：《全宋文》卷二三九〇《论河外清野利害奏状》，上海辞书出版社，2006年，第239页。
⑦ 《宋史》卷三二三《孟元传》，第10460页。

永宁堡”[①]。《长编》记司马光上此札子在嘉祐六年十二月，故其修筑应在嘉祐六年之前。此堡“控西北故丰州路，东北至安丰寨十五里，……南至府州五十七里”，又“其地洼下，居两山间，疏恶难守”，故其址当在今陕西府谷县北清水镇一带。

（7）宁府堡　庆历五年，折继闵筑。由元符时毕仲游所上《论河外清野利害奏状》中“昨来西贼入麟州界作过，靖化堡使臣人马居民皆弃城而走，欲往宁府寨（堡）”的记载可知，该堡于元符之际仍存焉。其“东［南］至永宁堡二十九里，西至三茭河（今木瓜川），南至府州七十二里，……西北至横阳河川（即窟野河支流黄羊城河）百里”[②]，对应今址即陕西府谷县清水镇西北约15公里清水川西岸店塔村附近。

（8）西安堡　庆历五年，折继闵筑。嘉祐六年，河东路经略安抚使孙沔奏废之。然《元丰九域志》中载有此堡，当是熙丰时随着对夏战争之形势的演变而重新修复之。由毕仲游《论河外清野利害奏状》可知，此堡至元符之际依然存焉。西安堡西控“三茭川一带贼路，东至宁府寨二十里，西至靖化堡（今陕西府谷县庙沟门镇东南古城村）十四里，［东］南至府州六十里”，三茭川应为今之木瓜川，故其地当位于今陕西府谷县西北木瓜镇常胜梁一带。

（9）靖化堡[③]　庆历五年，折继闵筑。嘉祐六年废之，熙丰时又修复之。《武经总要前集》载其“东至西安堡十四里，西［南］至建宁寨三十七里，［东］南至府州五十七里”，建宁寨在今陕西府谷县田家寨镇杨家湾村，故其应在今府谷县庙沟门镇东南。1994年版《府谷县志》将其位置定在庙沟门镇东南5公里古城村[④]，此正与《武经总要前集》所载方位与里距相合，今取之。

（10）怀来堡　史籍未载其修筑时间，疑在庆历年间。嘉祐六年建议废弃之麟府州十二堡寨中无此堡，《元丰九域志》亦未载之，疑其于嘉祐六年前即见弃。《武经总要前集》称其“东至永宁堡，西至三茭川，南至清塞堡，北至宁府寨”，则其位置应在今陕西府谷县西北木瓜镇一带。而据《中国文物地图集·陕西分册》记载，今木瓜镇古城村东南侧有一座汉、宋时期遗址，面积约0.15平方千米，文化层厚约1米，出

① 〔宋〕司马光：《司马光奏议》卷二一《论复置丰州札子》，王根林点校，山西人民出版社，1986年，第59页。

② 《武经总要前集》卷一七“麟府路·宁府堡”，第865页。

③ 按：《宋史》卷八六《地理志二》作“靖安堡”，而《元丰九域志》卷四“府州”、《武经总要前集》卷一七“麟府路”皆作“靖化堡”，《宋史·地理志二》之记载或误。

④ 府谷县志编纂委员会：《府谷县志》，陕西人民出版社，1994年，第690页。

土有“政和通宝”铁钱，[①]这就印证了木瓜镇古城村遗址当即北宋怀来堡所在。

（11）建宁寨（宁远寨）　原为咸平六年（1003）于府州西寨岭所筑之宁远寨[②]。庆历元年八月，元昊攻陷丰州，继而袭破宁远等寨，切断了麟、府二州间之联系。及张亢为并代都钤辖、专管勾麟府军马公事，于柏子寨大败夏军，趁时修复“二州之间贼所破堡寨”，重新打通了麟、府二州之粮道与交通，而宁远寨为“据麟府之中最号险要”[③]者，寻赐名建宁寨。靖康元年十月，金人攻陷建宁寨，知寨杨震死之[④]。此寨“西至麟州五十里，东北至府州静（靖）化堡”；又欧阳修《论麟州事宜札子》后所附之《麟州五寨兵粮地里》云其位于中堠寨西23里[⑤]，则建宁寨应在今陕西府谷县田家寨镇杨家湾村一带。据考古发现，杨家湾村东1公里有一处宋代城址，面积约0.2平方千米。[⑥]此城址刚好处于麟、府二州之交通线上，且里距方位亦与史书记载相合，故其当为宋建宁寨之所在也。

（12）中侯寨　又作中堠寨、中候寨。庆历二年（1042），张亢修筑。《元丰九域志》不载此寨，当在元丰前已见弃。按欧阳修《麟州五寨兵粮地里》，中侯寨介于百胜寨与建宁寨之间，且东至百胜寨23里，西至建宁寨23里，当在今陕西府谷县西南田家寨镇高家南门村一带。据已有考古发现，在高家南门村西北300米处恰有一宋、明时期的寨址，东西约250米，南北约30米，寨墙残高1.5—5米，基宽5—10米。[⑦]按方位里距推之，当即中侯寨也。

（13）镇川堡　庆历二年，张亢所筑。嘉祐六年未见弃。该堡东至建宁寨28里，西迄麟州23里，北到横阳河，为麟府间五堡寨中距麟州最近者。《中国历史地图集》将其标定在今陕西府谷县新民镇西南芦草畔村一带[⑧]。又据考古发现，在芦草畔村城峁北50米有一座汉、唐、宋时期的遗址，面积约3500平方米，文化层厚0.5—2米，并出土了宋代刻花瓷碗等物，[⑨]此当是北宋镇川堡之所在也。

（14）清塞堡　《武经总要前集》《欧阳修全集》作“清塞堡”，《长编》作

① 国家文物局主编：《中国文物地图集·陕西分册》下，第652页。
② 《嘉庆重修一统志》卷二四〇“榆林府二·建宁寨”。
③ 〔宋〕韩琦：《安阳集》卷四七《张亢墓志铭并序》，影印四库本。
④ 《三朝北盟会编》卷五八《靖康中帙》，第431页。
⑤ 〔宋〕欧阳修：《欧阳修全集》卷一一五《麟州五寨兵粮地里》，李逸安点校，中华书局，2001年，第1756页。
⑥ 国家文物局主编：《中国文物地图集·陕西分册》下，第653页。
⑦ 国家文物局主编：《中国文物地图集·陕西分册》下，第653页。
⑧ 谭其骧主编：《中国历史地图集》第6册，第16—17页。
⑨ 国家文物局主编：《中国文物地图集·陕西分册》下，第652页。

"清寨堡"，当以前者为是。据《武经总要前集》卷一七"清塞堡"条，其"东南至府州二十里"，则其应位于府州西北。又欧阳修《论麟州事宜札子》载其"最在近东，隔河便是保德军"①，故其距离黄河东岸之保德军甚近。其位置应在今陕西府谷县西北约10公里处后河川沿岸。按：庆历元年八月，元昊自后河川攻袭府州②，说明府州在此一带的防守相对薄弱，故继任为并代钤辖的张亢③于此修筑清塞堡便恰为得宜。嘉祐六年，河东经略安抚使孙沔建议弃之，仁宗未许之。《元丰九域志》未载此堡，是其于元丰前即已废弃。

（15）东胜堡、金城堡、安定堡　此三堡为庆历元年麟府丰战争之际张亢于府州城周围所筑之三道军事屏障。史载"亢以州东焦山有石炭穴，为筑东胜堡；下城旁有蔬畦，为筑金城堡；州北沙坑有水泉，为筑安定堡，置兵守之"④。其中，东胜堡在府州东焦山，即今陕西府谷县旧城东之焦山，现尚有遗址存焉；金城堡位于府州西5里，"北控后河川（即今孤山川）乾谷，南至黄河沙谷津"，在今府谷县城西1公里海巴峁之西营墙峁，现亦有石墙尚存；安定堡在府州北，位于府谷县城北2.5公里高石崖镇（今属府谷镇）沙墕村南，现仅存残垣。⑤此三堡与后河川从东、北、西、南四个方向为府州城构筑了四道坚固的防御线，为保障府州的安全发挥了重要作用。然三者在《元丰九域志》及《宋史·地理志》中皆未载，当在元丰前已见弃。

（16）琉璃堡　又作瑠璃堡。庆历元年八月，元昊在攻陷丰州后转攻府州，旬日不下，遂"引大兵出境，而留军屯府北之瑠璃堡，时纵游骑四抄，二州闭垒不敢出"⑥，张亢乘其无备，率军夜袭琉璃堡，遂夺取之，由此而知琉璃堡当在府州北，且据府州不远。1994年版《府谷县志》认为琉璃堡在今府谷县西（按：应为西北）10公里（按：当为10里）的温家畔村，该处悬崖壁立，石色青紫相间，还留存有一道宋代的古城墙。⑦据《中国文物地图集·陕西分册》的描述进一步可知，该遗址即位于今府谷县西北高石崖镇温家畔村木瓜川东岸之石油湾遗址，其面积约0.01平方千米，出

① 《欧阳修全集》卷一一五《论麟州事宜札子》，第1754页。
② 《宋史》卷三二四《张亢传》，第10488页。
③ 《宋史·明镐传》以为乃明镐都河东漕时所建，而《续资治通鉴长编》卷一三三云："按《明镐传》，镐为河东都漕，乃修建宁中候百胜寨、镇川、清寨（塞）堡凡五城。镐除都漕，则在此后七日也。"故当以张亢为是，下文论及其余四寨堡时亦以张亢为准。
④ 《续资治通鉴长编》卷一三三，庆历元年九月，第3172页。
⑤ 府谷县志编纂委员会：《府谷县志》，第689页。按：高石崖镇于2001年并入府谷镇。
⑥ 《安阳集》卷四七《张亢墓志铭并序》，影印四库本。
⑦ 府谷县志编纂委员会：《府谷县志》，第689页。

土有大量泥质灰陶片及耀窑系青、白釉瓷碗、碟等残片。[①]此应为琉璃堡之所在也。

（17）宁川堡　元符元年（1098）四月，知府州折克行筑，为府州安丰寨外第九寨。《长编》卷四九五元符元年三月载："河东乞于府州民安丰寨外修筑第九寨，……诏河东经略司令知府州折克行，只用本州汉、蕃人兵，依上番例支给钱米，候有间隙日修筑，先令条画闻奏。""四月十二日赐役兵，十七日毕工。"按《宋史》卷八六《地理志二》，此堡西至宁丰寨40里，南至安丰寨界45里，当在今府谷县古城镇附近。据考古发现，在今古城镇小古城梁村南1公里处有一座北宋时期的寨址，位于黄甫川东岸台地上，南北长约150米，东西宽约100米，寨墙残高1—2米，中有大量耀窑系青、白、黑釉瓷碟、罐残片。[②]此寨址道里方位皆与宁川堡相合，当为宁川堡。

（18）斥堠堡　《武经总要前集》及《元丰九域志》皆不载。《长编》卷三三一元丰五年（1082）十一月条云："河东路经略司言：'府州、火山军申：黄河内有北界人船漂至河滨，斥候堡已收救得。'诏牒还北界。"按此，则其修筑时间应不晚于元丰五年，且其与河滨堡均在黄河西岸。又据《宋史》卷八六《地理志二》可知其位于宁川堡东35里。对应今址，当在准格尔旗龙口镇境内。

（19）永安寨、保宁寨、来远寨　司马光《论复置丰州札子》曰："向者王氏知州之时，所部蕃族甚众，有永安、来远、保宁三寨，皆以蕃族守之。庆历初，元昊攻陷州城，州民及三寨蕃族尽为所虏，扫地无遗。"则其修筑时间应在庆历元年之前，《元丰九域志》"嘉祐七年置"之记载当误。按《元丰九域志》，丰州领永安、保宁二寨，永安寨在"州［西］南一十七里"，保宁寨在"州东［北］一十七里"。据李逸友先生的实地勘察，丰州即今内蒙古准格尔旗二长渠古城，永安寨在二长渠古城西南约9公里之古城渠村，保宁寨在二长渠古城东北约8公里之古城梁村。[③]至于来远寨，当是因庆历元年丰州之战时破毁严重而被弃置，故史籍未载其具体方位，疑其亦在今纳日松镇境内。

（20）宁边寨　元符二年（1099），于端正平进筑。此寨东至宁府寨界30里，西去吴厖烽15里，南距靖化堡界30里，北达保宁寨界30里。吴厖烽当是已发现的宋丰州城附近的烽燧之一，如此则宁边寨与保宁、永安二寨及其周围的烽燧便构成了丰州城

① 国家文物局主编：《中国文物地图集·陕西分册》下，第653页。
② 国家文物局主编：《中国文物地图集·陕西分册》下，第653页。
③ 李逸友：《内蒙古史迹丛考》，见内蒙古文物考古研究所编：《内蒙古文物考古文集》第2辑，第407—410页。

的一道环形屏障，对于丰州城之防卫及与府州之交通联系具有重要作用。按其距离方位，应在今陕西府谷县庙沟门镇境内的木瓜沟一带。

（21）宁疆堡　宣和六年（1124）于独移庄岭筑堡，赐名宁疆。位于今陕西府谷县境内，具体位置待考。

（22）横阳堡　《武经总要前集》卷一七“横阳堡”条载，其于“天祐（按：宋无天祐年号，当为天禧）中置，北控横阳河一带贼路，东至府州靖化堡八十五里，西至西界下和市俄支谷，南至故连谷县城（按：“故”字当衍，宋连谷县承唐连谷县之旧，治今陕西神木市西北70里之黄羊城，治所不变），北至横阳河”。是以横阳堡筑于宋真宗天禧年间，为控扼横阳河一带夏人进犯麟府之要冲。据戴应新先生称：1984年，榆林地区文管会在神木北店塔村东北的山梁上发现了镌有“横阳堡”字样的石刻，则此处为横阳堡所在无疑。又《宋会要辑稿》方域二〇云：“横阳堡……庆历五年置”，盖此堡在庆历元年之麟府丰保卫战中毁弃，庆历五年又复修筑矣。此堡与横阳川以南之麟州南北呼应，共同担负着策应窟野河以西诸堡寨在护耕方面的任务。《长编》嘉祐二年（1057）五月载，知麟州武戡、通判夏倚对巡边之并州通判司马光言：“有急，则州及横阳堡出兵救之，敌来耕则驱之，已种则蹂践之；敌众盛则入堡以避。如是，则堡外三十里之田敌必不敢种矣”[①]。

（23）横阳寨　亦属连谷县，大中祥符二年（1009）置，位于窟野河东，且“西至故俄枝寨四十里”[②]，可见其修筑之主要目的当是在与夏州政权分划疆界时占据主动权。该寨在《武经总要前集》及《元丰九域志》中不见载，当是于庆历元年（1041）的麟府丰之战中废毁或在嘉祐年间夏人大肆侵耕窟野河西之地的战役中失之。其位置当在今陕西神木市店塔村北窟野河东岸。

（24）临塞堡　《武经总要前集》卷一七“临塞堡”条云其“东至镇川堡二十里，西至故（按：当衍）连谷县路西界大横水谷约六十里，南至州十二里，北至横阳堡八里”。按此，该堡正好处在府州至连谷县与麟州至连谷县的十字路口，扼守着西夏从西面进攻府州及从北面进攻麟州之要道，其位置应在今陕西神木市店塔镇略东黄羊城河沿岸。

（25）银城寨　大中祥符二年置，位于窟野河东岸。《宋会要辑稿》方域一八云其置于庆历五年（1045），极有可能是在庆历元年之麟府丰保卫战中毁废，于庆历五年又重新修复。考其位置，《武经总要前集》卷一七言：“银城寨，即麟州废

① 《续资治通鉴长编》卷一八五，嘉祐二年五月，第4477页。
② 《续资治通鉴长编》卷一八五，嘉祐二年二月，第4469页。

县，……西接西界榆平岭三十五里，［东］南至通津堡五十五里，北至惠宁堡三十五里。”按：宋银城县与银城寨同名，当是县、寨同址，而银城县宋初即存之，直至政和四年（1114）省废，在此之前的庆历年间未有见废之记载，故疑此内容为政和四年后所补。对应今址，银城寨当在今滨河新区街道办事处黄石头地村。据1990年版《神木县志》载，黄石头地村附近留存有后魏银城遗址，[①]而隋、唐及宋皆因其旧址置银城县，故银城寨亦位于此处当无疑也。

（26）惠宁堡　庆历五年筑，属新秦县。嘉祐四年（1059），河东经略安抚使孙沔奏废之。熙宁七年（1074），知太原府刘庠又请复之。[②]惠宁堡西控窟野河一带，“西北至麟州，南至银城寨二十五里”[③]，因麟州南至银城寨80里，则其北距麟州55里，地当今迎宾路街道办事处前王畔村一带。

（27）通津堡　《武经总要前集》载之，则其修筑时间当不晚于庆历时。稽诸《元丰九域志》，该堡属银城县。其控扼“合河津路……南至黄河一百步”，合河津即蔚汾水西入黄河之渡口，由此可见通津堡距离黄河甚近，在合河津渡口北仅百步之遥。又兼其“北至府州一百十里”，“东［北］至石马川路”，则其址当在今陕西神木市马镇镇境内。据考古发现，在今马镇镇王家山村有一处北宋寨址，南北长约500米，东西宽约200米，寨墙残高2—3米，地面散布大量陶瓷残片。[④]此当为通津堡之所在也。《中国历史地图集》亦标定其位置于此范围[⑤]，盖不误。

（28）肃定堡　庆历五年置，属银城县。《宋会要辑稿》方域二〇以为其属连谷县，当误。嘉祐四年见废，熙宁七年再复之。《武经总要前集》卷一七载其位于清水谷，且“北至银城寨二十五里”，又据《宋史·地理志》，清水谷在太和寨（按：当为太和堡）北二十里。按此则肃定堡大约处于银城寨和太和寨中间，地当今陕西神木市迎宾路街道内。戴应新先生认为此堡在横阳堡附近[⑥]，恐误。

（29）神堂堡　《武经总要前集》卷一七云：“神堂堡，即麟州旧城也，咸平中废，庆历中修复，东至大堡津一百里，西［南］至故麟州，南至银城寨四十里”。按：故麟州当指麟州故治也，即吴儿堡，据道光《神木县志》载，吴儿堡在县西南50里，土城旧址尚存，周围约3里，四面皆绝壑，外以山环之，只有北面一径出入，甚

① 神木县志编纂委员会编：《神木县志》，第438页。
② 《续资治通鉴长编》卷二五三，熙宁七年五月，第6201页。
③ 《武经总要前集》卷一七“麟府路·惠宁堡”，第871页。
④ 国家文物局主编：《中国文物地图集·陕西分册》下，第639页。
⑤ 谭其骧主编：《中国历史地图集》第6册，第56页。
⑥ 戴应新编著：《折氏家族史略》，第41页。

为险峻；[①]又据1990年版《神木县志》，吴儿堡即距今神木市西南50里之解家堡乡王儿堡。[②]再以道里考之，大堡津在保德军西南40里，南到合河津70里，神木寨（今陕西神木）在银城寨北50里，则神堂堡应位于今神木市北10里。《读史方舆纪要》卷五七“葭州·神木县”条云：“神堂寨，在县北”，恐误也，神堂寨当作神堂堡。绍圣三年（1096）三月，夏兵进犯神堂堡，宋出兵击之。[③]次年闰二月，夏人六万再攻神堂等堡寨，为宋将李俣能及贾喦所败。[④]

（30）神堂寨　大中祥符二年年筑，在窟野河东。[⑤]《武经总要前集》卷一七“横戎堡”条云其“东至神堂寨十五里，西控窟野河西界梁版谷，南至神堂堡十五里”，是以神堂寨与神堂堡并非同址。《中国历史地图集》将之标定在窟野河西[⑥]，当误也。又横戎堡在麟州南15里，则神堂寨当位于麟州东南方向，且两者距离不会超过30里。而道光《神木县志》卷三言：“神堂堡（当为神堂寨），在县东南六十里，今名张家石寨，有土城并神庙。”《中国历史地名大辞典》认为神堂寨即今神木市东南60里之大神堂[⑦]，误之甚矣。按：神木市在麟州南40里，而神堂寨在麟州东南不到30里处，是以神堂寨绝不可能位于神木市东南方向且相距达60里之远，其应该在今陕西神木市永兴街道办事处东北境。元丰六年（1083）五月，夏兵侵攻神堂寨，为麟州知州訾虎所败。

（31）神木寨　属银城县。《武经总要前集》不载而《元丰九域志》载之，则其当置于庆历至元丰之间。又《长编》卷二一八熙宁三年（1070）十月丙子条在记述韩绛城啰兀并遣种谔谋取横山之利时云：“然河东兵由麟州神木寨趋生界，度十五日仅得至银州”。按此，神木寨建置应不迟于熙宁三年。毕沅《关中胜迹图志》载：“元丰中，于银城县界置神木寨”[⑧]，当误矣。对于其位置，《元史·地理志》云元初曾于神木寨置云州，至元六年（1269）又废州为县；《大明一统志》继而言云州城“在神木县东三里”[⑨]。按：《大明一统志》所云神木寨即今神木市也，则宋神木寨当在

① 〔清〕王致云纂修：《神木县志》，陕西省神木县县志、党史、红军史编纂委员会点校，1982年，第41页。

② 神木县志编纂委员会编：《神木县志》，第438页。按：解家堡乡后为解家堡办事处，2018年解家堡办事处并入新设立的神木市迎宾路街道。

③ 《宋史》卷一八《哲宗本纪二》，第347页。

④ 《续资治通鉴长编》卷四九〇，绍圣四年八月，第11623页。

⑤ 《续资治通鉴长编》卷一八五，嘉祐二年二月，第4469页。

⑥ 谭其骧主编：《中国历史地图集》第6册，第16—17页。

⑦ 史为乐主编：《中国历史地名大辞典》，第2014页。

⑧ 〔清〕毕沅：《关中胜迹图志》卷二四“榆林府·银城县”，广陵书社，2003年，第1147页。

⑨ 《大明一统志》卷三六“延安府·云州城”，第638页。

今神木市城东3里，《中国历史地图集》正将其标注于此[①]，甚是。

（32）神木堡　又称神树堡，亦属银城县。《武经总要前集》卷一七云其“咸平中废，庆历中修复，东南至通津堡，西至西界”[②]，东至通津堡45里，而通津堡在今神木市东南100余里之马镇镇附近，则神木堡应位于今神木市东南方向约55里之栏杆堡镇境内。据考古发现，在瓦罗乡（今属栏杆堡镇）堡则里村有一北宋寨址，南北长约200米，东西宽约100米，寨址内散布大量耀窑系青釉碟、罐、盅等残片。此寨址与神木堡位置大体相合，当即神木堡也。元丰五年（1082）八月，夏兵进攻神木堡，监押贾默先引众撤退，致巡检高素死之。[③]

（33）静羌堡　庆历八年（1048）置，在连谷县。[④]此堡“控兔毛川一带贼路，东南至建宁寨十七里，西至镇川堡十二里、至州三十八里，南至黄河没遮川百里，北至西界”[⑤]。没遮川疑即今陕西府谷县南部之胡桥沟，按《中国历史地图集》所绘，兔毛川即今之窟野河支流考考乌素河，又建宁寨在今府谷县田家寨镇杨家湾村，镇川堡在今新民镇芦草畔村略北，则静羌堡当位于田家寨镇西。而在此镇张石畔村北侧之石马川河东岸台地上正好有一处北宋时期的寨址，仍存有夯筑寨墙残段及大量陶瓷残片。[⑥]该寨址地望正与静羌堡相合，其为静羌堡之所在当不误也。

（34）静羌寨　属新秦县。《武经总要前集》不载而《元丰九域志》载之，则其置寨当不迟于元丰之时。雍正《敕修陕西通志》载其在神木县东南100里[⑦]，《嘉庆重修一统志》与之同[⑧]。其大体位置应在今陕西神木市沙峁镇境内。

（35）太和堡　元符二年（1099）进筑，地名麻乜娘，属银城县。考其地望，“东至肃定堡界二十五里，南至清水谷二十里，西至松木骨堆界六十五里，北至银城寨二十五里”[⑨]，又银城寨北距神木寨50里，则太和堡当位于神木寨南75里，其地当在今贺家川镇附近。据考古发现，太和寨办事处（今属贺家川镇）太和寨村山峁有一宋元时期的城址，北、东、西三面皆为深沟，面积约7000平方米，城垣残高1—4米，

① 谭其骧主编：《中国历史地图集》第6册，第16—17页。
② 《武经总要前集》卷一七“麟州·神树（木）堡”，第870页。
③ 《续资治通鉴长编》卷三二九，元丰五年八月，第7914页。
④ 《宋会要辑稿》方域一八“静羌寨”，第9628页。
⑤ 《武经总要前集》卷一七“麟州·静羌堡”，第867—868页。
⑥ 国家文物局主编：《中国文物地图集·陕西分册》下，第653页。
⑦ 〔清〕刘于义等修，沈青崖等纂：雍正《敕修陕西通志》卷一七“葭州·神木县·静羌寨”，影印四库本。
⑧ 《嘉庆重修一统志》卷二四〇“榆林府二·静羌寨”。
⑨ 《宋史》卷八六《地理志二》，第2135页。

基宽约2米，夯层厚5—10厘米，出土有宋代瓷器残片及“皇宋通宝”钱币等物。[①]基于此，戴应新先生又以此处发现的横刻“太和堡”石刻，断定其应为太和堡而非太和寨所在，[②]甚是。《中国历史地图集》将之标定于秃尾河西，当误。

（36）太和寨　属银城县，亦为元符二年进筑，地名太和谷。据《宋史・地理志》载，太和寨东至神木寨55里，西去饶咩浪界堠70里，南到弥川寨30里，北至清水谷20里。按：太和堡南至清水谷20里，兹谓太和寨北至清水谷20里，显然太和寨应在太和堡之南或西南，而太和堡北距神木寨75里，则太和寨距神木寨当在75里之上，其东至神木寨55里之说不可信矣。《肇域志》对此曰：“太和寨，在县西五十五里，（一作在）西南九十［里］。”[③]盖其在县西南90里当更可信。《中国历史地图集》将其标定在神木市南部略偏西的高家堡镇境内[④]，而余蔚先生更将其定在乔岔滩乡太和峁（今属高家堡镇）[⑤]，是矣。

（37）横戎堡　本废寨，庆历中重修。嘉祐四年（1059），河东经略安抚使孙沔奏废之。《武经总要前集》卷一七“麟州・横戎堡”条载其“地控횡阳川贼路，……西控窟野河西界梁版谷”，同书同卷“镇川堡”条称其［东］北至镇川堡25里，可见其位于窟野河以东、黄羊城河以南。详考其址，“东至神堂寨十五里，……南至神堂堡十五里，北至麟州十五里”，又今神木市北距神堂堡10里，则横戎堡当在今神木市北25里处。该堡与麟州北的临塞堡正好南北相应，共同成为麟州南北之藩屏。

（38）栏干堡　又作阑干堡，治平三年（1066）进筑，本属银城县，政和四年（1114）后属新秦县，《宋会要辑稿》方域二〇以之属连谷县，误矣。《肇域志》卷四一“葭州・神木县”云“栏干堡在城东六十里”，则明代亦有栏干堡，应与宋之栏干堡同址，且其位置当在今陕西栏杆堡镇境内。据考古发现，在今栏杆堡镇栏杆堡村南侧有一堡址，东西长约400米，南北宽约100米，夯层厚10—15厘米。戴应新先生描述其地形为“西、北两面临河，东为深沟，形势孤绝”。此当为宋栏干堡之所在也。道光《神木县志》以之为张亢所筑之镇川寨（堡），误矣。

（39）裴家垣寨　《长编》卷一八九嘉祐四年二月乙亥条云：“河东经略安抚使孙沔请废府州西安、靖化、宣威、清塞、百胜、中候及麟州横戎、神林（木）、惠

① 国家文物局主编：《中国文物地图集・陕西分册》下，第639页。

② 戴应新编著：《折氏家族史略》，第43页。

③ ［清］顾炎武：《肇域志》卷四一“延安府・神木县・太和寨”，谭其骧、王文楚、朱惠荣等点校，上海古籍出版社，2004年，第1590页。

④ 谭其骧主编：《中国历史地图集》第6册，第16—17页。

⑤ 余蔚：《中国行政区划通史・辽金卷》，第767页。

宁、肃定、镇川、临塞等十二堡寨使臣，其兵马粮草，令旁近大寨番遣人守护之；复创麟州西裴家垣寨，积粮草以应接麟州。”可见裴家垣寨是在嘉祐四年孙沔奏废麟、府二州诸堡寨的背景下，于麟州西重新修筑之堡寨，主要作用为囤积粮草以为麟州之援。孙沔此举盖为加强麟、府二州间粮草馈运之效率，以保证战时对麟州粮草及时有效的供应。其具体位置史籍不载，当距麟州不远。

（40）浊轮寨　此寨宋初即存，为宋廷在河东路收市良马之地。既言浊轮寨，当在浊轮川（即今之犊牛川）沿岸。该寨地控夏人自浊轮川入侵麟府之要道，故于至道中“置浊轮寨部署”，并以重兵戍守之。咸平三年（1000）五月，李继迁攻浊轮寨，兵马钤辖刘文质击走之。[①]至于此寨失陷时间，《长编》及《宋史》皆无详载，只能大致推定。《长编》卷五三咸平五年（1002）十二月壬午条载：“先是，麟州界首领勒厥麻等三族千五百帐，以浊轮寨失守”，则其失陷当不晚于咸平五年十一月。又同书卷一八五嘉祐二年（1057）二月壬戌条在追述夏人侵耕窟野河西之地时曰：“咸平五年，继迁围麟州，陷浊轮、军马等寨。”吴广成《西夏书事》将之系于咸平五年九月[②]，不知何据也。

（41）神泉寨　元符元年（1098），河东路经略安抚使孙览奏筑于榆木川北岭上，以“凿井有青蛇，如金色，水甘泉源壮”而名之。该寨“控扼得隔祚岭、荒土平、玛克朗三处贼马来路，及保护得乌龙谷、韦子川一带种耕地土，后倚葭芦寨，实为便利”，可见其不仅控制着夏军西犯葭州之路，而且对保护其西南部之乌龙川一带的耕地亦发挥着不可替代的作用。《宋史·地理志》载其位于“废葭芦寨北。……东［北］至晋宁军二十五里，南至乌龙寨二十五里，西至隔祚岭界堠五十里，北至通秦寨四十里”。按：“废葭芦寨北”当作“废葭芦寨南”，其并非晋宁军治所葭芦寨，《宋史》当误，吕卓民先生考证其为今陕西佳县西北约10里佳洲街道办事处大西沟村西佳米公路南侧的一座古城，城址内有许多宋代瓦片及碎瓷片等，[③]甚是；晋宁军即今佳县佳芦镇，是以神泉寨当位于今佳县西南25里处。据考古发现，神泉寨在今佳洲街道办事处神泉堡村东北侧[④]。

（42）三交堡　元符元年，由神泉寨进筑，地名三交川岭。《长编》卷五〇二元符元年九月戊辰条载此事曰：“河东路经略司言：神泉寨筑堡三交川岭毕工，乞赐

① 《续资治通鉴长编》卷四七，咸平三年五月，第1015页。
② 《西夏书事校证》卷七，咸平五年九月，第84页。
③ 吕卓民：《西北史地论稿》，第78页。
④ 国家文物局主编：《中国文物地图集·陕西分册》下，第664页。

名。诏以三交堡为名。”三交川岭即三交峰，嘉庆《葭州志》云其“在州西南三十里”[①]，则三交堡应位于晋宁军西南30里处。且其既属神泉寨所筑之堡，距神泉寨当不远，规模亦当比神泉寨小。今佳洲街道办事处西北古城村有一北宋寨址，南北长约300米，东西宽约150米，出土有宋代瓷器残片及“政和通宝”钱。[②]此处正在晋宁军西南20余里，距神泉寨亦仅约4里，且寨址规模较神泉寨为小，应为宋三交堡也。

（43）乌龙寨　元符二年（1099），河东路马步军副总管王文振于乌龙川北岭进筑[③]。该寨“与神泉寨、米脂［寨］、葭芦寨缓急声援相接”，应位于葭芦、神泉、米脂三寨之间。又《读史方舆纪要》云其在神泉寨西南25里[④]，则其当在晋宁军西南50里处。嘉庆《葭州志》又言之曰：“今州西南四十里刘家石坪西北有废城，南即乌龙川，是其处也。”[⑤]刘家石坪当为今刘石畔村也，则乌龙寨当在刘石畔村西北侧，即今乌镇古城山村南侧之寨址。[⑥]

（44）通秦寨　地名昇啰岭（一作星隆岭），元符二年进筑并赐名。《宋史·地理志》载其位于晋宁军北20里，恐误也。顾炎武称其“在［葭］州北五十里”[⑦]。按：通秦寨“南至神泉寨四十二里”，而神泉寨东至晋宁军25里，则通秦寨应在晋宁军西北方向，且距晋宁军当不止20里，而应为50里。嘉庆《葭州志》“古迹·通秦废寨”条云：“今州西北五十里高家寨北有废城，是其处也。”高家寨当为今高家塄村，则通秦寨应位于高家塄村北侧，即与高家塄村临近之佳县通镇通秦寨村北之宋代寨址[⑧]。此寨正好处于葭芦川（今佳芦河）北岸，西面即是西夏左厢神勇军司驻地，故其位置颇为重要，扼守着西夏自葭芦川南下进攻晋宁军之要道。

（45）通秦堡　地名精移堡，元符二年进筑，与通秦寨同赐名，并隶于通秦寨。[⑨]此堡东至黄河17里120步，西至龙移川界堠（当为宋夏边境之界堠，应在今陕西佳县兴隆寺乡境内）50里，南至通秦寨17里。按：“南”应作“西南”，因通秦寨“东至黄河二十九里”，则通秦堡应位于通秦寨东北方向。雍正《陕西通志》载其位于葭州北77里。据考古发现，在通镇东北之小里旺村北侧有一宋代城址，南北长约

① ［清］高珣等纂修：《葭州志》“山川·三交堡”，成文出版社有限公司，1969年，第27页。
② 国家文物局主编：《中国文物地图集·陕西分册》下，第664页。
③ 《续资治通鉴长编》卷五〇六，元符二年二月，第12062页。
④ 《读史方舆纪要》卷五七“葭州·神泉寨”，第2750页。
⑤ 《葭州志》“山川·乌龙寨”，第42页。
⑥ 国家文物局主编：《中国文物地图集·陕西分册》下，第665页。
⑦ 《肇域志》卷四一“延安府·葭州·通秦寨”，第1589页。
⑧ 国家文物局主编：《中国文物地图集·陕西分册》下，第664页。
⑨ 《宋史》卷八六《地理志二》，第2138页。

500米，东西宽约350米，城墙高3—8米，宽2—4米，夯层厚21厘米，地表散布有宋代瓷器残片。[①]该城址与通秦寨和晋宁军之方位里距皆与史载相符，则其为宋通秦堡当无疑也。

（46）宁河寨　元符二年进筑于窟薛岭，位于宁河（当为今车会河也）南[②]。《宋史·地理志》载其“东至黄河三十里，南至通秦堡一十七里”。按：通秦堡东距黄河约17里，且位于晋宁军西北，则宁河寨应在通秦堡西北17里，且在晋宁军之西北；又窟薛岭“在州西北七十里寨沟之北”，故而其当在晋宁军西北70里处。嘉庆《葭州志》云：“今州［西］北七十里寨沟里北有废城，南距宁河三里，是其处也。”寨沟里位于今佳县西北刘国具镇境内，据考古发现，寨沟西北约1.2公里的阎家寺村东南侧有一宋代寨址，东西长约500米，南北宽约300米，夯墙高3—6米，宽2—6米，夯层厚15—20厘米，还残存一处角楼台座及许多瓷器残片、“政和通宝”钱等物。[③]该寨址方位、里距、地形皆与史籍记载相合，当即宁河寨无疑也。

（47）宁河堡　元符二年于哥崖岭进筑，与宁河寨同赐名，并隶于宁河寨。[④]既云宁河堡，则其当在黄河沿岸。又哥崖岭位于“州北四十里高家脊，东北即黄河”，故其应位于今佳州街道办事处北40里之车会河汇入黄河处。据吕卓民先生考证，位于今佳县北朱家坬镇佛堂寺东500米的一处宋代古城址，当地群众称之为宁河堡。[⑤]此城址正处于车会河南岸，东距黄河不到1公里，且南至佳州街道办事处40里左右，当即为宋宁河堡之所在。

（48）弥川寨　元符二年筑，地名弥勒川（当为今杨家沟）。《宋史》卷八六《地理志二》载其“东至黄河六十里，……北至麟州太和寨三十里”，又雍正《陕西通志》卷一七“葭州·弥川寨”条称其“在州北一百一十里花石崖北”，即今神木市花石崖镇一带。嘉庆《葭州志》“古迹·弥川废寨”条曰：“今州北百二十里有废城，西即弥勒川，是其处也。”吕卓民先生结合戴应新先生实地调查结果认为，今花石崖村境内花石崖有一座古城址即为北宋弥川寨。[⑥]此城址地里、方位皆与史载相符，盖即弥川寨也。

（49）弥川堡　元符二年筑于小红崖，与弥川寨同赐名，并隶于弥川寨。《宋

① 国家文物局主编：《中国文物地图集·陕西分册》下，第664页。
② 《葭州志》“山川·宁河寨”，第28页。
③ 国家文物局主编：《中国文物地图集·陕西分册》下，第665页。
④ 《宋史》卷八六《地理志二》，第2138页。
⑤ 吕卓民：《西北史地论稿》，第81页。
⑥ 吕卓民：《西北史地论稿》，第81页。

史》卷八六《地理志二》载其北至弥川寨15里，“东至黄河四十里，南至宁河寨一十五里”，则其介于弥川寨与宁河寨之间，又弥川寨南距今佳州街道办事处120里，故其当位于今佳州街道办事处北105里，且在今花石崖镇南部。嘉庆《葭州志》“古迹·废弥川堡”条载：“今州北［百］一十里阳沟里南有废地，呼曰堡子脊，城傍崖红，呼曰红崖畔，东至弥勒川十二里，是其处也。”吕卓民先生在1987年陕西文物管理委员会文物普查资料的基础上，将花石崖镇西南西阳沟村南的一处宋代城址断定为弥川堡，[①]盖是矣。

（50）靖川堡　进筑时间无载，疑在宋末。《宋史》卷八六《地理志二》载其东至黄河30里，西距界首立子谷45里，南到宁河寨14里，北去弥川堡13里，又弥川堡南至晋宁军110里，则靖川堡约位于宁河寨与弥川堡中间，且在晋宁军北97里。雍正《敕修陕西通志》卷一七“济川堡”条引《葭州志》云：“济川堡，在州北一百里薛家会西，山上有碑，记镌其名，秃尾河、和市塌、三角城在其西北。”[②]可见此济川堡位于秃尾河东岸。稽诸史籍，嘉庆《葭州志》“古迹·靖川废堡”条对此言：“今州北九十里薛家会北有废城，西依毒尾河，居民误呼为济川堡，是其处也。”按：毒尾河即今之秃尾河，则济川堡实乃靖川堡也，且靖川堡应在秃尾河东岸的薛家会附近。检示地图，今万镇镇有薛家会村，正好位于秃尾河及和市塌村之东，加之其方位、里距皆与史载相合，盖为靖川堡无疑也。吕卓民先生将之定为今刘国具镇薛家沟村，恐误。

（51）吴堡寨　《长编》卷三二一元丰四年（1081）十二月丙子条载：“巡检张璨言：‘西界吴堡寨内隔河呼云：鄜延第四将高铃辖已收吴堡寨，须度船一二艘，以备转递文书。’”可知吴堡寨本为西夏堡寨，元丰四年为宋收复。元丰五年（1082）七月隶于石州[③]。按《元丰九域志》，吴堡寨属石州定胡县[④]。大观三年（1109），割石州之定胡县属晋宁军，则吴堡寨亦当于此时划归晋宁军。天会七年（1129）为金攻克。考其方位及沿革，《大明一统志》卷三六“葭州·吴堡县”条称吴堡县在“［葭］州城南［百］八十里……宋置吴堡寨，金改为吴堡县，元初省，寻复置，本朝因之”。又《嘉庆重修一统志》载：“吴堡旧城，今吴堡县治。”则金、元、明、清之吴堡县即宋吴堡寨也，且其应在今吴堡县城附近。据考古发现，其故址在今陕西

① 吕卓民：《西北史地论稿》，第81页。
② 雍正《敕修陕西通志》卷一七“葭州·济川堡”，第52页。
③ 《续资治通鉴长编》卷三二七，元丰五年七月，第7887页。
④ 《元丰九域志》卷四“石州·定胡县”，第174页。

吴堡县宋家川镇（今为宋家川街道办事处）城里村[①]。

2. 鄜延路所辖之城堡寨

（1）青涧城　康定元年（1040），种世衡进筑。据范仲淹所作《种世衡墓志铭》载，康定元年正月三川口之战失败后，宋廷“以堡障众多，有分兵之患，其间远不足守者，即命罢之”，结果西夏“骄而贪，益侵吾疆”，向麟府路、泾原路发动连续进攻。庆历中，时任大理丞、鄜州从事的种世衡建言在延州东北200里之旧宽州故垒建城，并称其“左可致河东之粟，右可固延安之势，北可图银夏之旧”。质言之，即其有一箭三雕之利：既可以利用临近河东之优势，从河东路就近馈运粮饷，解决陕西战场因粮草转输困难而带来的不利因素，又可以在延州以北树立一道屏障，缓解延州战时的军事压力，还可以以此为基地，适机北进，攻取绥州，溯无定河而上，夺取银夏旧地，尽占横山之利。宋廷从之，及成，赐名青涧城，以种世衡知城事。[②]治平四年（1067）十月，种世衡之子、知青涧城种谔以此北上，降服夏将嵬名山，夺得绥州旧地。元符二年建绥德军，以青涧城隶之。据《（顺治）清涧县志》载，唐之宽州故城位于青涧城东北三百步之后山寨[③]，又据已有考古发现，清涧故城在今清涧县秀延镇街东北500米处[④]。

（2）威戎城　地名声塔平，属延州。此地在元丰五年（1082）徐禧城永乐时即属建议兴筑之十二堡寨之一。元丰五年七月，徐禧否定种谔先据银州，次迁绥州于乌延，又修夏州及盐州的“浅攻”战略，主张沿横山构筑十二处“永固”堡寨以占尽横山地势。然九月永乐城刚告建成寻为西夏攻陷，声塔平等诸堡寨遂见弃不守。绍圣四年（1097），吕惠卿上言重筑声塔平等旧堡寨。五月城成，名之以威戎城。考其方位，《宋史》卷八七“延安府・威戎城”条云其“东至临夏寨四十里”，又吕惠卿于绍圣四年十月奏言称“虽安远已成，然去大里河尚五十余里，若不筑浮图、声塔，山界耕牧之人犹未肯远遁”，则威戎城应在临夏寨西40里之大理河附近，地当今子洲县马岔镇境内。据1993年版《子洲县志》载，今马岔镇教场坪村有一处宋代古城遗址，南接大理河，北依山呈天然屏障，城垣东西长500米，南北宽300米，瓦砾及瓷片残存

① 国家文物局主编：《中国文物地图集・陕西分册》下，第679页。

② 〔宋〕范仲淹：《东染院使种君墓志铭》，见〔宋〕范仲淹：《范仲淹全集》，李勇先、王蓉贵校点，四川大学出版社，2007年，第354—359页。

③ 〔清〕廖元发等纂修：《（顺治）清涧县志》卷一《地理志》“堡寨”“古迹”，线装书局，2001年，第4、6页。

④ 国家文物局主编：《中国文物地图集・陕西分册》下，第694页。

较多，亦出土有北宋铁钱，当是威戎城遗址。[①]此遗址地处大理河北岸及横山南缘，形势险要，方位亦与威戎城相合，应即威戎城所在也。

（3）啰兀城（嗣武寨）　又作罗兀城、娄城、啰瓦城。《宋史》卷八七《地理志三》云："嗣武寨"，"旧啰兀城，属延州，元丰四年置，寻废。崇宁三年修复，赐名。"此大致说明了嗣武寨的建置沿革，然对元丰四年前之情形则不甚明了。《梦溪笔谈》卷一三载："抚宁旧治无定河川中，数为虏所危，［李］继隆乃迁县于滴水崖，在旧县之北十余里，皆石崖，峭拔十余丈，下临无定水，今谓之啰瓦城者是也。"由此可知，李继隆在淳化二年（991）擒获李继捧后已将抚宁县由不利坚守之旧治迁至易守难攻之滴水崖，熙宁中所城之啰兀乃是李继隆移迁之抚宁新治。白滨先生认为啰兀城初建于宋太宗淳化年间，原为抚宁新治所；熙宁四年（1071）所建之啰兀城实际为对原城址的修复；啰兀之名乃西夏人所称，意为石城，因其建在峭拔的滴水崖上。[②]甚是。熙宁三年（1070），韩绛宣抚陕西，采纳折继世及种谔城啰兀、建堡寨之建议，以"通麟府"，尽取横山地利。四年正月，种谔率兵北上，先下抚宁堡，继而"袭夏兵于啰兀北，大败之，遂城啰兀"[③]。又遣燕达乘雪夜筑抚宁堡。二月甲戌，西夏大军进围抚宁，寻陷，继而急攻啰兀城，至三月下之。[④]元丰四年十月，种谔下米脂寨，则再次收复啰兀城当在此之后。对于啰兀城"寻废"之原因，史籍无载，极有可能是受元丰五年九月宋军在永乐川之战中战败的影响。崇宁之际，宋对西夏再度强硬，西事复起，三年（1104）遂重修啰兀城，并赐名嗣武寨。考其详址，由上文抚宁寨的论述可知其位于抚宁寨北10余里之无定河沿岸。又《嘉庆重修一统志》卷二三九"榆林府·嗣武城山"条云："嗣武城山，在榆林县南一百三十里，鱼河堡［东］南五十里，由石磴而上，四面石岩高百丈，旧为啰兀城。"榆林县即今陕西榆林市榆阳区，鱼河堡即今鱼河镇，其东南50里在今榆阳区镇川镇境内，则嗣武寨当在镇川镇嗣武城山上，即今之镇川镇石崖底村遗址之所在[⑤]。

（4）永乐城（银川寨、银州、银川城）　元丰四年，宋五路大举伐夏，结果以失败告终。五年七月，种谔提出先据银州，次迁绥州于乌延，又修夏州及盐州，步步为营，尽取横山"强兵、战马、山泽之利"，进而"俯视兴、灵"，"直覆巢穴"的

① 子洲县志编纂委员会：《子洲县志》，陕西人民教育出版社，1993年，第397页。
② 白滨：《啰兀筑城考》，《宁夏社会科学》1986年第3期，第78—79页。
③《宋史》卷一五《神宗本纪二》，第278页。
④〔宋〕王称：《东都事略》卷一二八《附录六》，孙言诚、崔国光点校，齐鲁书社，2000年，第1106页。
⑤ 国家文物局主编：《中国文物地图集·陕西分册》下，第623页。

“浅攻”战略。然给事中徐禧上陈城“银州故城不便”，当“移置于东南十余里间永乐埭上”，并沿横山“自永乐西接居延”构筑十二堡寨“以据山界”。[①]八月，宋兴工二十万版筑之。九月城成，赐名银川寨。夏人闻讯，以三十万大军自明堂川来攻。沈括以夏军八万进攻绥德、袭扰米脂、劫掠粮道为由，上书“无得辄救永乐，以待援兵之集”。种谔亦以“所留病羸怯懦兵四千，竭死力守护延州”而观望不前。永乐城遂于九月失陷。崇宁初，西事再起。崇宁四年（1105），鄜延帅陶节夫乘夏人攻略泾原之机，遣将复银川寨，建为银州。[②]五年（1106），乾顺请辽出面斡旋，请求宋归还崇宁以来所占夏地，并致书宋廷谢罪请和，宋徽宗应之。银川寨遂于是年三月废为银川城。

关于永乐城之详址，众说纷纭，不一而足。今陕西米脂县南20里处的井家畔有旧城寨遗址，当地人称“永乐城”，故有人以之为宋永乐城址[③]。此遗址虽踞无定河畔，然而与史载甚为不符。首先，离横山太远，难以据横山之地利；其次，米脂寨（今陕西米脂）居于其北，亦在无定河畔，且距横山更近，西夏何必舍近求远，弃主求次，兴三十万大军来攻此“永乐城”而不争米脂寨；再者，永乐城位于故银州东南25里，而故银州在今陕西榆林市横山区党岔镇，二者相去甚远；最后，如果其位于米脂寨南20里，则距绥德城亦只有60里，沈括既已平定绥德城之夏军，何以不及时救援？此实难搪塞其责也。史念海先生经过实地勘访，辨正此说，将永乐城址定在今米脂县马湖峪[④]。但西北大学张戈博士结合史籍记载与实地考察，认为马湖峪大庙梁遗址只有高墩而无寨墙遗存，其空间难以容纳宋夏近三十万人马，且其距啰兀城过近，亦与《长编》所载距“故银州二十五里，米脂寨五十里”不符，故不应是永乐城故址。[⑤]当是。《东都事略》卷八九《沈括传》云永乐城“距银州五十里，米脂五十里”。宋1里为1800尺[⑥]，1尺折合今约31.2厘米[⑦]，则1里约合今561米，银州与米脂寨之间75宋里折合今里约当84里余。此距离正与今米脂县至党岔镇之间80余里相合，故《长编》之记载较《东都事略》更为可信。另外，《长编》卷三二八记夏军进攻永乐城时言“敌骑寻自明堂川入驻寨城侧”，则永乐城当距明堂川（今榆溪河）更近，其

---

① 《续资治通鉴长编》卷三二八，元丰五年七月，第7894页。
② 《宋史》卷三四八《陶节夫传》，第11038—11039页。
③ 米脂县志编纂委员会：《米脂县志》，陕西人民出版社，1993年，第565页。
④ 史念海：《河山集》四集，第102、103页。
⑤ 张戈：《北宋永乐城址新考》，《榆林学院学报》2017年第5期，第27—28页。
⑥ 《宋史》卷一四九《舆服志一》载：“今法五尺为步，三百六十步为里。”
⑦ 丘光明：《中国古代度量衡》，中国国际广播出版社，2011年，第142页。

更应偏向党岔镇一侧，而马湖峪大庙梁却更接近米脂。故而永乐城在马湖峪之说亦难成立。

除此之外，梁金奎先生认为永乐城址在横山县党岔镇石峁村[①]，而吕卓民先生在《宋永乐城考》一文中予以否定，认为永乐城不应在无定河西岸而当在其东北岸横山县上盐湾镇上盐湾村[②]。张戈博士则提出永乐城位于横山县党岔镇王家洼（坬）村[③]，并对吕卓民先生根据《长编》中"敌骑寻自明堂川入驻寨城侧，与夏州烽台相对，置阵无定河西，觇望官军"之记载而得出夏军自无定河西岸向东岸发起进攻的结论给以反驳，认为宋、夏两军皆在西岸且相互之间距离不远，笔者较为认同，亦同意其永乐城在党岔镇王家洼（坬）村之观点。首先，如果西夏大军是自无定河西岸向东岸发起进攻的，为何不直接渡过明堂川后进攻无定河东岸的"永乐城"，而要先从明堂川方向渡过无定河西岸而后又从西岸向东岸发起进攻呢？况且《长编》在描述整个永乐城之战的过程中并无东渡无定河之语，何来自西岸进攻东岸之说？其次，上盐湾遗址处于无定河东岸山腰高地上，西南临无定河，对"置阵无定河西"的夏军一览无余，夏军又何以"觇望官军"呢？并且，夏州在银州西北，与之"烽台相对"则意味着背对无定河，若永乐城在无定河东岸显然不合理。而王家洼（坬）城址西依王家洼（坬）山，东临无定河，若在其侧面置阵则不仅"与夏州烽台相对"，而且可以就近"觇望官军"。复次，正如张戈博士所云，《长编》记载曲珍曾建议徐禧"潜师逾西山"击夏军之后以乱其众，而上盐湾遗址西边为无定河，并无西山，谈何击其后呢？再者，徐禧主张沿横山"自永乐西接居延"构筑十二堡寨"以据山界"，尽取横山之利，永乐城作为其中之一，当是依附横山脚下，而上盐湾遗址却距横山较远，更是与徐禧"以据山界"之战略不符。最后，从地形来看，王家洼（坬）城址依王家洼（坬）山南北走向，三面悬崖，只有一条路可通山下，既符合史籍中"地形险固，三面阻崖"之所述，且其东望无定河又符合《长编》"城前正据银州大川（即无定河）"之记载。

另外，笔者认为还可以从西夏在无定河东西两岸所设之军事机构看出一些端倪：西夏在与宋临近的无定河北岸及明堂川东岸设置有左厢神勇和石州祥祐两个监军司，而在此一带的无定河西岸却并未设置监军司，这可由西夏大军自明堂川方向开拔而来

① 梁金奎：《宋永乐城址考辨》，见中国人民政治协商会议榆林县委员会文史资料研究委员会编：《榆林文史资料》第3辑，1985年，第73—74页。按：横山区县于2015年12月撤销，改设榆林市横山区。

② 吕卓民：《宋永乐城考》，见西北大学考古学系、西北大学文化遗产与考古学研究中心编：《西部考古》第1辑，三秦出版社，2006年，第503—506页。

③ 张戈：《北宋永乐城址新考》，《榆林学院学报》2017年第5期，第27—29页。

的行军路线得到证明。徐禧应该不会在修筑永乐城这项大型军事工程时无视无定河这道重要的天然军事屏障。综上所述，笔者赞成张戈博士永乐城故址为横山县党岔镇王家洼村城址之说，即永乐城故址为今陕西榆林市横山区党岔镇王家堬城址。

（5）御谋城　崇宁三年十月，知延安府陶节夫奏筑御谋山成，赐名御谋城。①此城“东至芦移堡三十五里，西至界台三十五里，南至殄羌寨三十五里，北至界台二十里”。又《读史方舆纪要》卷五七“丹头城”条载其位于“县西北百里”，则其当在今靖边县东南青阳岔镇北。据光绪《靖边县志稿》载，青阳岔山西［北］35里有双城儿山，两岸有古城对峙。②又由1993年版《靖边县志》可知，双城儿山即今双城村之背山及阳山，山上各有宋代城址，一名背城，一名阳城，合称双城，城垣皆有残存。③该城址两相对峙，互为犄角，西、北皆面向横山，北去石堡寨甚近，南距大理河亦不远，确为军事形胜之地。吕卓民先生亦认为此处乃御谋城故址④，诚是。

（6）制戎城　《东都事略》卷一二八《附录六》记：“［政和］七年，夏人围丁星原，筑平阳、瞎令古、仁多泉及靖夏、制戎、伏羌等城。”《宋史》卷八七《地理志三》云：“政和八年，赐鄜延路天降山新城改今名。”则制戎城进筑当始自政和七年（1117），八年（1118）城成，及四月朔乃赐名。其道里史籍不载，《嘉庆重修一统志》卷二三四“御谋城”条言其在安定县北界，当今陕西子长市与榆林市横山区接壤地带。据考古发现，与横山县（今陕西榆林市横山区）接界的子长县（今陕西子长市）高台乡郭家塬村东北1公里有一处名小滴山的宋代遗址，面积达0.042平方千米，寨墙有部分残存。⑤此或为制戎城之所在也。

（7）暖泉寨　元符二年，鄜延路经略安抚使吕惠卿奏筑于暖泉山，赐名暖泉寨。⑥《宋史》卷八七《地理三》载其“东至河东乌龙寨二十里，西至米脂寨四十五里”。按：“东”应作“北”，米脂寨即今陕西米脂县，其以东45里在今米脂县桃镇镇境内，而乌龙寨在今陕西佳县西南乌镇古城山村南侧，故暖泉寨位于桃镇之北而非东明矣。民国《米脂县志》称“寨在城东申家岭，光绪初年，士人于寨内掘出铜印一

① ［宋］李埴撰，燕永成校正：《皇宋十朝纲要校正》卷一六，崇宁三年十月，中华书局，2013年，第447页。按：《宋史》卷八七《地理志三》亦作崇宁三年，而《宋史》卷二〇《徽宗本纪二》则作崇宁四年二月。今从《纲要》。

② 丁锡奎修，白翰章纂：《靖边县志稿》卷一“诸山”，成文出版社有限公司，1970年，第67页。

③ 靖边县地方志编纂委员会：《靖边县志》，陕西人民出版社，1993年，第390页。

④ 吕卓民：《西北史地论稿》，第62页。

⑤ 国家文物局主编：《中国文物地图集·陕西分册》下，第810页。

⑥《续资治通鉴长编》卷五〇八，元符二年四月，第12106页；卷五一一，元符二年六月，第12155页。

方，上有元符年号”①。1993年版《米脂县志》称在桃镇刘岔村与申家崄村对面的古寨山上有一宋代寨址，存有少量残垣，文化层堆积0.5米，多次出土宋代铁钱及耀州、定窑瓷器残片。②《中国历史地图集》亦将其标注于这一带，其为暖泉寨盖是矣。

（8）米脂寨　原为西夏堡寨。元丰四年九月，鄜延路经略安抚副使种谔率军自绥德城进兵围攻米脂寨，克之。③十月，宋升米脂寨为米脂城。稽诸《长编》《宋史》，元丰五年四月后便称寨而不曰城，故其于此前不久又降为寨矣。元丰七年（1084）改隶绥德城④。元祐四年（1089），宋将米脂、葭芦等四寨赐给西夏，以换回在永乐城之战中为西夏俘虏之人。绍圣之际收复。按：《宋史》卷八七《地理志三》系之于元符元年，恐误。《长编》卷四九二绍圣四年（1097）十月丙戌条引鄜延路经略安抚使吕惠卿之语云：

> 臣元准朝旨，令相度米脂、细浮图、声塔平、石堡、黑水、塞门之间大里河长城已来，从长择利进筑。虽有指定上件去处，然臣与本路兵将官商议，除石堡在敌境未可进筑外，若择工料稍小者，则莫若已弃城寨有旧址可因，易为了当。然米脂孤出，僻在一隅，田土沙瘠，未为边戍之要。唯故安远、细浮图、声塔平并据横山，而横山兵马最为强劲，西人所恃以为先锋殿后者。若不修筑，使其住坐如旧，一则奸细易为出入，二则耕牧资贼糇粮。而三寨之中，安远去府城至近，控扼背水，则大川为所当先者。然徐图其次，即非为米脂等寨在生界为难而不敢筑，安远已包汉界为易而先之也。⑤

由“除石堡在敌境未可进筑外”可知，绍圣四年十月时米脂寨已然收复，只是由于“故安远、细浮图、声塔平并据横山”，战略地位更为重要，而“米脂孤出，僻在一隅，田土沙瘠，未为边戍之要”，故先行重筑其他三寨而将米脂寨之复修工程推后。至元符元年二月，吕惠卿才上章于故址重修米脂寨⑥，是年三月修成，并乞赐新名，宋哲宗仍诏以米脂为名⑦。毕沅《关中胜迹图志》“米脂县”条曰：“宋初属西夏，元丰四年收复，置米脂寨，属绥德军，金因之，后升为县，属绥德州，元、明不改，本朝因之。”⑧可见宋之米脂寨即金、元、明、清之米脂县，又今之米脂县相沿

① 严建章、高仲谦等修，高照初纂：《米脂县志》“关寨·暖泉寨”，松涛斋，1944年，第9页。
② 米脂县志编纂委员会：《米脂县志》，第565页。
③《续资治通鉴长编》卷三一六，元丰四年九月，第7653页。
④〔元〕马端临：《文献通考》卷三二二《舆地考八》，中华书局，1986年，第2532页。
⑤《续资治通鉴长编》卷四九二，绍圣四年十月，第11680页。
⑥《续资治通鉴长编》卷四九四，元符元年二月，第11742页。
⑦《续资治通鉴长编》卷四九五，元符元年三月，第11771页。
⑧《关中胜迹图志》卷二九“绥德州·米脂县”，第1435页。

不变，则宋之米脂寨即今之陕西米脂县也。

（9）开光堡　绍圣四年，吕惠卿奏言修筑[①]，属延州。元符元年赐名。元符二年，以绥德城建绥德军，以堡隶之。[②]此堡“正当西贼来路，下临无定河”，当位于无定河沿岸。《宋史》卷八七《地理志三》记其“东［北］至暖泉寨六十里，西［南］至克戎寨五十里，南至绥德军三十里，北至米脂寨三十里”，应在米脂寨与绥德军中间，即在今陕西绥德县四十里铺镇境内。《中国历史地图集》将之标定在四十里铺镇无定河东岸[③]，鲁人勇亦认为其位于四十里铺镇东[④]。吕卓民结合实地考察认为，开光堡有可能是位于无定河西岸暖泉沟村北李广寨古城址，并称该遗址城垣有断续残存，西、北两面城墙保存较好。[⑤]然并未发现宋代遗物，《中国文物地图集·陕西分册》及2003年版《绥德县志》都将其归为新石器时代遗址[⑥]，故有待于进一步的考古发现来证明。

（10）义合寨　原属西夏堡寨。元丰四年（1081）十一月，权发遣鄜延路转运判官张亚之上言招降西夏义合、吴堡、细浮图三寨。[⑦]十二月，鄜延帅沈括以河东兵十二将借道鄜延路东还之机，大张声势，假欲“兼护河东十二将西讨”，浮图寨闻势西遁，“吴堡、义合势孤，皆空壁去”，宋遂不战而“得三垒”，东望银夏。[⑧]寻置义合寨，隶之延州延川县。[⑨]翌年（1082），以义合等寨招置弓箭手戍守。[⑩]元丰七年（1084）正月，陕西转运副使范纯粹以“绥德城当夏贼之冲”，乞以义合等寨隶于绥德城。[⑪]元祐之际，司马光、范纯仁等人建言弃义合等寨，然元祐四年（1089）归还之四寨（米脂、葭芦、浮图、安疆）中并无义合寨，故其仍为宋所有。绍圣四年（1097），夏人攻义合寨，然未克。考其位置，“东至晋宁军六十里，西至绥德军四十里，南至顺安驿六十里，北至暖泉寨八十里”。按：“东至晋宁军六十里”当误，鲁人勇先生以为晋宁军在义合寨北约200里，而吴堡寨正在义合寨东60里，故

① 《续资治通鉴长编》卷四八九，绍圣四年七月，第11612—11613页。
② 《宋史》卷八七《地理志三》，第2147页。
③ 谭其骧主编：《中国历史地图集》第6册，第18—19页。
④ 鲁人勇：《西夏地理志》，宁夏人民教育出版社，2012年，第122页。
⑤ 吕卓民：《西北史地论稿》，第74页。
⑥ 国家文物局主编：《中国文物地图集·陕西分册》下，第681页；中共绥德县委史志编纂委员会编：《绥德县志》，三秦出版社，2003年，第634页。
⑦ 《续资治通鉴长编》卷三一九，元丰四年十一月，第7703页。
⑧ 《续资治通鉴长编》卷三一九，元丰四年十一月，第7717页。
⑨ 《续资治通鉴长编》卷三二一，元丰四年十二月，第7753页。
⑩ 《续资治通鉴长编》卷三二二，元丰五年正月，第7758—7759页。
⑪ 《续资治通鉴长编》卷三四二，元丰七年正月，第8227页。

“东至晋宁军六十里”当作“东至吴堡寨六十里”，诚是。《读史方舆纪要》卷五七“绥德州·义合城”条云“义合城，州东六十里。……今为义合驿”。今陕西绥德县东恰有义合镇，距绥德县直线距离40里，沿307国道行驶距离为60里，且沿307国道东至吴堡县亦为60里，故其为义合寨之所在盖不误也。吕卓民先生经实地考察发现，在义合镇侧有一古城址，城垣残存较多，亦有宋代瓷器残片，此即可为证也。

（11）怀宁寨（长宁寨）　《武经总要前集》卷一八上“延州·怀宁寨”条言：“怀宁寨，故长宁寨也，庆历中重修，赐今名。”可见怀宁寨即庆历前之长宁寨也，本属延州。康定元年（1040）六月，宋废之。[①]及庆历四年（1044），韩琦、田况上言：“栲栳、塞门、安远、黑水等寨，自为贼所破，直至延州更无障蔽，其承平、长宁、安南等寨，亦当时仓卒弃之。今若遂不修复，则斥堠至迫而边民不敢耕植，岂得为延州之利乎？”[②]由此而知，长宁寨之弃守实乃康定元年正月三川口战败所致，而其作为延州北鄙之重要藩屏，在警斥堠、护耕植方面作用匪浅。加之庆历四年西夏与辽之关系迅速恶化，元昊急欲达成议和以避免陷入孤立，故而重新修复长宁寨并更名亦当为此年韩琦、田况上书后不久之事。元丰七年，范纯粹奏隶绥德城。元符二年（1099），置绥德军，遂隶焉。详考其位置，东至绥德军40里，西及绥平寨40里，南达青涧城70里，北距克戎寨60里，当在今陕西子洲县东南部。又子洲县境有淮宁河，位于清涧县西北，自西南向东北流至绥德县城南不远处注入无定河。检诸史籍，毕沅《关中胜迹图志》卷三〇“绥德州·大川”下云怀宁河“在清涧县西北，自安定南沟岔入境，流七十里，东北迳绥德州入无定河”，是以知淮宁河即怀宁河也。怀宁寨与怀宁河同名，且按古之堡寨缘水而建、依险为守的修筑原则，怀宁寨应位于今淮宁河沿岸。《（乾隆）绥德州直隶州志》卷一“怀宁河”条曰：“怀宁河……出安定［县］柏山寺，由怀宁寨至城东南十里邓家楼入无定河。”[③]此即可为证也。据1993年版《子洲县志》称，在淮宁湾镇的薛家城子遗址即为宋代怀宁寨。该遗址尚残存城门，出土过宋代瓷瓶、瓷坛及政和、崇宁铁钱币。[④]此地正位于淮宁河南岸，里距、方位皆与史载相合，当即怀宁寨所在。

（12）克戎寨　本西夏细浮图寨，元丰四年十二月，沈括不战而下细浮图寨，宋以之隶延州延川县。七年，又划归绥德城。元祐四年，宋夏和解，与米脂、葭芦、

---

① 《续资治通鉴长编》卷一二七，康定元年六月，第3019页。

② 《续资治通鉴长编》卷一四六，庆历四年二月，第3536页。

③ 〔清〕吴忠诰修，李继峤纂：《（乾隆）绥德州直隶州志》卷一“舆地门·山水·淮宁河”，乾隆五十年（1785）刻、道光（1821—1850）补刻本，第28页。

④ 子洲县志编纂委员会：《子洲县志》，第397页。

安疆三寨一同“给赐夏人”。绍圣四年，宋重新夺回细浮图寨，并改名克戎寨。[①]详考其方位，“东至绥德军六十里……南至怀宁寨六十里”，地当今子洲县城附近。据1993年版《子洲县志》记载，今双湖峪镇张家寨本名即克戎寨，后因张姓定居才更名为张家寨，且其背山面水，易守难攻，寨门至今仍书写着“克戎寨”三字。[②]此地位于大理河南岸，沿大理河东行近60里正好至绥德县，顺子南线（子洲县—南沟岔镇）南下到淮宁湾镇薛家城子亦60里，地里、方位皆与史载相合，当为克戎寨无疑也。

（13）绥平寨（承平寨）　《武经总要前集》卷一七“延州·绥平寨”条云：“绥平寨，绥州城平县也，隋时置城平川，宋天圣中重筑，赐名永平，近年弃之，庆历中又复，赐今名。”按：“永平”当作“承平”，盖形近致误也。吕卓民先生已有所论证，甚为精当，今取其说[③]。详考其置筑沿革，天圣六年（1028）六月“赐延州修城平川寨役卒缗钱”，可知此时承平寨已在进筑之中；及此年七月，新寨建成，赐名承平寨。[④]宝元二年（1039）十一月，夏军在进攻保安军不克后转攻承平寨，鄜延部署许怀德击走之。[⑤]康定元年正月三川口之战爆发，宋军战败，承平寨遂于是年六月废弃。[⑥]庆历元年（1041）正月，范仲淹上书主张“自永平寨进筑承平寨，俟承平寨毕功，又择利进筑，因以牵制元昊东界军马，使不得并力西御”[⑦]。庆历二年，鄜延帅庞籍遣“周美袭取承平寨”[⑧]，然并未及时修筑。庆历四年二月，韩琦、田况复建言乘时重置承平等寨。五年正月，诏赐修复承平、栲栳、镰刀、南安等四寨之官吏役卒等银绢有差[⑨]，则修复承平寨就应为庆历四年之事。治平四年（1067），郭逵判延州，主张坚守绥州，并加强周围绥平等寨之防卫，夏人十万来攻，不克；熙宁三年（1070），夏军再攻之，亦未果。[⑩]元丰七年，绥平寨自延州延川县割隶绥德城。元符二年建绥德军，遂隶之。详考其位置，“东至怀宁寨四十里”“西南至州［二百］[⑪]里”，又怀宁寨东去绥德军60里，则绥平寨东至绥德军当为100里。据

---

① 《续资治通鉴长编》卷四八六，绍圣四年四月，第11545页。
② 子洲县志编纂委员会：《子洲县志》，第397页。
③ 吕卓民：《西北史地论稿》，第67页。
④ 《续资治通鉴长编》卷一〇六，天圣六年六月、七月，第2474、2476页。
⑤ 《续资治通鉴长编》卷一二五，宝元二年十一月，第2944页。
⑥ 《续资治通鉴长编》卷一二七，康定元年六月，第3019页。
⑦ 《续资治通鉴长编》卷一三〇，庆历元年正月，第3081页。
⑧ 《续资治通鉴长编》卷一三五，庆历二年四月，第3238页。
⑨ 《续资治通鉴长编》卷一五四，庆历五年正月，第3735页。
⑩ 〔宋〕范祖禹：《范太史集》卷四〇《郭逵墓志铭》，影印四库本，第11页。
⑪ 按：《武经总要前集》此处脱载其里距，此依《范仲淹全集》载“承平寨在延州东北二百里”补入。见《范仲淹全集》“附录十三·遗迹汇录”，第1559页。

《（顺治）清涧县志》载，绥平城即隋城平县或城平州，在县西北120里。[①]是以绥平寨当在今陕西子洲县南部何家集镇淮宁河沿岸。据1993年版《子洲县志》称，今何家集镇镇政府南1公里淮宁河南岸遗址即宋绥平寨故址，其城垣尚存，曾出土过大量宋代钱币、瓷器以及铁马刺等。此遗址与绥德县、清涧县及延安市之间的里距、方位皆与史载相合，为宋绥平寨当无疑矣。

（14）顺安寨（南安寨）　《武经总要前集》卷一八“延州·顺安寨”条云：“顺安寨，即唐初南平州安固（按：“固”当作“故”）县地，宋建南安寨，康定中弃之。庆历初（按：“初”当作“中”）重修，赐今名。”则康定前之南安寨与庆历中重建之顺安寨乃同为一地，即唐武德初所置之南平州安故县地。南安寨与长宁、承平二寨皆为延州北鄙之重要屏障。康定元年正月三川口战败后，宋收缩战略防御线，至同年六月弃南安等寨，遂使延安之北东西400里“藩篱殆尽”。康定二年（1041）二月，宋军在好水川惨败，朝议欲“罢诸路行营之号”，收兵进讨，范仲淹即上书主张“修南安等处三两废寨，安存熟户并弓箭手，以固藩篱，俯彼巢穴”，“贼大至则守，小至则击，有间则攻，方可就近以扰之，出奇以讨之”[②]，攻守兼备，灵活机动，伺机歼敌，步步为营。庆历四年，枢密副使韩琦、知制诰田况再次建言修复南安等寨。元丰七年，为加强延州东北部绥德城一带防务，割顺安寨隶之。元符二年七月，一度弃顺安寨，然是年十一月建绥德军，顺安寨又重置且隶焉。《武经总要前集》载其西北至怀宁、绥平二寨，东去白草寨40里，西及怀宁寨40里，南距青涧城50里，北达绥州40里。[③]按：此处所载顺安寨距清涧县之里数似过近，据道光《清涧县志》载，白草寨在清涧县东120里之白草山[④]，则顺安寨当在清涧县东80里，即今清涧县东部无定河西岸。《中国历史地图集》将其标定在清涧县店则沟镇境内[⑤]。吕卓民先生经实地考察，认为其故址为店则沟镇张家硷村西北之古城原城址[⑥]。此处方位、里距与史载基本相合，盖是也。

（15）白草寨　原属延州延川县，初筑时间不详。康定元年三川口之战后弃之。范仲淹在第一封《上吕相公书》中云：“及废承平、南安、长宁、白草四寨，弃为虏

---

① 《（顺治）清涧县志》卷一《地理志》“堡寨·绥平城”，第4页。

② 《续资治通鉴长编》卷一三一，庆历元年二月，第3111页。

③ 《武经总要前集》卷一八“延州·顺安寨”，第877—878页。

④ 〔清〕钟章元等纂修：《清涧县志》卷一“古迹·白草寨”，成文出版社有限公司，1970年，第74页。

⑤ 谭其骧主编：《中国历史地图集》第6册，第18—19页。

⑥ 吕卓民：《西北史地论稿》，第69页。

境，延安之北，东西仅四百里，藩篱殆尽。近修金明，聊支一路。将修宽州，以御东北，非多屯军马，亦不能守，必须建军。”①建议修复废弃的白草等寨，招募弓箭手守之，以渐固藩篱，徐图进取。庆历四年韩琦上书后不久，白草等寨又重新修筑。元丰七年，划隶绥德城。元符二年七月弃之，至十一月又重置，并隶于绥德军。此寨“东控黄河伏落关（津）路，北绥州界铁茄平、定僊（仙）岭、满堂川路，最为要害之地，东至黄河二十里，西至顺安寨四十里，南至隰州上平关三十里”②。按：今陕西绥德县有铁茄坪村、定仙墕镇、满堂川镇及满堂川河（无定河支流），皆距无定河及黄河甚近，东可就近入河东，北可沿黄河北上至故晋宁军、麟州、府州，西北溯无定河而上可达故绥州、银州、夏州，而白草寨又“东控黄河伏落关（津）地”、南扼上平关路，称“最为要害之地”，诚是矣。《嘉庆重修一统志》卷一七“白草寨”条云其位于清涧县东北100余里黄河侧；又道光《清涧县志》卷一“白草寨”载其位于“县东一百二十里的白草山上”。白草山即今陕西清涧县解家沟镇白草山，白草寨正当其上。

（16）临夏寨　绍圣四年七月，鄜延帅吕惠卿建言“与威戎城接连有地名罗渠谷岭，上可以创修一守御大寨。见委官相度，请从本司一面择利修筑。从之”；翌年四月庚寅，进筑罗窟谷城寨毕；壬辰，吕惠卿言“罗密谷岭新寨毕工。诏赐名临夏寨”。③又《宋史》卷八七《地理志三》云临夏寨“地名啰岩谷岭”。则罗渠谷岭、罗窟谷城寨、罗密谷岭新寨及啰岩谷岭实为一地也，皆指临夏寨。元符二年，绥德城建军，遂隶焉。其方位东至克戎寨30里，西至威戎城40里，南去绥平寨60里，北距界堠82里；④又《大明一统志》卷三六“绥德州·临夏城”条言其位于绥德州西90里。可见临夏寨应在今陕西子洲县境大理河沿岸。光绪《绥德州志》卷一“沿革·临夏城”条云：“据采访，州西九十里之巡检司，山有寨形，即临夏寨。以道里考之，是。”又同书卷二“城堡·巡检司”条言巡检司在绥德州城西95里，“州境与怀远县（今陕西榆林市横山区）交界，为大理、小理合流处”。对应今址，即陕西子洲县马蹄沟镇巡检司村。

① 《范仲淹全集》，第254—255页。按：此书开头有“仲秋渐凉”之语，又其中提及刘平三川口之败而不见任福好水川之败的信息，故其上书时间当为康定元年八月。

② 《武经总要前集》卷一八“延州·白草寨”，第879页。

③ 《续资治通鉴长编》卷四八九，绍圣四年七月，第11613页；卷四九七，元符元年四月，第11820、11831页。

④ 《宋史》卷八七《地理志三》，第2149页。

（17）抚宁寨（抚宁堡） 即隋、唐之抚宁县，宋初称抚宁寨。[①]雍熙二年（985）二月，李继迁诱杀夏州都巡检使曹光实，自三族寨进攻抚宁寨，驻军绥州、负责进讨李继迁的田仁朗以“抚宁小而固，戍卒少而精，非浃旬所能破”而欲以以逸待劳之计“邀其归路”而擒之，然未及实施而被治狱。[②]淳化五年（994），宋太宗以李继捧暗结李继迁，遣李继隆讨之。李继隆兵贵神速，自绥州引兵驰入抚宁县，亟攻夏州，遂擒李继捧，并将抚宁旧治自无定河川中迁至其北10余里之滴水崖。[③]此不言抚宁寨而云抚宁县，有可能自雍熙二年后由寨而升为县，至此又迁治滴水崖。咸平五年（1002），宋真宗弃五州之地，抚宁寨遂属夏。熙宁五年（1072）正月，种谔进占抚宁堡，遣将于雪中城之，寻即为夏军攻陷。沈括《梦溪笔谈》云：“熙宁中所治抚宁城，乃抚宁旧城耳。”再结合以上论述可知，种谔进占之抚宁堡即宋初之抚宁寨，亦即隋、唐之抚宁故城。详考其方位，由《梦溪笔谈》的记载知其应位于无定河沿岸；又《太平寰宇记》卷三八“银州·抚宁县”条云：“抚宁县，东南八十里……无定河在县北二十里。”而唐之银州据“明堂川、无定河之会”[④]，在横山县党岔公社党岔大队（今陕西榆林市横山区党岔镇北庄村东北1公里）[⑤]，则抚宁寨当位于今米脂县西北无定河西岸杜家石沟镇北。《中国历史地图集》所标定之位置略显偏南[⑥]。

（18）清边寨 元符二年十一月绥德城建军时不见其隶焉，故其筑置并划归绥德军应在此之后。《宋史·地理志》称其东至河东界50里，西及龙泉寨20里，南去暖泉寨70里，北至生界堠13里；又同卷“嗣武寨”条云嗣武寨东至清边寨20里，则其当在今陕西米脂县沙家店镇金鸡河沿岸。吕卓民先生认为清边寨在李家站乡（现已撤销，地属沙家店镇）土门寨[⑦]，但此处位于嗣武寨正北方向，与史书记载不符，恐误。

（19）镇边寨 修筑时间不详。考其方位，“东至龙泉寨四十里，西至大虫坑二十五里，南至克戎寨六十五里，北至生界堠二十五里”，又《读史方舆纪要》卷五七“绥德州·镇边寨”条云其在嗣武城西20里，当位于今米脂县郭兴庄镇马湖峪河沿岸。

（20）龙泉寨（通泉镇） 属绥德军，然史书皆不载其置筑时间，当在元符二年

① 《读史方舆纪要》卷五七“绥德州·抚宁城”，第2743页。
② 《太平治迹统类》卷二《太祖太宗经制西夏》。
③ 〔宋〕沈括撰，胡道静校注：《新校正梦溪笔谈》卷一三《权智》，中华书局，1957年，第146页。
④ 《续资治通鉴长编》卷三二八，元丰五年七月，第7895页。
⑤ 戴应新：《银州城址勘测记》，《文物》1980年第8期，第62页。
⑥ 谭其骧主编：《中国历史地图集》第6册，第18—19页。
⑦ 吕卓民：《西北史地论稿》，第74页。

十一月绥德城升军之后。宣和二年（1120）一度更名为通泉寨，旋复故。[①]其东至清边寨20里，西去镇边寨40里，南及嗣武城20里，北距中山堡8里，地当今陕西榆林市横山区党岔镇东无定河西岸。1993年版《米脂县志》沿用光绪《米脂县志》之误而将龙泉寨的位置定在龙儿崖村[②]，盖以龙儿崖沟对应龙泉之故，但龙儿崖村到清边寨及镇边寨的里距与史载有较大出入。鲁人勇先生又认为其位于马湖峪村[③]，然与嗣武寨相距太近，恐亦误。据《中国文物地图集·陕西分册》的记载，横山区党岔镇石峁村有一处宋代城址，依山而建，城垣及墩台皆有残存。据吕卓民先生称，石峁村曾出土过两通明、清石碑，碑文称之为“龙泉寨”，且一直追溯至宋代。[④]此处方位、道里与史载皆较为契合，当即龙泉寨故址。

（21）黑水堡　为延州东路重要堡寨，属延川县。[⑤]《武经总要前集》卷一八“延州·黑水堡”条云：“黑水堡，庆历中筑，东控城平川，西［控］黑水川路入卢子关，北自大理河至横山，最为要害之地。”可见其东通绥德、西接卢关、北达横山、南控延州，战略位置十分重要。然据庆历四年韩琦、田况上书称：“栲栳、塞门、安远、黑水等寨，自为贼所破，直至延州更无障蔽”[⑥]。由此而知，黑水堡在康定元年正月三川口之战前即已存在，此云“庆历中筑”当为重新修复也。庆历二年（1042）四月，庞籍帅鄜延，遣将复“所失故地”，以“楚建中分诸将兵，趣城黑水以待”，“贼亦自引去”。[⑦]但由于此时元昊尚未“归款”，鄜延东路并未真正打通，故黑水堡可能并未修复完成。《华阳集》卷五八《梁适墓志铭》载：“又为枢密直学士、鄜延路经略使、知延州。元昊既称臣，公遂徙重兵内地，复安定、黑水、园林三堡。”[⑧]稽诸《长编》，梁适帅鄜延在庆历五年（1045）三月至十一月；又十一月诏赐“修筑安定等三堡（即安定、黑水、园林三堡）吏卒银绢有差”，可知黑水堡最终修复完毕当在庆历五年十一月。元丰四年，五路伐夏，种谔“遣曲珍等领兵通黑水、安定堡路折运粮”[⑨]。由此亦见，黑水堡、安定堡路为宋伐夏重要的馈运通道。绍圣之际，西夏求和未果，遂于三年（1096）九月大入鄜延，扫荡诸堡寨，“金明以

---

① 《宋史》卷八七《地理志三》，第2150页。
② 米脂县志编纂委员会：《米脂县志》，第488页。
③ 鲁人勇：《西夏地理志》，第125页。
④ 吕卓民：《西北史地论稿》，第73页。
⑤ 《元丰九域志》卷三“延州·延川县”，第108页。
⑥ 《续资治通鉴长编》卷一四六，庆历四年二月，第3536页。
⑦ 《续资治通鉴长编》卷一三五，庆历二年四月，第3238页。
⑧ 《华阳集》卷五八《梁庄肃公适墓志铭》。
⑨ 《续资治通鉴长编》卷三一九，元丰四年十一月，第7706页。

南，二百里间相继不绝”[1]，黑水堡遂见弃。四年，吕惠卿重新修复黑水等诸堡寨。元符二年建绥德军，以黑水堡隶之。考其详址，“东至绥平寨四十里，西至土门堡二十里，南至安定堡六十里，北至大理河六十里”[2]，地当今陕西子长区涧峪岔镇淮宁河沿岸。据1993年版《子长县志》载，黑水堡遗址位于涧峪岔乡边家湾村淮宁河南城台子山上，城墙残存约200米，曾出土过宋代铁蒺藜、铁战刀、青瓷片及铁钱；1981年，在此地征集得一口宋代铁钟，上铸有“黑水城”三字。[3]此遗址方位及道里皆与史载切合，当即黑水堡故址无疑。

（22）中山堡、海末堡、佛堂堡　筑置时间皆不详。中山堡，《宋史》卷八七“绥德军·龙泉寨”条载其位于龙泉寨北8里，故疑其为今陕西榆林市榆阳区上盐湾镇上盐湾村、铁炉峁、永乐仓三处城寨遗址之一。海末堡，《（乾隆）绥德州直隶州志》载：“海满坪，在城东南三十里，即海末堡。”[4]对应今址即绥德县南30里无定河西岸白家硷镇海满坪村。佛堂堡，今子洲县裴家湾镇有佛堂焉村，位于淮宁河与大理河之间，属绥德军辖区内，或即宋佛堂堡之所在。

（23）石堡寨（威塞军、威德军）　宋初属定难军节度使辖地。淳化五年，讨李继捧，李继隆舍弃部下先据石堡寨之议而径自绥州出兵，溯无定河而上，直捣夏州，俘李继捧以归，[5]石堡寨遂隶于宋。同年，宋升石堡寨为威塞军。至道中，陷于李继迁，后升为龙州。[6]元丰四年一度为宋将种谔攻取。元丰五年五月，沈括与种谔建言将延州以北分东、中、西三路，“塞门寨以北石堡、背水、油平、罗韦、盐池一带为中路，隶宥州”[7]。及徐禧视事银州，乃建议沿横山筑乌延等十二座堡寨以代之。同年九月，永乐城失陷，诸堡寨遂见弃焉。绍圣四年十月，吕惠卿上书哲宗修复废弃之堡寨，称“石堡在敌境，未可进筑”。这说明绍圣之际石堡寨仍为西夏所据。崇宁三年（1104），陶节夫帅鄜延，取石堡寨并修复之，赐名威德军。十月，西夏“围威德军”，为刘安、杜大忠所败。五年（1106）三月，宋夏议和，宋徽宗诏“废威德军为石堡寨”。政和七年（1117），知庆州姚古复克之，又为威德军。

考其详址，由种谔所上“浅攻”之略可知其必当在横山脚下。又《武经总要前

① 《宋史》卷四八六《夏国传下》，第14017页。
② 《武经总要前集》卷一八“延州·黑水堡”，第879页。
③ 子长县志编纂委员会编：《子长县志》，陕西人民出版社，1993年，第696—697页。
④ 《（乾隆）绥德州直隶州志》卷二“城堡·海满坪”，第9页。
⑤ 《新校正梦溪笔谈》卷一三《权智》，第146页。
⑥ 《武经总要前集》卷一九“西蕃地理·石堡镇（寨）”，第941页。
⑦ 《续资治通鉴长编》卷三二六，元丰五年五月丙午，第7858页。

集》卷一八“盐夏路”条载：“自［延］州北至塞门寨，度卢子关，由屏风谷入夏州界石堡、乌延、马岭，入平夏至盐州约六百里。其路自塞门至石堡、乌延，并山谷中行，最为险狭。”可见石堡寨处于延州通夏州及盐州之通道上，且在塞门寨以北、乌延城以南。塞门寨在安塞县（今陕西延安市安塞区）镰刀湾镇塞木城村西北200米[①]；乌延城，《宋史》卷八七“塞门寨”条载其“北至乌延口九十里”；又据严耕望先生考证，乌延口北至夏州110里，在乌延城东南不远处，[②]则乌延城应当在塞门寨北90里、夏州南110里，地当今靖边县城略南，而石堡寨更当在此处之南。检示地图，在靖边县东南有龙洲镇，“龙洲”与“龙州”音同，芦河自其北流经榆林市横山区境入无定河。又《宋史》卷八七《地理志三》言威德军在“保安军之北，两界上有洑流名藏底河，夏人近是筑城，为要害必争之地”。杨蕤先生认为藏底河当为宋时期对芦河之称谓[③]。由此可知，石堡寨就应当位于今龙洲镇境内芦河南岸。光绪《靖边县志稿》卷一“形胜”条载：“五堡[④]犄角相连，明代皆为要扼，惟龙州堡今在平地，其境有龙州城关，在龙州旧堡，为延境首冲。又有鸦儿港及杜家大台，四面天险。”《宋史》卷二五三《李继周传》载：淳化五年讨李继迁，“命开治塞门、鸦儿两路，……败蕃兵数千于石堡寨。”鸦儿当即今鸦儿港也，则宋之石堡寨乃明之龙州城关（旧堡），亦即今龙洲镇龙洲村西500米之龙州堡故城[⑤]可证矣。李昌宪先生龙洲之说是[⑥]。吕卓民先生认为石堡寨在今靖边县东南李家城村[⑦]，当误。

（24）威羌寨　元符元年（1098）筑，属延安府。吕惠卿上言于白洛觜进筑，赐名威羌寨。该寨东至威戎城70里，西去殄羌寨40里，南到安定堡70里，北及芦移堡70里，[⑧]当位于今陕西榆林市横山区南大理河沿岸石湾镇一带。又民国《横山县志》卷一载：“白狼城，一作白洛城，清平堡南四十里，明宏治中筑，形势险峻。”[⑨]同书卷二“清平堡”条记：“明成化初置，撤白落城兵守之。”[⑩]清平堡正位于今石湾镇西北靖边县东南杨桥畔镇，是以知白落、白狼皆白洛之音讹。据已有考古发现称，石

① 国家文物局主编：《中国文物地图集·陕西分册》下，第791页。
② 严耕望：《唐代交通图考》第1卷《京都关内区》，第244页。
③ 杨蕤：《西夏地理研究》，第54页。
④ 按：即明清时期在今靖边县境内之龙州、镇靖、镇罗、新城、宁塞五堡。
⑤ 国家文物局主编：《中国文物地图集·陕西分册》下，第727页。
⑥ 李昌宪：《中国行政区划通史·宋西夏卷》，第695页。
⑦ 吕卓民：《西北史地论稿》，第76页。
⑧ 《宋史》卷八七《地理志三》，第2147页。
⑨ 刘济南等修，曹子正等纂：《横山县志》卷一“天险·白狼城”，成文出版社有限公司，1969年，第49页。
⑩ 刘济南等修，曹子正等纂：《横山县志》卷二“堡镇·清平堡”，第118页。

湾镇白狼城村东侧有城子梁遗址，年代为北宋时期，面积约8000平方米，夯筑寨墙尚有残存。遗址内曾出土过宋代熙宁、元丰、大观时期的铁钱。[①]此处为宋威羌寨当无疑也。

（25）殄羌寨　元符元年进筑，属延安府。元符元年正月，吕惠卿建言于那娘山筑寨；五月，寨成，赐名殄羌寨。[②]《宋史》卷八七《地理志三》云其东至威羌寨40里，西距塞门寨50里，南达平羌寨60里，北去御谋城35里；又《关中胜迹图志》卷二三“安定县”条称那娘山在县西北70里，则殄羌寨当在今靖边县东南青阳岔镇境。《中国历史地图集》将其标定在青阳岔镇西南大理河南岸店家城村一带。吕卓民先生经实地考察认为殄羌寨即为店家城村古城址，店家城当为殄羌城之讹转。[③]据考古发现称，店家城遗址位于店家城村西北侧，南北长约200米，东西宽约70米，遗址内曾出土过宋代陶片、瓷片及“政和通宝”钱。[④]该处方位及道里与史载甚为相合，当即殄羌寨之所在。鲁人勇先生将其定为青阳岔镇杨城湾村西北100米背城遗址[⑤]，然其与安定县之里距过远，盖误。

（26）芦移堡　置筑时间不详，疑在绍圣后。其东至屈丁堡50里，西至御谋城35里，南至威羌寨70里，北至界台13里；又《读史方舆纪要》卷五七“威羌寨”条载其西南至御谋城35里。则其应在今靖边县东杨桥畔镇境内。吕卓民先生根据1987年文物普查资料认为，芦移堡故址为高家沟乡（今属杨桥畔镇）南沟门村城寨遗址[⑥]。检示地图，高家沟乡无南沟门村而有南门沟村，南沟门村当为南门沟村之误；又按第三次全国文物普查靖边县文物名录，南门沟村古城址实乃明清坪堡故址，且南沟门村亦无宋代堡寨遗址，故其恐非。而在高家沟乡（今属杨桥畔镇）阳畔村走马梁自然村东500米的阳台滩上有一处唐宋时期的遗址，东为无定河支流阳台沟，然其具体考古详情不晓，暂存疑。

（27）万安堡　属延安府，筑置时间不详。其“东至威戎城六十里，西至芦移堡四十里，南至威羌寨四十里，北至屈丁堡五十一里”，地当今陕西榆林市横山区西南魏家楼镇境内。据考古发现称双城乡（今属魏家楼镇）双城村西150米有一处北宋时期的寨址，位于马尾河与龙眼旋沟交汇处。寨城为梯形，分南北二部，东、西、南

---

① 国家文物局主编：《中国文物地图集·陕西分册》下，第712页。

② 《续资治通鉴长编》卷四九八，元符元年五月，第11847页。

③ 吕卓民：《西北史地论稿》，第61页。

④ 国家文物局主编：《中国文物地图集·陕西分册》下，第725—726页。

⑤ 鲁人勇：《西夏地理志》，第113—114页。

⑥ 吕卓民：《西北史地论稿》，第62页。

三面夯墙仍有残存而北墙已毁。寨址内曾出土过宋代耀州、定州瓷器残片及铜镞、铁镞、铜带钩等物。[①]该寨址北接横山，西薄龙州，东通绥德，南望延安，道里、方位又与史载甚合，盖即万安堡之所在也。

（28）屈丁堡　属延安府，修筑时间不详。按《宋史》卷八七芦移堡及万安堡条的记载可知，屈丁堡在万安堡北51里，芦移堡东50里，地当今横山区（今属赵石畔镇）境内。据《中国文物地图集·陕西分册》称，艾好峁乡（今属赵石畔镇）大土坬村北侧有一处北宋时期的寨址，残墙长214米，宽2米，高8米，内散布有许多瓷器残片。[②]吕卓民先生亦将屈丁堡之位置断定于此。该遗址地处横山山麓，方位及道里与史载亦合，盖即宋屈丁堡之故址也。

（29）杏子堡　进筑时间史籍不载，然绍圣四年（1097）吕惠卿言："杏子河正与乌延口等处密迩，若似此进筑一两处，则夏、宥之人俱无所耕牧，当自来归。"[③]则其进筑亦当在是年。靖康元年（1126），西夏乘金兵进攻汴梁之机寇杏子堡，鄜延路副总管刘光世以险据之，夏军不克而去。[④]考其地里，《宋史》卷八七"平戎寨"条云其在平戎寨北40里，又结合其"正与乌延口等处密迩"的地理形势，知其应在今靖边县杨米涧镇境内距杏子河不远处。据《中国文物地图集》载，杨米涧镇大界村北侧有一处北宋城址，名城则壕，南北残长约100米，东西残宽约70米，城垣残高3米，夯层厚16—20厘米，城址内亦出土过宋代陶瓮、盆、罐等残片。以地理位置而言，此地正处于杏子河南岸及西岸，北望芦子关、乌延口，南下杏子河即达延州，当即杏子堡故址也。

（30）万全寨　《宋史》卷八七"保安军顺宁寨"条称其在顺宁寨北40里，又万全寨不在顺宁寨北通西夏之长城岭路上，则其应不在周河沿岸。今靖边县周河镇半个城村南侧有一北宋时期的城址，南北长约300米，东西宽约200米，现仅存东、南墙。[⑤]此处西去周河10余里，南至顺宁寨40余里，应即万全寨之故址矣。

三、西夏的军事部署

西夏在所占领的鄂尔多斯高原地区部署有大量兵力。史载："河南洪州、白豹、安［州］、盐州、罗洛、天都、惟精山等五万人，以备环、庆、镇戎、原州；左厢宥

① 国家文物局主编：《中国文物地图集·陕西分册》下，第712页。
② 国家文物局主编：《中国文物地图集·陕西分册》下，第712页。
③ 《续资治通鉴长编》卷四九一，绍圣四年九月，第11661页。
④ 《宋史》卷三六九《刘光世传》，第11479页。
⑤ 国家文物局主编：《中国文物地图集·陕西分册》下，第725页。

州路五万人，以备鄜、延、麟、府；……灵州五万人”。[1]

（一）统兵机构和兵力配置

西夏在河南地区驻军达十五万，分别由中寨、左厢、绥州 / 石州、宥州、韦州等五个军区性质的监军司统领[2]。每个监军司设都统军、副统军及监军使各一员，由中央任命的党项贵族充任。监军使之下又设指挥使、教练使、左右侍禁等，以汉人或党项人充任。[3]

1. 中寨监军司

《宋会要辑稿》兵八绍圣四年三月六日条云：“泾原路经略司言西夏起甘州、右厢、卓啰、韦州、中寨、天都六监军人马屯江州白草原。”则西夏置有中寨监军司，备御宋泾原路一带兵马。又《长编》卷四七九元祐七年（1092）十二月壬申条言：折可适以“能邀击西贼中寨有功”，授“遥郡团练使、带御器械、环庆路兵马都监”。是以中寨监军司亦兼宋环庆路防守之重任，必为西夏一大监军司也，其驻地亦当在泾原路与环庆路沿边，即韦州及灵州境内。而韦州有静塞监军司，则其应位于灵州境。李昌宪先生认为中寨监军司很有可能即灵州翔庆军司，驻灵州东关镇，[4]甚是。检《宋史・夏国传》所载之十二监军司，无在灵州者，殊难理解。据《长编》卷一二〇载，西夏在灵州驻重兵五万，加之灵州为西夏军事重镇及前期之都城，必当有监军司之设。《儒林公议》卷下引范雍论及三川口之战时的情形即称“中寨，贼之精悍者也”，可见中寨监军司之兵为西夏之劲旅，此与灵州之重要战略地位正好相符。并且由此记载亦可知中寨监军司应置于元昊统治时期。考虑到䄄都六年（1062）谅祚加监军司以军额的情况，则中寨监军司当有其固定之军额，即翔庆军。

2. 左厢神勇监军司

左厢神勇监军司初称左厢监军司，䄄都六年，赐军额神勇。[5]《东轩笔录》卷八载：“元昊分山界战士为二厢，命两将统之，刚浪崚统明堂左厢”[6]。“明堂”系指

① 《续资治通鉴长编》卷一二〇，景祐四年十二月，第2845页。
② 按：《西夏地形图》中有清远军，但不能确定其是否设置过监军司，正如汤开建先生所云，其可能是“因袭宋以来的地方行政的军名，并无监军之设”，见汤开建：《西夏史琐谈》，《宁夏大学学报（社会科学版）》1984年第3期，第43页。今从之。另，西夏有天都山监军司，但因其驻地不在鄂尔多斯高原，故不论及。
③ 李蔚：《简明西夏史》，人民出版社，1997年，第104页。
④ 李昌宪：《中国行政区划通史・宋西夏卷》，第721页。
⑤ 《续资治通鉴长编》卷一九六，嘉祐七年六月，第4762页。
⑥ 〔宋〕魏泰：《东轩笔录》卷八，中华书局，1983年，第94页。

明堂川，即今之榆溪河，则左厢监军司当在银州北之明堂川附近。元丰五年（1082）永乐城之役，西夏大军自明堂川方向而来，此可为证。今之学者又依《范文正公集》中“时西贼大将刚浪崚兵马最为强劲，在夏州东弥陀洞居止”之记载，进一步将左厢神勇监军司的驻地定在明堂川附近之弥陀洞。[①]至于弥陀洞之详址，从其名称来看，盖与佛教有关。据称在今陕西榆林市北之榆溪河沿岸有一处名叫红石峡的历史遗迹，从其遗留的石窟碑刻知红石峡北段之红山寺即修建于宋元时期。[②]杨蕤先生据此认为红石峡一带应即左厢神勇监军司驻地[③]，当是。

亦有学者认为弥陀洞为左厢神勇监军司前期之驻地，当绥州于拱化五年（1067）失守后，祥祐监军司北移至石州，左厢神勇监军司便距祥祐监军司过近，其防御重点也主要成为无定河、葭芦川河谷一带，其北部广大地区及东部之窟野河、秃尾河河谷的防守将变得很薄弱，故而其驻地亦当随之北移。[④]诚是。两宋之交的郑刚中在其著作《西征道里记》中云：“夏国左厢监军司接麟府沿边地分，管户两万余。”[⑤]这说明左厢神勇监军司驻地至迟在南宋初期便北移至麟府沿边。此种变化极有可能是金灭北宋的进程中西夏及时调整战略，向北攻取辽金肃军，河清军，宁边州和宋麟、府、丰三州之军事意图的合理反映。

3. 绥州/石州祥祐监军司

据《长编》载，䜣都六年（1062）六月，西夏改绥州监军司为祥祐军，说明祥祐监军司初驻绥州，1062年谅祚加之以军额祥祐。绥州在无定河下游东岸，是西夏防御宋溯无定河而上攻取横山地区的重要军事要塞，故西夏在此设监军司正当情理之中。拱化五年，宋知青涧城种谔进占绥州。天赐礼盛国庆元年（1069），西夏请以塞门、安远二寨易绥州，神宗不许。三年（1071），西夏复乞绥州，又不果。如此则祥祐监军司必移驻他处。《宋史·夏国传》中有石州祥祐监军司，又石州置州的时间为1067—1081年，故而祥祐监军司移驻石州的时间极有可能在1072—1081年之间。至于石州祥祐军司的驻地，当在今芦河与无定河交汇处之石马洼一带。[⑥]

---

① 汤开建：《西夏监军司驻所辨析》，见中国地理学会历史地理专业委员会《历史地理》编辑委员会编：《历史地理》第6辑，上海人民出版社，1988年，第138页；李昌宪：《中国行政区划通史·宋西夏卷》，第715页。

② 王双怀：《“红石峡”的成因》，《中国历史地理论丛》1996年第4辑，第200页。

③ 杨蕤：《西夏地理研究》，第137页。

④ 王天顺主编：《西夏地理研究》，甘肃文化出版社，2002年，第129页。

⑤〔宋〕郑刚中：《西征道里记》，商务印书馆，1936年，第10页。

⑥ 杨蕤：《西夏地理研究》，第131页。

4. 宥州嘉宁监军司

嘉宁监军司为《宋史·夏国传》所列十二监军司之一。本称宥州监军司，䄍都六年（1062）加军额嘉宁。从州名开头的监军司驻地便为该州州治的情况来看，嘉宁监军司应驻宥州治所长泽县，即今内蒙古鄂托克前旗之城川古城。该监军司位于无定河上游，重点防御宋之保安军与延安府。

5. 韦州静塞监军司

静塞监军司治所在今宁夏同心县韦州镇南1公里处①。韦州监军司为《宋史·夏国传》所列十二监军司之一，亦为《天盛律令》所载十七监军司之一。䄍都六年赐军额静塞。韦州西为葫芦河河谷，沿之北上经古萧关道可达灵州；其东为苦水河河谷与环江河谷，是宋初环庆通灵州之大道，元丰四年，五路伐夏，宋将高遵裕即循此道克韦州，进而兵临灵州城下。故而西夏在韦州设监军司，主要是备御宋环庆路及泾原路原州、镇戎军一带来犯之敌，以为灵州之屏障。

（二）军事设施——城寨堡

西夏在与北宋交界的鄂尔多斯高原南缘险要之地修筑了诸多的城堡寨，并且持续于整个宋夏对峙时期。西夏建国前即有修寨筑堡的记载：大中祥符三年（1010），德明“出大里河，筑栅苍耳平”；八年（1015），“筑堡于石州浊轮谷”。②元昊“始于汉界缘边山险之地三百余处，修筑堡寨”③，说明西夏大规模兴筑堡寨始于元昊之时。谅祚统治时期，在窟野河沿岸地带兴筑了诸多堡寨，主要目的是为侵耕窟野河畔之耕地。如嘉祐六年（1061）六月，太原府代州钤辖苏安静上《麟州屈野河界图》，论列夏人于窟野河沿岸筑寨之情况：“其榆平岭、清水谷头有西界奢俄寨二，从北讹也山成寨一，次南麻也乞寨一，各距榆平岭四里；其大和拍攒有西界奢俄寨四，从北讹庞遇胜寨一，次南吾移越布寨一，次南麻也吃多讹寨一，次南麻也遇崖寨一，各距大和拍攒五里；其红崖坞有西界奢俄寨三，从北冈越崖寨一，距红崖坞二里，次南讹也成布寨二，各距红崖坞一里；其道光都隔有西界奢俄寨二，并系讹也成布寨，在道光都隔上。”④秉常统治时期，宋夏关系恶化，干戈迭起，西夏亦因此构筑了许多堡寨。熙宁三年（1070）四月，夏军两万“侵绥德城，筑八堡，近者四里。……各留二三百人戍之”⑤；熙宁十年（1077），环庆路经略奏，“探得西界欲于嘉木、永宗

① 国家文物局主编：《中国文物地图集·宁夏回族自治区分册》，第323页。
② 《宋史》卷四八五《夏国传上》，第13990、13991页。
③ 《续资治通鉴长编》卷一三二，庆历元年五月，第3129页。
④ 《续资治通鉴长编》卷一九三，嘉祐六年六月，第4679—4680页。
⑤ 《续资治通鉴长编》卷二一四，熙宁三年八月，第5203页。

广聚材木修置城寨”；元丰八年（1085），吕惠卿“遣将邢佐臣、折克行、訾虎以蕃、汉步骑二万二千出左厢，至聚星泊、满朗、嘉伊、革罗朗、三角等处，破贼六寨”。自熙丰以来，西夏在与宋之角逐中逐渐处于不利境地，不仅丧失绥、银二州地，葭芦、吴堡、米脂、义合、细浮图诸寨亦为宋所占，无定河中下游地区成为宋之疆域。

乾顺时期是西夏筑堡置寨的又一高潮期[①]。元祐七年三月，环庆路经略安抚使章楶奏，西夏“韦州界沿边野寨各相去二三十里，每寨实有八百余人、马四百匹”[②]。崇宁之际，“谍告夏人多筑堡寨”[③]。政和四年（1114），“乾顺筑臧底河城”。乾顺时期西夏修筑城堡寨的大规模行动应当是与元符、崇宁间宋夏在横山一带兵燹不断的战争形势相适应的。

第四节　宋夏、辽夏在鄂尔多斯高原的重要战争

宋、辽、夏出于对土地、部族人口的有效控制需要，在鄂尔多斯高原不时发生军事冲突，以战争方式解决各方间的矛盾和争议。因此，彼此间经常出现军事攻防行动。在此，仅对鄂尔多斯高原及其毗邻区的战争略做析述。

一、宋夏战争

（一）李继迁陷灵州之战

李继迁在进攻夏、绥、银等州的战争中屡屡失利，于是将战略重点转至宋馈运飞挽较为艰难的灵州。至道二年（996）三月，宋太宗遣环庆路都部署皇甫继明部送粮草至灵州。皇甫继明事先约田绍斌自灵州率军前来接应，以防粮草被劫。适皇甫继明重病在身，行至清远军而卒。李继迁闻讯，乘机率军围攻清远军。田绍斌与白守荣等在应敌策略上产生分歧：田绍斌认为不可弃辎重而轻敌，应当结阵徐行，而白守荣等坚决主张出击，结果在浦洛河被李继迁伏兵击败，“刍粟四十万悉为继迁所获”[④]。李继迁乘胜率万余众进围灵州。七月，太宗遣李继隆、范廷召、王超、丁罕、张守恩分别将兵自环、延、夏、庆、麟五路，于乌、白池会师，共讨李继迁。太宗命李继隆取灵州东关镇，由赤柽、苦井（按：《武经总要前集》卷一八上载，苦井驿为保安军

---

① 李华瑞：《宋夏关系史》，第232页。

② 《续资治通鉴长编》卷四七一，元祐七年三月，第11244页。

③ 《宋史》卷三五四《何常传》，第11166页。

④ 《太平治迹统类》卷二《太祖太宗经制西夏》。

通宥州、盐州、灵州、兴州的长城岭路上的九驿之一，且在盐池以西，则赤柽当在灵州与盐州之间）路赴之（按：即先循环州—马岭河—浦洛河至灵州东关镇，而后东行至盐州），李继隆以道路迂远乏水，“即自橐驼路径趋乌池”[①]（按：即洪德寨—橐驼口—归德川—盐州路）。九月，李继隆与丁罕大军行十余日不见敌而引兵回。张守恩道遇夏军，不战而还麟州。范廷召与王超两路按期至乌、白池，与夏军大小数十战，斩获无数，灵州之围遂解。

第一次进攻灵州未果，李继迁遂以劫掠粮道、扫清灵州外围据点为务，力在围困灵州，使之因粮绝无援而降。咸平四年（1001）九月，李继迁复围清远军。清远军数以间使诣灵、环、清远十州军驻泊副都部署杨琼求援。但杨琼只遣副部署潘璘及都监刘文质率六千人赴之，而自己却屯兵庆州，逗留不前。李继迁“亲鼓其众攻清远南门，其子阿移攻北门，堙壕断桥以进，城遂陷”[②]，继而乘胜围击怀远镇、定州，皆迅速克捷。灵州以孤绝难守，遂于翌年三月在李继迁大军围攻下失陷。

李继迁既得灵州为根据地，遂挥师向西谋取河西走廊，不断扩张势力范围。而宋失灵州重镇，即意味着在西线退出鄂尔多斯高原，加之辽的军事进逼，使其处于更加不利之境地。

（二）麟府丰之战

西夏在泾原路取得好水川战役胜利的五个月后，又在庆历元年（1041）七月发动了对宋麟府路的进攻，以期与宋以黄河为界，切断宋河东地区与麟府路的联系。

庆历元年七月，元昊以投奔西夏的麟、府州党项酋乜罗为向导，统帅大军进攻麟州，二十余日不克，遂围府州。折继闵采取坚壁清野战术，让城外蕃汉户皆入城守卫，使夏军“进不克攻，退无所掠，势必不能久”。府州城依山而建，东阻黄河，居高临下，形势险要。夏军久攻不下，死伤甚众，遂引兵西北围攻丰州。[③]宋仁宗命泾原路发兵入夏界牵制夏军，然马步军都总管陈执中以“丰州城垒极为隘陋，亦无储峙民居”及“恐设诡计以诱西路兵马”为由而按兵不动。并代副部署王元和麟府州钤辖康德舆亦在“府州闭垒自守，并无出兵救援之意”，丰州遂失陷。[④]元昊攻下丰州后，袭破宁远等寨，切断麟、府之间的联系。九月，宋以张亢为并代都钤辖，专管勾麟府军马公事。为防备夏军抄掠，张亢在府州附近筑东胜、金城、安定三堡，置兵戍

① 〔宋〕杨亿：《武夷新集》卷一〇《李继隆墓志铭》，影印四库本，第22页。
② 《续资治通鉴长编》卷四九，咸平四年九月，第1072页。
③ 《宋史》卷二五三《折继闵传》，第8864页。
④ 〔宋〕司马光：《涑水记闻》卷一二《西夏兵围麟府州》，邓广铭、张希清点校，中华书局，1989年，第237页。

守。又亲自率兵在柏子寨大败西夏军队，趁时修复清塞、百胜、中候、建宁、镇川五堡寨，重新打通了麟、府二州间的粮道交通。元昊久攻麟、府未果，寻撤军而还。麟府丰之战以西夏攻陷丰州而告结束。

（三）绥州啰兀城之战

绥州位于无定河东岸，为兵家必争之军事重镇。既是宋军自无定河河谷而上攻略横山的必经之地，也是西夏赖以侵入并威慑宋关中与河东地区之重要凭借。治平四年（1067），宋知青涧城种谔诱降西夏绥州监军嵬名山，成功夺取绥州，标志着宋夏之间旷日持久的横山攻防战拉开了序幕。

秉常试图通过外交手段以塞门、安远二寨换回绥州，然宋臣赵卨建言“绥实形势之地，宜增广边障，乃无穷之利”[①]，乃宋神宗采纳，遂拒绝西夏以寨易城之要求，建绥德为城。熙宁二年（1069）十二月，西夏点集大军来取绥德城，并进攻绥德城外围之顺安、绥平、黑水等堡寨，终以粮尽而撤兵。翌年四月，夏军复“侵绥德城，筑八堡，近者四里”。判延州郭逵趁势出击，“遣其将燕达等攻其二大堡，一日克之，余堡人皆逃去”。[②]九月，宋廷以参知政事韩绛宣抚陕西，全权负责宋夏前线战事。鄜延路钤辖种谔献计“由绥德进兵取啰兀城，建六寨以通麟府，包地数百里，则鄜延、河东有辅车之势，足以制贼”[③]，韩绛悦之。四年（1071）正月，韩绛遣种谔率军沿无定河而上往城啰兀。种谔相继攻取抚宁堡、啰兀城，遂进筑之。又乘胜“进筑永乐川、赏逋岭二寨，分遣都监赵璞、燕达筑抚宁故城，及分荒堆三泉、吐浑川、开光岭、葭芦川四寨与河东路修筑”[④]。

啰兀城地处横山腹地，西北即西夏横山重镇银州，夏军必来争取。梁太后征调十二监军司兵马兴师而来，首先进攻啰兀城南边之抚宁堡，以切断绥德城救援之路。抚宁堡寻即失陷，啰兀遂为孤城，继而被破。宋军的第一次横山攻防计划遂告失败。

（四）元丰五路伐夏之战

元丰四年（1081）四月，西夏发生内讧，秉常与其母梁太后在如何对待汉礼问题上产生矛盾，秉常为梁太后囚禁。宋鄜延路副都总管种谔建言宋神宗：“宜乘此时大兴王师，以问其罪。……裹十数日之粮，卷甲以趋，乘其君长未定，仓猝之间，大兵直捣兴、灵，覆其巢穴，则河南、河北可以传檄而定。”[⑤]宋神宗纳其所言，遂兴五

① 《宋史》卷三三二《赵卨传》，第10684页。

② 《续资治通鉴长编》卷二一四，熙宁三年四月，第5203页。

③ 《续资治通鉴长编》卷二一六，熙宁三年十月，第5254页。

④ 《宋史》卷四八六《夏国传下》，第14008—14009页。

⑤ 《续资治通鉴长编》卷三一二，元丰四年四月，第7566页。

路大军征讨西夏，克期攻取兴灵，以亡其国。宋神宗命宦官王中正出麟州、种谔出绥德城，两路于夏州会师，并趋兴灵；刘昌祚出泾原路、高遵裕出环庆路，两军在灵州会师，合攻灵州，同下兴州；宦官李宪出熙河路，或西取甘凉，或北上兴灵。

九月，种谔率鄜延路大军循无定河北上，围攻米脂寨，三日未下。夏军“兵马七八万自无定河川南来，欲救米脂之围”。种谔采取围点打援之策，先以伏兵击退援军，而后以重兵复攻米脂，五日而克，遂“留千人守米脂，进次银、石、夏州”[①]。王中正河东路大军自麟州出发后，“望空而行，无向导斥候。性畏怯，所至逗留”[②]，故而行动迟缓。十月丙寅，渡无定河，在横山神堆驿遇种谔大军。种谔以陷米脂寨功，宋神宗允其不受王中正节制，于是率军先行，收复夏州。继而“次盐州，会大雪，死者十二三”。十月癸酉，王中正军至宥州，屠城中居民，以所得马牛羊充食。丙子至牛心亭，粮草已尽，遂于己卯“引军驻归娘岭（按：《武经总要前集》卷一八上载，归娘岭在顺宁寨北30里，位于保安军、延州通宥州、盐州、灵州、兴州的长城岭路上）下”。至十一月丙戌，河东、鄜延两路大军遂得诏班师。

刘昌祚将泾原路大军自九月二十三日出兵后，沿葫芦河（按：即古萧关路）北进，在磨脐隘（在今中宁县南）破西夏三万大军，乘胜经鸣沙（今宁夏中宁）首先达灵州城下。高遵裕率环庆路大军循清远军—浦洛河（今苦水河）路（按：即瀚海路）向灵州进发，中经韦州（今宁夏同心县韦州镇），晚于刘昌祚军到达灵州。两军会师后，高遵裕遂下令攻城，十八日不能下。夏军在奋力坚守灵州城的同时，又“绕出大军之背，扼绝粮道”，使宋军“道路艰阻，馈运不接”。十一月辛丑，夏军决黄河七级渠以淹宋军。加之适逢冬季，天气寒冷，宋军被冻死、饿死、淹死者不计其数，遂撤兵而还。

八月，李宪率熙河路大军从熙州出发，二十三日在西市城击退夏军，九月二日又攻取军事重镇兰州。十一月己丑，进军至天都山（在今宁夏海原）。之后，按兵不动，闻泾原、环庆二路大军溃败，遂将兵而归。

西夏采取了坚壁清野、纵敌深入、断敌粮道的策略[③]，最终取得了胜利。但宋军深入西夏腹地，使大军所经之处民不聊生，给西夏经济造成了巨大创伤。并且，鄜延帅沈括趁五路大军伐夏之际，以计取得吴堡、义合、浮图三寨，加上种谔所取米脂寨，使宋尽得无定河中下游军事战略要地，为进一步攻略横山奠定了基础。

① 《宋史》卷三三五《种谔传》，第10747页。
② 《涑水记闻》卷一四《王中正攻西夏》，第279页。
③ 《宋史》卷四八六《夏国传下》，第14011页。

（五）永乐城之战

宋神宗对元丰五路伐夏的失利很不甘心，“意欿然，念未有以复其志者”，遂俟机再与西夏开战。

元丰五年（1082），鄜延帅沈括建言：“乞尽城横山，占据地利，北瞰平夏，使敌不得绝碛为患”。宋神宗悦之，遣徐禧、李舜举至鄜延路往议边事。七月，鄜延副帅种谔向神宗详细陈奏了横山攻略计划。种谔认为“横山亘袤，千里沃壤，人物劲悍善战，多马，且有盐铁之利，夏人恃以为生；其城垒皆据险隘，足以守御”，故提出先据银州，次迁宥州于乌延，又修夏州及盐州，步步为营，尽取横山“强兵、战马、山泽之利”，“俯视兴、灵”，“直覆巢穴”的战略。然而徐禧以“银州虽据明堂川、无定河之会，而城东南已为河水所吞”为由，主张沿横山南缘筑六寨六堡。①宋神宗允之。八月，始兴工二十万筑永乐城，九月城成。夏人闻讯，以三十万大军自明堂川来攻，遂围之。永乐城依山无水，虽靠近无定河，但水寨为夏军夺去，“士卒渴死者太半”②。沈括以夏军八万进攻绥德、袭扰米脂、劫掠粮道为由而无应援，种谔亦以“所留病羸怯懦兵四千，竭死力守护延州”而观望不前。永乐城遂陷，“汉蕃官二百三十人，兵万二千三百余人皆没”③。

永乐城之战后，神宗将战略重点转移到积极加强防御上，尤其是巩固新得沿边城寨，并在米脂寨与葭芦寨之间增修堡寨，以加强防御。④而西夏也由于连年战争，民不聊生，逐渐与宋和解，以期恢复国力，缓解国内矛盾。

二、辽夏河曲之战

元昊统治时期，辽夏关系逐步恶化，遂至矛盾丛生、干戈相向。宋夏战争之际，辽为自身利益“背约，与中国复和”，“坐受中国所益之币”，使元昊心生怨隙。⑤辽西南面（路）有诸多党项部族，因不满辽之压迫，“多叛入西夏”。⑥

（一）第一次河曲之战

重熙十三年（1044）五月，辽西南面（路）招讨使萧普达、四捷军详稳张佛奴发

① 《续资治通鉴长编》卷三二八，元丰五年七月，第7895页。
② 《宋史》卷三三四《徐禧传》，第10724页。
③ 《续资治通鉴长编》卷三三〇，元丰五年十月，第7945页。
④ 李范文主编：《西夏通史》，宁夏人民出版社，2005年，第260页。
⑤ 《续资治通鉴长编》卷一五一，庆历四年八月，第3675页。
⑥ 《辽史》卷九二《耶律侯哂传》，第1368页。

兵讨伐所叛党项部族，元昊率军援助党项部族，致萧普达“殁于阵”[①]。加之辽在与夏对河西走廊的明争暗斗中失利[②]及重熙七年（1038）辽兴宗之姊兴平公主以“元昊待之甚薄”，因病而殁[③]，使辽兴宗讨伐西夏的决心更加坚定。

重熙十三年九月，辽兴宗亲率中军出金肃城，皇太弟耶律重元率军出南路，韩国王萧惠将兵出北路，渡河长驱直入夏境。辽军来势汹汹，元昊拒战于贺兰山不利，遂将之引入河曲，并主动向辽兴宗求和示弱，以骄辽军。辽兴宗遂犹豫不决。萧惠劝阻兴宗“车驾亲临，……天与不图，后悔何及”，辽兴宗遂命辽军于翌日清晨发起进攻。元昊采取以退为进的战术，主动退避三舍，每退一舍必尽烧草地。辽兴宗以战马无草为食，遂许和于元昊。元昊趁辽军懈怠，急突袭之，不利。值此危急之际，大风忽起，飞沙眯目，辽军阵脚大乱。[④]元昊纵兵急攻，辽军大败，蹂践死者无数。

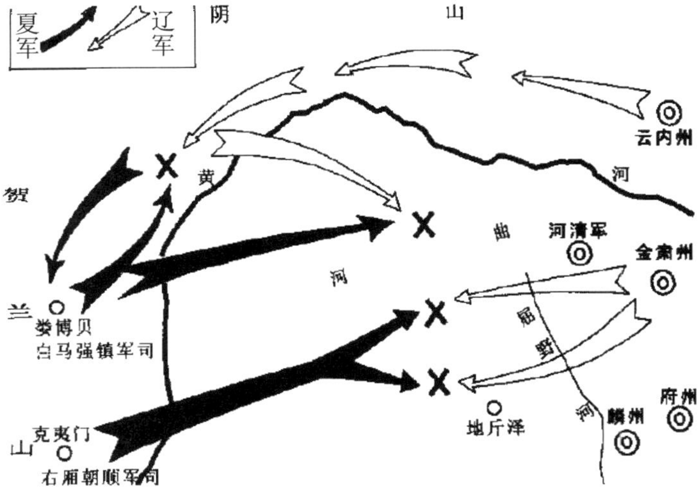

图9-1　夏辽第一次河曲之战形势图

（摘自李范文主编：《西夏通史》，第206页）

尽管元昊取得了战争的胜利，但鉴于西夏国力有限，难以与辽长久为敌，于是主动归还辽俘而求和。辽兴宗虽然因辽军失败同意议和，然而心有不甘，欲伺机“起倾国之兵讨之”。

（二）第二次河曲之战

重熙十七年（1048），元昊在政变中被杀，其子谅祚年幼继位，没藏讹庞专权用

① 《辽史》卷一九《兴宗本纪二》，第230页。
② 杨浣：《辽夏关系史》，第99页。
③ 撰人不详：《儒林公议》卷下，第35页。
④ 《辽史》卷九三《萧惠传》，第1375页。

事。十八年（1049）七月，辽兴宗遂趁机再次兴兵伐夏，欲尽雪前耻。

辽兴宗自统中军，以皇太弟耶律重元和北院大王耶律仁先为先锋，韩国王萧惠为河南道行军都统，兵锋直指河曲，克西夏唐龙镇，置为宁边州。九月，萧惠率军自黄河而下，“战舰粮船绵亘数百里”，既入敌境，更不设防。夏军出其不意，“从阪而下”，掩杀而至。辽军丢盔弃甲，“死伤尤众”，遂大败。重熙十九年（1050）二月，西夏遣洼普、猥货、乙灵纪率军主动进攻辽金肃城，被辽将耶律高家奴击败；三月，夏军复攻金肃军，失利而回。[①]

此次大战，夏辽互有胜负，但损耗亦巨，遂在西夏主动请和之下，和好如初。

① 《辽史》卷二〇《兴宗本纪三》，第241页；卷一一四《萧迭里得传》，第1515页。

第十章 夏金对峙时期的鄂尔多斯高原军事地理

金在12世纪初崛起后，相继灭辽亡宋，将势力伸入鄂尔多斯高原，而西夏也趁机夺得原属于辽和北宋的鄂尔多斯高原东北部、东部和南部部分地区，与金形成对峙局面。在长达一百余年（1122—1227）的对峙过程中，金、夏双方为巩固各自所统辖的鄂尔多斯高原地区，皆做出了一些尝试，比如西夏监军司的调整和金前后期地方军政机构变动等。本章亦从疆域演变、政区沿革、军事部署和相关战争四个方面考察金、夏在鄂尔多斯高原的军事进退及经营管理过程。

第一节 夏金在鄂尔多斯高原的疆界演变

夏金在鄂尔多斯高原的疆界在夏辽、夏宋疆界的基础上又有所变化。天辅六年（1122）四月，金克辽之金肃军，并招降了天德、云内、宁边、东胜等州。[①]同年六月，夏将李良辅率三万大军赴阴山救援天祚帝，在天德军野谷遭金军伏击，大败，[②]对金产生畏服之心。天会二年（1124），乾顺遣使赴金“奉表称藩”，金则以“下寨以北、阴山以南、乙室耶剌部吐禄泺西之地与之”。[③]翌年（1125）辽亡，夏军依约“由金肃、河清军渡河取天德、云内、河东八馆及武州”[④]。但四年（1126）四月，粘罕即夺取河外之地，“惟金肃、河清二军在大河西，不能取之”[⑤]。五年

① 《金史》卷二《太祖本纪》，第37页。
② 《金史》卷七二《完颜娄室传》，第1650页。
③ 《金史》卷三《太宗本纪》，第49页。
④ 《三朝北盟会编》卷二五《政宣上帙二十五》，第187页。
⑤ 《大金国志校证》卷四《纪年·太宗文烈皇帝二》，第58页。

（1127），金灭北宋，为了安抚西夏，遂答应“以河为界”[①]。辽宁边州辖地分河东、河西两部分，“以河为界”即意味着宁边州河西之地属夏所有。加之金肃、河清二军，西夏完全占有了原属辽的鄂尔多斯高原东北隅之地，与金在此地区以黄河为界。

鄂尔多斯高原东部之河东路黄河以西地区，西夏的疆界也有所延伸。天会七年（1129），“宋麟府路安抚使折可求以麟、府、丰三州降”于金。[②]而此后不久，西夏从折氏手中取得丰州。天眷二年（1139），西夏又趁折可求之丧攻陷府州。至于麟州，大定十七年（1177）亦为西夏所陷，但夏军并未占领，“虏金帛、子女数万，毁城而去”[③]。之后，金将麟州划隶葭州。从金之葭州所辖堡寨来看，夏金在河东路黄河以西地区的疆界应该在建宁寨（今陕西府谷县田家寨镇杨家湾村附近）以北及神木寨（今陕西神木市城东3里）、太和寨（今陕西神木市高家堡镇太和峁）、宁河寨（今陕西佳县西北刘国具镇阎家寺村东南）以西。

在鄜延路方向，夏金疆界亦有所南移。天会五年，金提出“分陕西北鄙以易天德、云内”[④]。“陕西北鄙”当为宋自熙丰以后所占之横山地区。天会七年，金军加大了对陕西的攻势，金将娄卢火也依约取陕西北鄙之地，两军在威戎城相遇，夏将李遇以“夏国既以天德、云内归大国，大国许我陕西北鄙之地，是以至此”告之，金军撤回。而“元帅府不欲以陕西北鄙与夏国”[⑤]。但从《金史·地理志》所载金在鄜延路的城、堡、寨可以看出，金无威戎城、制戎城、御谋城、威羌寨、殄羌寨、芦移堡、万安堡与屈丁堡，这应该说明金其实是将横山地区的部分划给了西夏。具体来说，夏金在鄜延路的疆界大致在清边寨（今陕西米脂县沙家店镇金鸡河沿岸）、嗣武城（今陕西榆林市榆阳区镇川镇石崖底村）、镇边寨（今陕西米脂县郭兴庄马湖峪河沿岸）、安定堡（今陕西府谷县城北2.5公里高石崖镇沙墕村南）、安塞堡（今陕西安塞县北城峁村延河东岸古城[⑥]）、平戎寨（今陕西志丹县杏子河东岸城台村古城[⑦]）、顺宁寨（今陕西志丹县顺宁镇）一线以北。

---

① 《金史》卷一三四《西夏传》，第2867页。

② 《金史》卷三《太宗本纪》，第60页。

③ 《元一统志》卷四“葭州·神木县”，第374页。

④ 《金史》卷一三四《西夏传》，第2867页。

⑤ 《金史》卷一三四《西夏传》，第2868页。

⑥ 吕卓民：《西北史地论稿》，第62页。按：安塞县于2016年6月撤县设区，现为陕西延安市安塞区。

⑦ 吕卓民：《西北史地论稿》，第59页。

第二节　夏金在鄂尔多斯高原的军事部署

夏金对峙时期，西夏在鄂尔多斯高原的军事部署较之辽、北宋、西夏对峙时期发生了一些变化，主要体现在部分监军司的更名、移置方面。金在亡辽灭宋、进入鄂尔多斯高原之后，吸收了辽与北宋对该地区的统治经验，形成了富有自身特色的军政管理体制。随着夏金关系的发展变化和蒙古势力的介入，双方在鄂尔多斯高原的军事部署也有所变动。

一、西夏的军事部署

（一）统兵机构

据《天盛律令·司序行文门》所载，西夏后期的监军司为十七个，即北院、年斜、石州、东院、韦州、西寿、卓啰、南院、西院、沙州、啰庞岭、官黑山、北地中、南地中、瓜州、肃州和黑水[①]。其中，年斜、石州、东院、韦州四监军司位于鄂尔多斯高原，石州和韦州两监军司与宋夏对峙时期一致，而南地中监军司尚有疑问。现结合相关研究，将东院、年斜、南地中三监军司的大致情况考述如下。

1. 东院监军司

东院监军司当为夏宋对峙时期的宥州嘉宁监军司。《天盛律令》不载宥州嘉宁监军司而载有东院监军司，但绝非如鲁人勇先生所言，宥州嘉宁监军司于西夏中期裁撤[②]。自元丰以后，横山一带就是宋夏反复角逐之地。宋为了尽占横山之利，在横山南缘之庆阳府、保安军、延安府、绥德军境内修筑了大量的城堡寨，尤其自元符以后更是如此。金灭宋接手陕西以后成为西夏在横山一带之劲敌。建炎二年（1128），金陷凤翔府，“夏人谍知关陕无备，遂以宥州监军司檄至延安府，自言大金以鄜延割隶本国，须当理索，若敢违拒，当发兵诛讨”[③]。金既未兑现将陕西北鄙（应即横山地区）之地给予西夏的承诺，遂使夏对金始终心存芥蒂，屡屡有进攻金边境之军事行动。在此背景下，西夏不可能对横山一带的金人放松防备，而作为无定河上游、横山北麓之军事要地的宥州亦当会被西夏重视，保留监军司应是必然之举。若西夏将之撤销，则在石州至韦州之间漫长的边防线上将没有一个监军

① 《天盛改旧新定律令》卷一〇《司序行文门》，第373、374页。

② 鲁人勇：《西夏监军司考》，《宁夏社会科学》2001年第1期，第85页。

③ 《建炎以来系年要录》卷一二，建炎二年正月，第279—280页。

司，这是令人难以理解的。故而，宥州嘉宁监军司当不会被裁撤，其应为年斜或东院监军司中之一。宥州在石州西边，距兴庆府更近，而从《天盛律令》卷一七《物离库门》的记载知，东院监军司之物资自派发之日起至兴庆府的期限为十五日，石州监军司物资运抵兴庆府的期限为二十日，[①]这说明东院到兴庆府的距离比石州要近，因此东院监军司就应当是宥州嘉宁监军司。并且，五原郡（盐州）[②]与东院监军司之物资运达兴庆府的期限皆为十五日，表明盐州与东院之间的距离应较近，而宥州正好位于盐州东不远处，这进一步证明东院监军司即为宥州嘉宁监军司。李昌宪先生怀疑石州监军司为东院监军司[③]，当误。因为石州监军司与东院监军司皆在《天盛律令》所载十七监军司之范围内，两者不可能重出。

2. 年斜监军司

年斜监军司应即左厢神勇监军司。首先，左厢神勇监军司防御自麟、府二州和无定河下游之绥德军的重要军事地位表明夏金对峙时期其不可能被裁撤，其在《天盛律令》中无载应是改名所致。其次，在夏金对峙时期位于鄂尔多斯高原的五监军司中，只有年斜监军司可与之对应。年斜监军司与石州监军司的物资自派发之日运抵兴庆府的期限同为二十日，这说明石州与年斜之间的距离应当很近。而左厢神勇监军司驻地弥陀洞就在明堂川沿岸，距石州不远，因此，年斜监军司即左厢神勇监军司。

3. 南地中监军司

西夏将域内分为三大部分，即畿内、地中和地边，地中为介于畿内和地边之间的区域。[④]按此，则南地中当为南畿内与南地边之间的地带，南地中监军司驻地应在这一中间地带内。据李昌宪先生研究，灵州属于畿内，[⑤]故而南地中应当不是治所位于“灵州东三十里东关镇”[⑥]之翔庆监军司。鲁人勇先生推测南地中监军司为西夏中期灵州翔庆监军司改置[⑦]。据《天盛律令·司序行文门》载，南地中监军司官员为一刺史、一正、一副、二同判、三习判8人，较东院、石州等监军司之一刺史、二正、一副、二同判、四习判10人[⑧]为少，若灵州翔庆监军司在中期改名为南地中监军司而驻地不南移的话，则与灵州之地位不相符合。考虑到元符以后西夏在与北宋角逐的

① 《天盛改旧新定律令》卷一七《物离库门》，第544—545页。
② 杨蕤先生认为西夏之五原郡即盐州，参见杨蕤：《西夏地理研究》，第123—124页。
③ 李昌宪：《中国行政区划通史·宋西夏卷》，第716页。
④ 李昌宪：《中国行政区划通史·宋西夏卷》，第708—709页。
⑤ 李昌宪：《中国行政区划通史·宋西夏卷》，第709页。
⑥ 《续资治通鉴长编》卷五四，咸平六年五月，第1194页。
⑦ 鲁人勇：《西夏监军司考》，《宁夏社会科学》2001年第1期，第86页。
⑧ 《天盛改旧新定律令》卷一〇《司序行文门》，第369—370页。

过程中南部疆域逐渐往北压缩，而在夏金对峙时期金虽未完全兑现将陕西北鄙之地割让西夏的承诺，然于皇统六年（1146）以“德威城、西安州、定边军等沿边地赐夏国”①，使夏金的南部边界向南延伸，故而翔庆监军司驻所极有可能是在此背景之下南移，并改名为南地中监军司的。

（二）军事设施——城、堡、寨

据《天盛律令·司序行文门》记载，天盛年间西夏有二十六个城堡寨，分别是折昌城、开边城、永便、孤山、魅拒、西宁、边净、末监、胜全、信同、应建、争止、远摄、合乐、年晋城、定功城、卫边城、安持寨、讹泥寨、绥远寨②、西明寨、常威寨、定国寨、镇国寨、宣德堡、安远堡。其中必当有位于鄂尔多斯高原者，然而由于翻译或西夏史料较少之原因，基本不可考。

现从金初夏金之间在河东、陕西的军事进退过程中，对西夏后期在鄂尔多斯高原的城堡寨情况做一些推测。天会五年，金灭北宋以后，为了安抚西夏，“分陕西北鄙以易天德、云内，以河为界”。陕西北鄙之地当为宋熙丰以后所占之横山地区。天会七年，金军加大了对陕西的攻势，而金将婆卢火也欲依约取得陕西北鄙之地，两军在威戎城相遇，夏将李遇以“夏国既以天德、云内归大国，大国许我陕西北鄙之地，是以至此”告之，金军退走。但“元帅府不欲以陕西北鄙与夏国”③，于天会九年（1131）将陕西地赐予伪齐。但从《金史·地理志》所载金在鄜延路的城堡寨可以看出，金并无宋之制戎城、威戎城、御谋城、威羌寨、殄羌寨、芦移堡、万安堡与屈丁堡，而这些军事防御设施极有可能在天会七年至九年间以及天会九年后即属于西夏所有。

另外，金既未完全兑现割陕西北鄙地于西夏的承诺，自然招致夏人怨恨。天会七年后不久，西夏从折氏手中取得丰州④。天眷二年，又攻陷府州。自此，府、丰二州一直为西夏之地。故而北宋在府、丰二州之城堡寨应属西夏矣。

① 《金史》卷二六《地理志下》，第653页。

② 按：如果所译不误，盖即宋定边军所属之寨也，吕卓民先生考其位于今陕西吴起县铁边城镇西田百户村境内。参见吕卓民：《西北史地论稿》，第91页。

③ 《金史》卷一三四《西夏传》，第2868页。

④ 按：丰州位于府州西北，与府州毗连，夏军攻陷府州，丰州已成飞地。且《金史》自天会七年后便不载此丰州，其极有可能在天眷二年前已为西夏所陷。李昌宪先生已对此有所指出，参见李昌宪：《金代行政区划史》，上海古籍出版社，2015年，第15页。

二、金的军事部署

（一）统兵机构

金的地方统兵机构是招讨司、统军司（都统司）及都总管府。金初因辽制，置西南路招讨司于丰州，辖丰、云内、东胜、宁边四州及金肃、河清二军，以招讨使为最高军政长官，统境内诸州县兵及各部落军。皇统中改为统军司，皇统九年（1149）复改为招讨司。[①]天会四年十二月，西夏攻占金肃、河清二军。五年，金夏“以河为界”，宁边州河西部分亦属西夏所有。自此，金失鄂尔多斯高原东北隅，西南路招讨司对西夏的军事防线便移至黄河外。在鄂尔多斯高原东部和南部，金建麟府、河东北、鄜延三个军事路。天会七年，以麟、府、丰三州建麟府路，仍以折可求为安抚使。天眷二年，西夏趁“折可求之丧”，攻陷麟府路治所府州，路遂废。大定十八年（1178），夏军陷麟州，“毁城而去”，金撤销麟州建制，后虽建麟州，但划隶河东北路葭州，麟府路对夏防御亦转至河东北路。天会七年，金以“太原府为河东北路”，太原府府尹兼兵马都总管，统管一路兵民之政。鄜延军事路置于皇统二年（1142），以延安府府尹兼本路兵马都总管，统领本路军马。海陵王天德二年（1150）又“置陕西路统军司”于京兆府[②]，辖京兆、鄜延、庆原、熙秦四路，以为总领四路军政之军事机构。大定三年（1163），世宗罢陕西统军司，改置都统府。五年（1165），复改都统府为统军司。[③]除统军司、招讨司和都总管府之外，节度州、防御州、刺史州之长吏节度使、防御使、刺史亦为各自所辖范围内驻防军队之军事统率官。如延安府为鄜武军节度，绥德州、保安州为其支郡，而绥德州、保安州皆为刺史州，则鄜国军节度使为延安府、绥德州和保安州三州府的统兵官，绥德州和保安州刺史则分别为二州之统兵官；汾州为汾阳军节度，葭州为其支郡，葭州为刺史州，则汾阳军节度使可统领汾州、葭州之军队，而葭州刺史亦可管辖本州之军队。

金末为应对蒙古、西夏的军事进攻，在陕西、河东等地设置了行省、行元帅府等军政机构，由尚书省宰执出任长官，节制一方军政大权。如贞祐三年（1215）八月，“置行省于陕西”，十月以“尚书左丞相仆散端兼都元帅，行尚书省于陕西”[④]；正大元年（1224），以完颜合达“权参知政事，行尚书省事于京兆，兼统河东两

---

① 余蔚：《中国行政区划通史·辽金卷》，第538页。

② 《金史》卷二六《地理志下》，第641页。

③ 《金史》卷六《世宗本纪上》，第136页。

④ 《金史》卷一四《宣宗本纪上》，第314页。

路”[①]。据研究，金末在陕西、河东地区先后设置过陕西、河东、京兆、平凉、巩昌诸行省[②]。至于行元帅府，则如古里甲石伦于兴定三年（1219）六月“迁金安军节度使，行帅府事于葭州”[③]。金制，“枢密院每行兵则更为元帅府，罢则复为院”[④]，而金后期出现了二者并置的特殊情况，并且由于各地行元帅府设置过滥，使其实际地位下降为“级别不高的、一州或数州以至辖区更小的军区司令部”[⑤]。由此可见金末行元帅府滥设之情况比较严重，反而使其难以有效统御辖内之军事力量以应对蒙古的攻势。

（二）兵力配置

金部署于陕西、河东的军队按军种可分为正规军和非正规军[⑥]。正规军主要为镇防军。镇防军为轮流戍屯之边防军，即“诸军中取以更代戍边者也”[⑦]。金在河东北路之葭州，鄜延路之延安府、绥德州、保安州皆布置有镇防军，然其具体数目难以确知。非正规军有射粮军、边铺军、牢城军、土军、弓手、弓箭手、保甲之分。射粮军类似于宋之厢军，由十七岁以上、三十岁以下之强壮者充任，为诸路招募之杂役兵，所谓“间充杂役者也”。边铺军由射粮军充任[⑧]，为“河南、陕西居守边界者”，按此则金夏交界之鄂尔多斯高原鄜延路及河东北路葭州必当布置有边铺军。牢城军主要是由各州县所籍之犯罪者充任修城、筑路等的杂役兵，“牢城皆待有罪配隶之人”[⑨]，“以充防筑之役”[⑩]。土军和弓手主要是地方治安部队，土军由巡检所统，弓手属县尉管辖，“以司警捕之事”。[⑪]弓箭手属蕃兵，为归塞之各蕃部首领所管辖之部落兵，其“人情乐土，且耕且战”，为金人所依恃的防备西夏入侵的重要军事力量，“自鄜延至积石，虽多沟坂，无长河大山为之屏蔽，恃弓箭手以御侮，其人皆刚猛善斗，熟于地利，夏人畏之”[⑫]。

---

① 《金史》卷一七《哀宗本纪上》，第375页。
② 杨清华：《金朝行省制度研究》，吉林大学博士学位论文，2009年，第68—73页。
③ 《金史》卷一一一《古里甲石伦传》，第2443页。
④ 《金史》卷四四《兵志》，第1003页。
⑤ 王曾瑜：《金朝后期的军事机构和军区设置》，《河北学刊》1993年第5期，第100页。
⑥ 按：金代军种无明确之区分，兹取王曾瑜先生之正规军和非正规军的分法。参见王曾瑜：《金朝军制》，河北大学出版社，1996年，第69页。
⑦ 《金史》卷四四《兵志》，第997页。
⑧ 王曾瑜：《金朝军制》，第76页。
⑨ 《宋史》卷一八九《兵志三》，第4644页。
⑩ 《金史》卷四四《兵志》，第998页。
⑪ 《金史》卷四四《兵志》，第998页；王曾瑜：《金朝军制》，第77页。
⑫ 《金史》卷九二《卢庸传》，第2042页。

金在鄂尔多斯高原布置的正规军与非正规军数目以史籍无载，不得而知，但从正大六年（1229）枢密副使移剌蒲阿称陕西所设两行省（平凉行省和京兆行省）“统军马二三十万”[①]之记载来看，数量应相当庞大。

（三）军事设施——城、堡、寨

金在灭宋的过程中继承了北宋在鄂尔多斯高原所修筑的城、堡、寨等军事设施。但与北宋相比，金的城、堡、寨也呈现出其独有的特点：首先是放弃了北宋以守为攻、处处设防的堡寨战术，精简了许多城、堡、寨；其次是在蒙古屡屡进犯造成混乱的地方局势之下，将部分城、堡、寨升为县，使之能较为集中地调配域内之军事力量，从而有效应对蒙古的进攻，稳固地方统治秩序。有金一代，在鄂尔多斯高原共保留了30余个城、堡、寨，其中大部分可考定其建置沿革和地望所在，兹略述如下。

1. 葭州所辖城、堡、寨

（1）葭芦寨　大定二十三年（1183），改晋宁州为葭州，治葭芦寨。兴定二年（1218），以河东残破，与葭州同隶延安府。金末又升寨为县。在今陕西佳县佳州街道办事处[②]。

（2）神泉寨　本宋晋宁军神泉寨，金因之。元光元年（1222），蒙军陷葭州，神泉寨或失于此时。在今陕西佳县佳州街道办事处神泉堡村。

（3）乌龙寨　即北宋晋宁军乌龙寨，金因之，辖永作（祚）、唐安二堡[③]。位于今陕西佳县西南乌镇古城山村南侧。

（4）宁河寨　本北宋晋宁军宁河寨，金因之。兴定二年，与葭州划隶延安府。在今陕西佳县西北刘国具镇阎家寺村东南侧。

（5）太和寨　本宋麟州太和堡，金升为寨。大定十八年，夏军攻陷麟州，并“毁城而去”，则太和寨改隶晋宁州或在此时。二十二年（1182），金改晋宁州为葭州，太和寨遂隶焉。兴定二年，与葭州划隶鄜延路。金末升为县。地当今陕西神木市高家堡镇太和峁。

（6）神木寨　本宋神木寨，寨县同址，金因之。大定十八年，西夏攻陷神木县，毁城而去，则神木寨当于此时毁弃。然金末又以麟州属葭州，神木寨或被重置，

① 《金史》卷一一二《移剌蒲阿传》，第2470页。
② 国家文物局主编：《中国文物地图集·陕西分册》下，第665页。
③ 《元一统志》卷四“延安路·葭州”，第373页。

并隶于葭州。位于今陕西神木市城东3里处[①]。

（7）弥川寨　本为宋麟州弥川寨，金因之，辖弥川、靖川、护川三堡[②]。大定二十二年（1182），晋宁州改名葭州，弥川寨遂属之。兴定二年，与葭州划隶延安府。金末升为县。地当今陕西神木市花石崖镇花石崖村。

（8）建宁寨　《金史·地理志》不载此寨，但据《元一统志》卷四“古迹·故建宁县”条载，金有建宁寨之置，即宋麟州之建宁寨。大定十八年，改隶晋宁州；二十二年，遂属葭州。兴定二年，与葭州划隶延安府。金末升为县。在今陕西府谷县田家寨镇杨家湾村附近。

（9）通秦寨　本宋晋宁军通秦寨，金仍之，辖通安、晋安二堡。金末升为县。兴定二年，与葭州划隶延安府。三年闰三月，夏军陷通秦寨；四月，金将纳合买住败夏军，复通秦寨；西夏寻又围通秦寨，为完颜合达击败。[③]位于今陕西佳县西北通镇镇通秦寨村北侧。

（10）吴堡寨　即宋晋宁军吴堡寨，金仍之。西夏陷定胡县，以吴堡寨隶通秦寨[④]。正大三年（1226）升为县[⑤]。地当今陕西吴堡县宋家川街道办事处城里村吴堡古城。

（11）宁河堡　即北宋之宁河堡，金因之。位于今陕西佳县以北40里之黄河西南岸，即佳县朱家坬镇佛堂寺东500米之车会河沿岸。

（12）通津堡　本宋麟州银城县通津堡，金因之。在今陕西神木市马镇镇王家山村境内[⑥]。

（13）清（靖）川堡　北宋有靖川堡，在今陕西佳县北秃尾河东岸薛家会村境内，而金有清川堡而无靖川堡，盖“清”“靖”二字音近且形似致误也。《元一统志》卷四载，金弥川寨辖弥川、靖川、护川三堡，是以金之清川堡当即北宋之靖川堡。

（14）通秦堡　北宋晋宁军有通秦堡，属通秦寨所辖，位于今陕西佳县通镇东北小里旺村北侧[⑦]，金当沿之。

（15）弥川堡　即北宋晋宁军之弥川堡，金因之，属弥川寨。位于今陕西神木市

① 《大明一统志》卷三六“延安府·云州城”，第638页。
② 《元一统志》卷四“古迹·故通秦弥川二县”，第401页。
③ 《金史》卷一五《宣宗本纪中》，第344—345页。
④ 《元一统志》卷四“延安路·葭州·吴堡县”，第374页。
⑤ 《关中胜迹图志》卷二九“绥德州·吴堡县”，第1437页。
⑥ 国家文物局主编：《中国文物地图集·陕西分册》下，第639页。
⑦ 国家文物局主编：《中国文物地图集·陕西分册》下，第664页。

花石崖镇西南西阳沟村南侧[1]。

（16）永祚（作）堡　《金史·地理志》作“永祚堡”，《元一统志》作“永作堡”，隶乌龙寨[2]，则其距乌龙寨当不远。详址待考。

（17）康定堡　北宋无康定堡，当是金新筑之堡。据《元一统志》载，乌龙寨辖永作（祚）、唐安二堡，而《金史·地理志》有康定堡而无唐安堡。“唐安”与“康定”形近，唐安堡或即康定堡之误也。详址待考。

（18）护川堡　北宋无此堡，盖金新筑，属弥川寨所辖。其位置当在今陕西神木市花石崖镇境内。

（19）强川堡　北宋无此堡，当为金新筑之堡。其与护川堡、弥川堡皆属弥川寨，而弥川寨之名本自其西之弥勒川，则强川堡当位于今陕西神木市花石崖镇花石崖村西。

（20）晋安堡　北宋无此堡，当为金新筑。《元一统志》载其为通秦寨下辖之堡[3]，当距通秦寨不远。详址待考。

（21）通安堡　《金史·地理志》无载，《元一统志》记其为通秦寨所辖之堡，当在今陕西佳县西北通镇境内。详址待考。

2. 绥德州所辖城、堡、寨

（1）嗣武城　本宋绥德军嗣武寨，金末升为县，属绥德州。在今陕西榆林市榆阳区镇川镇石崖底村。

（2）清涧城　本宋绥德军青涧城，金初因之。大定二十二年升为县，即今陕西清涧县。

（3）暖泉寨　本宋绥德军暖泉寨，金因之。正大七年（1230），蒙古陷绥德州，暖泉寨当失于此时。后复。窝阔台八年（1236）终陷于蒙古。位于今陕西米脂县桃镇刘岔村与申家崄村对面的古寨山上[4]。

（4）义合寨　原为宋绥德军义合寨，金因之。金末升县，隶绥德州。位于绥德州东40里，即在今陕西绥德县义合镇境内。

（5）清边寨　即宋绥德军清边寨，金仍之。1222—1230年间陷于蒙古。位于今陕西米脂县沙家店镇金鸡河沿岸。

① 吕卓民：《西北史地论稿》，第81页。
② 《元一统志》卷四“延安路·葭州”，第372页。
③ 《元一统志》卷四“古迹·故通秦弥川二县”，第401页。
④ 米脂县志编纂委员会：《米脂县志》，第565页。

（6）临夏寨　本宋绥德军临夏寨，金因之。位于绥德州西北大理河沿岸，正大七年或失于蒙古。地当今陕西子洲县马蹄沟镇巡检司村。

（7）白草寨　本为宋绥德军属寨，金因之。位于无定河下游东岸，即今陕西清涧县解家沟镇白草山上。

（8）米脂寨　本宋绥德军属寨，金初因之，置第二将驻守。金末升为县。即今陕西米脂县。

（9）怀宁寨　宋为绥德军怀宁寨，金初仍之。金末升县。位于今陕西子洲县淮宁湾镇薛家城则村西北侧。

（10）镇边寨　本为宋绥德军属寨，金因之。地当今陕西米脂县郭兴庄镇马湖峪河沿岸一带。

（11）绥平寨　原为宋绥德军绥平寨，金因之。兴定四年（1220）九月，夏军围绥平寨。[①]金末升为县，隶诸绥德州。位于今陕西子洲县西南何家集镇镇政府南1公里淮宁河南岸。

（12）克戎寨　即宋绥德军克戎寨，金因之，并置第四将驻守。贞祐三年（1215），金败夏于克戎寨；兴定元年（1217）九月，金将罗世晖复败夏军于此。[②]即今陕西子洲县双湖峪街道办事处张家寨。

（13）开光堡　即宋绥德军开光堡，金因之。位于绥德州北40里之无定河东岸。在今陕西绥德县四十里铺镇境内。

第三节　夏金在鄂尔多斯高原的重要战争

自金卫绍王大安二年（1210）至金宣宗元光二年（1223），夏金两国展开了长达十四年的边境战争，史称“构难十年不解，一胜一负精锐皆尽，而两国俱弊”。金夏之间鹬蚌相争导致两败俱伤，为两国的迅速灭亡种下了恶果，从而使蒙古坐收渔利，客观上为蒙古灭金、灭夏提供了条件。[③]

一、金夏爆发战争的原因

造成金夏之间数十年干戈相向、兵燹不断的原因是多方面的。首先，自天会二年

① 《金史》卷一三四《西夏传》，第2875页。
② 《金史》卷一三四《西夏传》，第2874页。
③ 李范文主编：《西夏通史》，第329页。

（1124）金夏议和以来，金对西夏的领土承诺始终未能完全兑现，使西夏对金怀恨在心，怨意遂生。而迎合蒙古，对金发动战争，可以洗雪西夏在原来领土问题上之旧仇宿怨。[①]其次，西夏一贯奉行“视三国之势强弱以为异同”[②]的外交政策，企图靠投蒙脱金继续保持割据状态[③]。再者，在国内经济状况恶化，社会矛盾丛生以及蒙古持续入侵的情况下，对金发动战争，实施经济侵略，可以摆脱国内困境，满足统治者的贪欲。[④]最后，对金战争是为了报复未尽宗主国之责的金统治者[⑤]。大安元年（1209）二月，蒙古军队第三次进攻西夏，包围兴庆府，襄宗安全遣使赴金求援，为卫绍王拒绝，西夏对此怀恨在心，侵意遂生。翌年八月，西夏出兵进攻金之麟州，拉开了金夏长期边境战争的序幕。

二、金夏战争概况

大安二年八月，西夏首先发难，攻金之麟州，战事开启。次年七月，遵顼以政变上台，自立为帝，依附蒙古，加大了对金的入侵。崇庆元年（1212）三月，西夏再攻葭州，为金延安路兵马总管完颜奴婢所败[⑥]。贞祐元年（1213）六月，西夏攻金保安州（今陕西志丹），破之。三年（1215）十一月，侵绥德州克戎、绥平等寨，不克。[⑦]四年（1216）九月，西夏联合蒙古进攻延安府。同年十二月，金兵分两路反攻西夏，东路由左监军陀满胡土门和延安总管古里甲石伦统领，进兵西夏盐州、宥州、夏州，西路由庆阳总管庆山奴和知平凉府移剌塔不也率领，进攻西夏威（韦）、灵、安、会等州。[⑧]西夏以重兵抵御，击退金军进攻。兴定元年九月，夏军围金之克戎寨，为金都统罗世晖却之。二年（1218）五月，西夏复侵葭州，失利。三年（1219）闰三月，夏军攻破葭州通秦寨，然为金提控纳合买住所败，自葭芦川（今佳芦河）而遁。是年五月，金将完颜合达将兵出安塞堡围攻西夏隆州（即龙州，今陕西靖边县龙洲镇），克其西南，日暮而退。[⑨]四年（1220）四月，金元帅庆山奴攻西夏宥州，围

① ［德］傅海波、［英］崔瑞德编：《剑桥中国辽西夏金元史》，中国社会科学出版社，1998年，第244页。
② 《金史》卷一三四《西夏传》，第2877页。
③ 李范文主编：《西夏通史》，第325页。
④ 李蔚：《简明西夏史》，第250页。
⑤ 陈德洋：《试论金宣宗时期的金夏之战》，《西夏学》2013年第9辑，第78页。
⑥ 《金史》卷一三《卫绍王本纪》，第295页。
⑦ 《金史》卷一四《宣宗本纪上》，第314页。
⑧ 《金史》卷一三四《西夏传》，第2873页。
⑨ 《金史》卷一三四《西夏传》，第2874页。

神堆府[1]，败西夏援兵。[2]九月，夏兵掠绥平寨、安定堡。十月，夏军复攻绥德州，驻兵拄天山，为知延安府完颜合达援军击败。[3]五年（1221）十一月，西夏援助蒙军攻延安府，完颜合达夜袭夏营，夏军大败。元光元年（1222）十一月，夏军与蒙古约取金之延安府，不果。二年，蒙军转而进攻西夏，遵顼的附蒙攻金计划破产，被迫退位，夏金战争结束。

① 按：元丰五路伐夏，王中正河东路大军与种谔鄜延路大军在神堆驿相遇，继而种谔以米脂寨功率军先行趋夏州，则神堆府盖即神堆驿，在夏州东无定河岸边。

② 《金史》卷一一六《庆山奴传》，第2551页。

③ 《金史》卷一一二《完颜合达传》，第2464页。

第十一章　蒙元时期的鄂尔多斯高原军事地理

13世纪初蒙古崛起，经二十余年的战争灭夏亡金，结束了鄂尔多斯高原诸强并存的局面，将整个高原全部纳入蒙古政权统治之下。在吸收宋金制度的基础上，蒙古结合自身特色，创立了行省制度、宗王出镇制度、宣慰司都元帅府制度，形成了省、路、府、州、县的五级地方行政体制，且将之运用于对鄂尔多斯高原的经营管理之中。本章即从蒙古灭夏亡金出发，全面论述蒙元接管并经营鄂尔多斯高原的整个过程。

第一节　蒙古灭夏金及对鄂尔多斯高原的接管

蒙古灭夏之役共计六次，分别发生于1205年、1207年、1210年、1217年、1224年、1226至1227年，其中前三次战争的进军路线与发生地点皆与鄂尔多斯高原无关[①]，在此不论，兹仅述后三次战争。

---

① 按：有学者指出1205年蒙夏之役的发生地点力吉里寨和经落思城皆位于河套一带，参见石坚军、张晓非：《蒙古经略西夏诸役新考》，《西北民族论丛》2014年第10辑，第187—188页；也有人认为力吉里寨大约在沙州西北，落思城在肃州北，参见鲍桐：《兀剌海城地望和成吉思汗征西夏军事地理析》，《宁夏社会科学》1994年第6期，第68页；亦有人推测力吉里寨在居延海东南50里，落思城在今巴彦淖尔临河县境内，参见阿木：《成吉思汗灭西夏的战争》，见中国人民政治协商会议内蒙古自治区委员会文史资料委员会编：《蒙古族古代军事思想研究论文集》，内蒙古文史书店，1989年，第336页。诸如此类，分歧颇多，然皆不在本书所言之鄂尔多斯高原范围内，故悉不予论。

一、蒙古灭夏及对鄂尔多斯高原大部的接管

自皇建元年（1210）西夏被迫与蒙古达成城下之盟以后，夏人屡被役使，不仅输贡臣服，而且输兵随征，遂“不堪奔命，礼意渐疏”。① 蒙古以此为借口，于1217年秋“渡河来攻”，发起第四次征伐西夏的战争。《元史·太祖本纪》载此事曰：十三年戊寅（1218）“伐西夏，围其王城，夏主李遵顼出走西凉”。兹不系月日。《金史·宣宗本纪》云兴定二年（1218）正月“乙酉，陕西行省获归国人，言大元兵围夏王城，李遵顼命其子居守而出走西凉”②。钱大昕就此称：“陈桱《通鉴续编》、薛应旂《宋元通鉴》皆在前一年。……夏与金相去辽远，而金人于是年正月已传问知之，则必是前一年事，《元纪》误。”③屠寄亦将之系于1217年，云：“是岁，汗征西夏兵从征撒儿塔兀勒，不应，遂伐西夏。十有三年戊寅春正月，围中兴府。”④考虑到蒙古习惯于秋季征伐⑤，故此次出兵西夏应是1217年秋，至1218年正月进围中兴府。《元史》明谓“渡河来攻”，是以蒙军此次进攻当是从河曲方向而来。加之遵顼向西出走凉州，更加说明蒙军是从东面向西夏发起进攻。⑥前三次蒙军出击的方向皆是西北方或北方，而此次选择从东面渡河进攻，恰可以出其不意，攻其不备，达到使西夏“列城不能御”⑦之效果。遵顼面对蒙军突袭，一时难以抵挡，遂向蒙古请降。

乾定二年（1224），德旺趁成吉思汗西征未归之机，“阴结外援，蓄异图”，“契丹人和唐兀人乘他不在的时机，变得倔强，动摇于降叛之间”⑧。成吉思汗遂于是年五月率军进攻西夏沙州，然“逾月不下”⑨，遂使木华黎之子孛鲁从东线攻银州，以为牵制。九月，孛鲁克银州，俘西夏银州监府塔海，俘获甚众，“命都元帅蒙古不华将兵守其要害而还”⑩。元明善所撰《丞相东平忠宪王碑》云：“孛鲁，忠

---

① 《西夏书事校证》卷四〇，光定七年十二月，第478页。
② 《金史》卷一五《宣宗本纪中》，第334页。
③ 〔清〕钱大昕：《十驾斋养新录》卷九《伐西夏事差一年》，上海书店，1983年，第197—198页。
④ 〔清〕屠寄：《蒙兀儿史记》卷三《成吉思汗本纪下》，北京市中国书店，1984年，第35页。
⑤ 石坚军、张晓非：《蒙古经略西夏诸役新考》，《西北民族论丛》2014年第10辑，第193页。
⑥ 鲍桐：《兀剌海城地望和成吉思汗征西夏军事地理析》，《宁夏社会科学》1994年第6期，第68页。
⑦ 《西夏书事校证》卷四〇，光定七年十二月，第478页。
⑧ 〔伊朗〕志费尼：《世界征服者史》，何高济译，翁独健校订，内蒙古人民出版社，1980年，第164页。
⑨ 《西夏书事校证》卷四二，乾定元年五月，第492页。
⑩ 〔明〕宋濂等：《元史》卷一一九《木华黎传附孛鲁传》，中华书局，1976年，第2936页。

宪王曾祖也，嗣国王，奉诏讨夏，攻银、肃二州，斩甲首数万，擒大将塔海。”[①]又《元史·移剌捏儿传》载：“癸未（1223），从帝征河西，取甘、合、辛、蛇等州。师还，复从木华黎攻益都”[②]。此两处记载颇多疑问：首先，《元史·孛鲁传》谓下银州而未云克肃州，况银、肃二州相去甚远，孛鲁如何能在短时间里奔袭数千里而于银、肃两州作战？其次，此次伐夏始于1224年，而《元史·移剌捏儿传》作1223年，时间因何相差一年？再者，合、辛、蛇三州又分别指何地？最后，《元史·太祖本纪》明谓木华黎薨于十八年（1223）三月，而此次伐夏又始于1224年，其时木华黎已逝世，移剌捏儿又如何复从木华黎攻益都呢？石坚军、张晓非认为肃、合、辛、蛇州盖分别即夏、瓜、兴、沙州之误，并且结合孛鲁卒年等进一步推断出孛鲁是“在1223年三月其父木华黎病逝、中原蒙古军失去最高统帅后赴西域觐见成吉思汗，成吉思汗遂‘诏以（木华黎）子孛鲁袭其爵’，命孛鲁出征西夏”，[③]甚是。由此，便可对上述疑问做出较为合理的解释，即1223年三月木华黎去世，对金前线缺失统帅，而其时成吉思汗正在西域专力征讨花剌子模，无力再分心于对金战场，故使木华黎之子孛鲁觐见于西域行在，将伐金之事全力委托于孛鲁。然而1223年十二月，继承西夏皇位的献宗李德旺不甘心受蒙古驱使，遂与金人重新议和，并秘密与不满于蒙古统治的漠北诸部落联结，欲共抗蒙古。成吉思汗听闻此事，急忙抽调部分兵力于1224年五月攻围西夏沙、瓜、肃等州，欲在攻克河西走廊诸州后，一举挥师东进，占领中兴府，灭亡西夏。移剌捏儿正好为随军将领。然而沙州城防守坚固，“逾月不下”，成吉思汗“恐银、夏出兵赴援”[④]，遂使孛鲁遣师进攻银、夏二州，以为牵制。孛鲁亲率一部蒙军进围之，于九月克银州，虏守将塔海。德旺见蒙军东西两线夹攻，且银州已失，恐中兴府再度被围，于是主动求和，“沙州围解”。移剌捏儿遂归孛鲁麾下，转赴山东前线攻略益都等地。

1225年，成吉思汗在征服花剌子模后回到和林，开始专力筹备攻灭西夏之事。翌年正月，成吉思汗以西夏不纳质子和拒绝助兵西讨为由[⑤]，以速不台为先锋，统率西

① 〔元〕元明善撰，〔清〕缪荃孙辑：《清河集》卷三，1913年刻印本，第19页。

② 《元史》卷一四九《移剌捏儿传》，第3530页。

③ 石坚军、张晓非：《蒙古经略西夏诸役新考》，《西北民族论丛》2014年第10辑，第194—195页。

④ 《西夏书事校证》卷四二，乾定元年九月，第492页。

⑤ 何绍忞：《新元史》卷三《太祖本纪下》，中国书店，1988年，第22页。按：据《元史》卷一《太祖本纪》载，成吉思汗出兵的借口是西夏收纳其仇人赤腊喝翔昆（屈出律之子）和不遣质子，然屠寄《蒙兀儿史记》卷二《成吉思汗本纪上》就其前者云：“赤腊喝翔昆即你勒合桑昆异文，桑昆西奔，事在癸亥（1203），下距丙戌已阅二十三年。蒙古用兵西夏至是已第五役，欲加之罪何患无辞，顾乃远追二十三年前已往故事，借为口实，太不近情。”此不取。

路大军“度大碛”攻略西夏西部诸州[①]。二月，下黑水城。[②]继而取沙州[③]，征服“撒里畏吾、特勒、赤闵等部”[④]。五月下肃州，六月克甘州。[⑤]同时攻略金之“德顺（今宁夏隆德）、镇戎（今宁夏固原）、兰（今甘肃兰州）、会（今甘肃靖远）、洮（今甘肃临潭）、河（今甘肃临夏）诸州”[⑥]，切断了夏军逃往黄头回纥和金朝之路[⑦]。已而“取西凉府、搠罗河罗等县，遂逾沙陀，至黄河九渡（在今宁夏中卫），取应里（即应理，今宁夏中卫）等县”[⑧]。在速不台西路大军出征后不久，成吉思汗亲率一路大军南下伐夏。首先攻克了兀剌海城，十一月又攻围灵州[⑨]。德旺遣嵬名令公率军来援助灵州，结果为蒙军击败，损失惨重。十月蒙古已攻克夏州[⑩]，又驻跸盐州川[⑪]，扫清了鄂尔多斯高原的夏军据点[⑫]。至此，鄂尔多斯高原诸州皆为蒙军攻占。蒙古东西两路大军会师后重围西夏首都中兴府，久而未下。然而至1227年六月，中兴府已被围半年之久，粮尽援绝，难以为继，末帝李晛遂遣使请降。是年（1227）七月，成吉思汗驾崩，遗言秘不发丧。西夏寻开城投降，结果被蒙军屠城，西夏遂亡。

二、蒙古灭金及对鄂尔多斯高原东南部的接管

蒙古对金大规模用兵虽始于大安三年（1211），但主要集中于金蒙接界之西北、

---

① 《元史》卷一二一《速不台传》，第2977页。

② 《元史》卷一《太祖本纪》，第23页。

③ 《元史》卷一二二《昔里钤部传》，第3011页。

④ 《元史》卷一二一《速不台传》，第2977页。按：同书卷一二二《雪不台传》（速不台与雪不台实为同一人）“撒里畏吾”作“驳里畏吾”（美国学者德斯蒙德·马丁直接称之为“黄头回纥”盖是。见德斯蒙德·马丁：《1205至1227年间蒙古与西夏的战争》，陈光文译，杨富学校，《西夏研究》2013年第3期，第37页）、“特勒”作“特勤”、“赤闵”作“赤悯”。

⑤ 《西夏书事校证》卷四二，乾定三年五月、六月，第497页。

⑥ 《元史》卷一二一《速不台传》，第2977页。

⑦ 石坚军、张晓非：《蒙古经略西夏诸役新考》，《西北民族论丛》2014年第10辑，第197页。

⑧ 《元史》卷一《太祖本纪》，第24页。按：“取西凉府、搠罗河罗等县”原断为“取西凉府搠罗、河罗等县”，石坚军、张晓非称应断句如前者，“搠罗河罗”即卓啰和南。卓啰和南为西夏卓啰和南监军司驻地，在今甘肃永登县庄浪河沿岸，符合凉州以东的地理位置，今从之。见石坚军、张晓非：《蒙古经略西夏诸役新考》，《西北民族论丛》2014年第10辑，第198页。

⑨ 《元史》卷一《太祖本纪》，第24页。

⑩ 《西夏书事校证》卷四二，乾定三年十月，第498页。按：其他史籍不见夏州失陷之记载，但1224年银州已为蒙古攻克，而1226年十一月成吉思汗率军攻破灵州后亦不见夏州失陷的情况。考虑到银州距夏州不远，故而有可能在成吉思汗进攻灵州之前为切断夏州方向的援助，已命银州方向的蒙军攻克了夏州。由此而言，吴广成将夏州失陷的时间断在1226年十月是有道理的，今从之。

⑪ 《元史》卷一《太祖本纪》，第24页。

⑫ 按：除银州、夏州、灵州和盐州外，史籍不载西夏在鄂尔多斯高原其他诸州的陷落情况，但1226年十一月之前银州、夏州已属于蒙古，且在1226年十一月攻克灵州后成吉思汗有驻跸盐州川的行动，故西夏在鄂尔多斯高原的其他诸州有可能是在十一月后不久全部失陷的。

西南诸路和金统治中心中京路及其周围之河北、山东等诸路，而对金属鄂尔多斯高原东南部之河东北路葭州与鄜延路延安府、绥德军和保安州的进攻则迟至金迁都汴京后的贞祐四年（1216）。是年十月，蒙军首攻延安府不克，遂自鄜延路南破潼关。①自此后至兴定五年（1221）不见蒙古进攻鄜延路与葭州之记载。其间，成吉思汗正忙于西征之事，遂于兴定元年（1217）八月以攻略金地事总戎于木华黎。木华黎统军与金人在河北、山东和河东展开数次鏖战，部分地区多次攻克、多次复失，一度形成僵持局面，从而迟滞了对陕西的经略。随后，木华黎迅速打破僵局，招抚并用，利用河东地方诸侯郭文振与张开之矛盾，迅速克定河东。又在河北招降武仙、严实等地方势力，连下诸多州县，继而抽调兵力转攻陕西前线。兴定五年八月，木华黎率军自东胜渡河，联合五万夏军进攻陕西。十月克葭州，以石天应权行台兵马都元帅，留守葭州，亲率军队攻绥德州、保安州，下之。十一月，围延安府，采纳将领蒙古不花之计，以佯败引诱完颜合达率兵三万出战，伏兵于山谷中，大败金军。完颜合达及时退保延安，蒙军“围之旬日，不下”。②

金军乘蒙古南徇鄜、坊之机，又迅速收复葭州、绥德州和保安州，与蒙军形成对峙。元光元年（1222）二月，蒙古军“屯葭州”③，此后再无进攻葭州之记载，故而葭州极有可能于是年终属蒙古。正大四年（1227），蒙军在包围西夏国都中兴府的同时，另遣军队南徇金之积石、洮、德顺、镇戎等州，自凤翔攻京兆，“关中大震”。④七年（1230），蒙古军破凤翔、京兆，金以二行省军东撤河南⑤，而是年窝阔台适以袁湘为“延安路兵马总管”，“略地鄜延，悉下之，移镇延安”⑥，则鄜延路所属之延安府、绥德州与保安州应于此时复为蒙军所克。之后，蒙军全力进攻汴京，至天兴三年（1234）金亡，然陕西仍有“秦、巩二十余州久未下”⑦。余蔚先生准确统计出延安府、绥德州等二十府州至窝阔台汗八年（1236）耶律楚材建言“许以不杀”后才最终降于蒙古。⑧按此，则延安府、绥德州曾在正大七年后为金军所收复，金亡后两年才终为蒙古降服。至此，金所统治的鄂尔多斯高原东南部皆归蒙古。

---

① 《金史》卷一四《宣宗本纪上》，第319—320页。
② 《元史》卷一一九《木华黎传》，第2934页。
③ 《金史》卷一六《宣宗本纪下》，第361页。
④ 《金史》卷一七《哀宗本纪上》，第378—379页。
⑤ 《金史》卷一一二《移剌蒲阿传》，第2471页。
⑥ 〔元〕姚燧：《牧庵集》卷一七《袁公神道碑》，商务印书馆，1936年，第213页。
⑦ 《元史》卷一四六《耶律楚材传》，第3459页。
⑧ 余蔚：《中国行政区划通史・辽金卷》，第471页。

第二节　蒙元在鄂尔多斯高原的军事部署

蒙古在灭金的过程中因金制临时在鄂尔多斯高原所在的一些地方设都总管、都元帅等官衔，开府而治，兼掌军民之政，以适应灭金战争的需要。成吉思汗十七年（1222），木华黎下金之葭州，表授石天应为陕西河东路行台兵马都元帅，率精兵五千留守葭州。[①]然翌年（1223）石天应战死，都元帅府即行废罢。窝阔台汗二年（1230），“朝廷定赏纳土功”，授金降臣袁湘以“延安路兵马总管”。因为此时鄜延路诸州府易手频繁，故而袁湘之统辖范围其实较为有限。

一、统兵机构

自窝阔台统治时期开始，蒙古即在汉地按照蒙古军制设立万户，统领汉地军马，[②]例由路总管兼任。如窝阔台汗十二年（1240）为嘉奖郝和尚拔都之功，授以“宣德西京太原平阳延安五路万户，易佩金虎符，以兵二万属之”[③]。蒙哥汗时期（1251—1259），总管府的设置逐渐增多，至元世祖至元初，路总管府正式向地方管民官转变，[④]“各路总管兼万户者，止理民事，军政勿预”[⑤]，“总管府以治民，万户府以统军”[⑥]，实行军民分治。

元世祖中统时期（1260—1264）开始在鄂尔多斯高原所在的陕西、中兴府等地设立行省，以中书省宰执出临，兼理军政事务。由于制度初创和全国尚未统一的原因，废置频繁，未形成固定化制度。经过世祖后期至成宗时期的完善，行省制度正式定型，鄂尔多斯高原地区最终分属于腹里、陕西行省和甘肃行省。行省“掌国庶务，统郡县，镇边鄙，与都省为表里。……凡钱粮、兵甲、屯种、漕运、军国重事，无不领之”[⑦]，既掌一省军务，又理一省民政，“挈兵民二柄而临制于阃外”[⑧]，权高任重，无所不统。除此之外，元代在鄂尔多斯高原还设有宣慰司都元帅府。武宗至大三年（1310）于夏州故地设察罕脑儿宣慰司都元帅府，隶陕西行省之下，掌“边陲军旅之

① 《元史》卷一四九《石天应传》，第3527页。
② 张金铣：《元代地方行政制度研究》，安徽大学出版社，2001年，第97页。
③ 《元史》卷一五〇《郝和尚拔都传》，第3553页。
④ 李治安、薛磊：《中国行政区划通史·元代卷》，复旦大学出版社，2009年，第10页。
⑤ 《元史》卷五《世祖本纪二》，第89页。
⑥ 〔元〕郑玉：《师山集》卷六《徽泰万户府达鲁花赤珊竹公遗爱碑铭》，影印四库本，第3页。
⑦ 《元史》卷九一《百官志七》，第2305页。
⑧ 〔元〕黄缙：《金华黄先生文集》卷八《江浙行中书省题名记》，上海涵芬楼，1929年，第16页。

事”，并兼理民政。[①]泰定元年（1324），以察罕脑儿为湘宁王八剌失里分地，罢宣慰司都元帅府。[②]文宗时，八剌失里企图发动政变，失败被废，遂复置察罕脑儿宣慰司都元帅府。

为强化对辽阔疆土的有效控御，加强中央集权，元朝结合具有蒙古族特色的兀鲁思分封制度和汉族的分封制度，建立宗王出镇制度，即以皇室诸王“将兵镇边徼襟喉之地”，统御地方驻军和负责征伐，代表朝廷监临地方，以为藩屏。宗王出镇的特殊性在于封藩不治藩，重在军事镇戍，出镇宗王主要负责其辖地（不是投下分地）的镇戍征伐和军政监临，故其辖地可称为“宗王镇戍区”。[③]元廷为了“革藩镇诸侯之专”，使出镇宗王总镇戍区之军队，行省重在临民理财，二者相互牵制，彼此分权，避免某一方势力坐大。[④]

忽必烈统治时期，出于对海都、笃哇等窝阔台系诸王的军事防备，于至元九年（1272）封皇三子“忙哥剌为安西王，赐京兆为分地，驻兵六盘山”；十年（1273），又“益封秦王，别赐金印，其府在长安者为安西，在六盘者为开成（今宁夏固原），皆听为宫邸”[⑤]。忙哥剌一王二印，开府两地，“秦蜀夏陇，悉归控御”，总领四地军马，甚受荣宠。并且由于南宋未灭，全国尚未统一，而陕西又处于进军四川之军事前沿，是入川作战的必经之地和兵源、物资的供应地，所以忙哥剌此时坐镇关陇亦当为主持四川战事所需。至元十七年（1280），忙哥剌卒，其子阿难答嗣立为安西王。阿难答统御十五万军队驻防于西部，是元朝抵御察合台系诸王的重要力量。[⑥]

二、兵力配置

元代镇戍于鄂尔多斯高原及其缘边的军队主要为蒙古军和探马赤军等强师劲旅。这些驻防军的日常军务一般归所在行省掌管，军权掌控在行省之蒙古官员手中，而调遣更防则由枢密院节制。[⑦]大德二年（1298）十月，元成宗置陕西蒙古军都万户府于凤翔府，负责统御陕西境内之蒙古军。

① 《元史》卷九一《百官志七》，第2308页。
② 《元史》卷二九《泰定帝本纪一》，第645页。
③ 李治安：《元代的分封制度研究》，天津古籍出版社，1992年，第194—195页。
④ 李治安：《元代的分封制度研究》，第208—209页。
⑤ 《元史》卷一〇八《诸王表》，第2736页。
⑥ 毕奥南：《元朝的军事戍防体系与版图维系》，《中国边疆史地研究》2002年第2期，第44页。
⑦ 韩儒林主编：《元朝史》，人民出版社，1986年，第312页。

探马赤军来自诸部族，为蒙元的精锐骑兵，专门担任攻坚冲锐和镇守重地之要务，主要从蒙古兀鲁兀、忙兀、亦乞烈思、弘吉剌和札剌亦儿五个部族中选拔。[①]另外，宁夏府路有新附军屯田[②]，说明元廷曾将收编的南宋新附军迁至宁夏府路进行戍防。

至于蒙元在鄂尔多斯高原的具体兵力数量，史无明载。由《史集》可知，阿难答以安西王坐镇陕西时统御十五万军队[③]，此数目盖指阿难答镇戍区内之兵力。鉴于安西王辖区包括今陕西省、宁夏回族自治区全部及内蒙古自治区和甘肃省部分地区，所以蒙元实际驻防于鄂尔多斯高原的兵数应少于十五万。然而，由于该地区军队主要为蒙古军、探马赤军等强师劲旅，所以其实际战斗力是相当强的。

概括起来，辽宋夏金元时期是我国古代多个民族政权彼此争雄及从分裂走向统一的重要时期。在这近四百年（983—1368）的时间里，辽、北宋、西夏、金、蒙元诸政权为不断扩大在鄂尔多斯高原的统治范围，展开了一系列政治和军事博弈，同时又在鄂尔多斯高原的控制区实行了具有各自特色的军政管理。

西夏初据有夏、绥、银、宥、静五州之地，但自李继迁开始，不断对宋用兵，进一步扩大在鄂尔多斯高原北部和西部之控制范围。至元昊统治时期，西夏已奄有除高原东南部麟、府、丰三州之外的大部分地区。为巩固对占领区的统治，元昊结合部落兵制和州县制度创立监军司制度，并构筑了密迩监军司的军事堡寨。西夏虽然在两次河曲之战中击败辽军，但高原东北部之胜州和唐龙镇为辽所夺，辽置河清、金肃二军和宁边州，将之划隶西南面（路）招讨司，并实行了移民戍边的政策。康定、庆历年间，北宋在与西夏的军事角逐中逐渐失利，在鄂尔多斯高原的疆界也大幅度向东、向南推移。宋神宗、哲宗和徽宗之时，北宋奉行拓边政策，实行大修堡寨的战略，对横山要地反复争夺，不断蚕食西夏疆土，逐渐占据了战争的主动权。

12世纪初金人势力兴起，先灭辽，再亡北宋，将控制范围延伸到鄂尔多斯高原。西夏亦趁机取得对高原东北部之金肃、河清、宁边三州军和高原东部之丰、府二州及横山北鄙的实际控制权。为适应金夏争雄的新形势，巩固对高原占领区的统治，西夏对监军司的名称和驻地进行了调整。金在取得对鄂尔多斯高原占领区的控制权后，实行兵民合一的路府州县体制，又设置了西南招讨司和陕西统军司两个军事路。金末，金在原军政体制的基础上设立具有大军区性质的行省、行元帅府等地方军政机构，以统一调度军队和战略物资，应对蒙古进攻，但由于设置过滥，其积极作用难以有效发

① 吴秀永、牛颂、何平：《中国元代军事史》，人民出版社，1994年，第123页。
② 《元史》卷一〇〇《兵志三》，第2569页。
③ ［波斯］拉施特主编：《史集》第2卷，余大钧、周建奇译，商务印书馆，2017年，第393页。

挥出来。

蒙古崛起以后，以秋风扫落叶之势灭亡夏金，占据了鄂尔多斯高原全境。蒙元政权吸收金的行省和汉族王朝的分封制度，并结合自身的断事官制度和兀鲁思制度创立了独具特色的行省制度和宗王出镇制度。同时，又在察罕脑儿设宣慰司都元帅府。这三种统治方式既相互配合，又彼此牵制，体现出蒙元经营鄂尔多斯高原的独特性。

第十二章　明代鄂尔多斯高原军事地理

在元末农民战争中，后起的朱元璋脱颖而出，势力逐渐壮大，先后攻灭了陈友谅、张士诚和方国珍等势力，并决定誓师北伐，进取中原。在对敌我形势进行充分比对分析之后，朱元璋提出了非常周详的作战方略："吾欲先取山东，撤其屏蔽；旋师河南，断其羽翼；拔潼关而守之，据其户槛。天下形势，入我掌握。然后进兵元都，则彼势孤援绝，不战可克。既克其都，鼓行而西，云中、九原以及关、陇，可席卷而下。"①北伐战争态势正如朱元璋所预料，在失去山东、河南之后，元朝大势已去，其败亡已成定局。

第一节　明朝与蒙古在河套地区的军事抗衡与和议

洪武元年（1368）八月初，徐达率兵攻入元大都，元朝灭亡。元顺帝妥欢帖木儿在明军攻下通州后携太子、诸王、后妃等，连夜出大都建德门，逃往上都开平。元顺帝北逃后，并未取消大元国号，其势力仍然存在。洪武三年（1370）四月，元顺帝死于应昌。此后其帝位历经五传，至坤帖木儿时（明建文四年，1402），被鬼力赤夺取帝位，并最终取消大元国号，称鞑靼，史书中将这段历史称为"北元"。

一、明朝初期与北元的斗争

以元顺帝及嗣君为首的蒙元贵族虽然失去了对中原的统治，但仍然保存了相当强

① ［清］谷应泰：《明史纪事本末》卷八《北伐中原》，中华书局，2015年，第102页。

大的实力，并力图有朝一日重回中原。明朝也无能力完全消灭北元势力，双方沿长城一线形成僵持局面，这为此后二百多年的明蒙关系格局奠定了基础。有明一代，蒙古贵族时常南下明朝边境地区，给明朝的北部边防造成了极大压力。《明史》载："元人北归，屡谋兴复。永乐迁都北平，三面近塞。正统以后，敌患日多。故终明之世，边防甚重。"[①]此时，北元依靠的主要力量是占据西北的河南王扩廓帖木儿（王保保）的十余万人的军队，据守辽东的北元丞相纳哈出的二十余万人的军队，以及元梁王统率的云南地区十余万人的军队，其中以扩廓帖木儿最凶悍善战，战斗力最强。扩廓帖木儿控制着包括鄂尔多斯高原地区在内的山西、陕西和甘肃等地。朱元璋决定消灭扩廓帖木儿势力，统一全国，解除北元对明朝政权的威胁，捍卫新兴的政权。

元顺帝北逃途中，命据守山西太原的扩廓帖木儿出兵雁门关，经保安攻大都的明军。徐达将计就计，引扩廓帖木儿来攻，趁其劳师远出，率兵攻扩廓帖木儿后方根据地太原。洪武元年十月末，扩廓帖木儿在保安听闻明军欲攻太原，急忙回师，徐达趁机夜袭，扩廓帖木儿大败，逃往陕西，太原被明军攻占。明军一路势如破竹，先后攻下山西的平遥、盂州、管州、大同等地，山西遂定。

此时，陕甘地区尚有李思齐、张思道率领的元军十余万，李思齐驻凤翔，张思道驻鹿台（今陕西高陵西南）。洪武二年（1369）二月，徐达率兵从山西西渡黄河进入陕西境内，元鄜城（今陕西洛川）守将施成投降，李思齐弃凤翔逃奔甘肃临洮，张思道弃鹿台逃往庆阳。徐达在凤翔制定了详尽的西征方略，按照先易后难的原则，先取临洮的李思齐，再攻庆阳的张思道。此年四月初三，徐达攻占了秦州（今甘肃天水），四月十一日攻下巩昌（今甘肃陇西），十三日到达临洮城下，李思齐被迫献城投降。李思齐投降后，徐达又派兵先后攻下兰州、安定（今甘肃定西）、会州（今甘肃会宁）、靖宁（今甘肃静宁）、隆德、平凉、延安，抵达庆阳城下。张思道闻徐达攻庆阳，恐惧异常，留其弟张良臣守庆阳，自己逃往宁夏，但被政敌扩廓帖木儿捉拿。张思道被捉拿后，张良臣请降，徐达派薛显前往受降，但投降后的张良臣不久复叛。五月，徐达调兵合围庆阳，并打败扩廓帖木儿派来的援军。同年八月二十一日，庆阳城被明军攻下，张良臣父子及其党羽二百余人被斩首。

洪武三年，明太祖朱元璋派兵分东西两路北征，东路由李文忠率领，出居庸关，进入漠北攻元顺帝；西路由徐达率领，西出潼关，攻定西扩廓帖木儿。四月，徐达在定西北部沈儿峪（今甘肃定西北）全歼扩廓帖木儿军，俘获官员兵士达八万余人、战

---

① 〔清〕张廷玉等：《明史》卷九一《兵志三》，中华书局，1974年，第2235页。

马一万五千余匹，其他物资无数。扩廓帖木儿携妻子数人北渡黄河，逃往和林。都督郭英率兵追至宁夏，不及而还。明东路军向北追击北元宗室，于五月份包围应昌，俘获元顺帝孙买的里八剌及后妃、宫人、诸王、各级官员、士兵等，北元主爱猷识里达腊率数骑逃往旧都和林。至此，北元被迫退出定西和应昌。李文忠在进攻应昌的同时，遣"指挥金朝兴取东胜州，获元平章荆麟等十八人"[①]。

北元主爱猷识里达腊和其部下扩廓帖木儿逃往和林后，召集逃散各地的旧部，对明朝仍然构成威胁。洪武五年（1372），明朝再次出动十五万大军，分东、中、西三路北征，李文忠率东路军，徐达率中路军，冯胜率西路军。但是此次北征，徐达的中路军轻敌冒进，在岭北地区遭到扩廓帖木儿的袭击，明军战败，损失惨重。东路军虽多次击败北元兵，但自身伤亡亦很大，只有西路军进展较为顺利。冯胜的西路军经兰州、凉州、永昌，连败北元军，追北元军至河西瓜州、沙州而还。此次北征成为明朝与北元关系的重要转折点。北征战役的失利，使明朝认识到北元实力尚强，不能在短期内将其全部消灭，对其采取防守战略，而北元则转守为攻，不断骚扰明朝北部边疆。

此次北伐失败后，明蒙双方又发生多次战争，双方互有胜负。如洪武六年（1373）五月，北元进犯明朔州、武州（今山西五寨北）等地，徐达派陈德等迎战。洪武七年（1374）正月，曹国公李文忠从山西代县出兵攻元。洪武十三年（1380）二月，北元国公脱火赤、枢密知院爱足率万人屯居和林，进犯明朝边境，明西平侯沐英率兵讨伐。洪武十四年（1381）正月，北元平章乃儿不花犯明边，徐达、汤和、傅友德等率兵出讨。洪武二十年（1387）九月，朱元璋命永昌侯蓝玉率兵十五万北征。洪武二十三年（1390）正月，朱元璋命晋王朱棡、燕王朱棣分兵两路讨伐北元丞相咬住、太尉乃儿不花等。在双方的争战中，虽然明军总体上占据优势，但北元利用骑兵速度快、机动性强的特点，不断攻扰明边，给明朝造成很大麻烦。因此，从洪武年间开始，明朝就开始在北边一线建立军事据点、修筑要塞，希望以此减轻或阻挡北元骑兵的攻势。然而从总体态势上来说，明朝在政治、经济、军事方面不断强大，北元则内讧不断，先有北元主脱古思帖木儿被别部首领也速迭尔杀死，后有鬼力赤篡权夺位，导致实力渐衰，在明军的打击下逐渐崩溃，直到取消大元国号。

二、蒙古诸部入套与明朝的应对

明朝自永乐初年放弃东胜之后，终明之世再未在东胜设置卫所机构，导致河套

① 《明太祖实录》卷四九，洪武三年二月乙酉，"中央研究院"历史语言研究所，1962年。

北边失去军事屏障。当时明朝正处于军事实力的强盛期，加上蒙古处于暂时的内乱之中，放弃东胜的消极影响并未立即凸显。《读史方舆纪要》记载："是时自东胜迤西路通宁夏皆有墩台墙堑，永乐初见亡元远遁，始移治延、绥弃河不守。"[①]但是，"土木堡之变"后，明朝国力日衰，河套地区边防形势趋于严峻。

也先杀脱脱不花，自立为汗，不久被部下阿剌知院所杀，孛来又杀阿剌知院，立脱脱不花之子马可古儿吉思为汗，称小王子，孛来自为太师。孛来势力渐强，在西攻瓦剌，东挟兀良哈的同时，不断南犯明朝边境，并进入河套地区。天顺二年（1458），孛来犯凉州、延绥。三年（1459），又犯陕西安边堡（今陕西定边东）。方孔炤《全边略纪》记载："［天顺］七年春，总兵梁瑶奏，河冰开矣，孛来遁矣，请撤诸军还。报可。"[②]说明天顺六年（1462）秋冬时，孛来在河套一带驻牧。

随着孛来势力渐衰，毛里孩、阿罗出、孛罗忽三部势力趁机进入河套[③]。成化年间，蒙古各部南下河套的次数日益频繁，可以说无岁不扰，给明朝的北边军事防御造成了极大的压力。而在双方的军事对抗中，明朝往往败多胜少，甚至出现守边将士与蒙古兵互为声气的情况。嘉靖二十四年（1545），巡按山西御史陈豪给明世宗的奏疏中提到："况诸镇烽卒，皆媒寇日为生计，多囊针刀，遇侦者赂求不杀，彼此译语，互为和同。待其深入，然后举燧发炮，降堠转走，益不止一日一处为尔。且迩来之寇，类多我民亡命，为彼向导。故连岁非时倏至，冒险深入，如履故途。"[④]这种现象在当时并非个案。直到成化九年（1473）的红盐池大捷之后，蒙古的侵扰才稍有缓解。成化九年九月，满都鲁与孛罗忽联合南寇韦州，时任陕西三边总制王越侦察到满都鲁的庐帐驻于宁夏红盐池，于是和总兵许宁、游击周玉等率轻骑昼夜兼程奇袭之，擒杀三百余级，尽烧其庐帐。这是史籍记载的蒙古各部在天顺年间入套以来所受到的最大打击，"至是捷，贼内失其孥，相与悲泣，渡河北去，患少弭"[⑤]。

面对蒙古诸部对河套地区的侵扰，明朝也采取了一些措施，主要包括巡套、搜套、剿套、烧荒、修边墙等，而在具体实践中，以上措施往往并非单独实施，而是相互配合，甚至在某种意义上巡套、搜套、剿套表达的是同一个意思。早在正统九年（1444），宁夏总兵官黄真就曾建言，在初春之时，河套周边宁夏、大同、延绥各镇边将联合起来，各率轻骑出境巡边，是为巡套。成化二年（1466）六月，大学士李贤

① 《读史方舆纪要》卷六一"榆林镇"，第2905页。
② 王雄编辑点校：《明代蒙古汉籍史料汇编》第3辑，内蒙古大学出版社，2006年，第134页。
③ 《明史纪事本末》卷五八《议复河套》，第887页。
④ 《明史纪事本末》卷五八《议复河套》，第893页。
⑤ 《明史纪事本末》卷五八《议复河套》，第890页。

等上奏朝廷，也主张实行搜套的办法，奏疏中说："河套与延绥接境，原非敌人巢穴。今毛里孩居处其中，出没不常。苟欲安边，必须大举而后可。乞令兵部会官博议，进兵搜剿，务在尽绝。"[①]但河套地区边防线漫长，沿途耗费很大，故巡套时断时行，搜套、巡套的效果也很有限。

烧荒也是明朝为了防御蒙古骑兵南下侵扰河套所采用的主要措施之一。在蒙古南下侵扰频繁，边防压力日增之时，明朝政府命各边镇将士出边烧荒，以阻蒙古骑兵南下。史载，永乐五年（1407）十二月，"［明成祖］敕镇守大同江阴侯吴高曰：尔奏沿边草盛，欲焚之，最当。第屡旁近未知，或生疑怪，且巡徼军马，仓卒难避，屯堡房舍，将有所损，须预报之使备"[②]。明成祖同意吴高的烧荒策略，同时也提醒吴高应该注意的问题。此后，明朝在边地烧荒的记载不绝于书。

从现有史料看，明朝各边镇的烧荒措施并非临时仓促之举，而是有着较为充分的前期准备和较为完善的制度。万历四十年（1612）七月，兵部曾言："边外烧荒，一以断虏之驻牧，一以便我之瞭望，著为定例已久。迩来玩愒，或出边不远，或焚燎不净，以致诸虏移牧近地，殊为可虞。请下敕书令蓟、辽、延、宁、甘、固等镇，候草木枯槁之时，选差惯熟，通夜远出哨探，果无紧关贼情，行令副、参、游、守等官，统领惯战官军，各照地方分布营阵，且烧且行，或二三百里，或四五百里，务要野草林木焚烧尽绝。若出境时，计虑不周，纪律不严，或围猎贪利，或逗遛失期，猝遇贼众不相应援致误事机甚者，止令官军夜不收等于邻近去处急遽举火，不问燃否就便回还，事发，定不轻贷。在宣、大、山西三镇，仍照常樵采，以备饲马烧造之用，毕日，各将拨过官军数目、烧过地方远近里数、积过草木多寡束数奏报。"[③]这条史料至少能反映出六个问题。其一，烧荒目的：断虏之驻牧，便我之瞭望。其二，从"著为定例已久"可见烧荒措施早已制度化。其三，从"请下敕书令蓟、辽、延、宁、甘、固等镇"可见，当时烧荒非常普遍，可以说九边之地均采取此措施以防边，河套地区当然也不例外。其四，烧荒时间：在草木枯槁之时。这一说法在其他史料中也可得到印证。如《弘治宁夏新志》记载："每年十月，副将及都指挥，分领骑兵三千余人，入山后、河套点火烧草。"[④]因此，河套地区烧荒多在十月份草木枯黄之后。虽然因长城沿线各边气候和环境有一定差异，烧荒时间不可能完全同步，但大体上集中

① 《明史纪事本末》卷五八《议复河套》，第888页。
② 《明太宗实录》卷七四，永乐五年十二月癸巳，"中央研究院"历史语言研究所，1962年。
③ 《明神宗实录》卷四九七，万历四十年七月丁巳，"中央研究院"历史语言研究所，1962年。
④ 胡玉冰、曹阳校注：《弘治宁夏新志》卷一《差役》，中国社会科学出版社，2015年，第13页。

在每年秋冬草场枯干之时。其五，烧荒遵循严格的制度程序，如要求事前准备必须充分；烧荒时各部官军要相互协调，彼此照应；事后要上报朝廷。其六，责任到人，并实行问责。烧荒措施在一定程度上可以延缓蒙古骑兵的南下，但从实际情况来看，并未从根本上解决问题。况且，烧荒可以积肥，有利于来年草木生长，蒙古人自己也开始烧荒。

除了以上措施，修边墙是明朝最为重要的防边措施，整个明朝二百七十余年历史，几乎从未间断过对边墙的修筑。自东向西有大边、二边横跨整个河套地区。边墙的沿线，明朝设置有军镇、卫所，派兵戍守。

三、明朝中期的复套之议

自天顺年间蒙古入套之后，河套地区已经成为蒙古南下扰边的前沿阵地，套虏之扰无岁不有。因此从正德以后，逐渐有官员建议朝廷选将练兵，适时出击套虏，夺回河套，恢复明朝对河套地区的统治。正德初年，三边总制杨一清上奏朝廷请求恢复东胜，进而控制河套。他在奏疏中说："河套之地，饶水草，宜五谷，本吾内地，初非寇巢。其地有受降城，据大河三面之险，当千里之蔽。国初舍受降而卫东胜，已失二面之险，又辍东胜以就延、绥，则以一面之地，遮千余里之冲，遂使套中六七千里之沃壤，为寇瓯脱，外险尽失，宁夏屯卒反备南河，此陕西边患所以相寻而不可解也。宜因时设策，一举而廓清之。复收东胜，因河为固，东接大同，西接宁夏，耕屯牧放，亘千百里，以壮军实，以息内运，庶陕西可息肩耳。"①并且还提出恢复河套的六条具体可行的建议。但是，因当时太监刘瑾专政，杨一清得罪刘瑾而被罢官，收复河套的设想未能施行。嘉靖二十五年（1546），陕西三边总督曾铣再次上疏嘉靖皇帝，提出详细复套之策：一曰定庙谟，二曰立纲纪，三曰审机宜，四曰选将材，五曰任贤能，六曰足刍饷，七曰明赏罚，八曰修长技。具体实施方略达万余言，非常详细。曾铣的建议受到明世宗的褒奖，认为"今铣能倡复套之谋，甚见壮猷"，并让兵部拨银三十万两，由曾铣支配，准备复套事宜。曾铣的建议和设想也得到了内阁、六部、都察院等的大臣的支持，时任内阁首辅的夏言也支持曾铣的建议。嘉靖二十六年（1547），在经过前期准备之后，曾铣率兵出塞攻套虏获胜，复套措施初见成效。但此时形势却出现巨大转变，其原因是内阁阁臣之间的政治斗争波及边疆，从而使主持复套工作的曾铣卷入党争之中，并成为党争的牺牲品。其具体过程是：虽然复套这样

---

① 《读史方舆纪要》卷六一"榆林镇"，第2906—2907页。

的大事件暂时得到了明世宗的赞同，但明世宗以及满朝文武大臣均无必胜把握，害怕因此引起蒙古更大规模的军事报复，因此狐疑不定。此时内阁辅臣严嵩与首辅夏言之间矛盾日深，严嵩欲取夏言而代之，因此借明世宗最忌恨大臣专权以及在复套问题上的摇摆这一心理，诬告曾铣好大喜功、穷兵黩武，进而攻击夏言骄横自恣，凡事专决。最终结局是夏言被杀，曾铣也被逮捕回京。此时正值俺答再次渡河入套，明世宗大怒，认为这正是曾铣等人开边启衅所致。严嵩指使其党徒甘肃总兵仇鸾等上疏再攻曾铣，于是在嘉靖二十七年（1548），明世宗下令将曾铣弃市。凡曾附议或参与复套的官员均受到夺俸、廷杖等不同程度的处罚。自此之后，无人再敢向明世宗提恢复河套之事。

四、俺答封贡及其后的河套形势

在也先被杀之后，蒙古草原又陷入长期的分裂，直到达延汗时期才再次实现局部统一，并把直属大汗的蒙古各部落及牧场分封给诸子。达延汗死后，蒙古又陷入分裂。达延汗第三子巴尔斯博罗特（即赛那剌汗）后裔吉囊和俺答控制了右翼蒙古，势力逐渐增强。后吉囊死，其弟俺答实际掌控了右翼蒙古实权，东蒙古的打来孙汗并不能完全节制俺答，因此俺答控制下的右翼蒙古处于半独立状态。

俺答在其统治范围内注重经济的发展，而与明朝建立稳定的和平通贡关系有利于蒙古各部自身实力的发展和壮大，因此积极寻求与明朝廷的通贡贸易。嘉靖十一年（1532），俺答在征青海结束以后即向明朝求贡，明朝拒绝。嘉靖二十年（1541），俺答再次遣使向明朝请求通贡，虽朝臣认为通贡之议可行，但明世宗坚决不许，并悬赏捉拿俺答。此后嘉靖二十一年（1542）、二十五年、二十六年、二十七年、二十八年（1549），俺答又数十次遣使请求通贡贸易，均被明朝拒绝。嘉靖二十八年，俺答亲自到宣府城外射书求贡，并保证通贡后定会约束部族，不再侵犯明边。其言："以求贡不得，故屡抢。许贡，当约束部落不犯边。否则秋且复入，过关抢京辅"[①]。守边大臣接书后未敢上报明世宗，故而通贡不成。为了逼迫明朝同意双方通贡互市，嘉靖二十九年（1550），俺答发兵进攻明朝边境，兵临北京城下，京师告急，史称"庚戌之变"。当时因京师被围，援兵未集，明世宗不得不暂时同意蒙古通贡的要求，承诺第二年双方开放马市，俺答退兵。嘉靖三十年（1551），明朝按照承诺与蒙古右翼开通马市，但明朝只用丝绸等与蒙古马匹进行交易，禁止交易蒙古牧民百姓所需的铁

① 《明世宗实录》卷三四七，嘉靖二十八年四月丁巳，"中央研究院"历史语言研究所，1962年。

锅、粮食等生活用品。这样大部分蒙古牧民的愿望未能实现，便继续骚扰明边。嘉靖三十一年（1552），俺答请求扩大贡市范围和规模，明朝拒绝，明世宗下令："各边开市悉令禁止，敢有效逆建言者，斩!"[①]在嘉靖后期，俺答又有数次请求通贡，但廷臣已无人敢在明世宗面前重提此事，俺答希望的通贡之事无法实现，双方再次兵戎相见。

嘉靖四十五年（1566），明世宗去世，客观上为明蒙关系的改善提供了可能。明朝和蒙古右翼关系出现转机是在隆庆四年（1570）。俺答夺取其孙把汉那吉之妻赏于袄儿都司，把汉那吉怒，"四年冬十月癸卯，俺答孙把汉那吉率其属阿力哥等十人来降"[②]。宣大总督王崇古认为"此奇货可居"，于是力排众议，收留把汉那吉，并给予优待。俺答也后悔逼走了把汉那吉，并担心明朝戕害其孙，于是拥十万兵压明之边境。后得知把汉那吉受到明朝款待，遂大喜，遣使议和。此次议和虽然也引起朝堂上的激烈争议，御史叶梦熊等强烈反对，但朝廷实权派高拱、张居正、王崇古、方逢时等俱支持议和，明穆宗也一改其父的固执，同意与俺答议和。隆庆五年（1571），明朝封俺答为顺义王，其部下六十余人受封，双方约定互市的时间、地点和内容，这样以俺答为首的右翼蒙古终于和明朝建立了通贡互市关系，这种相对和平的民族关系一直持续到明末。

明王朝从建国之初就受到蒙古贵族侵扰，延续了两百多年。尤其是明宪宗成化初期，蒙古军事势力进入河套以后，蒙古骑兵动辄深入明朝内地，直至北京城下。这不仅给北方人民的生命财产造成了严重的损失，对明王朝也是极大的威胁。俺答封贡很大程度上解除了明朝在北方和西北的边患。自此以后，"东起延、永，西抵嘉峪七镇，数千里军民乐业，不用兵革，岁省费什七"[③]。万历五年（1577），宣大总督方逢时上奏朝廷："八年以来，九边生齿日繁，守备日固，田野日辟，商贾日通，边民始知有生之乐。"[④]战争的减少也节省了明朝的军费支出，俺答封贡以后，"计三镇岁费二十七万，较之向时户部客饷七十余万，太仆马价十数万，十才二三耳"[⑤]。边境战事的减少和互市贸易的发展，对边镇军民休养生息以及生态环境的恢复和改善都有积极意义。

俺答封贡后的第二年，即隆庆六年（1572），蒙古右翼鄂尔多斯部首领、俺答之

① 《明世宗实录》卷三八九，嘉靖三十一年九月癸卯。
② 《明史纪事本末》卷六〇《俺答封贡》，第925页。
③ 《明史》卷二二二《王崇古传》，第5843页。
④ 《明史》卷二二二《方逢时传》，第5846页。
⑤ 《明史》卷二二二《方逢时传》，第5846页。

侄吉能去世，其子布延巴图尔嗣位。万历元年（1573），布延巴图尔在出征瓦剌后班师回归途中被额色勒贝侍卫杀死，其部属拥立布延巴图尔十三岁的儿子卜失兔济农。此时，大权由吉能侄子切尽黄台吉掌控，切尽黄台吉成为鄂尔多斯部的重要人物，部族大政均由他处理。万历十四年（1586），切尽黄台吉死，卜失兔济农失去了一位能控驭整个鄂尔多斯部的能臣。卜失兔济农无法控制部属，鄂尔多斯部开始走向分裂，“套部分四十二枝，各相雄长，卜失兔徒建空名于上”①。天启四年（1624），卜失兔济农去世，其长子策凌额尔德尼黄台吉嗣位，但不久亦去世。天启七年（1627），卜失兔济农次子林沁额叶齐岱青嗣位。崇祯七年（1634，清天聪八年），林沁额叶齐岱青向后金皇太极投降，皇太极命其仍在原牧地鄂尔多斯驻牧。

第二节　明朝在河套地区的军户建制及军事部署

明朝将北元势力赶往漠北之后，明蒙在河套地区的军事防线以黄河为界，黄河以北为蒙古各部驻地，黄河以南包括河套地区为明朝辖境。明朝曾在河套周边设置东胜卫、宁夏诸卫、延安卫、绥德卫等军事机构，部署军队戍守。总兵镇守制度形成以后，明朝的北方防线上逐渐形成九边军镇防御体系，河套西北有宁夏镇，河套南缘有榆林镇。

一、东胜卫的创置与内迁

明代东胜卫的设置经历了先设后废的过程。洪武元年（1368）八月，徐达率兵攻元大都，元顺帝携大臣、皇子、后宫逃往漠北。北逃后的元顺帝并未放弃恢复中原的愿望。洪武二年（1369），元顺帝命脱列伯、孔兴领兵进攻大同，被明将李文忠击败，脱列伯被擒。明军乘胜向西进兵，“遂进兵东胜州，至莽哥仓而还”②。这是明军首次攻占东胜，但不久即退出。洪武三年（1370）正月，朱元璋派徐达、李文忠两路北伐。二月，大同指挥金朝兴再次攻下东胜，并俘获元平章荆麟等十八人。朱元璋对东胜的战略地位非常重视，为了据守东胜，将其作为对抗北元的前沿阵地，朱元璋还命已进入甘肃的部分明军向东进军，攻取东胜。洪武四年（1371）正月，明朝正式

① 《明史》卷三二七《鞑靼传》，第8490页。
② 《明太祖实录》卷四四，洪武二年八月丙寅。

下令在东胜废州置卫，标志着东胜卫的正式设立。[①]

从洪武三年二月至洪武五年（1372），东胜一直在明朝的掌控之中。但洪武五年明军在岭北战役中失败，被迫收缩北方防线，明朝不得不再次放弃东胜。明军在岭北战役失败后，北元骑兵尾随南下，不断扰边，东胜卫孤悬黄河之外，成为北元攻击的主要目标。因此，洪武五年七月，东胜卫被裁撤，其军队迁往大同。

洪武二十年（1387），北元辽东主将纳哈出降明，使明朝北方边疆形势得到重大转机。洪武二十一年（1388），明朝派蓝玉北征，在捕鱼儿海击败北元主脱古思帖木儿，脱古思帖木儿在逃亡途中被部下也速迭儿袭杀。在此情况下，明朝开始重新加强北边军卫建设，东胜卫的重建正是在此背景下展开的。洪武二十五年（1392）八月，朱元璋派遣数十名将领到山西各地，“阅民户四丁以上者籍其一为军，蠲其徭役，分隶各卫，赴大同等处开耕屯田。东胜立五卫，大同在城立五卫，大同迤东立六卫，卫五千六百人”[②]。但洪武二十六年（1393），罢去中、前、后三卫，只剩东胜左右二卫。此次设卫，以山西民户为基础，籍民户为军户。至此，罢设二十年的东胜卫又重新被设立。

从洪武二十五年到建文四年（1402），东胜卫一直在明朝的有效管辖之下，直到建文四年被再次内迁为止。建文四年，朱棣篡位成功。朱棣一改“塞王守边”为“天子守边”，对北方的军事防御机构进行了重新调整。建文四年，东胜左卫被迁往卢龙，右卫被迁往遵化。永乐以后，曾有朝臣多次提议在东胜地区重新设卫以抵御蒙古，但均未被采纳。天顺以后，孛来、毛里孩、满都鲁、乩加思兰等蒙古各部相继进入河套，东胜已被蒙古完全占领。

二、宁夏诸卫及宁夏镇的设置

宁夏地处西北，“贺兰山环于西北，黄河绕其东南，地险固，田肥美”，是“关中之屏蔽，河、陇之噤喉”，地理位置十分重要。

洪武二年三月，明军在平定山西之后，进一步向西经略和推进。从四月至八月，明军先后攻下秦州、巩昌、兰州、安定、会州、靖宁、隆德、平凉、延安、庆阳，河

① 关于东胜卫的最早设立时间，学界曾有不同看法。吴缉华先生对洪武四年设立东胜卫一事表示怀疑，因为此后二十多年间再未见到关于东胜卫的直接记载。达力扎布先生认为洪武四年设立东胜卫“是个疑问”，他提出《明太祖实录》中并未明言设立东胜卫一事，只是记载曾设立过五个羁縻千户所。而周松、薄音湖两先生则持肯定看法，认为洪武四年设立东胜卫一事是确切的。笔者更赞成周、薄二人的观点。

② 《明太祖实录》卷二二〇，洪武二十五年八月丁卯。

西走廊以东尽为明朝所有。但是，元将扩廓帖木儿据守宁夏，仍然是明军极大的威胁。洪武三年，徐达率明军再次出击，与扩廓帖木儿大战于沈儿峪，明军大胜，扩廓帖木儿携妻子渡黄河逃往和林，明军占领宁夏。明朝改元旧制宁夏府路为宁夏府，隶属陕西行省。洪武五年，明朝又撤销宁夏府，迁境内居民于陕西关中。[①]明朝希望在此制造一个无人区，以阻挡蒙古的南下，但这一举措却给蒙古各部进一步侵入宁夏创造了条件。加之宁夏有黄河穿过，土地肥沃，灌溉便利，有利于派兵屯戍，因此，明廷决定再次经营宁夏。最迟至洪武九年（1376）起，明朝重新开始经营宁夏，先后在宁夏地区设立卫所机构。据记载，明朝先后在宁夏设立七卫，分别是宁夏卫、宁夏前卫、宁夏左屯卫、宁夏右屯卫、宁夏中屯卫、宁夏中卫、宁夏后卫。

在宁夏诸卫中，宁夏卫设置时间最早，治所在宁夏镇城（今宁夏银川）。《弘治宁夏新志》记载：“［洪武］九年，命长兴侯耿炳文弟耿忠为指挥，立宁夏卫，隶陕西都司。后增宁夏前、宁夏左屯、右屯、中屯，为五卫。寻并中屯于左、右二卫，为四卫。三十四年（实为建文三年，1401），宗室庆藩自韦州徙封。”[②]

宁夏前卫设置于洪武十七年（1384），屯驻地点在宁夏镇城。《明史》记载，宁夏前卫“在宁夏城内，洪武十七年置”[③]。而宁夏左屯卫、右屯卫和中屯卫则设置于洪武二十五年（1392）二月。[④]不久，中屯卫被合并于左屯和右屯二卫，使镇城五卫变成四卫。洪武二十四年（1391），明太祖封十六子朱栴为庆王，先后就府于庆阳、韦州（今宁夏同心东北），建文四年移藩于宁夏镇城，置中护卫为扈从。上文《弘治宁夏新志》所记洪武三十四年（实为建文三年）移藩宁夏镇城有误。[⑤]到正德五年（1510），改中护卫为中屯卫，原来镇城的四卫又增加为五卫。

除镇城五卫之外，宁夏还有宁夏中卫和后卫两卫，地位亦十分重要。宁夏中卫，其治所在今宁夏中卫市。宁夏中卫置于建文元年（1399）。《大明一统志》记载：宁夏中卫于“本朝洪武初州废，三十二年移建宁夏中卫于此，隶陕西都司，领千户所五”[⑥]。《嘉靖宁夏新志》亦有相同的记载：中卫于“国朝洪武初，州废，以宁夏左屯卫军余屯种于此。三十二年，复徙屯种军余于宁夏。置宁夏中卫指挥使司，给‘宁

---

① 《弘治宁夏新志》，第2页。

② 《弘治宁夏新志》，第2页。

③ 《明史》卷四二《地理志三》，第1013页。

④ 《明太祖实录》卷二一六，洪武二十五年二月丙子。

⑤ 《嘉靖宁夏新志》记载为洪武三十五年。见〔明〕胡汝砺编，〔明〕管律重修：《嘉靖宁夏新志》卷三《所属各地》，陈明猷校勘，宁夏人民出版社，1982年，第212页。

⑥ 《大明一统志》卷三七。

夏中卫指挥使司’印，属陕西都司”[①]。宁夏中卫所领屯堡十三，烽堠七十五，在明代西北的军事防御中具有重要的地位。

宁夏后卫，治所在花马池，今宁夏盐池县。宁夏后卫由花马池守御千户所发展而来。《嘉靖宁夏新志》载：“弘治六年，巡抚、都御史韩文奏置花马池守御千户所。”[②]正德元年（1506）九月，陕西三边总制杨一清奏请将花马池守御千户所改为宁夏后卫。[③]花马池地理位置重要，其地为“宁、固、兰、靖诸边之门也”[④]，宁夏后卫被置于此要冲之地，承担着非常重要的军事防御任务。

宁夏是明代九边军事重镇之一。关于宁夏镇的设立时间，学界存在较大分歧，其观点至少有六七种之多，目前仍不能达成一致看法或形成较为权威的观点。早在洪武四年正月，冯胜就奉敕抵陕西缮修城池，部署防务。建文四年八月，明成祖朱棣命左都督何福为征虏将军、总兵官，往宁夏镇守，可节制陕西都司、行都司，山西都司、行都司，河南都司等处官军，权限甚大。但是因明初河套为明朝控制，明朝西北军事防御体系的布局主要在河套黄河之外的贺兰山一线，宁夏镇的防御重点也在黄河以西地区，具体除贺兰山诸关隘外，黄河以西的防守主要集中在宁夏、灵州、中卫等主要城镇；黄河以东地区因距离明蒙边境较远，沙漠弥漫，因此驻防的军事力量很少。[⑤]东胜卫被裁撤后，宁夏镇在明朝北方和西北军事防御中的地位更加凸显。正统元年（1436），宁夏总兵史钊鉴于河东地区无军事守备的事实和现实需要，向朝廷建言：“拟于来春，相地于花马池，筑立哨马营，增设烟墩，直接哈剌兀速马营”[⑥]。宣德年间，明朝设置宁夏巡抚。北方诸防区早在洪熙元年（1425）就有参政、副使等文官协赞军务、督办粮饷、起草章奏，设置巡抚的宣德末年，各军镇便正式增设巡抚一职，参赞或提督本地区军务。宁夏巡抚也设置于此时。正统年间，宁夏镇开始形成分路防御的军事防御格局。至此，宁夏镇的防御体系已经逐步完备。

三、延安、绥德等卫所及延绥镇的建置

洪武二年（1369）五月，明军攻取延安路，随即改为延安府，辖三州十六县，陕

---

① 《嘉靖宁夏新志》卷三《所属各地》，第218页。

② 《嘉靖宁夏新志》卷三《所属各地》，第239—240页。

③ 《明武宗实录》卷一七，正德元年九月戊戌，台北：“中央研究院”历史语言研究所，1962年。

④ 〔明〕杨博：《杨襄毅公职方题稿》，见〔明〕陈子龙：《皇明经世文编》，影印明崇祯云间平露堂刻本。

⑤ 刘景纯：《明代九边史地研究》，中华书局，2014年，第140页。

⑥ 《明英宗实录》卷二二，正统元年九月乙巳，“中央研究院”历史语言研究所，1962年。

西北部为明军所有，明廷设陕西布政司和陕西都司辖之。“土木堡之变”之前，蒙古各部很少越过黄河南下河套地区，陕西都司北部军事压力并不大。从洪武初期占领延安之后，明朝就开始对此地进行军事经略，至明朝后期，明廷先后在此设立延安卫、绥德卫、榆林卫、镇羌卫、安边卫等军事机构。

从洪武初年至成化六年（1470），明朝只在河套南缘设立延安、绥德二卫。延安卫，设置于洪武二年，此年十月“乙酉，置延安卫，命怀远卫指挥使许良领兵守之”①，治所延安府城。延安卫下辖塞门、安定、保安三守御百户所和靖边守御千户所。绥德卫的设置时间，《明实录》记载前后矛盾，有待于进一步考证。据《明太祖实录》卷七八记载，洪武六年（1373）正月设绥德卫，以宁夏卫指挥佥事马鉴为指挥使。②但《明太祖实录》在洪武六年之前已多次提到绥德卫，如卷五四记载：“故元参政脱火赤等自忙忽滩来归，诏赐冠服，置忙忽军民千户所，隶绥德卫，以脱火赤为副千户，仍赐袭衣、靴袜、银碗诸物，及其从人衣服有差。”③洪武三年十月，明太祖在遣使致书元太子爱猷识里达腊时提到：“绥德卫擒送平章彻里帖木儿，问之，为君旧用之人”④。由此可见，至迟到洪武三年，绥德卫就已经存在了。

成化六年三月，明廷又在陕西都司北部设立榆林卫、镇羌卫和安边卫。成化六年三月“辛卯，巡抚延绥等处左副都御史王锐陈言边事：其一增兵以守地方，谓延绥榆林城、镇羌、安边二营堡俱系要地，城堡草创，军马单弱，难以御贼，宜于榆林城添设三卫，于镇羌、安边二营各设一卫，增兵防守……上曰添筑城堡正系守边急务，其令镇守等官参酌举行，务期成功”⑤。三卫设立后不久，镇羌卫和安边卫就被降为千户所。

隆庆元年（1567），明廷又在河套南缘设置靖边守御千户所。隆庆元年二月壬寅，“兵部覆总督陕西三边侍郎霍冀陈经略延绥五事：……一请建延安靖边守御千户所于靖边营，设掌印、巡捕、千户各一员，吏目一员管理所事，其各堡领解军马钱粮悉凭印出纳。……俱从之”⑥。靖边守御千户所隶属于延安卫。

延绥镇因防区在延安府、绥德州之境而得名。洪武、永乐年间，明军防线部署在大同镇所属东胜诸卫北境，沿阴山、黄河西接宁夏一线。延绥尚属内地，并非防守

---

① 《明太祖实录》卷四六，洪武二年十月乙酉。
② 《明太祖实录》卷七八，洪武六年正月辛未。
③ 《明太祖实录》卷五四，洪武三年七月丙申。
④ 《明太祖实录》卷五七，洪武三年十月辛巳。
⑤ 《明宪宗实录》卷七七，成化六年三月辛卯。
⑥ 《明穆宗实录》卷四，隆庆元年二月壬寅，“中央研究院”历史语言研究所，1962年。

要害，虽有大将在此备御的记载，亦是权宜之计。到了洪武末年，甘肃、宁夏已经各成一镇，而延绥仍属陕西镇守的辖地。这种状况历经永乐、洪熙、宣德诸朝不变。当时，因东胜等卫的迁徙，个别游牧部落南渡黄河进入河套地区，延绥一带的军事防御压力才逐渐增大，防御的重要性才受到明朝的重视。

总兵府与巡抚衙署起初设在绥德州城，成化年间迁到榆林卫城（今陕西榆林），因此又称榆林镇。《皇明大政纂要》记载："正统元年十二月，英国公张辅等上备边议，谓甘肃、宁夏、大同、宣府各边，俱有镇守总兵等官，师旅不为不多，烽堠不为不备……其延绥地方旷远，都指挥王永所领兵少，乞将山西在京操备军官内摘二千人，举智谋忠勇都指挥一员管领前去，同永守备。……上是其议，即命所司行之。"①可知自正统二年（1437）起，延绥地区的防御力量就得到了加强，已经成为单独的驻防区。又《明史·陈镒传》载："英宗即位之三月，擢右副都御史，与都督同知郑铭镇守陕西。……明年（正统二年）五月，以劳绩下敕奖励，因命巡延绥、宁夏边。所至条奏军民便宜，多所废置。"②陈镒于英宗即位之年即宣德十年（1435）镇守陕西，其职责相当于后来的巡抚，跟武职镇守官郑铭的职责不同，又于正统二年奉旨巡查延绥、宁夏防务。这就证明：延绥地区已成为同宁夏、甘肃并列的军事重镇，延绥镇已经正式形成。

镇守延绥等处总兵官的确定在明英宗天顺年间。《明史·杨信传》记载："天顺初，移镇延绥，进都督同知。明年破寇青阳沟，大获。封彰武伯，佩副将军印，充总兵官，镇守如故。延绥设总兵官佩印，自信始也。"③同年十一月，延绥一带遭到孛来部的侵扰，守将张钦败之。张钦遂因此战获胜而晋升都督同知，佩征虏副将军印，总延、绥、庆阳诸卫兵，仍镇其地。由此可见，镇守延绥等处总兵官始置于天顺初，并成为固定制度。

天顺二年（1458），明英宗再度恢复各镇巡抚的建置。延绥镇虽属新建，亦遣监察御史许瑄巡抚其地。延绥镇初驻绥德卫城，后因军情多变，难以遥制。"成化九年陕抚余子俊改筑旧城，置榆林卫，寻为重镇。"④此后，延绥镇改称榆林镇。

---

① 〔明〕谭希思：《皇明大政纂要》卷二一，清光绪二十一年湖南思贤书局刻本。
② 《明史》卷一五九《陈镒传》，第4331页。
③ 《明史》卷一七三《杨信传》，第4612页。
④ 《读史方舆纪要》卷六一"榆林镇"，第2903页。

第三节　明长城的构筑

修筑长城是明朝防御蒙古的主要军事措施，明朝官私文献中将修筑的长城称为“边墙”。

为了抵御蒙古，强化北部边防，明朝逐渐在北方建立起一套严密的军事防御体系。这套防御体系“以北京为中心，以九镇为重要军防点，以卫所等为网络，以长城为屏障和阵地，形成北部的严密防线”[①]。长城是明朝北部边防的重要屏障。史载，明朝从洪武初年开始修筑长城，一直持续到明万历年间，历经二百余年，所筑长城，东起辽宁虎山，西到甘肃嘉峪关，全长8851.8千米。位于河套的鄂尔多斯高原是有明一代明蒙争夺最激烈的区域，亦是长城分布最广的区域。

明朝在今鄂尔多斯高原修筑的长城隶属于明延绥镇和宁夏镇，自东向西分布于今内蒙古自治区、陕西省、宁夏回族自治区等三个省（区）。今内蒙古准格尔旗境内的明长城和陕西省境内的明长城归延绥镇管辖，今内蒙古鄂尔多斯市鄂托克前旗、鄂托克旗和乌海市，宁夏盐池县、银川市的明长城归宁夏镇管辖。

一、明延绥镇长城的构筑

榆林镇原称延绥镇，以镇治于延安府绥德州（今陕西绥德）得名。成化九年（1473），将镇治北迁到榆林城（今陕西榆林）。此后，延绥镇即改称榆林镇，为明代九边之一。

延绥镇边墙的修筑与蒙古侵扰河套有关。永乐年间，明朝将东胜卫东迁，导致河套北部无险可守。天顺以后，蒙古渐次进入河套，“索来、毛里孩、阿罗出之属，相继入犯，无宁岁”[②]。鉴于此，不断有官员提出在河套南缘地区修筑边墙，以阻挡蒙古南下。成化六年（1470）三月，延绥巡抚王锐陈言边事，主张在河套南缘榆林一带修筑边墙：“谓榆林一带营堡，其空隙之地宜筑为边墙，以为拒守。其墙于墩外修筑址广一丈，杀其上为七尺，上为垛口五尺，其高八丈，上积礧石，于墩下各筑小堡，可容官军护守，虽暂劳人力而得以永为边备”[③]。王锐建议以修筑边墙来抵御蒙古的

① 杨绍猷：《明朝的边疆政策及其得失》，见马大正主编：《中国古代边疆政策研究》，中国社会科学出版社，1990年，第191—192页。
② 《明史》卷九一《兵志三》，第2237页。
③ 《明宪宗实录》卷七七，成化六年三月辛卯。

军事进攻，得到了明宪宗的认可，但因王锐被调走，工程并未实施。

王锐离开延绥后，继任延绥巡抚余子俊再次提出修边墙的建议。他在给明宪宗的奏疏中说："三边惟延庆地平易，利驰突。寇屡入犯，获边人为导，径入河套屯牧。自是寇顾居内，我反屯外，急宜于沿边筑墙置堡。"[①]然而余子俊的建议为兵部否决，修边计划搁浅。成化八年（1472），余子俊再次提出在延绥镇修筑边墙城堡的建议，得到明宪宗的支持，最终得以顺利实施。第二年，明廷命余子俊主持修筑河套地区的边墙。余子俊此次所修边墙"东起清水营，西抵花马池，延袤千七百七十里，凿崖筑墙，掘堑其下，连比不绝。每二三里置敌台崖砦备巡警。又于崖砦空处筑短墙，横一斜二如箕状，以瞭敌避射。凡筑城堡十一，边墩十五，小墩七十八，崖砦八百十九，役军四万人，不三月而成"[②]。延绥镇边墙的具体走向是从东北向西南，再折向西北。为了便于管理，榆林镇边墙分为三段，称作中路、东路、西路。"东有长乐堡，分辖双山等十二营堡，为中路。又有神木堡，分辖镇羌等九营堡，为东路。西有安边营，分辖永济等十二营堡，为西路。"[③]而余子俊此次所修的边墙后来被称为"二边"。

弘治年间，明朝继续在河套地区构筑边墙。成化后期，明朝在边墙北侧空闲地带进行屯田，但多次受蒙古部落侵扰。因此，"弘治中抚臣文贵以屯田多在边外，于是修筑大边，防护屯田，而以子俊所筑者为二边"[④]。弘治年间所建边墙是对余子俊于成化中督筑边墙的补充和扩大。

到明嘉靖年间，延绥镇边墙的损坏已经非常严重，许多地段的边墙被毁为平地。嘉靖十年（1531），三边总督王琼提出修复延绥镇边墙的建议："大边中间率多平地，筑墙高厚不过一丈，可坏而入，当先修之，务使崖堑深险，墙垣高厚。"[⑤]但未能获得朝廷支持。嘉靖二十五年（1546），三边总督曾铣再次提出修边墙的建议，并有具体的修筑时间计划："边墙岁久倾颓，不异平地，宜分地定工，次第修举。西自定边，东至龙川堡，计长四百四十余里，为西段；自龙川堡而东至双山堡，计长四百九十余里，为中段；自双山堡而东至黄甫川，计长五百九十余里，为东段。岁修一段，期以三年竣事。"[⑥]但因曾铣被严嵩、仇鸾构陷，最终被弃市，修边计划落空。

---

① 《明史》卷一七八《余子俊传》，第4736页。
② 《明史》卷一七八《余子俊传》，第4737页。
③ 《明史》卷四二《地理志三》，第1012页。
④ 《读史方舆纪要》卷六一"榆林镇"，第2906页。
⑤ 《读史方舆纪要》卷六一"榆林镇"，第2907页。
⑥ 《读史方舆纪要》卷六一"榆林镇"，第2907页。

隆庆四年（1570）至六年（1572），神木兵备道副使张守中对延绥镇东路的长城进行了加固维修，修筑边墙、城堡、墩台。经过此次加固维修，这段长城基本成形。明万历元年（1573）之后，曾陆续对延绥镇明长城进行过包砖加固和清除淤沙的工作。万历三十五年（1607）至三十六年（1608），延绥巡抚涂宗浚主持扩建了红山市口的款贡城和款塞台，用砖石包砌中路各城堡的外壁，使之更加坚固，以增强其抵御自然力和人力毁坏的能力。至万历三十六年，对中路诸城堡的砖石包砌工程结束。此后，又对东路、西路的城堡渐次进行砖石包砌。包砌之后的延绥镇城堡焕然一新，坚固性大为增加。万历三十八年（1610），涂宗浚又督率军民修复大边，清除大边积沙。因大边长城地处毛乌素沙地南缘，在风力的作用下大量沙石堆积大边外侧，掩埋了墙体，使大边长城逐渐失去了军事防御的功能。“万历二年以来，风壅沙积，日甚一日，高者至于埋没墩台，卑者亦如大堤长坂。一望黄沙，漫衍无际”。“本道所属中路一带，东自常乐堡起，西至清平堡止，俱系平墙大沙，间有高过墙五七尺者，甚有一丈者。”[①]为了恢复长城的军事防御功能，涂宗浚召集当地军民，历时六个月完成了积沙的清理，并将积沙运送至远地。积沙清理后，长城又发挥了应有的御敌作用。涂宗浚还命令各堡军民在长城以北的区域栽种蒿草植物，试图阻挡和固定积沙，防止其移动而再次淹没长城。

二、明宁夏镇长城的构筑

宁夏镇边墙以黄河为界分为东、西两部分，其中河东边墙地处河套地区，而河西边墙则在贺兰山一线。

宁夏镇河东段明长城的修筑始于明宣德至正统年间。从现有史料看，最早主持修筑宁夏镇长城的是总兵史钊[②]。史载史钊“宣德七年镇守。用兵有纪律，能料胜负。每置铁燕子于帐前，以候风色。凡占决无爽毫厘，人谓之诸葛。然置斥堠、建关隘，至今利之”[③]。史钊从宣德七年（1432）任宁夏总兵，直到正统八年（1443）回京，前后时间长达十二年。其间，最早主持修建了宁夏镇长城。《明史》记载：“正统初，昭（史钊）以宁夏孤悬河外，东抵绥德二千里，旷远难守，请于花马池筑哨马营，增设烽堠，直接哈剌兀速之境。边备大固。”[④]可见，史钊最早所筑的明长城大

① 〔明〕涂宗浚：《涂司马抚延疏草二》，见《皇明经世文编》卷四四八。

② 《明史》记载为“史昭”，实际上史昭与史钊为同一人。

③ 《嘉靖宁夏新志》卷二《宁夏总镇（续）》，第105页。

④ 《明史》卷一七四《史昭传》，第4632页。

致在河东地区，从花马池向西向北，直至哈剌兀速（即今都思兔河）。

在成化九年（1473）余子俊修筑榆林镇边墙后不久，宁夏巡抚都御史徐廷章向朝廷提出再修宁夏镇边墙的建议，得到朝廷的支持。于是，在成化十年（1474）修筑了河东边墙。新修的宁夏镇河东边墙东起花马池，与延绥镇边墙相接，西到黄河边。这样，宁夏镇河东边墙与延绥镇边墙连为一体，在河套南缘形成了完整的军事防线。成化十二年（1476），贾俊出任宁夏巡抚，在边八年，除主持修建黄河以西的宁夏西南边墙之外，还在陶乐地区修建河东十八墩边墙，北起镇远关所对黄河东岸，南接横城堡河东墙。到了正德元年（1506），陕西三边总制杨一清主持修筑河东边墙，对徐廷章所修的河东边墙进行加固，“高厚各二丈，墙上修盖暖铺九百间，墙外浚旧堑，亦深阔各二丈，于是外边之险备矣”①。此次对边墙的加固，大大增强了明长城的军事防御能力。

到了嘉靖年间，明朝在河套地区的军事防御压力有增无减，尤其是右翼蒙古吉囊、俺答部崛起，成为明朝在包括河套在内的北方最大的对手，明朝也不得不继续加固边墙，以抵挡吉囊、俺答部蒙古的南下。王琼、唐龙、王宪、刘天和等人任陕西三边总制期间，都不同程度地增修了宁夏镇的河东边墙。“总制王琼自黄河东岸横城起，迤东转南抵定边营南山口，开堑一道，长二百一十里，筑墙一十八里。后总制唐龙改修壕墙四十里，总制王宪接修壕墙一百三十四里。总制杨一清初修壕墙四十里，皆依前墙堑，止于定边营北。嘉靖十五年，总制刘天和因都督梁震奏，筑定边营南至山口一带壕墙，长六十里，亦依前墙堑。十六年，总制刘天和奏筑叠堤一道，亦西自横城，南抵南山口，并壕墙为二道。于是套虏入内之路，有重险矣。”②嘉靖四十年（1561），宁夏发生大地震，导致宁夏镇边墙倒塌殆尽。城垣、墩台、房屋皆被震塌，压死军人无数。地震还波及延绥、甘肃二镇。到隆庆年间，朝廷又开始重新修复黄河东岸坍塌的边墙，并增筑了一些墩台和堡寨。

第四节　明代河套高原地区发生的重要战争

明代河套高原发生的战争，主要是“套部”与明代延绥镇、宁夏镇和固原镇间的劫掠与反劫掠、进攻与防御的军事行动。紧张的军事形势导致地区社会秩序长期失衡，各族居民生产与生活处在不稳定状态。因此，向往和平、和睦和稳定的社会秩序

① 〔明〕魏焕：《巡边总论》卷三《论边墙》，见《皇明经世文编》。
② 〔明〕魏焕：《巡边总论》卷三《论边墙》，见《皇明经世文编》。

就成为广大农牧民的心声。

一、明初期明元庆阳之战

庆阳地处河套南缘，地理位置非常重要。太原之战中，元将扩廓帖木儿战败，逃往陕西，山西遂定。洪武二年（1369）三月初一，徐达率兵从山西渡黄河进入陕西，元将李思齐从凤翔逃奔临洮，张思道从鹿台逃奔庆阳。徐达根据战场形势制定了先攻临洮，后取庆阳的作战方略。四月初，明军攻下秦州，四月十三日，冯胜攻临洮，元将李思齐投降明军。明军又先后攻下兰州、会州、靖宁、隆德等城。五月初攻下平凉，同时，又分兵在北方攻下延安，至此庆阳已经成为一座孤城。

在明军攻临洮之时，据守庆阳的张思道命其弟张良臣、平章姚晖守庆阳，自己逃往宁夏，但不久被自己的政敌扩廓帖木儿捉拿。张良臣听闻其兄被擒，又受到名将张焕的劝降，遂于五月初八日派使者向明军请求投降，徐达派部将薛显率五千骑兵前往庆阳受降。然而，张良臣并非真心归降，于五月十五日夜复叛，重新占领庆阳，薛显受伤逃出，明将张焕被俘。张良臣反叛之后，徐达派兵将庆阳四面合围，同时调冯胜、傅友德、汤和等率兵前往庆阳配合攻城。徐达担心张良臣与外界联系请求援兵，于是派兵攻占庆阳与外界联系的各处通道：傅友德控制庆阳东路、俞通源率兵控制庆阳西路、陈德率兵控制庆阳南路、顾时率兵控制庆阳北路。调配完毕后，徐达自率主力攻打庆阳城。明军攻城期间，张良臣派竹苛向宁夏的扩廓帖木儿求援，被明军俘获斩首。徐达还派参随王敬祖领兵守彭原。七月初二，徐达派遣降将李茂等人率骑兵一千往隆德、秦安等地收捕仍未归降的元军头目杜伯不花、罗左丞相等。

九月十九日，扩廓帖木儿派部将韩札儿攻陷原州，明将陈寿战死。徐达闻报，与冯胜、傅友德等将领商议，认为庆阳西南面的驿马关首当其冲，派遣右丞徐礼率军镇守，同时派叶石真守彭原、指挥韦正守邠州、傅友德和薛显守灵州，以此来阻挡扩廓帖木儿的援军支援庆阳。冯胜又与徐达商议："今大军围庆阳，张良臣虽困，未能遽下。王保保欲为良臣声援，故令札儿攻原州，欲以救庆阳。请得移军逼关，以扼原州，彼无所施矣。"[①]徐达赞同冯胜的建议。于是，冯胜率领部属官军向西南的驿马关靠近，在距离庆阳城15公里的地方驻扎。此夜，元将韩札儿又攻陷泾州。七月二十九日，冯胜自驿马关带兵前往救援，韩札儿战败逃走，明军追至邠州而还。冯胜仍然回师驻守驿马关。至此，庆阳城中的张良臣与外界的联系被明军完全切断了。八

① 《明史纪事本末》卷九《略定秦晋》，第122页。

月十四日，庆阳小元帅密谋投降明军，为张良臣侦知而囚，城中其他投降者乘夜救出小元帅奔明大将军军营，徐达宽慰他们，并下令不准虐待投降的元军官兵。

在此之前，明太祖下诏，令常遇春自北平来会合攻庆阳，途至柳河川常遇春病逝。太祖又令偏将军李文忠代领其众，继续前往庆阳与徐达会攻。行至太原，适逢元军攻大同甚急，李文忠自作主张，返师救大同，途擒元平章刘帖木儿、黠寇四大王。在大同又遇元将脱列伯，降其众万余，获马匹辎重甚多。

八月二十一日，庆阳城被徐达率军攻克。当时，明军围攻庆阳城甚急，张良臣率兵由城东出战，企图突围，被顾时将兵击败，退入城中。又企图从西门突围，被冯胜率军击退。张良臣损兵折将，穷途末路，不得已登城呼唤吕德，约定投降，徐达拒不答应。这时，因庆阳城与外界的援助被切断，音讯不通，城中弹尽粮绝，张良臣的部将姚晖和熊左承、胡知院知道顽抗下去前景不妙、无路可走，便打开城门迎接明军，徐达率军自北城门进入庆阳城。张良臣父子投井寻死，徐达命令兵士将其吊出斩首。第二天，诛杀张良臣的党羽柴知院等二百余人。留都督佥事陈德镇守庆阳。

扩廓帖木儿为了解除庆阳之围，根据围魏救赵之法，派遣将军贺宗哲率精兵进攻凤翔。他们打地道至城下，有兵士突进到瓮城中，但都被明军击退，先后激战十五日，未能攻下。贺宗哲听说庆阳城已被明军占领，唯恐自己被围，才领军撤退，越六盘山向西逃窜。徐达遣顾时、薛显、傅友德率万余骑兵追击。贺宗哲又攻掠兰州，徐达另遣冯胜率一万七千多步、骑兵经靖宁进攻元军。贺宗哲渡过黄河，向西北逃窜，冯胜停止追击，班师回军。至此，庆阳之战结束。

二、明中期明蒙河套之争

明景泰年间，蒙古诸部贵族陷入内讧，也先杀脱脱不花，阿剌知院又杀也先，鞑靼部首领孛来趁机再杀阿剌知院，孛来实力大增。天顺初年，孛来出兵进驻河套地区。

天顺三年（1459）二月，孛来再次率两万骑兵越过黄河袭扰明朝陕北安边营，明朝派总兵石彪率兵抗击。明军击败南下的孛来部，一路追击，一直将其驱赶至长城以北。战斗中，明将都督周贤和都指挥李鉴在指挥作战时阵亡。此后，鞑靼孛来、阿罗出、毛里孩等部多次叩关，经河套突入甘凉地区，四处劫掠。明军则围绕河套布防，与鞑靼展开对抗，双方虽互有胜负，但明朝总体上处于被动防御地位。

明成化三年（1467），陕西固原地区发生了以满四为首的土达起事事件，此事对整个明蒙关系及明朝在西北的军事设防产生了重要影响。满四本为蒙古后裔，其祖把丹明初归附明朝，明朝将其安置在固原一带耕牧。到天顺、成化年间，牛羊蕃多，势力渐强。成化三年，满四纠集部属与同族军民两万余人在固原起事，据守石城，并有联络河套蒙古的意图。这次起事引起了明廷的高度重视，派项忠总督甘肃、固原、宁夏、延绥等镇兵前往镇压，但均以失败告终，明朝损兵折将。战争进入拉锯状态，明军见强攻不下，决定智取。明军派军队拦截下山取水的满四部众，阻断其水源，又焚烧石城附近草地，断绝石城军马的补给，同时，凭借厢车掩护进逼至城下。在明军强大的军事压力之下，满四部众内部出现了分化，部分军士潜逃出城，投降明军。其中，有一名为杨虎力者，在此时投降明朝，并在此后的攻城战争中发挥了关键作用。明朝派杨虎力重新潜回石城，里应外合，石城破，满四被俘，其部下兵丁四处逃散。明军将石城夷为平地，以防止有反叛者据此为巢。满四起事引起了明朝对西北土达的关注，此后，明朝在固原设置三边总制，统一调配陕西四镇军务。

在明朝整个北方边防地带，虽然先后设置九边十三镇，驻兵戍边，防御蒙古各部南下，但是战线太长，而蒙古骑兵又善于机动作战，使明军防不胜防。在河套高原南缘的花马池至灵州一带，地形开阔，城堡疏远，蒙古各部常从此处毁墙而入，南下庆阳、固原、平凉、巩昌等地侵扰，给此处百姓造成很大损失。“［固原］镇与宁夏为唇齿。花马池一带，边人谓之大门，若并力坚守花马池，则固原自可无虞”①。花马池位于宁夏镇和延绥镇之间，是固原的北大门，但此处位于毛乌素沙地南缘，土地平旷，不易防守。因此，这一带也是明朝军事防御力量较为薄弱的地方，蒙古骑兵最易由此突破明朝防线。陕西三边总制杨一清曾向朝廷奏报：“花马池一带地方俱系通贼处所，边防既疏，贼势难遏，一劳永佚，所宜急图”，并分析其原因，“盖由墙薄沟浅，既无以慑其轻犯之心；兵寡力分，又无以遏其遽来之势”②。继杨一清之后出任三边总制的王琼也有同样的看法：“尝观都御史徐廷章等所筑边墙，非但低薄易毁，每五七里置一墩，数人守之，花马池城聚兵不及二千，直去墩墙二十里，横斜至墙辄四五十里，贼少入，追之不及，大举，闭门不敢出，常被围困。”③蒙古各部一旦从此处突破明朝防线，“必先犯固原，而后至平凉、凤翔、临巩”④。明朝也采取了一些措施，试图阻挡蒙古的南下。明军于每年秋冬季节放火烧荒，焚烧蒙古军马

---

① ［明］许论：《九边图论》，见薄音湖编辑点校：《明代蒙古汉籍史料汇编》第12辑，内蒙古大学出版社，2015年，第21页。

② ［明］杨一清：《为经理要害边防保固疆场事》，见［清］杨一清：《杨一清集》卷七《总制类》，唐景绅、谢玉杰点校，中华书局，2001年，第247—248页。

③ ［明］王琼：《北虏事迹》，见王琼：《王琼集》，单锦珩辑校，山西人民出版社，1991年，第65页。

④ ［明］杨经：《嘉靖固原州志》卷一《创建州治》，宁夏人民出版社，1985年，第9页。

草场，同时还主动出塞劫营。其时最著名的一次战役是“红盐池之战”。成化九年（1473）九月，三边总制王琼率兵四千余人从榆林出发，昼夜兼程，越过红山儿、白盐滩，奇袭鞑靼部驻扎在红盐池的老营，杀死及俘获三百五十余人，缴获大量牲畜、器械等，凯旋而归。鞑靼首领满都鲁回师后见庐帐被焚，妻子散失，相顾痛哭，退出河套。

也先死后，蒙古诸部又陷入长期的混乱，直到明成化年间，达延汗继位后，重新统一蒙古各部。达延汗时期，蒙古与明朝时战时和。成化十六年（1480），延绥守将上奏朝廷称鞑靼入塞掳掠，请求朝廷支援。明朝派王越提督军务，率领京师援军前往支援，并在威宁海子捣毁鞑靼部的老营，共杀死及生擒了六百余名鞑靼人，同时掠走六千只牲畜。鞑靼诸部此后连续数年入塞报复，烧杀甚酷。

随着达延汗逐渐统一蒙古各部，河套地区也被纳入其势力范围。河套成为游牧民的栖息地，也是他们南下进犯的前沿基地。弘治年间，达延汗遣部不断南下，突破明朝北部边墙，袭扰明朝内地。明朝廷视其为北方劲敌，不堪其骚扰，决定反击。弘治十四年（1501）五月，明军边境重镇的常驻部队在京师神机营的配合下，兵分五路，于七月从红城子墩进入河套捣巢，但由于消息外泄，鞑靼部提前撤离。此次军事行动，明军仅斩首三级，然而奏请立功的将士竟超过万人，充分暴露出明朝统治阶级的腐朽。

弘治十八年（1505）初，鞑靼部再次大规模南下，攻破明朝北部边墙，突入花马池，入陕西固原一带抢掠，阵营逶迤数十里，声势浩大。各路明军主力多避敌锋芒，互相观望推诿，不敢应战。鞑靼军攻灵州（今宁夏灵武），取韦州，克环县。之后，又陷清水营，转而再攻灵州。守城明将仇钺、李祥指挥士卒凭坚城抗击，鞑靼兵数攻不下，遂解围由花马池撤去。

三、明末农民起义在陕北

明末农民起义首先于天启七年（1627）爆发于陕西，随之蔓延全国，最终推翻了明朝的统治。

明末农民起义首先爆发于陕西是有非常深刻的社会背景。明代的陕西，地处边陲，土地贫瘠，自然条件恶劣。万历时人谢肇淛在《五杂组》中说：“仕宦谚云：‘命运低，得三西。’谓山西、江西、陕西也。此皆论地之肥硗，为饱囊橐计耳。”[①]然而，有明一代由于特殊的边防形势，陕西成为明朝防御蒙古的战略要地。

① 〔明〕谢肇淛：《五杂组》卷四《地部》，《续修四库全书》子部第1130册，第413页。

明代在北部长城一线先后设置九个军事重镇（即九边），其中四镇在陕西境内，即延绥镇、宁夏镇、固原镇和甘肃镇，每一镇均驻守大量军队。除此之外，明朝还分封秦王、庆王、肃王、韩王、瑞王等诸王于陕西，在当地划割农田、民户，以供各藩府就食。因此，陕西地区百姓的负担非常沉重。嘉靖年间，户部尚书梁材在《议覆陕西事宜疏》中说："陕西外供三边，较之他省，已为偏累。近复供固原总镇，是以一省之民而供四镇之军饷。况南有洮岷，北有环庆，举皆仰给，其何以堪。以故流离转死，田土日荒，逋负日积，郡县仓场官吏往往逃去"[①]。万历年间，陕西米脂县知县张可立对米脂县的情况进行过详细描述："本县原额地粮草站，除免征奏豁，其实征之数，开载别册，一览瞭然矣。先以十三里之民，耕种前地，办纳前粮，尚多荒逋。矧并里之后，暵疲之余，在者仅二里耳。地之愈荒，粮之愈逋，无怪也。且宽衍川地，尽属军屯；峻增山冈，方为民产。春当种而冻弗消，秋未收而霜已降。糊口实难，竭泽奚忍？目今催督之令，急于星火，参罚之例，严于震霆。有司即工于催科，如罄室之民何哉！……未荒者因荒粮之赔而尽荒，未逃者因逃粮之加而尽逃。窃不知县事所终矣。边地之荒，边民之苦，人人知之、悯之。其招来之法，非不明且具也。行之数年，效未一睹，何哉？抛荒之册甫上，督征之令已下，不曰荒者难征也。抚字之望甚殷，参罚之章□贷，不曰存者赔难也。岂惟百姓剥肤，有司亦束手矣。因荒荒熟，因亡亡存，民之苏也，其何日之有？"[②]百姓已经穷困至极。

明朝后期，除自然灾害频发之外，土地兼并加剧、吏治日益败坏、三饷加派、水利失修、军制失序、驿递改革措施不当等一系列人为因素，进一步加剧了陕西军民的困苦。于是，推翻明朝政权的农民起义终于在陕北爆发了。

从现有史籍来看，万历末年起陕西军民就开始了抗暴图存的武装斗争。天启七年，陕西澄城县爆发的王二起义正式拉开了明末农民起义的序幕。澄城县是贫困县，境内地形多为山谷，土地贫瘠，本地农民由于负担不了政府的沉重赋税，纷纷逃亡。天启以后，政府的压榨更加严重，再加上旱灾、蝗灾等天灾不断，当地户口更加凋敝，"四远之民，望澄以为苦海"[③]。在此情况下，政府不仅不设法救济，反而更加严酷地追逼钱粮，知县张斗耀催科甚酷，民不堪其毒。天启七年二月十五日黄昏，被逼得走投无路的数百名饥民在村民王二的带领下手持利器，冲进县衙，杀死知县张斗耀。澄城县农民抗粮杀官的消息迅速传布开来，各地饥民、饥军纷纷响应，一场轰轰

① 〔明〕梁材：《议覆陕西事宜疏》，见《皇明经世文编》卷一〇五。
② 〔清〕高照煦、潘松修纂：《米脂县志》卷四《田赋》，光绪三十三年铅印本。
③ 〔清〕戴治修，〔清〕洪亮吉、孙星衍纂：《澄城县志》卷七，乾隆四十九年刻本。

烈烈的农民起义开始了。

崇祯元年（1628）七月，王嘉胤聚饥民杨六、不沾泥等在府谷县起义，抢掠富户，抗拒官府。十一月，高迎祥在陕北安塞率众起义，称“闯王”，起义后与王嘉胤会合。清涧人王左挂也召集苗美、飞山虎、大红狼等人在宜川起义。由于陕西各地起义不断，势力很快遍及陕西省的各个州县。崇祯元年十月，陕西巡按御史李应期上言：“全陕西地多硗确，民鲜经营。慨自边疆多事，征兵征饷，闾阎十室九空，更遇连年凶荒，灾以继灾，至今岁而酷烈异常也。臣有（自）凤汉兴安巡历延庆平凉，以抵西安。臣见五月不雨，以至于秋，三伏亢旱，禾苗尽枯，赤野断烟，百姓流离，络绎载道。每过一处所，饥民数百成群，拥道告赈。近且延安之宜雒等处，西安之韩城等属，报有结连回啰，张旗鸣金，动以百计，白昼剽掠，弱肉强食。盖饥迫无聊，铤而走险，与其忍饿待毙，不若抢掠苟活之为愈。”①李应期的奏疏详细地道出了陕北军民的困境和农民起义的酝酿端倪。崇祯二年（1629）正月，陕西巡抚胡廷宴、延绥巡抚岳和声上奏朝廷：“洛川、淳化、三水、略阳、清水、成县、韩城、宜君、中部、石泉、宜川、绥德、葭、耀、静宁、潼关、阳平关、金锁关诸处，流贼恣掠。”②时过半年，农民起义已经如火如荼，迅速蔓延。

陕北农民起义爆发后，明朝廷异常恐慌，派兵镇压。因此，起义军遭受到许多挫折，许多起义头目先后被杀。崇祯二年正月，王二被明陕西商洛道刘应遇剿杀。二月，刘应遇又会合四川官军吴国辅部围剿汉中，起义军失败，起义军首领王大梁被杀。崇祯三年（1630）二月，之前投降明朝的王左挂欲图再起，被洪承畴和陕西巡按御史李应期杀害。其部下苗美等因当初不愿投降，带领队伍向西转移，也被明军击溃，苗美被杀害于贺家湾。但是，明军镇压农民起义时，变本加厉地搜刮民财，进一步激化了矛盾，不仅未能镇压，反而激起更大规模的起义。

除了大量饥民不断加入起义军，还有许多破产军户也加入了起义军。崇祯二年，明朝进行了驿递改革。驿递是明朝一项非常重要的信息、物资、人员传输制度，每隔十里设一铺，置铺长；六十里设驿，置驿丞。铺的任务是传递文书，驿的主要职责是为政府官员提供舟车、马匹、夫驿等交通工具和食宿的便利，也有传递紧急文书的任务。明朝初期，驿递制度较为严格，但是到了明朝后期，吏治败坏，驿递制度也遭到破坏，弊窦丛生，不仅国家驿站经费负担增加，各驿站的驿卒也愈来愈贫困。崇祯

① 〔明〕孙承泽辑：《山书》卷一，裘剑平点校，浙江古籍出版社，1989年，第32页。

② 〔清〕邓凯、瞿玄锡等：《崇祯长编》（外十种）卷一，崇祯二年正月壬戌，北京古籍出版社，2002年。

二年四月，崇祯皇帝改刑科给事中刘懋为兵科给事中，专管驿递事务，对驿递制度进行改革。在刘懋的主持下，朝廷制定了新的驿递制度，并对驿递经费进行大规模的裁减。如此一来，大批依靠驿递经费勉强维持生计的驿卒被迫失业，成为无业游民，其中一大部分便加入了农民起义军。

崇祯二年至三年发生的几起勤王兵哗变事件，也对农民起义军实力的壮大有重要影响，这期间最重要的有山西、延绥、甘肃等地勤王兵的哗变。崇祯二年十月，后金进攻明朝，崇祯帝命各地督抚派兵勤王。山西巡抚耿如杞和总兵张鸿功带兵进入河北一带，但士兵三天未领到口粮，饥寒交迫，怨声载道，部分士兵在驻地附近抢掠粮食，耿如杞、张鸿功欲治其罪，但士兵一哄而散，逃回了山西，随后耿如杞、张鸿功被朝廷处死。延绥兵和甘肃兵哗变也均因粮饷问题而起。这些参与哗变的士兵不敢回营，衣食无着，大多数加入了农民起义军。

勤王兵哗变造成的影响非常大，主要体现在三个方面：其一，这几次东调勤王的部队均是明朝的精锐，哗变之后不敢回营，削弱了明朝镇压农民起义的军事力量；其二，哗变士兵加入农民起义军之后，壮大了起义军的队伍；其三，这些明朝的精锐部队受过军事训练，有作战经验，自备武器，极大地提高了农民起义军的战斗力。

后来成为农民起义军领袖的李自成、张献忠正是在此时加入的农民起义军。康熙《米脂县志》记载：“明末李自成，银川驿之一马夫耳。因裁驿站、饥荒，无所得食，奋臂一呼，卒至土崩，不可救。”①正是崇祯初期的驿站裁革中断了李自成赖以维持生计的驿卒职业，使其被迫离开驿站。崇祯三年，陕西境内灾荒更甚，李自成走投无路，加入了起义军。张献忠也是陕北人，隶属于延安卫籍。史载：“相传献忠肤施人，隶延安卫籍，固将家子。少时从军犯法，得总兵陈洪范救免，刻楠檀为洪范像事之。其为贼也，与汝才同起。”②虽然没有史料证明张献忠是勤王逃兵，但张献忠早年以当兵为职确是事实。而李自成、张献忠加入起义队伍后，很快成长为起义军的领袖，最终成为大明王朝的掘墓人。崇祯三年，陕北农民起义军大规模渡过黄河，进入山西，势力更加迅猛地发展，并向全国蔓延，陕北长城沿线爆发的农民起义的星火，终于发展成为燎原之势。

① 《米脂县志》卷五《邮传》。

② 〔清〕吴伟业：《绥寇纪略》卷一〇，李学颖点校，上海古籍出版社，1992年。

第十三章　清代至民国鄂尔多斯高原军事地理

第一节　清朝对蒙古各部的军事征服与初步管理

16世纪末，建州女真在其首领努尔哈赤不断的军事征服中逐步实现了统一，实力逐渐增强。从天命元年（1616）努尔哈赤建立后金到天命四年（1619）在萨尔浒之战中大败明军，女真逐渐成为对抗明朝并威胁蒙古的一支强大的政治力量。与此同时，蒙古地区察哈尔部首领林丹汗在位期间，凭借自身强大的军事力量，进行了多次军事活动，试图通过武力统一蒙古各部，强化汗权。他自称蒙古各部的宗主，操控着漠南蒙古的政局，并与明朝和后金鼎足而立。但是，长时期的分裂割据却不断加剧着蒙古各部的离心力。最后，蒙古各部的封建领主纷纷称汗。

随着后金政权的不断扩张，与其接壤的蒙古科尔沁部成为其首先要征服的对象。为实现中原统一的目标，后金政权首先致力于稳定蒙古地区。1635年，清军经过多轮军事行动，终于征服察哈尔全境，并迫使车臣汗等三部随即向清朝纳贡臣服。顺治三年（1646），清廷平定了苏尼特部叛乱，后又统一了厄鲁特蒙古，并侵入漠北蒙古地区。喀尔喀部无力抵挡，最终一部分迁至俄境，以放牧为生，另一部分则迁至内蒙古寻求清廷庇护。于是，康熙帝在归化城、张家口、独石口等多地开仓赈济，并安置返回的蒙古民众。由此，迁徙至俄境的蒙古部族陆续返回原地，漠北蒙古完全归附清廷。①

天聪十年（1636）四月，经过前期不断地经营，最终漠南蒙古贵族在额哲额尔克

① 谭惕吾：《内蒙古之今昔》，南天书局有限公司，1982年，第17—18页。

孔果尔的统领下，察哈尔、科尔沁、扎赉特、乌喇特、郭尔罗斯、敖汉、杜尔伯特、奈曼、巴林、喀喇沁、扎鲁特、四子、东土默特、翁牛特、喀喇车里克、阿噜科尔沁等十六个部落的四十九位贵族，共同推举皇太极为“博格达彻辰汗”，由此，正式确认了其为蒙古的最高统治者。不久，皇太极宣布建国大清，改元崇德，并将女真改称为“满洲”。大清的建立，标志着清朝对漠南蒙古的实际控制。

清朝在征服蒙古各部后，首先，对蒙古各部落进行了重组划分，将较小的部落编为一个旗，较大的部落则划分为几个甚至十几个旗，并为各旗划定了明确的牧场边界，禁止逾越。其次，清朝授予原有的蒙古部落领主以王公封号和爵位，并将新划分的旗交由他们管理。清廷对蒙古的政策旨在通过分割蒙古各部，使之相互隔绝。最后，清朝严格限制蒙汉之间的经济文化交往，以此瓦解和削弱蒙古民族与其他民族的力量。

清廷对原有的蒙古部落领主实行怀柔政策，在保留其原有的封地、封户及各项特权之外，授予部落上层高官厚禄，以此来巩固其对清廷的忠诚。根据授予爵位级别的高低，各王公从清政府处领数量不同的银两、绸缎等物资。此外，还规定蒙古王公贵族按照爵位世袭的高低享有一定数量的随丁和墓丁。其中规定，亲王可以拥有六十名随丁和十户守墓人，郡王可以有五十名随丁和八户守墓人，固伦公主规格与郡王相同，贝勒和贝子则各自拥有四十名和三十五名随丁以及六户守墓人，镇国公与辅国公各拥有三十名随丁和四户守墓人。顺治五年（1648）进一步规定，蒙古王、贝勒、贝子、公每年需赴京朝觐，即所谓“年班”。这是清廷为笼络蒙古王公贵族所设立的礼遇，通过这种制度，蒙古贵族得以朝见皇帝，参加宫廷宴会，观赏灯会，并接受皇帝赐予的物品，包括雕鞍、银茶筒、茶盘、茶叶、布匹、绸缎、衣物、帽子、撒袋和腰刀等。通过这一系列羁縻政策，蒙古各部社会逐渐稳定，盟旗制度的实施也使得曾经强大的蒙古部族被分化瓦解，基本丧失了对清廷的抵抗能力。

顺治六年（1649），清朝正式确立对鄂尔多斯高原部落的统治，将该部分为六个札萨克旗，分别为左翼前旗、左翼中旗、左翼后旗、右翼前旗、右翼中旗、右翼后旗。左翼中旗最初为宗族旗，后增设鄂尔多斯右翼前末旗（原札萨克旗）。为加强统治，清政府在左翼中旗部增设东胜厅。并在蒙古地区实施盟旗制度，鄂尔多斯七旗会盟于伊克昭，伊克昭遗址位于今天的达拉特旗王爱召，故鄂尔多斯市原名“伊克昭盟”。

蒙古贵族额璘臣被清廷封为多罗郡王，并担任伊克昭盟的首任盟长，封其地为鄂尔多斯左翼中旗，俗称“郡王旗”。自额璘臣担任郡王旗第一任札萨克后，各旗札萨克职位世代承袭，至光绪二十八年（1902），第十四代札萨克特克斯阿拉坦呼雅克图袭位，王府迁至今伊金霍洛旗郡王府所在地。

伊克昭盟的辖地大致包括今天的鄂尔多斯市全境及临河、五原、磴口等区县，以及杭锦后旗乌加河以南部分、乌拉特前旗的一部分、乌海市海勃湾区。此外，今天的陕西北部榆林、神木、横山、靖边、府谷等地以及宁夏盐池的明长城以北地区也在伊克昭盟管辖范围内。

多罗郡王额璘臣定期召集各旗札萨克至王爱召会盟，还亲自主持八白室的祭祀活动。为便于会盟与祭祀，他将八白室从王爱召迁至郡王旗。最初，会盟每三年举行一次，由盟长主持，主要内容有检阅军备、稽查户口、审理案件等。随着时间的推移，会盟逐渐成为一项例行制度，会盟的地点也不是固定的。王爱召是鄂尔多斯蒙古部最早的会盟之地，顺治六年（1649），鄂尔多斯部贵族在此会盟，多罗郡王额璘臣主持会盟，并定盟名为“伊克昭”。在王爱召，不仅有鄂尔多斯各旗的总庙，还有蒙古各旗的家庙，附近还有成吉思汗陵八白室及处理旗务的办公场所。今天看来，这些建筑具有极高的历史和文化价值。

第二节　鄂尔多斯部落的兴起及清朝的行政管理

一、鄂尔多斯部落的兴起

“鄂尔多斯”一名来源于蒙元时期的“斡耳朵”一词，汉语通常译为“宫帐”，“鄂尔多斯”就是“斡耳朵”的复数。早期，鄂尔多斯部落多由蒙古大汗的嫡系后裔济农（明译为“吉囊”）统领。济农多出自成吉思汗四大斡耳朵的领主。到15世纪中期，守护成吉思汗陵八白室的一众人，逐渐迁移并入居黄河流域的河套地区，由此形成了鄂尔多斯最初的“万户”，鄂尔多斯“万户”系蒙古一族六万户中的一部，其内分为左、右翼，共十二鄂托克。因该部落主持和祭祀成吉思汗八白室，所以，该部落在蒙古的政治地位极为显赫。①

据史考证，鄂尔多斯部落原是对成吉思汗最忠诚的人员所形成的万户、千户组成的斡耳朵卫护部队逐步形成的。这支精锐卫队，最初为成吉思汗旗下的四大斡耳朵服务，其中也有一部为成吉思汗母亲斡额仑和成吉思汗的弟弟、儿子的斡耳朵服务。数

① 齐木德道尔吉主编：《内蒙古通史》第5卷，人民出版社，2011年，第120页。

百年的历史中，这支卫队的后代，继承着祖先的职业，守护着成吉思汗的寝陵，逐渐形成了守护诸多宫殿的“鄂尔多斯人”，公元14世纪，他们改自己“艾马克”（部）的名称为鄂尔多斯部。[①]

鄂尔多斯最初的统治者为达延汗曾祖父阿噶巴尔济济农（明译阿八丁王）和父亲孛罗忽济农。15世纪后期，鄂尔多斯依附于应绍不部。之后，达延汗镇压了右翼的叛乱，分封自己的第三子巴尔苏博罗特济农到鄂尔多斯部，由此，巴尔苏博罗特也就成了右翼三万户的最高统治者。巴尔苏博罗特济农去世之后，其子衮弼哩克图墨尔根继位。衮弼哩克图墨尔根共有九个儿子，分牧而处，清代的鄂尔多斯七个札萨克都是衮弼哩克图墨尔根的后裔。长子诺颜达喇袭济农号，为札萨克郡王额璘臣一旗祖。之后，先后有诺颜达喇、博硕克图、薛吟额儿迭尼、额璘臣等相继承袭了济农的名号和职位。[②]

二、清朝在鄂尔多斯地区的行政管理

鄂尔多斯各部归顺清朝后，清廷多次要求鄂尔多斯各部随清军征战。顺治元年（1644），鄂尔多斯骑兵随英亲王阿济格赴陕西出击李自成军；顺治二年（1645），鄂尔多斯部落跟随阿济格出征；康熙十三年（1674）冬，调鄂尔多斯兵，会剿陕西叛镇王辅臣；康熙二十七年（1688），鄂尔多斯部奉诏出兵防御入侵喀尔喀的噶尔丹部；康熙三十六年（1697），康熙征噶尔丹时经过窟野河（鄂尔多斯南部），鄂尔多斯各旗札萨克率军护从。但是，在康熙五十四年（1715），鄂尔多斯兵三千在征讨固尔班赛时，溃逃者甚众，清廷大怒，将札萨克、贝勒、贝子各降爵一级。多罗郡王降为贝勒，札萨克齐旺班珠尔降为辅国公，札萨克达什拉布坦降为贝子，札萨克罗布藏降为辅国公。雍正八年（1730），鄂尔多斯右翼前旗三等台吉定咱喇什率蒙古骑兵击杀东部反叛清朝的蒙古部落。鉴于蒙古特殊的战略地位和蒙古部落民风剽悍，又多善于骑射的军事压力，清廷在行政上采取多种措施，强化对蒙古各部的管理，包括对鄂尔多斯各部的控制。

第一，设立理藩院。理藩院是清朝专门负责处理蒙古等外藩事务的最高行政机构。理藩院的地位、职能和架构与中央的六部相当。在1861年总理各国事务衙门成立之前，理藩院一直承担着处理与他国之间外交事务的职责。同时，理藩院也是清朝统

---

① 阿拉善盟档案史志局编：《清代蒙古各旗札萨克和王公世袭集》，宁夏人民出版社，2015年，第78页。

② 齐木德道尔吉主编：《内蒙古通史》第5卷，第121页。

治蒙古、回部及西藏等少数民族的最高行政机构，实施清朝对蒙古等少数民族的直接统治。1631年，漠南东部以科尔沁为首的蒙古诸部陆续归附清朝。同年七月，皇太极在中央设置六部，并在各部设蒙古承政一员，专门负责处理与蒙古相关的事务。之后，随着漠南蒙古各部的陆续归顺，清太宗为方便处理蒙古事务，特设立蒙古承政，俗称蒙古衙门。随着蒙古事务日益增多，1638年，蒙古承政改为理藩院，具有声望且能力出众的博洛担任理藩院首任承政，塞冷为左参政，尼堪为右参政。顺治元年（1644），理藩院的机构得到进一步扩充，承政一职也改为尚书，参政改为侍郎，并对衙署进行了扩大，增加了官员数量。1662年，理藩院的地位进一步提升，与中央六部平级。理藩院内设旗籍、王会、典属、柔远、徕远、理刑等六司及满汉档房等机构。①

蒙古地区地理位置重要，又加之蒙古民族民风剽悍，清廷试图通过严格的管理制度对蒙古各部加以控制，使其为自己的统治服务。因此，清廷对理藩院的管理非常严格，皇帝的近亲掌握着重要职权。理藩院设有兼管部务大臣一人、尚书一人，均由皇室亲王兼任；另侍郎两名，负责日常的工作。除此之外，设有额外侍郎一人，由为朝廷忠诚效力且立有军功，并拥有一定声望的盟旗王公担任。此职并无多大实权，主要职责是回复有关盟旗及蒙古事务方面的咨询。为进一步掌握各盟旗的实际情况，理藩院向沿边衙门及负责管理蒙古盟旗的机构派驻专职监督官员——笔帖式，名义上这些官员是协助当地衙门工作，实际上则是暗暗监督、检查地方官员及各盟旗王公，包括他们的日常行为及思想动态，定期向皇帝和理藩院报告相关情况，以供清廷及时掌握状况，有备无患。

第二，建立盟旗制度。盟，蒙古语称为“楚古拉干”，指的是蒙古各部落首领通过会盟商讨和决策部落重大事宜的管理制度。清政府将蒙古部落的这一传统改为固定的政治体制，每个盟设有盟长一人和副盟长若干，部分盟还设有人员不等的帮办盟务或协办盟长，这些职务均由蒙古王公札萨克兼任。此外，每个盟内设有专门负责军务的备兵札萨克，通常由盟长、副盟长兼任。最初要求，全盟各旗札萨克和贵族官员每年率兵丁会盟一次，由皇帝派大臣主持，后改为三年一次，由盟长主持。盟虽然不是正式的军政建制，没有专设衙署和职官，但其职能主要包括督察军备、传递奏报和处理全盟重大事务。盟长主持会盟，即充当会盟的召集人，不能直接干预各旗事务，也无权发布命令。但盟长有向清政府的告发权，起到对地方事务的监督作用。②清朝后

① 内蒙古社科院历史所编：《蒙古族通史》中，民族出版社，1991年，第345页。
② 宋蜀华、陈克进主编：《中国民族概论》，中央民族大学出版社，2001年，第466页。

期，随着蒙古部落社会政治事务的不断增多，盟长的职能和权力逐步扩展，盟也逐渐向正式的地方行政建制转变。盟的建立标志着漠南地区盟旗制度的最终确立，这一制度一直延续至清王朝的终结。

清代蒙古地区的行政管辖体制以盟旗制度为核心，实行蒙古封建领主制。实际上，在这一体制下，中央政府并未直接统治蒙古地区，也没有派遣任何中央官员担任盟旗的职官，而是全部交由蒙古世袭的札萨克王公管理。其原有的体制包括土绵、艾马克（部）和鄂托克（明安）等不同层级，清朝征服蒙古后，废除了蒙古传统的体制及领属关系，设立了旗作为蒙古地区的基本统治机构。旗可分为札萨克旗、总管旗和喇嘛旗等不同类型，其中以札萨克旗的数量最多。札萨克旗既是清朝在蒙古地区的行政和军事单位，也是清朝赐予各级封建主的世袭领地。清廷授予蒙古封建主札萨克时，既要参考其在部落内的政治影响力和地位高低，也要考虑其对清朝的忠诚与否和贡献大小。对于归顺清朝的蒙古领主，不论其地位高低，均按功绩授予札萨克。除札萨克之外的封建主，只能担任闲散郡王、贝勒、贝子、公或台吉。札萨克旗的札萨克根据清政府授予的权力，负责处理旗内日常的司法、军事、行政、赋税、徭役、贸易及官员任免等事项，具体执行也可下放给基层官员。在鄂尔多斯地区，清政府按照各旗归顺清朝的态度及贡献大小，分别授予札萨克不同的爵位，例如郡王旗的札萨克为多罗郡王，鄂托克旗的札萨克为多罗贝勒，而剩余各旗赐予固山贝子衔。

旗是清政府在鄂尔多斯设立的基本行政单位，它具有两重性：一方面，是蒙旗王公的世袭领地；另一方面，是清政府的基层行政建制。虽然清政府在划定旗界时明确规定土地归国家所有，札萨克无权处置，并禁止越界游牧，违者将受到惩罚，但同时又将旗内的人民与土地授予札萨克。札萨克既是清政府的官员，也是世袭领主，享有对旗内土地和人民的管理治理权。牧民不仅需向札萨克缴纳贡赋，还承担札萨克分派的劳役。

依据规定，内外各盟每三年在指定地点会盟一次，处理刑名和丁籍等事务，并上报理藩院。会盟时，清政府派遣的钦差大臣与理藩院官员前往会盟地点共同审理盟事。从乾隆十六年（1751）开始，清政府停止派遣钦差大臣，各札萨克自主处理会盟事宜，并将会盟事项细则上报至理藩院。

盟内的会盟由“大札萨克”担任盟长，盟长负有召集各旗札萨克的责任，最初盟长权力有限，仅起到协助清廷派遣的大臣处理军政事务的作用。随着清政府授予盟长信印并停止派遣大臣，盟长权力逐步扩大，取得了对各旗札萨克的监督权，盟也由单纯军事意义的会盟逐步转为集军政于一体的行政建制。道光年间，伊克昭盟为了协助盟长处理事务，还设立了帮办盟务职务，盟内各旗札萨克每年派专人至盟长处值班。鄂尔多斯盟旗政权有明显的复合性，行政权和司法权往往混杂在一起。盟旗虽不具备独立的司法系统，但有很大的自主权处理旗内事务，旗政府负责处理一般的刑事案件和民事纠纷，且旗内官员大多拥有司法处理权。

第三，实施封禁政策。鄂尔多斯部作为成吉思汗的直系后裔，以尚武著称，明朝时便是边境问题的源头。清朝建立后，清政府对鄂尔多斯保持戒备心理。与此同时，明末清初的陕北地区，特别是鄂尔多斯邻近区域，农民起义频繁，反抗活跃。因此，清政府为了隔离汉族与蒙古族的联系，对鄂尔多斯实行了更加严格的封禁政策。经过顺治和康熙两帝约五十年的治理，清政府在鄂尔多斯的统治逐步稳固，封禁政策也自然随之放松。河套地区还吸引了大量汉族移民，私垦现象也逐步增多，汉族人口在当地迅速增长。蒙禁政策的解除带来了鄂尔多斯地区移民数量的大幅增长，光绪末年，短短三年内移民人数便达到9万余人。[①]

随着汉族的大量迁入，鄂尔多斯的盟旗制度虽然在形式上仍然保留着，但盟旗的职能和社会控制方式发生了变化。与此同时，清政府建立的厅县政权一方面在鄂尔多斯出现了二元化的管理体制，另一方面也加强了它在这一地区的直接控制，导致盟旗原有的自主权开始部分丧失。[②]鄂尔多斯当地面临盟旗对汉民吸纳能力有限、蒙汉冲突频繁、盟旗的管理方式滞后等多重管理困境。为解决这些逐渐凸显的管理难题，鄂尔多斯的基层政权逐步经历了理事司员、理事同知和厅县等阶段。

另外，清朝在内蒙古地区逐步建立了一套完善的行政管理体系，包括道、府、厅、州和县。最初的地方行政单位是厅，最先作为府的附属机构，由同知或通判管理。后来在少数民族聚居区和边疆地区，厅逐步演变为独立的地方行政单位。依据隶属关系，厅分为直隶厅和散厅，各厅之下还设有巡检等属官。从雍正元年（1723）起，蒙古地区呈现出盟旗和管理农耕区的厅并存的双重权力结构。至光绪三十年（1904），清政府在鄂尔多斯左翼中旗设立东胜厅。

第三节　清代在鄂尔多斯地区的军事部署

第一，将军都统的设置。清朝为了加强对蒙古的统治，在蒙古各地设置札萨克旗和总管旗。因为蒙古各盟旗在清朝都是相对独立的军政组织，所以札萨克王公拥有一

① 伊克昭盟地方志编纂委员会编：《伊克昭盟志》第1册，现代出版社，1994年，第410页。
② 梁卫东：《清末鄂尔多斯基层社会控制研究》，民族出版社，2009年，第77页。

定程度的军权。因此，清廷为了监督、控制各旗，严密防范各王公独立的倾向，统一调配蒙古兵镇戍地方。凡将军、都统设立之处，都有满蒙汉军八旗兵驻扎。内蒙古地区的将军、都统主要设立了绥远城将军、察哈尔都统、热河都统和呼伦贝尔副都统等四处。清代伊克昭盟归绥远城将军统辖。1693年，康熙皇帝出于防备博硕克图汗进犯的目的，特命费扬古为安北将军，进驻归化城。此为归化城将军之始。

第二，绥远城将军的设置。绥远城将军原称右卫建威将军，起初在宣化成立，目的是防止准噶尔入侵。乾隆四年（1739），在归化城东北建绥远城（今内蒙古呼和浩特市新城区），原驻宣化的右卫建威将军依照清廷指令移驻绥远城，实际上拉长了右卫建威将军军营和与准噶尔交锋的前沿阵地。从此，右卫建威将军改称绥远城将军。绥远城将军负责统辖驻防官兵及土默特二都统旗兵马，兼摄乌兰察布、伊克昭二盟军务。[①]绥远城将军下设有左司（具体负责兵、吏、刑三部事务）、右司（负责户、工、礼三部事务）。在绥远城将军以下，有两名绥远城副都统，一名右卫副都统，一名归化城副都统，一名归绥驿传道，还有管旗章京十一人，八旗满蒙汉协领、佐领、防御、骁骑校四十七人，马甲兵丁三千九百余人。其职责为全面统辖归绥道的政治事务和军事事务，还监理土默特旗的比丁、阅兵及商人的进出交涉。

清朝时，伊盟七旗除了直接接受理藩院的统辖以外，还接受几个权力机构的监督。绥远城将军即不仅处理蒙古军事，还设都统于归化城。此外还设置有甘肃省宁夏府理事司员、甘肃省宁夏查旗、杀虎口管站司员、陕西省神木县理事司员、陕西省神木县查旗。其中，陕西省神木县理事司员仅设司员一人，负责处理达拉特旗、杭锦旗、札萨克旗、伊盟郡王旗、乌审旗、准格尔旗境内的蒙汉之间需交涉的各类事务。理事司员为了检查私人放垦土地及私人组织军队等情况，每年都要到这六个旗巡视一次。出于防止神木县理事司员和伊盟六旗蒙古人共同作弊的目的，清政府还规定“该职人选每三年更换一次”。甘肃省宁夏府理事司员和陕西省神木县理事司员的职权范围及约束办法一致，负责处理伊盟鄂托克旗境内的蒙汉交涉事务。在杀虎口管站设司员一人，笔帖式一人，主要负责处理从杀虎口经伊盟通往宁夏沿途十二个驿站的各项事务。这十二个驿站中，有一半在伊盟境内。杀虎口管站司员也是每三年调换一次。

第三，盟旗军制的设立。盟旗原为一种军事组织，由此蒙古各旗属下的民众都有当兵的义务。蒙籍壮丁都为民兵，札萨克为各旗的军事首领，备兵札萨克则为一盟的军事长官。协理、管旗章京、梅林等为辅办军务者，参领、佐领等为实际的带兵官。

---

① 乌云毕力格等：《蒙古民族通史》第4卷，内蒙古大学出版社，2002年，第255—256页。

清朝时，三个壮丁就配一副铠甲，每遇战争，全旗壮丁便一半留守，一半出征；平时则各司其职放牧，旗政府并不给旗内壮丁发放薪饷，就算被召入伍，也是自带给养。平时以一百五十丁配备一个佐领，其中常备兵额是五十丁，加上佐领成一个旗，各旗因佐领多寡而兵额各异。佐领为军事单位，由佐领多寡便可知每旗的丁口。每一佐领统领骁骑校六人，领催三十六人，骁骑三百人，再加札萨克一人、协理二人、管旗章京一人。内蒙古各旗兵额共为七万五千八百零六人。外蒙各旗兵额共为九千七百一十人。伊克昭盟七旗兵额共为一万五千八百九十五人。

盟旗军制由清政府制定，清廷深知蒙古人骁勇善战，所以特别关注其组织的构建，通过盟旗军制，建立组织严密、指挥便利的作战单位。清代规定，内蒙古各旗三年比丁一次，由理藩院请旨，然后行文至四十九旗，每旗各给预印空白册档一本，命令各旗王、公、台吉以下，章京、十家长以上，均按佐领查核、分户、造具丁数后，印册送至理藩院。凡年龄在六十岁以下、十八岁以上的，均录入册档。如有隐匿者，在审丁时一经发现，即以隐丁罪论处。隐丁人数十人及以下者，札萨克罚俸三个月，而协理台吉、管旗章京、副章京等众罚牲畜三九，参领、佐领罚牲畜二九，骁骑校罚牲畜一九，所罚之物均给首告人；下级官员领催、什长等各鞭八十。军制对于军器也有十分严格的限制。只有札萨克有印文，方可购买军器，同时必须由理藩院酌量该旗佐领的多寡，预先具奏给票，将所购之数核对，不能超过该旗佐领所需用之外。若购买诸如甲胄、撒袋、弓、刀枪过二十副，硝、硫黄过三十斤，鸟枪过十杆者，均须报理藩院，并会知兵部，请旨定夺，准允后给予信票，方可购买。若制买军器超过票数定额，王、贝勒、贝子、公、札萨克台吉等一律罚俸六月；而闲散台吉、管旗章京以下，骁骑校以上者，均罚牲畜一九；庶人鞭八十；超过的军器一律罚没入官。清廷不仅对军器的限制如此严格，盟旗马匹的买卖和使用，也需呈报给各盟盟长，由盟长报知所辖都统、大臣，再发路票，填清马匹数目、毛色、口齿，并告知沿途地方官员以备查核。

在旗以下，清政府在鄂尔多斯地区还设置了苏木（佐领）和札兰（参领）乡里组织，是鄂尔多斯最基层的行政军事单位。鄂尔多斯部落归顺清王朝后，清政府依照满洲八旗牛录制度的编制方式，在鄂尔多斯设立苏木。每苏木由一百五十兵丁组成，在这一百五十名兵丁中，有五十名是常备兵，其余一百名是预备兵。苏木的性质主要是军事编制，以保证一百五十名兵丁为重点。鄂尔多斯各旗的苏木数是：准格尔旗42个，达拉特旗14个，郡王旗17个，札萨克旗13个，乌审旗42个，杭锦旗36个，鄂托克旗84个。札兰是介于旗和苏木之间，相当于地区一级的行政、军事单位。一般每个札兰管辖4—6个苏木，但随着情况的变化，札兰所管辖的苏木数也在变化，如乌审旗札兰最多的统辖7个苏木，最少的统辖2个苏木。[①]

第四节　民国时期鄂尔多斯地区行政建制的变化

第一，宁夏建省及“宁马”主政时期的行政建制。1911年10月10日，辛亥革命爆发后，消息迅速传至宁夏，当地的革命党人积极响应。11月17日，灵州被革命党攻占。19日夜，革命党人发动对宁夏府城的攻势，成功光复该城。然而，清朝的陕甘总督长庚与陕西巡抚升允组织反扑，革命党因力量悬殊最终败北，宁夏府城和灵州城重新落入清军之手。

袁世凯窃取辛亥革命胜利果实后，开始加强对西北地区的控制。1912年8月，袁世凯任命前甘军将领马福祥为宁夏总兵，继续统率昭武军。1913年，伊克昭盟的达拉特旗札萨克旺德尼玛在沙俄和外蒙古王公的支持下发动叛乱，马福祥巧妙设计擒拿旺德尼玛，平息了事端，进一步提升了他在北洋军阀中的地位。随后，北洋政府将宁夏总兵改为护军使，马福祥继续担任护军使，并不断清除周边小股武装势力，扩展其势力范围。1915年，马福祥奉命将昭武军改编为宁夏新军，并任命其子马鸿逵为新军司令。1916年，马福祥又组建了甘肃新军，任命其侄马鸿宾为甘肃新军司令。与此同时，马福祥通过拉拢地方贵族和豪绅，并重金贿赂北洋政府高官，逐步扩大其个人势力，巩固在宁夏的统治。

1921年初，马福祥被北洋政府任命为绥远都统，由其侄马鸿宾接替担任宁夏护军使。1924年9月，直奉战争爆发，马福祥支持直系军阀，派遣其子马鸿逵率两千兵力前往热河，听命于直系冯玉祥指挥。冯玉祥任命马鸿逵为讨逆军独立骑兵前敌总指挥兼绥远援军总司令，不久后将其部队改编为陆军第七师，马鸿逵任师长，马氏军阀势力逐步融入中央国民军。

1927年，南京国民政府成立。1928年，国民政府副主席冯玉祥提出分治甘肃省的建议，提议设立宁夏省和青海省，提案获得国民党中央政治会议通过。1929年1月，宁夏省正式成立，省会设在宁夏城（今宁夏银川市），门致中担任首任省主席。同年，马鸿逵投靠蒋介石，被任命为宁夏省主席，然而因认为宁夏地盘狭小，马鸿逵不愿就任。1930年5月，中原大战爆发，马鸿逵参与对晋军的作战。战后，蒋介石提拔

① 梁卫东：《清末鄂尔多斯基层社会控制研究》，第23—25页。

马鸿逵为讨逆军第十五路军总指挥，统辖两师。1932年夏，马福祥去世，蒋介石再次任命马鸿逵为宁夏省主席。1933年，宁夏进入马鸿逵主政时期。

第二，绥远建省。清朝灭亡后，河套北部地区的行政体制开始逐步发生变化。北洋政府统治时期，一方面通过颁布优待蒙古贵族的政令，保留他们的一些传统特权，试图笼络蒙古王公贵族；另一方面，北洋政府也致力于加强对蒙古地区的掌控，实施了如将厅改为县、建立行省等一系列措施。北洋政府统治初期，依旧保留了绥远城将军职务以控制包括土默特在内的河套蒙古地区。然而，12个抚民厅（归化、萨拉齐、托克托、和林格尔、清水河、武川、五原、东胜、丰镇、宁远、兴和、陶林）均被改为县。1914年，北洋政府设立绥远道，将归化、萨拉齐、托克托、和林格尔、清水河、武川、五原、东胜等八县纳入其中。不久后，绥远道被改为绥远特别行政区，绥远城将军的职务也改为绥远都统。1928年9月，南京国民政府将绥远特别行政区升格为绥远省，省会设在归绥（今内蒙古呼和浩特市），下辖十五个县和两个设治局。绥远省的疆域东至柴沟堡，北达今中蒙边境，西临黄河，与宁夏相对，南接长城，与陕西省接壤。绥远省设立了省政府，有省长等行政官员，下设民政、财政、教育等多个部门。这些部门负责全省的行政管理事务，如民政部门管理户籍、救灾等事务；财政部门负责税收、财政收支等；教育部门主管学校教育等事务。在省以下，划分了道、县等行政单位。县设有县政府，管理本县的具体事务。同时，绥远省在处理与盟旗的关系时，采取了一定的协调措施。对于伊克昭盟和乌兰察布盟等盟旗地区，在尊重其原有制度的基础上，逐步将部分行政事务纳入省的统一管理范围。

在政治方面，民国政府对鄂尔多斯高原的行政区划有所调整，如鄂托克旗归绥远省管辖，还设立了沃野县等。这种调整使当地的行政管理体制发生了变化，在一定程度上加强了中央政府对该地区的直接管理，改变了清代以来相对单一的盟旗管理模式，使当地的政治管理格局更加多元化。在军事方面，军事行政建制的变化也影响了当地地方势力的发展。一些地方势力在新的军事行政体制下，或借助外部力量，或通过自身发展，逐渐壮大，对当地的政治格局产生了重要影响。例如，马鸿逵占领沃野县并将其划归宁夏，改名陶乐县，这一行为就体现了地方军阀势力对地方行政区划和政治格局的干预。除原有的地方军事力量外，这一时期还出现了一些新的军事组织和力量，如蒙旗独立旅等抗日武装。这些军事力量的存在，为当地社会稳定提供了一定的保障，在抵御外敌入侵方面发挥了重要作用。军事行政建制的变化对当地经济发展产生了双重影响。一方面，战争和军事冲突频繁，导致社会动荡不安，严重破坏了当地的经济基础，阻碍了正常的经济生产和贸易活动。大量劳动力被迫卷入战争，农田荒废，商业停滞，经济发展受到极大的抑制。另一方面，为了满足军事需求，一些与军事相关的工业和基础设施建设得到了一定的发展，如交通、通信等方面的建设，为当地经济的长远发展提供了一定的基础和机遇。

1937年抗日战争爆发后，日军迅速占领了绥远省的大部分地区，并在此设立了伪政权“蒙古联盟自治政府”。该伪政权在河套地区的管辖范围包括和林格尔、托克托、清水河、巴彦（即归绥县）、萨拉齐、固阳、武川等县，而河套地区的五原县、临河县、安北设治局、东胜县以及伊克昭盟各旗则仍由南京国民政府控制。这一时期，共产党领导的八路军进入了敌占区，在绥远省建立了大青山抗日根据地，并于1940年成立了晋绥游击区行政公署驻绥办事处。1945年8月，国民政府将绥远省政府迁回归绥，恢复了战前的行政管理体制。1949年9月，绥远和平解放。

参考文献

[1] 司马迁．史记［M］．北京：中华书局，1959．

[2] 班固．汉书［M］．颜师古，注．北京：中华书局，1962．

[3] 荀悦．汉纪［M］．张烈，点校．北京：中华书局，2017．

[4] 刘珍，等．吴树平．东观汉记校注［M］．北京：中华书局，2008．

[5] 刘向．战国策［M］．2版．上海：上海古籍出版社，1998．

[6] 桑弘羊．王利器．盐铁论校注［M］．北京：中华书局，1992．

[7] 贾谊．阎振益，钟夏．新书校注［M］．北京：中华书局，2000．

[8] 应劭．王利器．风俗通义校注［M］．北京：中华书局，1981．

[9] 陈寿．三国志［M］．北京：中华书局，1959．

[10] 袁宏．后汉纪［M］．张烈，点校．北京：中华书局，2017．

[11] 郦道元．杨守敬，熊会贞．水经注疏［M］．段熙仲，点校．南京：江苏古籍出版社，1989．

[12] 郦道元．陈桥驿．水经注校证［M］．北京：中华书局，2007．

[13] 范晔．后汉书［M］．李贤，等注．北京：中华书局，1965．

[14] 魏收．魏书［M］．北京：中华书局，1974．

[15] 房玄龄，等．晋书［M］．北京：中华书局，1974．

[16] 令狐德棻，等．周书［M］．北京：中华书局，1971．

[17] 李百药．北齐书［M］．北京：中华书局，1972．

[18] 魏徵，令狐德棻．隋书［M］．北京：中华书局，1973．

[19] 李延寿．北史［M］．北京：中华书局，1974．

[20] 杨伯峻. 春秋左传注 [M]. 北京：中华书局，1981.

[21] 上海师范大学古籍整理组. 国语 [M]. 上海：上海古籍出版社，1978.

[22] 李泰，等. 贺次君. 括地志辑校 [M]. 北京：中华书局，1980.

[23] 李吉甫. 元和郡县图志 [M]. 贺次君，点校. 北京：中华书局，1983.

[24] 杜佑. 通典 [M]. 王文锦，王永兴，刘俊文，等点校. 北京：中华书局，1988.

[25] 刘昫，等. 旧唐书 [M]. 北京：中华书局，1975.

[26] 王钦若，等. 册府元龟 [M]. 北京：中华书局，1960.

[27] 欧阳修，宋祁. 新唐书 [M]. 北京：中华书局，1975.

[28] 黄伯思. 宋本东观余论 [M]. 北京：中华书局，1988.

[29] 薛居正，等. 旧五代史 [M]. 北京：中华书局，1976.

[30] 乐史. 太平寰宇记 [M]. 王文楚，等点校. 北京：中华书局，2007.

[31] 撰人不详. 儒林公议 [M]. 上海：商务印书馆，1937.

[32] 杨亿. 武夷新集 [M]. 影印四库本.

[33] 曾公亮. 武经总要前集 [M]. 北京：中华书局，1959.

[34] 范仲淹. 范仲淹全集 [M]. 李勇先，王蓉贵，校点. 成都：四川大学出版社，2007.

[35] 韩琦. 安阳集 [M]. 影印四库本.

[36] 王存. 元丰九域志 [M]. 王文楚，魏嵩山，点校. 北京：中华书局，1984.

[37] 欧阳修. 欧阳修全集 [M]. 李逸安，点校. 北京：中华书局，2001.

[38] 宋庠. 元宪集 [M]. 北京：中华书局，1985.

[39] 王珪. 华阳集 [M]. 上海：商务印书馆，1916.

[40] 宋本历代地理指掌图 [M]. 上海：上海古籍出版社，1989.

[41] 沈括. 胡道静. 新校正梦溪笔谈 [M]. 北京：中华书局，1957.

[42] 司马光. 涑水记闻 [M]. 邓广铭，张希清，点校. 北京：中华书局，1989.

[43] 司马光. 胡三省. 资治通鉴 [M]. 北京：中华书局，1956.

[44] 司马光. 司马文正公传家集 [M]. 上海：商务印书馆，1937.

[45] 司马光. 司马光奏议 [M]. 王根林，点校. 太原：山西人民出版社，1986.

[46] 范祖禹. 范太史集 [M]. 影印四库本.

[47] 王安中. 初寮集 [M]. 影印四库本.

[48] 魏泰. 东轩笔录 [M]. 北京：中华书局，1983.

［49］郑刚中．西征道里记［M］．上海：商务印书馆，1936.

［50］李焘．续资治通鉴长编［M］．2版．上海师大古籍所，华东师大古籍所，点校．北京：中华书局，2004.

［51］宇文懋昭．崔文印．大金国志校证［M］．北京：中华书局，1986.

［52］徐梦莘．三朝北盟会编［M］．上海：上海古籍出版社，1987.

［53］李心传．建炎以来系年要录［M］．北京：中华书局，1988.

［54］彭百川．太平治迹统类［M］．影印四库本.

［55］王称．东都事略［M］．孙言诚，崔国光，点校．济南：齐鲁书社，2000.

［56］李埴．燕永成．皇宋十朝纲要校正［M］．北京：中华书局，2013.

［57］宋敏求．唐大诏令集［M］．北京：中华书局，2008.

［58］马端临．文献通考［M］．北京：中华书局，1986.

［59］孛兰肹，等．元一统志［M］．赵万里，校辑．北京：中华书局，1966.

［60］脱脱，等．辽史［M］．北京：中华书局，1974.

［61］脱脱，等．宋史［M］．北京：中华书局，1977.

［62］脱脱，等．金史［M］．北京：中华书局，1975.

［63］许有壬．至正集［M］．北京：书目文献出版社，1998.

［64］郑玉．师山集［M］．影印四库本.

［65］黄缙．金华黄先生文集［M］．上海：上海涵芬楼，1929.

［66］姚燧．牧庵集［M］．上海：商务印书馆，1936.

［67］元明善．缪荃孙．清河集［M］．刻印本．1913.

［68］宋濂，等．元史［M］．北京：中华书局，1976.

［69］杨一清．杨一清集［M］．唐景绅，谢玉杰，点校．北京：中华书局，2001.

［70］王琼．王琼集［M］．单锦珩，辑校．太原：山西人民出版社，1991.

［71］明实录［M］．上海：上海书店，1982.

［72］孙承泽．山书［M］．裘剑平，点校．杭州：浙江古籍出版社，1989.

［73］张廷玉，等．明史［M］．北京：中华书局，1974.

［74］王夫之．读通鉴论［M］．北京：中华书局，1975.

［75］顾祖禹．读史方舆纪要［M］．贺次君，施和金，点校．北京：中华书局，2005.

［76］杨守敬．杨守敬集［M］．武汉：湖北人民出版社，1988.

［77］丁谦．蓬莱轩地理学丛书［M］．北京：北京图书馆出版社，2008.

［78］张穆．蒙古游牧记［M］．台北：文海出版社，1965．

［79］顾栋高．春秋大事表［M］．吴树平，李解民，点校．北京：中华书局，1993．

［80］孙星衍，等．汉官六种［M］．周天游，点校．北京：中华书局，1990．

［81］顾炎武．肇域志［M］．谭其骧，王文楚，朱惠荣，等点校．上海：上海古籍出版社，2004．

［82］谷应泰．明史纪事本末［M］．北京：中华书局，2015．

［83］清实录［M］．北京：中华书局，2008．

［84］赵尔巽，等．清史稿［M］．北京：中华书局，1977．

［85］刘于义．沈青崖．雍正敕修陕西通志［M］．影印四库本．

［86］钱大昕．十驾斋养新录［M］．上海：上海书店，1983．

［87］毕沅．关中胜迹图志［M］．扬州：广陵书社，2003．

［88］徐松．宋会要辑稿［M］．刘琳，刁忠民，舒大刚，等校点．上海：上海古籍出版社，2014．

［89］吴广成．龚世俊，胡玉冰，陈广恩，等．西夏书事校证［M］．兰州：甘肃文化出版社，1995．

［90］屠寄．蒙兀儿史记［M］．北京：北京市中国书店，1984．

［91］李慎儒．辽史地理志考［M］．上海：开明书店，1937．

［92］何绍忞．新元史［M］．北京：中国书店，1988．

［93］严可均．全上古三代秦汉三国六朝文［M］．上海：上海古籍出版社，2009．

［94］吴伟业．绥寇纪略［M］．李学颖，点校．上海：上海古籍出版社，1992．

［95］《中国兵书集成》编委会．中国兵书集成［M］．北京：解放军出版社，1987．

［96］二十五史刊行委员会．二十五史补编［M］．北京：中华书局，1955．

［97］甘肃省文物考古研究所，甘肃省博物馆，文化部古文献研究室，等．居延新简［M］．北京：文物出版社，1990．

［98］赵超．汉魏南北朝墓志汇编［M］．天津：天津古籍出版社，1992．

［99］罗新，叶炜．新出魏晋南北朝墓志疏证：修订本［M］．北京：中华书局，2016．

［100］王其袆，周晓薇．隋代墓志铭汇考［M］．北京：线装书局，2007．

［101］胡汝砺．管律．嘉靖宁夏新志［M］．陈明猷，校勘．银川：宁夏人民出版社，1982．

［102］胡玉冰，曹阳．弘治宁夏新志［M］．北京：中国社会科学出版社，2015．

[103] 杨经．嘉靖固原州志［M］．银川：宁夏人民出版社，1985.

[104] 李贤，等．大明一统志［M］．西安：三秦出版社，1990.

[105] 穆章阿，潘锡恩，等．嘉庆重修一统志［M］．上海：上海涵芬楼，1936.

[106] 钟章元，等．道光清涧县志［M］．台北：成文出版社有限公司，1970.

[107] 高珣，等．葭州志［M］．台北：成文出版社有限公司，1969.

[108] 赵本植．新修庆阳府志［M］．南京：凤凰出版社，2008.

[109] 李熙龄．榆林府志［M］．上海：上海古籍出版社，2014.

[110] 丁锡奎．白翰章．靖边县志稿［M］．台北：成文出版社有限公司，1970.

[111] 高照煦，潘松．米脂县志［M］．铅印本．1907（光绪三十三年）．

[112] 戴治．洪亮吉，孙星衍．澄城县志［M］．刻本．1784（乾隆四十九年）．

[113] 榆林市志编纂委员会．榆林市志［M］．西安：三秦出版社，1996.

[114] 绥远通志馆．绥远通志稿［M］．呼和浩特：内蒙古人民出版社，2007.

[115] 伊克昭盟地方志编纂委员会．伊克昭盟志［M］．北京：现代出版社，1994.

[116] 伊克昭盟地名委员会．伊克昭盟地名志［M］．［内部资料］，1986.

[117] 米脂县志编纂委员会．米脂县志［M］．西安：陕西人民出版社，1993.

[118] 盐池县县志编纂委员会．盐池县志［M］．银川：宁夏人民出版社，1986.

[119] 《巴彦淖尔盟志》编纂委员会．巴彦淖尔盟志［M］．呼和浩特：内蒙古人民出版社，1997.

[120] 《准格尔旗志》编纂委员会．准格尔旗志［M］．呼和浩特：内蒙古人民出版社，1993.

[121] 鄂托克旗志编纂委员会．鄂托克旗志［M］．呼和浩特：内蒙古人民出版社，1993.

[122] 《杭锦旗志》编纂委员会．杭锦旗志［M］．呼和浩特：内蒙古人民出版社，1994.

[123] 《伊金霍洛旗志》编纂委员会．伊金霍洛旗志［M］．呼和浩特：内蒙古人民出版社，1997.

[124] 《鄂托克前旗志》编纂委员会．鄂托克前旗志［M］．呼和浩特：内蒙古人民出版社，1995.

[125] 《乌审旗志》编纂委员会．乌审旗志［M］．呼和浩特：内蒙古人民出版社，2001.

[126] 子长县志编纂委员会．子长县志［M］．西安：陕西人民出版社，1993.

[127] 子洲县志编纂委员会．子洲县志［M］．西安：陕西人民教育出版社，1993．

[128] 榆林地区地方志指导小组．榆林地区志［M］．西安：西北大学出版社，1994．

[129] 刘济南，等．曹子正，等．横山县志［M］．台北：成文出版社有限公司，1969．

[130] 靖边县地方志编纂委员会．靖边县志［M］．西安：陕西人民出版社，1993．

[131] 府谷县志编纂委员会．府谷县志［M］．西安：陕西人民出版社，1994．

[132] 《托克托文物志》编纂委员会．托克托文物志［M］．北京：中华书局，2006．

[133] 《中国河湖大典》编纂委员会．中国河湖大典：黄河卷［M］．北京：中国水利水电出版社，2014．

[134] 水利部黄河水利委员会．黄河流域地图集［M］．北京：中国地图出版社，1989．

[135] 史为乐．中国历史地名大辞典［M］．北京：中国社会科学出版社，2005．

[136] 夏征农．辞海：历史地理分册［M］．上海：上海辞书出版社，1989．

[137] 谭其骧．中国历史地图集［M］．北京：中国地图出版社，1982．

[138] 国家文物局．中国文物地图集：陕西分册［M］．西安：西安地图出版社，1998．

[139] 国家文物局．中国文物地图集：内蒙古自治区分册［M］．西安：西安地图出版社，2003．

[140] 国家文物局．中国文物地图集：宁夏回族自治区分册［M］．北京：文物出版社，2010．

[141] 国家文物局．中国文物地图集：甘肃分册［M］．北京：测绘出版社，2011．

[142] 神木县志编纂委员会．神木县志［M］．北京：经济日报出版社，1990．

[143] 内蒙古伊克昭盟鄂托克旗文物保护管理所．鄂托克旗文物志［M］．［内部资料］，1990．

[144] 伊金霍洛旗文管所．伊金霍洛旗文物志［M］．［内部资料］，2012．

[145] 辛易莲，白志荣．杭锦旗文物志［M］．［内部资料］，2006．

[146] 乌审旗文物局．乌审旗文物志［M］．［内部资料］，2012．

[147] 阿拉善盟档案史志局．清代蒙古各旗札萨克和王公世袭集［M］．银

川：宁夏人民出版社，2015.

［148］艾冲．中国的万里长城［M］．西安：三秦出版社，1994.

［149］艾冲．中国古长城新探［M］．西安：西安地图出版社，2006.

［150］艾冲．公元7—9世纪鄂尔多斯高原人类经济活动与自然环境演变研究［M］．北京：中国社会科学出版社，2012.

［151］艾冲．河套历史地理新探［M］．北京：科学出版社，2015.

［152］艾冲．东汉州郡县体制在鄂尔多斯高原的恢复、调整和迁徙［M］//陕西历史博物馆．陕西历史博物馆馆刊：第21辑．西安：三秦出版社，2014.

［153］岑仲勉．突厥集史：上册［M］．北京：中华书局，1958.

［154］岑仲勉．隋书求是［M］．北京：中华书局，2004.

［155］陈桥驿．《水经注》研究［M］．天津：天津古籍出版社，1985.

［156］陈直．居延汉简研究［M］．北京：中华书局，2009.

［157］陈梦家．汉简缀述［M］．北京：中华书局，1980.

［158］陈序经．匈奴史稿［M］．北京：中国人民大学出版社，2007.

［159］内蒙古自治区文物考古研究所．鄂尔多斯文化遗产［M］．北京：文物出版社，2014.

［160］常生荣．烽火狼烟：中国长城新考［M］．北京：中国友谊出版公司，2013.

［161］段清波，徐卫民．中国历代长城发现与研究［M］．北京：科学出版社，2014.

［162］戴应新．折氏家族史略［M］．西安：三秦出版社，1989.

［163］戴应新．赫连勃勃与统万城［M］．西安：陕西人民出版社，1990.

［164］甘肃省文物局．秦直道考察［M］．兰州：兰州大学出版社，1996.

［165］顾颉刚，史念海．中国疆域沿革史［M］．北京：商务印书馆，1999.

［166］郭黎安．宋史地理志汇释［M］．合肥：安徽教育出版社，2003.

［167］侯甬坚．鄂尔多斯高原及其邻区历史地理研究（005）［M］．西安：三秦出版社，2008.

［168］郝维民，齐木德道尔吉．内蒙古通史［M］．北京：人民出版社，2011.

［169］后晓荣．战国政区地理［M］．北京：文物出版社，2013.

［170］后晓荣．秦代政区地理［M］．北京：社会科学文献出版社，2009.

［171］韩儒林．元朝史［M］．北京：人民出版社，1986.

［172］李大龙．汉代中国边疆史［M］．哈尔滨：黑龙江教育出版社，2012.

[173] 李之勤. 西北史地研究 [M]. 郑州：中州古籍出版社，1994.

[174] 李晓杰. 东汉政区地理 [M]. 济南：山东教育出版社，1999.

[175] 李昌宪. 宋代安抚使考 [M]. 济南：齐鲁书社，1997.

[176] 李昌宪. 金代行政区划史 [M]. 上海：上海古籍出版社，2015.

[177] 李范文. 西夏通史 [M]. 银川：宁夏人民出版社，2005.

[178] 李华瑞. 宋夏关系史 [M]. 北京：中国人民大学出版社，2010.

[179] 李蔚. 简明西夏史 [M]. 北京：人民出版社，1997.

[180] 李治安. 元代的分封制度研究 [M]. 天津：天津古籍出版社，1992.

[181] 林幹. 匈奴史 [M]. 呼和浩特：内蒙古人民出版社，2007.

[182] 林幹. 匈奴史料汇编 [M]. 北京：中华书局，1988.

[183] 林幹. 匈奴历史年表 [M]. 北京：中华书局，1984.

[184] 林幹. 匈奴史论文选集（1919—1979）[G]. 北京：中华书局，1983.

[185] 林幹. 中国古代北方民族通论 [M]. 呼和浩特：内蒙古人民出版社，2007.

[186] 林幹. 中国古代北方民族史新论 [M]. 呼和浩特：内蒙古人民出版社，2007.

[187] 鲁人勇. 宁夏交通史话 [M]. 银川：宁夏人民出版社，2013.

[188] 鲁人勇，吴忠礼，徐庄. 宁夏历史地理考 [M]. 银川：宁夏人民出版社，1993.

[189] 鲁人勇. 西夏地理志 [M]. 银川：宁夏人民教育出版社，2012.

[190] 罗振玉，王国维. 流沙坠简 [M]. 北京：中华书局，1993.

[191] 罗哲文. 长城 [M]. 北京：北京出版社，1982.

[192] 刘庆柱，白云翔. 中国考古学：秦汉卷 [M]. 北京：中国社会科学出版社，2010.

[193] 刘蒙林，孙利中. 内蒙古古城 [M]. 呼和浩特：内蒙古人民出版社，2013.

[194] 刘景纯. 明代九边史地研究 [M]. 北京：中华书局，2014.

[195] 吕卓民. 西北史地论稿 [M]. 北京：中国社会科学出版社，2011.

[196] 梁卫东. 清末鄂尔多斯基层社会控制研究 [M]. 北京：民族出版社，2009.

[197] 马大正. 中国边疆经略史 [M]. 郑州：中州古籍出版社，2000.

[198] 马大正. 中国古代边疆政策研究 [M]. 北京：中国社会科学出版社，1990.

[199] 马正林. 中国历史地理简论 [M]. 西安：陕西人民出版社，1987.

[200] 内蒙古自治区文化厅（文物局），内蒙古自治区文物考古研究所. 内蒙

古自治区长城资源调查报告：鄂尔多斯—乌海卷［M］．北京：文物出版社，2016.

［201］内蒙古社科院历史所《蒙古族通史》编写组．蒙古族通史［M］．北京：民族出版社，1991.

［202］彭曦．战国秦长城考察与研究［M］．西安：西北大学出版社，1990.

［203］饶胜文．布局天下：中国古代军事地理大势［M］．北京：解放军出版社，2006.

［204］史念海，曹尔琴，朱士光．黄土高原森林与草原的变迁［M］．西安：陕西人民出版社，1985.

［205］史念海．史念海全集［M］．北京：人民出版社，2013.

［206］史念海．中国历史地理纲要：上［M］．太原：山西人民出版社，1991.

［207］史念海．中国历史地理纲要：下［M］．太原：山西人民出版社，1992.

［208］史念海．河山集：二集［M］．北京：生活·读书·新知三联书店，1981.

［209］史念海．河山集：四集［M］．西安：陕西师范大学出版社，1991.

［210］史念海．河山集：六集［M］．太原：山西人民出版社，1997.

［211］史念海．河山集：七集［M］．西安：陕西师范大学出版社，1999.

［212］史念海．黄土高原历史地理研究［M］．郑州：黄河水利出版社，2001.

［213］施和金．北齐地理志［M］．北京：中华书局，2008.

［214］天盛改旧新定律令［M］．史金波，聂鸿音，白滨，译注．北京：法律出版社，2000.

［215］《陕西军事历史地理概述》编写组．陕西军事历史地理概述［M］．西安：陕西人民出版社，1985.

［216］孙闻博．秦汉军制演变史稿［M］．北京：中国社会科学出版社，2016.

［217］宋蜀华，陈克进．中国民族概论［M］．北京：中央民族大学出版社，2001.

［218］陕西省考古研究院，西北大学文化遗产学院．陕西省早期长城资源调查报告［M］．北京：文物出版社，2015.

［219］特日格尔乐．简牍所见汉匈关系史料整理与研究［M］．北京：北京交通大学出版社，2015.

［220］田余庆：拓跋史探［M］．北京：生活·读书·新知三联书店，2011.

［221］谭其骧．谭其骧全集［M］．北京：人民出版社，2015.

［222］谭其骧．长水集［M］．北京：人民出版社，1987.

［223］唐长孺．唐书兵志笺正［M］．北京：科学出版社，1957.

[224] 唐长孺. 山居存稿 [M]. 北京: 中华书局, 1989.

[225] 唐长孺. 魏晋南北朝史论丛（外一种）[M]. 石家庄: 河北教育出版社, 2000.

[226] 唐长孺. 魏晋南北朝史论丛续编; 魏晋南北朝史论拾遗 [M]. 北京: 中华书局, 2011.

[227]《王北辰西北历史地理论文集》编辑组. 王北辰西北历史地理论文集 [G]. 北京: 学苑出版社, 2000.

[228] 王文楚. 古代交通地理丛考 [M]. 北京: 中华书局, 1996.

[229] 王晓琨. 战国至秦汉时期河套地区古代城址研究 [M]. 北京: 社会科学文献出版社, 2014.

[230] 王辉. 秦出土文献编年 [M]. 台北: 新文丰出版公司, 2000.

[231] 王辉, 王伟. 秦出土文献编年订补 [M]. 西安: 三秦出版社, 2014.

[232] 王子今. 秦汉交通史稿: 增订版 [M]. 北京: 中国人民大学出版社, 2013.

[233] 王子今. 战国秦汉交通格局与区域行政 [M]. 北京: 中国社会科学出版社, 2015.

[234] 王子今. 秦汉交通考古 [M]. 北京: 中国社会科学出版社, 2015.

[235] 王天顺. 河套史 [M]. 北京: 人民出版社, 2006.

[236] 王天顺. 西夏地理研究 [M]. 兰州: 甘肃文化出版社, 2002.

[237] 王曾瑜. 宋朝兵制初探 [M]. 北京: 中华书局, 1983.

[238] 王曾瑜. 金朝军制 [M]. 保定: 河北大学出版社, 1996.

[239] 王仲荦. 北周地理志 [M]. 北京: 中华书局, 1980.

[240] 王仲荦. 北周六典 [M]. 北京: 中华书局, 1979.

[241] 王永兴. 唐代前期西北军事研究 [M]. 北京: 中国社会科学出版社, 1994.

[242] 汪一鸣. 宁夏人地关系演化研究 [M]. 银川: 宁夏人民出版社, 2005.

[243] 武国卿, 慕中岳. 中国战争史 [M]. 北京: 人民出版社, 2016.

[244] 吴天墀. 西夏史稿 [M]. 桂林: 广西师范大学出版社, 2006.

[245] 熊铁基. 秦汉军事制度史 [M]. 南宁: 广西人民出版社, 1990.

[246] 徐龙国. 秦汉城邑考古学研究 [M]. 北京: 中国社会科学出版社, 2013.

[247] 肖爱玲. 西汉城市体系的空间演化 [M]. 北京: 商务印书馆, 2012.

[248] 许成, 马建军. 宁夏古长城 [M]. 南京: 江苏凤凰科学技术出版社, 2014.

[249] 许成. 宁夏考古史地研究论集 [G]. 银川: 宁夏人民出版社, 1989.

［250］许成．宁夏考古文集［G］．银川：宁夏人民出版社，1994．

［251］辛德勇．秦汉政区与边界地理研究［M］．北京：中华书局，2009．

［252］项春松．辽代历史与考古［M］．呼和浩特：内蒙古人民出版社，1996．

［253］薛宗正．突厥史［M］．北京：中国社会科学出版社，1992．

［254］杨丽．西汉并州军事地理研究［M］．西安：西北工业大学出版社，2013．

［255］杨浣．辽夏关系史［M］．北京：人民出版社，2010．

［256］杨蕤．西夏地理研究［M］．北京：人民出版社，2008．

［257］乌云毕力格，成崇德，张永江．蒙古民族通史：第4卷［M］．呼和浩特：内蒙古大学出版社，2002．

［258］严耕望．唐代交通图考［M］．上海：上海古籍出版社，2007．

［259］严耕望．中国地方行政制度史：魏晋南北朝地方行政制度［M］．上海：上海古籍出版社，2007．

［260］伊克昭盟文物工作站．鄂尔多斯文物考古文集［G］．［内部资料］，1981．

［261］朱士光．黄土高原地区环境变迁及其治理［M］．郑州：黄河水利出版社，1999．

［262］朱红林．张家山汉简《二年律令》集释［M］．北京：社会科学文献出版社，2005．

［263］周振鹤．西汉政区地理［M］．北京：人民出版社，1987．

［264］周振鹤．汉书地理志汇释［M］．合肥：安徽教育出版社，2006．

［265］周振鹤．中国地方行政制度史［M］．上海：上海人民出版社，2005．

［266］周振鹤，李晓杰．中国行政区划通史：总论 先秦卷［M］．上海：复旦大学出版社，2009．

［267］周振鹤，李晓杰，张莉．中国行政区划通史：秦汉卷［M］．上海：复旦大学出版社，2017．

［268］牟发松，毋有江，魏俊杰．中国行政区划通史：十六国北朝卷［M］．上海：复旦大学出版社，2016．

［269］施和金．中国行政区划通史：隋代卷［M］．上海：复旦大学出版社，2009．

［270］郭声波．中国行政区划通史：唐代卷［M］．上海：复旦大学出版社，2012．

［271］李昌宪．中国行政区划通史：宋西夏卷［M］．上海：复旦大学出版社，2007．

［272］李治安，薛磊．中国行政区划通史：元代卷［M］．上海：复旦大学出

版社，2009.

［273］余蔚．中国行政区划通史：辽金卷［M］．上海：复旦大学出版社，2012.

［274］周清澍．内蒙古历史地理［M］．呼和浩特：内蒙古大学出版社，1994.

［275］周伟洲．敕勒与柔然［M］．桂林：广西师范大学出版社，2006.

［276］周一良．魏晋南北朝史论集［G］．北京：北京大学出版社，1997.

［277］张维华．中国长城建置考：上编［M］．北京：中华书局，1979.

［278］张金铣．元代地方行政制度研究［M］．合肥：安徽大学出版社，2001.

［279］张金龙．北魏政治史：三［M］．兰州：甘肃教育出版社，2008.

［280］中国社会科学院考古研究所．新中国的考古发现和研究［M］．北京：文物出版社，1984.

［281］《中国军事史》编写组．中国历代军事工程［M］．北京：解放军出版社，2005.

［282］台湾三军大学．中国历代战争史［M］．北京：军事译文出版社，1983.

［283］《中国军事史》编写组．中国军事史［M］．北京：解放军出版社，1983.

［284］中国军事史编写组．中国历代战争年表［M］．北京：解放军出版社，2003.

［285］前田正名．平城历史地理学研究［M］．李凭，孙耀，孙蕾，译．上海：上海古籍出版社，2012.

［286］傅海波，崔瑞德．剑桥中国辽西夏金元史［M］．北京：中国社会科学出版社，1998.

［287］志费尼．世界征服者史［M］．何高济，译．翁独健，校订．呼和浩特：内蒙古人民出版社，1980.

［288］艾冲．唐蕃争夺的盐州治城新考［G］//杜文玉．唐史论丛：第16辑．西安：陕西师范大学出版总社有限公司，2013.

［289］阿木．成吉思汗灭西夏的战争［G］//中国人民政治协商会议内蒙古自治区委员会文史资料委员会．蒙古族古代军事思想研究论文集．呼和浩特：内蒙古文史书店，1989.

［290］白雪．西汉时期五原郡诸县治城新考：以《水经注》的记载为中心［M］//陕西历史博物馆馆刊：第21辑．西安：三秦出版社，2014.

［291］盖山林，陆思贤．阴山南麓的赵长城［G］//文物编辑委员会．中国长城遗迹调查报告集．北京：文物出版社，1981.

［292］姬乃军．秦直道走向考辨［G］//秦始皇兵马俑博物馆《论丛》编委会．

秦文化论丛：第2辑．西安：西北大学出版社，1993．

［293］李昌宪．宋代将兵驻地考述［G］//邓广铭，王云海．宋史研究论文集．开封：河南大学出版社，1993．

［294］吕卓民．宋永乐城考［M］//西北大学考古学系，西北大学文化遗产与考古学研究中心．西部考古：第1辑．西安：三秦出版社，2006．

［295］彭丽．北朝至隋唐时期灵州治城的移徙及其军政地位的变化［M］//樊英峰．乾陵文化研究：7．西安：三秦出版社，2012．

［296］乔同欢．汉代地方城市防御体系研究综述［M］//梁安和，徐卫民．秦汉研究：第9辑．西安：陕西人民出版社，2015．

［297］汤开建．西夏监军司驻所辨析［M］//中国地理学会历史地理专业委员会《历史地理》编辑委员会．历史地理：第6辑．上海：上海人民出版社，1988．

［298］王颋．辽的西南面经营及其与西夏的关系［G］//元史及北方民族史研究集刊：6．南京：南京大学历史系元史研究室，1982．

［299］魏坚．河套地区战国秦汉塞防研究［M］//教育部人文社会科学重点研究基地，吉林大学边疆考古研究中心．边疆考古研究：第6辑．北京：科学出版社，2007．

［300］吴礽骧．汉代蓬火制度探索［G］//甘肃省文物工作队，甘肃省博物馆．汉简研究论文集．兰州：甘肃人民出版社，1984．

［301］徐龙国．北方长城沿线地带秦汉边城初探［G］//《汉代考古与汉文化国际学术研讨会论文集》编委会．汉代考古与汉文化国际学术研讨会论文集．济南：齐鲁书社，2006．

［302］甄自明．鄂尔多斯市东南部发现并确认宋代烽燧线［M］//鄂尔多斯文化遗产编委会．鄂尔多斯文化遗产：2013．鄂尔多斯：鄂尔多斯市文物考古研究院，2013．

［303］艾冲，陈娇．两汉上郡龟兹县治城位置新探［J］．陕西师范大学学报（哲学社会科学版），2015（5）．

［304］艾冲．鄂尔多斯高原西汉时期西河郡属县治城位置新考［J］．西夏研究，2016（2）．

［305］艾冲．东汉时期鄂尔多斯高原的民族迁徙与分布初探［J］．西夏研究，2016（4）．

［306］艾冲．灵州治城的变迁新探［J］．中国边疆史地研究，2011（4）．

［307］艾冲．北朝时期“河曲”地域行政区划建制的演替［J］．陕西师范大学学报（哲学社会科学版），2013（2）．

[308] 艾冲．北朝拓跋魏、高齐、宇文周诸国长城再探索：兼与朱大渭先生商榷［J］．社会科学评论，2007（3）．

[309] 艾冲．论北周总管府制的创立与发展［J］．陕西师范大学继续教育学报，2001（1）．

[310] 艾冲．隋代总管府制的发展与废止［J］．唐都学刊，1998（4）．

[311] 艾冲．唐代夏州城通往丰州区域的道路考述［J］．中国边疆史地研究，2014（3）．

[312] 鲍桐．北魏北疆几个历史地理问题的探索［J］．中国历史地理论丛，1999（3）．

[313] 鲍桐．对《水经注·河水》一条注释的辨析：兼谈光禄塞等北方边塞的方位［J］．中国历史地理论丛，1997（1）．

[314] 鲍桐．受降城和满夷谷考［J］．中国历史地理论丛，1992（1）．

[315] 鲍桐．兀剌海城地望和成吉思汗征西夏军事地理析［J］．宁夏社会科学，1994（6）．

[316] 白音查干．长城与汉匈关系［J］．内蒙古师大学报（哲学社会科学版），1998（6）．

[317] 白滨．啰兀筑城考［J］．宁夏社会科学，1986（3）．

[318] 保宏彪．西夏在鄂尔多斯高原的疆界变迁［J］．西夏研究，2013（4）．

[319] 卜昭文．靳之林徒步考察秦直道记［J］．瞭望，1984（43）．

[320] 陈峰．南匈奴附汉初期单于庭的设立与变迁及其历史地理考察［J］．北方文物，2006（4）．

[321] 毕奥南．元朝的军事戍防体系与版图维系［J］．中国边疆史地研究，2002（2）．

[322] 陈永中．神泉障障址小考［J］．西北第二民族学院学报（哲学社会科学版），1990（3）．

[323] 陈晓鸣．秦汉边防兵的特点及其作用［J］．江西师范大学学报（哲学社会科学版），1992（3）．

[324] 陈晓鸣．两汉边防兵制若干问题之比较：以西、北地区为中心［J］．史学月刊，2001（2）．

[325] 陈晓鸣．两汉北部边防若干问题之比较［J］．中国边疆史地研究，2002（3）．

[326] 陈晓鸣．筹边失当与东汉衰亡［J］．江西师范大学学报（哲学社会科学

版），2002（4）.

［327］陈晓鸣，王福昌．两汉边防集兵方式述论［J］．湖南文理学院学报（社会科学版），2004（1）.

［328］陈静，文启．秦直道不经上郡的证据［J］．中国历史地理论丛，1998（1）.

［329］陈德洋．试论金宣宗时期的金夏之战［J］．西夏学，2013（9）.

［330］程龙．论北宋西北堡寨的军事功能［J］．中国史研究，2004（1）.

［331］包头市文物管理处，达茂旗文物管理所．包头境内的战国秦汉长城与古城［J］．内蒙古文物考古，2000（1）.

［332］戴应新．银州城址勘测记［J］．文物，1980（8）.

［333］杜建录．宋夏窟野河西地界问题［J］．宁夏史志研究，1994（1）.

［334］崔璿．秦汉广衍故城及其附近的墓葬［J］．文物，1977（5）.

［335］陈育宁．鄂尔多斯地区沙漠化的形成和发展述论［J］．中国社会科学，1986（2）.

［336］盖金伟，王鹏辉．北周总管府制度研究［J］．新疆师范大学学报（哲学社会科学版），2003（3）.

［337］耿志强．盐池张家场古城址调查［J］．中国国家博物馆馆刊，2013（4）.

［338］郭建中，车日格．黄河包头段沿岸汉代古城考［J］．内蒙古文物考古，2007（1）.

［339］葛亮．西汉前期北方边防对策举要［J］．中国边疆史地研究，1996（4）.

［340］侯仁之．从红柳河上的古城废墟看毛乌素沙漠的变迁［J］．文物，1973（1）.

［341］侯仁之，俞伟超．乌兰布和沙漠的考古发现和地理环境的变迁［J］．考古，1973（2）.

［342］侯甬坚，周杰，王燕新．北魏（AD386—534）鄂尔多斯高原的自然—人文景观［J］．中国沙漠，2001（2）.

［343］韩香．试论“使匈奴中郎将”的来源及演变［J］．新疆大学学报（哲学社会科学版），1995（1）.

［344］韩茂莉，于家明．军事地理视角下的中国古代历史空间进程［J］．军事历史研究，2016（5）.

［345］何天明．东汉使匈奴中郎将探讨［J］．北方文物，1990（4）.

［346］何天明．两汉北方重要建制“度辽将军”探讨［J］．北方文物，1988（3）.

［347］贾敬颜．汉属国与属国都尉考［J］．史学集刊，1982（4）.

[348] 姬乃军. 延安境内秦直道考察报告之一 [J]. 考古与文物，1989（1）.

[349] 姬乃军. 延安境内秦直道考察报告之二 [J]. 考古与文物，1991（5）.

[350] 李文信. 中国北部长城沿革考（上） [J]. 社会科学辑刊，1979（1）.

[351] 李文信. 中国北部长城沿革考（下） [J]. 社会科学辑刊，1979（2）.

[352] 李仲立. 论秦直道与秦长城的关系 [J]. 庆阳师专学报（社会科学版），1994（1）.

[353] 李仲立，刘得祯. 甘肃庆阳地区秦直道考察报告 [J]. 甘肃社会科学，1991（3）.

[354] 李仲立，刘得祯，路笛. 甘肃宁县西沟发现战国古城遗址 [J]. 考古与文物，1998（4）.

[355] 李仲立. 甘肃境内秦直道管见 [J]. 人文杂志，1993（3）.

[356] 李仲立. 秦直道新论 [J]. 西北史地，1997（4）.

[357] 李逸友. 高阙考辨 [J]. 内蒙古文物考古，1996（Z1）.

[358] 李逸友. 汉光禄城的考察 [J]. 内蒙古文物考古，1984.

[359] 李逸友. 中国北方长城考述 [J]. 内蒙古文物考古，2001（1）.

[360] 李裕民. 折氏家族研究 [J]. 陕西师范大学学报（哲学社会科学版），1998（2）.

[361] 李海俏. 关于圜阳地望所在 [J]. 文博，2006（1）.

[362] 李宗慈. 汉北地郡泥阳县考 [J]. 河南理工大学学报（社会科学版），2011（4）.

[363] 李三谋. 东汉王朝的边疆经略 [J]. 中国边疆史地研究，1997（3）.

[364] 李进. 秦朝的边疆经略 [J]. 中国边疆史地研究，1997（3）.

[365] 李大龙. 东汉王朝使匈奴中郎将略论 [J]. 中国边疆史地研究，1994（4）.

[366] 李大龙. 东汉度辽将军述论 [J]. 内蒙古社会科学，1992（2）.

[367] 李凭. 盛乐成为漠南中心的历史背景 [J]. 学习与探索，2010（3）.

[368] 李方. 张家山汉简《二年律令》有关汉代边防的法律 [J]. 中国边疆史地研究，2009（2）.

[369] 李兴盛，邢黄河. 清水河县拐子上古城调查 [J]. 内蒙古文物考古，1991（1）.

[370] 李鸿宾. 隋朝的北部防务与长城问题 [J]. 中国边疆史地研究，2006（4）.

[371] 李宗俊. 隋唐时期北部疆域的开拓变迁 [J]. 陕西师范大学学报（哲学

社会科学版），2011（6）.

[372] 李学江.《天盛律令》所反映的西夏政区 [J]. 宁夏社会科学，1998（4）.

[373] 李新贵. 唐初浅水原之战地理进程新解 [J]. 军事历史研究，2007（1）.

[374] 林幹. 稽胡（山胡）略考 [J]. 社会科学战线，1984（1）.

[375] 鲁人勇. 西夏的疆域和边界 [J]. 宁夏大学学报（人文社会科学版），2003（1）.

[376] 鲁人勇. 西夏监军司考 [J]. 宁夏社会科学，2001（1）.

[377] 莫久愚.《魏书》木根山地望疏证 [J]. 内蒙古社会科学（汉文版），2011（4）.

[378] 刘彦威. 西汉王朝的边疆经略 [J]. 中国边疆史地研究，1997（3）.

[379] 刘光华. 西汉西北边塞 [J]. 西北民族大学学报（哲学社会科学版），2005（1）.

[380] 刘太祥. 秦汉北部边防建设 [J]. 南都学坛（人文社会科学学报），2012（5）.

[381] 吕卓民. 秦直道歧义辨析 [J]. 中国历史地理论丛，1990（1）.

[382] 吕卓民. 再论秦直道 [J]. 文博，1994（2）.

[383] 林永强. 汉朝对归附匈奴的军政管理措施考论 [J]. 军事历史研究，2011（3）.

[384] 梁金奎. 宋永乐城址考辨 [J]. 榆林文史资料：第3辑. [内部期刊]，1985.

[385] 罗球庆. 宋夏战争中的蕃部与堡寨 [J]. 崇基学报，1967（2）.

[386] 罗嗣忠. 试论氐族君王苻坚的民族政策 [J]. 青海师范大学学报（社会科学版），1986（3）.

[387] 宁夏文物考古研究所，盐池县博物馆. 宁夏盐池县古长城调查与试掘 [J]. 考古与文物，2000（3）.

[388] 宁夏文物考古研究所，内蒙古鄂托克前旗文化局，灵武市文物管理所. 宁夏灵武市古长城调查与试掘 [J]. 考古与文物，2006（2）.

[389] 彭曦. 战国秦长城考察与研究述略 [J]. 宝鸡师院学报（哲学社会科学版），1991（3）.

[390] 彭文慧. 辽朝西南面招讨使研究 [J]. 赤峰学院学报（汉文哲学社会科学版），2016（4）.

［391］孙相武．秦直道调查记［J］．文博，1988（4）．

［392］宋超．汉匈战争与北边郡守尉［J］．南都学坛，2005（3）．

［393］石坚军，张晓非．蒙古经略西夏诸役新考［J］．西北民族论丛，2014（10）．

［394］唐晓峰．内蒙古西北部秦汉长城调查记［J］．文物，1977（5）．

［395］汤开建．西夏史琐谈［J］．宁夏大学学报（社会科学版），1984（3）．

［396］唐长孺，黄惠贤．试论魏末北镇镇民暴动的性质：魏末人民大起义诸问题之一［J］．历史研究，1964（1）．

［397］唐长孺，黄惠贤．北魏末期的山胡敕勒起义：北魏末期人民大起义研究之二［J］．武汉大学学报（人文科学），1964（4）．

［398］唐长孺．北魏沃野镇的迁徙［J］．华中师院学报（哲学社会科学版），1979（3）．

［399］唐长孺．拓跋族的汉化过程［J］．历史教学，1956（1）．

［400］王开．“秦直道”新探［J］．成都大学学报（社科版），1989（1）．

［401］王文楚．从内蒙古昆都仑沟几个古城遗址看汉至北魏时期阴山稒阳道交通［J］．复旦学报（社会科学版），1980（S1）．

［402］王北辰．公元六世纪初期鄂尔多斯沙漠图图说：南北朝、北魏夏州境内沙漠［J］．中国沙漠，1986（3）．

［403］王北辰．库布齐沙漠历史地理研究［J］．中国沙漠，1991（4）．

［404］王北辰．内蒙古乌审旗古代历史地理从考：龟兹县、榆溪塞、契吴山［J］．干旱区地理，1989（4）．

［405］王子今．秦汉长城与北边交通［J］．历史研究，1988（6）．

［406］王子今．试说秦烽燧：以直道军事通信系统为中心［J］．文博，2004（2）．

［407］王子今．两汉军队中的“胡骑”［J］．中国史研究，2007（3）．

［408］王子今．秦汉时期河套地区的历史文化地位［J］．宁夏社会科学，2006（2）．

［409］王子今．交通史视角的秦汉长城考察［J］．石家庄学院学报，2013（2）．

［410］王子今．秦汉黄河津渡考［J］．中国历史地理论丛，1989（3）．

［411］王子今．中国古代交通系统的特征：以秦汉文物资料为中心［J］．社会科学，2009（7）．

［412］王子今．西河郡建置与汉代山陕交通［J］．晋阳学刊，1990（6）．

［413］王子今．秦直道的历史文化观照［J］．人文杂志，2005（5）．

［414］王大方．汉武帝阴山之役和朔方、五原郡的屯垦开发［J］．内蒙古文物

考古，1997（2）.

[415] 王庆宪. 西汉武帝复增属国地理位置考辨［J］. 中国边疆史地研究，2010（2）.

[416] 王双怀. “红石峡”的成因［J］. 中国历史地理论丛，1996（4）.

[417] 王曾瑜. 金朝后期的军事机构和军区设置［J］. 河北学刊，1993（5）.

[418] 魏坚，郝园林. 秦汉九原—五原郡治的考古学观察［J］. 中国历史地理论丛，2012（4）.

[419] 吴宏岐. 秦直道修筑的起讫时间与工程分期［J］. 中国历史地理论丛，1996（3）.

[420] 吴宏岐. 秦直道及其历史意义［J］. 陕西师范大学继续教育学报，2000（1）.

[421] 吴忠礼. 秦塞河防军城“浑怀障”名源浅释［J］. 宁夏社会科学，2010（6）.

[422] 吴镇烽. 秦晋两省东汉画像石题记集释：兼论汉代圜阳、平周等县的地理位置［J］. 考古与文物，2006（1）.

[423] 吴洪琳. 十六国北朝时期统万城附近活动的民族［J］. 中国历史地理论丛，2015（4）.

[424] 吴洪琳. 试论十六国时期契吴山的地理位置［J］. 中国历史地理论丛，2005（1）.

[425] 辛德勇. 张家山汉简所示汉初西北隅边境解析：附论秦昭襄王长城北端走向与九原云中两郡战略地位［J］. 历史研究，2006（1）.

[426] 许成. 灵州与灵武考［J］. 宁夏大学学报（社会科学版），1982（2）.

[427] 许成，陈永中. 眗衍县故址考［J］. 固原师专学报（社会科学版），1984（2）.

[428] 许伟伟，杨浣. 唐龙镇考［J］. 宁夏社会科学，2013（1）.

[429] 薛海波. 南匈奴内迁与东汉北边边防新论［J］. 内蒙古社会科学（汉文版），2012（3）.

[430] 杨森翔. 历史上的灵洲、灵州、灵武谷、灵武城址及其他：订正《中国历史地图集》的一个错误［J］. 宁夏大学学报（人文社会科学版），2008（1）.

[431] 杨丽. 先秦至西汉时期并州的变迁——兼论边郡设置的军事战略价值［J］. 内蒙古社会科学（汉文版），2015（4）.

[432] 杨浣，许伟伟. 宋、夏“丰州”考辨［J］. 宁夏社会科学，2015（3）.

[433] 杨蕤. 宋夏疆界考论［J］. 中国边疆史地研究，2005（4）.

[434] 杨满忠. 统万城建筑规模及其历史作用 [J]. 宁夏大学学报（人文社会科学版），2005（3）.

[435] 袁刚. 隋修长城和大业初年的国防工程 [J]. 常德师范学院学报（社会科学版），1999（6）.

[436] 严宾. 秦统一后在河套地区修筑的长城 [J]. 内蒙古师大学报（哲学社会科学版），1985（2）.

[437] 赵占魁. 内蒙古后套平原古城考：兼与王北辰先生商榷 [J]. 内蒙古社会科学（文史哲版），1993（4）.

[438] 赵杰. 隋朝大业三年榆林至紫河长城位置考 [J]. 内蒙古社会科学（汉文版），2018（3）.

[439] 赵芳. 唐代康待宾之乱的历史地理探索 [J]. 阴山学刊，2011（2）.

[440] 张郁. 汉朔方郡河外五城 [J]. 内蒙古文物考古，1997（2）.

[441] 张耀民. 东汉北地郡治富平城考证略记 [J]. 西北史地，1996（2）.

[442] 张多勇. 从居延E·P·T59·582汉简看汉代泾阳县、乌氏县、月氏道城址 [J]. 敦煌研究，2008（2）.

[443] 张多勇. 秦直道研究综论 [J]. 甘肃社会科学，2005（5）.

[444] 张彩萍. 汉萧关考 [J]. 宁夏师范学院学报（社会科学），2010（5）.

[445] 张海斌. 高阙、鸡鹿塞及相关问题的再考察 [J]. 内蒙古文物考古，2000（1）.

[446] 张泊. 上郡阳周县初考 [J]. 文博，2006（1）.

[447] 张戈. 北宋永乐城址新考 [J]. 榆林学院学报，2017（5）.

[448] 朱世广. 西汉阳周县考 [J]. 陇东学院学报（社会科学版），2007（4）.

[449] 朱郑勇. 西汉初期北部诸郡边界略考 [J]. 中国历史地理论丛，2008（2）.

[450] 朱大渭. 北朝历代建置长城及其军事战略地位 [J]. 中国史研究，2006（2）.

[451] 赵红梅. 汉代边疆民族管理机构比较研究：以度辽将军、护羌校尉、使匈奴中郎将为中心 [J]. 黑龙江社会科学，2014（5）.

[452] 赵志强. 秦末汉初北部边界考略 [J]. 中国历史地理论丛，2011（3）.

[453] 赵旭. 秦汉北方长城沿线地带城邑平面形制形成原因初探 [J]. 文博，2013（6）.

[454] 周振鹤. 《二年律令·秩律》的历史地理意义 [J]. 学术月刊，2003（1）.

[455] 周伟洲. 论魏晋南北朝时期北方的民族融合 [J]. 社会科学战线，1990（3）.

［456］A・A・科瓦列夫，Д・额尔德涅巴特尔．蒙古国南戈壁省西夏长城与汉受降城有关问题的再探讨［J］．内蒙古文物考古，2008（2）．

［457］德斯蒙德・马丁．1205至1227年间蒙古与西夏的战争［J］．陈光文，译．杨富学，校．西夏研究，2013（3）．

［458］安梅梅．两汉魏晋属国制度研究［D］．北京：中央民族大学，2012．

［459］白茚骏．陕北榆林地区汉代城址研究［D］．西安：西北大学，2010．

［460］冯文勇．鄂尔多斯高原及毗邻地区历史城市地理研究［D］．兰州：兰州大学，2008．

［461］付珺．隋李和墓研究［D］．北京：中央民族大学，2013．

［462］弓建中．公元前2世纪前后秦汉西北边防及其效果［D］．西安：西北大学，2001．

［463］贾伟．秦汉时期河南地及其周边地区军事地理研究［D］．呼和浩特：内蒙古大学，2013．

［464］江娜．两汉属国兵制初探［D］．南昌：江西师范大学，2009．

［465］纪浩．隋唐宋时期鄂尔多斯高原地区军政建制沿革研究［D］．西安：陕西师范大学，2011．

［466］李放．内蒙古地区秦汉边城研究［D］．呼和浩特：内蒙古大学，2014．

［467］李奉先．论秦汉时期的直道［D］．西宁：青海师范大学，2009．

［468］刘子英．西汉属国问题探讨［D］．呼和浩特：内蒙古大学，2009．

［469］任宝磊．秦汉长城防御体系与民族关系研究［D］．西安：陕西师范大学，2010．

［470］李晓玉．北宋西北沿边堡寨研究［D］．银川：宁夏大学，2010．

［471］李鹏飞．隋代镇戍制度考［D］．南京：南京师范大学，2013．

［472］陆瑶．宋辽夏金政权在鄂尔多斯高原地区的疆界变迁［D］．西安：陕西师范大学，2014．

［473］雷宏霞．十六国至隋唐统万城变迁［D］．兰州：西北师范大学，2012．

［474］吕思静．稽胡史研究［D］．武汉：华中师范大学，2012．

［475］马旭东．北魏牧政研究［D］．兰州：西北师范大学，2011．

［476］蒙海亮．周隋总管府研究［D］．西安：陕西师范大学，2011．

［477］王兴锋．秦汉魏晋时期鄂尔多斯高原民族地理研究［D］．西安：陕西师范大学，2016．

［478］喻鹏涛．秦直道若干问题研究［D］．西安：西北大学，2013．

［479］赵虹波．汉代北方边城研究：以朔方、五原、云中、定襄郡为中心［D］．北京：中央民族大学，2013．

［480］张多勇．泾河中上游汉安定郡属县城址及其变迁研究［D］．兰州：西北师范大学，2007．

［481］张海报．陕北地区秦昭王长城研究［D］．西安：西北大学，2010．

［482］张晋．战国、秦汉时期中原骑兵、长城、边郡互为支撑的防御体系述论［D］．呼和浩特：内蒙古大学，2015．

［483］黄苑野．战国秦汉上郡军事地理研究［D］．北京：首都师范大学，2011．

［484］黄永美．西汉长城若干问题研究［D］．西安：西北大学，2013．

［485］江娜．汉代边防体系研究［D］．武汉：华中师范大学，2013．

［486］上官绪智．秦汉军队的后勤保障问题研究［D］．武汉：华中师范大学，2004．

［487］魏会阁．北朝长城和北部防御问题研究［D］．兰州：兰州大学，2009．

［488］吴洪琳．大夏国史［D］．西安：陕西师范大学，2005．

［489］毋有江．北魏政区地理研究［D］．上海：复旦大学，2005．

［490］王有为．由汉圜水、圜阴及圜阳看陕北榆林地区两汉城址分布［D］．西安：西北大学，2007．

［491］赵志强．秦汉地理丛考［D］．西安：陕西师范大学，2013．

［492］杨清华．金朝行省制度研究［D］．长春：吉林大学，2009．

［493］袁志鹏．论唐代三受降城和盐州城的修筑［D］．北京：中央民族大学，2011．

后　记

在本书基本定稿、等待付梓期间，著者向在课题研究阶段所有帮助过我们的老师、朋友致以衷心的谢意。感谢在野外考察过程中为我们指示路径、释疑解惑的素不相识的当地老乡，他们的热心帮助使我们少走许多弯路，提升了考察效率；感谢提供文献资料或实物资料的文博机构同志与地方文史学者，他们的诚挚协助使我们获得的研究资料更为丰富，夯实了课题研究基础。上述诸多帮助成为课题研究能够不断推进的积极因素，令人感动。

特别感谢本书的通读校对者——余倩硕士。2020年5月下旬，书稿最终定稿。为保障书稿的完整、正确，余倩承担了书稿的通读与校对工作。她全力以赴，用6月中旬的八天时间认真阅读书稿每个章节的内容，对正文、注释、目录、标题、参考文献皆进行细致检读，订正了诸多舛误，以及不恰当的表述。其精心检校使书稿在交付出版社之前就避免了很多明显的问题。她展露出来的认真负责的工作态度、精益求精的学术精神，令人感动，谨在此表示诚挚的谢意。

在各位同志精诚协作、共同奋进的基础上，本书逐渐得以完成与完善，亦可奉献给历史军事地理学学者、相关历史学研究机构和全社会各阶层读者朋友们。我们将继续努力，产出更多的人文社会科学成果，以飨读者。

著　者

2020年6月25日